高等学校教材

分析化学

Analytical Chemistry

蔡明招 主编

杭义萍 余倩 副主编

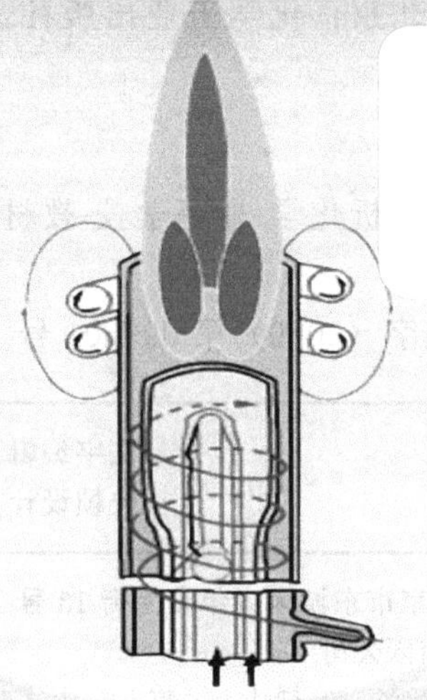

化学工业出版社

·北京·

本教材根据课程特点、教与学的规律和多年的教学实践经验，在注重基础理论、严格训练基本技能、拓展综合和应变能力、加强学科新信息传播的指导思想下，将内容依次分成四篇，即分析化学基础、化学分析法、仪器分析法、复杂物质分析。全书从对分析化学的认知入门，一步步引导读者进入课程的两大基础内容——化学分析法和仪器分析法，再进入综合和提高的内容即复杂物质分析，以使读者对分析化学课程教学内容体系有一个完整的认识。

本书可用作高等院校化学工程、生化工程、食品工程、环境工程、制药工程、精细化工、工业分析等专业的教材，同时也可供相关技术人员采用。

图书在版编目（CIP）数据

分析化学/蔡明招主编. —北京：化学工业出版社，2009.8(2022.9 重印)
高等学校教材
ISBN 978-7-122-05938-3

Ⅰ. 分… Ⅱ. 蔡… Ⅲ. 分析化学-高等学校-教材 Ⅳ. O65

中国版本图书馆 CIP 数据核字（2009）第 099601 号

责任编辑：宋林青 刘俊之　　文字编辑：刘志茹
责任校对：郑 捷　　装帧设计：史利平

出版发行：化学工业出版社（北京市东城区青年湖南街 13 号 邮政编码 100011）
印　　装：涿州市般润文化传播有限公司
787mm×1092mm 1/16 印张 22¾ 彩插 1 字数 612 千字 2022 年 9 月北京第 1 版第 9 次印刷

购书咨询：010-64518888　　售后服务：010-64518899
网　　址：http://www.cip.com.cn
凡购买本书，如有缺损质量问题，本社销售中心负责调换。

定　　价：48.00 元

前　言

分析化学是研究物质的组成、结构、形貌和含量的表征理论、方法、技术及相关信息的一门科学。分析化学课程是理工科院校开设的一门重要的基础课程，通过本课程的学习，可使学生了解分析化学学科的基本理论，掌握对物质基本信息（组分、含量及结构等）进行研究的方法和技术。

如何提高分析化学课程的教学质量，使该课程教学在培养良好综合素质人才的系统工程中发挥更大的作用，一直是分析化学教育工作者讨论和研究的课题。华南理工大学和广东工业大学两所理工大学的分析化学教育工作者，在多次的接触、沟通与交流中，形成了一个共识，认为："化学学科中的四大化学在理工科院校中作为必修的基础课设课，即无机化学、有机化学、分析化学和物理化学，各门课程在人才培养中都有自己的地位和作用。其中的分析化学课程，由于其本身特有的性质，在培养学生注重基础知识，拓宽视野，养成严格、认真和实事求是的科学态度，提高学生观察、分析和判断问题的能力，增强学生接受工作任务的自信心和完成工作任务的计划性，培养具有努力、刻苦、坚忍不拔地进行科学研究的素质等方面具有特殊的作用"。并且同时都感觉到课程教学质量的提高并非个人或某件事情做好就行了，而是涉及各方各面的一个系统工程。于是决定从此系统工程中一个不可缺少的小部件——教材入手，汇聚两校的教学经验和资源合编分析化学教材。

根据分析化学课程的特点与学生掌握知识的认知规律，本教材将内容依次分成四篇，即分析化学基础、化学分析法、仪器分析法和复杂物质分析。

参加本书编写的人员和编写的内容如下（按章序）：蔡明招（第 1、2、4 章）、宋慧宇（第 3 章）、杭义萍（第 5 章）、余倩（第 6 章）、彭兰乔（第 7 章，附录）、吕玄文（第 8、9 章）、刘建宇（第 10、11、12 章）、刘静和王立世（第 13 章）、黄宝华（第 14 章）、杭义萍和谢珍茗（第 15、16 章）。全书由蔡明招教授统稿，蔡明招教授为主编，杭义萍副教授和余倩教授为副主编。

本书的出版得到华南理工大学和广东工业大学相关领导的关心和大力支持。

本教材在编写过程中除保留两校多年积累的教学效果好的内容外，还吸纳了兄弟院校在本课程教材中的精华，在此表示诚挚的谢意！合编本教材的两校同仁，将在使用本教材的过程中更多地交流和进行教学研究，充分发挥教材的特点，共同为提高课程质量而努力。

诚挚欢迎采用本书的各院校同行和读者，就书中的不足之处提出批评和建议，本书编写组的全体成员表示最衷心的感谢！我们将在实践过程中不断完善和提高！

编　者

2009 年 3 月

目　录

第 4 篇 复杂物质分析 …… 303

附录 …… 342

参考文献 …… 356

第1篇　分析化学基础

第1章　分析化学导言

1.1　分析化学的定义、任务和作用

1.1.1　分析化学的定义

随着时代的变迁、社会的进步、科学的发展，在不同时期人们对分析化学所下的定义有所不同。追溯到19世纪，我国近代化学的先驱者和奠基者——徐寿先生（1818～1884年）对分析化学的精辟论述："考质求数之学，乃格物之大端，而为化学之极致也。能精熟焉，则凡天下庶物俱能详考其原质，而深求其准数。遂使法有证据，而理得显明。若欲精究其事以造其极，则有三者为要：其一，通晓化学；其二，手法灵便；其三，专心笃好"。所谓考质，即定性分析；所谓求数，即定量分析。定性和定量是物质科学的主体，是化学的最高境界。对物质深究其原来的组分，而又求得其准确的含量，数据翔实，则可以将道理阐述得清楚。若要更好地完成分析化学工作，以至于掌握事物的本质，必须做到以下三点：一是要有厚实的化学基础；二是要有好的技术；三是要有良好的素质。这是徐寿先生在100多年前对分析化学的深刻理解和准确定义。而这一时期正如唐敖庆先生为曹阳所著《量子化学引论》序言指出的那样，化学学科正处于从描述性向推理性、从定性向定量、从宏观状态的研究向微观结构理论研究的变革之中，经典的近代化学已经完成向现代化学转变。1999年，高鸿先生就已经指出："分析化学已经发展成为一门以多学科为基础的综合性学科"。由于分析仪器的快速发展，促进了分析化学的测试方法和手段向自动、在线和微量发展。到了21世纪，欧洲化学联合会分析化学分会对分析化学的定位是："分析化学是发展和应用各种方法、仪器和策略以获得有关物质在空间和时间方面组成和性质信息的一门科学"。G. Mhieftje将分析化学定义为："分析化学是一门仪器装置和测量的科学（Analytical chemistry is a science of instrumentation and measurements)"。

从上面所列举的对分析化学的各种定义可看到，不管是哪个年代或是哪位化学家对分析化学的定义，归纳起来其实都是"考质求数之学"，只不过是因为时代不同，科技发展程度有异而融入的内容不同而已！综合上述各种表述，我们认为对分析化学可作如下基本的定义："分析化学是研究物质的组成、结构、形貌和含量的表征理论、方法、技术和相关信息的一门科学"。上述定义中，首先确认分析化学是一门科学，第二是阐明这门科学是研究物质的，进而道出研究的目的是要弄清楚物质是由什么组成的、又是如何（即各组分的存在形式）组成的；而要全面地研究物质，还要知道组成物质的各个组分在物质中所占的分数，即为量的测定；但要对物质究其性而测其量，则必须要有一定的理论指导，要有相应的方法

和手段（即为各种检测仪器和设备）；又因为事物不可能孤立存在，会与周围事物相关和互相影响，即上面所言的“相关信息”，可以是同学科（其他三门化学）的、相邻学科的，甚至不同领域知识的交叉和相融。但是还应该知道：科学知识形成的过程就是对原有知识或标准突破的过程。因此，对于分析化学这门科学的发展，还需要广大分析化学工作者的努力。

1.1.2 分析化学的任务和作用

从宏观看，化学学科包括四大化学，即无机化学、有机化学、分析化学和物理化学，因此，通常都言曰：分析化学是化学学科的一个分支。四大化学各有其定位、任务和作用。根据上述分析化学的定义可以明确地知道，分析化学的两大任务一是要解决物质由哪些成分和怎样组成，这里包括了定性分析、结构分析、形态分析等；第二个任务则要求出组成物质的各个成分各自含量有多少，即为定量分析。当然，要完成以上两大任务，分析工作者既要研究和发展分析化学自身的理论，又要研究分析化学在化学学科中的发展和作用，更要研究和发展与如生命科学、食品与药物科学、环境科学、材料科学、能源科学、地球与天体科学等现代热点领域的交叉和应用。有一说法曰：“分析化学是在与干扰作斗争中发展的”，此说法虽不甚全面或有欠推敲，但不无道理。众所周知，分析化学面对的是物质，而物质的种类繁多、性质各异，所处环境千变万化，虽自然界或人工合成有至纯的物质，但更多的是组成复杂、状态各异的物质。因此，分析工作者在解决某一分析问题时，不能仅考虑目标对象的情况，而是将更大的精力是放在如何避免或消除共存物的干扰，从而使分析测试工作科学有序顺利地进行，保证按要求获得可信的分析测试结果和相关信息。

分析化学在应用科学领域是“无处不在、无处不有”的。工业界人士常说“分析是工业生产的眼睛”，是把握生产质量的一道关口。很早有人预言：“未来的21世纪是光明还是黑暗取决于人类在信息、能源、资源（材料）、环境和健康领域中科学和技术上的进步，而解决这些领域中的关键问题将是分析科学。”这则预言并非要夸大分析化学的存在和作用，而正是“提出问题的可以是化学家，但解决问题则要分析化学家”的真实写照，所言及的更是分析化学在浩瀚的科学海洋中，所要肩负的重任。

人类在改造自然环境和创建社会环境的过程中，为满足自身需求毫无节制地向自然索取资源以及排放污染物，从而产生的诸如资源、能源、人口、粮食和环境等问题；科学界关注的四大理论：天体、地球、生命、人类的起源和演化问题；21世纪科学领域的热点，诸如可控热核反应、信息高速公路、生命科学方面的人类基因、生物技术征服癌症、心脑血管疾病和艾滋病等、纳米材料与技术、智能材料以及环境问题等，这些问题的解决或发展都与分析化学息息相关。

分析化学在科学技术中的不可替代和不可缺少的地位和作用已成毋庸置疑的事实，分析化学在为科学发展做贡献的同时，自身也得到了全面的发展和提高。

1.2 分析化学的特点和分类

1.2.1 分析化学的特点

① 分析化学是一门综合性的学科，它应用化学、物理学、电子信息学、数学和生物学科的原理、研究方法和实验手段探讨物质的组成、结构以及微区薄层的状态，并对构成物质的各成分给予定量。

② 分析化学的基础理论与实验技能紧密结合。在理论的指导下，严格实验操作技能的规范，强调动手能力的培养与训练，提高分析与解决实际问题的能力。

③ 实践性强。分析化学的研究对象与国民经济建设、国防、环境等紧密结合，在分析和解决实验问题方面有很强的应用性。

④ 在人才良好素质的培养方面有特殊的作用。由于分析化学自身的特点，分析对象的复杂性、测试方法和手段的迅速发展，对分析测试数据的高标准要求等，要求学习者必须获取大量的相关信息，接受严格的训练，掌握相关的规范操作技术，从而锻炼分析问题和解决问题的能力。因此，本门课程的学习将为后续课程的学习打下扎实的基础。

1.2.2 分析化学的分类

根据分析任务、测量原理、分析对象以及试样的量或组分的含量不同，分析化学有以下几种不同的分类。

(1) 按分析任务分类

按分析任务分类，可分为定性分析、定量分析和结构分析。

① 定性分析　研究物质的最基本构建单元，如元素、原子团或化合物的组成的测试方法及手段称为定性分析法，是剖析物质组成的重要方法。

② 定量分析　研究组成物质的基本单元所占物质分数的方法及其相关的理论称为定量分析。

③ 结构分析　研究物质的分子结构或晶体结构的测定方法及其相关理论称为结构分析。

(2) 按分析对象分类

按分析对象分类，可分为无机分析和有机分析。无机分析即无机物质成分或无机物质的分析测定；有机分析即有机物质成分或有机物质的分析测定。

(3) 按测量原理及方法分类

按测量原理可分为化学分析法和仪器分析法两大类，见图 1-1。各种方法将在相关章节中详细讨论。

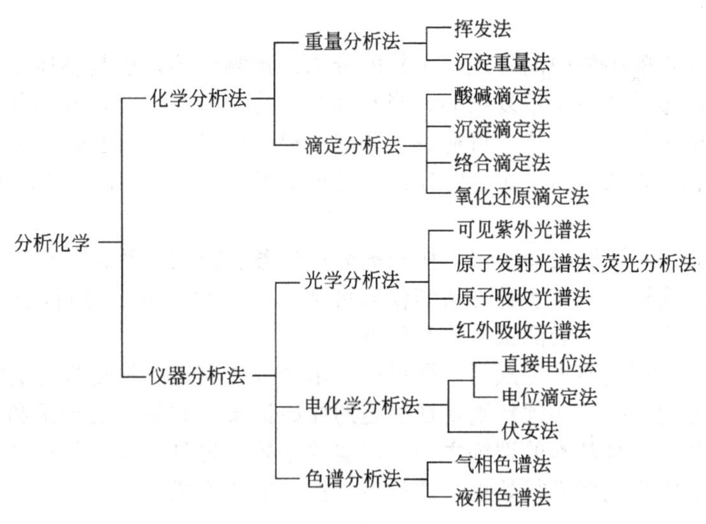

图 1-1　分析化学分类示意

(4) 按试样量的大小或组分含量分类

按所用试样量的大小或组分的含量大小分类有常量分析、半微量分析、微量分析和超微量分析几种，见表 1-1 按试样量的大小或组分含量分类。

(5) 按分析要求分类

① 例行分析　实验室的日常分析工作称为例行分析，也称为常规分析。

② 仲裁分析　当对某一分析结果有争议时，请有资质权威的单位采用标准方法进行分析测定，称为仲裁分析。

表 1-1　按试样量的大小或组分含量分类

分　类	样　品		组分含量/%
	固体/g	液体/mL	
常量分析	0.1～1	10～100	1～100
半微量分析	0.01～0.1	0.1～10	0.01～1
微量分析	0.001～0.01	0.01～1	微量＜1
超微量分析	＜0.001		＜0.01(痕量)

1.2.3　定量分析的一般步骤

定量分析工作一般有以下几个步骤，包括：①试样的采集；②试样的制备；③试样的分解；④中间处理（干扰的分离、预测定等）；⑤选择方法；⑥定量分析测定和数据记录；⑦测定结果的计算及数据评价；⑧给出合理的报告书。

由于试样的采集、制备和分解是分析测试工作的最基本程序，而这一程序是否规范、合理和按要求进行，决定了整体工作的成败。同时，作为分析化学人才的培养，以上的工作程序是最基本的要求，因此相关内容将在第 2 章专门讨论。

按规范要求采集到有代表性的物料后，在正式进行分析测试前，必须根据分析测试的任务和要求，采取合适的方法，将物料处理成适于分析测试的试样（也常称为样品），有了试样，就可以按上面“定量分析的一般步骤”做下去了。至于是否将试样分解处理成试样溶液（试液），决定于采用什么分析方法。例如，采用一般的化学分析法、原子吸收光谱法和电感耦合等离子体发射光谱法等时必须将样品制备成试液后再进行测定。而采用经典的发射光谱法（摄谱法）、现代的 X 射线荧光光谱法等则可直接用样品（要按方法要求处理样品）测定，不必破坏样品。

定量分析工作步骤中的中间处理（干扰的分离、预测定等）也是整体工作中十分重要的一环。众所周知，实际样品是很复杂的，当对某个组分进行测定时，其他共存的组分可能干扰测定。分析测试工作中的干扰，可通过预测定所得的信息，采取合适的措施加以处理和解决。而这部分的内容将在第 15 章定量分析中的分离及富集方法和第 16 章复杂物质分析中讨论。

现行的分析方法和测试仪器很多，应根据分析任务、对测定数据的要求和被测组分性质选择测定的方法和仪器。当有多种方法和仪器可选择时，则在满足分析测试要求的前提下，选择较为简便、易行、经济的测试方法和仪器。

在前面几个步骤都按要求完成后，即可进入定量分析测定。根据选定的方法、使用配套的仪器进行规范的测定时，必须特别重视测定的原始记录，它是真实记录和发现问题的第一手材料，也是对学习者最基本的训练之一。而实验结果报告是试样有关信息的具体表示，必须按规范要求，对实验数据进行处理与评价后，按一定的格式出具。

1.3　分析化学的发展趋势

关于分析化学的发展已有多种精彩的论述，例如，梁文平、庄乾坤主编，国家自然科学基金委员会化学科学部组编，科学出版社出版的《分析化学的明天——学科发展前沿与挑战》；汪尔康院士主编、很多位院士和专家参加执笔的《21 世纪的分析化学》已对 21 世纪分析化学的发展做了很全面、很好的展望。分析化学的发展历程，展示了她从一个被喻为仅是一门“技艺”或被贬为“科学仆妇”转而成为一个学科——化学学科不可或缺的组成部分，更显示了她强大的生命力。陈洪渊院士在《原始创新是21世纪分析化学面临的最根本挑战》一文中说："回顾分析化学的发展可以看出，每当一种新原理的应用或一种新方法的引入，诸如新的化学反应、化学平衡、界面现象、胶囊介质、固定化方法、吸附与脱附、萃取与反萃取、免疫反应、色谱、电化学、光谱、传感器与传感技术、联用技术、化学计量学、过程控制、图像检测、成像技术、软件平台、自动化技术、纳米科技、生化技术、PCR（聚合酶链式反应）、激光和等离子体等，都导致了新方法的出现，在为科学技术、国民经济和社会发展做出了贡献的同时也促进了分析化学学科自身的迅速发展。"陈洪渊院士所指出的是几代分析工作者所见证的事实，而从中更启示了分析化学的大综合性，所以，分析化学的发展不是孤立的。

因此，分析化学的自身发展（即纵向的）应接受挑战、着力原始创新，在分析工作者的艰苦努力和国家的大力支持下，开创新的局面。今天看分析化学的发展，已不能仅从"从化学分析向仪器分析转移"、"减少化学分析内容，增加仪器分析内容"去论述了。前述汪尔康院士主编的《21世纪的分析化学》一书中，也指出：分析化学的发展是向高灵敏度（达原子级、分子级水平）、高选择性（在复杂体系）、快速、自动、简便、经济、分析仪器自动化、数字化和计算机化并向智能化和信息化纵深发展。分析化学发展的另一热点，是分离与检测方法的联用。例如，气相、液相或超临界液相色谱和光谱技术（质谱、核磁共振、傅里叶变换红外光谱或原子光谱等）相结合，使分析测试工作在获取物质更多更广的信息方面得以实现。

从分析化学的大综合性出发，分析化学在环境分析中，如大气污染分析、水污染分析、室内污染分析；在生命科学中，如DNA测序、细胞分析、蛋白质分析；在食品分析中，如质量控制、添加剂、违禁药物分析；在临床分析中，如诊断、药物药理研究；在体育运动分析中，如兴奋剂检测、滥用药物；在药物分析中，如发现新药、药物安全、药效、药残分析；在化妆品安全分析中，如质量、毒副作用分析；在材料分析中，如质量、性能与结构分析；在过程分析中，如生产自动化、中间分析；在法庭分析中，如刑侦、证据等方面发挥着不可替代的重要作用。与此同时，分析化学在理论、方法与技术创新方面将得到极大的发展和提高。分析化学的主要发展趋势见图1-2。

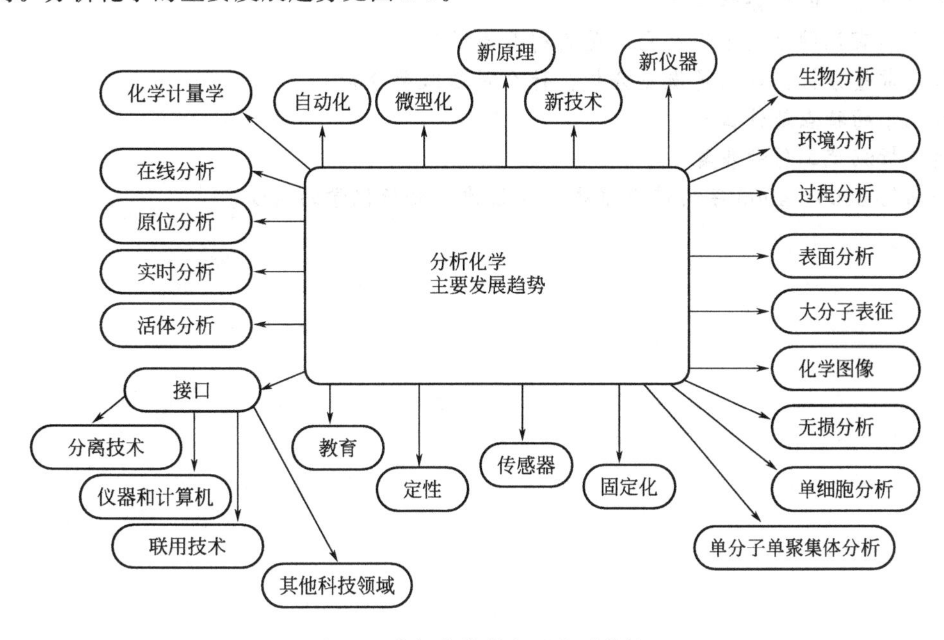

图1-2 分析化学的主要发展趋势

1.4 学习分析化学课程的方法

《分析化学》课程是高等院校设置的一门重要基础课程，它是一门基础，更确切地说是专业技术基础课。从提高本课程教学质量和学生的素质培养两方面而言，教师的教和学生的学同样重要，双方应各尽其责、相辅相成。综观各高校对本课程的安排，大多在二年级开始，这时的学生刚经历了第一年的大学基本教育，但未接触到专业和生产实践。如何根据该阶段学生的具体情况和分析化学课程的特点，帮助同学们尽快进入“角色”，师生一起高质量完成教与学的任务，这里给学习本课程的同学们提几点建议。

① 通过本章的学习和查看其他文献资料，广泛了解分析化学的性质、任务和作用。充分体会和认识分析化学在如工业、农业、国防、科研、食品安全、环境保护、产品质量、社会安全领域中的应用，培养对本课程知识的高度兴趣和学习的自觉性。

② 努力掌握分析化学的基本知识、基本理论、基本化学计算和基本实验技能；充分结合和运用已学知识，用比较学习法尽快掌握分析化学课程的特点。

③ 掌握反应物与反应物或反应物与生成物之间量的关系，了解分析化学计算题的要求，掌握计算技巧，正确解决计算题的运算问题。

④ 积极参与实践，充分发掘自身潜能，培养应变能力和创新意识，有意识积累工作经验。

⑤ 在学习中必须与前置课程紧密联系；理论与实践结合；掌握分析测试的基本原理与技能；接受严格的规范训练；培养严谨、认真、实事求是的科学态度和进行科研工作的良好素质。

思考题

1. 分析化学的定义是什么？
2. 简述分析化学的任务和作用。
3. 分析化学有几种分类方法？它们是怎样分类的？
4. 什么是常量分析？什么是微量分析？什么是超微量分析？
5. 分析化学的特点是什么？
6. 简述分析测试工作的步骤。
7. 写一篇约 2000～4000 字的读书报告，谈谈你对分析化学的认识。

第 2 章　试样的采集、制备与分解

试样的采集、制备与分解是分析测试工作诸多步骤中的重要一环，作为先行的步骤更是分析测试工作成败和数据是否可靠的先决条件，故本章专门加以讨论。本章将讨论固体、液体和气体物料的采集，同时考虑到液体和气体试样的制备比较简单，而固体试样的制备更具代表性，因此对固体试样的制备将详细加以讨论。

分析测试工作面对的物料，例如工业生产的原料，往往是大批量的，通常有几十吨、几百吨，甚至成千上万吨。如何在如此大量的物料中采集有代表性的、仅为几十克或几百克的试样物料送到化验室，再经处理制备成试样，供分析测试之用，是分析测试工作的首要问题。如果试样物料采集不合理，所采集的试样物料没有代表性或代表性不充分，那么，随后的分析程序无论多么认真、细致，测试的方法、手段无论多么先进也是徒劳的。因此，作为分析测试工作的第一道程序——采样的重要性不言而喻。下面介绍采样中几个常用的名词术语。

① 物料　这里指分析对象，可以是固态、液态或气态的物质，其量可能几十克至成千上万吨。

② 试样物料　指按试样采集的要求与规范采集到的、具有代表性的、用于制备试样的物料。

③ 试样　将采集的试样物料，经过规定的操作过程处理后，经称取一定质量即可直接用于分析测定用的物质。

④ 子样　在采样点上采集一定量（质量或体积）的物料，称为子样。

⑤ 子样数目　在一个采集对象中应布采集试样物料点的个数，称为子样数目。每个采集点应采集量的多少，是根据物料的颗粒大小、均匀程度、杂质含量的高低、物料的总量等多个因素来决定。一般情况下，物料的量越大、杂质越多、分布越不均匀，则子样的数目和每个子样的采集量也相应增加，以保证采集试样物料的代表性。

⑥ 原始平均试样物料　合并所采集子样得到的物料，即为原始平均试样物料。

⑦ 分析化验单位　指的是应采集一个原始平均试样物料的总量。

物料的状态一般有三种：固态、液态和气态。物料状态不同，采集的具体方法也各异。在国家标准或部门标准中，对不同分析对象物料的采集和样品的制备等都有明确的规定和具体的操作方法，可按相关的标准要求进行。

2.1　试样的采集

2.1.1　固体物料试样的采集

固态物料的自身状态有各种不同的情况，如粉末或颗粒状的工业产品，一般都比较均匀，故采样操作比较简单。若以上物料包装在大袋子中，则可用图 2-1 所示的回转式采样管（长度约 750mm、外径约为 18mm）沿对角线插入物料袋中，旋转 180°抽出，所得物料即为一个子样量。但有些固态物料，如冶炼厂、水泥厂、化肥厂的原料矿石，其颗粒大小不甚均匀，有的还相差很大。对不均匀的物料，可参照下面的经验公式计算试样物料的采样量：

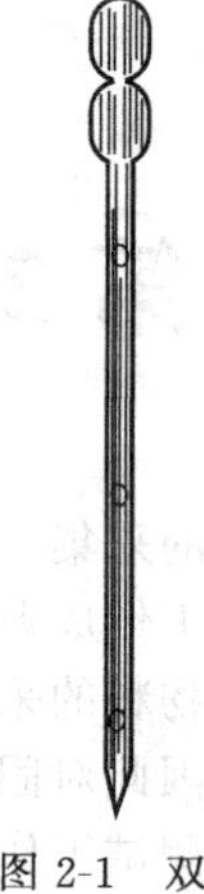

图 2-1　双套回转式采样管

$$Q=Kd^{a} \tag{2-1}$$

式中　Q——采集试样物料的最低量，kg；

d——物料中最大颗粒的直径，mm；

K、a——经验常数，一般 $K=0.02\sim1$，$a=1.8\sim2.5$。

地质部门一般规定 $a=2$。例如，物料中最大颗粒的直径为 20mm，则 $K=0.06$，最低采样量为

$$Q=0.06\times20^{2}=24(\text{kg})$$

可见，若物料的颗粒愈大，则最低采样量也愈多。

另外，物料所处的环境也不尽相同，有的可能在输送皮带上、运输机械中、火车或斗车里、物料堆等，应根据物料的具体情况，采取相应的采集方式和方法。

(1) 物料流中采样

随运送工具运转中的物料，称为物料流。在确定子样数目后，应根据物料流的大小以及物料的有关性质，按有关规定合理布点采样。物料流中的人工采样，一般使用 300mm 长、250mm 宽的舌形铲，能一次（即操作一次）在一个采样点采取规定量的物料。采样前，应分别在物料的左、中、右位置布点，然后取样。如果在运转着的皮带上取样，则应将采样铲紧贴着皮带，而不能抬高铲子仅取物料流表面的物料。

(2) 运输工具中采样

在运煤火车车厢中采集试样物料，是最常见的在运输工具中采集试样物料的例子。根据容积不同，可选择如图 2-2～图 2-4 等方法在车厢对角线上布点采样。

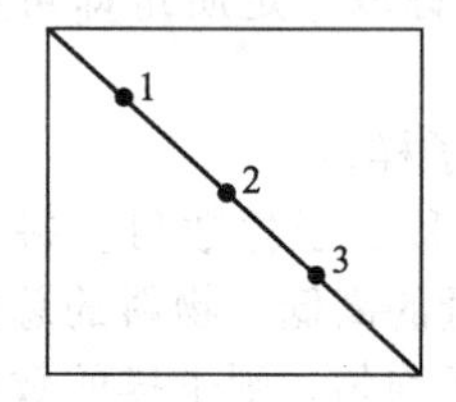

图 2-2　车厢中 3 点采样法（30t 以下）

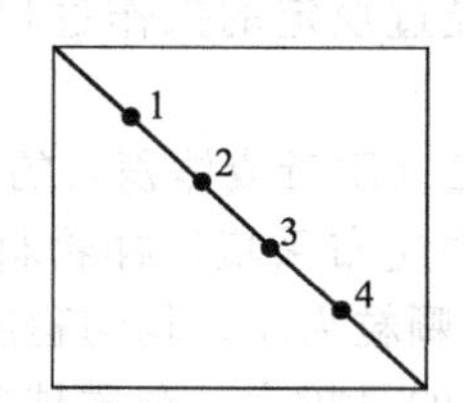

图 2-3　车厢中 4 点采样法（40～50t）

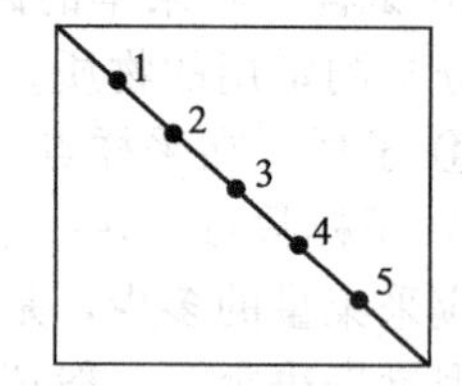

图 2-4　车厢中 5 点采样法（50t 以上）

对于矿石等块状不均匀试样物料的采集，一般与煤的采集相似。但应注意的是，当发现正好在布点处有大于 150mm 的块状物料，而且其质量分数超过总量的 5%，则应将这些大块的物料进行粉碎，然后用四分法缩分，取其中约 5kg 物料并入子样内。

若运输工具为汽车、畜力车或人力车，由于其容积相对较小，此时可将子样的总数平均分配到 1 或 2 个分析化验单位中，再根据运输量的大小决定间隔多少车采 1 个子样。

(3) 物料堆中采集

这种情况最为常见，物料通常堆成物料堆，例如煤，一个煤堆可能有成千上万吨的煤，图 2-5 是一个九千多吨的煤堆。要想在这么庞大的物料堆中采集有代表性的物料，首先要布点，即应根据物料堆的大小、物料的均匀程度等，核算应该采集的子样数目及采集量，然后根据有关标准进行布点采集。图 2-5 是对某一 9000t 煤物料堆进行试样物料采集的示例。

① 布点　在物料堆中布点时，应先将表层 0.1m 的部分用铲子除去。然后以地面为起点，在每间隔 0.5m 划一横线，再每间隔 1～2m 向地面划竖线，横线与竖线相交点即为采样点，如图 2-5 固体物料堆采样布点所示。

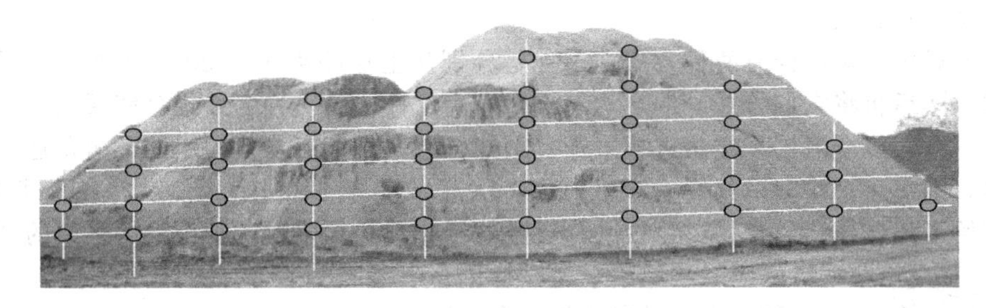

图 2-5　固体物料堆采样布点

② 采样　用铁铲在采样点处挖 0.3m 左右深度的坑，从坑的底部向地面垂直的方向挖够一个子样的物料量。最后将所采集的子样混合，即为原始平均试样。

2.1.2　液体物料试样的采集

液态物料，包括原材料及生产的最终产品，其存在形式和状态因容器而异。例如，有输送管道中流动着的物料，也有装在贮罐器（瓶）中的物料等。

（1）流动着的液体物料

这种状态的物料一般在输送管道中，可以根据一定时间内的总流量确定采集的子样数目、采集一个子样的间隔时间和每个子样的采集量。利用安装在管道上的不同采样阀（见图 2-6），可采集到管道中不同部位的物料。但必须注意，应将滞留在采样阀口以及最初流出的物料弃去，然后才正式采集试样，以保证采集到的试样具有真正的代表性。若流动着的液体物料是江河的流水，则必须按有关标准布点和采集其试样物料。

（2）贮罐（瓶）中的物料

贮罐包括大贮罐和小贮罐，两者的采集方法有区别。

① 大贮罐中物料试样的采集　由于其容积大，不能仅取易采集部分的物料作为试样物料，否则不具代表性。在这种情况下，一般使用的采样工具为采样瓶（见图 2-7），它是由金属框和小口具塞瓶组成。金属框架的重量有利于采样瓶顺利沉入预定的采样液位。小口瓶的材质可以选择玻璃或塑料。玻璃瓶的特点是易于清洗、透明而易于观察，但玻璃中的 Si、Na、K、B、Li 等成分易于溶出，可能造成对样品测定的干扰。另外，玻璃易碎、携带不便。而聚乙烯材质的小口瓶有很好的耐腐蚀性能，不易碎，不含重金属和无机成分，而且重量轻，是使用最多的采样容器。但是，聚乙烯瓶易于吸附重金属、磷酸盐和有机物等。长期存放水样时，细菌、藻类容易繁殖。另外，聚乙烯易受有机溶剂侵蚀，使用时必须多加注意。

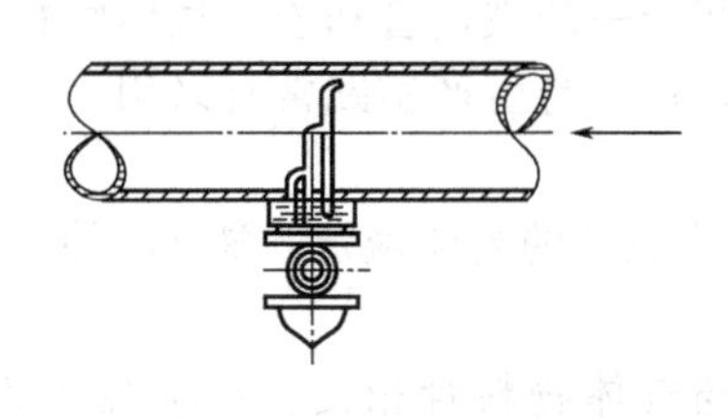

图 2-6　液体采样阀

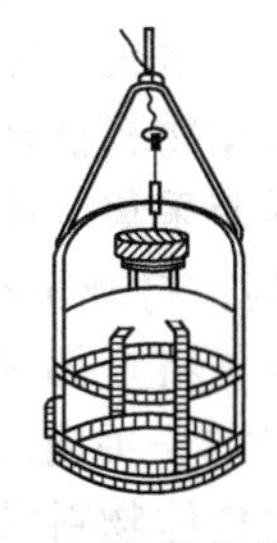

图 2-7　液体采样瓶

当需要采集全液层试样时，先将采样瓶的瓶塞打开，沿垂直方向将采样装置匀速沉入液体物料中，令其到达底部时，瓶内恰装满物料即可。若有自动采样装置，则可测出物料深度，调节好采样瓶下沉速度、时间，令其达到底部时，瓶内物料恰装满。这样采集的试样即为全液层试样。若是采集一定深度层的物料试样，则将采样瓶沉入到预定的位置时，通过系在瓶塞上的绳子打开瓶塞，使物料充满采样瓶后，将瓶塞盖好并提出液面。这样采集的物料为某深度层的物料试样。

从大贮罐中采集试样有两种方式：一种是分别从上层距离表层 200mm 处、中层、下层分别采样，然后再将它们合并、混合均匀作为一个试样；另一种为采集全液层试样。在未特别指明时，一般以全液层采样法进行采样。例如，有一批液态物料，用几个槽车运送，需采集样品时，则每一个槽车采集一个全液试样（大于或等于 500mL），然后将各个子样合并，制备为原始平均试样。而当物料量很大，运送的槽车数量很多时，则可根据采集的规则，统计好应采集原始平均试样的量、子样数目、子样的采集量等，再定下间隔多少个槽车采集一个子样。

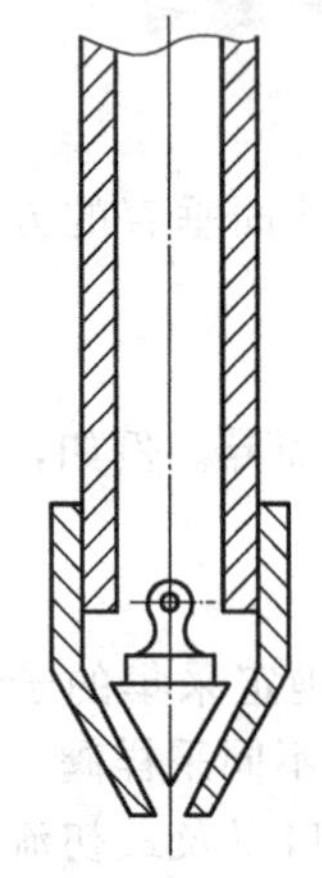

图 2-8 金属采样管

② 小贮罐、桶或瓶中物料试样的采集 由于容积不大，最简单的方法是将全罐（桶）搅拌均匀，然后直接取样分析。但若某些物料不易搅拌均匀时，则可用液态物料采样管进行采样。液态物料采集管一般有两种：一种是金属采样管（见图 2-8），由一条长的金属管制成。其管嘴顶端为锥体状，内管有一个与管壁密合的金属锥体。采样时，用系在锥体的绳子将锥体提起，物料即可进入。当欲采集的物料量足够时，即可将锥体放下，取出金属采样管，并将管内的物料置入试样瓶即可。另一种是玻璃材质制成的液体采样管，它是内径为 10～20mm 的厚壁玻璃管。由于玻璃采样管为一直管，当将此采样管插入物料中一定位置时，即可用食指按住管口，取出采样管，将管内物料置入试样瓶即可。

2.1.3 气体物料试样的采集

气态物料具有气体的特性，即有很好的扩散性、流动性和均匀性，同时气体具有各种状态，如静态和动态；正压和负压；常温、高温和深冷等。有些气体如氯气（Cl_2）、氯化氢（HCl）、二氧化硫（SO_2）等具有刺激性臭味和强的腐蚀性。因此，在采样前先要了解气体物料的性质及其状态，再根据分析项目具体要求不同选用相应的采样方法。同时，还一定要严格按采样的规范要求进行采样，并注意安全操作。

2.1.3.1 不同状态下气体物料试样的采集

(1) 常压气体物料试样的采集

常压气体是处于大气压下或近似大气压下气体的总称。处于这种状态的气体物料，可用图 2-9 所示的采样装置进行采集。图中瓶 1 为采气瓶，放置在高位；瓶 2 为封闭瓶，放置在低位。封闭瓶内装满与被采集气体不产生反应的液体，称为封闭液。两瓶用橡胶管连接，橡胶管中间夹上一个止水夹。瓶 1 的胶塞上装上带有活塞开关的玻璃管和连接气体物料出口的橡胶管。此采集气体物料试样的装置和方法简便易行，科研与生产实践常有采用。

常压气体采样瓶采集气体试样操作步骤如下。

① 将瓶 2 提高，打开止水夹 5 和瓶 1 上的活塞，让瓶 2 的封闭液流入瓶 1，并将瓶 1 充满，此时瓶 1 的空气将全部排出。

② 夹紧止水夹 5，关闭旋塞 4，然后将橡胶管 3 与气体物料管相接。在接橡胶管之前，将滞留在排气口的气体物料排走，并继续排放 1～2min。

③ 将瓶 2 放在低位处，然后打开止水夹 5 和旋塞 4，气体物料即可进入瓶 1。

④ 待气体物料进入瓶 1 至所需压力时，关闭旋塞。

(2) 低负压状态气体物料试样的采集

处于低负压气体物料的试样采集，一般不使用采气瓶装置。因为封闭液瓶所能产生的负压不足以将气体物料抽入，此时可用抽气泵如机械真空泵和流水真空泵。当采气量不大时，常用流水真空泵和采气管采样（见图 2-10、图 2-11）。

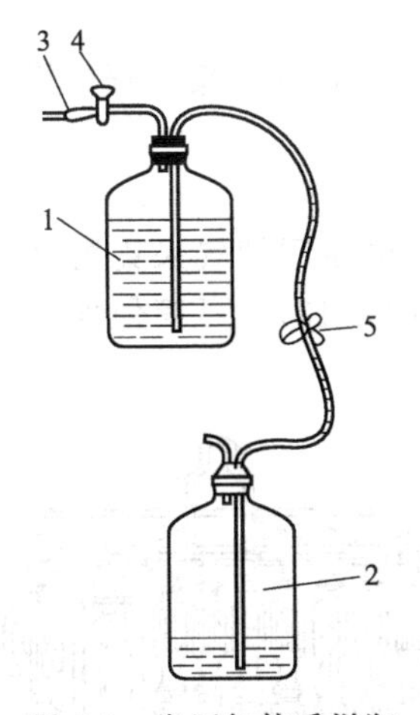

图 2-9 常压气体采样瓶

1—气样瓶；2—封闭液瓶；3—橡胶管；4—旋塞；5—止水夹

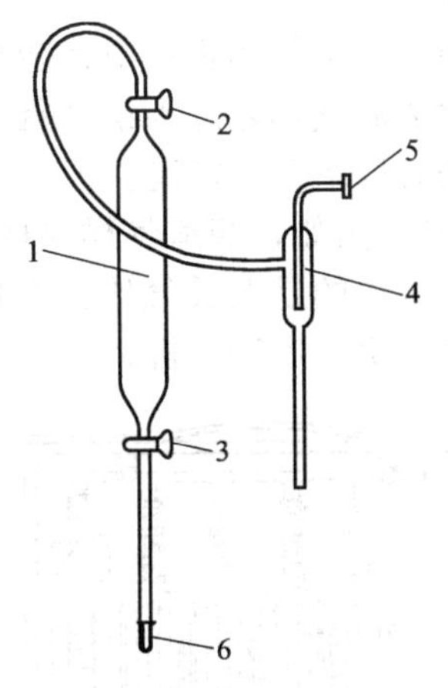

图 2-10 流水抽气法采样装置

1—气样管；2,3—旋塞；4—封闭液瓶；5—弹簧夹；6—橡胶管

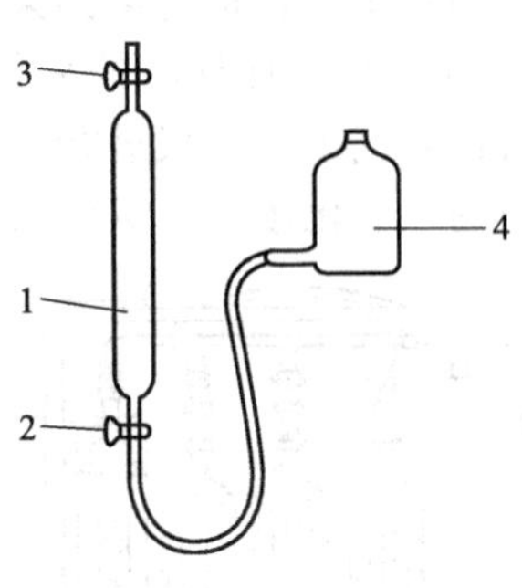

图 2-11 采气管

1—气样管；2,3—旋塞；4—封闭液瓶

(3) 正压状态气体物料的试样采集

气体压力高于大气压的气体称为正压气体。正压气体物料试样的采集，一般采用球胆、气袋和吸气瓶等装置。由于这种气体物料本身是正压，很容易被采进采样的器皿，用于常压气体物料的采样器，也可用于正压气体物料试样的采集。但应根据被采集气体物料的性质以及当时的状态，调整采样的操作条件。

(4) 超低负压状态气体物料试样的采集

气体压力远远低于大气压的气体物料称为超低负压气体物料。对于负压不太高的气体物料，可采用抽气泵减压法采样，但对于负压较高的气体燃料，则需采用特殊材质的集气瓶(管)(见图 2-12) 进行采样。

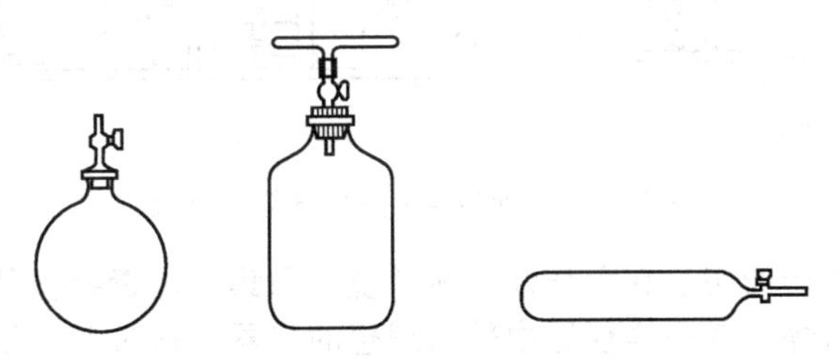

图 2-12 负压采样的抽真空容器

负压采样的抽真空容器操作步骤如下。

① 先将瓶（管）内的空气抽走，直至内压在 8.00～13.36kPa 以下。

② 关闭瓶（管）上的旋塞，然后称量，记为 m_0。

③ 用橡胶管将集气瓶与采样装置连接。

④ 开启集气瓶上的旋塞，气体物料进入集气瓶（因为抽空后集气瓶内压比气体物料的负压更低）。

⑤ 关闭旋塞，然后称量，记为 m_1，两次称量之差即为气体的质量。

$$m=m_1-m_0 \tag{2-2}$$

式中 m——气体物料的质量；

m_1——集气瓶与气体物料的总质量；

m_0——空集气瓶的质量。

2.1.3.2　实际工业气体物料的采样方法

工业气体物料的情况比较复杂，如果气体物料中夹杂有灰尘，可以在采集过程中接入内装滤料的过滤装置，以便将灰尘除去后气体才进入集气瓶。

根据实际目标对象的采样方法有以下几种情况。

① 直接气体样品的采集及测定　例如，烟道气样品的采集，可使用烟气采集器直接采集后进入气体分析仪进行分析，最常用的是奥氏气体分析仪（见图 2-13），可简便地对烟道气中的二氧化碳、一氧化碳和氧气等组分进行分析。

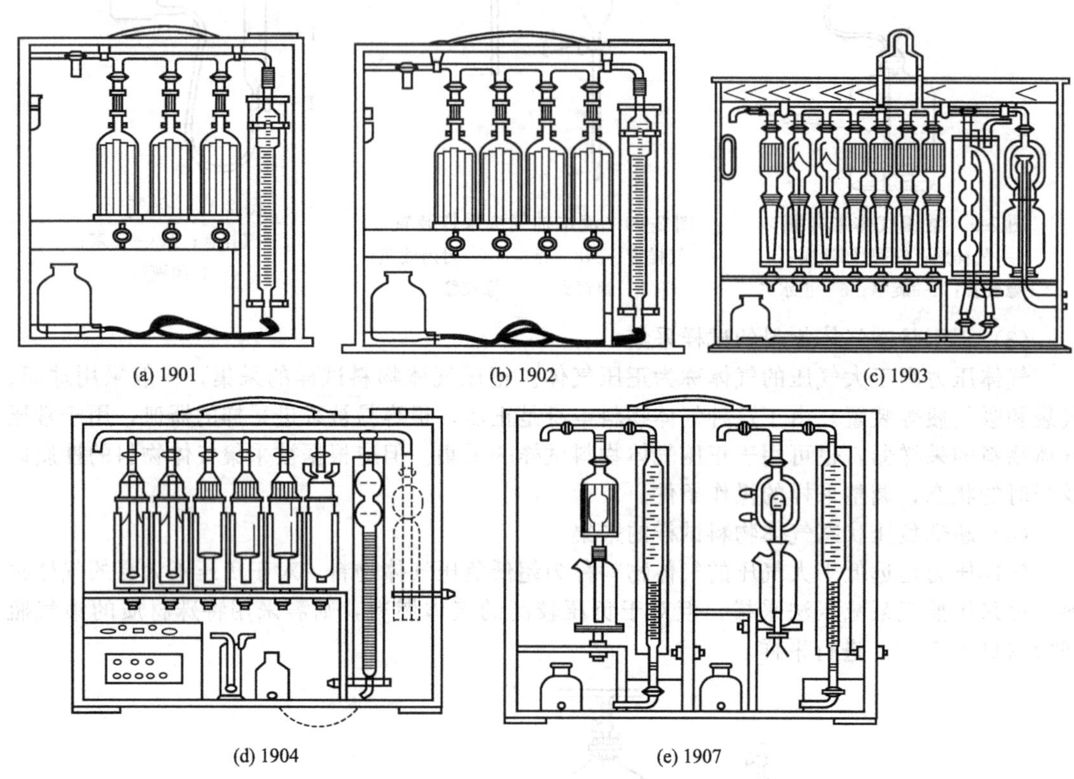

图 2-13　各种型号的奥氏气体分析仪

兴宇分析仪器厂生产的用于在爆炸性气体环境中采集气体毒物样品的非常规性仪器，是目前国内小型携带式防爆大气采样仪器中较为理想的仪器。通过调换不同的采样负载，既可采集有毒气体，也可与活性炭采样管、硅胶采样管、采气袋及多种固体吸附剂管等配套使用(见图 2-14、图 2-15)。特别适用于含有瓦斯爆炸性气体的环境监测、疾病预防、劳动保护、

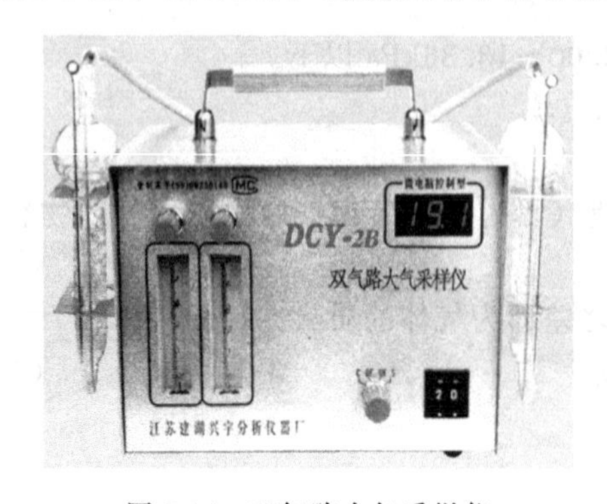

图 2-14　双气路大气采样仪

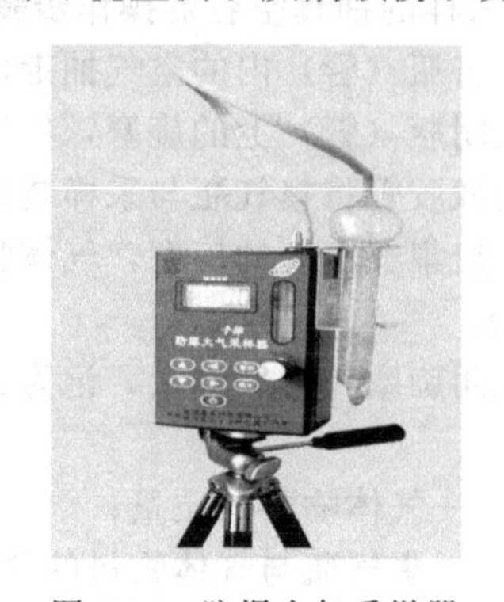

图 2-15　防爆大气采样器

安监、军事、气象、科研教学、矿山、冶金、化工等部门的卫生监测和评价，也可与有关仪器配套使用。

② 气体中悬浮物或气溶胶微粒的采集　采集的目标对象为气体中悬浮物或气溶胶微粒时，一般采用吸附剂吸附。吸附剂一般有固体吸附剂和液体吸附剂两种。

固体吸附剂有颗粒状吸附剂和纤维状吸附剂两种。前者有硅胶、素陶瓷等，后者有滤纸、滤膜、脱脂棉、玻璃棉等，吸附作用主要是物理性阻留，用于采集气溶胶。硅胶常用的是粗孔及中孔硅胶，这两种硅胶均有物理和化学吸附作用。素陶瓷需用酸或碱除去杂质，并在 110～120℃烘干，由于素陶瓷并非多孔性物质，仅能在粗糙表面上吸附，所以采样后洗脱比较容易。采用的滤纸及滤膜要求质密而均匀，否则采样效率降低。

吸收液主要用于吸收气态物质。常用的吸收液有水、试剂水溶液、有机溶剂等。吸收液的选择依据被测物质的性质及所用分析方法而定。但是，吸收液必须与被测物质发生反应快，吸收效率高，同时便于此后分析步骤的操作。

气体中悬浮物或气溶胶微粒的采集见图 2-16～图 2-18。

图 2-16　大气采样器正在工作

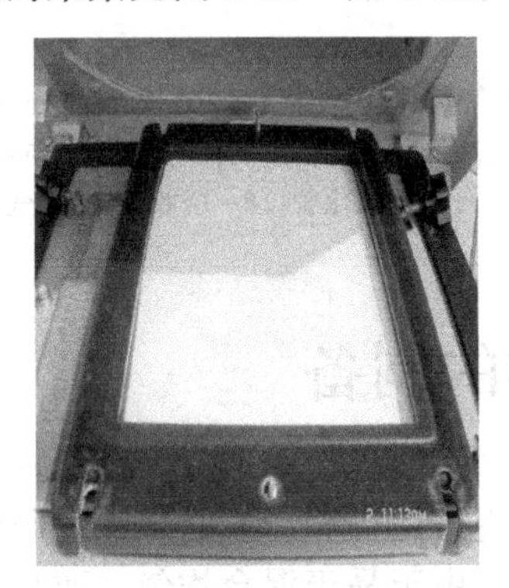

图 2-17　采样前白的滤膜

图 2-18　采样后滤膜变黑

③ 生产或实验过程中气体产物的在线采集　图 2-19 是火电站烟气在线分析及采样分析点一览图。

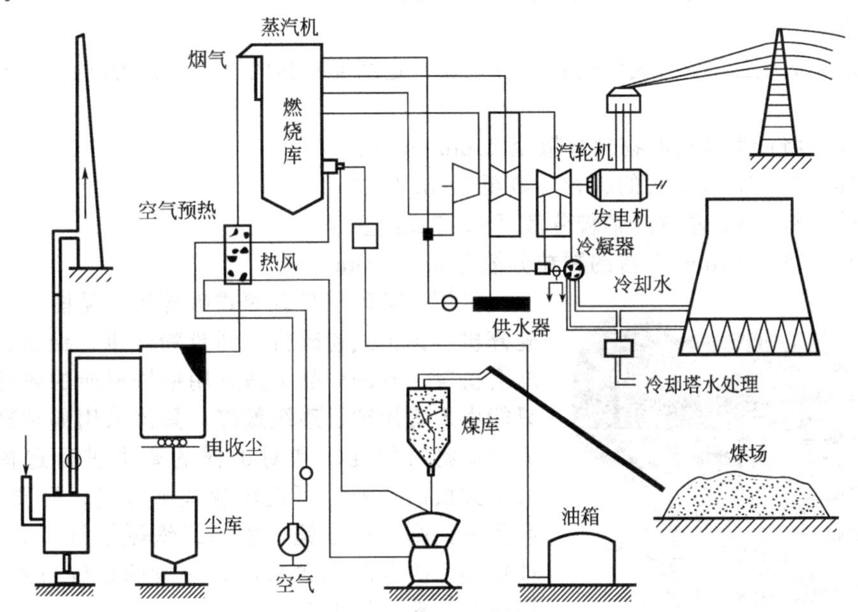

图 2-19　火电站烟气在线分析及采样分析点一览图

④ 联用技术试样采集处理及测定　图 2-20 是煤燃烧产生气体中氮氧化物的采集和前处理的实验装置示意图。使用气体采集器采集从管式燃烧炉产生的气体，气体经净化管除去粉尘等杂质后进入氧化管，然后直接进入装有吸收液的筛板吸收管里。烟气中的 NO_x 与吸收-偶合剂（对氨基苯磺酸-冰醋酸-盐酸萘乙二胺）进行反应，生成稳定的玫瑰红色，将此溶液于 540nm 处，在分光光度计上测定其吸光度，根据反应量的关系可求出煤中燃料型氮的含量。若采用流通池分光光度计对显色后的试液测定，即可实现在线分析。

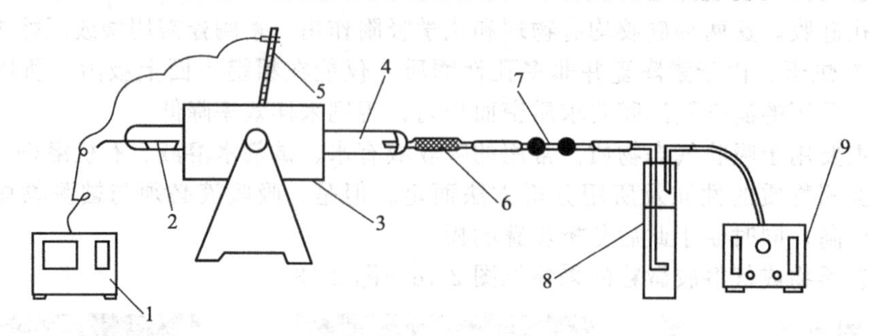

图 2-20　煤燃烧产生气体中氮氧化物的采集和前处理的实验装置示意图
1—高温电炉控制器；2—瓷舟；3—管式炉；4—石英管；5—热电偶；
6—滤料；7—双球氧化管；8—吸收瓶；9—气体采样器

2.2　固试物料试样的制备

原始平均试样物料一般不能直接用于分析，必须经过制备处理，才能成为供分析测试用的试样。对于液态和气态的物料。由于易于混合均匀，而且采样量较少，经充分混合后，即可分取一定的量进行分析测试；对于固体的原始平均试样物料，除粉末状和均匀细颗粒的原料或产品外，往往都是不均匀的，不能直接用于分析测试。将固体物料试样制备成用于分析测定的试样，一般要经过破碎、过筛、混匀和缩分四个步骤。

2.2.1　破碎

通过机械或人工方法将大块的物料分散成一定细度物料的过程，称为破碎。破碎可分为四个阶段。

① 粗碎：将最大颗粒的物料分散至 25mm 左右。

② 中碎：将 25mm 左右的颗粒分散至 5mm 左右。

③ 细碎：将 5mm 左右的颗粒分散至 0.15mm 左右。

④ 粉碎：将 0.15mm 左右的颗粒分散至 0.074mm 左右。

图 2-21　颚式破碎机

常用的破碎工具有颚式破碎机（见图 2-21）、锥式轧碎机、锤击式粉碎机、圆盘粉碎机、钢臼、铁碾槽、球磨机等。有的样品不适宜用钢铁材质的粉碎机破碎，只能由人工用锤子逐级敲碎。具体采用哪种破碎工具，应根据物料的性质和对试样的要求进行选择。例如，大量大块的矿石，可选用颚式破碎机；性质较脆的煤和焦炭，则可用手锤、钢臼或铁碾槽等工具，而植物性样品，因其纤维含量高，一般的粉碎机不适合，选用植物性粉碎机为宜。

对物料进行破碎，其目的是为了把试样粉碎至一定的细度，以便于试样的缩分处理，同时也有利于试样的分解处理。当上述工序仍未达到要求时，可以进一步用研钵（瓷或玛瑙材质）研磨。为保证试样具有代表性，要特别注意破碎工具的清洁和不能磨损，以防引入杂质。同时要防止破碎过程中物料跳出和粉末飞扬，也不能随便丢弃破碎的任何颗粒。

2.2.2 过筛

粉碎后的物料需经过筛分。在筛分之前，要视物料的情况决定是否需烘干，以免过筛时黏结或将筛孔堵塞。

试样过筛常用的筛子为标准筛。其材质一般为钢网或不锈钢网（见图 2-22、图 2-23），有人工操作和机械振动两种方式。

图 2-22 不同规格的标准筛

图 2-23 煤样筛（孔径 2.5mm）

根据孔径的大小，即 1in（1in＝25.4mm）距离的筛眼数目或 $1cm^2$ 的面积中有多少筛孔，筛子可分为不同的筛号。表 2-1 列出常用筛号与孔径的对照表。在物料破碎后，要根据物料颗粒的大小情况，选择合适筛号的筛子对物料进行筛分。但必须注意的是，在分段破碎、过筛时，可先将小颗粒物料筛出，而对于大于筛号的物料不能弃去，要将其反复破碎后令全部物料都通过筛孔。缩分操作至最后得到的样品，则应根据要求，粉碎及研磨到一定的细度，全部过筛后作为分析样品贮存于广口磨砂试剂瓶中。

表 2-1 分析用分样筛筛号及孔径

筛号	孔径		网线直径	筛号	孔径		网线直径
	in	mm	mm		in	mm	mm
$3^{1/2}$	0.223	5.66	1.4478	45	0.0138	0.350	0.2210
4	0.187	4.76	1.270	50	0.0117	0.297	0.1880
5	0.157	4.00	1.1176	60	0.0098	0.250	0.1626
6	0.132	3.36	1.016	70	0.0083	0.210	0.1397
8	0.0937	2.38	0.8407	80	0.0070	0.177	0.1194
10	0.0787	2.00	0.7595	100	0.0059	0.149	0.1016
12	0.0661	1.68	0.6909	120	0.0049	0.125	0.0864
14	0.0555	1.41	0.6096	140	0.0041	0.105	0.0737
16	0.0469	1.19	0.5410	170	0.0035	0.088	0.0635
18	0.0394	1.10	0.4801	200	0.0029	0.074	0.0533
20	0.0331	0.84	0.4191	230	0.0024	0.062	0.0457
25	0.0280	0.71	0.3708	270	0.0021	0.053	0.0406
30	0.0232	0.59	0.3302	325	0.0017	0.044	0.0356
35	0.0197	0.50	0.2896	400	0.0015	0.037	0.0330
40	0.0165	0.420	0.24898				

2.2.3 混匀

混匀的方法有人工混匀法和机械混匀法两种。

(1) 人工混匀法

人工混匀法是将原始平均试样或经过破碎后的物料置于木质或金属材质、混凝土质的板上，以堆锥法进行混匀。具体的操作方法是：用一铁铲将物料往一中心堆积成一圆锥（第一次）；然后将已堆好的锥堆物料用铁铲从锥堆底开始一铲一铲地将物料铲起，在另一中心重堆成圆锥堆，这样反复操作3次。堆锥操作时，每一铲的物料必须从锥堆顶自然洒落，而且每铲一铲都朝同一方向移动，以保证混匀。

(2) 机械混匀法

将欲混匀的物料倒入机械混匀（搅拌）器中，启动机器，经一段时间运作，即可将物料混匀。

另外，经缩分、筛分后的小量试样，也可采用一张四方的油光纸或塑料膜、橡胶布等，反复对角线掀角，使试样翻动数次，将试样混合均匀。

2.2.4 缩分

在不改变物料平均组成的情况下，通过某些步骤，逐步减少试样量的过程称为缩分。常用的缩分方法有如下两种。

(1) 分样器缩分

采用分样器（见图2-24、图2-25）缩分法的操作如下：用一特制的铲子（其铲口宽度与分样器的进料口相吻合），将待缩分的物料缓缓倾入分样器中，进入分样器的物料顺着分样器两侧流出，被平均分成两份。将一份弃去（或保存备查），另一份则继续进行再破碎、混匀、缩分，直至所需的试样量。用分样器对物料进行缩分，具有简便、快速、减小劳动强度等特点。分样器有各种不同规格，可按需选用。

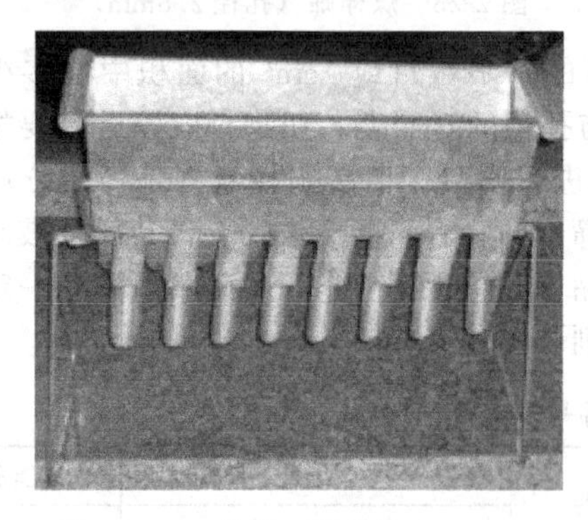

图2-24 二分器（孔径约32.5mm）

图2-25 缩分后的物料一半留下，另一半弃去

(2) 四分法

如果没有分样器，最常用的缩分方法是手工四分法，尤其是样品制备程序的最后一次缩分，基本都采用此法。四分法（见图2-26、图2-27）的操作步骤如下。

① 将物料按堆锥法堆成圆锥。

② 用平板在圆锥体状物料的顶部垂直下压，使圆锥体成圆台体。

③ 将圆台体物料平均分成4份。

④ 取其中对角线作为一份物料，另一份弃去或保存备查。

⑤ 将取用的物料再按①～④步骤继续缩分至100～500g（或视需要量而定），即缩分程序完成。

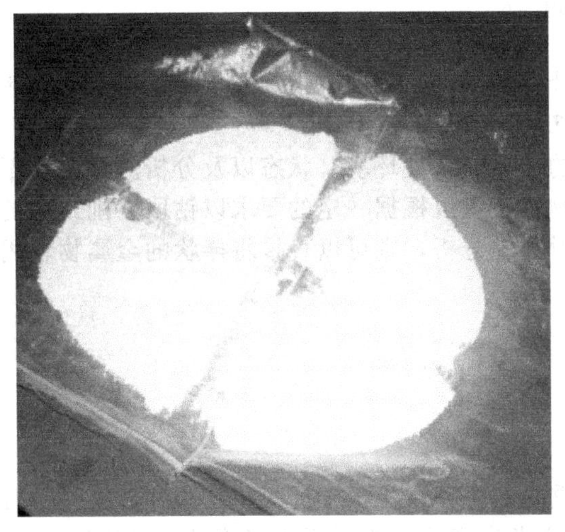
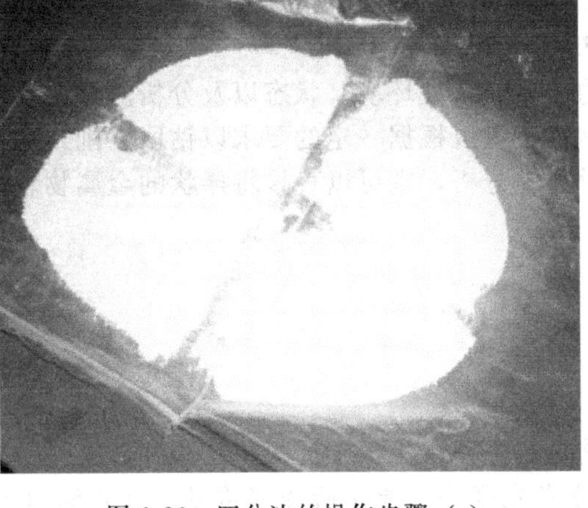

图 2-26　四分法的操作步骤（a）

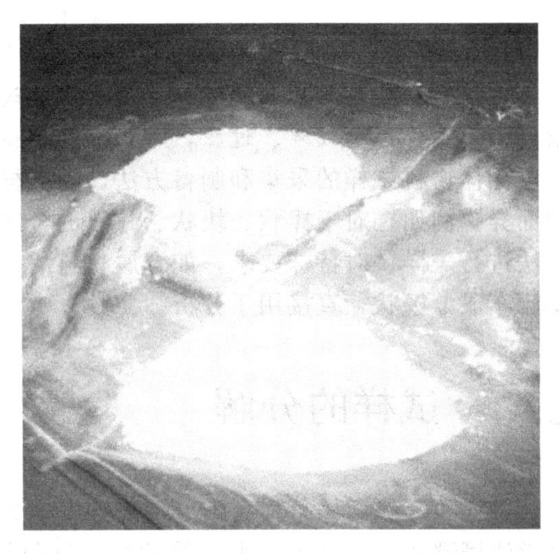

图 2-27　四分法的操作步骤（b）

将最后得到的物料装入广口磨砂试剂瓶或密封袋中贮存备用（见图 2-28），同时贴上标签，标明该物料试样的基本信息（见表 2-2）。

图 2-28　制备好的煤试样装入密封袋备用

表 2-2　标签基本信息

试样名称：
采集地点：
采集时间：
采集人：
制样时间：
制样人：
制成试样量：
过筛号：

常用的缩分法还有棋盘缩分法和正方形缩分法，其操作方法与四分法基本相同。

缩分是样品制备过程中重要的一个步骤。如何在这一环节中确保缩分的质量，同时又节省人力、物力，可以根据经验公式(2-1) 计算缩分的次数。

【例 2-1】 被送到实验室的原始平均试样物料是直径为 2mm 的矿石，质量 4kg，要缩分出有代表性的样品最小质量，应缩分几次？设 $K=0.04$。

解：根据经验公式(2-1) 得：

$$Q \leqslant Kd^2 = 0.04 \times 2^2 = 0.16(\mathrm{kg})$$

缩分 n 次后，$Q_{缩分}=\frac{Q_{样品}}{2^n}$，可得

$$n=\frac{\lg Q_{采样}-\lg Q_{缩分}}{\lg 2}$$

$$n=\frac{\lg4-\lg0.16}{\lg2}=5$$

即在上述条件下，只能缩分 5 次。若超过计算的次数，这样就不具代表性。而需进一步缩分，则要再经过破碎、过筛，再根据具体情况决定缩分的次数。

固体物料试样的采集和制备方法，因试样的性质、所处环境、状态以及分析测试要求不同而异。例如，对于棒状、块状、片状的金属物料，可以根据一定的要求以钻取、削或剪的方法进行采样；对特殊要求，如金属材料的发射光谱分析，则可以直接将棒状的金属物料用车床车成电极状，直接用于分析。

2.3 试样的分解

试样的分解同样是样品预处理步骤中极为重要的一环。化学分析法和仪器分析法［发射光谱法摄谱法、X 射线荧光法等例外，只包括分光光度法、原子吸收光度法、ICP 法（inductively coupled plasma）、电化学分析法、色谱分析法等］，都必须将固态的试样进行溶（或熔）解，制备成试样溶液才能进行测定。尤其是在新仪器新技术大量涌现的今天，分析测试界的工作者和科研人员在多年前已关注到影响分析测试结果准确性的瓶颈问题——试样的预处理，并对试样预处理给予了高度的重视，成为研究的热点。一般试样的分解应遵循如下要求和原则。

① 试样分解必须完全。这是分析测试工作的首要条件，应根据试样的性质，选择适当的溶（熔）剂、合理的溶（熔）解方法和操作条件，并力求在较短时间内将试样分解完全。

② 防止待测成分的损失。分解试样往往需要加热，有些甚至蒸至近干。这些操作往往会发生暴沸或溅跳现象，使待测组分损失。此外加入不恰当的溶剂也会引起组分的损失。例如，在测定钢铁中磷的含量时，不能采用 HCl 或 H_2SO_4 作溶剂，因为部分的磷会生成 PH_3 逸出，使待测组分磷损失。

③ 不能引入与待测组分相同的物质。在分解试样过程中，必须注意不能选用含有被测组分的试剂和器皿。例如，测定的组分是磷，则所用的试剂不能含有磷；测试硅酸盐试样，不能选用瓷坩埚（本身为硅酸盐材质）作为器皿溶样，因在试样分解过程中，瓷坩埚可能被腐蚀和溶出与被测组分相同的硅酸盐等物质。

④ 防止引入对待测组分测定引起干扰的物质。这主要是要注意所使用的试剂、器皿可能产生的化学反应而干扰待测组分的测定。

⑤ 选择的试样分解方法与组分的测定方法相适应。例如，采用质量分析法和滴定分析法（K_2SiF_6）测定 SiO_2 时，两者的试样分解方法就不同。前者可用 Na_2CO_3 或 NaOH 分解试样；而后者不能采用 Na_2CO_3 或 NaOH 为熔剂，必须用 K_2CO_3 熔融。

⑥ 根据溶（熔）剂的性质，选用合适的器皿（如坩埚、容器等）。因为，有些溶（熔）剂会腐蚀某些材质制造的器皿，所以必须注意溶（熔）剂与器皿间的匹配。

本节主要介绍经典的湿法和干法试样分解方法。现代试样预处理方法，如固相萃取、固相微萃取、超声萃取、超临界萃取、微波消解（萃取）、加速溶剂萃取等将在第 15 章和第 16 章中介绍。经典的湿法和干法试样分解方法有以下几种。

2.3.1 水溶解法

水是一种良好的溶剂。由于价格低廉、易得，因此，当采用溶解法分解试样时，首先应考虑水作为溶剂是否可行。

碱金属盐、大多数碱土金属盐、铵盐、无机酸盐（钡、铅的硫酸盐、钙的磷酸盐除外）、无机卤化物（除了银、铅、汞的卤化物外）等试样都可以用水溶解。若溶解后制备的稀溶液出现浑浊等现象时，可加入适量相应的酸，即可使溶液澄清。

2.3.2 酸分解法

利用酸的酸性、氧化性或还原性和配位性将试样中的被测组分转移入溶液中的方法，称为酸分解法。这是一种最常用的分解试样方法，所采用的酸有盐酸、硝酸、磷酸、氢氟酸和高氯酸等。为了提高酸分解的效果，除了采用单一酸作为溶剂外，也常用两种或两种以上的混合酸对某些较难分解的试样进行处理。

（1）盐酸分解法

利用盐酸的酸性（氢离子效应）、还原性和氯离子的强配位性对试样（例如，元素周期表中电极电势排在氢之前的金属或合金）进行分解是十分有效的。在水溶液中，盐酸中的 Cl^- 可以和许多金属离子形成配合物，Au(Ⅲ)、Ti(Ⅲ)、Hg(Ⅱ) 等价态的金属离子也能与 Cl^- 反应生成配合物。利用 Cl^- 的还原性和配位反应，盐酸还能溶解软锰矿（MnO_2）和褐铁矿（Fe_2O_3）等。

大多数的碳酸盐、氧化物、氢氧化物、磷酸盐、硼酸盐、硫化物及许多其他的化合物都可用盐酸进行分解。某些硅酸盐也可用盐酸进行分解，生成澄清的溶液或硅胶凝胶，如沸石、方钠石、蓝方石、钠沸石、方沸石、菱沸石、硅钙硼石等。水泥熟料试样也可用盐酸进行分解。

但对于灼烧过的 Al、Be、Cr、Fe、Ti、Zn，或者对于 SnO_2、Sb_2O_5、Nb_2O_5、Ta_2O_5 和 Th 的氧化物，还有磷酸锆、独居石、钇矿及锶、钡、铅的硫酸盐、碱土金属的氟化物（氟化铍可溶）等，它们都不能用盐酸进行分解。

以上所述的属于非特殊措施下的分解。如果改变分解条件，则可将在常规情况下不能分解的试样也得以分解或转化。例如，在一个密闭的容器中，用 $8mol \cdot L^{-1}$ HCl，在 100℃ 条件下处理十二烷基磺酸钠，2h 后即可将其完全转化为十二醇。又如，为了分析蛋白质的氨基酸含量，人们就是采用盐酸水解法将蛋白质进行水解的。

（2）硝酸分解法

硝酸具有很强的酸性和氧化性。除了铂、金以及某些稀有金属外，浓硝酸几乎可以分解所有的金属试样，生成的硝酸盐绝大多数溶于水。但如铝、硼、铬、镓、铟、铌、钽、钍、钛、锆和铪等金属若将它们浸泡在硝酸中，其表面会形成稳定的不溶性氧化物保护层，钙、镁和铁也会被浓硝酸钝化，以上这些金属不能用硝酸分解。

硝酸是硫化物和含硫矿石样品的良好溶剂，可以通过氧化作用将试样中的硫氧化成元素硫，或进一步反应生成硫酸盐，甚至可控制硝酸的浓度和反应的温度，使其发生复分解反应，生成硫化氢逸出。

硝酸的配位能力很弱，即使有某些金属在水溶液中能与硝酸生成配合物，其原子与原子间也极易离解。为了充分利用硝酸的强氧化性，扩大硝酸在分解试样中的应用，早在 8 世纪，人们就开始使用王水。王水是用 1 份硝酸和 3 份盐酸混合而成的。除了极个别的金属不能溶解外，许多不能溶解在硝酸里的金属、合金、矿石等，都能在王水中迅速分（溶）解。对于不同的试样，也可采用逆王水即 3 份硝酸和 1 份盐酸的混合物进行分解。实际上，根据试样的情况，可以调节硝酸和盐酸的比例，配制出不同的混合酸以适应分解不同样品的要求（见表 2-3）。

硝酸除了与盐酸配成混合溶剂使用外，硝酸与氢氟酸的混合溶剂和硝酸-氢氟酸-高氯酸混合溶剂也常有使用（见表 2-4）。

表 2-3 用硝酸-盐酸混合液溶解试样（举例）

样品:质量	混合酸
铬/镍合金钢:0.5g	5mL HNO_3(68%)+5mL HCl(38%)
钢:0.05g	2mL 浓 HNO_3+3mL 浓 HCl
钢:0.5g	2.5mL 浓 HNO_3+5mL 浓 HCl+3mL H_2O
铁/镍高温合金:0.1g	10mL HNO_3+HCl+H_2O(1∶1∶1)
镍合金:0.1g	30mL HNO_3+HCl+H_2O(1∶1∶1)
钼铁合金:0.1g	0.2mL 浓 HNO_3+2.5mL 浓 HCl
铜合金:0.25g	2.5mL 浓 HNO_3+2.5mL 浓 HCl+5mLH_2O
铜合金:0.09g	1mL 混合酸[1 份 HCl(1+1)+5 份 HNO_3(1+1)]
黄铁矿:0.5g	10~20mL 混合酸(3 份浓 HNO_3+1 份浓 HCl)
硫化铜矿石:0.15~0.3g	43mL 混合酸(40 体积 15mol·L^{-1} HNO_3+3 体积 12mol·L^{-1} HCl)

表 2-4 用硝酸-氢氟酸、硝酸-氢氟酸-硫酸（高氯酸）或硝酸-氢氟酸-盐酸溶解试样（举例）

样品:质量	混合酸
高纯硅:1g	30mL HNO_3+HF+H_2O(1∶1∶1)
硅铁合金:0.2g	40mL HNO_3(d=1.4)+10mL HF(40%)
硅合金:0.2~0.4g	1.1mL HNO_3+HF(5∶3)+0.3mL H_2O
硅/铝合金:0.5g	20mL HNO_3(d=1.4)+2~10mL HF(40%)
锰/硅合金:1~2g	30mL HNO_3(d=1.4)+2~4mL HF(40%)
硅化物:0.1g	3mL 浓 HNO_3+10 滴 HF
$CdSiAs_2$ 半导体:0.06~0.2g	几滴浓 HNO_3+20mL 20mol·L^{-1} HF
钛:5g	5mL HNO_3(d=1.4)+30mL HF(40%)+50mL H_2O
含钼、锡、锆的钛合金:1g	20mL HNO_3+HF+H_2O(1∶2∶1)
铌、钛、锆、钨:0.5g	5mL 15mol·L^{-1} HNO_3+2~5mL HF(40%)+13mL 9mol·L^{-1} H_2SO_4
钽:1g	2mL HNO_3(1+1)+8mL HF(1+1)
铌合金(铌/锡/锆和铌/铝/锆):0.5~0.7g	5mL 15mol·L^{-1} HNO_3+2~5mL HF(40%)+35mL H_2SO_4(d=1.84)
铌/钽合金钢:0.5g	5mL HNO_3(d=1.42)+2mL HF(40%)+5mL H_2O
钽钢:1g	30mL 王水+6mL HF(40%)
铌、钨铼合金:0.5~1g	2~5mL HNO_3(重复加)+5~7mL HF
铌/锡合金:3~4mg	3 滴浓 HNO_3+2~3 滴 HF
锆:0.01~0.1g	20mL 8mol·L^{-1} HNO_3+1~2mL 7mol·L^{-1} HF
锆钢:0.1~0.5g	20mL HNO_3+HCl(1∶1)+5mL HF(40%)
铀/锆/铂合金	王水+HF(2g/g 锆)
钨和钨合金:1~25g	5mL 浓 HNO_3+2.5mL 浓 HF
钨:0.4g	1mL HNO_3+2mL HF
铁钨合金:0.5g	10mL HNO_3(d=1.4)+10mL HF(40%)
钨合金:1g	nmL HNO_3+10mL HF+2~3mL 浓 H_2SO_4

在采用硝酸或硝酸与其他酸的混合溶剂分解试样时，要特别注意器皿的匹配和反应条件的控制。

由于有机酸的配位作用可防止金属离子的水解，因此，以硝酸和有机羧酸混合的混合溶剂有特别的用途。如硝酸+柠檬酸可溶解铅-锑合金；硝酸+柠檬酸+酒石酸的混合溶剂可溶解铅-锡合金；硝酸+草酸钠的混合溶剂可以溶解半导体材料，如铅碲和锗锑等。

（3）硫酸分解法

① 非氧化性溶解　稀硫酸不具有氧化性。在化学分析中常用稀硫酸来溶解氧化物、氢氧化物、碳酸盐、硫化物及砷化物矿石。由于硫酸钙微溶于水，因此当试样中钙为主要成分

时，不能用硫酸作溶剂。

② 氧化性溶解　热浓硫酸具有很强的氧化性和脱水性。用其可以分解金属及合金，如锑、氧化砷、锡铅的合金以及冶金工业的产品。除此之外，几乎所有的有机物都能被热浓硫酸氧化（或称消化），金属中的氮化物如氮化钒、氮化钕、氮化钼等也可用硫酸与硫酸氢钾或硫酸与硫酸钾、硫酸铜的混合物作为溶剂进行分解。

（4）磷酸分解法

磷酸是一种中等强度的酸。磷酸分解法除利用它的酸效应外，还利用它在加热情况下生成的焦磷酸和聚磷酸对金属离子具有很强的配位作用，所以常用来分解合金钢试样或某些难溶的矿样，如铬矿、氧化铁矿和炉渣等。但要注意，单独使用磷酸溶样时，不要长时间加热，以免生成多聚磷酸难溶物。用磷酸或磷酸与其他酸的混合酸对试样的分解应用见表2-5。

表 2-5　用磷酸溶解试样（举例）

样品:质量	测定元素	酸的用量	条　件
Al_2O_3:0.1～0.2g	Na	2mL H_3PO_4(85%)+3.5mL H_2SO_4(浓)	煮沸约 10min
Al_2O_3:0.15g	Na、Mg	15mL H_3PO_4(浓)	185℃,15～45min
铝炉渣:0.2g	Na	5mL 混合物的[4 份 H_2SO_4(1:1)+1 份 H_3PO_4(1:1)]	加热到冒烟
铁矿:1g	Mn	15mL H_3PO_4(85%)+几滴浓 H_2SO_4	加热到冒烟
铁矿:0.1g	Fe(Ⅱ)	10g 缩合磷酸	290℃,30min
铬铁矿:0.2g	Fe(Ⅱ)	15～20mL H_3PO_4(d=1.92)	300～320℃,20～30min
铬铁矿:0.25g	Fe(Ⅱ)	20mL H_3PO_4(d=1.7)+10mL H_2SO_4(浓)	加热到冒烟,10～12min
铬矿石、铬菱镁矿:0.2g	Cr、Al、Fe、Ca、Mg、Si、Ti	15mL H_2SO_4(85%)	300～310℃,约 1h
铁氧体:0.1～0.15g	Fe(Ⅱ)	10mL H_3PO_4(85%)	220℃,30min
铁氧体:0.1g	Fe(Ⅱ)	25mL H_3PO_4(d=1.69)+5mL H_2O+3g 草酸	室温,二氧化碳气氛
硅酸盐:0.50g	Fe(Ⅱ)	25mL 混合物的[4 份 H_3PO_4(85%)+1 份 H_2SO_4(浓)]	360～380℃,35～90min
黏土:0.5～1g	石英	25mL H_3PO_4(浓)	250℃,5min

（5）氢氟酸分解法

氢氟酸分解法广泛用来分解各种天然和工业生产的硅酸盐。对于一般分解方法难于分解的硅酸盐，可用氢氟酸为溶剂，在加压和温热的情况下很快便可分解。氢氟酸的酸性较弱，但其配位能力很强，若与硝酸、高氯酸、磷酸或硫酸混合使用，则可用于分解硅酸盐、磷矿石、银矿石、石英、富铝矿石、铌矿石和含铌、锗、钨的合金钢等试样。

采用氢氟酸分解的另一特点是：分解后制备的试样溶液可不必赶去氟而直接用于原子吸收法、光焰光度法、分光光度法和纸色谱法等。由于氢氟酸具有毒性和强的腐蚀性，操作人员必须在有防护工具和通风良好的环境下操作。另外，用氢氟酸分解试样，一般都采用铂器皿或聚四氟乙烯（俗称塑料王）材质的容器。但聚四氟乙烯在高温（超过 250℃）条件下将分解产生有毒的氟异丁烯气体，因此，必须控制聚四氟乙烯材质容器的使用温度。

将氢氟酸分解制备的试液进行蒸发时，试液中的某些组分（如砷、硼、钛铌、钽等）可能会部分或全部损失。而硅和氟化氢反应生成氟化硅挥发除去，反应如下：

$$SiO_2 + 6HF = H_2SiF_6 + 2H_2O$$

$$H_2SiF_6 \rightleftharpoons SiF_4\uparrow + 2HF$$

$$TiO_2 + 4HF = TiF_4\uparrow + 2H_2O$$

用氢氟酸分解试样的应用见表 2-6。

表 2-6 用氢氟酸分解试样（不除去氟离子）（举例）

样品:取样量	测定元素	分解试剂	条件
石英:0.2g	Fe、Al、Mg、Ca、Ti	5mL HF(40%)	15min,水浴
硅酸盐:0.2g	Si、Al、Fe、Mg、Ca、Na、K、Ti、Mn、Cr	5mL HF(40%)	30～60min,150～250℃(加压容器)
硅酸盐、锆英石:20～100mg	Si	1～1.5mL HF	2～20h、400～425℃(加压容器)
硅酸盐:3～20mg	Fe(Ⅱ)	1mL HF(40%)	4h～3d,室温
硅酸盐:50mg	Si、Al、Fe、Ti、V、Mg、Na、K	0.5mL 王水+3mL HF(48%)	30～40min,110℃(加压容器)
硅酸盐、铝土矿、铁矿等:0.1g	Si	2～3g HF(40%)+2～3mL H_2O	15min,80℃水浴
硼硅玻璃:0.25g	B	3mL(48%)HF+2～3mL H_2O	室温
玻璃、硅酸盐:0.1g	碱金属	3mL 混合物[3 份 HF(48%)+1 份浓 HCl]	室温,搅拌 5min
玻璃:0.1～0.15g	Si、Al、Fe、Ti、Mg、Ca、Na、K	0.3mL 王水+4mL HF(48%)	30min,105℃
水泥:0.4g	Si	0.5mL HF(40%)+6mL HCl(d=1.16)+10mL H_2O	冷处
铁矿:0.1～0.4g	Si	10mL HF(1∶1)+15mL 浓 HCl	1h,水浴
菱镁矿:0.5g	Fe、Al、Ca、Si	5mL HF+5mL HCl	—
铝土矿:0.2g	Si、Na、K、Ti、Mn、Cr	5mL HF(40%)	30min,110℃
二氧化钛:0.5g	Nb	25mL HF(40%)	煮沸
铌钽矿:0.5g	Nb、Ta	20mL HF(24mol·L^{-1})+25mL HCl(浓)	几小时,蒸汽浴
铌精矿:0.5～1g	Nb	10～12mL HF	—
二氧化锗:15～40mg	Ge	0.2mL HF(40%)	—
Si_3N_4:60mg	N	3mL 混合物[HF(48%)+HCl(浓),1∶1]	12h,150℃
氧化钒:0.1g	N	10mL HF	最大达 4d,140～150℃

(6) 高氯酸分解法

稀高氯酸在冷或热的状态下，都没有氧化性，而仅有强酸的性质。浓高氯酸（恒沸点为203℃）在常温时虽无氧化性，但在加热时却显示很强的氧化能力。

热的浓高氯酸几乎能与所有的金属反应，所生产的高氯酸盐除了少数不溶于水外，大多数都溶于水。如果用高氯酸分解钢或其他合金试样，不仅分解快速，而且在分解过程中将金属氧化为最高的氧化态。

除了采用单一高氯酸分解试样外，更多的是采用高氯酸与硝酸、硫酸或氢氟酸的混合溶剂。也可以加入合适的催化剂加速高氯酸对有机物的分解反应，其应用举例见表 2-7。

表 2-7 加速高氯酸分解有机物所用的催化剂（举例）

样品:取样量	催化剂	混合酸
酪素:2g	9mg 钒(以 NH_4VO_3 形式)	10mL HNO_3(67%)+15mL $HClO_4$(70%)
无烟煤:3g	2mg 钒	18mL H_2SO_4(96%)+15mL $HClO_4$(70%)
纸:1g	20mg $K_2Cr_2O_7$	10mL HNO_3(d=1.42)+15mL $HClO_4$(70%)
活性炭:1～2g	25～50mg $K_2Cr_2O_7$	18mL 浓 H_2SO_4+10mL HNO_3(d=1.42)+5mL $HClO_4$(72%)
食物:0.5g	约 100mg Na_2MnO_4	5mL 混合酸[150mL 浓 H_2SO_4+200mL $HClO_4$(72%)+150mL H_2O]
尿:5mL	1.5mL 硝酸铜(饱和溶液)	5mL 混合酸[3 体积浓 HNO_3+1 体积 $HClO_4$(60%)]
焦炭:1g	30mg $K_2Cr_2O_7$+30mg $KMnO_4$	20mL HNO_3(d=1.5)+18mL $HClO_4$(60%～70%)+1 滴 Br_2+1mL HF

所谓加压分解，是指在密闭的装置中对试样进行分解处理。加压分解一般是在钢制的外套、聚四氟乙烯塑料或铂作衬里的设备中进行的。其最大的好处是没有有害气体挥发出来，

有利于操作人员的安全，也避免了对环境的污染。由于溶解是在一定压力下进行的，因此分解速度快，效果明显。

2.3.3 碱、碳酸盐和氨分解法

（1）碱金属氢氧化物溶解法

某些酸性或两性氧化物可用稀碱金属氢氧化物溶解；某些钨酸盐、低品位的钨矿石、磷酸锆、金属氮化物（如氮化钚、氮化铝）等，可以用浓的碱金属氢氧化物分解。

元素硅可以溶解在氢氧化钾溶液中，所得试液用来测定其中的杂质。

（2）碳酸盐和氨分解法

浓的碳酸盐溶液可以用来分解硫酸盐，如 $CaSO_4$、$PbSO_4$（但 $BaSO_4$ 不能溶解）。

利用氨的配位作用，也可以用来分解铜、锌、镉等的化合物。

2.3.4 熔融分解法

将试样与酸性或碱性熔剂混合，置于适当的容器中，在高温下进行分解，生成易溶于水的产物，称为熔融分解法。由于熔融分解的反应物仅为熔剂与试样，反应物的浓度很高，因此在高温的条件下，分解的能力强、效果好。但熔融法操作较为麻烦，而且易引入杂质（加入的熔剂或容器被腐蚀后引入）和在熔融过程中使组分丢失（如溶液沿容器壁往外“爬”）。因此，一般先将能以溶解法分解的部分分解后，再将不溶的残渣以熔融法分解。

根据熔剂的性质，熔融分解法一般分为碱熔法和酸熔法两种。

（1）碱熔法

常用的碱性熔剂有 Na_2CO_3（熔点 850℃）、K_2CO_3（熔点 891℃）、NaOH（熔点 460℃）、硼砂、偏硼酸锂等。

① 用 Na_2CO_3（或 K_2CO_3）熔融　很多的天然硅酸盐试样不能被酸（HF 除外）分解。硅酸盐中碱性氧化物含量愈高，碱性愈强，则愈易被酸分解，甚至可溶于水。例如，Na_2SiO_3（水玻璃）可溶于水，$CaSiO_3$ 可溶于酸，但 $Al_2(SiO_3)_3$ 既不溶于水也不溶于酸，说明很多天然硅酸盐矿物不被一般的酸分解。碱熔法就是在不被酸分解的硅酸盐试样中，加入一定量强碱，然后进行高温熔融，使硅酸盐中的碱性氧化物增加，成为能溶于水或酸的硅酸盐。其熔融过程是复分解反应过程：

$$MeSiO_3 + Na_2CO_3 \longrightarrow MeCO_3 + Na_2SiO_3$$

式中，Me 代表 Ca、Al。

例如，高岭土（$Al_2O_3 \cdot 2SiO_2 \cdot 2H_2O$）与 Na_2CO_3 反应：

$$(Al_2O_3 \cdot 2SiO_2 \cdot 2H_2O) + 3Na_2CO_3 \longrightarrow 2NaAlO_2 + 2Na_2SiO_3 + 3CO_2\uparrow + 2H_2O$$

生成的产物 $NaAlO_2$、Na_2SiO_3 能溶于水或酸：

$$NaAlO_2 + 4HCl \longrightarrow AlCl_3 + NaCl + 2H_2O$$

$$Na_2SiO_3 + 2HCl \longrightarrow H_2SiO_3 + 2NaCl$$

在系统分析中，通常采用 Na_2CO_3 而不是 K_2CO_3，这是因为：

a. K_2CO_3 的吸水性比 Na_2CO_3 强，使用前要脱水。

b. 钾盐被沉淀吸附的倾向比钠盐大，洗涤沉淀时较难把它洗干净。

但是，在用 K_2SiF_6 容量法测 SiO_2 时，却采用 K_2CO_3（铂坩埚）熔样，原因如下。

a. 用 K_2CO_3 熔融的熔块比用 Na_2CO_3 的熔块容易脱落，并且易被分解，这对缩短分析时间有利。

b. 在 K_2SiF_6 滴定法中，Na^+ 对测定有干扰，而钾的干扰则较少。

在用 K_2CO_3（Na_2CO_3）熔融时，要采用铂坩埚。为了使试样反应完全，必须加 4～6 倍试样量的熔剂。而对高铝试样，则要加 6～10 倍熔剂，温度为 950～1000℃，时间为 30～40min。熔融时，Na_2CO_3（K_2CO_3）与硅酸盐、硫酸盐主要起复分解反应，样品中的某些元

素会发生氧化反应，如 Fe^{2+}、Ti^{3+}、Mn^{2+} 都可变成高价元素。当熔块冷却后，如果呈蓝绿色或用水浸取时呈玫瑰色，表示试样中有 Mn 存在，因为试样中的 Mn 被氧化成锰酸钠（绿色）。

$$2Na_2CO_3+2MnO_2+O_2 \longrightarrow 2Na_2MnO_4+2CO_2$$

用热水浸取时，由于锰酸盐在水溶液中生成高锰酸而呈玫瑰色。

$$3Na_2MnO_4+2H_2O \longrightarrow 2NaMnO_4+MnO_2+4NaOH$$

加入盐酸后，高锰酸与盐酸反应生成二价锰，溶液颜色又消失。

$$2NaMnO_4+16HCl \longrightarrow 2NaCl+2MnCl_2+8H_2O+5Cl_2\uparrow$$

熔块用酸分解后，用平头玻璃棒压研，如发现有砂子般颗粒存在，表示熔融不完全，应重新称样进行熔融。

② 用 NaOH（或 KOH）熔融　NaOH（KOH）是强烈的低熔点熔剂。由于它们易吸水，因此熔融前要把 NaOH（KOH）放在银（或镍）坩埚中，加热使其脱水，直至平稳状态再加试样，以免引起喷溅。有时加试样后也可加数滴无水乙醇，加热时水分随乙醇挥发或燃烧除去。所加熔剂通常为试样的 8～10 倍。

由于 NaOH（KOH）严重侵蚀金属铂，因此不能采用铂坩埚。银坩埚虽被侵蚀较少，但每次进入熔物中还有数毫克甚至十毫克的银，故在系统分析中必须注意 Ag^{+} 对测定的干扰。

③ 用 Na_2O_2 熔融　Na_2O_2 是强烈的氧化性熔剂，它能使所有元素氧化至高态价，并促使试样分解，是分解锡石、铬铁矿、锆英石等难溶矿物的常用熔剂。Na_2O_2 与试样的熔融反应，不能采用铂坩埚。而需用镍、银、铁、刚玉或瓷坩埚。开始时先小火加热，然后慢慢提高温度，以免逸出。当温度在 600～700℃，熔融物不冒气泡后，再恒温 5～10min 即可。

④ 用硼砂（$Na_2B_4O_7$）熔融　硼砂也是强烈熔剂，但不起氧化作用。通常先把硼砂脱水，与碳酸钠以 1∶1 研磨混匀使用。主要用于难分解的矿物，如刚玉、冰晶石、锆石等。其熔融一般在铂坩埚中进行，于 950～1000℃ 条件下熔融 30～40min 即可。

此法的缺点是熔融物很难浸取，分析前有时要求除硼（以硼酸甲酯形式除去）。

⑤ 用偏硼酸锂（$LiBO_2$）熔融　偏硼酸锂熔样是近年来发展的方法。它属碱性熔剂，可以分解多种矿物、玻璃及陶瓷材料，熔融速度快。

市售的偏硼酸锂（$LiBO_2\cdot 8H_2O$）含结晶水，使用前先低温加热脱水。脱水后的偏硼酸锂成海绵状，要研碎。也可以自己制备，方法是将 73.89g 碳酸锂（Li_2CO_3）和 122.6g 硼酸（H_3BO_3）混匀，置于铂或瓷质的蒸发皿中，于 400℃加热 4h，研磨备用。

偏硼酸锂熔样分解硅酸盐试样可以测定包括 Si、K、Na 在内的所有组分（Li、B 除外），是原子吸收法进行硅酸盐全分析的常用有效的分解方法。

偏硼酸锂在铂坩埚中熔融与硼砂熔样相似，也就是熔融物黏附在坩埚壁上难于浸出，最好的方法是采用石墨作坩埚，使其熔块成球很易倒出，再用 HNO_3 分解。

(2) 酸熔法

常用的酸性熔剂是焦硫酸钾（$K_2S_2O_7$）、硫酸氢钾（$KHSO_4$）。$KHSO_4$ 实际上相当于 $K_2S_2O_7$，因为加热时发生分解：

$$2KHSO_4 \longrightarrow K_2S_2O_7+H_2O\uparrow$$

$K_2S_2O_7$ 在高于 450℃时分解出的硫酐（SO_3）对试样有强的分散作用。它主要用来分解 Al_2O_3、Fe_2O_3、TiO_2、ZnO_2、Cr_2O_3，或者为了制取这些氧化物的标准溶液而用来分解基准物。在分解高铝矾土矿、钛矿渣、铬渣、铁矿石、中性耐火材料（铝砂、高铝砖）时，

也可用 $K_2S_2O_7$ 分解。但不能用于硅酸盐系统的分析，因其分解不完全，往往残留少量的黑残渣。但对硅酸盐单项测定（Fe、Mn、Ti）时则可采用。

$K_2S_2O_7$ 分解出来的 SO_3 可与金属氧化物生成可溶性盐。为了防止 SO_3 挥发，开始时应小火加热，最后加热至 600～700℃熔融 30min 左右。熔融过程的主要反应如下：

$$K_2S_2O_7 \xlongequal{} K_2SO_4 + SO_3$$

$$Al_2O_3 + 3SO_3 \xlongequal{} Al_2(SO_4)_3$$

$$Fe_2O_3 + 3SO_3 \xlongequal{} Fe_2(SO_4)_3$$

$$TiO_2 + 2SO_3 \xlongequal{} Ti(SO_4)_2$$

$$ZrO_2 + 2SO_3 \xlongequal{} Zr(SO_4)_2$$

$K_2S_2O_7$ 对铂有腐蚀作用（可达数毫克），在比色法测定钛时，会干扰测定，因此最适合的容器是瓷坩埚。在浸取熔块时，用体积分数为 5% 的 H_2SO_4 在温度约 70℃下进行，以防不溶性偏钛酸（H_2TiO_3）析出。

2.3.5 熔融方法的改进

熔融操作是难溶物质分析的重要环节。为了减少引进坩埚杂质，减少使用价格昂贵的铂坩埚，人们对此法作了一些改进。

（1）瓷坩埚法

在试样里加入 $Na_2B_4O_7 \cdot H_2O$（硼砂）-Na_2CO_3（1∶1），用滤纸包好。另在坩埚底铺以光谱纯石墨粉（石墨化学性质稳定），并放进包好的滤纸，在 850～900℃熔融 10～15min，使熔成块状，然后用镊子取出。此法可省去洗坩埚并可避免被坩埚沾污。

（2）石墨坩埚法

石墨坩埚比镍、银、刚玉坩埚耐用，用 NaOH 和 Na_2O_2 在 350～400℃熔融一次损失 1～2mg，一个坩埚可用 100 次左右。

热解石墨纯度高，不会引进杂质，适用于痕量分析。

2.3.6 烧结分解法

该分解法又称半熔法，是利用熔剂和固体试样加热时发生化学反应而实现的。其分解程度决定于试样的细度和熔剂与试样的混匀程度，一般要求有较长的时间和过量的熔剂。此法同时可用于分离目的。

（1）用 Na_2CO_3-ZnO 烧结法

该法使用的试剂称为艾氏卡试剂，是测定矿石中全硫量的常用分解法。

该反应是在瓷坩埚或刚玉坩埚中进行的，于 800～850℃烧结 1.5～2.5h。

（2）用 $CaCO_3$-NH_4Cl 烧结法

该法也称斯密特法，原是用于质量法测钾和钠的含量。以钾长石（$KAlSi_3O_8$）为例，试样与熔剂一起加热，硅酸盐中的碱金属变成氯化物，硅酸根则结合成硅酸钙。

熔块用水浸没时，Al_2O_3 和 $CaSiO_3$ 留于残渣中，而碱金属和部分钙则转化为水溶性氯化物。

本法分解能力强，要求试样的粒度小于 200 目，称样小于 0.5g。$CaCO_3$ 用量是试样的 8～10 倍，而 NH_4Cl 用量是 $CaCO_3$ 的 1/18～1/6，温度控制在 750～800℃。

此外，烧结法用到的熔剂还有 CaO-$KMnO_4$、Zn 粉-NH_4F、Na_2CO_3-硫黄等。

2.3.7 其他分解法

① 燃烧法。例如矿石或钢铁中的 C 和 S 可用燃烧法，使其生成 CO_2 或 SO_2，然后用气体容量法或滴定法测定其含量（详见钢铁分析中 C、S 的测定）。

② 热解法。使氟矿物分解生成 HF，然后测得 F 的含量。

③ 升华法。测汞时，使矿样与 Fe 粉混合，在裴氏管中加热，汞还原成单质汞。

思考题

1. 什么叫子样、原始平均试样？子样的数目和最少质量决定于什么因素？
2. 如何应用采样经验公式计算矿石的最少采样量和缩分次数？
3. 气体试样在什么情况下用封闭液采样法？什么情况下要用抽气法？
4. 样品的制备有什么要求？烘干、破碎、过筛、混匀、缩分各工序的要点是什么？
5. 分解试样有什么要求？什么情况下不宜采用 HCl、HNO_3、H_2SO_4、H_3PO_4 分解试样？
6. 用 HF 分解硅酸盐时，加 H_2SO_4 的目的是什么？
7. 碱性熔剂分解硅酸盐试样的原理是什么？
8. 用 $LiBO_2$ 分解试样有什么好处？采用什么材质坩埚合适？
9. 酸性熔剂主要用于分解什么试样？原理是什么？
10. 采用石英、瓷、银、镍、铁、铂等器皿时，必须采用什么溶（熔）剂？

第3章　定量分析中的误差及数据处理

分析化学中，定量分析的任务是通过一定的程序、采用合适的方法和手段准确测定欲测组分在试样中的含量。在定量分析过程中，由于受到分析方法、实验条件和操作人员等因素的影响，即使技术熟练的人用同一方法对同一样品进行分析，也不能得到完全相同的结果。也就是说，分析结果必然存在误差，分析过程中，误差是客观存在的。为了得到尽可能准确可靠的测定结果，就必须分析误差产生的原因，找出其出现的规律；估计误差的大小，评价结果的可靠性；科学地处理实验数据，得出合理的分析结果以及采取适当的方法来提高分析结果的准确度。

3.1　误差的基本概念

3.1.1　误差

3.1.1.1　误差的定义

某一物理量本身具有的客观存在的真实数值即为该量的真值 μ，真值 μ 虽然是客观存在的，但却是不能直接测定出来的，测量该值所得的测量值 x 一定带有误差 E，测量值 x 减去误差 E 就等于真值 μ。所以误差的定义为：

$$E=x-\mu \tag{3-1}$$

误差表示测量值偏离真值的程度，代表测量值的不确定性。

3.1.1.2　误差的分类

误差有绝对误差与相对误差之分。

(1) 绝对误差

绝对误差（absolute error，E_a）是分析结果和真值之间的差值，即

$$E_a=x-\mu \tag{3-2}$$

测量值大于真值时绝对误差为正数，表示结果偏高，也称为正误差；反之，绝对误差为负数时表示结果偏低，称为负误差。绝对误差具有与测量值和真值相同的量纲。

(2) 相对误差

绝对误差在真值中所占的比率称为相对误差（relative error，E_r），一般用百分率表示，相对误差没有量纲。

$$E_r=\frac{x-\mu}{\mu}\times100\% \tag{3-3}$$

准确度表示测量值与真值的接近程度，说明测定的可靠性，所以测量结果的准确度可以用误差大小来表示，误差小，准确度高。虽然绝对误差表示测量值与真实值的绝对差值，但其不能完全反映测量结果的准确度。例如，某分析天平的绝对误差为 0.1mg，当分别称取 1g 和 100mg 样品时，相对误差并不相等，前者的相对误差是后者的十分之一。也就是说，同样的绝对误差，当被测定的量较大时，相对误差较小，测定的准确度较高。因此，用相对误差来表示各种情况下测定结果的准确度更为确切。由于真值难以绝对准确地测得，严格来

说，只有在不存在系统误差的前提下，测定次数为无限次，这时所得的平均值才能代表真值；但在分析测试工作中不可能测定无限次，故通常把采用可靠方法进行大量测定所得结果的平均值作为测量真值。

3.1.1.3 误差的类型

根据误差产生的原因，可分为系统误差、随机误差、过失三类。

(1) 系统误差

系统误差是由某种固定原因造成的，其数值具有重复性、单向性，即在同一原因的影响下，其结果总是偏高或总是偏低，因此也称为可测误差；针对误差产生的原因采取适当的方法可予以消除。产生系统误差的原因主要有以下几种。

① 仪器误差　分析化学中所使用的仪器都存在一定的误差，如仪器的仪表刻度不准，滴定管、容量瓶和移液管等容器的刻度不准等，都会使测定结果产生误差。此外，玻璃或塑料制的容器所含杂质的溶出，也有可能对实验结果造成误差。

② 试剂误差　所用基准物的纯度如果达不到要求，所用化学试剂含有干扰测定的组分或蒸馏水中含有被测组分，必然会造成测定误差，对痕量分析造成的影响尤其严重。

③ 方法误差　指由分析方法本身固有特性引起、由分析系统的化学或物理性质决定的误差。无论分析者操作如何熟练和小心，这种误差总是难免的。在一定的条件下，这种误差的数值恒定。例如，在滴定分析中，反应进行不完全、发生副反应、指示剂选择不当、干扰成分的存在、滴定终点与化学计量点不一致等；重量分析中，沉淀的溶解损失、共沉淀、后沉淀、灼烧时沉淀分解或挥发、称量形式具有吸湿性等，都会产生系统误差。

④ 操作误差　由分析人员的操作引起的误差。例如，在称量时未注意试剂或样品吸湿，洗涤沉淀时洗涤过分或不充分，滴定分析中指示剂用量不当等。

操作误差从性质上来说不同于方法误差，前者属于操作者处理不当，而后者则属于方法本身的固有特性。例如，在重量分析中，沉淀的溶解损失属于方法误差，但洗涤时使用溶剂过多引起的损失则属于操作误差。从数值上来说，方法误差并不因人而异，但操作误差却因人而异。

⑤ 主观误差　又称个人误差，由分析人员本身的一些主观因素造成。例如，不同人对滴定终点颜色的辨别会有不同；不同人对刻度值的估读习惯必然不同。实际工作中，有人会总想将第二次读数尽量与第一次读数重复，这样带有主观倾向性的读数，容易引起主观误差。

(2) 随机误差

随机误差是由一些不确定因素引起的。例如在分析过程中，环境条件和测量仪器的微小波动，温度、湿度的微小变化，电压的瞬间变动等；或者是操作中的微小差异，如滴定管读数的不确定性等，都会对分析结果造成误差。这种误差可大可小，可正可负，无法测量，完全是随机的，因此这种误差也称为偶然误差或不定误差。

若单个看随机误差，它是无规律性的；但就其总体来说，由于有正、负相消的机会，随着变量个数的增加，误差的平均值将趋近于零。这种抵偿正是统计规律的表现，随机误差是可以用概率统计来处理的。

(3) 过失

由于分析人员在操作或计算等方面的失误而造成的差错，习惯上称为过失，但过失不属于所讨论的误差。例如，转移液体时丢失，加热时溶液溅失，读错刻度，记错质量，计算错误等。这些由于分析人员粗心大意或者不负责任造成的失误，是完全可以并且必须通过掌握规范操作加以纠正和避免的。若发生过失，则应立即重新实验。

3.1.2 偏差

(1) 偏差

偏差（deviation，d）指单次测量结果 x 与多次测量结果的平均值 $\bar{x}$ 之间的差值。即

$$d = x - \bar{x} \tag{3-4}$$

偏差 d 又称为绝对偏差，有正、负偏差之分，并且具有与测量值相同的量纲。

（2）相对偏差

与相对误差相似，相对偏差（relative deviation，d_r）亦没有量纲，其定义式如下：

$$d_r = \frac{d}{\bar{x}} \times 100\% \tag{3-5}$$

（3）平均偏差

一组测量数据中，各次测量值偏差绝对值的平均值被称作平均偏差（average deviation，$\bar{d}$），用 $\bar{d}$ 表示，量纲与测量值相同：

$$\bar{d} = \frac{|d_1| + |d_2| + \cdots + |d_n|}{n} = \frac{1}{n}\sum_{i=1}^{n} |d_i| \qquad (3\text{-}6[1])$$

（4）相对平均偏差 $\bar{d}_r$

平均偏差与测定平均值比值的百分数即为相对平均偏差，无量纲。

$$\bar{d}_r = \frac{\bar{d}}{\bar{x}} \times 100\% \tag{3-7}$$

平均偏差和相对平均偏差均无正、负号。

精密度是指在多次平行测定中，各次测量值彼此之间的接近程度。如果几次测量值的数值比较接近，表示分析结果的精密度高。很显然，测量结果的精密度可用相对平均偏差来表示。在分析化学中，有时用重复性和再现性表示不同情况下分析结果的精密度。重复性表示同一分析人员在同一分析条件下所得分析结果的精密度，再现性表示不同分析人员或不同实验室在各自分析条件下，用相同方法所得分析结果的精密度。

3.1.3 标准偏差

在用统计方法处理数据时，常用标准偏差（standard deviation，σ、s）来表示一组测量数据的精密度，标准偏差又称均方根误差。在统计学中，所考察测量值的全体称为总体；自总体中随机抽出的一组测量值称为样本。在大量测量数据情况下，所得的平均值称为总体平均值，用 μ 表示，即代表真值，各测量值（x_i）对总体平均值 μ 的偏离，用总体标准偏差 σ 表示，定义为：

$$\sigma = \sqrt{\frac{\sum (x_i - \mu)^2}{n}} \tag{3-8}$$

式中，n 为测定次数。

在有限次测量中，所得的平均值称为样本平均值，用 $\bar{x}$ 表示，而样本的标准偏差则以 s 表示：

$$s = \sqrt{\frac{\sum (x_i - \bar{x})^2}{n-1}} = \sqrt{\frac{\sum d_i^2}{n-1}} \tag{3-9}$$

式中，n 为测量值的个数，又称为样本容量；$(n-1)$ 称为自由度 f，表示 n 个测定值中具有独立偏差的数目，用以校正以 $\bar{x}$ 代替 μ 所引起的误差；s^2 称为样本方差，定义为：

$$s^2 = \frac{\sum (x_i - \bar{x})^2}{n-1} \tag{3-10}$$

当测量次数增加时，$\bar{x}$ 越来越接近 μ，当 $n \to \infty$ 时：

---

[1] 本章以下部分中出现的 $\sum$ 均为 $\sum_{i=1}^{n}$ 的简写。

$$\lim_{n\to\infty}\frac{\sum(x-\bar{x})^2}{n-1}=\frac{\sum(x-\mu)^2}{n} \tag{3-11}$$

也即 s 等于 σ。

样本的相对标准偏差，又称为变异系数（variation coefficient）：

$$CV=\frac{s}{\bar{x}}\times 100\% \tag{3-12}$$

采用标准偏差表示精密度的优点是不仅可以避免各次测量值的偏差相加时正负抵消的问题，而且可以强化大偏差的影响，能更好地说明数据的分散程度。

3.1.4 极差

一组测量数据中，最大值（x_{max}）与最小值（x_{min}）之差称为极差（range，R），亦称全距或者范围误差，说明数据的伸展情况。

$$R=x_{max}-x_{min} \tag{3-13}$$

3.1.5 公差

"公差"又称"允许差"，它是多次测定所得的一系列数据中最大值与最小值的允许界限，是生产部门为了控制分析精度而规定的依据。一般工业分析只作两次平行测定，如果两次测定结果间的偏差超出允许的公差范围，称为"超差"，该项分析工作必须重做。

公差范围是根据不同试样组成、不同待测组分含量或实际情况对分析结果准确度的不同要求而确定的。一般来说，组成越复杂，含量越低，允许的公差范围越大；对准确度要求越高，允许的相对误差范围越小。例如，对于天然矿石或污水等组成复杂的样品，公差范围大一些，一般的工业分析中允许相对误差在百分之几到千分之几；而相对原子质量的测定对准确度要求较高，允许的相对误差一般在万分之一以下。工业分析中，待测组分含量与公差范围的关系如表 3-1 所示。

表 3-1 待测组分含量与公差的关系

待测组分质量分数/%	90	80	40	20	10	5	1.0	0.1	0.01	0.001
公差(相对误差)/%	0.3	0.4	0.6	1.0	1.2	1.6	5.0	20	50	100

此外，各主管部门还对每一项具体的分析项目规定了具体的公差范围，以绝对误差来表示。例如，对钢铁中碳含量分析的允许公差范围规定如表 3-2 所示。

表 3-2 钢铁中碳含量与公差的关系

碳含量范围/%	0.10～0.20	0.20～0.50	0.50～1.00	1.00～2.00
公差(绝对误差)/±%	0.015	0.020	0.025	0.035

【例 3-1】 测定某水样中 Mg 的含量（mg·L^{-1}），得到五个数据：3.01，3.05，2.94，2.98，3.02，计算其平均值、极差、平均偏差、相对平均偏差、标准偏差和相对标准偏差。

解： 平均值 $\bar{x}=\frac{3.01+3.05+2.94+2.98+3.02}{5}=3.00$（mg·L^{-1}）

极差 $R=x_{max}-x_{min}=3.05-2.94=0.11$（mg·L^{-1}）

平均偏差 $\bar{d}=\frac{1}{n}\sum|d_i|=\frac{0.01+0.05+0.06+0.02+0.02}{5}=0.032$（mg·L^{-1}）

相对平均偏差 $\bar{d}_r=\frac{\bar{d}}{\bar{x}}\times 100\%=\frac{0.032}{3.00}\times 100\%=1.1\%$

标准偏差 $s=\sqrt{\frac{\sum d_i^2}{n-1}}=\sqrt{\frac{0.0070}{5-1}}=0.042$（mg·L^{-1}）

相对标准偏差 $\frac{s}{\bar{x}} \times 100\% = \frac{0.042}{3.00} \times 100\% = 1.4\%$

【例 3-2】 有甲乙两组测量数据，

甲组：50.3，49.8，49.6，50.2，50.1，50.4，50.0，49.7，50.2，49.7；

乙组：50.1，50.0，49.3，50.2，49.9，49.8，50.5，49.8，50.3，50.1；

判断两组数据的精密度。

解：根据相应公式计算结果见下表：

组别	$\bar{x}$	$\Sigma\|d_i\|$	Σd_i^2	$\bar{d}$	s
甲	50.0	2.4	0.72	0.24	0.28
乙	50.0	2.4	0.98	0.24	0.33

由上表比较可知，两组数据的平均偏差相等，无法区分二者精密度的高低；而标准偏差则有明显差别，甲组数据的精密度高于乙组。

3.1.6 准确度与精密度的关系

准确度与精密度之间的关系可以用以下例子来进行说明。假设甲、乙、丙、丁四人同时测定尿素中氮的含量，真值为46.64%，每人进行四次测定，得到实验结果如表3-3和图3-1所示。

表 3-3 不同分析人员测定尿素中氮含量（%）的结果

序号	甲	乙	丙	丁
1	46.65	46.59	46.62	46.70
2	46.64	46.58	46.60	46.66
3	46.63	46.56	46.53	46.62
4	46.61	46.55	46.50	46.51
平均值	46.63	46.57	46.56	46.62

由图3-1可见，甲的4个测定值彼此很接近，平均值也很接近真值，因此甲的精密度和准确度都较高。乙的测定值彼此很接近，但与真值相比都明显偏低，因此，乙的精密度虽然比较高，但是准确度不高，可能存在系统误差。丙和丁的测定值彼此之间相差较大，说明精密度都较差；其中丙的平均值与真值相差较大，准确度差；丁的平均值虽然接近真值，但带有偶然性，是大的正、负误差相互抵消的结果，由于各个测定值可靠性较差，其平均值的可靠性差，不能认为其准确度高。

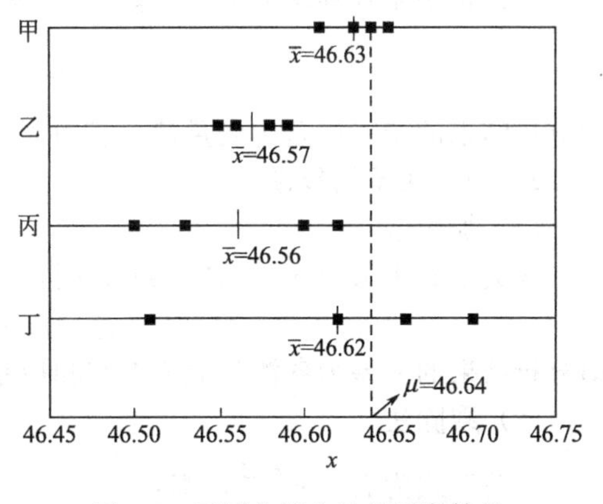

图 3-1 不同分析人员的测定结果

由上面的例子可知，测定结果的精密度高，不一定说明其准确度高；而要使测定结果的准确度高，则必须以较高的精密度为前提；对精密度很差的数据，衡量其准确度是没有意义的。因此准确度是在一定精密度要求下，所得分析结果（一般为多次测定结果的算术平均值）与真值接近的程度。

3.2 误差的传递

每一个分析结果都要通过一系列的测量操作步骤获得，其中每一步骤的测量值都会产生或大或小、或正或负的误差，并最终反映在这些测量值计算的结果上，这就是误差的传递。利用误差传递原理可以解决如下两个问题：第一，各测量值的误差是怎样影响分析结果的；第二，如何控制测量误差，使分析结果达到应有的准确度。

误差传递的方式随系统误差和随机误差而不同。

3.2.1 系统误差的传递

(1) 加减法

设分析结果 R 为 A、B、C 三个测量值的代数和，$R=mA+nB-pC$，其中 m、n、p 为系数，若对应测量值 A、B、C 的误差分别为 E_A、E_B、E_C，则分析结果 R 的误差 E_R 为：

$$E_R=mE_A+nE_B-pE_C \tag{3-14}$$

分析结果的绝对误差为各测量值绝对误差与相应系数之积的代数和。

(2) 乘除法

设分析结果 R 为 A，B，C 三个测量值的积和商，$R=m\dfrac{AB}{C}$，其中 m 为系数，则分析结果 R 的误差 E_R 为：

$$\frac{E_R}{R}=\frac{E_A}{A}+\frac{E_B}{B}-\frac{E_C}{C} \tag{3-15}$$

即分析结果的相对误差为各测量值相对误差的代数和，与算式的系数 m 无关。

(3) 指数

设分析结果计算式为 $R=mA^n$，其误差传递关系式为：

$$\frac{E_R}{R}=n\frac{E_A}{A} \tag{3-16}$$

即分析结果的相对误差为测量值的相对误差的 n（指数）倍，与算式的系数 m 无关。

(4) 对数

设分析结果计算式为 $R=m\lg A$，其误差传递关系式为：

$$E_R=0.434m\frac{E_A}{A} \tag{3-17}$$

即分析结果的绝对误差为测量值的相对误差的 $0.434m$ 倍。

3.2.2 随机误差的传递

(1) 加减法

设关系式为 $R=mA+nB-pC$，则：

$$s_R^2=m^2s_A^2+n^2s_B^2+p^2s_C^2 \tag{3-18}$$

即分析结果的方差为各测量值方差与相应系数的平方之积的和。

(2) 乘除法

设关系式为 $R=m\dfrac{AB}{C}$，则：

$$\left(\frac{s_R}{R}\right)^2=\left(\frac{s_A}{A}\right)^2+\left(\frac{s_B}{B}\right)^2+\left(\frac{s_C}{C}\right)^2 \tag{3-19}$$

即分析结果的相对标准偏差的平方为各测量值相对标准偏差的平方之和，与系数 m 无关。

(3) 指数

设关系式为 $R=mA^n$，则：

$$\frac{s_R}{R}=n\frac{s_A}{A} \tag{3-20}$$

即分析结果的相对标准偏差为测量值相对标准偏差的 n 倍，与算式的系数 m 无关。

(4) 对数

设关系式为 $R=m\lg A$，则：

$$s_R=0.434m\frac{s_A}{A} \tag{3-21}$$

即分析结果的标准偏差为测量值相对标准偏差的 $0.434m$ 倍。

3.2.3 极值误差

对于误差的传递，有时不需要严格运算，可以只估计一下过程中可能出现的最大误差，即假设每一步产生的误差都是最大的，而且互相累积，此时算得的误差为极值误差。

对关系式 $R=mA+nB-pC$，其极值误差为：

$$|\varepsilon_R|=m|\varepsilon_A|+n|\varepsilon_B|+p|\varepsilon_C| \tag{3-22}$$

对关系式 $R=m\frac{AB}{C}$，其相对极值误差为：

$$\left|\frac{\varepsilon_R}{R}\right|=\left|\frac{\varepsilon_A}{A}\right|+\left|\frac{\varepsilon_B}{B}\right|+\left|\frac{\varepsilon_C}{C}\right| \tag{3-23}$$

例如，分析天平读数误差为±0.1mg；在称取一个样品时，天平共平衡两次：一次是天平调零，一次是最后读数；获得一个样品质量时，相当于两次读数的差值，因此其极值误差为：

$$|\varepsilon_m|=|\pm 0.1|+|\pm 0.1|=0.2\ (\text{mg})$$

这个 0.2mg 的极值误差即为分析天平的称量误差。同样 50mL 规格的滴定管的读数误差为±0.01mL，两次读数误差的极值误差为 0.02mL。

事实上，各测量值之间正、负误差有时可相互抵消一部分，出现最大误差的可能性较小，用极值误差表示不尽合理，但可用它粗略估计在最不利情况下可能出现的最大误差。

3.3 有效数字的表示与运算规则

在定量分析中，分析结果所表达的不仅仅是试样中待测组分的含量，还反映了测量的准确程度。因此，在实验数据的记录和结果的计算中，数据位数的保留不是随意的，而是要根据测量仪器、分析方法的准确度来决定，这就涉及有效数字。

3.3.1 有效数字

有效数字是在测量中能得到的有实际意义的数字，包含所有准确数字和一位可疑数字。例如，分析天平可以称到 0.1mg，如果试样质量称得 1.5602g，则其中前四位数字是准确数字，最后一位“2”是可疑数字，有效数字共有 5 位；滴定分析中，滴定结束后滴定管的读数是 25.68mL，因为 50mL 规格的滴定管的最小刻度是 0.1mL，故其小数点后第二位数字 8 是估计值，25.68 是 4 位有效数字。超出仪器的准确度而记录下来的数字是无意义数字，不是有效数字。

判别某数据有效数字的位数可按照以下原则来进行。

①“0”是不是有效数字，要根据其在数字中的位置来确定。处于非零数字前的 0 不计入有效数字，处于两个非零数字之间的 0 和非零数字之后的 0 计入有效数字。例如，20.08 是 4 位有效数字，0.079 是 2 位有效数字，0.500 是 3 位有效数字。在改换单位时，要注意不能改变有效数字的位数。例如，从有效数字的角度来说，$5.7\text{g}=5.7\times10^3\text{mg}$，而 $5.7\text{g}\neq5700\text{mg}$。当数字后的 0 含义不清时，最好用指数形式表示。例如，同样是 1000，如果是 2 位有效数字，则应写成 1.0×10^3，3 位有效数字则应写成 1.00×10^3，4 位有效数字则应写成 1.000×10^3。

② 计算式中的系数、倍数、分数或常数（如 π、e 等），可以看成具有无限多位有效数字。

③ 数字第一位为 9 的，可以多计一位有效数字。例如 9.15×10^4 和 98.2%可认为是 4 位有效数字。

④ 对数的有效数字位数取决于尾数部分的位数。例如 $\lg K=10.34$ 是 2 位有效数字；pH=11.02，则 $[H^+]=9.5\times10^{-12}$，也是 2 位有效数字。

3.3.2 数字的修约规则

在处理数据过程中，有时根据有效数字位数的需要必须去掉多余的数字，这种操作被称为“数字修约”。目前一般采取的修约方法为“四舍六入五成双”。这种方法规定：在需要保留位数的下位数是 4 或 4 以下就舍去；是 6 或 6 以上就在上位数加“1”；是 5 则必须根据上位数是奇数还是偶数来决定舍去还是进位，奇数则进，偶数则舍，即要使上位数成为偶数；但若 5 后面还有其他不为 0 的数字，则必须进位。

【例 3-3】 将下列各数修约为三位有效数字：3.1578，1.754，2.175，1.145，1.7450001。

解：3.1578 的第四位数为 7，应进位，修约为 3.16；

1.754 的第四位数为 4，应舍去，修约为 1.75；

2.175 的第四位数为 5，而上位数为 7，是奇数，应进位，修约为 2.18；

1.145 的第四位数为 5，而上位数为 4，是偶数，且后面没有不为 0 的数字，故应舍去，修约为 1.14；

1.7450001 的第四位数为 5，虽然其上位数为 4，是偶数，但因为后面有不为 0 的数字，故应进位，修约为 1.75。

修约数字时，必须一次修约到所需要的位数，不能分次修约。例如将 2.1549 修约成 3 位有效数字时，应一次修约成 2.15；而不能先修约成 2.155，再修约成 2.16。

在修约标准偏差时，一般要使其值变得更大些，通常只进不舍。例如，s=0.111，修约成两位为 0.12，修约成一位则为 0.2。

3.3.3 有效数字运算规则

在进行计算的过程中，涉及的各测量值的有效数字可能不同，为了保证最终的结果仍保留 1 位可疑数字，应遵守以下运算规则。

(1) 加减运算

在加减运算中，计算结果有效数字的保留决定于各数据中绝对误差最大者，即以数据中小数点后位数最少的数字为根据，把其他数据修约为含同样小数位数后进行运算。例如，50.1+1.46+0.5521，由于每个数据中最后一位数字有±1 的绝对误差，这 3 个数据中以 50.1 的绝对误差±0.1 最大，故结果的有效数字应根据 50.1 来进行修约，按小数点后 1 位报，将计算器算出的结果 52.1121 修约为 52.1。

(2) 乘除运算

在乘除运算中，计算结果有效数字的保留决定于各数据中相对误差最大者，即以数据中有效数字位数最少的数据为根据，把其他数据修约为含同样有效数字位数后进行运算。例如，$\frac{2.1\times2.577}{50.6}$，这 3 个数的相对误差分别为：

$$\frac{\pm1}{21}\times100\%=\pm5\%;\quad \frac{\pm1}{2577}\times100\%=\pm0.04\%;\quad \frac{\pm1}{506}\times100\%=\pm0.2\%$$

其中 2.1 的相对误差最大，故结果只能保留 2 位有效数字，将计算器算出的结果 0.106950593 修约为 0.11。

运算时，先修约再计算或先计算再修约，两种情况下得到的结果有时会不一样。为了避免出现此种情况，保证既提高运算速度又不使修约误差累积，可在运算过程中将参与运算的各数修约到比该数应有的有效数字位数多一位（多取的数字称为安全数字），然后进行计算。在连续多步的计算中，在得到最终结果之前、分步的计算结果亦要多保留一位有效数字，以避免出现修约误差累积。

如上面加减运算的例子中 50.1+1.46+0.5521，如果先修约至小数点后 1 位，计算结果将变为 50.1+1.5+0.6=52.2，这样造成了修约误差累积；而如果采用安全数字，将其先修约成 50.1+1.46+0.55=52.11，计算结果再修约成 52.1，这样就可避免修约误差。使用安全数字的方法同样适用于乘除运算，这是目前大家常采用的方法。此外，在使用计算器做连续运算时，过程中可以不必对每一步的计算结果进行修约，但应注意根据其准确度要求，正确保留最后结果的有效数字。

3.3.4 分析结果有效数字位数的确定

在实际测定中表示分析结果时，组分含量>10%的，一般要求有四位有效数字；1%～10%之间的，一般要求有三位有效数字；<1%的微量组分，一般要求两位有效数字。表示误差大小时，有效数字常取 1～2 位。有关化学平衡的计算，一般保留 2～3 位有效数字。pH 值的有效数字一般保留 1～2 位。

此外，分析结果中平均值的置信区间（见本书 3.5 节），其有效数字除遵守上述计算原则外，还要考虑平均值的标准偏差 $s_{\bar{x}}$ 的数值，要将结果修约到标准偏差能影响到的那位。例如，$\bar{x}=36.6\%$，$s_{\bar{x}}=0.2\%$，$n=4$，置信度为 95%时，$t_{0.05,3}=3.18$，置信区间应表示为 36.6±3.18×0.2=36.6±0.7(%)，而不应表示为 36.6±0.64（%）或 36.6±0.6（%）。

3.4 随机误差的正态分布

3.4.1 频数分布

随机误差的正负和大小在测量中难以预料，但当取得大量数据后，可以发现随机误差服从统计规律。例如，有一矿石试样，在相同条件下用分光光度法测定其中铜的百分含量，共有 100 个测量值，见表 3-4。

表 3-4 铜含量测定数据/%

1.36	1.49	1.43	1.41	1.37	1.40	1.32	1.42	1.47	1.39
1.41	1.36	1.40	1.34	1.42	1.42	1.45	1.35	1.42	1.39
1.44	1.42	1.39	1.42	1.42	1.30	1.34	1.42	1.37	1.36
1.37	1.34	1.37	1.46	1.44	1.45	1.32	1.48	1.40	1.45
1.39	1.46	1.39	1.53	1.36	1.48	1.40	1.39	1.38	1.40
1.46	1.45	1.50	1.43	1.45	1.43	1.41	1.48	1.39	1.45
1.37	1.46	1.39	1.45	1.31	1.41	1.44	1.44	1.42	1.47
1.35	1.36	1.39	1.40	1.38	1.35	1.42	1.43	1.42	1.42
1.42	1.40	1.41	1.37	1.46	1.36	1.37	**1.27**	1.47	1.38
1.42	1.34	1.43	1.42	1.41	1.41	1.44	1.48	**1.55**	1.37

这些数据看起来似乎杂乱无章，但若整理一下，就可看出某种规律：

上面的数据有两个极值，即 1.27 和 1.55，可求出极差 $R=1.55-1.27=0.28$，为方便起见取 $R=0.30$；为避免某些数据在分组时跨属两组，组距精度提高一位，把 [1.265，1.565] 区间范围分成 10 组，组距为 0.03；数出各组中包含的数据个数，称为频数，频数与数据总和之比称为相对频数，于是得到频数分布表（见表 3-5）。

表 3-5　频数分布表

分组	频数	相对频数	分组	频数	相对频数
1.265～1.295	1	0.01	1.445～1.475	15	0.15
1.295～1.325	4	0.04	1.475～1.505	6	0.06
1.325～1.355	7	0.07	1.505～1.535	1	0.01
1.355～1.385	17	0.17	1.535～1.565	1	0.01
1.385～1.415	24	0.24			
1.415～1.445	24	0.24	共计	100	1

从表 3-5 很容易看出，频数与相对频数出现两头小、中间大的分布，即靠近中间值出现的数据较多，过高或过低的数据较少。根据频数分布表，可以画出相对频数分布直方图，如图 3-2 所示，它较频数分布表更易看出测量值的分布，即波动与集中的分布规律。

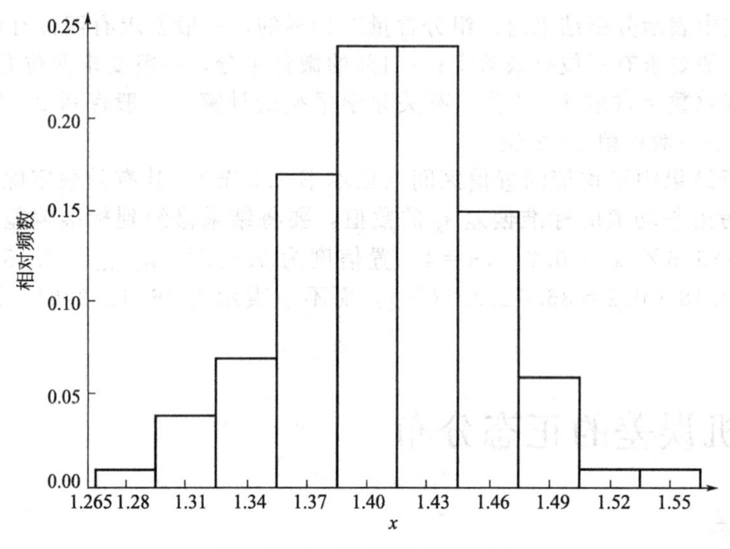

图 3-2　相对频数分布直方图

3.4.2　正态分布

如果对一个试样进行测定的次数或得到测量值的数量足够大，在分组时组距可以变得很小，则上述直方图就可以趋近于一条平滑的曲线。当进行无限次测量时，其极限形式是一条平滑曲线，此曲线称为正态分布曲线，又称高斯（Gauss）分布曲线，见图 3-3。图中横坐标为测量值，纵坐标为概率密度。如果横坐标改为测量值的绝对误差，即测量值 x 与总体

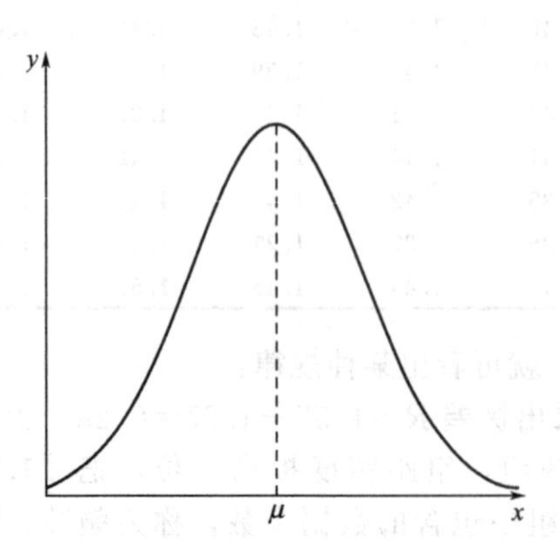

图 3-3　测量值的正态分布曲线

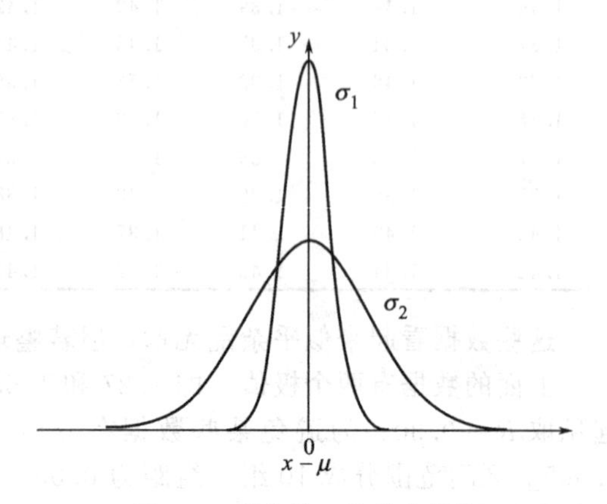

图 3-4　误差的正态分布曲线

平均值 μ 的差值，则可得到图 3-4 的正态分布曲线。

图 3-3 中的正态分布曲线，其数学表达式为：

$$y=f(x)=\frac{1}{\sigma\sqrt{2\pi}}e^{-(x-\mu)^2/2\sigma^2} \tag{3-24}$$

式中，y 表示概率密度；x 表示测量值；μ 为总体平均值，即无限次测量数据的平均值（没有系统误差时就是真值），对应于曲线峰顶的横坐标值；$x-\mu$ 表示随机误差；σ 是总体标准偏差，它是从总体平均值 μ 到曲线拐点间的距离，其大小影响曲线峰形的宽窄，图 3-4 中 $\sigma_1 < \sigma_2$，曲线 1 比曲线 2 窄，数据较集中，即精密度高的数据分布较集中。由式(3-24)及图 3-3 和图 3-4 可见：

① 分布曲线的最高点位于 $x=\mu$ 处，说明大多数数据集中在总体平均值附近，体现了测量值集中的趋势。

② 当 $x=\mu$ 时，$y_{max}=\frac{1}{\sigma\sqrt{2\pi}}$，即概率密度的最大值（$y_{max}$）取决于 σ。精密度越高，即 σ 值越小时，y 值越大，曲线越尖锐，说明测量值的分布越集中；而精密度越低，即 σ 值越大时，y 值越小，曲线越平坦，说明测量值的分布越分散。

③ 分布曲线以直线 $x=\mu$ 为轴线左右对称，说明正误差和负误差出现的概率相等。

④ 当 x 趋向于 $\pm\infty$ 时，y 趋于 0，即分布曲线以 x 轴为渐进线，说明小误差的出现概率大，大误差的出现概率小，出现极大误差的概率趋近于零。

由以上分析可知，正态分布曲线中的两个参数 μ 和 σ 决定了曲线的位置和形状，这两个参数一经确定，正态分布曲线也就确定，因此可以用符号 N（μ，σ^2）来表示任一正态分布曲线。但不同的总体有不同的 μ 和 σ，曲线的位置和形状会相应改变，这种复变函数在实际应用中很不方便，因此通过引入变量 u：

$$u=\frac{x-\mu}{\sigma} \tag{3-25}$$

即横坐标改为各次测量误差与总体标准偏差的比值，这时正态分布曲线表达式可以简化为：

$$y=\Phi(u)=\frac{1}{\sqrt{2\pi}}e^{-u^2/2} \tag{3-26}$$

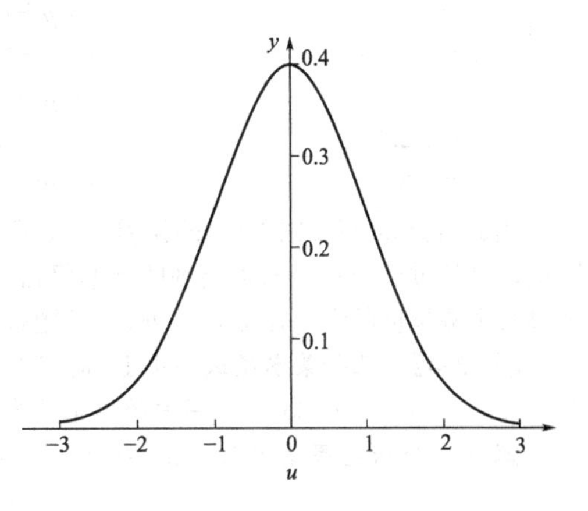

图 3-5　标准正态分布曲线

由此所得的曲线称为标准正态分布曲线，用符号 N（0，1）表示。图 3-5 即为标准正态分布曲线，曲线的最高点位于 $u=0$，这时 $y_{max}=\frac{1}{\sqrt{2\pi}}$，为一恒定值，曲线的形状与 σ 无关。

3.4.3　随机误差的区间概率

随机误差的正态分布曲线与横坐标 $-\infty$ 至 $+\infty$ 之间所夹的面积代表各种误差出现的概率总和，其值为 1，即概率 P 为：

$$P=\int_{-\infty}^{+\infty}\frac{1}{\sqrt{2\pi}}e^{-u^2/2}du=1 \tag{3-27}$$

随机误差在某一特定误差范围内出现的概率，对应曲线段下面所包含的面积，也就是正态分布曲线的区间积分。误差在对应的 $\pm u$ 区间出现的概率为：

$$P=\int_{-u}^{u}\frac{1}{\sqrt{2\pi}}e^{-u^2/2}du \tag{3-28}$$

对于标准正态分布，不同 u 值对应的积分可查相关的概率积分表。表 3-6 列出了 $|u|$ 值的单侧积分表（即从 0 到 u 的积分）；当考虑 $\pm u$ 即双侧问题时，需将表值乘以 2。

表 3-6　u 值表（单侧）

$\|u\|$	P①	$\|u\|$	P	$\|u\|$	P
0.0	0.0000	1.1	0.3643	2.2	0.4861
0.1	0.0398	1.2	0.3849	2.3	0.4893
0.2	0.0793	1.3	0.4032	2.4	0.4918
0.3	0.1179	1.4	0.4192	2.5	0.4938
0.4	0.1554	1.5	0.4332	2.6	0.4953
0.5	0.1915	1.6	0.4452	2.7	0.4965
0.6	0.2258	1.7	0.4554	2.8	0.4974
0.7	0.2580	1.8	0.4641	2.9	0.4981
0.8	0.2881	1.9	0.4713	3.0	0.4987
0.9	0.3159	2.0	0.4773	∞	0.5000
1.0	0.3413	2.1	0.4821		

① $P=\int_0^u \frac{1}{\sqrt{2\pi}} e^{-u^2/2} du$。

由表 3-6 可查出下列指定范围分析结果出现的概率：

随机误差 u 出现的区间	测量值 x 出现的区间	概率/%
$u=\pm 1$	$x=\mu\pm 1\sigma$	68.26
$u=\pm 1.96$	$x=\mu\pm 1.96\sigma$	95.00
$u=\pm 2$	$x=\mu\pm 2\sigma$	95.46
$u=\pm 2.58$	$x=\mu\pm 2.58\sigma$	99.00
$u=\pm 3$	$x=\mu\pm 3\sigma$	99.74

由此可见，x 与 μ 的差值（即误差 u）大于 3σ 的数据出现的概率为 $(100-99.74)\%=0.26\%$，即随机误差超过 $\pm 3\sigma$ 的测量值出现的概率仅占 0.26%，说明大误差出现的概率很小。在实际工作中如果某个测量值的误差在 $\pm 3\sigma$ 之外，很可能是由于过失造成的，则这些测量值可以舍去。

【例 3-4】 已知某水泥试样中 Fe 的百分含量为 5.65%，测定的标准偏差为 0.10，请问：(1) 分析结果落在 $(5.65\pm 0.20)\%$ 范围内的概率为多少？(2) 小于 5.40% 的数据出现的概率为多少？

解：(1) 分析结果落在 $(5.65\pm 0.20)\%$ 范围内，即 $|x-\mu|=0.20$

$$|u|=\frac{|x-\mu|}{\sigma}=\frac{0.20}{0.10}=2.0$$

由表 3-6 查得面积为 0.4773，则概率为 $2\times 0.4773=0.9546$，即 95.46%。

(2) 考虑 $x=5.40\%$ 时对应的 u，

$$x-\mu=5.40-5.65=-0.25,\ u=\frac{x-\mu}{\sigma}=\frac{-0.25}{0.10}=-2.5$$

由于只考虑小于 5.40% 的数据出现的概率，需求 $u<-2.5$ 时的概率，在图 3-5 中曲线左侧 $u\geqslant -2.5$ 时，面积为 0.4938，则 $u<-2.5$ 时面积为 $0.5000-0.4938=0.0062$，即分析结果小于 5.40% 的概率为 0.62%。

3.5　少量数据的统计处理

分析化学中常通过样本研究总体，由于测量值的数量有限，μ 和 σ 无从知晓，能否用样本标准偏差 s 代替 σ？英国统计学家兼化学家 Gosset 用 t 分布解决了这一问题，使不致因 s

代替 σ 而引起对正态分布的偏离。

3.5.1　t 分布曲线

3.5.1.1　平均值的精密度

从正态分布曲线可以看出，算术平均值 $\bar{x}$ 可以较好地体现测量数据的集中趋势，因此有必要知道 $\bar{x}$ 的精密度。从随机误差传递公式，可以求得平均值的标准偏差 $s_{\bar{x}}$ 与单次测量的标准偏差 s 之间的关系如下：

$$s_{\bar{x}}=\frac{s}{\sqrt{n}} \tag{3-29[1]}$$

从式(3-29) 可以看出，$s_{\bar{x}}$ 是 s 的 $\frac{1}{\sqrt{n}}$ 倍。当 n 越大时，$s_{\bar{x}}$ 与 s 的比值就越小，即随着测量次数的增加，平均值的精密度相应提高。$s_{\bar{x}}/s$ 与 n 的关系如图 3-6 所示。由图可以看出，当 n 足够大时，再增加测量次数，$s_{\bar{x}}/s$ 减小并不明显（即精密度的提高并不明显）。因此，在实际工作中，为了节省劳力和时间，一般只平行测定 3～4 次。

3.5.1.2　t 分布曲线

Gosset 定义统计量 t：

$$t=\frac{\bar{x}-\mu}{s_{\bar{x}}}=\frac{\bar{x}-\mu}{s}\sqrt{n} \tag{3-30}$$

以 t 代替标准正态分布中的 u。

t 分布曲线如图 3-7 所示，其中 f 表示自由度，$f=n-1$。它与正态分布曲线相似，区别在于 t 分布曲线随自由度 f 而改变。当 f 趋于∞时，t 分布就趋于正态分布。与正态分布一样，曲线下与横坐标所夹面积，表示平均值在该区间出现的概率，其大小既与 t 值有关，也与 f 值有关。

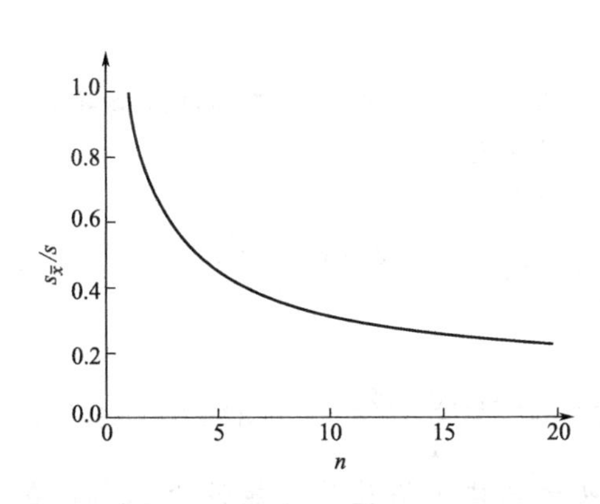

图 3-6　平均值标准偏差与测量次数的关系

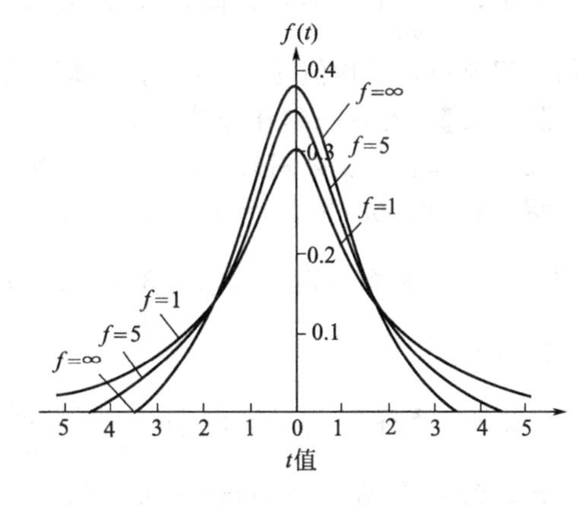

图 3-7　t 分布曲线（$f=1$，5，∞）

对某一 $|t|$ 值，即区间 $[-t, t]$ 内曲线对应的面积，就是平均值落在 $\mu\pm\frac{ts}{\sqrt{n}}$ 范围内的概率，此概率 P 称为置信度，而落在该范围以外的概率 $\alpha=1-P$，则称为显著性水平。不同置信度 P（或显著性水平 α）和不同 f 值对应的 $t_{\alpha,f}$ 值，列于表 3-7。应用表值时需加脚

[1] $\bar{x}=\frac{1}{n}(x_1+x_2+\cdots+x_n) \Rightarrow s_{\bar{x}}^2=\frac{1}{n^2}(s_{x_1}^2+s_{x_2}^2\cdots+s_{x_n}^2)$

相同条件下测量，可认为各次测量具有相同的精密度，$s_{x_1}^2=s_{x_2}^2=\cdots=s_{x_n}^2=s^2 \Rightarrow s_{\bar{x}}^2=\frac{s^2}{n}$ 或 $s_{\bar{x}}=\frac{s}{\sqrt{n}}$。

注，注明显著性水平和自由度，例如 $t_{0.05,9}$ 是指置信度为 95%（显著性水平为 0.05）、自由度为 9 时的 t 值。

表 3-7　$t_{\alpha,f}$ 值表（双边）

$f=n-1$	置信度 P，显著性水平 α			$f=n-1$	置信度 P，显著性水平 α		
	$P=0.90$ $\alpha=0.10$	$P=0.95$ $\alpha=0.05$	$P=0.99$ $\alpha=0.01$		$P=0.90$ $\alpha=0.10$	$P=0.95$ $\alpha=0.05$	$P=0.99$ $\alpha=0.01$
1	6.31	12.71	63.66	11	1.80	2.20	3.11
2	2.92	4.30	9.92	12	1.78	2.18	3.06
3	2.35	3.18	5.84	13	1.77	2.16	3.01
4	2.13	2.78	4.60	14	1.76	2.14	2.98
5	2.02	2.57	4.03	15	1.75	2.13	2.95
6	1.94	2.45	3.71	20	1.72	2.09	2.84
7	1.90	2.36	3.50	30	1.70	2.04	2.75
8	1.86	2.31	3.36	40	1.68	2.02	2.70
9	1.83	2.26	3.25	∞	1.64	1.96	2.58
10	1.81	2.23	3.17				

3.5.2　平均值的置信区间

用样本研究总体时，样本平均值 $\bar{x}$ 并不等于总体均值 μ，但可以肯定，只要消除了系统误差，在某一置信度下，一定存在着一个以样本均值 $\bar{x}$ 为中心，包括总体均值 μ 在内的某一范围，称为平均值的置信区间。由 t 的定义式得：

$$\mu=\bar{x}\pm\frac{ts}{\sqrt{n}} \tag{3-31}$$

式中，$\pm\frac{ts}{\sqrt{n}}$ 称为置信区间，其大小取决于测定的标准偏差、测定次数和置信度的选择。置信区间愈小，平均值 $\bar{x}$ 愈接近于总体平均值。

【例 3-5】 对某一钢样含磷量平行测定了 4 次，平均值为 0.0087%，已知标准偏差 $s=$ 0.0022%，求置信度分别为 95%和 99%时平均值的置信区间。

解： $\bar{x}=0.0087\%$，$s=0.0022\%$，$n=4$，$f=4-1=3$

当 $P=95\%$，查表 3-7，$t_{0.05,3}=3.18$，$\mu=\bar{x}\pm\frac{t_{0.05,3}s}{\sqrt{n}}=0.0087\pm\frac{3.18\times0.0022}{\sqrt{4}}=0.0087\pm$ 0.0035（%）

当 $P=99\%$，查得 $t_{0.05,3}=5.84$，$\mu=\bar{x}\pm\frac{t_{0.01,3}s}{\sqrt{n}}=0.0087\pm\frac{5.84\times0.0022}{\sqrt{4}}=0.0087\pm0.0065(\%)$

计算结果表明，(0.0087±0.0035)%区间内包含总体平均值的可能性为 95%，在 (0.0087±0.0065)%区间包含总体平均值的可能性为 99%。前面的话也可以这样理解：(0.0087±0.0035)%区间内有 95%的把握包含总体平均值，而 (0.0087±0.0065)%区间内有 99%的把握包含总体平均值。由此可见，提高置信度时，置信区间变宽，也就是说，在较宽的范围内能包含总体平均值的把握较大。

3.6　数据的评价——显著性检验、异常值的取舍

3.6.1　显著性检验

在实际分析工作中，分析工作者常常用标准方法与自己所用的分析方法进行对照实验，

然后用统计学方法检验两种结果是否存在显著性差异。若存在显著性差异而又肯定测定过程中没有错误，可以认定自己所用的方法有不完善之处，即存在较大的系统误差。在统计学上，这种情况称为两批数据来自不同总体。若不存在显著性差异，即差异只是来源于随机误差，或者说，两批数据来自同一总体，可以认为分析者所用的分析方法与标准方法一样准确。与此类似，如用同一方法分析试样和标准试样、两个分析人员或两个实验室对同一试样进行测定，结果的差异亦需进行统计检验或显著性检验。

显著性检验的一般步骤是：首先做一个否定的假设，即假设不存在显著性差异，或所有样本来源于同一总体；其次确定一个显著性水平，通常采用 $\alpha=0.1$、0.05、0.01 等数值，分析工作中多取 0.05 的显著性水平，其意义是当差异出现的机会有 95%以上时，前面的假设就取消，承认有显著性差异存在；最后是计算统计量和作出判断。下面介绍 F 检验法和 t 检验法。

(1) F 检验法

该法用于检验两组数据的精密度——即标准偏差 s 是否存在显著性差异。F 检验是先求得两组数据的方差 s^2；然后以方差值大的做分子、方差值小的做分母，求出统计量 F：

$$F=\frac{s_{大}^2}{s_{小}^2} \tag{3-32}$$

把求得的 F 值与表 3-8 的值比较，若 F 值小于表值，则两组数据的精密度不存在显著性差异；若 F 值大于表值，则两组数据的精密度存在显著性差异。

表 3-8 F 值表（单侧，置信度 95%）

$f_{小}$ \ $f_{大}$①	1	2	3	4	5	6	7	8	9	10	∞
1	161.4	199.5	215.7	224.6	230.2	234.0	236.8	238.9	240.5	241.9	254.3
2	18.51	19.00	19.16	19.25	19.30	19.33	19.35	19.37	19.38	19.40	19.50
3	10.13	9.55	9.28	9.12	9.01	8.94	8.89	8.85	8.81	8.79	8.53
4	7.71	6.94	6.59	6.39	6.26	6.16	6.09	6.04	6.00	5.96	5.63
5	6.61	5.79	5.41	5.19	5.05	4.95	4.88	4.82	4.77	4.74	4.36
6	5.99	5.14	4.76	4.53	4.39	4.28	4.21	4.15	4.10	4.06	3.67
7	5.59	4.74	4.35	4.12	3.97	3.87	3.79	3.73	3.68	3.64	3.23
8	5.32	4.46	4.07	3.84	3.69	3.58	3.50	3.44	3.39	3.35	2.93
9	5.12	4.26	3.86	3.63	3.48	3.37	3.29	3.23	3.18	3.14	2.71
10	4.96	4.10	3.71	3.48	3.33	3.22	3.14	3.07	3.02	2.98	2.54
∞	3.84	3.00	2.60	2.37	2.21	2.10	2.01	1.94	1.88	1.83	1.00

①$f_{大}$，大方差对应的自由度；$f_{小}$，小方差对应的自由度。

表 3-8 中所列 F 值在作单侧检验时，即检验某组数据精密度是否高于等于（或低于等于）另一组数据精密度时，置信度为 95%（显著性水平 $\alpha=0.05$）；而在检验两组数据精密度是否有显著性差异，即一组数据精密度可能高于、等于、低于另一组数据的精密度时，为双侧检验，这时显著性水平为单侧检验时的两倍，即 0.10，因而置信度 $P=1-0.10=0.90$，或 90%。

【例 3-6】 甲、乙两人分析同一试样，甲测了 4 次，标准偏差为 0.12；乙测了 5 次，标准偏差为 0.10。问 (1) 甲、乙的精密度是否存在显著性差异？(2) 甲的精密度是否显著高于乙？

解：$s_{甲}=0.12$，$f_{甲}=4-1=3$；$s_{乙}=0.10$，$f_{乙}=5-1=4$；

$$F=\frac{s_{大}^2}{s_{小}^2}=\frac{s_{甲}^2}{s_{乙}^2}=\frac{0.12^2}{0.10^2}=1.44$$

$f_{大}=f_{甲}=3$、$f_{小}=f_{乙}=4$；查表得 $F_{表}=6.59$，可见 $F<F_{表}$。

第一问属双边检验，说明甲乙的精密度不存在显著性差异，此时的置信度为 90%；第二问属单边检验，因不存在显著性差异，故甲的精密度不高于乙，此时的置信度为 95%。

(2) t 检验法

t 检验法用于判断样本平均值是否存在系统误差，其方法是以计算所得的统计量值 t 和选定的置信度与表 3-7 中的 $t_{\alpha,f}$ 值比较，若存在显著性差异，则被检验方存在较大的系统误差。分析化学中置信度常取 95%。

① 平均值与标准值的比较　这种检验通常是要评价一种分析方法或操作过程的可靠性，将得到的分析结果的平均值与试样的标准值比较，检验两者有无显著性差异。

检验的步骤如下：

a. 计算分析数据的平均值 $\bar{x}$ 和标准偏差 s；

b. 根据公式 $t=\frac{|\bar{x}-\mu|}{s}\sqrt{n}$，计算相应的 t 值；

c. 然后根据要求的置信度和测定次数查表 3-7，得 $t_{\alpha,f}$ 值。

d. 比较 t 和 $t_{\alpha,f}$：若 $t>t_{\alpha,f}$，表示有显著性差异，存在系统误差，被检验的方法或操作过程需要改进；若 $t<t_{\alpha,f}$，表示无显著性差异，不存在系统误差，被检验的方法或操作过程可以被采用。

【例 3-7】 采用某种新方法测定基准物质明矾中铝的质量分数，得到下列 9 个分析数据 10.74%，10.77%，10.77%，10.77%，10.81%，10.82%，10.73%，10.86%，10.81%。已知明矾中铝含量的标准值（以理论值代替）为 10.77%。试问采用该新方法后，是否引起系统误差（置信度为 95%）？

解：已知：$n=9$，$f=9-1=8$，求得平均值，标准偏差及 t 值分别为：

$$\bar{x}=10.79,\ s=0.042\%$$

$$t=\frac{|\bar{x}-\mu|}{s}\sqrt{n}=\frac{|10.79\%-10.77\%|}{0.042\%}\sqrt{9}=1.43$$

查表 3-7，当 $P=0.95$，$f=8$ 时，$t_{0.05,8}=2.31$，$t<t_{0.05,8}$，所以测定值 $\bar{x}$ 与标准值 μ 之间不存在显著性差异，该新方法不存在系统误差。

【例 3-8】 用一新方法对标准试样进行分析，有关数据如下：$n=6$，$\bar{x}=14.70\%$，$s=0.045\%$，标准值是 14.74%，分别取置信度为 90% 与 95%，判断此方法是否存在系统误差。

解：已知 $n=6$，$\bar{x}=14.70\%$，$s=0.045\%$，$\mu=14.74\%$，则

$$t=\frac{|\bar{x}-\mu|}{s}\sqrt{n}=\frac{|14.70\%-14.74\%|}{0.045\%}\sqrt{6}=2.18$$

当 $P=0.90$，$f=5$ 时，$t_{0.10,5}=2.02$，$t>t_{0.10,5}$，存在显著性差异；当 $P=0.95$，$f=5$ 时，$t_{0.05,5}=2.57$，$t<t_{0.05,5}$，不存在显著性差异。

例 3-8 的计算结果表明，所取置信度不同可导致检验结论的不同。从前面例 3-5 的计算可以知道，当要求平均值的置信区间有较高把握（高置信度）包含总体平均值时，置信区间必然较大，因此取高置信度表示容许差异出现的概率小；若把置信度定得过高，会使本来显著性的差异不被发觉，若定得过低，则会使本来非显著性的差异判断为显著性差异。因此综合这两方面的因素，分析化学中常取的置信度是 95%。

② 两组数据平均值的比较　实际分析工作中两种分析方法、两个实验室或两个分析人员测定的两组数据，经常出现差别，判断这两个平均值之间是否存在显著性差异，也采用 t 检验法。假设两组测量数据，测量次数分别为 n_1、n_2，平均值分别为 $\bar{x}_1$、$\bar{x}_2$，标准偏差分

别为 s_1、s_2。先用 F 检验法验证两组数据精密度有无显著性差异，如果证明它们之间没有显著性差异，则可认为 $s_1 \approx s_2$，两组测量数据来自同一总体，可以用下式求得合并标准偏差 s_p：

$$s_p=\sqrt{\frac{(n_1-1)s_1^2+(n_2-1)s_2^2}{(n_1-1)+(n_2-1)}} \tag{3-33}$$

或

$$s_p=\sqrt{\frac{\sum(x_{1i}-\bar{x}_1)^2+\sum(x_{2i}-\bar{x}_2)^2}{(n_1-1)+(n_2-1)}} \tag{3-33a}$$

然后计算 t 值：

$$t=\frac{|\bar{x}_1-\bar{x}_2|}{s_p}\sqrt{\frac{n_1n_2}{n_1+n_2}} \tag{3-34}$$

在一定置信度下，查得表值 $t_{表}$（总自由度 $f=n_1+n_2-2$）。若 $t>t_{表}$，表示两组平均值存在显著性差异；若 $t<t_{表}$，表示不存在显著性差异。

【例 3-9】 用两种方法测定某试样中 Na_2CO_3 的百分含量，方法 1 测得 $n_1=6$，$\bar{x}_1=42.34\%$，$s_1=0.09\%$；方法 2 测得 $n_2=5$，$\bar{x}_2=42.44\%$，$s_2=0.11\%$。试问两种方法之间是否存在显著性差异？(置信度 90%)

解：$n_1=6$，$\bar{x}_1=42.34\%$，$s_1=0.09\%$；$n_2=5$，$\bar{x}_2=42.44\%$，$s_2=0.11\%$；

先检验两种方法的精密度：　$F=\frac{s_{大}^2}{s_{小}^2}=\frac{0.11^2}{0.09^2}=1.49$

查表 3-8 得：$F_{表}=5.19$，$F<F_{表}$，说明两种方法的标准偏差无显著性差异，故可求得合并标准偏差：

$$s_p=\sqrt{\frac{(n_1-1)s_1^2+(n_2-1)s_2^2}{(n_1-1)+(n_2-1)}}=\sqrt{\frac{(6-1)\times0.09^2+(5-1)\times0.11^2}{(6-1)+(5-1)}}=0.10(\%)$$

于是：

$$t=\frac{|\bar{x}_1-\bar{x}_2|}{s_p}\sqrt{\frac{n_1n_2}{n_1+n_2}}=\frac{|42.34-42.44|}{0.10}\sqrt{\frac{6\times5}{6+5}}=1.65$$

查表 3-7 得：$t_{0.10,9}=1.83$，$t<t_{表}$，故两种方法不存在显著性差异。

3.6.2 异常值的取舍

一组数据中，可能有个别数据与其他数据差异较大，称为异常值（或可疑值）。除确定是由于过失所造成的异常值可以舍弃外，异常值是舍去还是保留，应该用统计学的方法来判定，不能凭主观意愿决定取舍。常用的异常值取舍方法有 $4\bar{d}$ 检验法、Q 检验法和格鲁布斯检验法。

(1) $4\bar{d}$ 检验法

在校正了系统误差之后，若一总体服从正态分布，$x-\mu$ 大于 $\pm3\sigma$ 的测量值出现的概率很小，其误差往往不是随机误差所致，应舍去。又因为总体的标准偏差 σ 与总体平均偏差 δ 之间的关系是 $\delta\approx0.8\sigma$，用样本平均偏差 $\bar{d}$ 代替 δ，则 $4\bar{d}\approx3\sigma$，这样，便可将异常值与 $\bar{x}$ 之差是否大于 $4\bar{d}$ 作为异常值取舍的根据。

$4\bar{d}$ 检验法方法简单，不必查表，但只适用于处理要求不高的数据，若 $4\bar{d}$ 检验法与其他检验法得出的结论相矛盾时，应以其他检验法为准。

应用 $4\bar{d}$ 检验法时，先把异常值除外，求出余下测量值的 $\bar{x}$ 和 $\bar{d}$，若异常值与 $\bar{x}$ 之差的绝对值大于 $4\bar{d}$，异常值舍弃，否则保留。

【例 3-10】 测定矿石中 Fe_2O_3 含量，4 次结果分别为 12.73%、12.68%、12.56%、

12.66%，用 $4\bar{d}$ 检验法对 12.56%进行检验，问是否应该保留该数据？

解：把 12.56%除外，求得

$$\bar{x}=12.69\%, \bar{d}=0.027\%, 4\bar{d}=0.11\%$$

$|12.56\%-12.69\%|=0.13\%>4\bar{d}$，所以 12.56%应舍去。

(2) Q 检验法

此法是将数据从小到大排列，如 $x_1<x_2<\cdots<x_n$，按下式计算统计量 Q，Q 称为舍弃商。

$$Q=\frac{x_2-x_1}{x_n-x_1} \quad x_1 \text{ 为异常值} \tag{3-35}$$

或

$$Q=\frac{x_n-x_{n-1}}{x_n-x_1} \quad x_n \text{ 为异常值} \tag{3-35a}$$

式(3-35a) 的分母是极差，分子是异常值与近邻值之差，将 Q 与 $Q_{表}$ 值比较，若 $Q>Q_{表}$，异常值应舍弃，否则保留。$Q_{表}$ 值与置信度和测量次数有关，见表 3-9。

表 3-9 Q 值表

测定次数 n		3	4	5	6	7	8	9	10
置	90%($Q_{0.90}$)	0.94	0.76	0.64	0.56	0.51	0.47	0.44	0.41
信	95%($Q_{0.95}$)	0.98	0.85	0.73	0.64	0.59	0.54	0.51	0.48
度	99%($Q_{0.99}$)	0.99	0.93	0.82	0.74	0.68	0.63	0.60	0.57

【例 3-11】 测定某溶液的浓度 c (mol·L^{-1})，结果分别为 0.1014，0.1012，0.1016，0.1025，用 Q 检验法判断 0.1025 是否应弃去？($P=90\%$)

解：

$$Q_{计算}=\frac{0.1025-0.1016}{0.1025-0.1012}=0.69<Q_{0.90}(4)=0.76$$

数据 0.1025 应保留。

(3) 格鲁布斯检验法

该法用到正态分布中反映测量值集中与波动的两个参数 $\bar{x}$ 和 s，因而可靠性较高。应用此法时，在计算全部数据的 $\bar{x}$ 和 s 后，同 Q 检验法一样，将测量值从小到大排列，确定检验 x_1 或 x_n，由下式求统计量 T 值

$$T=\frac{\bar{x}-x_1}{s} \quad x_1 \text{ 为异常值} \tag{3-36}$$

或

$$T=\frac{x_n-\bar{x}}{s} \quad x_n \text{ 为异常值} \tag{3-36a}$$

把 T 与 $T_{\alpha,n}$ 表值比较，若 $T\geqslant T_{\alpha,n}$，异常值舍弃，否则保留。

$T_{\alpha,n}$ 值与测定次数和显著性水平有关，如表 3-10 所示。

表 3-10 $T_{\alpha,n}$ 值表

测量次数 n	置信度(P)			测量次数 n	置信度(P)		
	95%	97.5%	99%		95%	97.5%	99%
3	1.15	1.15	1.15	8	2.03	2.13	2.22
4	1.46	1.48	1.49	9	2.11	2.21	2.32
5	1.67	1.71	1.75	10	2.18	2.29	2.41
6	1.82	1.89	1.94	15	2.41	2.55	2.71
7	1.94	2.02	2.10	20	2.56	2.71	2.88

【例 3-12】 对例 3-11 中的数据用格鲁布斯法判断 0.1025 是否应舍去？($P=95\%$)

解： $$\bar{x}=\frac{0.1014+0.1012+0.1016+0.1025}{4}=0.1017$$

$$s=0.00058, \quad T=\frac{0.1025-0.1017}{0.00058}=1.39$$

查表得 $T_{0.05,4}=1.46$，$T<T_{0.05,4}$，数据应保留。

如果异常值不止一个，则应逐一检验，在后续检验时不应包括前面已判定应舍去的数值。

3.7 回归分析

在分析化学中，常利用浓度（或含量）与一可测物理量间的线性关系来测定组分含量。例如在分光光度法中，先配制浓度已知且不同的一系列标准溶液，在直角坐标上绘出吸光度与浓度的关系曲线，即为标准曲线；使用与绘制标准曲线的同样方法测定未知样的吸光度，根据测定值可在标准曲线上直接查出被测组分浓度。分析化学中的标准曲线是一条直线，但由于实验误差等因素的存在，各数据点往往对该直线有所偏离，这就需要用数理统计的方法，找出对各数据点误差最小的直线，较好的办法是对数据进行回归分析，求得回归方程。在分析测定中两个变量的一元线性回归方程用得最为普遍。

3.7.1 一元线性回归方程

以 x 表示浓度，y 表示物理量测量值，若两变量之间存在线性相关关系，则一元线性回归方程为：

$$y=a+bx$$

在分析工作中，测量点 (x_i, y_i) 的波动主要来自测量值的偏差，可用最小二乘法求出直线方程（回归线）。回归线是 x、y 线性关系的最佳曲线，a、b 分别为回归直线的截距和斜率。依最小二乘法，用求极值的方法可求得 a、b 的计算公式：

$$b=\frac{n\sum x_iy_i-\left(\sum x_i\right)\left(\sum y_i\right)}{n\sum x_i^2-\left(\sum x_i\right)^2} \tag{3-37}$$

或
$$b=\frac{\sum(x_i-\bar{x})(y_i-\bar{y})}{\sum(x_i-\bar{x})^2} \tag{3-37a}$$

$$a=\frac{1}{n}\sum y_i-b\frac{1}{n}\sum x_i=\bar{y}-b\bar{x} \tag{3-38}$$

式中，$\bar{x}$，$\bar{y}$ 分别为 x 和 y 的平均值。

3.7.2 相关系数

回归线是否有实际意义，即线性关系是否存在，可由相关系数 r 确定，其值由式(3-39)给出：

$$r=b\sqrt{\frac{\sum(x_i-\bar{x})^2}{\sum(y_i-\bar{y})^2}}=\frac{\sum(x_i-\bar{x})(y_i-\bar{y})}{\sqrt{\sum(x_i-\bar{x})^2\sum(y_i-\bar{y})^2}} \tag{3-39}$$

相关系数 r 的物理意义如下。

① $|r|=1$ 时，表示测量点都在回归线上，变量 y 与 x 是完全线性关系。

② $r=0$ 时，表示 y 与 x 完全没有线性相关关系。

③ $|r|$ 在0～1之间，则表示有一定线性相关关系。$b>0$ 时，$r>0$，y 随 x 的增大而增大，称 y 与 x 正相关；$b<0$ 时，$r<0$，y 随 x 的增大而减小，称 y 与 x 负相关；r 的绝对值越大，线性关系越好。

关于相关系数 r，只有 $|r|$ 值足够大时，x 与 y 之间才是显著线性相关的，求得的回归直线才有意义，此时的 r 值称为临界值，不同置信度和测量次数下，相关系数的临界值见表3-11，其中 n 为测量次数。若计算出的相关系数大于等于表中相应的数值，就可认为 x 与 y 之间存在线性关系；否则认为 x 与 y 之间不存在线性关系（在分析测定中，置信度多取95%）。

表3-11　相关系数临界值

$f=n-2$		1	2	3	4	5	6	7	8	9	10
置信度	90%	0.988	0.900	0.805	0.729	0.669	0.622	0.582	0.549	0.521	0.497
	95%	0.997	0.950	0.878	0.811	0.755	0.707	0.666	0.632	0.602	0.576
	99%	0.9998	0.990	0.959	0.917	0.875	0.834	0.798	0.765	0.735	0.708
	99.9%	0.99999	0.999	0.991	0.974	0.951	0.925	0.898	0.872	0.847	0.823

【例3-13】 用分光光度法测定水中酚的含量，得以下结果：

酚含量 x/mg	0.010	0.020	0.030	0.040	0.050
吸光度 y	0.048	0.101	0.151	0.202	0.248

求标准曲线的回归方程并评价该回归方程的回归效果（置信度95%）。

解：计算列出下表

编号	x_i	y_i	$\lvert x_i-\bar{x}\rvert$	$(x_i-\bar{x})^2$	$\lvert y_i-\bar{y}\rvert$	$(y_i-\bar{y})^2$	$(x_i-\bar{x})(y_i-\bar{y})$
1	0.010	0.048	0.020	0.0004	0.102	0.010404	0.00204
2	0.020	0.101	0.010	0.0001	0.049	0.002401	0.00049
3	0.030	0.151	0	0	0.001	0.000001	0
4	0.040	0.202	0.010	0.0001	0.052	0.002704	0.00052
5	0.050	0.248	0.020	0.0004	0.098	0.009604	0.00196
Σ	0.150	0.750	0.060	0.0010	0.302	0.025114	0.00501

$$\bar{x}=0.030,\bar{y}=0.150$$

$$b=\frac{\sum(x_i-\bar{x})(y_i-\bar{y})}{\sum(x_i-\bar{x})^2}=\frac{0.00501}{0.0010}=5.01$$

$$a=\bar{y}-b\bar{x}=0.150-5.01\times0.030=-0.0003$$

回归方程为：　$y=-0.0003+5.01x$

相关系数：　$r=b\sqrt{\frac{\sum(x_i-\bar{x})^2}{\sum(y_i-\bar{y})^2}}=5.01\times\sqrt{\frac{0.0010}{0.025114}}=0.9997$

查表3-11得，$r_{表}=0.878<r_{计算}$，因此该标准曲线具有很好的线性关系。

3.8　提高分析结果准确度的方法

为了提高分析结果的准确度，在实际工作中应注意以下问题。

(1) 选择合适的分析方法

各种分析方法的准确度和灵敏度不相同，必须根据被测组分的具体含量和测定的要求来选择方法。对于组分含量高、分析准确度要求高的试样，一般采用化学分析法测定；而对组分含量低、分析灵敏度要求高的试样，则应选择仪器分析法测定。

例如，要测定铁矿石中的铁含量，由于其含量较高，而且对分析准确度要求较高，应选择滴定分析法；而测定天然水中的铁含量，由于其含量较低，用化学分析法无法测定，这时就应选择用分光光度法等灵敏度高的仪器分析方法。

(2) 减少测量误差

各测量值的误差会影响最后的分析结果，为保证分析结果的准确度，要十分注意在每一步的操作中减少测量误差。例如，在称取样品时，一般的分析天平有±0.0002g的称量误差，为使测量时的相对误差小于0.1%，试样的称取量不能太少。从相对误差的计算可以得到：

$$相对误差=\frac{绝对误差}{试样质量}\times100\%$$

$$试样质量=\frac{绝对误差}{相对误差}=\frac{0.0002\text{g}}{0.001}=0.2\text{g}$$

可见称取分析试样的质量必须大于0.2g。

在滴定分析中，常用的50mL滴定管读数的误差为±0.01mL，每个数据都通过两次读数差减得到，极值误差为±0.02mL。为了使测量体积的相对误差小于0.1%，要求消耗的溶液体积至少为：

$$滴定体积=\frac{0.02\text{mL}}{0.001}=20\text{mL}$$

若准确度要求不同，则对称量和体积测量误差的要求也会不同。例如在仪器分析中，由于被测组分含量较低，相对误差可以允许达到2%；如果称取的试样量为0.5g，试样的称量误差小于0.5×2%=0.01g就可以了。

(3) 减少随机误差

在消除或校正了系统误差的前提下，减少随机误差可以提高测定的准确度。在分析过程中，随机误差是无法避免的，但根据统计学原理，通过增加测定次数，可提高平均值的精密度。从图3-6中可以看到，适当增多测定次数可以降低平均值的标准偏差，即会提高测定结果的精密度。一般化学分析中，对同一试样，只平行测定3～5次；测量次数超过10次意义不大。

(4) 消除系统误差

为了提高分析结果的准确度，需要发现和消除系统误差。由于系统误差是由固定原因造成的，因此只要找到这一原因就可消除系统误差。为了发现并消除或校正系统误差，可以选用以下几种方法。

① 对照实验　对照实验是检验某分析方法或测定过程是否存在系统误差及系统误差大小的有效方法。其做法是：使用纯试剂，用被检验的方法或过程进行测定，看测定结果与理论计算值是否相符；对于实际样品，则采用含量已知的标准试样进行对照实验；或者是选用标准方法与欲检验方法对被测试样同时进行测定，以测得的结果求出校正值。

② 回收实验　回收实验多用于检验低含量测定的方法或条件是否存在系统误差。实验方法是在被测试样中加入已知量的被测组分，与原试样同时进行平行测定，按下式计算回收率：

$$回收率=\frac{添加组分试样测定值-原试样测定值}{组分添加量}\times100\% \tag{3-40}$$

一般来说，回收率在95%～105%之间认为不存在系统误差，即方法可靠。

③ 空白实验　由于试剂、蒸馏水、实验器皿等含有被测组分或干扰物质而导致系统误差时，常用空白实验进行校正。空白实验的方法是：在不加待测组分的情况下，按照待测组分分析相同的条件和步骤进行测定，所得的结果称为空白值。在试样测定中扣除空白值，可消除此类系统误差。

④ 仪器校正　在对测定数据要求严格的测定中，仪器读数、量器刻度、砝码等标出值与实际值的细小差异也会影响测定的准确度，应进行校正并求出校正值，在测定值中加入校正值，可消除此类系统误差。

⑤ 校正分析结果　如果分析方法本身造成系统误差，可用其他分析方法对结果进行校正。例如用电解法测定铜含量的时候不能将溶液中全部的铜析出，则可用分光光度法测出电解后溶液中残留的铜，将其结果加到电解法得到的结果中去，即可得到铜的较准确结果。

思考题

指出在下列情况下，各会引起哪种误差？如果是系统误差，应该采用什么方法减免？

(1) 砝码被腐蚀；

(2) 天平的两臂不等长；

(3) 容量瓶和移液管体积不准确；

(4) 试剂中含有微量的被测组分；

(5) 天平的零点有微小变动；

(6) 读取滴定体积时最后一位数字估计不准；

(7) 滴定时不慎从锥形瓶中溅出一滴溶液；

(8) 标定盐酸溶液用的 NaOH 标准溶液中吸收了 CO_2。

习　题

1. 如果分析天平的称量误差为±0.2mg，拟分别称取试样 0.1g 和 1g，称量的相对误差各为多少？这些结果说明了什么问题？（±0.2%，±0.02%）

2. 滴定管的读数误差为±0.02mL。如果滴定中用去标准溶液的体积分别为 2mL 和 20mL，读数的相对误差各是多少？相对误差的大小说明了什么问题？（±1%，±0.1%）

3. 下列数据各有几位有效数字？

   (1) 0.0340 (2) 20.030 (3) 0.02020 (4) 9.7×10^{-5} (5) $pK_a=6.74$ (6) pH=14.00

   （3，5，4，2，2，2）

4. 将 0.089g $Mg_2P_2O_7$ 沉淀换算为 MgO 的质量，问计算时在下列换算因数（$2MgO/Mg_2P_2O_7$）中哪个数值较为合适：0.3623，0.362，0.36？计算结果应以几位有效数字报出？（0.362，2）

5. 用返滴定法测定软锰矿中 MnO_2 的质量分数，其结果按下式进行计算：

$$w_{MnO_2}=\frac{\left(\frac{0.5000}{126.07}-0.1000\times5.00\times10^{-3}\times\frac{5}{2}\right)\times86.94}{0.5000}\times100\%$$

   问测定结果应以几位有效数字报出？（4）

6. 用加热挥发法测定 $BaCl_2\cdot2H_2O$ 中结晶水的质量分数时，使用万分之一的分析天平称样 0.2000g，问测定结果应以几位有效数字报出？（4）

7. 两位分析者同时测定某一试样中硫的质量分数，称取试样均为 2.0g，分别报告结果如下：

   甲，0.042%，0.041%；乙，0.04099%，0.04201%。问哪一份报告是合理的，为什么？（甲）

8. 标定浓度约为 $0.1mol\cdot L^{-1}$ 的 NaOH 溶液，欲消耗 NaOH 溶液 20mL 左右，应称取基准物

$H_2C_2O_4 \cdot 2H_2O$多少克？其称量的相对误差能否达到0.1%？若不能，可以用什么方法予以改善？若改用邻苯二甲酸氢钾为基准物，结果又如何？　(0.13g，±0.2%，加大称样量，0.41g，±0.05%)

9. 有两位学生使用相同的分析仪器标定某溶液的浓度（$mol \cdot L^{-1}$），结果如下：

甲：0.12，0.12，0.12（相对平均偏差0.00%）；

乙：0.1243，0.1237，0.1240（相对平均偏差0.16%）。

应如何评价他们实验结果的准确度和精密度？　(乙的准确度和精密度高)

10. 某人测定一个试样的结果为30.68%，相对标准偏差为0.5%。后来发现计算公式的分子误乘以2，因此正确的结果应为15.34%，问正确的相对标准偏差应为多少？　(0.5%)

11. 测定某铜矿试样，测得铜的质量分数分别为24.87%、24.77%、24.93%和24.69%，真值为25.06%，计算：(1) 测得结果的平均值；(2) 绝对误差；(3) 相对误差。　(24.83%，-0.23%，-0.92%)

12. 测定铁矿石中铁的质量分数（以$w_{Fe_2O_3}$表示），6次结果分别为：67.48%，67.37%，67.40%，67.47%，67.43%和67.40%。计算：(1) 平均偏差；(2) 相对平均偏差；(3) 标准偏差；(4) 相对标准偏差；(5) 极差。　(0.035%，0.06%，0.044%，0.07%，0.11%)

13. 测定某铜矿石中铜的质量分数，真值为29.26%，若甲的测定结果（%）是：29.22，29.25，29.26，29.28；乙的测定结果（%）是：29.29，29.34，29.38，29.35。试比较甲乙两人测定结果的准确度和精密度。　(甲高)

14. 现有一组平行测定值，符合正态分布N（20.40，0.04^2）。计算：(1) $x=20.30$和$x=20.46$时的u值；(2) 测定值在20.30～20.46区间出现的概率。　(-2.5，1.5，0.9270)

15. 对某合金样品中铜的质量分数（%）进行了150次测定，已知测定结果符合正态分布N（43.15，0.23^2）。求测定结果大于43.59%时可能出现的次数。　(3次)

16. 测定钢中铬的质量分数，5次测定结果的平均值为2.14%，标准偏差为0.013%。计算：(1) 平均值的标准偏差；(2) 平均值的置信区间；(3) 如使平均值的置信区间为2.14%±0.01%，问至少应平行测定多少次？置信度均为0.95。　(0.0059%，(2.14±0.02)%，10次)

17. 测定试样中蛋白质的质量分数（%），5次测定结果的平均值为：34.92，35.11，35.01，35.19和34.98。(1) 经统计处理后的测定结果应如何表示（报告n，$\bar{x}$和s）？(2) 计算$P=0.95$时平均值的置信区间。　($\bar{x}$=35.04%，s=0.11%，n=5；(35.04±0.14)%)

18. 6次测定某钛矿中TiO_2的质量分数，平均值为58.60%，s=0.70%，计算：(1) 平均值的置信区间；(2) 若上述数据为4次测定的结果，平均值的置信区间又为多少？比较两次计算结果可得出什么结论？(P均为0.95)　(58.06%±0.75%，58.06%±1.12%)

19. 测定石灰中铁的质量分数（%），4次测定结果为：1.59，1.53，1.54和1.83。(1) 用Q检验法判断第四个结果应否弃去？(2) 如第5次测定结果为1.65，此时情况又如何？(P均为0.90)　(舍，留)

20. 用$K_2Cr_2O_7$基准试剂标定$Na_2S_2O_7$溶液的浓度（$mol \cdot L^{-1}$），4次结果为：0.1029，0.1056，0.1032和0.1034。(1) 用格鲁布斯法检验上述测定值中有无可疑值（$P=0.95$）；(2) 比较置信度为0.90和0.95时平均值的置信区间，计算结果说明了什么？

[舍去0.1056，(0.1032±0.0005)%，(0.1032±0.0007)%]

21. 已知某药物有效成分的质量分数标准值为54.46%，测定4次所得的平均值为54.26%，标准偏差为0.05%。问置信度为0.95时，平均值与标准值之间是否存在显著性差异？　(存在)

22. 两种方法测定鱼肉中的锌含量（ppm），测得数据如下：

方法1：0.44，0.45，0.47，0.48，0.43；方法2：0.39，0.40，0.36，0.44，0.42，0.45；问这两种方法的精密度是否存在显著性差异？　(不存在)

23. 分别用硼砂和碳酸钠两种基准物标定某盐酸溶液的浓度（$mol \cdot L^{-1}$），结果如下：

用硼砂标定　$\bar{x}_1=0.1017$，$s_1=3.9\times10^{-4}$，$n_1=4$

用碳酸钠标定　$\bar{x}_2=0.1020$，$s_2=2.4\times10^{-4}$，$n_2=5$

当置信度为0.90时，这两种物质标定的盐酸溶液浓度是否存在显著性差异？　(不存在)

24. 根据有效数字的运算规则进行计算：

(1) $7.9936\div0.9967-5.02=?$

(2) $0.0325\times5.0103\times60.06\div139.8=?$

(3) $(1.276\times4.17)+1.7\times10^{-4}-(0.0021764\times0.0121)=?$

(4) pH=1.05，$[H^{+}]=?$ (3.00，0.0700，5.49，0.089mol·L^{-1})

25. 用电位滴定法测定铁矿中铁的质量分数（%），6 次测定结果如下：

60.72，60.81，60.70，60.78，60.56，60.84

(1) 用格鲁布斯法检验有无应舍去的测定值（$P=0.95$）；

(2) 已知此标准试样中铁的真实含量为 60.75%，问上述测定方法是否准确可靠？（$P=0.95$）

（无，可靠）

第2篇　化学分析法

第4章　化学分析法概述

4.1　化学分析法概述

（1）化学分析法的意义

化学分析法是以物质化学反应为基础的分析方法，主要用于常量组分的测定，是分析化学的基础分析方法。

（2）化学分析法的分类

化学分析法包括滴定分析法和重量分析法两大类。重量分析法将在第9章讨论。

4.2　滴定分析法概述

4.2.1　滴定分析法的定义

将已知准确浓度的溶液装入有准确刻度的玻璃管中，逐滴加入被测物的溶液中，当两者反应完全时（为了观察和判断完全反应，可加入某种辅助试剂），根据加入的已知准确浓度溶液的浓度、消耗的体积和被测试液物质的量，计算被测组分的含量的分析方法称为滴定分析法。

上述定义中，包括以下基本概念：

① 已知准确浓度的溶液，即为标准溶液；

② 有准确刻度的玻璃管在此指滴定分析的最基本仪器之一——滴定管；

③ 将标准溶液逐滴加入被测物溶液的操作称为滴定；被测物溶液称为试样溶液，习惯上称为试液；

④ 标准溶液和被测物质恰好反应完全的那一点，称为化学计量点；

⑤ 为了观察和判断反应完全而加入的某种辅助试剂，称为指示剂；

⑥ 指示剂变色的转变点，称为滴定终点。

⑦ 化学计量点与滴定终点间有差别，称为滴定误差。

4.2.2　滴定分析法必须具备的条件

化学反应千变万化，类型各异，其中只有符合以下反应要求的才能应用于滴定分析。

① 反应必须按确定的反应方程式进行，即具有确定的化学计量关系；

② 反应必须定量完全，要求在99.9%以上，滴定反应中不发生副反应；

③ 反应对被测物质有单一的选择性，或经过处理后共存物质对滴定没有影响；

④ 反应速率快，或有加快反应速度的方法；

⑤ 有适当的指示剂或方法指示化学计量点。

4.2.3 滴定分析法的分类

滴定分析法有以下三种分类方式：即按反应原理分类、按终点的确定方式分类和按滴定的方式分类。

4.2.3.1 按反应原理分类

按反应原理分类，有以下四种滴定分析法。

（1）酸碱滴定法

以质子传递反应为基础的滴定分析方法称为酸碱滴定法。一般的酸碱物质以及与酸碱物质直接或间接发生质子转移的物质，都可以采用酸碱滴定法进行测定。根据滴定反应的不同，酸碱滴定法有下面三种基本类型。

① 强碱（酸）滴定强酸（碱），基本反应为：$H_3O^+ + OH^- \longrightarrow 2H_2O$

② 强碱滴定弱酸，基本反应为：$HA + OH^- \longrightarrow A^- + H_2O$

③ 强酸滴定弱碱，基本反应为：$A^- + H_3O^+ \longrightarrow HA + H_2O$

（2）沉淀滴定法

以沉淀反应为基础的滴定分析法，称为沉淀滴定法。能形成沉淀的反应很多，但多数不能满足滴定分析对反应的要求。在沉淀滴定分析法中，应用较广的主要是生成难溶银盐的反应，因此，此滴定分析法也称为银量法。

其基本反应为：

$Ag^+ + X^- \longrightarrow AgX\downarrow$　（X^- 表示 Cl^-、Br^-、I^-、SCN^-）

（3）配位滴定法

以配位反应为基础的滴定分析方法，称为配位滴定法。该方法一般采用氨羧配位剂、使用最多的是乙二胺四乙酸二钠盐（Na_2H_2Y）为滴定剂（标准溶液），常用于金属离子的测定。其基本反应为（以测定钙和铁为例）：

滴定 Ca^{2+} 反应：$Ca^{2+} + H_2Y^{2-} \longrightarrow CaY^{2-} + 2H^+$

滴定 Fe^{2+} 反应：$Fe^{2+} + H_2Y^{2-} \longrightarrow CaY^{2-} + 2H^+$

由于氨羧配位剂——乙二胺四乙酸二钠盐（Na_2H_2Y）有很强配位能力，与 1～4 价的金属离子反应，其配位比都为 1∶1，因此，在一般情况下，可简化反应式为

$$Ca + Y \longrightarrow CaY \qquad Fe + Y \longrightarrow CaY$$

（4）氧化还原滴定法

以氧化还原反应为基础的滴定分析方法，称为氧化还原滴定法。其基本反应的实质是电子的得失或转移。

该法的应用十分广泛，不仅可以测定氧化性和还氧性的物质，也可间接测定非氧化性和非还原性的物质，其标准溶液为氧化剂或还原剂。习惯上，当用氧化剂为标准溶液时，滴定方法就以该氧化剂命名：如高锰酸钾法、重铬酸钾法、碘法、溴酸钾法等。

综上所述，滴定分析法是以四大化学反应与平衡，即酸碱反应与平衡、沉淀反应和沉淀与溶解平衡、配位反应及平衡、氧化还原反应与平衡为基础的分析方法。前三种滴定分析法是基于离子间的反应，其反应历程简单，反应可瞬间完成；而氧化还原反应基于电子的转移或得失，反应历程较为复杂，还必须注意滴定体系、介质等的影响。

4.2.3.2 按终点的确定方式分类

（1）直观指示剂滴定法

以指示剂变色或荧光、沉淀的出现判断滴定终点的方法，称为直观指示剂滴定法，本教

材讨论的滴定分析法主要是这类方法。

(2) 仪器指示终点滴定法

通过仪器测量滴定过程中某种相关物理量的变化来确定终点的方法，称为仪器指示终点滴定法。

① 电位滴定法　试液中被测组分浓度的变化引起电位的变化指示滴定终点。

② 安培滴定法　测定过程中因组分的变化引起电流的变化指示滴定终点。

③ 电导滴定法　通过测量滴定过程中电导的变化来确定终点。

④ 光度滴定法　从溶液对光的吸收性质的变化来确定终点。

4.2.3.3　按滴定的方式分类

(1) 直接滴定法

对于能满足滴定分析要求的反应，可用标准溶液直接滴入被测试液中与被测组分反应，例如工业碳酸钠含量的测定，其主要反应为：

$$2HCl+Na_2CO_3 = 2NaCl+H_2CO_3$$

盐酸标准溶液直接加入到被测试液中进行测定，此法属酸碱滴定法。

(2) 返滴定法

由于滴定反应不符合直接滴定的要求、或反应速率较慢、或没有合适的指示剂，不能采用直接法进行测定，例如，Al^{3+}与EDTA标准溶液（以Y^{4-}表示）的反应能定量进行，且生成的配合物AlY^-很稳定，可用于测定Al^{3+}的含量。但因为Al^{3+}与Y^{4-}的反应速率很慢，因此采用返滴定法。

主要的反应如下：

① $Al^{3+}+Y^{4-}$（一定过量）$=AlY^-$（Al^{3+}配位完全，无色）

加入一定过量（已知浓度、体积）的EDTA标准溶液（Y^{4-}），在一定介质和条件下与Al^{3+}反应完全；

② Y^{4-}（余量）$+Zn^{2+}=ZnY^{2-}$（无色）

余下的Y^{4-}用金属离子标准溶液（常用Zn^{2+}、Cu^{2+}）回滴；

③ $Zn^{2+}+PAN$（黄色）$=Zn—PAN$（紫红色）

由于Y^{4-}（余量）与Zn^{2+}反应生成的ZnY^{2-}为无色的配合物，加入PAN指示剂指示终点。

根据加入EDTA标准溶液（Y^{4-}）的总量和对Y^{4-}（余量）的测定，可计算得被测试样中Al^{3+}的含量。

又如，在酸性溶液中以银量法（$AgNO_3$为标准溶液）测定Cl^-，没有一种合适的指示剂指示滴定终点，可采用返滴定法。即先加入一定过量的$AgNO_3$标准溶液于被测试液中，将Cl^-完全沉淀后，剩余的$AgNO_3$以铁铵矾为指示剂，采用NH_4SCN标准溶液滴定至刚出现［$Fe(SCN)^{2+}$］淡红色即为终点。

(3) 间接滴定法

有些物质没有适当的标准溶液和合适的指示剂，不能采用直接滴定法或返滴定法进行测定，此时可采用间接滴定法。

例如，高锰酸钾法测定试样中的钙含量。其主要反应及过程如下：

Ca^{2+}(试样)$+C_2O_4^{2-}$(过量)$\longrightarrow CaC_2O_4\downarrow\longrightarrow$过滤$\longrightarrow$洗涤$\longrightarrow$酸解$CaC_2O_4\longrightarrow C_2O_4^{2-}\longrightarrow$用$KMnO_4$标准溶液滴定与试样中的$Ca^{2+}$相当量的$C_2O_4^{2-}$，通过反应中量的关系来计算试样中钙的含量

$$2MnO_4^-+5C_2O_4^{2-}+16H^+ = 2Mn^{2+}+10CO_2+8H_2O$$

$$n_{Ca^{2+}}=n_{C_2O_4^{2-}}=5/2n_{MnO_4^-}$$

$$(m/M)_{Ca^{2+}}=5/2(cV)_{MnO_4^-}$$

(4) 置换滴定法

在试液中加入一种适当的试剂与被测物质反应，定量置换出与被测物相当的另一种可与某标准溶液反应的物质，再采用滴定分析法进行测定，这种方法称为置换滴定法。例如

Ag^+与 EDTA 的配合物 $\lg K_{AgY}=7.8$，不稳定，不能用EDTA直接滴定，但将 Ag^+加入 $[Ni(CN)_4]^{2-}$溶液中，则发生：

$$2Ag^+ + [Ni(CN)_4]^{2-} = 2[Ag(CN)_2]^- + Ni^{2+}$$

在 pH=10 的氨性溶液中，以紫脲酸铵作指示剂，用 EDTA 滴定置换出来与 Ag^+相当量的 Ni^{2+}，根据反应中的化学计量关系，即可求得 Ag^+的含量。

4.3 标准溶液与基准物

标准溶液是滴定分析法的基础条件之一，而标准溶液配制过程中浓度的确定（称为标定）离不开基准物。因此，标准溶液的配制、基准物的选择以及浓度的标定等是分析测试工作的基础。

4.3.1 标准溶液

(1) 标准溶液浓度的表示方法

在分析化学中，标准溶液浓度的表示方法只有两种，即物质的量浓度和滴定度。

① 物质的量浓度：表示每升溶液中所含物质的物质的量，符号为 c，单位为 $mol \cdot L^{-1}$。

② 滴定度：1mL 标准溶液所相当的被测组分质量，符号为 $T_{B/A}$（A 是标准溶液溶质的化学式，B 是被测组分的化学式），单位为 $g \cdot mL^{-1}$。

③ 滴定度与物质的量浓度的关系：例如，用 $0.02718 mol \cdot L^{-1}$的高锰酸钾标准溶液测定铁含量，其浓度用滴定度表示为：

$$T_{Fe/KMnO_4}=0.007590 g \cdot mL^{-1}$$

即 1mL $KMnO_4$ 标准溶液相当于 0.007590g 铁。

测定时，根据滴定所消耗的标准溶液体积可方便快速地确定试样中铁的含量：

$$m_{Fe}=T_{Fe/KMnO_4}V_{KMnO_4}$$

通式：

$$T_{A/B}=(a/b)c_B M_A \times 10^{-3}$$

(2) 标准溶液的配制与浓度的确定

标准溶液的配制与浓度的确定（称为标定）方法主要有直接法和标定法（间接法）两种。

直接法配制标准溶液的方法是：用分析天平准确称取一定质量符合基准物要求的固体试剂(g)，溶于水后，移入容量瓶中定容。其浓度 c 可由试剂质量 m 和溶液体积 V 直接准确计算出来：

$$c=\frac{m}{MV}\times 1000$$

式中　M——试剂的摩尔质量，$g \cdot mol^{-1}$。

例如，$0.01667 mol \cdot L^{-1}$ $K_2Cr_2O_7$ 标准溶液的配制。

准确称取 1.2260g $K_2Cr_2O_7$ 基准物，于一个 150mL 小烧杯中，加适量水，搅拌溶解后，转移250mL 容量瓶中，用蒸馏水定容，摇匀备用。此 $K_2Cr_2O_7$ 标准溶液的浓度即为 $0.01667 mol \cdot L^{-1}$。

4.3.2 基准物

基准物质指用以直接配制标准溶液或标定溶液浓度的物质。对它的要求是：a. 组成与化学式相符；b. 纯度高（99.9%以上）或易于结晶提纯；c. 稳定，不易吸收空气中的水分

和 CO_2，干燥后组成不变；d. 参加反应时，按反应式定量地进行，不发生副反应；e. 最好有较大的摩尔质量，在配制标准溶液时可以称取较多的量，以减小称量误差。常用的基准物质有银、铜、锌、铝、铁等纯金属及其氧化物、重铬酸钾、碳酸钾、氯化钠、邻苯二甲酸氢钾、草酸、硼砂等纯化合物。

符合以上条件的试剂不多，因此，多数的标准溶液还是用下面的间接法（标定法）来配制。方法是：称取一定量的试剂，溶解后（或以量筒取近似量溶液试剂），加水配成近似浓度，再经过标定，来确定其准确浓度。

例如，0.1mol·L^{-1} HCl 溶液的配制：用 50mL 量筒量取 6mol·L^{-1} HCl 16.8mL，移入装有 500mL 蒸馏水的 1000mL 试剂瓶中，初步摇匀，再加水至 1000mL，摇匀备用。此溶液的大致浓度为 0.1mol·L^{-1}，其准确浓度待标定。

4.3.3 标准溶液浓度的标定

以基准物（一级基准）或另一标准溶液（二级基准）确定未知浓度溶液准确浓度的过程称为标定。

（1）一级基准浓度

用基准物标定得到的浓度，称为一级基准浓度。

例如，以无水碳酸钠为基准物，对 0.1mol·L^{-1} HCl 溶液浓度的标定，操作步骤如下：称取无水碳酸钠 0.1～0.2g（准确至 0.0001g）于 250mL 锥形瓶中，加入约 50mL 蒸馏水溶解后，加入 1～2 滴甲基橙指示剂，用待标定的 HCl 溶液滴定至溶液由黄色变为橙色为终点（若用甲基红为指示剂，则终点颜色为浅红色）。

根据实验所得数据，按下式可求得盐酸的浓度：

$$c_{HCl}=\frac{m_{Na_2CO_3}\times 2000}{M_{Na_2CO_3}V_{HCl}}$$

式中 $m_{Na_2CO_3}$——Na_2CO_3 的质量，g；

$M_{Na_2CO_3}$——Na_2CO_3 的摩尔质量，106.0 g·mol^{-1}；

V_{HCl}——滴定消耗 HCl 的体积，mL。

（2）二级基准浓度

采用另一标准溶液来确定未知浓度溶液的准确浓度，所得到的浓度称为二级基准浓度。在要求不是太严格时，常采用此法。

例如，用相当浓度的 NaOH 标准溶液标定盐酸溶液浓度，操作如下：移取 25.00mL 待标定的 0.1mol·L^{-1} HCl 溶液于 250mL 锥形瓶中，加入 2～3 滴酚酞指示剂，摇匀，将 0.1mol·L^{-1} NaOH 标准溶液装入碱式滴定管，赶气泡，读取初读数 $V_{始}$ 后，滴定至溶液颜色刚呈现淡红色为终点，记下消耗 NaOH 标准溶液的体积（$V_{终}$），按下式求得待标定盐酸的浓度：

$$c_{HCl}=(V_{终}-V_{始})_{NaOH}c_{NaOH}/V_{HCl}$$

4.4 化学分析法的计算

化学分析法的计算，涉及浓度、化学因数、样品或基准物称取量和分析结果等方面的计算问题。在计算运作之前，应先正确写出反应的化学方程式，确定化学反应计量系数后，依有关的公式进行计算。

4.4.1 化学分析法计算中基本符号的代表意义及相互关系

①m_B 代表物质 B 的质量，g；②M_B 代表物质 B 的摩尔质量，g·mol^{-1}；③n_B 代表物质 B 的物质的量，mol。

m_B、M_B、n_B 三者的关系如下：

$$m_B = n_B M_B \quad (4\text{-}1)$$

④V_B 代表 B 物质溶液的体积，mL；⑤c_B 代表物质 B 的物质的量浓度，$mol \cdot L^{-1}$。

$$c_B = \frac{n_B}{V_B} \times 1000 \quad (4\text{-}2)$$

⑥w_B 代表物质 B 的质量分数；⑦m 代表混合物的质量；⑧φ_B代表物质 B 的体积分数。

$$w_B = \frac{m_B}{m} \quad (4\text{-}3)$$

$$\varphi_B = V_B/V \text{(物质 B 的体积与混合物体积之比)} \quad (4\text{-}4)$$

⑨ρ 代表密度，$kg \cdot L^{-1}$，常用 $g \cdot mL^{-1}$。

4.4.2 化学分析法的计算类型

化学分析法的计算包括：化学因数的计算、浓度计算、样品或基准物称取量的计算和分析结果的计算等。本节主要讨论后面的两个计算类型，化学因数的计算在第 9 章中讨论。

在分别讨论各种计算的实例之前，先熟悉有关的计算公式。

对于反应：$aA + bB = cC + dD$

式中，A、B 为反应物；C、D 为生成物；a、b、c、d 分别为它们的化学计量系数；当到达化学计量点时，有 $n_A : n_B = a : b$，由此可推出化学分析法计算的基本公式：

$$\frac{c_A V_A}{a} = \frac{\frac{m_B}{M_B}}{b} \times 1000 \quad (4\text{-}5)$$

由式(4-5) 可计算样品或基准物的称取质量 m_B，浓度 c_A，标准溶液的体积 V_A。

对上述反应式，以浓度体积表示的两种溶液间的关系式为：

$$\frac{c_A V_A}{a} = \frac{c_B V_B}{b} \quad (4\text{-}6)$$

4.4.3 化学分析法计算示例

(1) 试样或基准物称量范围的计算

在化学分析法中，误差要求在 0.3%之内，试样或基准物称取范围的计算量应以消耗标准溶液 20～30mL 为基准。

【例 4-1】 求下列基准物的称量范围。

① 待标溶液 $0.1mol \cdot L^{-1}$ NaOH，基准物为 $KHC_2O_4 \cdot H_2C_2O_4 \cdot 2H_2O$。

解： 主反应为 $3NaOH + KHC_2O_4 \cdot H_2C_2O_4 \cdot 2H_2O = KNaC_2O_4 \cdot Na_2C_2O_4 + 5H_2O$

基准物的质量：$m = \frac{1}{3} \times c_{NaOH} V_{NaOH} / 1000$

$$= \frac{\frac{1}{3} \times 0.1 \times (20 \sim 30) \times 254.2}{1000}$$

$$= 0.17 \sim 0.25g$$

② 待标溶液 $0.1mol \cdot L^{-1}$ HCl，基准物为 $Na_2B_4O_7 \cdot 10H_2O$。

解： 主反应为 $2HCl + Na_2B_4O_7 \cdot 10H_2O = H_2B_4O_7 + 2NaCl + 10H_2O$

$$m_{Na_2B_4O_7 \cdot 10H_2O} = \frac{1}{2} c_{HCl} V_{HCl} / 1000$$

$$= \frac{\frac{1}{2} \times 0.1 \times (20 \sim 30) \times 381.4}{1000}$$

$$= 0.38 \sim 0.57g$$

③ 待标溶液 0.02mol·L^{-1} $KMnO_4$，基准物为 $Na_2C_2O_4$。

解：主反应为　$2MnO_4^- + 5C_2O_4^{2-} + 16H^+ \longrightarrow 2Mn^{2+} + 10CO_2 + 8H_2O$

同理计算可得，称取草酸钠基准物的质量范围为 0.13～0.27g。

(2) 标准溶液配制及标定的计算

【例 4-2】 欲配制高锰酸钾溶液 $c_{KMnO_4} \approx 0.020mol \cdot L^{-1}$ 50mL，问需称取固体 $KMnO_4$ 多少克?

解：设需称取固体 $KMnO_4$ mg，则

$$\frac{m}{M_{KMnO_4}} = cV$$

即

$$m = cVM_{KMnO_4} = 0.020 \times 50 \times 10^{-3} \times 158.03 = 1.6g$$

【例 4-3】 已知 250.0mL 溶液中含纯 NaCl 1.3660g，以它标定 $AgNO_3$ 溶液，又以此 $AgNO_3$ 溶液标定 NH_4SCN 溶液，三种溶液的体积比是 1∶1.008∶0.992。求此三种溶液的浓度。

解：已知 $m_{NaCl} = 1.3660g$，$V_{NaCl} = 250.0mL$。

由

$$cV = \frac{m}{M} \times 1000$$

得：

$$c_{NaCl} = \frac{m_{NaCl}}{M_{NaCl} \times V_{NaCl}} \times 1000 = \frac{1.3660 \times 1000}{58.44 \times 250.0} = 0.09350\ (mol \cdot L^{-1})$$

故　c_{NaCl} 为 0.09350mol·L^{-1}。

由

$$c_{AgNO_3} V_{AgNO_3} = c_{NaCl} V_{NaCl} \text{得：}$$

故

$$c_{AgNO_3} = \frac{(cV)_{NaCl}}{V_{AgNO_3}}$$

故

$$c_{AgNO_3} = 0.09350 \times 1/1.008 = 0.09276mol \cdot L^{-1}$$

同样也有：

$$c_{NH_4SCN} = c_{AgNO_3} \times \frac{V_{AgNO_3}}{V_{NH_4SCN}} = 0.09276 \times 1.008/0.992 = 0.09358mol \cdot L^{-1}$$

故　c_{NaCl} 为 0.09350mol·L^{-1}，c_{AgNO_3} 为 0.09276mol·L^{-1}，c_{NH_4SCN} 为 0.09350 mol·L^{-1}。

【例 4-4】 称取固体 $K_2Cr_2O_7$（分析纯）1.2260g，配成 250.0mL 溶液，试计算：

(1) $K_2Cr_2O_7$ 溶液的浓度；

(2) $K_2Cr_2O_7$ 溶液对 Fe 和 Fe_2O_3 的滴定度；

解：根据公式 $c_B = \dfrac{m_B}{M_B V} \times 1000$

(1) 已知 $m_{K_2Cr_2O_7} = 1.2260g$，$V = 250mL$，$M_{K_2Cr_2O_7} = 294.2g \cdot moL^{-1}$，代入上式得：

$$c_{K_2Cr_2O_7} = \frac{1.2260g}{294.2g \cdot mol \times \frac{250mL}{1000}} = 0.01667mol \cdot L^{-1}$$

(2) $Cr_2O_7^{2-} + 6Fe^{2+} + 14H^+ \longrightarrow 2Cr^{3+} + 6Fe^{3+} + 7H_2O$

即 $n_{Cr_2O_7^{2-}} = \dfrac{1}{6} n_{Fe^{2+}}$，$n_{Cr_2O_7^{2-}} = \dfrac{1}{3} n_{Fe_2O_3}$，故

$$T_{Fe/K_2Cr_2O_7}=c_{K_2Cr_2O_7}\times\frac{1}{1000}\times 6M_{Fe}$$

$$=0.01667mol\cdot L^{-1}\times\frac{1}{1000}\times 6\times 55.845g\cdot mol^{-1}$$

$$=0.005586g\cdot mL^{-1}$$

$$T_{Fe_2O_3/K_2Cr_2O_7}=c_{K_2Cr_2O_7}\times\frac{1}{1000}\times 3\times M_{Fe_2O_3}$$

$$=0.01667mol\cdot L^{-1}\times\frac{1}{1000}\times 3\times 159.7g\cdot mol^{-1}$$

$$=0.05591g\cdot mL^{-1}$$

【例 4-5】 用 $0.1000mol\cdot L^{-1}$ HCl 标准溶液标定 NaOH 溶液，求得其浓度为 $0.1018mol\cdot L^{-1}$，已知 HCl 溶液的真实浓度为 $0.0999mol\cdot L^{-1}$，如标定过程中其他误差均可忽略，求 NaOH 溶液的真实浓度。

解：设 NaOH 的真实浓度为 c

则
$$\frac{V_1}{V_2}=\frac{c_1}{c_2}=\frac{0.1018}{0.1000}=1.018$$

当 $c_1=0.0999mol\cdot L^{-1}$ 时，则 $c=\frac{c_1V_1}{V_2}=\frac{0.0999\times 1.018}{1}=0.1017mol\cdot L^{-1}$

【例 4-6】 准确称取 0.5877g 基准试剂 Na_2CO_3，在 100mL 容量瓶中配制成溶液，其浓度为多少？称取该标准溶液 20.00mL 标定某 HCl 溶液，滴定中用去 HCl 溶液 21.96mL，计算该 HCl 溶液的浓度。($M_{Na_2CO_3}=105.99g\cdot mol^{-1}$)

解：$c_{Na_2CO_3}=\frac{m/M}{V}=\frac{0.5877}{0.1\times 105.99}=0.05544mol\cdot L^{-1}$

滴定反应方程式为

$$Na_2CO_3+2HCl=\!=\!=2NaCl+CO_2+H_2O$$

设 HCl 的浓度为 c_{HCl}，则可得关系式为：

$$c_{HCl}V_{HCl}=2c_{Na_2CO_3}V_{Na_2CO_3}$$

$$c_{HCl}\times 21.96=0.05544\times 20.00\times 2$$

$$c_{HCl}=0.1010mol\cdot L^{-1}$$

【例 4-7】 要加多少毫升水到 1.000L $0.2000mol\cdot L^{-1}$ HCl 溶液里，才能使稀释后的 HCl 溶液对 CaO 的滴定度 $T_{HCl/CaO}=0.005000g\cdot mL^{-1}$？($M_{CaO}=56.08g\cdot mol^{-1}$)

解：已知 $M_{CaO}=56.08g\cdot moL^{-1}$，HCl 与 CaO 的反应方程式为

$$CaO+2H^{+}=\!=\!=Ca^{2+}+H_2O$$

即
$$\frac{n(HCl)}{n(CaO)}=2$$

稀释后 HCl 标准溶液的浓度为：

$$c_{HCl}=\frac{10^3\times T_{HCl/CaO}}{M_{CaO}}\times 2=\frac{1.000\times 10^3\times 0.005000\times 2}{56.08}=0.1783mol\cdot L^{-1}$$

设稀释时加入纯水为 V，依题意有

$$1.000\times 0.2000=0.1783\times(1.000+10^{-3}\times V)$$

得
$$V=121.7mL$$

(3) 分析结果的计算

【例 4-8】 欲测定某 $CaCO_3$ 试样中 $CaCO_3$ 的含量。称取该试样 1.000g，加入 $0.5100mol\cdot L^{-1}$ HCl 标准溶液 50.00mL，小心与 $CaCO_3$ 试样反应至完全后，再用

0.4900mol·L^{-1} NaOH 标准溶液返滴定过量的 HCl 溶液，用去了 NaOH 标准溶液 25.00mL，求该样品中 $CaCO_3$ 的质量分数（%）。

解：$2HCl + CaCO_3 = CaCl_2 + H_2O + CO_2$

$HCl + NaOH = NaCl + H_2O$

$$w_{CaCO_3} = \frac{(c_{HCl}V_{HCl} - c_{NaOH}V_{NaOH})M_{CaCO_3} \times \frac{1}{2}}{m_{CaCO_3} \times 1000} \times 100\%$$

$$= \frac{(0.5100 \times 50.00 - 0.4900 \times 25.00) \times 100.09 \times \frac{1}{2}}{1.000 \times 1000} \times 100\%$$

$$= 66.31\%$$

【例 4-9】 移取食醋试样 10.00mL，用 0.3024mol·L^{-1} NaOH 标准溶液滴定，用去 20.17mL。已知食醋的密度为 1.055g·cm^{-3}，计算试样中 HAc 的质量分数。

解：$w_{HAc} = \frac{c_{NaOH}V_{NaOH}M_{HAc} \times 10^{-3}}{c_{HAc}V_{HAc}} \times 100\%$

$$= \frac{0.3024 \times 20.17 \times 10^{-3} \times 60.05}{1.055 \times 10} \times 100\%$$

$$= 3.47\%$$

思考题

1. 试述标准溶液、基准物、滴定、指示剂、化学计量点与滴定终点的概念。
2. 滴定分析法对化学反应的要求是什么？
3. 什么情况下采用直接法或标定法配制标准溶液？举例说明。
4. 什么是基准物？对基准物有什么要求？如何选择基准物？为什么说选择摩尔质量大的物质为基准物时可以减小称量误差？
5. 化学分析法可以如何分类？滴定分析法通常怎样分类？
6. 你从滴定方式的不同得到什么启示？
7. 说出常用于标定标准溶液基准物的名称及相应的标准溶液。
8. 你认为化学分析法的计算主要要掌握什么关系，问题就可以迎刃而解？试小结一下。
9. 滴定分析法标准溶液浓度的表示法只有两种，mol·L^{-1} 和 $T_{B/A}$，它们各自有什么特点？每种在什么情况下使用更为方便？
10. 为什么在决定基准物或试样量的称取量时，要以消耗标准溶液为 20～30mL 为基础进行计算？
11. 下列各分析纯物质，用什么方法将它们配制成标准溶液？如需标定，应该选用哪些相应的基准物质？

    H_2SO_4，KOH，邻苯二甲酸氢钾，无水碳酸钠。

习　题

1. 选用邻苯二甲酸氢钾（$KHC_8H_4O_4$）作基准物，标定 0.2mol·L^{-1} NaOH 溶液的浓度。欲把用去的 NaOH 溶液体积控制为 25mL 左右，应称基准物多少克？（$M_{KHC_8H_4O_4} = 204.2$g·mol^{-1}）

    （$m_{KHC_8H_4O_4} = 1.021$g）

2. 用 30.00mL 某浓度的 $KMnO_4$ 溶液在酸性条件下恰能氧化一定量的 $KHC_2O_4 \cdot H_2O$（$M_{KHC_2O_4 \cdot H_2O} = 146.2$g·mol^{-1}），用同样量的 $KHC_2O_4 \cdot H_2O$ 又恰能中和 25.00mL 0.2000mol·L^{-1} KOH 溶液，求：

① 这种 $KMnO_4$ 溶液的物质的量浓度 c_{KMnO_4}；

② $KMnO_4$ 溶液对铁（$M_{Fe}=55.85g \cdot mol^{-1}$）的滴定度 $T_{Fe/KMnO_4}$。

（$c_{KMnO_4}=0.0667mol \cdot L^{-1}$，$T_{Fe/KMnO_4}=0.01862g \cdot mL^{-1}$）

3. 称取 2.200g $KHC_2O_4 \cdot H_2C_2O_4 \cdot 2H_2O$，配制成 250.0mL 溶液（配大样），移取 25.00mL 此溶液用 NaOH 滴定，消耗 24.00mL。然后再移取 25.00mL 此溶液，在酸性介质中用 $KMnO_4$ 滴定，消耗 $KMnO_4$ 溶液 30.00mL。求（1）NaOH 溶液浓度 c_{NaOH}；（2）$KMnO_4$ 溶液浓度 c_{KMnO_4}；（3）$KMnO_4$ 溶液对 Fe_2O_3 的滴定度 $T_{Fe_2O_3/KMnO_4}$，已知 $KHC_2O_4 \cdot H_2C_2O_4 \cdot 2H_2O$ 的相对分子质量为 254.19，Fe_2O_3 的相对分子质量为 159.69。

［（1）$c_{NaOH}=0.1082mol \cdot L^{-1}$，（2）$c_{KMnO_4}=0.02308mol \cdot L^{-1}$，（3）$KMnO_4$ 溶液对 Fe_2O_3 的滴定度 $T_{Fe_2O_3/KMnO_4}=0.009214g \cdot mL^{-1}$］

4. 称取 0.1005g 纯 $CaCO_3$，溶解后，用容量瓶配成 100.0mL 溶液。移取 25.00mL，在 pH＞12 时，用钙指示剂指示终点，用 EDTA 标准溶液滴定，用去 24.90mL。试计算

（1）EDTA 溶液的浓度；

（2）每毫升 EDTA 相当于多少克 ZnO、Fe_2O_3。

（$M_{CaCO_3}=100.09$；$M_{ZnO}=81.39$；$M_{Fe_2O_3}=159.69$）

（$c_{EDTA}=0.01008mol \cdot L^{-1}$，$T_{Zn/EDTA}=0.0008204g \cdot mL^{-1}$，$T_{Fe_2O_3/EDTA}=0.0008048g \cdot mL^{-1}$）

5. 氯碱工厂为了检查碱液的质量，称取试样溶液 0.2800g，以 $0.1034mol \cdot L^{-1}$ HCl 标准溶液滴定，耗用 HCl 溶液 20.36mL。计算碱液中 NaOH 含量。（$M_{NaOH}=40.00g \cdot mol^{-1}$）（$w_{NaOH}=30.07\%$）

6. 称取 0.5000g 煤试样，熔融并使其中硫完全氧化成 SO_4^{2-}。溶解并除去重金属离子后。加入 $0.05000mol \cdot L^{-1}$ $BaCl_2$ 20.00mL，使生成 $BaSO_4$ 沉淀。过量的 Ba^{2+} 用 $0.02500mol \cdot L^{-1}$ EDTA 滴定，用去 20.00mL。计算试样中硫的质量分数。（$M_S=32.07g \cdot mol^{-1}$）（$w_S=3.21\%$）

7. 称取银合金试样 0.3000g，溶解后加入铁铵矾指示剂，用 0.1000mol/L NH_4SCN 标准溶液滴定，用去 23.80mL，计算银的质量分数。（$w_{Ag}=85.58\%$）

8. 称取可溶性氯化物试样 0.2266g，用水溶解后，加入 $0.1121mol \cdot L^{-1}$ $AgNO_3$ 标准溶液 30.00mL。过量的 Ag^+ 用 $0.1185mol \cdot L$ NH_4SCN 标准溶液滴定，用去 6.50mL，计算试样中氯的质量分数。（$M_{Cl}=35.45g \cdot mol^{-1}$）（$w_{Cl}=40.56\%$）

9. 10.00mL 市售的 H_2O_2（相对密度 1.010）需用 36.82mL $0.02400mol \cdot L^{-1}$ $KMnO_4$ 溶液滴定，计算试液中 H_2O_2 的质量分数。（$M_{H_2O_2}=34.02g \cdot mol^{-1}$）（$w_{H_2O_2}=0.744\%$）

10. 试剂厂的试剂 $FeCl_3 \cdot 6H_2O$，根据国家标准 GB 1621—1979 规定其一级品含量不少于 96.0%，二级品含量不少于 92.0%。为了检查质量，称取 0.5000g 试样，溶于水，加浓 HCl 溶液 3mL 和 KI 2g，最后用 $0.1000mol \cdot L^{-1}$ $Na_2S_2O_3$ 标准溶液 18.17mL 滴定至终点。计算说明该试样符合哪级标准？（$M_{FeCl_3 \cdot 6H_2O}=270.30g \cdot mol^{-1}$）（$w_{FeCl_3 \cdot 6H_2O}=98.23\%>96.0\%$，所以该试样属于一级品）

第5章 酸碱滴定法

以酸碱反应为基础建立的滴定分析方法称为酸碱滴定法，它是滴定分析法中最基础的方法。一般的酸、碱以及能与酸、碱直接或间接发生质子传递反应的物质，几乎都可以利用酸碱滴定法进行测定。所以，酸碱滴定法是应用很广泛的基本滴定方法之一。

5.1 酸碱平衡理论基础

酸碱平衡是酸碱滴定法的基础，酸和碱在不同的理论中有不同的含义。目前，分析化学中广泛采用J. N. Brϕnsted提出的酸碱质子理论，相对于电离理论，质子理论更新了酸碱的概念，扩大了酸碱的范围。

5.1.1 酸碱质子理论

(1) 酸碱的定义

酸碱质子理论认为：凡是能给出质子（H^+）的物质是酸，凡是能接受质子的物质是碱。以HA代表酸，在水溶液中有：

$$HA \rightleftharpoons H^+ + A^-$$

(2) 共轭酸碱对

当酸HA解离时，除了给出H^+，还生成它的碱式型体A^-。同理，A^-可以获得一个H^+变为酸式型体HA。像这种因一个质子的转移能互相转化的酸碱，称为共轭酸碱对。HA和A^-就是一对共轭酸碱对。

$$\text{共轭酸} \rightleftharpoons \text{共轭碱} + \text{质子}$$

质子（H^+）的半径很小，其电荷密度又极高，它不可能在水溶液中单独存在。在水溶液中H^+以水合质子H_3O^+的形式存在，习惯上常以H^+表示。当一种酸给出质子时，溶液中必定有一种碱来接受质子。在水溶液中，溶剂水就是接受质子的碱：

$$HAc + H_2O \rightleftharpoons H_3O^+ + Ac^- \quad \text{简写成} \quad HAc \rightleftharpoons H^+ + Ac^-$$

在非水溶液（SH）中 $HAc + SH \rightleftharpoons SH_2^+ + Ac^-$。如

$$HClO_4 + HAc \rightleftharpoons H_2Ac^+ + ClO_4^-$$

表5-1中列出了常见的共轭酸碱对，从中可以看出，酸碱既可以是中性分子，也可以是阴、阳离子；有的物质既可以是酸，又可以是碱。

表5-1 常见的共轭酸碱对

酸	碱	酸	碱
CH_3COOH	CH_3COO^-	NH_4^+	NH_3
H_2SO_4	HSO_4^-	H_2O	OH^-
HNO_3	NO_3^-	H_3O^+	H_2O
$H_2PO_4^-$	HPO_4^{2-}	C_6H_5OH	$C_6H_5O^-$
HCN	CN^-	$C_5H_5NH^+$	C_5H_5N

(3) 酸碱反应

综上所述，按照质子理论，酸碱反应的实质就是酸失去质子、碱得到质子的过程，通过溶剂实现质子的转移，反应的结果是各反应物转化为它们各自的共轭碱或共轭酸。

以下各类型的质子转移，均可看作是酸碱反应。

酸的离解：如 $HAc + H_2O \rightleftharpoons H_3O^+ + Ac^-$

酸 1　碱 2　酸 2　碱 1

碱的离解：如 $NH_3 + H_2O \rightleftharpoons OH^- + NH_4^+$

碱 1　酸 2　碱 2　酸 1

酸碱中和：如 $HCl + NH_3 \rightleftharpoons NH_4^+ + Cl^-$

酸 1　碱 2　酸 2　碱 1

盐的水解：如 $NaAc + H_2O \rightleftharpoons NaOH + HAc$

碱 1　酸 2　碱 2　酸 1

(4) 质子自递反应

上述反应表明，H_2O 既能给出质子又能接受质子，水分子之间可以发生质子传递：

$$H_2O + H_2O \rightleftharpoons H_3^+O + OH^-$$

$$K_s = \frac{a_{H_3O^+}\, a_{OH^-}}{a_{H_2O}^2}$$

像这种同种溶剂自身分子之间质子的转移称为质子自递反应，其平衡常数称为质子自递常数（K_s）。对于水习惯记作 K_w，常温时 $K_w = [H_3O^+][OH^-] = 1.0 \times 10^{-14}$。

(5) 共轭酸碱对的 K_a 与 K_b

对于共轭酸碱对 HA-A$^-$，其 K_a 与 K_b 的关系为：

$$K_a K_b = \frac{[H_3O^+][A^-]}{[HA]} \times \frac{[OH^-][HA]}{[A^-]} = [H_3O^+][OH^-] = K_w \qquad \text{(在水中)}$$

对多元酸 $K_{a_1} K_{b_3} = K_{a_2} K_{b_2} = K_{a_3} K_{b_1} = K_w$

在任何溶剂中　$K_a K_b = K_s$

(6) 酸碱强度

从上述讨论可知，酸的强度取决于酸给出质子的能力和溶剂接受质子的能力；碱的强度取决于碱接受质子的能力和溶剂给出质子的能力。

例如 $HClO_4$、H_2SO_4、HCl、HNO_3 四种酸的酸性强度本来是有差别的，但以水为溶剂时，它们均完全解离，它们的强度均被拉平到 H_3^+O 水平。而在冰醋酸溶剂中，强度有明显差别，解离常数分别为 $10^{-5.8}$、$10^{-8.2}$、$10^{-8.8}$ 和 $10^{-9.4}$，结果 $HClO_4$ 给出 H^+ 的能力最强，其次是 H_2SO_4、HCl、HNO_3：

$$HClO_4 + HAc \rightleftharpoons ClO_4^- + H_2Ac^+ \qquad pK_a = 5.8$$

$$H_2SO_4 + HAc \rightleftharpoons HSO_4^- + H_2Ac^+ \qquad pK_a = 8.2$$

$$HCl + HAc \rightleftharpoons Cl^- + H_2Ac^+ \qquad pK_a = 8.8$$

$$HNO_3 + HAc \rightleftharpoons NO_3^- + H_2Ac^+ \qquad pK_a = 9.4$$

从上面的讨论中还可以知道，酸越强，其共轭碱的碱性越弱；酸越弱，其共轭碱的碱性越强。例如 HCN 在水中是很弱的酸（$K_a = 6.2 \times 10^{-10}$），其共轭碱 CN^- 却是很强的碱（$K_b = \frac{1.0 \times 10^{-14}}{6.2 \times 10^{-10}} = 1.6 \times 10^{-5}$）。

5.1.2　水溶液中的酸碱平衡

(1) 分析浓度和平衡浓度

分析浓度即物质在溶液中的总浓度，用符号 c 表示，单位为 mol·L^{-1}。平衡浓度指在平衡状态下溶质各型体的浓度，以符号 [] 表示。

（2）活度和活度系数

活度是实际溶液对理想溶液的校正浓度，有时也称为“有效浓度”，用 a 表示：

$$a=\gamma c_i$$

式中，γ 称为活度系数，它衡量了实际溶液对理想溶液的偏离程度。活度系数的大小与溶液中各种离子的总浓度（c_i）和离子的电荷（Z_i）有关，即与溶液的离子强度（I）有关。可由 Debye-Hückel（德拜-休克尔）方程求出活度系数：

$$-\lg\gamma_i=0.512Z_i^2\left(\frac{\sqrt{I}}{1+0.00328a\sqrt{I}}\right)$$

$$\text{离子强度}:I=\frac{1}{2}\sum c_iZ_i^2$$

对于溶液中的中性分子，由于它们在溶液中不是以离子的状态存在，当溶液的离子强度改变时，会有很小的变化，故可以认为中性分子的活度系数近似地等于1。

（3）离解平衡

在水溶液中，弱酸 HA 有以下离解平衡：

$$\mathrm{HA}\rightleftharpoons \mathrm{H^+}+\mathrm{A^-}\qquad K_\mathrm{a}=\frac{a_\mathrm{H^+}a_\mathrm{A^-}}{a_\mathrm{HA}}$$

其活度常数（K_a）与浓度常数（K_a^c）之间的关系为：

$$K_\mathrm{a}^c=\frac{[\mathrm{H^+}][\mathrm{A^-}]}{[\mathrm{HA}]}=\frac{a_\mathrm{H^+}a_\mathrm{A^-}}{a_\mathrm{HA}}\times\frac{\gamma_\mathrm{HA}}{\gamma_\mathrm{H^+}\gamma_\mathrm{A^-}}=\frac{K_\mathrm{a}}{\gamma_\mathrm{H^+}\gamma_\mathrm{A^-}}$$

由于分析化学中的反应经常在较稀的溶液中进行，故在处理一般的酸碱平衡时，通常忽略离子强度的影响，以活度常数代替浓度常数进行近似计算。

$$K_\mathrm{a}^c=K_\mathrm{a}\ \frac{[\mathrm{H^+}][\mathrm{A^-}]}{[\mathrm{HA}]}$$

式中，K_a 又称为离解常数，温度一定时 K_a 为一个与 HA 本性有关的常数。

（4）物料平衡

对于一化学平衡体系，某物质的总浓度等于该物质各型体平衡浓度之和。此等衡关系称物料平衡，其数学表达式称物料平衡方程（mass balance equation），用 MBE 表示。

例如 $c(\mathrm{mol\cdot L^{-1}})$ HAc 溶液的 MBE 为

$$[\mathrm{HAc}]+[\mathrm{Ac^-}]=c$$

（5）电荷平衡

根据电中性原则，溶液中阳离子所带总的电荷数与阴离子所带总电荷数恰好相等。此电中性原则称为电荷平衡。其数学表达式称为电荷等衡式（charge balance equation），用 CBE 表示。例如 Na_2CO_3 溶液中的 CBE：

$$[\mathrm{H^+}]+[\mathrm{Na^+}]=[\mathrm{OH^-}]+[\mathrm{HCO_3^-}]+2[\mathrm{CO_3^{2-}}]$$

（6）质子平衡

根据酸碱质子理论，酸碱反应达到平衡时，所有酸给出质子的量等于所有碱所接收的质子的量，此等衡关系称质子平衡。其数学表达式称质子平衡方程（proton balance equation），用 PBE 表示，也称为质子条件式。质子条件式是处理酸碱平衡的基本关系式，是计算溶液中 H^+ 浓度与有关组分浓度的基础。常采用以下方法书写酸碱溶液的 PBE，其步骤如下。

① 选取参考水准（也称零水准） 通常选溶液中大量存在、并参与质子转移的起始酸碱组分包括溶剂分子作为参考水准。以 $NaHCO_3$ 溶液为例，应选 HCO_3^- 和 H_2O 作参考水准，

Na^+ 不参与质子转移。

② 以参考水准作参照，判断得失质子的产物及其得失质子的物质的量。上例溶液中还存在的其他组分为 H_2CO_3、CO_3^{2-}、H^+、OH^-，相对 HCO_3^- 与 H_2O，H_2CO_3、H^+（H_3^+O）各得一个质子，而 CO_3^{2-}、OH^- 各失一个质子。

③ 根据得失质子等衡原理，得质子组分之和等于失质子组分之和，写出 PBE。

上例 PBE 为：$[H^+]+[H_2CO_3]=[CO_3^{2-}]+[OH^-]$

如 $c$mol·L^{-1}的 Na_2HPO_4 溶液，选 HPO_4^{2-} 和 H_2O 为零水准，得质子条件式为

$$[H^+]+[H_2PO_4^-]+2[H_3PO_4]=[PO_4^{3-}]+[OH^-]$$

如 $c$mol·L^{-1}的 NaH_2PO_4 溶液，选 $H_2PO_4^-$ 和 H_2O 为零水准，得质子条件式为

$$[H^+]+[H_3PO_4]=[HPO_4^{2-}]+2[PO_4^{3-}]+[OH^-]$$

书写 PBE 时还应注意：与参考水准物质比较得失质子数为 2 个或更多时，应写出系数。

5.1.3 酸度对弱酸（碱）各型体分布的影响

某型体的分布分数是指该型体的平衡浓度占总浓度的比例，用 δ 表示。知道了分布分数就能知道该型体的平衡浓度。

5.1.3.1 一元酸（碱）溶液各型体的分布分数

如 HAc 水溶液，其中含有 HAc 和 Ac^- 两种型体，其物料平衡为 $[HAc]+[Ac^-]=c$，根据分布分数的定义、物料平衡及酸的离解平衡，可得到如图 5-1 所示的分布曲线，可以推导出：

$$K_a=\frac{[H^+][A^-]}{[HA]}$$

$$\delta_{HA}=\frac{[HA]}{c}=\frac{[HA]}{[HA]+[A^-]}=\frac{[H^+]}{[H^+]+K_a}$$

$$\delta_{A^-}=\frac{[A^-]}{c}=\frac{K_a}{[H^+]+K_a}$$

$$\delta_{HA}+\delta_{A^-}=1$$

5.1.3.2 多元酸（碱）各型体的分布分数

例如草酸，在水溶液中它以 $H_2C_2O_4$、$HC_2O_4^-$ 和 $C_2O_4^{2-}$ 三种型体存在，其物料平衡为 $c=[H_2C_2O_4]+[HC_2O_4^-]+[C_2O_4^{2-}]$，同样根据分布分数的定义、物料平衡以及酸的离解平衡关系，可推导出

$$\delta_{H_2C_2O_4}=\frac{[H_2C_2O_4]}{c}=\frac{[H_2C_2O_4]}{[H_2C_2O_4]+[HC_2O_4^-]+[C_2O_4^{2-}]}$$

$$=\frac{[H^+]^2}{[H^+]^2+K_{a_1}[H^+]+K_{a_1}K_{a_2}}$$

$$\delta_{HC_2O_4^-}=\frac{[HC_2O_4^-]}{c}=\frac{[HC_2O_4^-]}{[H_2C_2O_4]+[HC_2O_4^-]+[C_2O_4^{2-}]}$$

$$=\frac{K_{a_1}[H^+]}{[H^+]^2+K_{a_1}[H^+]+K_{a_1}K_{a_2}}$$

$$\delta_{C_2O_4^{2-}}=\frac{[C_2O_4^{2-}]}{c}=\frac{[C_2O_4^{2-}]}{[H_2C_2O_4]+[HC_2O_4^-]+[C_2O_4^{2-}]}$$

$$=\frac{K_{a_1}K_{a_2}}{[H^+]^2+K_{a_1}[H^+]+K_{a_1}K_{a_2}}$$

分布如图 5-2 所示。

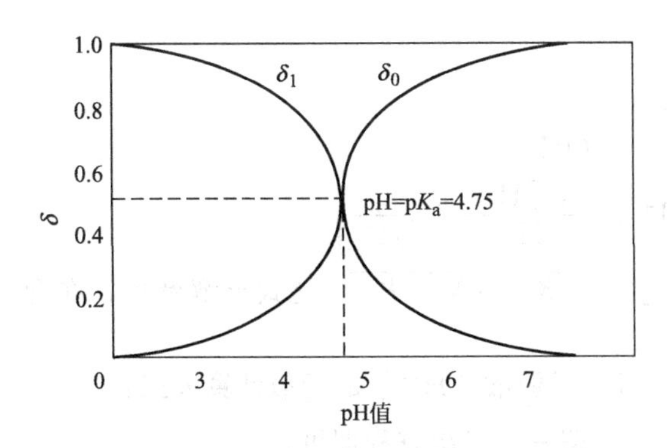

图 5-1　HAc 和 Ac^- 的分布系数与溶液 pH 值的关系

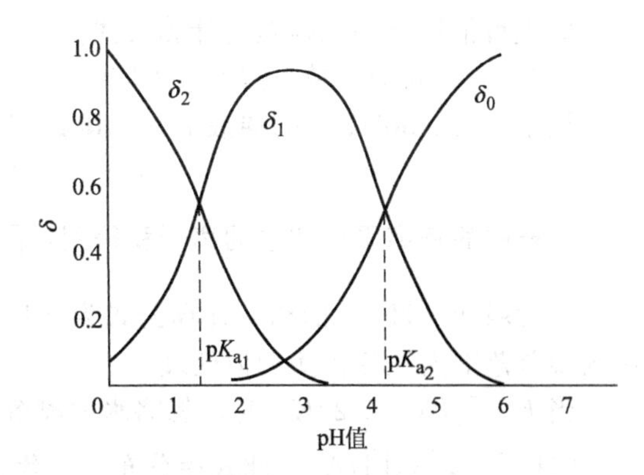

图 5-2　草酸三种型体的分布系数与溶液 pH 值的关系

同理，对于 n 元酸，有 $n+1$ 种存在型体，其分布系数计算通式为：

$$\delta_{H_nA}=\frac{[H^+]^n}{[H^+]^n+K_{a_1}[H]^{n-1}+K_{a_1}K_{a_2}[H^+]^{n-2}+\cdots+K_{a_1}K_{a_2}\cdots K_{a_n}}=\delta_n$$

$$\delta_{H_{n-1}A^-}=\frac{K_{a_1}[H^+]^{n-1}}{[H^+]^n+K_{a_1}[H^+]^{n-1}+K_{a_1}K_{a_2}[H^+]^{n-2}+\cdots+K_{a_1}K_{a_2}\cdots K_{a_n}}=\delta_{n-1}$$

$$\vdots$$

$$\delta_{A^{n-}}=\frac{K_{a_1}K_{a_2}\cdots K_{a_n}}{[H^+]^n+K_{a_1}[H^+]^{n-1}+K_{a_1}K_{a_2}[H^+]^{n-2}+\cdots+K_{a_1}K_{a_2}\cdots K_{a_n}}=\delta_0$$

结论：① $\delta_0+\delta_1+\delta_2+\cdots+\delta_n=1$。

② δ 决定于 K_a 与 $[H^+]$，与 c 无关。

③ 通过 δ 可确定不同 pH 值下溶液中的主要存在型体，可计算溶液中某一组分的平衡浓度。

【例 5-1】 计算 pH＝5.0 时，$0.1\text{mol}\cdot L^{-1}$ HAc溶液中各型体的平衡浓度，$K_a=1.8\times10^{-5}$。

解：pH＝5.0，则 $[H^+]=1.0\times10^{-5}\text{mol}\cdot L^{-1}$，故

$$\delta_{HA}=\frac{[H^+]}{[H^+]+K_a}=0.36$$

$$\delta_{Ac^-}=1-\delta_{HA}=0.64$$

$$[HAc]=c\delta_{HAc}=0.036\text{mol}\cdot L^{-1}$$

$$[Ac^-]=c\delta_{Ac^-}=0.064\text{mol}\cdot L^{-1}$$

5.1.4　酸碱溶液中 H^+ 浓度的计算

5.1.4.1　一元强酸（碱）溶液中 H^+ 浓度的计算

以浓度为 $c\text{mol}\cdot L^{-1}$的一元强酸 HCl 为例，PBE 为

$$[H^+]=[OH^-]+c$$

因为

$$[OH^-][H^+]=K_w$$

所以

$$[H^+]=c+\frac{K_w}{[H^+]}$$

$$[H^+]^2-c[H^+]-K_w=0$$

得

$$[H^+]=\frac{c+\sqrt{c^2+4K_w}}{2}$$

当 $c\geqslant10^{-6}\text{mol}\cdot L^{-1}$时，可忽略水的离解 $c^2+4K_w\approx c^2$，$[H^+]\approx c$

同理可推导出一元强碱的计算公式。

5.1.4.2　一元弱酸（碱）溶液 pH 值的计算

设浓度为 $c\text{mol}\cdot\text{L}^{-1}$ 的弱酸 HA，其 PBE 为：

$$[H^+]=[A^-]+[OH^-]$$

由弱酸的解离平衡和水的离子积得到：$[H^+]=\frac{K_a[HA]}{[H^+]}+\frac{K_w}{[H^+]}$

一元弱酸［H^+］的精确计算公式为［H^+］$=\sqrt{K_a[HA]+K_w}$，此式求解麻烦，在允许的误差范围内往往作些近似处理。

当 K_a［HA］$\geqslant 20K_w$ 时，忽略水的离解，得一元弱酸［H^+］的近似计算公式：

$[H^+]=\sqrt{K_a[HA]}$　此式用分布系数代入，求解一元二次方程即可；

当$\frac{c}{K_a}\geqslant 500$，可忽略弱酸的离解，将平衡浓度近似看作分析浓度；但 $cK_a\leqslant 20K_w$ 时，水的离解不能忽略，得一元弱酸［H^+］的近似计算公式$[H^+]=\sqrt{cK_a+K_w}$；

当$\frac{c}{K_a}\geqslant 500$，且 $cK_a\geqslant 20K_w$ 时，得一元弱酸［H^+］的最简计算公式$[H^+]=\sqrt{cK_a}$。

同理可推导出一元弱碱的计算公式，将 K_a 换作 K_b 即可，求得的是［OH^-］。

5.1.4.3　多元弱酸（碱）溶液 pH 值的计算

对于多元弱酸（碱）溶液 pH 值的计算，主要掌握可忽略二级解离、当作一元弱酸（碱）处理的弱酸（碱）。

以浓度为 $c\text{mol}\cdot\text{L}^{-1}$ 的二元弱酸 H_2A 为例，其 PBE 为：

$$[H^+]=[OH^-]+[HA^-]+2[A^-]$$

同样可以根据弱酸的离解平衡及水的离子积进行代换，得到：

$$[H^+]=\frac{[H_2A]K_{a_1}}{[H^+]}+\frac{2[H_2A]K_{a_1}K_{a_2}}{[H^+]^2}+\frac{K_w}{[H^+]}$$

精确计算公式为：

$$[H^+]=\sqrt{[H_2A]K_{a_1}(1+\frac{2K_{a_2}}{[H^+]^2})+K_w}$$

当$\frac{c}{K_{a_1}}\geqslant 500$ 时，［H_2B］$\approx c$；当 $cK_{a_1}\geqslant 20K_w$，忽略水的离解；当$\frac{2K_{a_2}}{[H^+]}\approx\frac{2K_{a_2}}{\sqrt{cK_{a_1}}}<0.05$ 时，忽略弱酸的第二级离解，按一元弱酸处理

$$[H^+]=\sqrt{K_{a_1}c}$$

此式与一元弱酸的计算公式相同。

【例 5-2】 计算饱和 H_2CO_3 溶液（$c\approx 0.040\text{mol}\cdot\text{L}^{-1}$）的 pH 值（$K_{a_1}=4.2\times10^{-7}$，$K_{a_2}=5.6\times10^{-11}$）。

解：

$$cK_{a_1}>20K_w,\frac{2K_{a_2}}{\sqrt{K_{a_1}c}}=\frac{2\times5.6\times10^{-11}}{\sqrt{4.2\times10^{-7}\times0.040}}<0.05\text{ 时}$$

$$\frac{c}{K_{a_1}}=\frac{0.040}{4.2\times10^{-7}}>500,\text{则}[H^+]=\sqrt{K_{a_1}c}$$

$$=\sqrt{0.040\times4.2\times10^{-7}}=1.3\times10^{-4}\text{mol}\cdot\text{L}^{-1}$$

$$\text{pH}=3.89$$

5.1.4.4　两性物质溶液 pH 值的计算

主要掌握多元弱酸的酸式盐和一元弱酸弱碱盐两类简单两性物质溶液 pH 值的计算。

(1) 多元弱酸的酸式盐

设浓度为 c mol·L^{-1}的酸式盐 NaHA，PBE 为

$$[H^+]=[A^{2-}]+[OH^-]-[H_2A]$$

由平衡关系知：$[H_2A]=\dfrac{[H^+][HA^-]}{K_{a_1}}, [A^{2-}]=\dfrac{K_{a_2}[HA^-]}{[H^+]}, [OH^-]=\dfrac{K_w}{[H^+]}$

代入后整理得到：

$$[H^+]=\sqrt{\frac{K_{a_1}(K_{a_2}[HA^-]+K_w)}{K_{a_1}+[HA^-]}}$$

一般 HA^- 的解离都很小，$[HA^-]\approx c, [H^+]=\sqrt{\dfrac{K_{a_1}(K_{a_2}c+K_w)}{K_{a_1}+c}}$

当 $cK_{a_2}\geqslant 20K_w$，水的离解可忽略；当 $c\geqslant 20K_{a_1}$ 时，$K_{a_1}+c\approx c$，得到近似计算式

$$[H^+]=\sqrt{K_{a_1}K_{a_2}}$$

(2) 弱酸弱碱盐

以 $c$mol·L^{-1}NH_4Ac 为例，推导过程类似，可得到

$$[H^+]=\sqrt{\frac{K_a(cK_a'+K_w)}{K_a+c}}$$

式中，K_a'是 NH_3 共轭酸的离解常数。

$$[H^+]=\sqrt{K_aK'_a}$$

5.1.4.5　弱酸与弱酸混合

当浓度为 c_{HA_1} 和 c_{HA_2} 的两弱酸 HA_1 和 HA_2 混合时，有

$$[H^+]=\sqrt{c_{HA_1}K_{HA_1}+c_{HA_2}K_{HA_2}}$$

5.1.4.6　酸碱缓冲溶液

(1) 定义与作用原理

缓冲溶液是一种在一定程度和范围内对溶液的酸度有稳定作用的溶液。即当加入少量酸或碱、或者溶液中因化学反应产生了少量酸和碱、或者将溶液稍加稀释的情况下，溶液的 pH 值可以保持稳定在一定范围之内。pH$<$2 的强酸或 pH$>$12 的强碱溶液也具有缓冲溶液的功能。

缓冲溶液有一般缓冲溶液和标准缓冲溶液（已知准确 pH 值的缓冲溶液）两种。一般缓冲溶液主要用于控制溶液酸度，而标准缓冲溶液则常用于测量溶液 pH 值时，作为参照标准使用。缓冲溶液的相关信息请见书后附录 3。

(2) 缓冲溶液 pH 值的计算

缓冲溶液一般由一定浓度的共轭酸碱对组成，例如 HA-NaA。作为一般控制酸度用的缓冲溶液，因其本身的浓度较大，对 pH 值的计算结果要求不十分准确，可以采用近似的方法进行计算。以$c_a$mol·L^{-1}HA和$c_b$mol·L^{-1}NaA为例，当 $c_a\gg[OH^-]-[H^+], c_b\gg[H^+]-[OH^-]$时

$$[H^+]=K_a\frac{c_a}{c_b}\quad pH=pK_a+\lg\frac{[c_b]}{[c_a]}$$

【例 5-3】 计算 0.01mol·L^{-1}邻硝基酚和 0.012mol·L^{-1}邻硝基酚的钠盐的 pH 值。

解： 邻硝基酚的 $pK_a=7.21, c_a=0.01$mol·L^{-1}，$c_b=0.012$mol·L^{-1}

$$[H^+]=K_a\frac{c_a}{c_b}=10^{-7.21}\times\frac{0.01}{0.012}=10^{-7.29}(\text{mol}\cdot\text{L}^{-1})$$

$$pH=7.29$$

由计算结果可知：$c_a \gg ([OH^-]-[H^+])$，且 $c_b \gg ([H^+]-[OH^-])$ 时，采用最简式计算是合理的。

(3) 缓冲容量与缓冲范围

缓冲容量的数学表达式为： $\beta=\dfrac{db}{dpH}=\dfrac{-da}{dpH}$

其物理意义是：为使1L溶液pH值改变1个单位所需加入的强酸或强碱的物质的量。β 即缓冲容量，是衡量缓冲溶液缓冲能力大小的尺度。对于 HA-A$^-$ 体系，因为 $\delta_{HA}+\delta_{A^-}=1$ 是定值，所以当 $\delta_{HA}=\delta_{A^-}=1/2$ 时，β 有最大值。

实验表明 $\dfrac{1}{10}\leqslant\dfrac{[A^-]}{[HA]}\leqslant 10$ 时，缓冲溶液有较好的缓冲效果，超出该范围，缓冲能力显著下降，此范围称缓冲溶液的缓冲范围，对于 HA-A$^-$ 体系，其缓冲范围为：

$$pH=pK_a+\lg\frac{[A^-]}{[HA]}=pK_a\pm 1$$

(4) 选择缓冲溶液的原则

① 缓冲溶液对分析过程无干扰，且其组分在分析过程中也不发生化学反应；

② 选择恰当缓冲范围的缓冲溶液，应使所控制的pH值在缓冲溶液的缓冲范围之内；

③ 所选择的缓冲溶液应有足够的缓冲容量。

5.2 酸碱指示剂

酸碱指示剂是一类随溶液pH值改变而变色的化合物，一般是结构比较复杂的有机弱酸或有机弱碱。酸碱指示剂通常有以下三类：①单色指示剂，在酸式型体或碱式型体中仅有一种型体具有颜色的指示剂，如酚酞；②双色指示剂，指示剂的酸式型体和碱式型体具有不同的两种颜色，称为双色指示剂，如甲基橙；③混合指示剂，由两种或两种以上酸碱指示剂按一定比例混合的指示剂称为混合指示剂。它与前两种指示剂的最大区别是：混合指示剂利用了颜色之间的互补，具有很窄的变色范围，且在滴定终点有很敏锐的颜色变化，其变色与某一pH值相关，而无变色范围，因此变色更为敏锐。例如一份甲基红-三份溴甲酚绿混合指示剂，当溶液由酸性转变为碱性时，溶液颜色由酒红色变为绿色，此混合指示剂常用于以 Na_2CO_3 为基准物质标定 HCl 标准溶液的浓度。

5.2.1 变色原理

当溶液pH值发生变化时，作为酸碱指示剂的有机弱酸（碱）可能失去质子由酸式型体转变成为它的共轭碱式型体。在此过程中，质子的转移使指示剂本身的结构改变了，从而引起溶液颜色的变化。

例如，酚酞是酸碱滴定法中常用的指示剂之一，它是一种二元弱酸，在溶液中存在如下平衡：

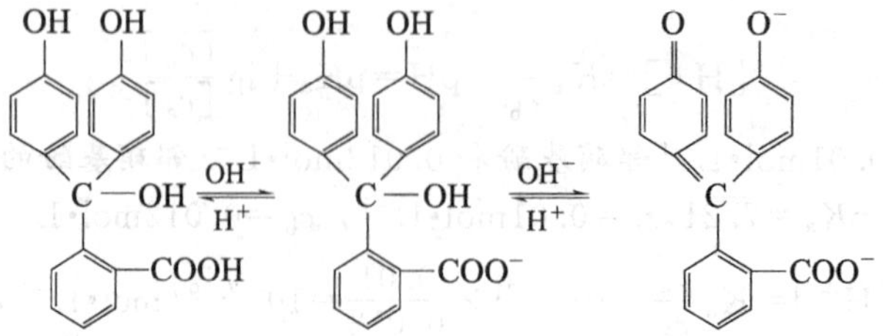

OH OH　C—OH　COOH　$\underset{H^+}{\overset{OH^-}{\rightleftharpoons}}$　OH OH　C—OH　COO$^-$　$\underset{H^+}{\overset{OH^-}{\rightleftharpoons}}$　O O$^-$　C　COO$^-$

酸式，无色　　酸式，无色　　碱式，红色

在酸性溶液中，酚酞以无色分子或离子存在，因此不显色。而在碱性溶液中，酚酞失去质子，转变为醌式结构后显红色，属单色指示剂。注意，由于醌式酸盐在碱性介质中很不稳定，它会慢慢地转化成无色的羧酸盐式，因此酚酞仅能在稀碱中使用。

又如甲基橙，它是一种偶氮类有机弱碱，也是酸碱滴定法中常用的指示剂，它在溶液中存在如下平衡：

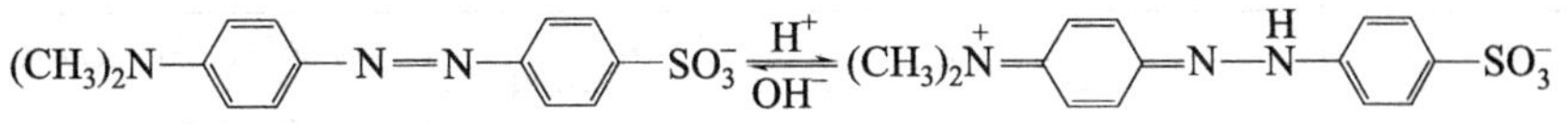

$$(CH_3)_2N-C_6H_4-N=N-C_6H_4-SO_3^- \underset{OH^-}{\overset{H^+}{\rightleftharpoons}} (CH_3)_2\overset{+}{N}=C_6H_4=N-\overset{H}{N}-C_6H_4-SO_3^-$$

碱式(偶氮式),黄色　　　　　　　　酸式(醌式),红色

当溶液酸度增大时，平衡向右移动，甲基橙主要以醌式结构存在，此时溶液由黄色转变为红色；而当溶液的碱度增大时，甲基橙主要以偶氮式结构存在，溶液则由红色转变为黄色。

5.2.2 变色范围

酸碱指示剂的变色范围，可由指示剂在溶液中的离解平衡过程来解释，以弱酸型指示剂HIn为例，

$$\underset{\text{酸式色}}{HIn} \rightleftharpoons H^+ + \underset{\text{碱式色}}{In^-}$$

$$K_{HIn}=\frac{[H^+][In^-]}{[HIn]}$$

$$\frac{[In^-]}{[HIn]}=\frac{K_{HIn}}{[H^+]}$$

式中，K_{HIn}为指示剂的解离常数；$[In^-]$ 和 $[HIn]$ 分别为指示剂的碱式色和酸式色的浓度。

从上式可见：溶液的颜色是由 $[In^-]/[HIn]$ 的比值来决定的，而此比值又与 $[H^+]$ 和 K_{HIn}有关。在一定温度下，K_{HIn}是一个常数，因此，此比值 $[In^-]/[HIn]$ 仅为 $[H^+]$ 的函数，当溶液中 $[H^+]$ 发生改变时，$[In^-]/[HIn]$ 比值即发生改变，致使溶液的颜色也发生变化。共有以下三种情况：

① 当 $[In^-]/[HIn] \leqslant 1/10$ 时，$pH \leqslant pK_a-1$，只能观察出酸式（HIn）色；

② 当 $[In^-]/[HIn] \geqslant 10$ 时，$pH \geqslant pK_a+1$，观察到的是指示剂的碱式色；

③ 当 $1/10 < [In^-]/[HIn] < 10$ 时，$pH=pK_a \pm 1$，观察到的是混合色，人眼一般难以辨别。

当指示剂的酸式型体与碱式型体的浓度相等，即 $[In^-]/[HIn]=1$ 时，则溶液的 $pH=pK_a$，称此 pH 值为指示剂的理论变色点。$pH=pK_{HIn} \pm 1$ 为指示剂的变色范围。

应该指出，指示剂的实际变色范围不是计算出来的，而是依靠人眼目测出来的。由于一般人对各种颜色的敏感程度不同，加上两种颜色的互相掩盖影响观察，所以实际变色范围与理论变色范围是有差别的，大多数指示剂的变色范围是1.6～1.8pH单位。

5.2.3 影响指示剂变色范围的因素

影响指示剂变色范围的因素主要有以下几点：①温度，主要引起指示剂离解常数的变化，从而影响变色范围；②溶剂，不同溶剂的质子自递常数不同，使 K_{HIn}也不同；③离子强度，离子强度增加时，理论变色点的pH值减小。指示剂用量多一点或少一点，不会影响指示剂的变色范围。但是，如果指示剂用量太多，不仅会消耗一些滴定剂，而且还因底色过深影响滴定过程颜色变化的观察及终点的判断。因此，尤其是采用双色指示剂时，用量少些为宜。常用的酸碱指示剂见表5-2和表5-3。

表 5-2　几种常用的酸碱指示剂

指示剂	pK_{HIn}	pH 值变色范围	颜色变化	浓度
百里酚蓝(麝香草酚蓝)	1.65	1.2～2.8	红～黄	$1g \cdot L^{-1}$的 20%乙醇溶液
甲基黄	3.3	2.9～4.0	红～黄	$1g \cdot L^{-1}$的 90%乙醇溶液
甲基橙	3.40	3.1～4.4	红～黄	$0.5g \cdot L^{-1}$的水溶液
溴酚蓝	3.85	3.0～4.6	黄～紫	$1g \cdot L^{-1}$的 20%乙醇溶液或其钠盐水溶液
溴甲酚绿	4.9	4.0～5.6	黄～蓝	$1g \cdot L^{-1}$的 20%乙醇溶液或其钠盐水溶液
甲基红	4.95	4.4～6.2	红～黄	$1g \cdot L^{-1}$的 60%乙醇溶液或其钠盐水溶液
溴百里酚蓝	7.1	6.2～7.6	黄～蓝	$1g \cdot L^{-1}$的 20%乙醇溶液或其钠盐水溶液
中性红	7.4	6.8～8.0	红～黄	$1g \cdot L^{-1}$的 60%乙醇溶液
酚红	7.9	6.7～8.4	黄～红	$1g \cdot L^{-1}$的 60%乙醇溶液或其钠盐水溶液
百里酚蓝	8.9	8.0～9.6	黄～蓝	$1g \cdot L^{-1}$的 20%乙醇溶液
酚酞	9.1	8.0～10.0	无～红	$0.5g \cdot L^{-1}$的 90%乙醇溶液
百里酚酞(麝香草酚酞)	10.0	9.410.6	无～蓝	$1g \cdot L^{-1}$的 90%乙醇溶液

表 5-3　常用的混合酸碱指示剂

指示剂溶液的组成	变色时 pH 值	颜色		备注
		酸色	碱色	
一份 0.1%甲基黄乙醇溶液 一份 0.1%亚甲基蓝乙醇溶液	3.25	蓝 紫	绿	pH=3.2,蓝紫色 pH=3.4 绿色
一份 0.1%甲基橙水溶液 一份 0.225%靛蓝二磺酸水溶液	4.1	紫	黄 绿	
一份 0.1%溴甲酚绿钠盐水溶液 一份 0.2%甲基橙水溶液	4.3	橙	蓝 绿	pH=3.5 黄色,pH=4.05 绿色,pH=4.3 蓝绿
三份 0.1%溴甲酚绿乙醇溶液 一份 0.2%甲基红乙醇溶液	5.1	酒 红	绿	
一份 0.1%溴甲酚绿钠盐水溶液 一份 0.1%氯酚红钠盐水溶液	6.1	黄 绿	蓝 绿	pH=5.4 蓝绿色,pH=5.8 蓝色,pH=6.0 蓝带紫,pH=6.2 蓝紫

注：混合指示剂的配制方法有两种，一种是由两种指示剂按一定比例混配；另一种是加入一种不变色染料作背衬。另外，配制好的混合酸碱指示剂要保存在深色瓶中。

5.3　酸碱标准溶液

5.3.1　酸标准溶液的配制及标定

在酸碱滴定分析法中常用盐酸、硫酸溶液为滴定剂（标准溶液），尤其是盐酸溶液，因其价格低廉、易于得到，稀盐酸溶液无氧化还原性质，酸性强且稳定，因此用得较多。但市售盐酸中因 HCl 易挥发，含量不稳定，不符合基准物质的要求，故不能用直接法进行配制。应采用标定法配制，常用无水 Na_2CO_3 或硼砂（$Na_2B_4O_7 \cdot 10H_2O$）等基准物质对其浓度进行标定。

(1) 无水 Na_2CO_3

无水 Na_2CO_3 易吸收空气中的水分，故使用前应在 180～200℃下干燥 2～3h。标定反应为：

$$2NaHCO_3 \longequal Na_2CO_3 + CO_2 + H_2O$$

$$Na_2CO_3 + 2HCl \longequal 2NaCl + CO_2 + H_2O$$

如果要标定的盐酸浓度约为 $0.1mol \cdot L^{-1}$，欲使消耗盐酸体积为 20～30mL，根据滴定反应可算出称取 Na_2CO_3 的质量应为 0.11～0.16g。

(2) 硼砂 ($Na_2B_4O_7 \cdot 10H_2O$)

$Na_2B_4O_7 \cdot 10H_2O$ 不易吸水，但易失水，因而要求保存在相对湿度为 40%～60%的环境中，以确保其所含的结晶水数量与计算时所用的化学式相符。实验室常采用在干燥器底部装入食盐和蔗糖的饱和水溶液的方法，使相对湿度维持在 60%。

除上述两种基准物质外，还有 $KHCO_3$、酒石酸氢钾等基准物质可用于标定盐酸溶液。

5.3.2 碱标准溶液的配制及标定

氢氧化钠是最常用的碱标准溶液。固体氢氧化钠具有很强的吸湿性，易吸收 CO_2 和水分，生成少量 Na_2CO_3，且含少量的硅酸盐、硫酸盐和氯化物等，因而不能直接配制成标准溶液。一般配制成近似所需浓度的氢氧化钠溶液，然后采用基准物对其进行标定，常用的基准物质为邻苯二甲酸氢钾。邻苯二甲酸氢钾的分子式为 $C_8H_5O_4K$，其结构式为：

(苯环)—COOK
　　　—COOH

摩尔质量为 $204.2g \cdot mol^{-1}$，属有机弱酸盐，在水溶液中呈酸性，因 $cK_{a_2} > 10^{-8}$，故可用 NaOH 溶液滴定。滴定的最终产物是邻苯二甲酸钾钠，它在水溶液中能接受质子，显示碱的性质。

除邻苯二甲酸氢钾外，还有草酸、苯甲酸、硫酸肼 ($N_2H_4 \cdot H_2SO_4$) 等基准物质也常用于标定 NaOH 溶液的浓度。

5.4 酸碱滴定法的基本原理

5.4.1 强酸（碱）的滴定

(1) 强酸强碱滴定的基本反应

$$H^+ + OH^- \longequal H_2O$$

(2) 滴定过程 pH 值的变化

下面以 $0.1000mol \cdot L^{-1}$ 的 NaOH 滴定 20.00mL $0.1000mol \cdot L^{-1}$ HCl 为例，主要计算四个关键点的 pH 值。

① 滴定前 ($V_{NaOH} = 0$)

$$[H^+] = 0.1000mol \cdot L^{-1} \quad pH = 1.00$$

② 滴定开始到化学计量点前：(用剩余的 HCl 计算 pH 值)

令 V_{HCl} 是 HCl 的体积，则有

$$[H^+] = \frac{(V_{HCl} - V_{NaOH})}{V_{HCl} + V_{NaOH}} c_{HCl}$$

当滴入 NaOH 标准溶液 19.98mL (即反应完成了 99.9%)，剩余 0.02mL HCl 未反应时有：

$$[H^+] = \frac{20.00 - 19.98}{20.00 + 19.98} \times 0.1000 = 5.00 \times 10^{-5}$$

$$pH = 4.30$$

③ 化学计量点时（$V_{NaOH}=V_{HCl}$）

$$[H^+]=1.0\times10^{-7}mol\cdot L^{-1}$$

$$pH=7.00$$

④ 化学计量点后（采用过量的 NaOH 计算 pH 值）

$$[OH^-]=\frac{(V_{HCl}-V_{NaOH})}{V_{HCl}+V_{NaOH}}c_{NaOH}$$

若过量 0.1%（即反应完成了 100.1%），加入 NaOH 标准溶液的体积为 20.02mL，则有

$$[OH^-]=\frac{20.02-20.00}{20.02+20.00}\times0.1000=5.0\times10^{-5}$$

$$pH=14.00-pOH=9.70$$

(3) 滴定曲线的绘制及滴定突跃

按照上述方法计算滴入不同体积 NaOH 溶液时的 pH 值，将计算值列于表 5-4 中。以滴入滴定剂的体积为横坐标，以 pH 值的变化为纵坐标作图，得到滴定曲线，见图 5-3。

从表 5-4 中可以看出，从滴定开始到滴入 19.80mLNaOH 溶液，溶液的 pH 值只改变了 2.30 个 pH 值单位。而加入 NaOH 溶液从 19.98mL 到 20.02mL 时，仅 1 滴，溶液 pH 值由 4.30 变化到 9.70，差值近 5.40 个 pH 单位。人们把计量点前后，从剩余 0.02mL HCl 溶液到过量 0.02mL NaOH 滴定剂，即滴定剂加入 99.9%到 100.1%而引起的溶液 pH 值突变的范围称滴定突跃。

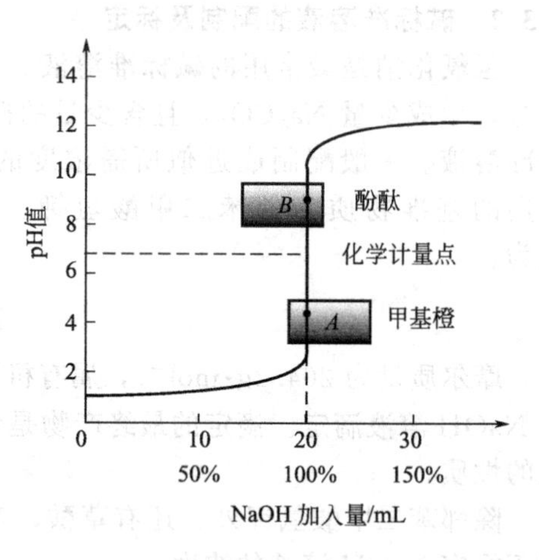

图 5-3 0.1000mol·L⁻¹的 NaOH 标准溶液滴定 0.1000mol·L⁻¹ HCl 的滴定曲线

表 5-4 用 0.1000 mol·L⁻¹ NaOH 标准溶液滴定 20.00mL 0.1000 mol·L⁻¹ HCl 溶液的数据

加入体积/mL	中和率/%	过量体积/mL	pH 值	
0.00	0.00		1.00	
18.00	90.00		2.28	
19.80	99.00		3.30	
19.98	99.90	剩余 0.02	4.31…A	突跃范围
20.00	100.0		7.00	
20.02	100.1	0.02	9.70…B	
20.20	101.0	0.20	10.70	
22.00	110.0	2.00	11.70	
40.00	200.0	20.00	12.50	

(4) 滴定曲线的讨论及指示剂选择原则

① 滴定曲线的绘制步骤　滴定曲线的绘制抓住四个关键点：a. 滴定开始前；b. 滴定开始至化学计量点前；c. 化学计量点时；d. 化学计量点后。

② 滴定突跃范围　pH 值为 4.30～9.70。

③ 指示剂的选择　滴定突跃范围是选择指示剂的依据。

选择原则：所选用的酸碱指示剂的变色范围落在或大部分落在化学计量点附近的 pH 突

跃范围之内。若为混合指示剂，则其变色点越接近化学计量点越好。如用 NaOH 标准溶液滴定 HCl 溶液时，可选酚酞（9.0）、酚红（8.0）、溴百里酚蓝（7.3）作指示剂。如用 HCl 标准溶液滴定 NaOH 溶液可选甲基橙、甲基红等为指示剂。

（5）滴定误差

滴定误差是由于滴定终点与化学计量点不一致而引起的误差。用指示剂作为判断终点手段时，就是指示剂的变色点与化学计量点不一致所引起的误差。滴定误差用 TE（%）表示，

$$\mathrm{TE}(\%)=\frac{\text{过量滴定剂的物质的量}}{\text{化学计量点时应加入滴定剂的物质的量}}\times 100\%$$

设用浓度为 c_{NaOH} 的 NaOH 溶液滴定体积为 V_{HCl}、浓度为 c_{HCl} 的 HCl 溶液，滴定终点时消耗 NaOH 溶液的体积为 $V_{\mathrm{NaOH}}^{\mathrm{ep}}$，$[\mathrm{OH^-}]_{\mathrm{ep}}$、$[\mathrm{H^+}]_{\mathrm{ep}}$ 为滴定终点时 $[\mathrm{OH^-}]$ 和 $[\mathrm{H^+}]$ 的浓度，则有：

$$\mathrm{TE}(\%)=\frac{(c_{\mathrm{NaOH}}V_{\mathrm{NaOH}}^{\mathrm{ep}}-c_{\mathrm{HCl}}V_{\mathrm{HCl}})}{c_{\mathrm{HCl}}V_{\mathrm{HCl}}}\times 100\%$$

滴定过程中溶液的质子条件式为 $c_{\mathrm{NaOH}}-c_{\mathrm{HCl}}=[\mathrm{OH^-}]-[\mathrm{H^+}]$，故

$$\mathrm{TE}(\%)=\frac{[\mathrm{OH^-}]_{\mathrm{ep}}-[\mathrm{H^+}]_{\mathrm{ep}}}{c_{\mathrm{HCl}}^{\mathrm{ep}}}\times 100\%$$

$$c_{\mathrm{HCl}}^{\mathrm{ep}}=\frac{c_{\mathrm{HCl}}V_{\mathrm{HCl}}}{V_{\mathrm{HCl}}+V_{\mathrm{NaOH}}^{\mathrm{ep}}}\approx\frac{1}{2}c_{\mathrm{HCl}}$$

如用 $0.1000\mathrm{mol\cdot L^{-1}}$ NaOH 滴定 25.00mL $0.1000\mathrm{mol\cdot L^{-1}}$ HCl，酚酞指示剂变色时（pH=9.0），求终点误差。

变色点 pH=9.0 时，$[\mathrm{H^+}]=10^{-9}$，$[\mathrm{OH^-}]=10^{-5}$，$c_{\mathrm{HCl}}^{\mathrm{ep}}=0.05000\mathrm{mol\cdot L^{-1}}$

则 $$\mathrm{TE}(\%)=\frac{[\mathrm{OH^-}]-[\mathrm{H^+}]}{c_{\mathrm{HCl}}^{\mathrm{ep}}}\times 100\%=\frac{10^{-5}-10^{-9}}{0.05000}\times 100\%=0.02\%$$

若为强酸滴定强碱，用 $0.1000\mathrm{mol\cdot L^{-1}}$ HCl 滴定 20.00mL $0.1000\mathrm{mol\cdot L^{-1}}$ NaOH，其滴定曲线形状与强碱滴定强酸相似，但方向相反，如图 5-4 所示（实线部分）。

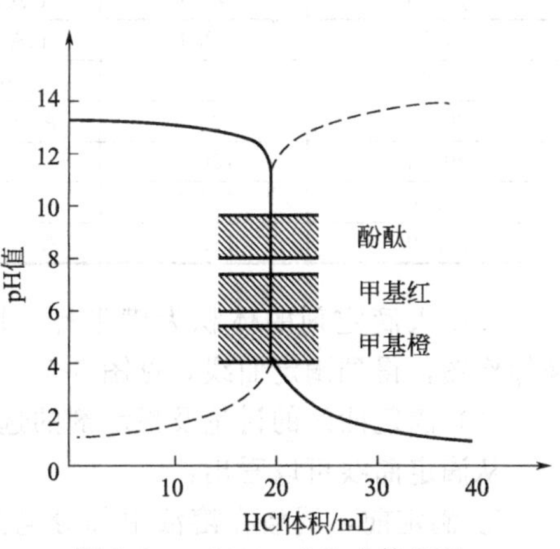

图 5-4 $0.1000\mathrm{mol\cdot L^{-1}}$ 的 HCl 标准溶液滴定 $0.1000\mathrm{mol\cdot L^{-1}}$ NaOH 溶液的滴定曲线

5.4.2 强碱（酸）滴定一元弱酸（碱）

（1）基本反应

$$\mathrm{OH^-}+\mathrm{HA}=\!=\!=\mathrm{A^-}+\mathrm{H_2O}$$

（2）滴定过程 pH 值的变化

同样抓住以下四点进行计算。下面以 $0.1000\mathrm{mol\cdot L^{-1}}$ NaOH 标准溶液滴定 20.00mL $0.1000\mathrm{mol\cdot L^{-1}}$ HAc 溶液为例进行介绍。

① 滴定前（$V_{\mathrm{NaOH}}=0$） 此时溶液即为 $0.1000\mathrm{mol\cdot L^{-1}}$ 的 HAc 溶液，按照一元弱酸计算 pH 值：

因为 $cK_{\mathrm{a}}>20K_{\mathrm{w}}$，$\frac{c}{K_{\mathrm{a}}}>500$

则有 $$[\mathrm{H^+}]=\sqrt{cK_{\mathrm{a}}}=\sqrt{0.1000\times 1.8\times 10^{-5}}=1.35\times 10^{-3}$$

$$\mathrm{pH}=2.87$$

② 滴定开始至化学计量点前（$V_{\mathrm{NaOH}}<V_{\mathrm{HAc}}$） 此时溶液中有生成物 NaAc，还有剩余的 HAc，由此组成缓冲体系，其 pH 值：

$$pH = pK_a + \lg \frac{c_{Ac^-}}{c_{HAc}}$$

当滴入 NaOH 溶液 19.98mL，溶液 pH 值为

$$pH = 4.74 + \lg \frac{19.98}{20.00 + 19.98} = 7.74$$

③ 化学计量点时（$V_{NaOH} = V_{HAc}$） 此时只有产物 NaAc，其浓度为 $0.05000 mol \cdot L^{-1}$，溶液的 pH 值按一元弱碱计算：

$$K_b = 5.6 \times 10^{-10}, \frac{c}{K_b} > 500, cK_b > 20K_w$$

则
$$[OH^-] = \sqrt{cK_b} = 5.3 \times 10^{-6}$$

$$pH = 14.00 - pOH = 14.00 - 5.28 = 8.72$$

④ 化学计量点后（$V_{NaOH} > V_{HAc}$） 化学计量点后溶液的酸度决定于过量的 NaOH，其计算公式与强碱滴定强酸相同。当滴入 NaOH 溶液 20.02mL，即过量半滴时：

$$[OH^-] = \frac{20.02 - 20.00}{20.02 + 20.00} = 5.0 \times 10^{-5}$$

则
$$pH = 14.00 - 4.30 = 9.7$$

以 $0.1000 mol \cdot L^{-1}$ NaOH 滴定 20.00mL $0.1000 mol \cdot L^{-1}$ HAc 的数据见表 5-5。

表 5-5 用 $0.1000 mol \cdot L^{-1}$ 的 NaOH 标准溶液滴定 20.00mL $0.1000 mol \cdot L^{-1}$ HAc 溶液的数据

NaOH 加入体积/mL	中和率/%	组成	pH 值(HAc)	$[H^+]$计算式
0	0	HA	2.88	$c(H^+) = \sqrt{cK_a}$
10.00	50.0	$HA + A^-$	4.76	
18.00	90.0	$HA + A^-$	5.71	
19.80	99.0	$HA + A^-$	6.67	$pH = pK_a + \lg \frac{c(Ac^-)}{c(HAc)}$
19.96	99.8	$HA + A^-$	7.46	
19.98	99.9	$HA + A^-$	7.76	
20.00	100.0	A^-	8.73	$c(OH^-) = \sqrt{cK_b}$
20.02	100.1	$A^- + OH^-$	9.70	
20.04	100.2	$A^- + OH^-$	10.00	
20.20	101.0	$A^- + OH^-$	10.70	
22.00	110.0	$A^- + OH^-$	11.68	

以滴入滴定剂的体积为横坐标，以 pH 值为纵坐标作图，得到滴定曲线，见图 5-5。

(3) 滴定曲线的讨论及指示剂的选择

从滴定曲线可以看出：

① 滴定前，弱酸在溶液中部分电离，与强酸相比，曲线始点提高；

② 滴定开始时，溶液 pH 值升高较快，这是由于中和生成的 Ac^- 产生同离子效应，使 HAc 更难离解，$[H^+]$ 降低较快；

③ 继续滴加 NaOH，溶液形成缓冲体系，曲线变化平缓；

④ 接近化学计量点时，溶液中剩余的 HAc 已很少，pH 值变化加快；

⑤ 化学计量点前后产生 pH 突跃，与强酸相比，

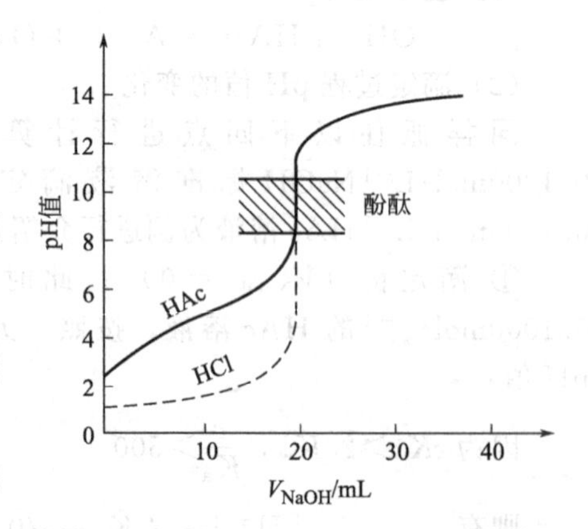

图 5-5 $0.1000 mol \cdot L^{-1}$ 的 NaOH 标准溶液滴定 $0.1000 mol \cdot L^{-1}$ HAc 的滴定曲线（虚线为 $0.1000 mol \cdot L^{-1}$ 的 NaOH 标准溶液滴定 $0.1000 mol \cdot L^{-1}$ HCl 溶液的滴定曲线）

滴定突跃范围较小；

⑥ 甲基橙指示剂不能用于弱酸滴定，应选酚酞和百里酚酞。

(4) 影响滴定突跃范围的因素

① 随着酸或碱的浓度增大，滴定突跃增大，浓度每增加 10 倍，滴定突跃增加 1 个 pH 单位；

② 酸或碱离解常数越大，滴定突跃越大，K_a 或 K_b 每增加 10 倍，突跃增加 1 个 pH 单位；

③ 随着弱酸 K_a 变小，突跃变小，K_a 在 10^{-9} 左右，滴定突跃消失，见图 5-6。

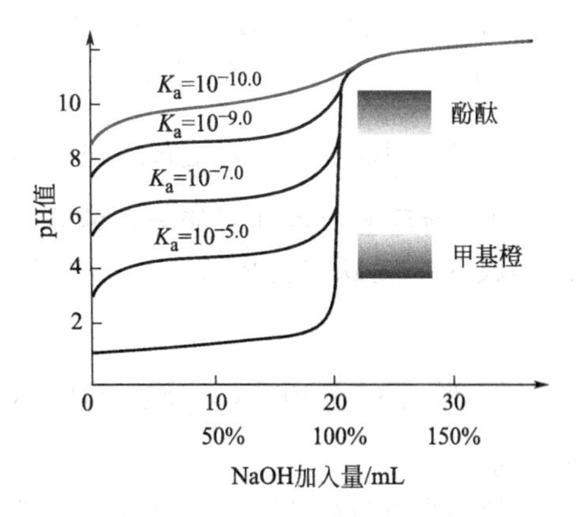

图 5-6 NaOH 滴定 0.1mol·L^{-1} 各种强度 HAc 的滴定曲线

(5) 强酸（碱）滴定弱碱（酸）的判定依据

由上面讨论可知，对于较弱的酸来说，用强碱滴定时，滴定下限总是由强碱过量的部分来计算，一般为定值。而滴定上限与弱酸的 K_a 值有关，当 pK_a 值越小时，突跃范围越大，越容易找到适合的指示剂确定终点。当 pK_a 越大时，滴定的突跃范围越小，越难找到适当的指示剂确定滴定终点。滴定突跃 $\Delta pH \geqslant 0.3$，人眼可以辨别出指示剂的颜色变化，若再小，人眼则难以辨别。故一般以 0.3pH 为人眼借助指示剂判断滴定终点的极限。

直接滴定一元弱酸（碱）的可行性判断：

① $c_a K_a \geqslant 10^{-8}$ 或 $c_b K_b \geqslant 10^{-8}$；

② 若 $c_a K_a < 10^{-8}$ 或 $c_b K_b < 10^{-8}$，不能在水溶液中用指示剂准确指示终点，但可以用仪器或其他方法检测反应的终点。

(6) 滴定误差

以 NaOH 滴定 HAc 为例，设过量的 NaOH 浓度为 c_{NaOH}，则

$$\text{PBE}:[HAc]+[H^+]=[OH^-]-c_{NaOH}$$

$$c_{NaOH}=[OH^-]-[H^+]-[HAc]$$

$$TE\%=\frac{[OH^-]-[H^+]-[HAc]}{c_{HAc}^{ep}}\times 100\%$$

【例 5-4】 以 0.1000mol·L^{-1} NaOH 标准溶液滴定 20.00mL0.1000mol·L^{-1} HAc 溶液，终点时 pH 值比化学计量点时高 0.5 个单位，计算此滴定的 TE（%）。

解：化学计量点时，NaAc 的 $c=\dfrac{0.1000}{2}=0.05000\text{mol·L}^{-1}$，$\dfrac{c}{K_b}>500$，$cK_b>20K_w$，故

$$[OH^-]=\sqrt{cK_b}=\sqrt{5.6\times 10^{-10}\times 0.05000}=5.3\times 10^{-6}$$

$$pH=14.00-5.28=8.72$$

滴定终点时　　$pH=8.72+0.5=9.2\quad pOH=4.8$

根据分布系数 $[HAc]=\dfrac{c_{HAc}^{ep}[H^+]}{[H^+]+K_a}=\dfrac{0.005\times 10^{-9.2}}{10^{-9.2}+1.8\times 10^{-5}}=1.7\times 10^{-6}$

$$TE(\%)=\frac{[OH^-]-[H^+]-[HAc]}{c_{HAc}^{ep}}\times 100\%=\frac{10^{-4.8}-10^{-9.2}-1.7\times 10^{-6}}{0.005}\times 100\%=0.03\%$$

5.4.3 多元酸碱的滴定

(1) 多元酸（碱）能分步准确滴定的条件

多元酸碱的滴定主要讨论两个问题：一是分步离解出的 H^+ 能否进行分步滴定（即有几个突跃）？二是如何选择指示剂指示终点？根据上面的讨论，分步滴定的可行性判断如下：

设 $\Delta pH=\pm 0.3$，误差≤|±0.5%|，sp_1、sp_2 表示第一、第二化学计量点。

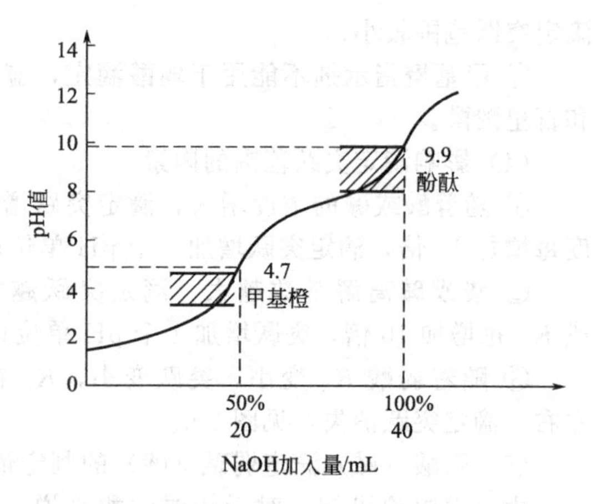

图 5-7　0.1000mol・L^{-1}的 NaOH 标准溶液滴定 0.1mol・L^{-1} H_3PO_4 溶液的滴定曲线

① 当$c_{sp_1}K_{a_1}\geqslant 10^{-8}$，$c_{sp_2}K_{a_2}\geqslant 10^{-8}$，$\frac{K_{a_1}}{K_{a_2}}\geqslant 10^5$ 时　满足上面条件时能分别滴定，滴定曲线形成两个突跃（见图 5-7），可分别选择指示剂。

② 当$c_{sp_1}K_{a_1}\geqslant 10^{-8}$，$c_{sp_2}K_{a_2}\geqslant 10^{-8}$，$\frac{K_{a_1}}{K_{a_2}}<10^5$ 时

第一步离解的 H^+ 可准确滴定，第二步离解的 H^+ 也能被准确滴定，但不能准确分步滴定，两步离解的 H^+ 同时被准确滴定，形成一个突跃。

下面以 0.1000mol・L^{-1}NaOH 标准溶液滴定 20.00mL 0.1000mol・L^{-1} H_3PO_4 溶液为例进行讨论：

$$H_3PO_4 \rightleftharpoons H^+ + H_2PO_4^- \qquad pK_{a_1}=2.12$$
$$H_2PO_4^- \rightleftharpoons H^+ + HPO_4^{2-} \qquad pK_{a_2}=7.21$$
$$HPO_4^{2-} \rightleftharpoons H^+ + PO_4^{3-} \qquad pK_{a_3}=12.66$$

满足 $cK_{a_1}\geqslant 10^{-8}$，且 $K_{a_1}/K_{a_2}\geqslant 10^5$，第一化学计量点附近出现突跃；

$cK_{a_2}\approx 10^{-8}$，且 $K_{a_2}/K_{a_3}\geqslant 10^5$，第二化学计量点附近出现突跃（滴定曲线见图 5-7）；

$cK_{a_3}<10^{-8}$，无法确定第三化学计量点，故不能直接滴定。

多元酸（碱）滴定曲线的计算，数学处理比较麻烦。本教材只讨论化学计量点 pH 值的计算和指示剂的选择，采用最简式计算。

第一化学计量点：产物为 NaH_2PO_4，浓度为 0.0500mol・L^{-1}，按照两性物质的最简式计算$[H^+]=\sqrt{K_{a_1}K_{a_2}}$，pH=4.66，可选择甲基橙为指示剂，终点颜色由红变黄。

第二化学计量点：产物 Na_2HPO_4，浓度为 0.033mol・L^{-1}，同样按照两性物质的最简式计算$[H^+]=\sqrt{K_{a_2}K_{a_3}}$，pH=9.94，可选择百里酚酞为指示剂，终点颜色由无色变为浅蓝。

（2）多元碱的滴定

以 0.1000mol・L^{-1} HCl 标准溶液滴定 20.00mL 0.1000mol・L^{-1} Na_2CO_3 溶液为例进行讨论：

$$CO_3^{2-} + H^+ \rightleftharpoons HCO_3^- \qquad pK_{b_1}=3.75$$
$$HCO_3^- + H^+ \rightleftharpoons H_2CO_3 \qquad pK_{b_2}=7.62$$

因为 $cK_{b_1}\geqslant 10^{-8}$，且 $K_{b_1}/K_{b_2}\approx 10^4$，第一化学计量点附近出现一个不明显的突跃；由于 K_{b_1} 较小，第二化学计量点附近突跃也较小。

第一化学计量点（产物 $NaHCO_3$）：

$$[H^+]=\sqrt{K_{a_1}K_{a_2}} \qquad pH=8.31 \qquad \text{指示剂为酚酞}$$

第二化学计量点（产物 CO_2）：

$$[H^+]=\sqrt{K_{a_1}c} \qquad pH=3.89 \qquad \text{指示剂为甲基橙、甲基红-溴甲酚绿}$$

滴定至终点时生成的 CO_2 为饱和溶液，$c_{CO_2}=0.04$mol・L^{-1}，滴定近终点时应将试液煮沸，除去 CO_2，冷却后再滴定，以防终点提前出现。

混合酸（碱）的滴定情况与多元酸（碱）相似，滴定曲线见图 5-8。

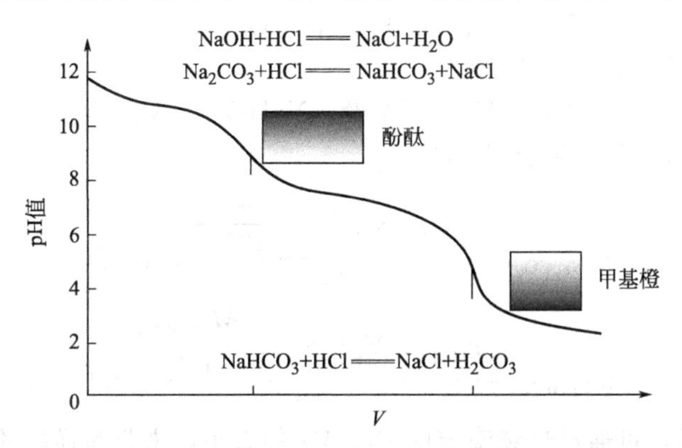

图 5-8　HCl 标准溶液滴定混合碱（$NaOH+Na_2CO_3$）的滴定曲线

5.5　酸碱滴定法的应用

酸碱滴定法在生产实际中应用非常广泛，如化工原料和产品、医药产品的中间体、冶金材料中的微量元素、有机化合物中的氮含量等，均可采用酸碱滴定法测定。下面将列举几个应用实例，较全面地叙述酸碱滴定法在生产实际中的应用。

5.5.1　食醋中总酸度的测定

食醋的主要成分为乙酸，俗称醋酸（CH_3COOH），也常用 HAc 来表示，食醋的主要成分是 HAc，也常含有少量其他弱酸，如乳酸等。

食醋中的总酸度是该产品的主要分析项目。测定时，将食醋用不含 CO_2 的蒸馏水适当稀释后，用 NaOH 标准溶液滴定。滴定反应产物为 NaAc，化学计量点时 pH＝8.7 左右，应选用酚酞为指示剂，滴定至呈现淡红色即为终点。

由所消耗的标准溶液的体积及浓度计算总酸度。

5.5.2　混合碱的分析

混合碱的分析包括：烧碱中 NaOH 和 Na_2CO_3 含量的分析；Na_2CO_3 和 $NaHCO_3$ 混合物的分析。对于混合碱的分析，通常有两种方法。

(1) 双指示剂法

准确称取一定量的混合碱试样，溶解后，用酚酞作指示剂，用 HCl 标准溶液滴定至红色刚消失，消耗的 HCl 标准溶液的体积为 V_1，继续以甲基橙为指示剂，滴定消耗的 HCl 标准溶液的体积为 V_2。

① 混合碱是 $NaOH+Na_2CO_3$，则有

$$\begin{array}{lll} & \downarrow HCl\ V_1\quad 酚酞 & NaOH:V_1\text{-}V_2 \\ NaCl\ +NaHCO_3 & & \\ & \downarrow HCl\ V_2\quad 甲基橙 & Na_2CO_3:2V_2 \\ NaCl+CO_2+H_2O & & \end{array}$$

$$w_{NaOH}=\frac{c_{HCl}\times(V_1-V_2)\times\frac{M_{NaOH}}{1000}}{m}\times100\%$$

$$w_{Na_2CO_3}=\frac{\frac{1}{2}c_{HCl}\times2V_2\times\frac{M_{Na_2CO_3}}{2000}}{m}\times100\%$$

② 混合碱是 $Na_2CO_3+NaHCO_3$，则有

$$\begin{array}{l} \quad\quad\quad\downarrow HCl \quad V_1 \quad 酚酞 \quad Na_2CO_3:2V_1 \\ NaHCO_3+NaHCO_3 \\ \quad\quad\quad\downarrow HCl \quad V_2 \quad 甲基橙 \quad NaHCO_3:V_2-V_1 \\ NaCl+CO_2+H_2O \end{array}$$

$$w_{Na_2CO_3}=\frac{\frac{1}{2}c_{HCl}\times 2V_1\times\frac{M_{Na_2CO_3}}{1000}}{m}\times 100\%$$

$$w_{NaHCO_3}=\frac{c_{HCl}\times(V_2-V_1)\times\frac{M_{NaHCO_3}}{1000}}{m}\times 100\%$$

对于混合碱样品，可通过连续滴定中 V_1、V_2 的大小，来判断样品的组成：

（酚酞）→	（甲基橙）	混合碱组成
$V_1\neq 0$	$V_2=0$	NaOH
$V_1=0$	$V_2\neq 0$	$NaHCO_3$
$V_1=V_2$		Na_2CO_3
$V_1>V_2$		$NaOH+Na_2CO_3$
$V_1<V_2$		$NaHCO_3+Na_2CO_3$

（2）氯化钡法

测 NaOH 和 Na_2CO_3 混合物时，取两份等体积的试液，一份以甲基橙为指示剂，用 HCl 标准溶液滴至橙红色。另一份加入 $BaCl_2$ 溶液后，以酚酞作指示剂，用 HCl 标准溶液滴至终点。当测 $NaHCO_3$ 和 Na_2CO_3 混合物时，需先加准确浓度的 NaOH，将 $NaHCO_3$ 转化为 Na_2CO_3，其后步骤相同。

5.5.3 铵盐中氮含量的测定

肥料、土壤及其他试样中常需要测定氮的含量，由于铵盐（NH_4^+）作为酸，它的 K_a 值为

$$K_a=\frac{K_w}{K_b}=\frac{10^{-14}}{1.8\times 10^{-5}}=5.6\times 10^{-10}$$

因为 $cK_a<10^{-8}$，不能直接用碱标准溶液滴定，而需采取间接的测定方法，将各种含氮化合物都转化为氨态氮，然后再进行测定。常用的方法有下列两种。

（1）蒸馏法

试液中加入过量强碱（如 NaOH），加热煮沸，蒸出的 NH_3 用一定过量的酸标准溶液吸收，过量的酸用 NaOH 标准溶液回滴定。

$$NH_4^+ + OH^- \xrightarrow{\triangle} NH_3\uparrow + H_2O$$

$$NH_3+HCl = NH_4Cl$$

$$HCl+NaOH = NaCl+H_2O$$

$$w_N=\frac{[(cV)_{HCl}-(cV)_{NaOH}]\times 14.01}{m_s\times 1000}\times 100\%$$

（2）甲醛法

甲醛与铵盐作用，生成等物质的量的酸，即质子化的六亚甲基四胺和 H^+：

$$4NH_4^+ + 6HCHO = (CH_2)_6N_4H^+ + 3H^+ + 6H_2O$$

然后用酚酞作指示剂，用 NaOH 标准溶液滴定，甲醛与碱的反应比为 1∶1。如果试样中有游离酸，则需要事先中和。

$$(CH_2)_6N_4H^+ + 3H^+ + 4OH^- \longrightarrow (CH_2)_6N_4 + 4H_2O(\text{微碱性})$$

$$1NH_4^+ \Leftrightarrow 1NaOH \Leftrightarrow 1N$$

对 NH_4Cl、$(NH_4)_2SO_4$

$$w_N = \frac{(cV)_{NaOH} \times 14.01}{1000m_s} \times 100\%$$

5.5.4 有机化合物中氮的测定——凯氏（Kjeldahl）定氮法

凯氏定氮法是测定有机化合物中氮含量的重要方法。该法是于有机含氮化合物试样中加入浓 $H_2SO_4 + K_2SO_4$，用 $CuSO_4$ 作催化剂，在凯氏烧瓶中消化。消化结果是有机物质中碳和氢被氧化成 CO_2 和 H_2O，N 全部转变成（$(NH_4)_2SO_4$ 或 NH_4HSO_4。然后加入氢氧化钠使溶液呈强碱性，水蒸气蒸馏出 NH_3，用饱和硼酸（H_3BO_3）溶液吸收，再用盐酸标准溶液直接滴定所产生的硼酸盐，以溴甲酚绿和甲基红混合指示剂指示终点。

$$NH_4^+ + OH^- \xrightarrow{\triangle} NH_3\uparrow + H_2O$$

$$NH_3 + H_3BO_3 \longrightarrow NH_4^+ + H_2BO_3^- \ (K_b = 1.7\times10^{-5})$$

$$H_2BO_3^- + HCl \longrightarrow H_3BO_3 + Cl^-$$

5.5.5 硼酸的测定

硼酸是极弱的酸（$K_a = 5.8\times10^{-10}$），不能用 NaOH 直接滴定。但是，如果在硼酸中加入甘油或甘露醇等多元醇，可与硼酸形成稳定的配合物，从而增强硼酸在水溶液中的酸性，使弱酸强化。其反应式如下：

$$2\left[\begin{matrix} H \\ | \\ R-C-OH \\ | \\ R-C-OH \\ | \\ H \end{matrix}\right] + H_3BO_3 = H^+ + \left[\begin{matrix} H & & H \\ | & & | \\ R-C-O & & O-C-R \\ | & \searrow B \swarrow & | \\ R-C-O & \nearrow \ \nwarrow & O-C-R \\ | & & | \\ H & & H \end{matrix}\right]^- + 3H_2O$$

生成的酸其 $K_a = 5.5\times10^{-5}$，故可用强碱 NaOH 标准溶液滴定，化学计量点 pH 值在 9 左右，可选用酚酞或百里酚酞作指示剂。为了使反应进行完全，需加入过量的甘露醇或甘油。

5.5.6 硅酸盐中 SiO_2 的测定

矿石、岩石、水泥、玻璃、陶瓷等都属硅酸盐，可用重量法测定其中 SiO_2 的含量，准确度较高，但十分费时。目前生产上的控制分析常常采用氟硅酸钾容量法，它是一种间接酸碱滴定法，该法操作简便、快速，分析结果及误差符合工业生产要求。

首先将试样用 KOH 熔融，使之转化为可溶性硅酸盐 K_2SiO_3，并在钾盐存在下与 HF 作用（或在强酸性溶液中加 KF），形成微溶的氟硅酸钾 K_2SiF_6，反应式如下：

$$K_2SiO_3 + 6HF \longrightarrow K_2SiF_6\downarrow + 3H_2O$$

常加入固体 KCl，利用同离子效应以降低沉淀的溶解度。将沉淀物过滤后，用 KCl-乙醇溶液洗涤沉淀，然后将沉淀转入原烧杯中，再加入 KCl-乙醇溶液，以 NaOH 中和游离酸（酚酞指示剂呈现淡红色）。加入沸水，使沉淀物水解释放出 HF：

$$K_2SiF_6 + 3H_2O \longrightarrow 2KF + H_2SiO_3\downarrow + 4HF$$

HF 的 $K_a = 3.5\times10^{-4}$，可用 NaOH 标准溶液直接滴定释放出来的 HF，由所消耗的 NaOH 溶液体积间接计算出 SiO_2 的含量，SiO_2 与 NaOH 的计量关系为 1∶4。

由于 HF 腐蚀玻璃容器，且对人体健康有害，在整个分析过程中应特别注意安全，实验操作必须在塑料容器中进行。

5.5.7 酯类的测定

常用的酯类分析方法是在酯类试样中定量加入过量的 NaOH，共热 1～2h，使酯类与强碱发生皂化反应，转化成有机酸的共轭碱和醇，例如：

$$CH_3COOC_2H_5 + NaOH(过量) \rightleftharpoons CH_3COONa + C_2H_5OH$$

剩余的碱用酸标准溶液回滴，以酚酞为指示剂，滴定至溶液由红色变为无色，即为终点。如酯类试样难溶于水，可采用 NaOH-乙醇标准溶液使之皂化。

5.6 计算示例

【例 5-5】 欲配制 pH＝4.1 的缓冲溶液，请回答：

(1) HAc-NaAc（$pK_a=4.74$），苯甲酸-苯甲酸钠（$pK_a=4.21$），哪种体系更好？

(2) 配制 1L 缓冲溶液，其中 $c_a=0.10mol\cdot L^{-1}$，应如何配制？

解：(1) 苯甲酸-苯甲酸钠更好，因为苯甲酸-苯甲酸钠的 pK_a 更接近欲配制的缓冲溶液的 pH 值。

(2) 设需要苯甲酸钠 mg

$$pH = pK_a + \lg\frac{\frac{m}{144.1}}{0.10} = 4.21 + \lg\frac{m}{14.41} = 4.1$$

$$m = 11.2g$$

称取 11.2g 苯甲酸钠，溶解在 1L $0.1mol\cdot L^{-1}$ 的苯甲酸中即可。

【例 5-6】 标定 NaOH 溶液，用邻苯二甲酸氢钾基准物 0.5026g，以酚酞为指示剂滴定至终点，用去 NaOH 溶液 21.88mL。求 NaOH 溶液的浓度。

解：$n_{NaOH} = n_{邻苯二甲酸氢钾}$

$$\frac{0.5026}{204.23} = 21.88 \times 10^{-3} \times c_{NaOH}$$

$$c_{NaOH} = 0.1125(mol\cdot L^{-1})$$

【例 5-7】 阿司匹林即乙酰水杨酸，其含量可用酸碱滴定法测定。称取试样 0.2500g，准确加入 50.00mL $0.1020mol\cdot L^{-1}$ 的 NaOH 溶液，煮沸，冷却后，再以浓度为 $0.05264 mol\cdot L^{-1}$ 的 H_2SO_4 溶液 23.75mL 回滴过量的 NaOH，以酚酞指示终点，求试样中乙酰水杨酸的质量分数。已知：反应式可表示为

$$HOOCC_6H_4OCOCH_3 \longrightarrow NaOOCC_6H_4ONa$$

（$HOOCC_6H_4OCOCH_3$ 的摩尔质量为 $180.16g\cdot mol^{-1}$）

解：$n_{乙酰水杨酸} = \frac{1}{2}n(NaOH) = n(H_2SO_4)$

$$w_{乙酰水杨酸} = \frac{(0.1020\times 50.00\times 10^{-3} - 0.05264\times 23.75\times 10^{-3}\times 2)\times\frac{1}{2}\times 180.6}{0.2500}\times 100\%$$

$$= 93.67\%$$

【例 5-8】 某试样中含有 Na_2CO_3、$NaHCO_3$ 和不与酸反应的杂质，称取该样品 0.6839g 溶于水，用 $0.2000mol\cdot L^{-1}$ HCl 溶液滴定至酚酞的红色褪去，用去 HCl 溶液 23.10mL。加入甲基橙指示剂后，继续用 HCl 标准溶液滴定至由黄色变为橙色，又用去 HCl 溶液 26.81mL。计算样品中两种主要成分的质量分数。

解：按照前面所述，因为 $V_2 > V_1$，混合碱由 $NaHCO_3$ 和 Na_2CO_3 组成。

酚酞变色，反应产物为 $NaHCO_3$　$V_1=23.10mL$

甲基橙变色，反应产物为 H_2CO_3　$V_2=26.81mL$

$$Na_2CO_3+HCl \longrightarrow NaCl+NaHCO_3$$

$$NaHCO_3+HCl \longrightarrow NaCl+CO_2+H_2O$$

$$w_{Na_2CO_3}=\frac{23.10\times10^{-3}\times0.2000\times105.99}{0.6839}\times100\%=71.60\%$$

$$w_{NaHCO_3}=\frac{0.2000\times(26.81-23.10)\times10^{-3}\times84.01}{0.6839}\times100\%=9.11\%$$

【例 5-9】 面粉和小麦中粗蛋白质含量是将氮含量乘以 5.7 而得到的（不同物质有不同系数），2.449g 面粉经消化后，用 NaOH 处理，蒸出的 NH_3 以 100.0mL0.01086mol·L^{-1} HCl 溶液吸收，剩余的 HCl 溶液需用 0.01228mol·L^{-1} NaOH 标准溶液回滴，用去 15.30mL，计算面粉中粗蛋白质的质量分数。

解：

$$粗蛋白质含量=\frac{(100.0\times10^{-3}\times0.01086-0.01128\times15.30\times10^{-3})\times5.7\times14.01}{2.449}\times100\%$$

$$=2.93\%$$

思考题

1. 根据酸碱质子理论，判断下面各物质中哪个是酸？哪个是碱？试按强弱顺序排列起来。

   HAc，Ac^-；NH_3，NH_4^+；HCN，CN^-；HF，F^-

   $(CH_2)_6N_4H^+$，$(CH_2)_6N_4$；HCO_3^-，CO_3^{2-}；H_3PO_4，$H_2PO_4^-$

2. 什么叫质子条件式？写出下列物质的质子条件式。

   (1) $NH_3\cdot H_2O$；(2) Na_2CO_3；(3) $(NH_4)_2HPO_4$；(4) $NH_4H_2PO_4$。

3. 什么叫缓冲溶液？其组成和作用如何？
4. 弱酸（碱）能被强碱（酸）直接目视准确滴定的依据是什么？指示剂如何选择，其依据是什么？
5. 判断多元酸（碱）能否分步滴定的依据是什么？
6. 某物质可能含有 NaOH、Na_2CO_3、$NaHCO_3$ 或它们的混合物，现用 HCl 标准溶液滴定至酚酞变色，耗去 HCl 溶液 V_1mL；加入甲基橙指示剂，继续以 HCl 标准溶液滴定，耗去 HCl V_2mL。根据消耗 HCl 的体积，判断下列各情况下物质的组成？

   (1) $V_1>0$，$V_2=0$；　(2) $V_1=0$，$V_2>0$；　(3) $V_1=V_2$；

   (4) $V_1>V_2$，$V_2\neq0$；　(5) $V_1<V_2$，$V_1\neq0$。

7. 试设计测定 Na_2CO_3 和 $NaHCO_3$ 混合物的分析方案。

习　题

1. 已知下列各种弱酸的 pK_a（括号内注明），求它们各自共轭碱的 pK_b；

   (1) HCN (9.21)；(2) HCOOH (3.74)；(3) 苯酚 (9.95)；(4) 苯甲酸 (4.21)。

2. 已知 H_3PO_4 的 $pK_{a_1}=2.12$，$pK_{a_2}=7.20$，$pK_{a_3}=12.36$。求 PO_4^{3-} 的 pK_{b_1} 和 $H_2PO_4^-$ 的 pK_{b_3}。
3. 计算 pH=7.10 和 9.50 时，H_2CO_3、HCO_3^- 和 CO_3^{2-} 的分布系数 δ_2、δ_1 和 δ_0。（已知 $pK_{a_1}=6.38$，$pK_{a_2}=10.25$）
4. 已知 HAc 的 $pK_a=4.74$，$NH_3\cdot H_2O$ 的 $pK_b=4.74$。计算下列各溶液的 pH 值：

   (1) 0.10mol·L^{-1} HAc；　(2) 0.15mol·L^{-1} NaAc；

   (3) 0.10mol·L^{-1} $NH_3\cdot H_2O$；　(4) 0.15mol·L^{-1} NH_4Cl

   (2.87，8.96，11.13，5.04)

5. 根据括号内给出的 pK_a，计算浓度为 0.12mol·L^{-1} 的下列各物质水溶液的 pH 值。

(1) 苯酚 (9.95)；(2) 苯酚钠；

(3) 吡啶的硝酸盐 ($C_5H_5NHNO_3$) (5.23)；(4) 吡啶

(5.44，11.52，3.08，9.15)

6. 根据括号内给出的 pK_a，计算下列水溶液的 pH 值。

(1) 0.10mol·L^{-1} 乳酸和 0.10mol·L^{-1} 乳酸钠 (3.76)；

(2) 0.01mol·L^{-1} 邻硝基酚和 0.012mol·L^{-1} 邻硝基酚的钠盐 (7.21)

(3.76，7.29)

7. 有一溶液含苯甲酸 1.28g·L^{-1} 和苯甲酸钠 3.65g·L^{-1}，求由此组成的缓冲溶液的 pH 值。

(3.59)

8. 欲配制 pH=5.2 的缓冲溶液，应在 1L0.01mol·L^{-1} 苯甲酸中加入多少克苯甲酸钠？

(14.2g)

9. 欲使 100mL 0.10mol·L^{-1} HCl 溶液的 pH 值从 1.00 增加至 4.44，需加入固体 NaAc 多少克？

(1.23g)

10. 以硼砂为基准物标定 HCl 溶液，称取硼砂 0.9854g，用甲基红指示终点，用去 HCl 溶液 23.76mL，求 HCl 溶液的浓度。 (0.2175mol·L^{-1})

11. 要求在滴定时消耗 0.2mol·L^{-1} NaOH 溶液 25～30mL。问应称取基准试剂邻苯二甲酸氢钾 ($KHC_8H_4O_4$) 多少克？如果改用草酸 ($H_2C_2O_4·2H_2O$) 作基准物，应称取多少克？($M_{KHC_8H_4O_4}$ = 204.2，$M_{H_2C_2O_4·2H_2O}$ =126.07) (1～1.2g，0.32～0.38g)

12. 测定肥料中的氨态氮时，以甲醛法分析。称取试样 1.000g 加入已中和至中性的甲醇溶液和 0.3638mol·L^{-1} NaOH 溶液 50.00mL，过量的 NaOH 再以 0.3012mol·L^{-1} HCl 溶液 21.64mL 回滴至酚酞终点。试计算氨态氮的含量，以 $(NH_4)_2SO_4$ 的百分含量表示。 (77.12%)

13. 称取肉样 8.00g 于 250mL 锥形瓶，加入定量无氨蒸馏水，处理定容得到肉样溶液 100.0mL，吸取 5.00mL 肉样溶液，经蒸馏等处理后，得到接收液，加入甲基红指示剂，用 0.01105mol·L^{-1} 的 HCl 滴至终点，消耗 HCl 为 6.50mL。用 5.00mL 无氨蒸馏水做空白试验、消耗 0.50mL 的 HCl，求肉样中挥发性盐基氮含量。以 mg·g^{-1} 表示。(M_N：14.00) (2.32mg·g^{-1})

14. 称取混合碱试样 0.6524g，溶解后以酚酞为指示剂，用 0.1992mol·L^{-1} HCl 标准溶液滴定至终点，用去酸溶液 21.76mL。再加甲基橙指示剂，继续滴定至终点，又耗去酸溶液 27.15mL。判断试样的组成，并求试样中各组分的质量分数。

($w_{Na_2CO_3}$ =70.42%，w_{NaHCO_3} =13.83%)

15. 称纯 $CaCO_3$ 0.5000g，溶于 50.00mL 过量的 HCl 中，多余酸用 NaOH 回滴，用去 6.20mL。9.000mL NaOH 相当于 1.010mL HCl 溶液，求这两种溶液的浓度。

(0.2026mol·L^{-1}，0.02273mol·L^{-1})

16. 在细菌作用下土壤释放 CO_2 的速度，往往采用酸碱滴定的方法测量。实验过程为：准确称取 20.00g 土壤试样，置于玻璃钟罩的密闭空间内，同时也放入盛有 100.0mL NaOH 溶液以吸收 CO_2，48h 后吸取 25.00mL NaOH 溶液，用 11.86mL 0.1028mol·L^{-1} HCl 溶液滴定至酚酞终点。同样实验条件下做空白试验，25.00mL NaOH 溶液需 23.24mL 上述酸溶液。计算在细菌作用下土壤释放 CO_2 的速度，可以 mgCO_2·g^{-1}·h^{-1} 表示。 (0.1946mg·g^{-1}·h^{-1})

17. 生产实际中多采用氟硅酸钾法测定硅酸盐中 SiO_2 的含量。称取硅酸盐试样 0.1500g，经熔融转化为 K_2SiO_3，再在强酸溶液中生成沉淀 K_2SiF_6，然后过滤、洗净，加沸水使 K_2SiF_6 水解，产生的 HF 用 0.2258mol·L^{-1} NaOH 标准溶液滴定，以酚酞作指示剂，耗去标准溶液 24.46mL。计算试样中 SiO_2 的质量分数。 (55.30%)

18. 酸碱滴定法可用来测定阿司匹林药片中乙酰水杨酸的含量。将阿司匹林药片碾碎，准确称取 0.2500g，准确加入 50.00mL 0.1020mol·L^{-1} 的 NaOH 溶液，煮沸，冷却后，以 0.05264mol·L^{-1} 的 H_2SO_4 溶液回滴过量的 NaOH，以酚酞指示终点，消耗 H_2SO_4 溶液 23.75mL。求试样中乙酰水杨酸的质量分数。(已知反应式为：$HOOCC_6H_4OCOCH_3 \longrightarrow NaOOCC_6H_4ONa$ 乙酰水杨酸的摩尔质量为 180.16 g·mol^{-1})。 (93.67%)

19. 多数酯类与过量的碱共热 1～2h 后，可完成皂化反应，转化生成有机酸的共轭碱，可被标准酸溶液滴定。现称取纯酯试样 2.000g，在 25.00mL 乙醇-KOH 溶液中加热皂化后，需用 15.25mL 0.3941mol·L^{-1} H_2SO_4 溶液滴定至溴甲酚绿终点。25.00mL 乙醇-KOH 溶液空白试验需用 35.00mL 上述酸溶液。试求酯的摩尔质量。 (128.4g·moL^{-1})

20. 有纯度为 100％的一元未知有机酸 400mg，当用 0.09996mol·L^{-1} NaOH 溶液滴定到达终点时，消耗 32.80mL NaOH 溶液。当加入 16.40mL NaOH 溶液时，pH 值为 4.20。由上述数据求：(1) 该有机酸的相对分子质量；(2) 该有机酸的 pK_a。 (122，4.20)

第 6 章　配位滴定法

6.1　配位滴定法概述

以配位剂与金属离子间的配位反应为基础的滴定分析方法，称为配位滴定法，又称络合滴定法。

（1）配位体、配位剂、配位反应与配合物

与中心离子（或原子）直接配位的分子或离子叫配位体，简称配体。作为配位体的物质可以是非金属的单原子离子，如 Cl^-；也可以是非金属的多原子离子或分子，如 CN^-、NH_3 等。能提供配位体的物质称为配位剂，配位剂一般可分为无机配位剂和有机配位剂两大类。生成物为配合物的反应称为配位反应。由中心离子或原子和围绕在它周围的一组负离子或分子以配位键相结合而成的配位个体均称为配位物，常称为配合物。

（2）单基配位体与多基配位体

含有一个配位原子的配体，称为单基配位体，如，F^-、$:NH_3$、$:CN^-$、$:OH^-$ 等；含有两个及两个以上配位原子的配体，称为多基配位体，如乙二胺（$H_2NCH_2CH_2NH_2$）、氨基乙酸（H_2NCH_2COOH）等。单基配位体与金属离子形成的配合物称为简单配合物。若金属离子 M 的配位数为 n，则一个金属离子将与 n 个配体 L 配位，形成 ML_n 配合物。与多元酸相似，简单配合物 ML_n 是逐级配合形成的，稳定性较差，而且各级配合物的稳定性没有显著的差别。

（3）对配位剂与配位反应的要求

配位剂的种类繁多，配位反应所形成的配位化合物（简称配合物）其稳定性等方面情况各异，因此，要求用于滴定分析的配位剂，必须满足以下条件：

① 配位反应必须迅速，且有适合的指示剂指示反应的终点；

② 配位反应必须定量进行，且配位比固定，即生成形式一定的配合物；

③ 配位反应必须进行完全，即生成的配合物稳定性必须足够高，稳定常数要足够大。

在配位滴定法中，配位剂通常是配成标准溶液。例如，早期以 $AgNO_3$ 标准溶液滴定 CN^-，其反应如下：

$$Ag^+ + 2CN^- \longrightarrow [Ag(CN)_2]^-$$

滴定到达化学计量点时，过量一滴的 $AgNO_3$ 溶液，Ag^+ 就与 $[Ag(CN)_2]^-$ 反应生成白色 $Ag[Ag(CN)_2]$ 沉淀，以指示终点的到达。终点时的反应为：

$$[Ag(CN)_2]^- + Ag^+ \longrightarrow Ag[Ag(CN)_2]\downarrow$$

又如 Cd^{2+} 与 CN^- 的配位反应分四级进行，存在下列四种形式：

$$Cd^{2+} + CN^- \rightleftharpoons [Cd(CN)]^+ \rightleftharpoons Cd(CN)_2 \rightleftharpoons [Cd(CN)_3]^- \rightleftharpoons [Cd(CN)_4]^{2-}$$

$K_{稳}$为：　　3.02×10^5　　1.38×10^5　　3.63×10^5　　3.80×10^5

由于一般的无机配位剂与金属离子的反应大多分步进行，多种形式的产物共存，化学计量关系不恒定，根据配位滴定对配位反应的要求，除个别配位反应（如 Ag^+ 与 CN^-，Hg^{2+} 与 Cl^- 等反应）外，大多数不能用于配位滴定，因此，无机配位剂在分析化学中的应用受到一定程度的限制。在配位滴定法中，得到广泛应用的是具有多基配位体的配位剂。多基配位体的配位剂通常是有机配位剂，大多数有机配位剂与金属离子的配位反应不存在上述的缺陷，故配位滴定中常用有机配位剂。自20世纪40年代以来，氨羧配位剂，特别是以乙二胺四乙酸及其二钠盐为代表的有机配位剂，由于能与许多金属离子形成一定的稳定配合物，已广泛用于配位滴定分析，并在化学工业、医药卫生、生物、环境、材料、电镀工业和地质部门都得到广泛的应用。

金属离子与多基配位体配位时，形成具有环状结构的配合物，称为螯合物。螯合物稳定性高，配位比恒定，符合配位滴定的要求。常用的一类多基配位体是氨羧配位剂，它是以氨基二乙酸为基体的有机螯合剂，以N、O为键合原子，与金属离子配位时，形成环状结构的内配合物。较重要的配位剂有以下几种，其中应用最广泛的是乙二胺四乙酸（EDTA），本章主要介绍EDTA配位滴定法。

$$N(CH_2COOH)_3$$

氨三乙酸(NTA)

$$C_6H_{10}[N(CH_2COOH)_2]_2$$

环己二胺四乙酸(DCTA)

$$(HOOCH_2C)_2N—CH_2—CH_2—N(CH_2COOH)_2$$

乙二胺四乙酸(EDTA)

$$\begin{array}{l} CH_2—O—CH_2—N(CH_2COOH)_2 \\ | \\ CH_2—O—CH_2—N(CH_2COOH)_2 \end{array}$$

乙二醇二乙醚二胺四乙酸(EGTA)

6.2 EDTA与金属离子生成配合物的稳定性

6.2.1 EDTA的性质

乙二胺四乙酸（简称EDTA或EDTA酸），它是多元酸，可用 H_4Y 表示。由于EDTA在水中的溶解度很小（22℃时，100mL水中仅能溶解0.02g），也难溶于酸和一般的有机溶剂，但易溶于氨溶液和苛性碱溶液中，生成相应的盐，故实际使用时，常用其二钠盐，即乙二胺四乙酸二钠（$Na_2H_2Y \cdot 2H_2O$，相对分子质量为372.24），习惯上也称EDTA。它在水溶液中的溶解度较大（22℃时，100mL水中能溶解11.1g），其饱和水溶液的浓度约为 $0.3mol \cdot L^{-1}$，pH值约为4.5。

在EDTA的结构中，两个羧基上的 H^+ 可转移到N原子上，形成双偶极离子：

$$({}^-OOCH_2C)(HOOCH_2C)HN^+—CH_2CH_2—HN^+(CH_2COOH)(CH_2COO^-)$$

若EDTA溶于酸度很高的溶液，它的两个羧基可以再接受 H^+ 而形成 H_6Y^{2+}，相当于形成一个六元酸，EDTA在水溶液中的六级离解平衡为：

$$H_6Y^{2+} \rightleftharpoons H^+ + H_5Y^+ \qquad \frac{[H^+][H_5Y^+]}{[H_6Y^{2+}]} = K_{a_1} = 10^{-0.9}$$

$$H_5Y^+ \rightleftharpoons H^+ + H_4Y \qquad \frac{[H^+][H_4Y]}{[H_5Y^+]} = K_{a_2} = 10^{-1.6}$$

$$H_4Y \rightleftharpoons H^+ + H_3Y^- \qquad \frac{[H^+][H_3Y^-]}{[H_4Y]} = K_{a_3} = 10^{-2.0}$$

$$H_3Y^- \rightleftharpoons H^+ + H_2Y^{2-} \qquad \frac{[H^+][H_2Y^{2-}]}{[H_3Y^-]} = K_{a_4} = 10^{-2.67}$$

$$H_2Y^{2-} \rightleftharpoons H^+ + HY^{3-} \qquad \frac{[H^+][H_3Y^-]}{[H_2Y^{2-}]} = K_{a_5} = 10^{-6.16}$$

$$HY^{3-} \rightleftharpoons H^+ + Y^{4-} \qquad \frac{[H^+][H_2Y^{2-}]}{[HY^{3-}]} = K_{a_6} = 10^{-10.26}$$

$$H_6Y^{2+} \underset{+H^+}{\overset{-H^+}{\rightleftharpoons}} H_5Y^+ \underset{+H^+}{\overset{-H^+}{\rightleftharpoons}} H_4Y \underset{+H^+}{\overset{-H^+}{\rightleftharpoons}} H_3Y^- \underset{+H^+}{\overset{-H^+}{\rightleftharpoons}} H_2Y^{2-} \underset{+H^+}{\overset{-H^+}{\rightleftharpoons}} HY^{3-} \underset{+H^+}{\overset{-H^+}{\rightleftharpoons}} Y^{4-} \tag{6-1}$$

各级离解存在着的平衡关系，如式(6-1) 所示，所以 EDTA 在水溶液中总是以 H_6Y^{2+}、H_5Y^+、H_4Y、H_3Y^-、H_2Y^{2-}、HY^{3-} 和 Y^{4-} 等七种形式存在。可以看出，EDTA 各种存在形式间的浓度比例取决于溶液的 pH 值。若溶液酸度增大，pH 值减小，上述平衡向左移动，H_6Y^{2+} 浓度增加；反之，若溶液酸度减小，pH 值增大，则上述平衡右移，Y^{4-} 的浓度增加。EDTA 各种存在形式的分配情况与 pH 值之间的关系如图 6-1 所示。

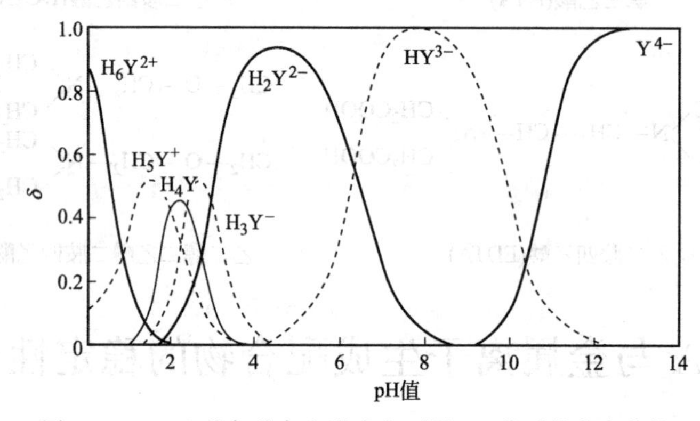

图 6-1　EDTA 的各种存在形式在不同 pH 值时的分布曲线

图 6-1 可以清楚地看出不同 pH 值时 EDTA 各种存在形式的分配情况。在 pH<1 的强酸性溶液中，EDTA 主要以 H_6Y^{2+} 形式存在；在 pH=1～1.6 的溶液中，主要以 H_5Y^+ 形式存在；在 pH=1.6～2.0 的溶液中，主要以 H_4Y 形式存在；在 pH=2.0～2.67 的溶液中，主要存在形式是 H_3Y^-；在 pH=2.67～6.16 的溶液中，主要存在形式是 H_2Y^{2-}；在 pH=6.16～10.26 的溶液中，主要存在形式是 HY^{3-}，在 pH 很大（>12）时才几乎完全以 Y^{4-} 形式存在。

6.2.2　EDTA 与金属离子的配合物

在 EDTA 分子的结构中，具有六个可与金属离子形成配位键的原子（两个氨基氮和四个羧基氧，它们都有孤对电子，能与金属离子形成配位键），因而，EDTA 可以与金属离子形成配位数为 4 或 6 稳定配合物。EDTA 与金属离子的配位反应具有以下几方面的特点。

① EDTA 与许多的金属离子（1～4 价）都可形成配位比为 1∶1 的稳定配合物，例如：

$$Zn^{2+} + Y^{4-} \rightleftharpoons ZnY^{2-}$$

$$Al^{3+} + Y^{4-} \rightleftharpoons AlY^-$$

反应中无逐级配位现象，反应的定量关系明确。只有极少数金属离子例外，如 Zr(Ⅳ) 和 Mo(Ⅵ) 等。

② EDTA与多数金属离子形成的配合物具有相当的稳定性。从EDTA与Ca^{2+}、Fe^{3+}的配合物的结构（见图6-2）可以看出，EDTA与金属离子配位时形成五个五元环（其中四个是$\overset{\mathrm{C-C}}{\underset{\mathrm{M}}{\mathrm{O\quad N}}}$五元环，一个$\overset{\mathrm{C-C}}{\underset{\mathrm{M}}{\mathrm{N\quad N}}}$五元环），具有这种环状结构的配合物称为螯合物。对配合物的研究可知，具有五元环或六元环的螯合物很稳定，而且所形成的环愈多，螯合物愈稳定。因而EDTA与大多数金属离子形成的螯合物具有较大的稳定性。

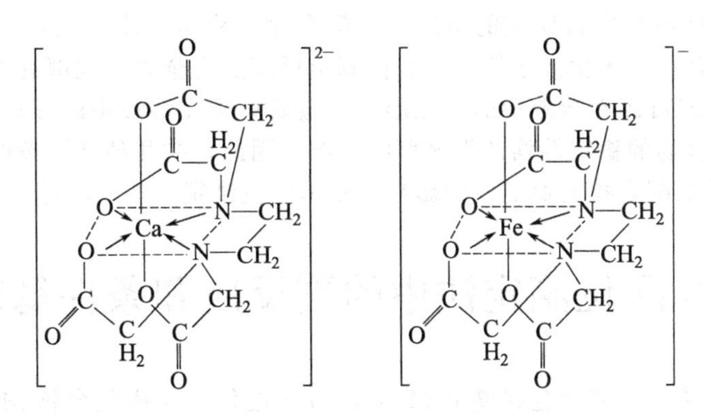

图6-2 EDTA与Ca^{2+}、Fe^{3+}的配合物的结构示意图

③ EDTA与金属离子反应速率较快，生成的配合物大多带电荷，水溶性好，而且无色金属离子与EDTA生成的配合物仍为无色，但有色的金属离子与EDTA形成的配合物其颜色与金属离子的颜色相同。所以，若分析对象为有色金属离子时，则试液的浓度不宜过大，否则将影响指示剂的终点判断。

上述特点说明EDTA和金属离子的配位反应能够符合滴定分析对反应的要求。

由于EDTA与金属离子的反应，其配位比为1∶1，因此，在书写时可将EDTA简单表示成Y，金属离子的价数也可省略，配位滴定法的滴定反应，其通式可写成：

$$M + Y \rightleftharpoons MY \tag{6-2}$$

其稳定常数K_{MY}为

$$K_{MY} = \frac{[MY]}{[M][Y]} \tag{6-3}$$

一些常见金属离子与EDTA配合物的稳定常数见表6-1。

表6-1 EDTA与一些常见金属离子的配合物的稳定常数

（溶液离子强度$I=0.1\mathrm{mol\cdot L^{-1}}$，温度293K）

阳离子	$\lg K_{MY}$	阳离子	$\lg K_{MY}$	阳离子	$\lg K_{MY}$
Na^{+}	1.66	Ce^{4+}	15.98	Cu^{2+}	18.80
Li^{+}	2.79	Al^{3+}	16.3	Ga^{2+}	20.3
Ag^{+}	7.32	Co^{2+}	16.31	Ti^{3+}	21.3
Ba^{2+}	7.86	Pt^{2+}	16.31	Hg^{2+}	21.8
Mg^{2+}	8.69	Cd^{2+}	16.46	Sn^{2+}	22.1
Sr^{2+}	8.73	Zn^{2+}	16.50	Th^{4+}	23.2
Be^{2+}	9.20	Pb^{2+}	18.04	Cr^{3+}	23.4
Ca^{2+}	10.69	Y^{3+}	18.09	Fe^{3+}	25.1
Mn^{2+}	13.87	VO_2^{+}	18.1	U^{4+}	25.8
Fe^{2+}	14.33	Ni^{2+}	18.60	Bi^{3+}	27.94
La^{3+}	15.50	VO^{2+}	18.8	Co^{3+}	36.0

由表 6-1 可见，金属离子与 EDTA 形成的配合物的稳定性与金属离子的种类有关。碱金属离子的配合物最不稳定；碱土金属离子的配合物 $\lg K_{MY}=8\sim11$；过渡元素、稀土元素、Al^{3+} 的配合物 $\lg K_{MY}=15\sim19$；其他三价、四价金属离子和 Hg^{2+} 的配合物 $\lg K_{MY}>20$。这些配合物稳定性的差别，主要决定于金属离子本身的离子电荷、离子半径和电子层结构等，这些是金属离子影响配合物稳定性大小的本质因素。

EDTA 与金属离子形成的配合物的稳定性对配位滴定反应的完全程度有着重要的影响，可以用 $\lg K_{MY}$ 衡量在不发生副反应的情况下，配合物的稳定程度。但外界条件如溶液的酸度、其他配位剂的存在、干扰离子等，对配位滴定反应的完全程度也都有着较大的影响，尤其是溶液的酸度对 EDTA 在溶液中的存在形式、金属离子在溶液中的存在形式和 EDTA 与金属离子形成的配合物的稳定性均产生显著的影响。因此，在几种外界条件中，酸度对金属离子与 EDTA 形成的配合物的稳定性的影响常常是配位滴定中首先应考虑的问题。

6.3 EDTA 配位滴定法中的副反应和条件稳定常数

在 EDTA 滴定法中，被测金属离子 M 与 EDTA 配位，生成配合物 MY，此为主反应。反应物 M、Y 及反应产物 MY 都可能同溶液中其他组分发生副反应。使 MY 配合物的稳定性受到影响，如下式所示：

$$M + Y \rightleftharpoons MY \quad \text{主反应}$$

	M		Y		MY	
	OH	L	H	N	H	OH
副反应	M(OH)	ML	HY	NY	MHY	M(OH)Y
	⋮	⋮	⋮			
	$M(OH)_n$	ML_n	H_6Y			
	羟基配位效应	辅助配位效应	酸效应	干扰离子效应	混合配位效应	

式中，L 为辅助配位剂；N 为干扰离子。

金属离子与 OH^- 或辅助配位剂 L 发生副反应，EDTA 与 H^+ 或其他干扰离子发生副反应，都不利于主反应的进行。而反应产物 MY 发生的副反应，在酸度较高的情况下，生成酸式配合物 MHY；在碱度较高时，生成 M(OH)Y、$M(OH)_2Y$ 等碱式配合物，这种副反应称为混合配位效应，它有利于主反应的进行。但其产物大多数不太稳定，其影响可以忽略不计。下面着重对酸效应、配位效应分别加以讨论。

6.3.1 酸效应与条件稳定常数

(1) EDTA 酸效应的概念

EDTA 与金属离子形成配合物的有效形式是游离的 EDTA 酸根离子 Y^{4-}。但 EDTA 在水溶液中相当于六元酸 H_6Y^{2+}，有七种存在形式，这七种存在形式有六级离解平衡，如式 (6-1)，该平衡取决于溶液的 pH 值，pH 值升高，平衡正向移动。因此，溶液的 pH 值直接影响 EDTA 与金属离子形成的配合物 MY 的稳定性。这种现象称作 EDTA 的酸效应。

从定性的角度考虑 EDTA 的酸效应，则 pH 值越大，$[Y^{4-}]$ 越高，MY 的稳定性越大，对滴定越有利。但在定量分析中，必须全面考虑介质的影响，如在较高 pH 值的介质中，金属离子可能发生水解、沉淀等现象而影响测试工作正常进行。

(2) EDTA 酸效应系数

EDTA 酸效应的大小，可用酸效应系数定量表示。EDTA 酸效应系数的定义为

$$\alpha_{Y(H)}=\frac{[Y']}{[Y^{4-}]} \tag{6-4}$$

其中，$\alpha_{Y(H)}$ 为 EDTA 的酸效应系数；$[Y^{4-}]$ 是 EDTA 有效形式的平衡浓度（简称有效浓度）；$[Y']$ 是 EDTA 的七种存在形式浓度的总和；

$$[Y']=[Y^{4-}]+[HY^{3-}]+[H_2Y^{2-}]+[H_3Y^-]+[H_4Y]+[H_5Y^+]+[H_6Y^{2+}] \quad (6\text{-}5)$$

在 EDTA 没有与金属离子形成配合物的情况下，$[Y']$ 等于 EDTA 的分析浓度；在 EDTA 与金属离子形成配合物的情况下，$[Y']$ 等于 EDTA 的分析浓度减去 EDTA 与金属离子形成的配合物的浓度。

因为溶液的 pH 值对 $[Y^{4-}]$ 有影响，所以，pH 值对 $\alpha_{Y(H)}$ 同样有影响，可以将 $\alpha_{Y(H)}$ 看作是 pH 值的函数。具体的函数关系式如下：

$$\begin{aligned}\alpha_{Y(H)}&=1+\frac{[H^+]}{K_{a_6}}+\frac{[H^+]^2}{K_{a_6}K_{a_5}}+\frac{[H^+]^3}{K_{a_6}K_{a_5}K_{a_4}}+\frac{[H^+]^4}{K_{a_6}K_{a_5}K_{a_4}K_{a_3}}\\&\quad+\frac{[H^+]^5}{K_{a_6}K_{a_5}K_{a_4}K_{a_3}K_{a_2}}+\frac{[H^+]^6}{K_{a_6}K_{a_5}K_{a_4}K_{a_3}K_{a_2}K_{a_1}}\\&=1+\beta_1[H^+]+\beta_2[H^+]^2+\beta_3[H^+]^3+\beta_4[H^+]^4+\beta_5[H^+]^5+\beta_6[H^+]^6\end{aligned} \quad (6\text{-}6)$$

其中，$K_{\alpha_1}\sim K_{\alpha_4}$ 是 H_6Y^{2+} 的第一级至第六级离解常数。式中 β 为累积稳定常数，且：

$$\beta_1=1/K_{\alpha_6},\quad \beta_2=1/(K_{\alpha_5}K_{\alpha_6}),\quad \beta_3=1/(K_{\alpha_4}K_{\alpha_5}K_{\alpha_6})\cdots \quad (6\text{-}7)$$

由上述计算关系可见，酸效应系数与 EDTA 的各级离解常数和溶液的酸度有关。在一定温度下，离解常数为定值，因而 $\alpha_{Y(H)}$ 仅随着溶液酸度而变。溶液酸度越大，$\alpha_{Y(H)}$ 值越大，表示酸效应引起的副反应越严重。如果氢离子与 Y^{4-} 之间没有发生副反应，即未参加配位反应的 EDTA 全部以 Y^{4-} 形式存在，则 $\alpha_{Y(H)}=1$。

不同 pH 值时的 $\lg\alpha_{Y(H)}$ 列于表 6-2。

表 6-2　不同 pH 值时的 $\lg\alpha_{Y(H)}$

pH 值	$\lg\alpha_{Y(H)}$	pH 值	$\lg\alpha_{Y(H)}$	pH 值	$\lg\alpha_{Y(H)}$
0.0	23.64	3.8	8.85	7.4	2.88
0.4	21.32	4.0	8.44	7.8	2.47
0.8	19.08	4.4	7.64	8.0	2.27
1.0	18.01	4.8	6.84	8.4	1.87
1.4	16.02	5.0	6.45	8.8	1.48
1.8	14.27	5.4	5.69	9.0	1.28
2.0	13.51	5.8	4.98	9.5	0.83
2.4	12.19	6.0	4.65	10.0	0.45
2.8	11.09	6.4	4.06	11.0	0.07
3.0	10.60	6.8	3.55	12.0	0.01
3.4	9.70	7.0	3.32	13.0	0.00

（3）林旁曲线

按式(6-6)，以 $\lg\alpha_{Y(H)}$ 为横坐标、以 pH 值为纵坐标作图，可得如图 6-3 所示的 EDTA 酸效应曲线，即林旁曲线。这是以图的形式表示的 $\lg\alpha_{Y(H)}$ 与 pH 值的函数关系。

从定性的角度考虑，$\alpha_{Y(H)}$ 与 pH 值的关系为：pH 值越大，$\alpha_{Y(H)}$ 越小，对滴定越有利。

EDTA 的酸效应曲线的应用如下。

① 确定滴定时的最低 pH 值。单独滴定某一金属离子时，可以在曲线上查出滴定所允许的最低 pH 值。如用 EDTA 标准溶液滴定 Fe^{3+} 时，pH 值应在 1～2 左右，而滴定 Ca^{2+} 时 pH 值应大于 7.5。可见 EDTA 配合物的稳定性较高的金属离子，可以在较高的酸度下滴定。

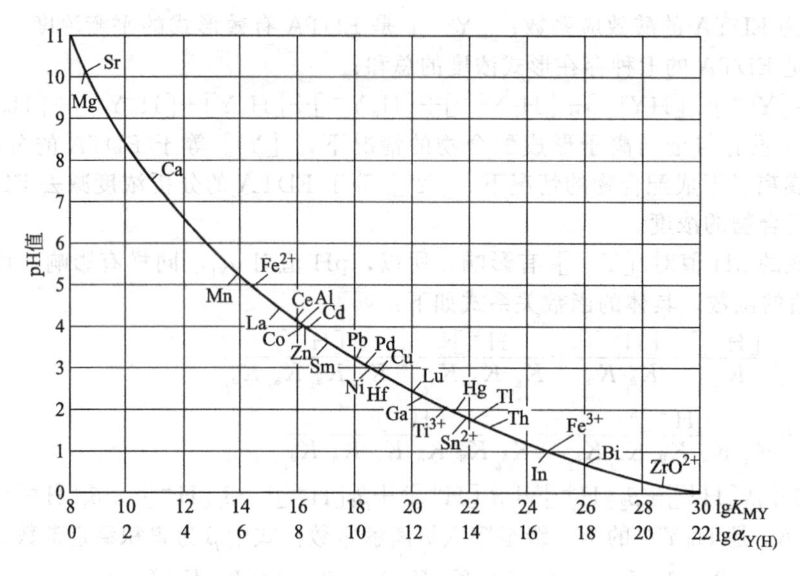

图 6-3　EDTA 的酸效应曲线

② 判断干扰离子。在被测试液中若有多种金属离子存在时，要在某一 pH 值条件下滴定其中一种离子，可以从酸效应曲线上直观看到与其邻近的金属离子，判断共存离子是否有干扰。

③ 确定分步滴定的 pH 值。当被测试液中有几种金属离子共存时，欲将它们分别滴定，可以查看它们在酸效应曲线上的相对位置，如果彼此相距较远，可以通过控制 pH 值，进行分步滴定。例如铁、铝、钙、镁共存时，由于它们在酸效应曲线上相距较远，可以调整溶液酸度，在 pH＝1～2 时滴定 Fe^{3+}，在 pH＝5～6 时滴定 Al^{3+}，在 pH＝7.5 时滴定 Ca^{2+}，最后在 pH＝10 以上滴定 Mg^{2+}。

(4) 酸效应影响下的条件稳定常数

在溶液中，金属离子 M 与配位体 EDTA 反应生成 MY。如果没有副反应的发生，当达平衡时，K_{MY}是衡量此配位反应进行程度的主要标志，称为绝对稳定常数。如果有副反应发生，主反应将受到 M、Y 及 MY 的副反应影响。此时，K_{MY}值的大小不能反映主反应进行的程度，因为，此时未与 EDTA 配位的金属离子不仅有 M，还有 ML、ML_2…，应该用这些形式浓度的总和［M′］表示。同理，未与金属离子配位的 EDTA 也应当用［Y′］表示，而反应生成物 MY 应当用［MY′］表示。在许多情况下，产物 MY 的副反应可以忽略，［MY′］＝［MY］，因此，其平衡浓度仍用［MY］表示。为了反映在副反应存在下主反应进行的程度，在对配位平衡进行定量处理时，引入条件稳定常数的概念，即：

$$K'_{MY}=\frac{[MY']}{[M][Y']} \tag{6-8}$$

式中，K'_{MY}就是该条件下的条件稳定常数。由于K'_{MY}是在一定条件下由配合物稳定常数K'_{MY}用副反应系数校正后得到的，为强调该常数是随条件而变的，因此把它称为条件稳定常数。当只有配位剂 Y 与 H^+ 的副反应时，则

$$\alpha_{Y(H)}=\frac{[Y']}{[Y]}$$

$$K'_{MY}=\frac{[MY]}{[M][Y]\cdot\alpha_{Y(H)}}$$

即

$$K'_{MY}=\frac{K_{MY}}{\alpha_{Y(H)}} \tag{6-9}$$

或 $$\lg K'_{MY}=\lg K_{MY}-\lg\alpha_{Y(H)} \tag{6-10}$$

式(6-10）是常用的计算配合物条件稳定常数的重要公式。K'_{MY}是该 pH 值条件下的条件稳定常数，只有在 pH 值不变的条件下，K'_{MY}才是常数。由于 $\alpha_{Y(H)}$ 随溶液的 pH 值不同而变化，所以 K'_{MY}也随 pH 值而变化，通常 $\alpha_{Y(H)}$ 总是大于 1，K'_{MY}总是小于 K_{MY}。这说明酸效应的存在降低了配合物的稳定性和主反应进行的完全程度。

（5）酸效应影响下的滴定条件

根据滴定分析的一般要求，滴定误差约为 0.1%，若金属离子浓度为 $0.01\text{mol}\cdot\text{L}^{-1}$，忽略滴定时溶液体积变化的影响，则在化学计量点时$[M]_{总}=[Y]_{总}=0.01\times0.1\%=10^{-5}$ $(\text{mol}\cdot\text{L}^{-1})$，要满足这一要求，$K'_{MY}$至少为：

$$K'_{MY}=\frac{[MY]}{[M]_{总}[Y]_{总}}=\frac{0.01}{10^{-5}\times10^{-5}}=10^{8}$$

这就是说，K'_{MY}必须大于或等于 10^8 才能获得准确的滴定结果。如果溶液中只有酸效应，不存在其他副反应，则当 $\lg K'_{MY}\geqslant8$ 时，即

$$\lg K'_{MY}=\lg K_{MY}-\lg\alpha_{Y(H)}\geqslant8 \tag{6-11}$$

$$\lg\alpha_{Y(H)}\leqslant\lg K_{MY}-8$$

在滴定某金属离子时，由表 6-1 查出该金属离子的 $\lg K_{MY}{}'$代入式(6-11）求出 $\lg\alpha_{Y(H)}$，再从表 6-2 查得与其对应的 pH 值，即为该离子滴定时所允许的最低 pH 值。

【例 6-1】 用 EDTA 滴定含 $0.01\text{mol/L}\,Mg^{2+}$ 溶液时，假定无其他配位剂的影响，为了获得准确的滴定结果，问测定时所允许的最低 pH 值是多少？

解： 由表 6-1 查得 $\lg K_{MgY}=8.69$，那么

$$\lg\alpha_{Y(H)}\leqslant\lg K_{MgY}-8=0.69$$

由表 6-2 查得：最低 pH 值应为 10 左右。

按此法可以求出 EDTA 滴定各种金属离子的最低 pH 值，见表 6-3。

表 6-3 一些金属离子能被 EDTA 滴定的最低 pH 值

金属离子	$\lg K_{MY}$	最低 pH 值	金属离子	$\lg K_{MY}$	最低 pH 值
Mg^{2+}	8.86	9.7	Zn^{2+}	16.4	3.9
Ca^{2+}	11.0	7.5	Pb^{2+}	18.3	3.2
Mn^{2+}	13.8	5.2	Ni^{2+}	18.56	3.0
Fe^{2+}	14.33	5.0	Cu^{2+}	18.7	2.9
Al^{3+}	16.11	4.2	Hg^{2+}	21.8	1.9
Co^{2+}	16.31	4.0	Sn^{2+}	22.1	1.7
Cd^{2+}	16.4	3.9	Fe^{3+}	14.23	1.0

6.3.2 配位效应及对条件稳定常数的影响

在配位滴定中，金属离子常发生两类副反应：一类是金属离子在水中和 OH^- 中生成各种羟基配位离子，使金属离子参与主反应的能力下降，这种现象称为金属离子的羟基配位效应，也称金属离子的水解效应。例如 Fe^{3+} 在水溶液中能生成 $Fe(OH)^{2+}$、$Fe(OH)_2^+$ 等羟基配离子。金属离子的羟基配位效应可用副反应系数 $\alpha_{M(OH)}$ 表示（列于附录 6)。

$$\alpha_{M(OH)}=\frac{[M]+[MOH]+[M(OH)_2]+\cdots+[M(OH)_n]}{[M]}$$

$$=1+\beta_1[OH^-]+\beta_2[OH^-]^2+\cdots+\beta_n[OH^-]^n \tag{6-12}$$

金属离子的另一类副反应是金属离子与辅助配位剂的作用，有时为了防止金属离子在滴定条件下生成沉淀或掩蔽干扰离子等原因，在试液中须加入某些辅助配位剂，使金属离子与辅助配位剂发生作用，产生金属离子的辅助配位效应。例如，在 pH=10 时滴定 Zn^{2+}，加

入 $NH_3 \cdot H_2O$-NH_4Cl 缓冲溶液，一方面是为了控制滴定所需要的 pH 值，同时又使 Zn^{2+} 与 NH_3 配位形成 $[Zn(NH_3)_4]^{2+}$，从而防止 $Zn(OH)_2$ 沉淀析出。辅助配位效应可用副反应系数 $\alpha_{M(L)}$ 表示。

$$\alpha_{M(L)}=\frac{[M]+[ML]+[ML_2]+\cdots+[ML_n]}{[M]}$$
$$=1+\beta_1[L]+\beta_2[L]^2+\beta_3[L]^3+\cdots+\beta_n[L]^n \tag{6-13}$$

综合上述两种情况，金属离子总的副反应系数可用 α_M 表示：

$$\alpha_M=\frac{[M']}{[M]} \tag{6-14}$$

式中，[M] 为游离金属离子浓度；[M′] 为金属离子的总浓度。

$$[M']=[M]+[MOH]+[M(OH)_2]+\cdots+[M(OH)_n]+[ML]+[ML_2]+\cdots+[ML_n]$$

对含辅助配位剂 L 的溶液，经推导可得

$$\alpha_M=\alpha_{M(L)}+\alpha_{M(OH)}-1 \tag{6-15}$$

K'_{MY}是条件稳定常数的表示。为了明确表示哪些组分发生了副反应，可将“′”标在发生副反应的组分的右上方。例如仅是 EDTA 发生副反应，写作 $K_{MY'}$；若综合考虑 EDTA 的酸效应和金属离子的配位效应，则应同时考虑 $\alpha_{Y(H)}$ 和 α_M，此时的条件稳定常数应写作 $K_{M'Y'}$：

$$\frac{[MY]}{[M'][Y']}=\frac{K_{MY}}{\alpha_M\alpha_{Y(H)}}=K_{M'Y'} \tag{6-16}$$

条件稳定常数 $K_{M'Y'}$，是以 EDTA 总浓度和金属离子总浓度表示的稳定常数，其大小说明溶液酸碱度和辅助配位效应对配合物实际稳定程度的影响。采用 $K_{M'Y'}$ 能更正确地判断金属离子和 EDTA 的配位情况。同时，利用式(6-16) 可以计算金属离子浓度，但所算得的是 [M′] 而不是 [M]，需要再通过 α_M 的校正才能求得 [M]。

影响配位滴定主反应完全程度的因素很多，但一般情况下若系统中无共存离子干扰，也不存在辅助配位剂时，影响主反应的是 EDTA 的酸效应和金属离子的羟基配位效应；当金属离子不会形成羟基配合物时，影响主反应的因素就是 EDTA 的酸效应。因此，欲使配位滴定反应完全，必须控制适宜的 pH 值条件。

条件稳定常数越大，说明配合物在该条件下越稳定，所以，条件稳定常数说明了配合物 MY 在一定条件下的实际稳定程度。

【例 6-2】 计算在 pH=2.0 和 pH=5.0 时 ZnY 的 $\lg K'_{ZnY}$ 值。

解： $\lg K'=\lg K-\lg\alpha_{Y(H)}$

查表 6-1，$\lg K_{ZnY}=16.50$；查表 6-2，pH=2.0 时，$\lg\alpha_{Y(H)}=13.51$，则 $\lg K'_{ZnY}=16.50-13.51=2.99$

pH=5.0 时，$\lg\alpha_{Y(H)}=6.45$，故

$\lg K'_{ZnY}=16.50-6.45=10.05$

很显然，配合物 ZnY 在 pH=5.0 的溶液中更为稳定。

【例 6-3】 计算 pH=11.0、$[NH_3]=0.1\text{mol}\cdot L^{-1}$时的 $\lg K'_{ZnY}$值。

解： $\lg K_{ZnY}=16.50$

已知 pH=11.0 时，$\lg\alpha_{Y(H)}=0.07$，$\lg\alpha_{Zn(OH)_2}=5.4$

且 $Zn(NH_3)_4^{2+}$ 的 $\lg\beta_1\sim\lg\beta_4$ 分别为 2.27、4.61、7.01、9.06

则 $\alpha_{Zn(NH_3)}=1+\beta_1[NH_3]+\beta_2[NH_3]^2+\beta_2[NH_3]^3+\beta_4[NH_3]^4=10^{5.1}$

故 $\alpha_{Zn}=\alpha_{Zn(NH_3)}+\alpha_{Zn(OH)_2}-1$

$=10^{5.1}+10^{5.4}-1=10^{5.6}$

$$\lg K'_{ZnY}=\lg K_{ZnY}-\lg\alpha_{Y(H)}-\lg\alpha_{Zn}$$
$$=16.50-0.07-5.6=10.83$$

计算结果表明：在 pH＝11.0 时，尽管 Zn^{2+} 与 OH^- 和 NH_3 的副反应很强，但 $\lg K'_{ZnY}$ 仍为 10.83，故在强碱性条件下，仍能用 EDTA 滴定 Zn^{2+}。

【例 6-4】 在测定铝的试液中，pH＝5.0 时，体系中含有游离 F^- 浓度为 $0.010mol \cdot L^{-1}$ 时，试计算 AlY 配合物的条件稳定常数 K'_{AlY} 为多少？（已知 $\lg K_1=6.1$，$\lg K_2=5.1$，$\lg K_3=3.8$，$\lg K_4=2.7$，$\lg K_5=1.7$，$\lg K_6=0.3$）

解：查表 6-2，$\lg\alpha_{Y(H)}=6.45$，且 $\alpha_{Y(H)}=3.55\times10^{-7}$

查表 6-1，$\lg K_{AlY}=16.10$

Al^{3+} 与游离的 F^- 逐步形成一系列的配合物：

$$Al^{3+}+F^- \rightleftharpoons AlF^{2+} \qquad K_1=\frac{[AlF^{2+}]}{[Al^{3+}][F^-]} \tag{1}$$

$$AlF^{2+}+F^- \rightleftharpoons AlF_2^+ \qquad K_2=\frac{[AlF_2^+]}{[AlF^{2+}][F^-]} \tag{2}$$

$$AlF_2^+ +F^- \rightleftharpoons AlF_3 \qquad K_3=\frac{[AlF_3]}{[AlF_2^+][F^-]} \tag{3}$$

$$AlF_3^+ +F^- \rightleftharpoons AlF_4^- \qquad K_4=\frac{[AlF_4^-]}{[AlF_3][F^-]} \tag{4}$$

$$AlF_4^- +F^- \rightleftharpoons AlF_5^{2-} \qquad K_5=\frac{[AlF_5^{2-}]}{[AlF_4^-][F^-]} \tag{5}$$

$$AlF_5^{2-} +F^- \rightleftharpoons AlF_6^{3-} \qquad K_6=\frac{[AlF_6^{3-}]}{[AlF_5^{2-}][F^-]} \tag{6}$$

在 F^- 溶液中，Al^{3+} 总是以 7 种形式存在，为了书写方便，省略各离子所带电荷。

$$[Al]_{总}=[Al]+[AlF]+[AlF_2]+[AlF_3]+[AlF_4]+[AlF_5]+[AlF_6] \tag{7}$$

$$\alpha_{AlF}=\frac{[Al]_{总}}{[Al]}$$

代入式(7)，然后代入式(1)～式(6)，得

$$\alpha_{AlF}=1+K_1[F^-]+K_1K_2[F^-]^2+\cdots+K_6K_5K_4K_3K_2K_1[F^-]^6$$

代入数据，得：$\alpha_{AlF}=11\times10^{-10}$

所以 $\lg K'_{AlY}=\lg K_{AlY}-\lg\alpha_{AlF}-\lg\alpha_{Y(H)}=16.10-9.96-6.45=0.31$

此时 $\lg K'_{AlY}$ 值很小，AlY 已被氟化物所破坏。在此条件下，不可能用 EDTA 来滴定 Al^{3+}。

6.3.3 溶液酸度的控制

从上述讨论可知：较大的 pH 值有利于配位滴定的进行，但考虑到待测金属离子的水解、辅助配位剂的配位作用等影响因素，pH 值又不能太大。因此，在配位滴定中，应有一个适宜的 pH 值范围。为了控制滴定反应所需的 pH 值，常选用适当的缓冲溶液，以保证滴定反应顺利进行。表 6-4 列出了常用的缓冲体系。

表 6-4 常用的缓冲体系及其 pH 值

pH 值	＜2	4～6	8～11	＞12
缓冲溶液	强酸	HAc-NaAc 或 $(CH_2)_6N_4$-HCl	$NH_3 \cdot H_2O$-NH_4Cl	强碱

6.4 金属指示剂

与其他滴定法一样，配位滴定法判断终点的方法有多种，但最常用的还是用指示剂的方法。配位滴定法常用金属离子指示剂来判断滴定终点。

6.4.1 金属指示剂的性质和作用原理

能指示金属离子浓度变化的一类试剂称为金属指示剂。金属指示剂是弱的有机酸或弱的有机碱，在不同 pH 值条件下可与金属离子形成有色配合物，其颜色与游离指示剂的颜色不同，因而它能指示滴定过程中金属离子浓度的变化情况。金属离子指示剂本身也是配位剂，而且多为含双键的物质，不太稳定，因此在配制和使用时要特别注意。

现以铬黑 T（Eriochrome black T，简称 EBT 或 BT）为例，说明金属指示剂指示滴定终点的原理。

铬黑 T 是一个三元酸，第一级离解极容易，第二级和第三级离解则较难（$pK_{a2}=6.3$，$pK_{a3}=11.6$），在溶液中存在下列平衡：

$$H_2In^- \underset{+H^+}{\overset{-H^+}{\rightleftharpoons}} HIn^{2-} \underset{+H^+}{\overset{-H^+}{\rightleftharpoons}} In^{3-}$$

红色	蓝色	橙色
pH<6	pH=8～11	pH>12

铬黑 T 是带有金属光泽的黑褐色粉状物质，在 pH=8～11 的水溶液中呈蓝色，它与多种的金属离子，如 Ca^{2+}、Mg^{2+}、Zn^{2+}、Cd^{2+}、Pb^{2+}、Hg^{2+} 等形成的配合物呈红色，示意如下：

$$M+EBT \rightleftharpoons M\text{-}EBT \text{（一般呈红色）}$$

例如：在 pH=10.0 条件下，以 EDTA（习惯以 Y 表示）滴定 Mg^{2+}。在 pH=10 时，铬黑 T 的游离颜色为蓝色，金属离子与铬黑 T 生成的配合物为红色，终点的颜色为游离铬黑 T 的颜色（蓝色），在滴定的 pH 值范围内，游离指示剂和指示剂与金属离子生成的配合物两者之间的颜色有显著的区别，容易观察。滴定过程反应如下：

Mg+EBT ══ Mg-EBT（红色）　　在未滴定前加入适量 EBT 并充分摇匀

Mg+Y ══ Mg-Y（无色）　　配位剂与被测组分镁的主反应

当游离态的镁被 Y 全部配合完后，即临近终点时的滴定反应为：

Y+Mg-EBT（红色）=Mg-Y（无色）+EBT（蓝色）　　pH=10

EDTA 将与指示剂配合的金属离子夺取并生成稳定的配合物（Mg-Y），使指示剂游离出来，在该介质条件下（pH=10）呈现指示剂本身的纯蓝颜色，指示滴定终点。在上述滴定过程中，可以明显看到被测定试液的颜色变化：从红色（Mg-EBT 显）→红紫→紫→紫蓝→蓝紫→（中间过渡色）纯蓝（指示剂自身在 pH=10 时的颜色），从蓝紫（即蓝色中带有微量的红色）至纯蓝，仅需半滴的 EDTA 标准溶液，如果操作者能把握这一过程，可以保证滴定不过量，得到满意的结果。

6.4.2 金属指示剂应具备的条件

从以上讨论可知，作为金属指示剂，必须具备下列条件：

① 在滴定的 pH 值范围内，游离指示剂与指示剂-金属离子（配合物）两者的颜色应有显著的差别，这样才能使终点颜色变化明显，易于观察判断。

② 指示剂与金属离子形成的有色配合物要有适当的稳定性。即 $K_{稳}$ MIn 必须足够大，

因为如果指示剂与金属离子所形成的配合物不太稳定，则在化学计量点前指示剂就开始游离出来，使终点提前出现而引入误差。但 $K_{稳MIn}$ 又必须小于 $K_{稳MY}$，否则，当游离的被测金属离子被配合完后，EDTA 无法将 M-In 中的被测定 M 夺出，令测定反应不完全，且无法观察到终点，这种现象称为指示剂的封闭，例如铬黑 T 能被 Fe^{3+}、Al^{3+}、Cu^{2+} 和 Ni^{2+} 等封闭，所以 $K_{稳MIn}$ 必须有足够大，但一定要小于 $K_{稳MY}$。

为了消除封闭现象，可以加入适当的配位剂来掩蔽可能封闭指示剂的离子（但量多时要分离除去）。有时使用的蒸馏水不合要求，其中含有微量重金属离子，也能引起指示剂封闭，所以配位滴定要求使用去离子水。

③ 指示剂与金属离子形成的配合物应易溶于水，如果生成胶体溶液或沉淀，在滴定时指示剂与 EDTA 的置换作用将因进行缓慢而使终点拖长，这种现象称为指示剂的僵化。例如用 PAN 作指示剂，在温度较低时，易发生僵化。

为了避免指示剂的僵化，可以加入有机溶剂或将溶液加热，以增大有关物质的溶解度。加热还可加快反应速率。在可能发生僵化，接近终点时更要缓慢滴定，剧烈振摇。

④ 金属指示剂多数是具有若干双键的有色有机化合物，易受日光、氧化剂、空气等作用而分解，有些在水溶液中不稳定，有些日久会变质。为了避免指示剂变质，有些指示剂可以用中性盐（如 NaCl 固体等）稀释后配成固体指示剂使用，有时可在指示剂溶液中加入可以防止指示剂变质的试剂，如在铬黑 T 溶液中加三乙醇胺等。一般指示剂都不宜久放，最好是用时新配。

6.4.3 常用的金属指示剂

（1）铬黑 T

铬黑 T，是一种偶氮染料，在碱性范围内使用。其结构式为：

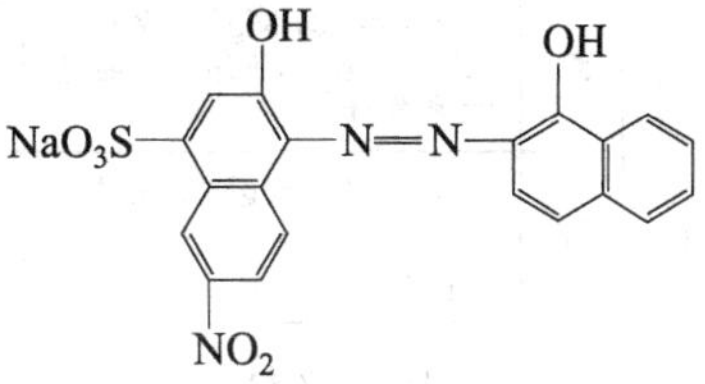

铬黑 T 溶于水后，其分子中的两个酚羟基能离解出 H^+，是二元弱酸，可简写为 H_2In^-，在溶液中存在着如 6.4.1 中所述的平衡，随溶液 pH 值不同而呈不同颜色。

铬黑 T 与许多金属离子形成稳定的紫红色配合物，使用铬黑 T 最适宜的 pH 值范围是 8～11，而在 $pH<6$ 或 $pH>12$ 的溶液中，由于游离指示剂本身的颜色接近 MIn 配合物的颜色而不宜使用。许多金属指示剂不仅是有机配位剂，同时是多元弱酸或弱碱。在不同 pH 值的溶液中，因离解形式不同而呈不同的颜色。为了使滴定终点时变色明显，金属指示剂必须在一定的酸度范围内使用。

铬黑 T 与 Al^{3+}、Fe^{3+}、Co^{2+}、Cu^{2+}、Ni^{2+} 等形成的配合物的稳定性超过了 EDTA 与这些离子形成的配合物的稳定性，以致过量的 EDTA 也不能夺去指示剂配合物中的金属离子，在化学计量点附近看不到指示剂变色，故而无法判断滴定终点，因此不能用铬黑 T 指示这些离子的滴定。

固态铬黑 T（黑褐色粉末，带有金属光泽）性质稳定，但其水溶液易发生聚合反应而失效，在酸性溶液中，聚合反应程度更剧烈，加入三乙醇胺可减慢其聚合速率。在碱性溶液中，铬黑 T 易发生氧化反应而失效，加入盐酸羟胺或抗坏血酸可防止其氧化。通常的配制方法是将固体铬黑 T 与干燥 NaCl 按质量比 1∶100 进行混合，研细磨匀后，装入棕色瓶中保存，有效期约为 1 年。若几日内使用，可配成溶液（即称取 0.5g EBT，加 20mL 三乙醇胺，再加水稀释至 100mL）。

(2) 二甲酚橙(XO)

二甲酚橙属于三苯甲烷类显色剂，其化学名称为3,3-双[*N*,*N*-二(羧甲基)-氨甲基]-邻甲酚磺酞。二甲酚橙为多元酸(六级解离常数)，一般使用的是它的四钠盐，为紫色结晶，易溶于水。二甲酚橙 pH>6.3 时呈红色，pH<6.0 时呈黄色，pH=6.0～6.3 时呈中间色(橙色)。它与金属离子形成紫红色的配合物，因此应该在 pH<6.0 的酸性溶液中使用。二甲酚橙与金属离子配位的结构式如下：

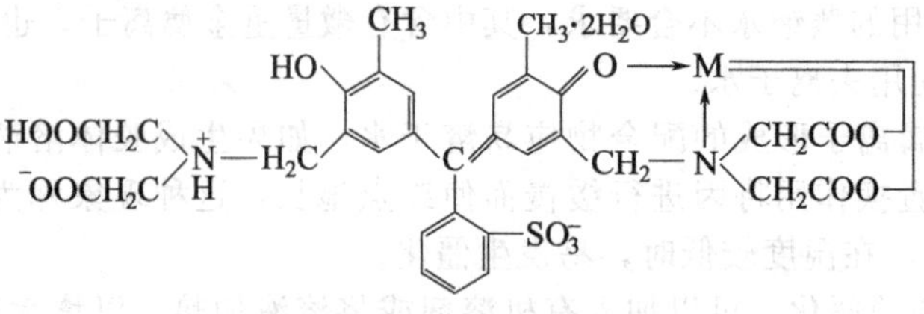

(XO与二价金属离子的配合物)

二甲酚橙可以作为直接滴定许多金属离子的指示剂。如：ZrO^{2+}(pH<1)、Bi^{3+}(pH=1)、Th^{4+}(pH=2.5～3.5)、Pb^{2+}、Zn^{2+}、Cd^{2+}、Hg^{2+}和La^{3+}(pH=5～6)等。终点时溶液由紫红色变为亮黄色，十分敏锐。Al^{3+}、Fe^{3+}、Ni^{2+}、Co^{2+}和Cu^{2+}等对二甲酚橙有封闭作用，也可以再加入过量的EDTA后，再用Zn^{2+}(Pb^{2+})标准溶液返滴定而测定它。

一些常用金属指示剂的主要信息见表6-5。

表6-5　常见的金属指示剂

指示剂	适用的pH范围	颜色变化		直接滴定的离子	配制	注意事项
		In	MIn			
铬黑T(Eriochrome black T)，简称BT或EBT	8～10	蓝	红	pH=10，Mg^{2+}，Zn^{2+}，Cd^{2+}，Pb^{2+}，Mn^{2+}，稀土元素离子	1∶100NaCl(固体)	Fe^{3+}，Al^{3+}，Cu^{2+}，Ni^{2+}等离子封闭EBT
酸性铬蓝K(acid chrome blue K)	8～13	蓝	红	pH=10，Mg^{2+}，Zn^{2+}，Mn^{2+} pH=13，Ca^{2+}	1∶100NaCl(固体)	
二甲酚橙(xylenol orange)，简称XO	<6	亮黄	红	pH<1，ZrO^{2+} pH=1～3.5，Bi^{3+}，Th^{4+} pH=5～6，Tl^{3+}，Zn^{2+}，Pb^{2+}，Cd^{2+}，Hg^{2+}，稀土元素离子	5g·L^{-1}水溶液	Fe^{3+}，Al^{3+}，Ti^{IV}，Ni^{2+}等离子封闭XO
磺基水杨酸(sulfo-salicylic acid)简称Ssal	1.5～2.5	无色	紫红	pH=1.5～2.5，Fe^{3+}	50g·L^{-1}水溶液	Ssal本身无色，FeY^{-}呈黄色
钙指示剂(calcon-carboxylic acid)，简称NN	12～13	蓝	红	pH=12～13，Ca^{2+}	1∶100NaCl(固体)	Fe^{3+}，Al^{3+}，Ti^{IV}，Ni^{2+}，Cu^{2+}，Co^{2+}，Mn^{2+}等离子封闭NN
PAN[1-(2-pyri-dylazo)-2-naphthol]	2～12	黄	紫红	pH=2～3，Th^{4+}，Bi^{3+} pH=4～5，Cu^{2+}，Ni^{2+}，Pb^{2+}，Cd^{2+}，Zn^{2+}，Mn^{2+}，Fe^{2+}	1g·L^{-1}乙醇溶液	MIn在水中溶解度很小，为防止PAN僵化，滴定时须加热

除表6-5中所列指示剂外，还有一类如Cu-PAN指示剂，它是CuY与少量PAN的混合溶液。此指示剂可应用于指示滴定许多金属离子，包括一些与PAN配位不够稳定或不显色的离子的测定。将此指示剂加到含有被测金属离子M的试液中时，发生如下置换反应：

$$\underset{\text{蓝}}{CuY}+\underset{\text{黄}}{PAN}+M \rightleftharpoons MY+\underset{\text{紫红}}{Cu\text{-}PAN}$$

溶液呈现紫红色。用EDTA滴定时，EDTA先与游离的金属离子M配位，当加入的EDTA定量配位M后，EDTA将夺取Cu-PAN中的Cu^{2+}，而使PAN游离出来：

$$Cu\text{-}PAN + Y \rightleftharpoons CuY + PAN$$

紫红　　　　　　蓝　　黄

溶液由紫红变为 CuY 及 PAN 混合而成的绿色，即到达终点。因滴定前加入的 CuY 与最后生成的 CuY 是相等的，故加入的 CuY 不影响测定结果。

Cu-PAN 指示剂可在很宽的 pH 范围（pH=2～12）内使用。该指示剂能被 Ni^{2+} 封闭。此外，使用此指示剂时不可同时加入能与 Cu^{2+} 生成更稳定配合物的其他掩蔽剂。

6.5　EDTA 标准溶液的配制和标定

EDTA 标准溶液一般采用间接法配制，即先配制成近似浓度的溶液，再用基准物对其进行标定。

6.5.1　EDTA 标准溶液的配制

常用 EDTA 标准溶液的浓度通常为 0.01～0.05mol·L^{-1}。若配制 0.02mol·L^{-1} EDTA 可称取 $Na_2H_2Y \cdot 2H_2O$ 7.5g 溶于 300mL 温热蒸馏水中，冷却后稀释至 1000mL，摇匀。EDTA 标准溶液宜贮存于聚乙烯塑料容器中，若贮存于玻璃瓶中则可能因溶解玻璃中的钙生成 CaY 而使浓度逐渐降低。一般在配制 0.02mol·L^{-1} 或更稀的标准溶液时，通常是临用前将浓度较高的标准溶液稀释到需要的浓度。

6.5.2　EDTA 标准溶液的标定

标定 EDTA 溶液的基准物质有纯金属锌、铜、纯氧化锌和纯碳酸钙等。

测定某物质时，如果用被测元素的纯金属或纯化合物作基准物标定 EDTA 溶液，控制标定条件与测定条件一致，则系统误差可基本消除。例如测定水中 Ca^{2+}、Mg^{2+} 总量时，要用 EDTA 标准溶液滴定，通常可选用纯 $CaCO_3$ 作基准物进行标定。准确称取纯 $CaCO_3$ 约 0.50g（准确至小数后四位），置于 100mL 烧杯中，加几滴水润湿，缓缓滴加 6mol·L^{-1} 盐酸至 $CaCO_3$ 完全溶解，再加约 20mL 水，盖好表面皿，小火煮沸 2min，冷却后定量转移到 250mL 容量瓶中，定容摇匀。移取此溶液 25.00mL 置于锥形瓶中，加 20mL 蒸馏水，再加 pH=10 的氨性缓冲溶液 10mL，加适量铬黑 T 指示剂，立即用 0.02mol·L^{-1} 的 EDTA 溶液滴定，至紫红色变为纯蓝色为止。平行标定 2～3 次。用下式计算 EDTA 溶液的准确浓度为：

$$c_{EDTA} = \frac{\dfrac{m_{CaCO_3}}{M_{CaCO_3}} \times \dfrac{25.00}{250}}{\dfrac{V_{EDTA}}{1000}}$$

6.6　配位滴定的滴定曲线

在酸碱滴定中，随着滴定剂的不断加入，溶液中的 H^+ 浓度也随之发生改变。在化学计量点附近，H^+ 浓度发生突变。配位滴定的情况与此相似。在配位滴定中，若被滴定的是金属离子，随着滴定剂的加入，溶液中的金属离子不断被配位，其浓度不断减小。在化学计量点附近发生量变到质变的突跃，溶液的 pM（$-\lg[M]$）发生突变，利用适当的方法可以指示滴定终点。不同的是：在酸碱滴定中，不断变化的是溶液中的 H^+ 浓度，而在配位滴定中，不断变化的是溶液中金属离子 M 的浓度。由此可见，可在已有的酸碱滴定曲线基础上，讨论配位滴定过程中金属离子浓度的变化规律，即滴定曲线及其影响 pM 突跃的因素。

6.6.1 配位滴定曲线

在配位滴定中，随着滴定剂 EDTA 的加入，金属离子的浓度不断减小，即 pM 不断增大。以 EDTA 的体积或加入质量分数为横坐标，pM 为纵坐标作图，即可得滴定曲线。现以 $0.01000\text{mol}\cdot\text{L}^{-1}$ EDTA 标准溶液，在 pH＝12 时滴定 20.0mL $0.01000\text{mol}\cdot\text{L}^{-1}\text{Ca}^{2+}$ 溶液为例进行讨论。

已知 $\lg K_{\text{CaY}}=10.7$，pH＝12 时，$\lg\alpha_{\text{Y(H)}}=0$，此时 EDTA 在溶液中主要以 Y^{4-} 形式存在，所以 $[Y^{4-}]=0.01000\text{mol}\cdot\text{L}^{-1}$

（1）滴定前溶液中 $[Ca^{2+}]$ 的浓度

$$[\text{Ca}^{2+}]=0.01000\text{mol}\cdot\text{L}^{-1}$$

$$\text{pCa}=-\lg[\text{Ca}^{2+}]=2.0$$

（2）滴定开始到化学计量点前

此时溶液中未被滴定的金属离子 Ca^{2+} 既有来自剩余的 Ca^{2+}，又有来自 CaY 的解离。由于 $\lg K_{\text{CaY}}$ 值较大且溶液中的 Ca^{2+} 对 CaY 的解离又起抑制作用，因此，可忽略 CaY 的解离，近似地用剩余 Ca^{2+} 的浓度代替 $[Ca^{2+}]$。

① 当加入 10.00mLEDTA（即加入 50%）时：

$$[\text{Ca}^{2+}]=0.01000\times\frac{20.00-10.00}{20.00+10.00}=3.3\times10^{-3}\ (\text{mol}\cdot\text{L}^{-1})$$

$$\text{pCa}=2.5$$

② 当加入 18.00mL EDTA（即加入 90%）时：

$$[\text{Ca}^{2+}]=0.01000\times\frac{20.00-18.00}{20.00+18.00}=5.3\times10^{-4}\ (\text{mol}\cdot\text{L}^{-1})$$

$$\text{pCa}=3.3$$

③ 当加入 19.98mL EDTA（即加入 99.9%）时：

$$[\text{Ca}^{2+}]=0.01000\times\frac{20.00-19.98}{20.00+19.98}=5.3\times10^{-6}\ (\text{mol}\cdot\text{L}^{-1})$$

$$\text{pCa}=5.3$$

（3）化学计量点时

当加入 20.00mL EDTA 溶液时，Ca^{2+} 与 EDTA 均无过剩，溶液中的 $[Ca^{2+}]$ 由 CaY 的解离计算。

化学计量点时：

$$[\text{CaY}]=c_{\text{CaY(计)}}=0.01000\times\frac{20.00}{20.00+20.00}=5.0\times10^{-3}\ (\text{mol}\cdot\text{L}^{-1})$$

此时：$[\text{Ca}^{2+}]=[\text{Y}^{7-}]$

$$K_{\text{CaY}}=\frac{[\text{CaY}]}{[\text{Ca}][\text{Y}]}=\frac{[\text{CaY}]}{[\text{Ca}^{2+}]^2}=10^{10.7}$$

所以：

$$[\text{Ca}^{2+}]=\sqrt{\frac{[\text{CaY}]}{K_{\text{CaY}}}}=\sqrt{\frac{5.0\times10^{-3}}{10^{10.7}}}=10^{-6.5}\ (\text{mol}\cdot\text{L}^{-1})$$

$$\text{pCa}=6.5$$

（4）化学计量点后

化学计量点后，溶液中含有过量的 EDTA，还含有滴定产物 CaY。当加入 20.02mL EDTA（即加入 100.1%）时，EDTA 溶液过量 0.02mL，其浓度为：

$$[Y^{4-}]=0.01000\times\frac{20.02-20.00}{20.02+20.00}=5\times10^{-6}\ (mol\cdot L^{-1})$$

溶液中的 Ca^{2+} 仍来自 CaY 的解离：

$$K_{CaY}=\frac{[CaY]}{[Ca^{2+}][Y^{4-}]}=\frac{[CaY]}{[Ca^{2+}]\times5.0\times10^{-6}}=10^{10.7}$$

在化学计量点附近，可认为 $[CaY]\approx c_{CaY(计)}$，代入上式，则：

$$\frac{5.0\times10^{-3}}{[Ca^{2+}]\times5.0\times10^{-6}}=10^{10.7}$$

将计算所得数据列入表 6-6 中，根据表 6-6 的数据绘制滴定曲线，如图 6-4 所示。

表 6-6　pH=12 时，用 $0.01000mol\cdot L^{-1}$ EDTA 滴定 20.00mL $0.01000mol\cdot L^{-1}$ Ca^{2+} 溶液过程中 pCa 的变化

加入 EDTA 的量		被配位的 Ca^{2+}/%	过量的 EDTA/%	pCa
V/mL	%			
0.00	0			2.00
18.00	30	90.0		3.30
19.80	99	99.0		4.30
19.98	99.9	99.9		5.30 滴定突跃
20.00	100	100.0	（化学计量点）	6.50 滴定突跃
20.02	100.1		0.1	7.70 滴定突跃
20.20	101		1	8.7
40.00	200		100	10.70

以 EDTA 的体积或加入质量分数为横坐标，pM 为纵坐标作图，可得如下滴定曲线：

由图 6-4 可见，在 pH=12 时，用 $0.01000mol\cdot L^{-1}$ EDTA 滴定 $0.01000mol\cdot L^{-1}$ Ca^{2+}，化学计量点的 pCa=6.5，滴定突跃的 pCa 为 5.3～7.7，滴定突跃较大。由于 CaY 中 Ca 和 Y 的摩尔比为 1∶1，所以化学计量点前后 0.1%时的 pCa 对称于化学计量点。需要特别注意的是，化学计量点时 pM 的计算是选择指示剂的重要依据。按式(6-8)，则：

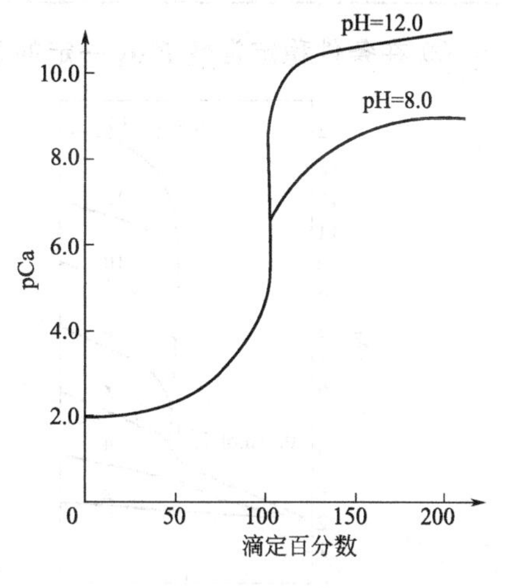

图 6-4　$0.01000mol\cdot L^{-1}$ EDTA 滴定 $0.01000mol\cdot L^{-1}$ Ca^{2+} 溶液的滴定曲线

$$K'_{MY}=\frac{[MY]}{[M][Y']}$$

在化学计量点时 $[M]=[Y']$，$[MY]\approx c_{M(计)}$，代入上式，则：

$$[M]_{计}=\sqrt{\frac{c_{M(计)}}{K'_{MY}}}$$

或　$pM_{计}=1/2(\lg K'_{MY}-\lg c_{M(计)})$

式中，$c_{M(计)}$ 为化学计量点时金属离子的分析浓度，若 EDTA 与被测金属离子浓度相等，则 $c_{M(计)}$ 就为金属离子起始浓度的一半。

【例 6-5】 用 $2\times10^{-2}mol\cdot L^{-1}$ EDTA 滴定相同浓度的 Zn^{2+}，若溶液 pH 值为 5，计算化学计量点时的 pZn。

解： pH=5 时，查表 6-2 得 $\lg\alpha_{Y(H)}=6.45$

$$c_{Zn(计)}=\frac{c_{Zn^{2+}}}{2}=\frac{2\times10^{-2}}{2}\ (mol\cdot L^{-1})=1\times10^{-2}\ (mol\cdot L^{-1})$$

$$\lg K'_{ZnY}=\lg K_{ZnY}-\lg\alpha_{Y(H)}=16.5-6.45=10.05$$

$$1\times10^{-2}/[Zn^{2+}][Y]=10^{10.05}$$

计算结果表明，化学计量点时未与 EDTA 配位的金属离子 $[Zn^{2+}]$ 约为 $10^{-6.02}$ mol·L^{-1}，说明反应是较为彻底的。

6.6.2 影响滴定突跃的因素及准确滴定判断式

6.6.2.1 影响滴定突跃的因素

与酸碱滴定相类似，被滴定的金属离子浓度 c_M 及滴定产物 MY 的稳定性都会影响滴定反应的完全程度，因而也会影响滴定突跃的大小。

① MY 的稳定性以条件稳定常数 K'_{MY} 来衡量。在金属离子浓度 c_M 一定的条件下，K'_{MY} 值越大，MY 越稳定，滴定突跃也越大（见图 6-5）。

表 6-7 是 $\lg K'_{MY}$ 分别为 14、12……时，用0.01000mol·L^{-1} EDTA 滴定0.01000mol·L^{-1} 金属离子过程中溶液 pM 的变化情况，图 6-5 是相应滴定曲线。溶液的酸度影响 K'_{MY} 值的大小，当溶液的酸度降低，pH 值增大时，K'_{MY} 增大，滴定突跃也增大（见图 6-6）。

表 6-7 $\lg K'_{MY}$ 不同时滴定过程中溶液 pM 的变化

pM / $\lg K'_{MY}$ / EDTA 加入百分率	4	6	8	10	12	14
99.9	3.180	14.138	5.0	5.3	5.3	5.3
100.0	3.18	14.154	15.15	6.15	7.15	8.15
100.1	3.183	14.169	5.3	7.0	9.01	1.0
滴定突跃	0.003	0.031	0.3	1.7	3.7	5.7

② 在条件稳定常数 K'_{MY} 一定的条件下，金属离子浓度越大，滴定突跃也越大。

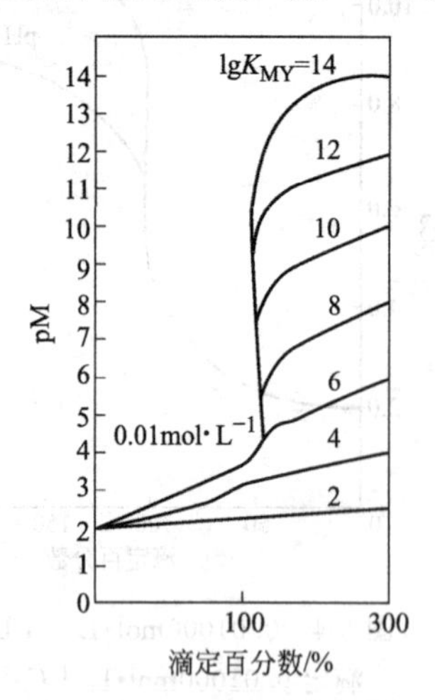

图 6-5 用 0.01000mol·L^{-1} EDTA 滴定金属离子不同 $\lg K_{MY}$ 时的滴定曲线

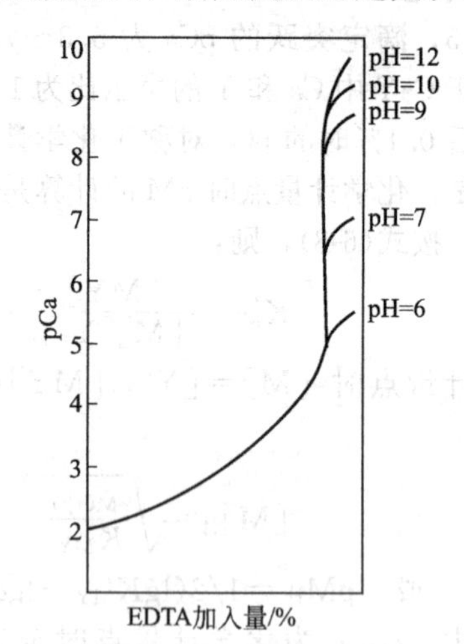

图 6-6 用 0.01000mol·L^{-1} EDTA 滴定 0.01000mol·L^{-1} Ca^{2+} 的滴定曲线

综上所述，滴定突跃的大小取决于 $c_M K'_{MY}$ 或 $\lg K'_{MY}$ 的值。$\lg K'_{MY}$ 越大，滴定反应进行得越完全，滴定突跃也越大，否则相反。

6.6.2.2 准确滴定的判断式

滴定突跃的大小是决定配位滴定准确度的重要依据。在配位滴定中，采用指示剂目测终点时，终点和化学计量点的pM之间可能有±0.2个单位的差异，因此，只有当滴定突跃大于0.4个pM单位才能准确滴定，终点误差低于±0.1%。根据终点误差公式可知，$c_{M(计)}K'_{MY}$必须超过10^6，所以，当$\lg c_M K'_{MY} \geqslant 6$时，金属离子就能够被准确滴定。

【例6-6】 在pH=5的缓冲溶液中，用0.02mol·L^{-1} EDTA溶液能否准确滴定0.02mol·L^{-1} Pb^{2+}？

解： 查表6-1和表6-2得，$\lg K'_{PbY}=18.0$，pH=5时$\lg \alpha_{Y(H)}=6.45$

则 $\lg K'_{PbY}=\lg K_{PbY}-\lg \alpha_{Y(H)}=18.0-6.45=11.55$

设体积增大1倍（化学计量点时），$[Pb^{2+}]=0.02/2=0.01$ (mol·L^{-1})

$$\lg c_{Pb(计)}+\lg K'_{PbY}=-2+11.55=9.55>6$$

因此，在pH=5的溶液中EDTA能够准确滴定Pb^{2+}。

6.7 混合离子的分别滴定

由于EDTA能和许多金属离子形成稳定的配合物，实际的分析对象又常常比较复杂，在被测试液中可能存在多种金属离子，在滴定时很可能相互干扰，因此，如何提高配位滴定选择性的问题是分析工作者十分关注的课题。目前，常采用控制酸度、利用掩蔽或解蔽的方法和采用其他氨羧滴定剂等措施，在提高配合滴定选择性的同时扩大了配位滴定法的应用范围。

6.7.1 配位滴定中酸度的控制

如前所述，对于单一金属离子的滴定，只要满足：$\lg c_M K'_{MY} \geqslant 6$，就可以准确滴定，相对误差≤±0.1%。但当溶液中有两种或两种以上共存的金属离子时，情况比较复杂。例如：溶液中存在浓度相同的M和N的两种能与EDTA生成配合物的金属离子，而且$K'_{MY}>K'_{NY}$，此时，M首先被滴定。如果K'_{MY}与K'_{NY}相差足够大时，EDTA与M作用完全后才与N反应，则虽有N的存在也可以准确滴定M（或者是可以分别测定M和N两种组分）。根据（［芬兰］A. 林邦著. 分析化学中的络合作用. 戴明译. 北京：高等教育出版社，1987）中关于用指示剂检测终点时的近似误差公式可推导出：

$$\frac{c_M K'_{MY}}{c_N K'_{NY}} \geqslant 10^5$$

当$c_M=c_N$，则$\Delta \lg K \geqslant 5$

故一般常以$\Delta \lg K=5$作为判断能否利用控制酸度进行分别滴定的条件。

【例6-7】 根据所学知识，试判断能否用控制酸度的方法来分别测定试液中共存的Fe^{3+}、Al^{3+}。

解： 根据上面讨论的内容和共存离子可以分别测定的判别式，解答如下。

① 查EDTA与金属离子生成配合物的稳定常数表可得：$\lg K_{FeY}=25.1$，$\lg K_{AlY}=16.1$，$K_{FeY}>K_{AlY}$。

② 若滴定Fe^{3+}时最可能干扰的是Al^{3+}，当它们的浓度都为10^{-2}mol·L^{-1}时，据判别式可得：$\Delta \lg K_{MY}=25.1-19.1=9.0>5$，故$Al^{3+}$的存在不干扰$Fe^{3+}$的测定。

③ 查EDTA的酸效应（Ringbom）曲线，可得滴定Fe^{3+}允许的最高酸度为pH=1，即要求在pH≥1的介质中进行测定；滴定Al^{3+}允许的最高酸度为pH=4，即要求在pH≥4的介质中滴定。

④ 在实际工作中考虑到Fe^{3+}在pH较高时可能发生水解，故测定Fe^{3+}适宜范围为pH=1～2.2。故此时Al^{3+}存在也不干扰测定。

通过上面4个步骤的分析，结论是：可以采用控制酸度的方法来分别测定试液中共存的Fe^{3+}、Al^{3+}两种组分。水泥厂对水泥熟料中铁、铝含量的实际测定，常采用铁、铝的连续测定法。

如前所述，当滴定单独一种金属离子时，只要满足$\lg c_M K'_{MY} \geqslant 6$的条件，就可以准确地进行滴定，相对误差$\leqslant \pm 0.1\%$。但当溶液中有两种或两种以上的金属离子共存时。情况就比较复杂。若溶液中含有金属离子M和N，它们均可与EDTA形成配合物，此时欲测定M的含量，共存的N是否对M的测定产生干扰，则需考虑干扰离子N的副反应，此副反应系数为$\alpha_{Y(N)}$。当$K_{MY} > K_{NY}$，且$\alpha_{Y(N)} \gg \alpha_{Y(M)}$情况下，可推导出下式：

$$\lg c_M K_{MY} \approx \lg K_{MY} - \lg K_{NY} + \lg \frac{c_M}{c_N}$$

$$\approx \Delta \lg K + \lg \frac{c_M}{c_N} \tag{6-17}$$

即两种金属离子配合物的稳定常数差值$\Delta \lg K$越大，被测离子浓度c_M越大，干扰离子浓度c_N越小，则在N存在下准确滴定M的可能性就越大。至于$\Delta \lg K$应满足怎样的数值，才能进行分别滴定，需根据所要求的测定准确度、浓度比c_M/c_N及在终点和化学计量点之间pM的差值ΔpM等因素来决定。对于有干扰离子存在时的配位滴定，一般允许有$\leqslant \pm 0.5\%$的相对误差，当用指示剂检测终点$\Delta pM \approx 0.3$，由误差图❶查得需$\lg c_M K'_{MY} = 5$。当$c_M = c_N$时，则

$$\Delta \lg K = 5 \tag{6-18}$$

故一般常以$\Delta \lg K = 5$作为判断能否利用控制酸度进行分别滴定的条件。

【例6-8】 当溶液中Bi^{3+}，Pb^{2+}浓度皆为$0.01 mol \cdot L^{-1}$时，用EDTA滴定Bi^{3+}有无可能？

解： 查表6-1知，$\lg K_{BiY} = 27.94$，$\lg K_{PbY} = 18.04$，则$\Delta \lg K = 27.94 - 18.04 = 9.9$，符合式（6-18）的要求。故可以选择EDTA滴定Bi^{3+}而不受Pb^{2+}干扰。由酸效应曲线可查得滴定Bi^{3+}的最低pH约为0.7，但滴定时pH也不能太大，在$pH \approx 2.0$时，Bi^{3+}将开始水解析出沉淀。因此滴定Bi^{3+}的适宜pH范围为0.7～2。通常选取pH=1时进行滴定，以保证滴定时不会析出铋的水解产物，Pb^{2+}也不会干扰Bi^{3+}与EDTA的反应。

当溶液中有两种以上金属离子共存时，能否分别滴定应首先判断各组分在测定时有无相互干扰。若$\Delta \lg K$足够大，且相互无干扰，这时可通过控制酸度依次测出各组分的含量。具体步骤如下：

① 比较混合物中各组分离子与EDTA形成配合物的稳定常数大小，K_{MY}最大的离子被先滴定出来；

② 用式(6-18)判断K_{MY}最大的金属离子和与其相邻的另一金属离子之间有无干扰；

③ 若无干扰，则可通过计算确定K_{MY}最大的金属离子测定的pH范围选择指示剂，按照与单组分测定相同的方式进行测定，其他离子的测定依此类推；

④ 若有干扰，则不能直接测定，需采取掩蔽、解蔽或分离的方式去除干扰后再测定。

【例6-9】 溶液中含有Fe^{3+}、Al^{3+}、Ca^{2+}和Mg^{2+}，假定它们的浓度皆为$10^{-2} mol \cdot L^{-1}$，能否借控制溶液酸度分别滴定Fe^{3+}和Al^{3+}。（已知$\lg K_{FeY} = 25.1$，$\lg K_{AlY} = 16.3$，$\lg K_{CaY} = 10.69$，$\lg K_{MgY} = 8.69$）

解： 比较已知的K_{MY}数值可知，K_{FeY}最大，K_{AlY}次之，所以滴定Fe^{3+}时，最可能发生干扰的是Al^{3+}。

---

❶ 引自文献［芬兰］A. 林邦著. 分析化学中的络合作用. 戴明译. 北京：高等教育出版社，1987：81。

$$\Delta \lg K = \lg K_{FeY} - \lg K_{AlY} = 25.1 - 16.3 = 8.8 > 5$$

根据式(6-18) 可知滴定 Fe^{3+} 时，共存的 Al^{3+} 没有干扰。

从图 6-3 查得知：Fe^{3+} 的 pH_{min} 约为 1，考虑到 Fe^{3+} 的水解效应，需 pH<2.2，因此测 Fe^{3+} 的 pH 值范围应为 1～2.2。据此可选择磺基水杨酸作指示剂，在 pH=1.5～2.0 范围内，它与 Fe^{3+} 形成的配合物呈现红色。若控制在这 pH 范围，用 EDTA 直接滴定 Fe^{3+}，终点由红色变为亮黄色。Al^{3+}、Ca^{2+} 及 Mg^{2+} 不干扰。滴定 Fe^{3+} 后的溶液，继续滴定 Al^{3+}，此时，应考虑 Ca^{2+}、Mg^{2+} 是否会干扰 Al^{3+} 的测定，由于

$$\Delta \lg K = \lg K_{AlY} - \lg K_{CaY} = 16.3 - 10.69 = 5.61 > 5$$

故 Ca^{2+}、Mg^{2+} 不会造成干扰。

测定 Al^{3+} 时，先调节 pH 值为 3.4，加入过量的EDTA，煮沸，使大部分 Al^{3+} 与 EDTA 配位，再加六亚甲基四胺缓冲溶液，控制 pH 值约为 4～6，使 Al^{3+} 与 EDTA 配位完全，然后用 PAN 作指示剂，用 Cu^{2+} 标准溶液回滴过量的 EDTA，即可测出 Al^{3+} 的含量。

控制溶液的 pH 范围是在混合离子溶液中进行选择性滴定的途径之一，滴定的 pH 值是综合了滴定适宜的 pH 值、指示剂的变色，同时考虑共存离子的存在等情况后确定的，而且实际滴定时选取的 pH 值范围一般比上述求得的适宜 pH 值范围更狭窄一些。

6.7.2 掩蔽和解蔽

虽然以控制被测溶液酸度的方法对混合离子进行分别测定既简便，又能达到分析测试的要求，但若待测离子配合物与干扰离子配合物的稳定常数差别不够大，即小于 10^5 或小于干扰离子配合物的稳定常数，就不能利用控制酸度的办法消除干扰，这时可利用掩蔽或解蔽的反应，以消除干扰，这就是掩蔽法。应用掩蔽法要求干扰离子的存在量不能太大，否则将得不到满意的结果。

常用的掩蔽法按其反应类型不同，可分为配位掩蔽法、沉淀掩蔽法和氧化还原掩蔽法等。其中应用最多的是配位掩蔽法。

(1) 配位掩蔽法

利用配位反应降低干扰离子浓度的方法，称为配位掩蔽法。掩蔽法的实质是降低干扰金属离子配合物的条件稳定常数，使待测金属离子配合物与干扰金属离子配合物的条件稳定常数差值增大，从而能准确滴定待测金属离子。为了达到良好的掩蔽效果，必须选择合适的掩蔽剂，还应注意控制溶液的酸度。

【例 6-10】 分析铜锌镁合金中镁的含量。

解： 可将试液的 pH 值调节至约为 10，加入 KCN 以掩蔽 Cu^{2+} 和 Zn^{2+}。由于氰与铜、锌生成的配合物稳定常数大于与 EDTA 生成的配合物稳定常数，所以，可以将 Cu^{2+} 和 Zn^{2+} 掩蔽后，用 EDTA 标准溶液滴定 Mg^{2+}。

表 6-8 列出了一些常用的掩蔽剂和被掩蔽的金属离子。

表 6-8 一些常用的掩蔽剂和被掩蔽的金属离子

掩蔽剂	被掩蔽的金属离子	使用条件
三乙醇胺	Al^{3+}，Fe^{3+}，Sn^{4+}，TiO^{2+}，Mn^{2+}	酸性溶液中加入三乙醇胺，然后调至碱性
氟化物	Al^{3+}，Sn^{4+}，TiO^{2+}，Zr^{4+}	溶液 pH>4
氰化物	Cd^{2+}，Hg^{2+}，Cu^{2+}，Co^{2+}，Ni^{2+}，Fe^{2+}	溶液 pH>8
硫化物	Hg^{2+}，Cu^{2+}	弱酸性溶液
2,3-二巯基丙醇	Cd^{2+}，Mg^{2+}，Bi^{3+}，Sb^{2+}	溶液 pH≈10
乙酰丙酮	Al^{3+}，Fe^{3+}，Be^{3+}，Pb^{2+}，UO_2^{2+}	溶液 pH=5～6
邻二氮菲	Cu^{2+}，Ni^{2+}，Co^{2+}	溶液 pH=5～6
柠檬酸	Bi^{3+}，Cr^{3+}，Fe^{3+}，Sn^{4+}，Th^{4+}，Ti^{+}，Zr^{4+}，UO_2^{2+}	中性溶液
磺基水杨酸	Al^{3+}，Th^{4+}，Zr^{4+}	酸性溶液

(2) 沉淀掩蔽法

加入沉淀剂使干扰离子的浓度降低，不必分离沉淀直接进行滴定的方法，称为沉淀掩蔽法。例如，在强碱溶液中用EDTA滴定Ca^{2+}及Mg^{2+}混合溶液中的Ca^{2+}时，强碱与Mg^{2+}形成$Mg(OH)_2$沉淀而不干扰Ca^{2+}的滴定，此时OH^-就是Mg^{2+}的沉淀掩蔽剂。

由于沉淀掩蔽法中存在如下现象：如某些沉淀反应进行不完全，掩蔽效率不高；发生沉淀反应时，通常伴随共沉淀现象，影响滴定的准确度；由于沉淀的吸附作用可能吸附金属离子指示剂，影响终点观察；当沉淀颜色很深，或体积庞大，也会妨碍终点观察等，所以沉淀掩蔽法应用不广。

在配位滴定中，采取沉淀掩蔽法的实例见表6-9。

表6-9　沉淀掩蔽法实例

掩蔽剂	被掩蔽离子	被滴定离子	pH值	指示剂
硫酸盐	Ba^{2+}，Sr^{2+}	Ca^{2+}，Mg^{2+}	10	铬黑T
NH_4F	Ba^{2+}，Sr^{2+}，Ca^{2+}，Mg^{2+}，Ti^{4+}，Al^{3+}	Zn^{2+}，Cd^{2+}，Mn^{2+}	10	铬黑T
H_2SO_4	Pb^{2+}	Bi^{3+}	1	二甲酚橙
硫化物或铜试剂	Cu^{2+}，Pb^{2+}，Bi^{3+}，Hg^{2+}，Cd^{2+}	Ca^{2+}，Mg^{2+}	10	铬黑T
KI	Cu^{2+}	Zn^{2+}	5～6	PAN
NaOH	Mg^{2+}	Ca^{2+}	12	钙指示剂

(3) 氧化还原掩蔽法

利用氧化还原反应改变干扰离子的价态，达到消除干扰的目的，称为氧化还原掩蔽法。

【例6-11】 在Bi^{3+}、Fe^{3+}共存的试液中，用EDTA来滴定Bi^{3+}，Fe^{3+}的存在对滴定有干扰，怎么处理？

解： 已知$\lg K_{BiY}=27.94$，$\lg K_{Fe(III)Y}=25.1$，$\lg K_{BiY}-\lg K_{Fe(III)Y}=27.94-25.1=2.84<5$，根据上面的讨论得知$Fe^{3+}$的存在对$Bi^{3+}$的测定有干扰。

已知$\lg K_{Fe(II)Y}=14.33$，所以可以在试液中加入盐酸羟胺（$NH_2OH \cdot HCl$）或抗坏血酸等还原剂，将Fe^{3+}还原为Fe^{2+}。此时，$\lg K_{BiY}-\lg K_{Fe(II)Y}=27.94-14.33=13.61\gg 5$，就可以消除$Fe^{3+}$对$Bi^{2+}$滴定的干扰，以达到选择性滴定$Bi^{3+}$的目的。

有的氧化还原掩蔽剂既有还原性，又能与干扰离子生成配合物。如$Na_2S_2O_3$。可将Cu^{2+}还原成Cu^+并与其配位：

$$2Cu^{2+}+2S_2O_3^{2-} = 2Cu^+ + S_4O_6^{2-},\ Cu^+ + 2S_2O_3^{2-} = Cu(S_2O_3)_2^{3-}$$

有些离子的高价态对EDTA滴定不发生干扰，如Cr^{3+}对配位滴定有干扰，但CrO_4^{2-}、$Cr_2O_7^{2-}$对滴定无干扰，所以将Cr^{3+}氧化为$Cr_2O_7^{2-}$后，即可消除其干扰。

常用的还原剂有抗坏血酸、盐酸羟胺、联氨、硫脲、$Na_2S_2O_3$等。

将一些离子掩蔽，对某种离子进行滴定以后，使用一种试剂以破坏这些被掩蔽的离子与掩蔽剂所生成的配合物，使该离子从配合物中释放出来，这种作用称为解蔽，所用试剂称为解蔽剂。利用某些选择性的解蔽剂，也可以提高配位滴定的选择性。

例如，当Zn^{2+}、Pb^{2+}二种离子共存，测定Zn^{2+}和Pb^{2+}时，用氨水中和试液，加KCN以掩蔽Zn^{2+}，可在pH=10时，用铬黑T作指示剂，用EDTA滴定Pb^{2+}。滴定后的溶液加入甲醛或三氯乙醛作解蔽剂，以破坏$[Zn(CN)_4]^{2-}$配离子：

$$[Zn(CN)_4]^{2-} + 4HCHO + 4H_2O \longrightarrow Zn^{2+} + 4H_2\underset{}{\overset{OH}{\overset{|}{C}}}—CN + 4OH^-$$

释放出的 Zn^{2+}，再用 EDTA 继续滴定。

当用控制溶液酸度进行分别滴定或用掩蔽干扰离子的方法都有困难的时候，可采用分离的方法。分离的方法很多，参见本教材第 4 篇第 15 章的内容。

6.7.3 其他配位剂

氨羧类配位剂种类丰富，除 EDTA 外，其他氨羧类配位剂与金属离子形成配合物的稳定性也各有特点，可以选择不同配位剂进行滴定，以提高配位滴定的选择性。

【例 6-12】 在 Ca^{2+}、Mg^{2+} 共存时，能否用 EGTA 直接滴定 Ca^{2+}。

解： EDTA 与 Ca^{2+}、Mg^{2+} 形成的配合物的稳定性相差不大（$\lg K_{MgY}=8.7$，$\lg K_{CaY}=10.7$）；而 EGTA（乙二醇二乙醚二胺四乙酸）与 Ca^{2+}、Mg^{2+} 形成的配合物的稳定性相差较大（$\lg K_{Mg\text{-}EGTA}=5.2$，$\lg K_{Ca\text{-}EGTA}=11.0$，$\Delta\lg K_{MY}=5.8>5$），故可以在 Ca^{2+}、Mg^{2+} 共存时，用 EGTA 直接滴定 Ca^{2+}。

【例 6-13】 当铜、镁、锌、锰与镉这五种离子同时存在时，能否用 EDTP 直接测定铜。

解： EDTP（乙二胺四丙酸）与金属离子生成的配合物的稳定性一般都比相应的 EDTA 的配合物差。但 Cu-EDTP 例外，参见表 6-10 的数据。

表 6-10 五种离子与 EDTD 和 EDTA 配位的稳定常数

项　目	Cu^{2+}	Zn^{2+}	Cd^{2+}	Mn^{2+}	Mg^{2+}
$\lg K_{M\text{-}EDTP}$	15.4	7.8	6.0	4.7	1.8
$\lg K_{M\text{-}EDTA}$	18.8	16.5	16.5	14.0	8.7

从表 6-10 可以看出，铜与 EDTP 的稳定常数与其余四种金属离子与 EDTP 的稳定常数的差值都大于 5，所以可以在这五种离子同时存在时，用 EDTP 直接测定铜。

CyDTA（1,2-环己二胺四乙酸）滴定 Al^{3+} 的速率较快，且可在室温下进行滴定，故可作测定 Al^{3+} 的滴定剂等。

6.8 配位滴定的方式和应用

配位滴定常用的方式有直接滴定法、间接滴定法、返滴定法和置换滴定法等。

6.8.1 直接滴定法

直接滴定法是配位滴定法中的基本方法。这种方法是将试样处理成溶液后，调节至所需要的酸度，加入必要的其他试剂和指示剂，直接用 EDTA 滴定，这种滴定方式称作直接滴定法。

采用直接滴定法时，必须符合下列条件。

① 被测离子的浓度 c_M 及其 EDTA 配合物的条件稳定常数 K'_{MY} 应满足 $\lg(c_M K'_{MY})\geqslant 6$ 的要求。

② 配位反应速率要快。

③ 应有变色敏锐的指示剂，且没有封闭现象。

④ 在选用的滴定条件下，被测离子不发生水解和沉淀反应。

表 6-11 列出了 EDTA 直接滴定法示例。

表 6-11　EDTA 直接滴定法示例

金属离子	pH 值	指示剂	其他主要条件
Bi^{3+}	1	PAN	HNO_3 介质
Fe^{3+}	2	磺基水杨酸	加热至 50～60℃
Th^{4+}	2.5～3.5	二甲酚橙	
Cu^{2+}	2.5～10 8	PAN 紫脲酸铵	加酒精或加热
Zn^{2+}、Cd^{2+}、Pb^{2+} 稀土	约 5.5 9～10	PAN 铬黑 T	氨性缓冲溶液 滴定 Pb^{2+} 时还应加酒石酸为辅助配位剂
Ni^{2+}	9～10	紫脲酸铵	氨性缓冲溶液，加热至 50～60℃
Mg^{2+}	10	铬黑 T	
Ca^{2+}	12～13	钙指示剂	

6.8.2　间接滴定法及其应用

在待测离子试液中，加入一定过量的某种金属离子于标准溶液中，使加入的金属离子与待测组分发生反应，剩余的金属离子用 EDTA 标准溶液回滴，根据加入的金属离子的物质的量和滴定剩余的金属离子用去的 EDTA 的物质的量，求出待测离子的含量。这种滴定方式称作间接滴定法。

有些金属离子和非金属离子不与 EDTA 反应，或生成的配合物不稳定，这时可以采用间接滴定法。如 SO_4^{2-}、PO_4^{3-}、Na^+，可加入一定过量的沉淀剂，将被测离子生成难溶沉淀，剩余的沉淀剂用 EDTA 滴定。

如 PO_4^{3-}，可用间接滴定法测定。在 PO_4^{3-} 试液中加入一定过量的 Bi^{3+} 标准溶液，Bi^{3+} 与 PO_4^{3-} 形成 $BiPO_4$ 沉淀：

$$PO_4^{3-}+Bi^{3+} \longrightarrow BiPO_4\downarrow$$

过滤除去 $BiPO_4$ 沉淀，剩余的 Bi^{3+} 用 EDTA 标准溶液滴定；

$$Bi^{3+}(\text{剩余})+Y^{4-} \longrightarrow BiY^-$$

根据加入的 Bi^{3+} 的物质的量 $n_{Bi^{3+}}$ 和滴定剩余的 Bi^{3+} 用去的 EDTA 的物质的量 n_Y 可求出试液中 PO_4^{3-} 的物质的量 $n_{PO_4^{3-}}$：

$$n_{PO_4^{3-}}=n_{Bi^{3+}}-n_Y$$

又如：欲用 EDTA 法测定 Na^+，而 $\lg K_{NaY}=1.66$，太小，无法用于定量滴定，可以采用下面的方法处理，主要反应如下。

① 沉淀

$$Na^+ +Zn(Ac)_2+3UO_2(Ac)_2+Ac^- +9H_2O \longrightarrow NaAc\cdot Zn(Ac)_2\cdot 3UO_2(Ac)_2\cdot 9H_2O\downarrow$$

② 溶解

$$NaAc\cdot Zn(Ac)_2\cdot 3UO_2(Ac)_2\cdot 9H_2O+9H^+ \longrightarrow Zn^{2+}+9HAc+Na^+ +3UO_2^{2+}+9H_2O$$

③ 滴定

$Zn^{2+}+Y^{4-} \longrightarrow ZnY^{2-}$（用 EDTA 标准溶液滴定与 Na 相当的量的 Zn，再根据量的关系求出钠的含量）

6.8.3　返滴定法及其应用

在待测离子试液中，加入一定过量的 EDTA 标准溶液，加入的 EDTA 与待测离子形成稳定的配合物，剩余的 EDTA 用另一种金属离子标准溶液返滴定、根据加入 EDTA 的物质的量和返滴定剩余的 EDTA 用去的金属离子的物质的量，求出待测离子的含量。这种滴定方式称作返滴定法。

【例 6-14】 能否用直接滴定法进行 Al^{3+} 的滴定？

解： 由于存在下列问题，故不宜采用直接滴定法。

① Al^{3+} 对二甲酚橙等指示剂有封闭作用。

② Al^{3+} 与 EDTA 配位缓慢，需要加过量 EDTA 并加热煮沸，配位反应才比较完全。

③ 在酸度不高时，Al^{3+} 水解生成一系列多核羟基配合物，如$[Al_2(H_2O)_6(OH)_3]^{3+}$，$[Al_3(H_2O)_6(OH)_6]^{3+}$ 等，即使将酸度提高至 EDTA 滴定 Al^{3+} 时的最高酸度（$pH \approx 4$），仍不能避免多核配合物的形成。铝的多核配合物与 EDTA 反应缓慢，配合比不恒定，故对滴定不利。为避免发生上述问题，可采用返滴定。具体的操作步骤如下。

① 先加入一定量过量的 EDTA 标准溶液，在 $pH \approx 3.5$ 时，煮沸溶液（由于此时酸度较大，$pH < 4$，不易形成多核羟基配合物；又因 EDTA 过量，故能使 Al^{3+} 与 EDTA 配合完全）。

② 配位完全后，调节溶液 pH 值至 5～6（此时 AlY 稳定，也不会重新水解析出多核配合物），加入二甲酚橙，即可顺利地用 Zn^{2+} 标准溶液进行返滴定。

EDTA 法测定铝的主要反应如下：

$$Al^{3+} + Y^{4-}(过量) = AlY^{-} \quad (Al^{3+}配位完全，无色)$$

$$Y^{4-}(余量) + Zn^{2+} = ZnY^{2-} \quad (无色)$$

$$Zn^{2+} + PAN(黄色) = Zn\text{-}PAN \quad (紫红色，指示到达终点)$$

从上面的反应可以看到，滴定开始前试液呈现指示剂的黄色，而滴定至终点时，溶液中存在 PAN（黄色），化学计量点后多加一点的标准液（Zn^{2+}），反应生成 Zn-PAN（紫红色），最终溶液呈紫红色为终点。

上述返滴定法与间接滴定法在形式上有相同之处，均是先用一种过量的标准溶液与待测离子反应，再用另一种标准溶液滴定剩余的前一种标准溶液，两者的差别仅在于返滴定法的待测离子（如 Al^{3+}）可以直接与 EDTA 反应；而间接滴定法的待测离子（如 PO_4^{3-}）不能直接与 EDTA 反应，需用另一种能与 EDTA 反应的离子与其反应。

从广义上而言，返滴定法与置换滴定法均属于间接滴定法。若需进一步将间接滴定法分为返滴定法、置换滴定法和上述所谓的间接滴定法，则区别返滴定法与上述间接滴定法的依据是待测离子能否直接与 EDTA 反应。

返滴定法对返滴定剂的要求有如下几点。

① 作为返滴定剂的金属离子与配位剂生成的配合物（以 $M_{返}Y$ 表示）要有一定大的稳定常数，以保证测定的准确性。

② 但必须 $K_{M(返)Y} < K_{M(测)Y}$，避免发生以下反应：

$M_{(返)} + M_{(测)}Y = M_{(测)} + M_{(返)}Y$ [即有少量的 $M_{(测)}$ 游离出来，使测定的结果偏低]。常用作返滴定剂的金属离子及其条件见表 6-12。

表 6-12 常用作返滴定剂的金属离子

pH 值	返滴定剂	指示剂	测定金属离子
1～2	Bi^{3+}	二甲酚橙	ZrO^{2+}、Sn^{4+}
5～6	Zn^{2+}、Pb^{2+}	二甲酚橙	Al^{3+}、Cu^{2+}、Co^{2+}、Ni^{2+}
5～6	Cu^{2+}	PAN	Al^{3+}
10	Mg^{2+}、Zn^{2+}	铬黑 T	Ni^{2+}、稀土
12～13	Ca^{2+}	钙指示剂	Co^{2+}、Ni^{2+}（H_2O_2 存在下）

6.8.4 置换滴定法

利用置换反应，置换出某种金属离子（或 EDTA），用 EDTA（或另一金属离子）标准溶液滴定置换出的金属离子（或 EDTA），根据滴定用去的 EDTA（或另一金属离子）的物质的量，求出待测离子的含量。这种滴定方式称作置换滴定法。

被测离子 M 与 EDTA 反应不完全或所形成的配合物不稳定，可令 M 置换出另一种配合物（如 NL）中等物质的量的 N，再用 EDTA 滴定 N，根据反应量的关系，即可求得 M 的含量。

置换滴定法的主要反应：

$$M+NL \Longrightarrow ML+N \text{（置换反应）}$$

$$N+Y \Longrightarrow NY$$

在一定条件下用 EDTA 滴定与 M 相当量的 N，根据计量关系可以求出 M 的量。

【例 6-15】 能否用 EDTA 直接滴定法进行 Ag^+ 的滴定。

解： Ag^+ 与 EDTA 的配合物不稳定 $\lg K_{AgY}=7.8$，不能用 EDTA 直接滴定，但将 Ag^+ 加入到 $Ni(CN)_4^{2-}$ 溶液中，则发生：

$$2Ag^+ + [Ni(CN)_4]^{2-} \Longrightarrow 2[Ag(CN)_2]^- + Ni^{2+}$$

在 pH＝10 的氨性溶液中，以紫脲酸铵作指示剂，用 EDTA 滴定置换出来与 Ag^+ 相当量的 Ni^{2+}，根据反应中量的关系，即可求得 Ag^+ 的含量。

本节讨论了配位滴定法的几种滴定方式，包括直接滴定法、间接滴定法、返滴定法及置换滴定法等四种配位滴定方式，其应用也是所有的滴定分析法（含酸碱滴定法、配位滴定法、氧化还原滴定法及沉淀滴定法）常用的滴定方式。

思考题

1. 配合物的稳定常数与条件稳定常数有什么不同？
2. EDTA 与金属离子的配合物有哪些特点？
3. 下列有关 $\alpha_{Y(H)}$ 值的说法是否正确？
   (1) $\alpha_{Y(H)}$ 值随溶液 pH 值的减小而减小；
   (2) 在高 pH 值时，$\lg\alpha_{Y(H)}$ 值约等于零。
4. 为什么在配位滴定中常使用缓冲溶液？
5. 金属离子指示剂的作用原理如何？应该具备哪些条件？
6. 金属离子指示剂为什么会发生封闭现象？
7. 在 pH＝5.0 时，能否用 EDTA 滴定，Mg^{2+} 在 pH＝10.0 时情况又如何？

习　题

1. 试求 EDTA 滴定 Fe^{3+} 的最低 pH 值。 (1.00)
2. 计算在 pH＝10 的 $NH_3 \cdot H_2O$-NH_4Cl 缓冲溶液中 ZnY 配合物的条件稳定常数。(已知$[NH_3]=0.5mol \cdot L^{-1}$) ($10^{8.20}$)
3. 在 pH＝2 和 pH＝3.8 时，能否用 EDTA 滴定 Cu^{2+}？（设 $[Cu^{2+}]$ 为 $1.0mol \cdot L^{-1}$，没有其他配合剂存在）（pH＝2 时，不能被滴定；pH＝3.8 时，能被滴定）
4. 称取干燥 $Al(OH)_3$ 凝胶 0.3986g 于 250mL 容量瓶中，溶解后吸取 25.00mL，精密加入 $0.05000mol \cdot L^{-1}$ EDTA 溶液 25.00mL，过量的 EDTA 溶液用 $0.050mol \cdot L^{-1}$ 标准锌溶液返滴定，用去 15.02mL，求样品中 Al_2O_3 的百分含量（Al_2O_3 的摩尔质量为 $101.94g \cdot mol^{-1}$）。 (63.81%)
5. 精密称取 $MgSO_4$ 样品 0.2500g，用 $0.05000mol \cdot L^{-1}$ EDTA 溶液滴定，消耗 20.00mL，试计算 $0.05000mol \cdot L^{-1}$ EDTA 对 $MgSO_4 \cdot 7H_2O$ 的滴定度和样品的纯度。 ($12.32mg \cdot mL^{-1}$，98.59%)
6. 称取 0.1005g 纯 $CaCO_3$，溶解后，置于 100mL 容量瓶中，稀释至刻度。吸取 25.00mL，在 pH＞12 时，用钙指示剂指示终点，用 EDTA 标准溶液滴定，用去 24.90mL，试计算：

（1）EDTA溶液的摩尔浓度；　(0.01008mol·L^{-1})

（2）每毫升EDTA溶液相当于多少克ZnO、Fe_2O_3。　(0.0008203g·mL^{-1}；0.0008048g·mL^{-1})

7. 称取1.032g氧化铝试样，溶解后移入250mL容量瓶，稀释至刻度。吸取25.00mL，加入$T_{Al_2O_3}$=1.05mg·mL^{-1}的EDTA标准溶液10.00mL。以二甲酚橙为指示剂，用$Zn(Ac)_2$标准溶液进行返滴定，至红紫色终点，消耗$Zn(Ac)_2$标准溶液12.20mL。已知1mL $Zn(Ac)_2$溶液相当于0.6812mL EDTA溶液。求试样中Al_2O_3的质量分数。　(2.46%)

8. 用0.01060mol·L^{-1}的EDTA标准溶液滴定水中钙和镁的含量，取100.0mL水样，以铬黑T为指示剂，在pH=10时滴定，消耗EDTA31.30mL。另取一份100.0mL水样，加NaOH使呈强碱性，使Mg^{2+}成$Mg(OH)_2$沉淀，用钙指示剂指示终点，继续用EDTA滴定，消耗19.20mL，计算：

（1）水的总硬度（以$CaCO_3$ mol·L^{-1}表示）；

（2）水中钙和镁的含量（以$CaCO_3$ mol·L^{-1}和$MgCO_3$ mol·L^{-1}表示）。

9. 分析含铜、锌、镁合金时，称取0.5000g试样，溶解后用容量瓶配成100mL试液。吸取25.00mL，调至pH=6，用PAN作指示剂，用0.05000mol·L^{-1}EDTA标准溶液滴定铜和锌，用去37.30mL。另外又吸取25.00mL试液，调至pH=10，加KCN以掩蔽铜和锌，用同浓度EDTA溶液滴定Mg^{2+}，用去4.10mL，然后再滴加甲醛以解蔽锌，又用同浓度EDTA溶液滴定，用去13.40mL。计算试样中铜、锌、镁的质量分数。

10. 称取含Fe_2O_3和Al_2O_3的试样0.2015g，溶解后，在pH=2.0时以磺基水杨酸为指示剂，加热至50℃左右，以0.02008mol·L^{-1}的EDTA滴定至红色消失，消耗EDTA15.20mL。然后加入上述EDTA标准溶液25.00mL，加热煮沸，调节pH=4.5，以PAN为指示剂，趁热用0.02112mol·L^{-1} Cu^{2+}标准溶液返滴定，用去8.16mL。计算试样中Fe_2O_3和Al_2O_3的质量分数。

($w_{Fe_2O_3}$=12.09%，$w_{Al_2O_3}$=8.35%)

11. 分析含铅、铋和镉的合金试样时，称取试样1.936g，溶于HNO_3溶液后，用容量瓶配成100.0mL试液。吸取该试液25.00mL，调至pH值为1，以二甲酚橙为指示剂，用0.02479mol·L^{-1}EDTA溶液滴定，消耗25.67mL，然后加六亚甲基四胺缓冲溶液调节pH=5，继续用上述EDTA滴定，又消耗EDTA 24.76mL。加入邻二氮菲，置换出EDTA配合物中的Cd^{2+}，然后用0.02174mol·L^{-1} $Pb(NO_3)_2$标准溶液滴定游离EDTA，消耗6.76mL。计算合金中铅、铋和镉的质量分数。

12. 称取含锌、铝的试样0.1200g，溶解后调至pH值为3.5，加入50.00mL 0.02500mol·L^{-1} EDTA溶液，加热煮沸，冷却后，加醋酸缓冲溶液，此时pH值为5.5，以二甲酚橙为指示剂，用0.02000mol·L^{-1}的标准锌溶液滴定至红色，用去5.08mL，加足量，煮沸，再用NH_4F上述锌标准溶液滴定，用去20.70mL。计算试样中锌、铝的质量分数。　(w_{Al}=9.31%，w_{Zn}=40.02%)

13. 称取苯巴比妥钠$C_{12}H_{11}N_2O_3Na$（摩尔质量为254.2g·mol^{-1}）试样0.2014g，溶于稀碱溶液中并加热（60℃），使之溶解，冷却后，加醋酸酸化并移入250mL容量瓶中，加入0.03000mol·L^{-1} $Hg(ClO_4)_2$标准溶液25.00mL，稀释至刻度，放置待下述反应发生：

$$Hg^{2+}+2C_{12}H_{11}N_2O_3^- = Hg(C_{12}H_{11}N_2O_3)_2$$

过滤弃去沉淀，滤液用干烧杯接收。吸取25.00mL滤液，加入10mL0.01mol·L^{-1}MgY溶液，释放出的Mg^{2+}在pH=10时以铬黑T为指示剂，用0.0100mol·L^{-1}EDTA滴定至终点，消耗3.60mL。计算试样中苯巴比妥钠的质量分数。　(98.45%)

第7章 氧化还原滴定法

以氧化还原反应为基础的滴定分析法称为氧化还原滴定法。前面讨论过酸碱滴定法、配位滴定法，其滴定反应都是基于离子间的相互结合，反应简单，一般瞬时即可完成。而氧化还原反应是基于电子转移（或得失）的反应，其机理比较复杂，常常伴有副反应，同时反应多为分步进行，需较长时间才能完成。因此，在氧化还原滴定法中，反应条件的控制显得十分重要。在讨论氧化还原反应时，除了从平衡理论判断反应发生的可能性外，还应考虑反应机理、反应速率和反应条件（包括介质）等的影响。与酸碱滴定法和配位滴定法比较，氧化还原滴定法的应用更为广泛，它不仅可用于无机物分析，而且可用于有机物分析，许多具有氧化性或还原性的有机化合物都可以用氧化还原滴定法测定。

7.1 氧化还原反应平衡

7.1.1 电极电位和条件电极电位

(1) 电极电位

金属浸于电解质溶液中，显示出电效应，即金属的表面与溶液间产生电位差，这种电位差称为金属在此溶液中的电位或电极电位。在酸碱反应中，质子得失和共轭酸碱相对应；与此相似，在氧化还原反应中，电子转移和氧化还原电对相对应。

$$Ox_1 + Red_2 \rightleftharpoons Ox_2 + Red_1 \tag{7-1}$$

式中，Ox_1 是电子接受体，即氧化剂；Red_2 是电子给予体，即还原剂。本氧化还原反应实际上是由两个半反应构成的：

$$Ox_1 + ne^- \rightleftharpoons Red_1$$

$$Red_2 - ne^- \rightleftharpoons Ox_2 \tag{7-2}$$

在氧化还原反应中，半反应一般写成氧化反应的形式。故式(7-2) 应写为：

$$Ox_2 + ne^- \rightleftharpoons Red_2$$

在式(7-1) 中，Ox_1/Red_1 和 Ox_2/Red_2 分别构成了一个电对。在氧化还原反应的瞬间，若电对能迅速地建立起氧化还原反应平衡，其电位符合能斯特公式计算的理论电位，则为可逆电对。如 Fe^{3+}/Fe^{2+}、$I_2/2I^-$。在氧化还原反应的瞬间，不能建立真正的平衡或实际电位与理论电位相差较大的电对，则为不可逆电对，如 MnO_4^-/Mn^{2+}、$Cr_2O_7^{2-}/2Cr^{3+}$。

Fe^{3+}/Fe^{2+} 的氧化态与还原态的系数相同，则是对称电对；$I_2/2I^-$ 的氧化态与还原态的系数不同，是不对称电对。

电对的标准电极电位 $\varphi^\ominus$ 是在 298K 下，反应物的活度为 1 个单位（反应物为气态时，其分压为 100kPa）时测得的，如果反应物的浓度和温度发生改变，则电对的电极电位也随着发生变化。对于半反应：

$$Ox + ne^- \rightleftharpoons Red$$

则其电位可用能斯特（Nernst）方程式表示，Nernst 方程表示一个可逆的氧化还原电对的电极电位与氧化型、还原型的活度之间的关系：

$$\varphi_{Ox/Red}=\varphi^{\ominus}_{Ox/Red}+\frac{RT}{nF}\ln\frac{a_{Ox}}{a_{Red}} \tag{7-3}$$

在 25℃时，上式也可写成：

$$\varphi_{Ox/Red}=\varphi^{\ominus}_{Ox/Red}+\frac{0.059}{n}\lg\frac{a_{Ox}}{a_{Red}}$$

式中，φ 为某一定条件下的电极电位；$\varphi^{\ominus}$ 为标准电极电位；T 为热力学温度；R 为气体常数 8.3143J·K^{-1}·mol^{-1}；n 为电极半反应中得到或失去的电子数；a_{Ox} 和 a_{Red} 分别为氧化型物质和还原型物质的活度。

应用这个方程时应注意：方程式中的 a_{Ox} 和 a_{Red} 并不是专指氧化数有变化的物质，而是包括了参加电极反应的其他物质；在电对中，如果氧化型或还原型物质的系数不是 1，则 a_{Ox} 和 a_{Red} 要乘以与系数相同的方次。

在实验中能够测定的是两个电极电位的差值，单独一个电极的电极电位的绝对值是无法测定的，即电极电位只能测定相对值。为了确定各电极的电极电位的相对值，就要确定一个进行比较的标准。按照 1953 年国际纯粹和应用化学联合会（IUPAC）的建议，采用标准氢电极作为比较的标准。所谓标准氢电极是以镀了铂黑的金属铂作为电极，插入氢离子活度为 1 个单位的溶液中，往溶液中通入压力为 100kPa 的氢气冲击铂，所组成的电极。按照 IUPAC 的建议，规定这个电极的电极电位值为零，任何一个电极和标准氢电极组成的电池，其电动势就是该电极的标准电极电位。这些标准电极电位数值的大小表明了相关物质的氧化还原能力，标准电极电位的值越大（即越正），表明该电对中氧化态的氧化能力越强；数值越小（即越负），表明该电对中还原态的还原能力越强。因此，作为一种氧化剂，它可以氧化电位比它低的还原剂；同样，作为一种还原剂，它可以还原电位比它高的氧化剂。根据电对的标准电位，可以判断氧化还原反应进行的方向、次序和反应进行的程度。

(2) 条件电极电位

当浓度比较小时，为简化起见，往往可以忽略离子强度的影响，即以浓度代替活度进行计算。但是浓度较大时，离子强度较大，离子强度的影响往往不可忽略，因而用浓度代替活度会有较大的偏差；更需要关注的是氧化还原反应的同时，若发生了副反应，如发生了酸碱反应、沉淀反应、配位反应，均会影响电位值。因此，这两种情况下，必须要考虑离子强度和副反应对电极电位的影响。

如计算 HCl 溶液中 Fe(Ⅲ)/Fe(Ⅱ) 体系的电极电位时，则

$$\varphi=\varphi^{\ominus}+0.059\lg\frac{a_{Fe^{3+}}}{a_{Fe^{2+}}}=\varphi^{\ominus}+0.059\lg\frac{\gamma_{Fe^{3+}}[Fe^{3+}]}{\gamma_{Fe^{2+}}[Fe^{2+}]} \tag{7-4}$$

活度系数乘平衡浓度得到活度。在 HCl 溶液中，还有以下副反应：

$$Fe^{3+} + e^- \rightleftharpoons Fe^{2+} \quad 主反应$$

Fe^{3+}：Cl^- → $FeCl_2^+$，$FeCl^{2+}$，⋮；OH^- → $Fe(OH)^{2+}$，$Fe(OH)_2^+$，⋮

Fe^{2+}：Cl^- → $FeCl^+$，$FeCl_2$，⋮；OH^- → $Fe(OH)^+$，$Fe(OH)_2$，⋮　　副反应

则有：$c_{Fe(Ⅲ)}=[Fe^{3+}]+[Fe(OH)^{2+}]+[Fe(OH)_2^+]+[FeCl^{2+}]+[FeCl_2^+]+\cdots$

$c_{Fe(Ⅱ)}=[Fe^{2+}]+[Fe(OH)^+]+[Fe(OH)_2]+[FeCl^+]+[FeCl_2]+\cdots$

此时：

$$[Fe^{3+}]=c_{Fe(Ⅲ)}/\alpha_{Fe^{3+}} \tag{7-5}$$

$$[Fe^{2+}]=c_{Fe(Ⅱ)}/\alpha_{Fe^{2+}} \tag{7-6}$$

将式(7-5)、式(7-6) 代入式(7-4) 中，则有：

$$\varphi=\varphi^{\ominus}+\frac{0.059}{n}\lg\frac{\gamma_{Fe^{3+}}\alpha_{Fe^{2+}}c_{Fe(Ⅲ)}}{\gamma_{Fe^{2+}}\alpha_{Fe^{3+}}c_{Fe(Ⅱ)}} \tag{7-7}$$

式(7-7) 是考虑了离子强度和副反应的 Nernst 方程式的表达式。但当溶液的离子强度很大时，γ很难求得；当副反应较多时，求 α 值较难。因此式(7-7) 的应用受到限制。可改为：

$$\varphi=\varphi^{\ominus}+0.059\lg\frac{\gamma_{Fe^{3+}}\alpha_{Fe^{2+}}}{\gamma_{Fe^{2+}}\alpha_{Fe^{3+}}}+0.059\lg\frac{c_{Fe(Ⅲ)}}{c_{Fe(Ⅱ)}} \tag{7-8}$$

当 $c_{Fe(Ⅲ)}=c_{Fe(Ⅱ)}=1mol\cdot L^{-1}$（或其浓度比$\frac{c_{Fe(Ⅲ)}}{c_{Fe(Ⅱ)}}=1$）时，得

$$\varphi=\varphi^{\ominus}+0.059\lg\frac{\gamma_{Fe^{3+}}\alpha_{Fe^{2+}}}{\gamma_{Fe^{2+}}\alpha_{Fe^{3+}}}$$

式中，γ 及 α 在条件固定情况下，是一固定值，因而式中 φ 应为一常数，以 $\varphi^{\ominus\prime}$表示，即：

$$\varphi^{\ominus\prime}=\varphi^{\ominus}+0.059\lg\frac{\gamma_{Fe^{3+}}\alpha_{Fe^{2+}}}{\gamma_{Fe^{2+}}\alpha_{Fe^{3+}}} \tag{7-9}$$

式中，$\varphi^{\ominus\prime}$为条件电极电位，它是在特定情况下，氧化型和还原型浓度均为 $1mol\cdot L^{-1}$（或其浓度比 $c_{Ox}/c_{Red}=1$）时，考虑各种外界因素影响后的实际电极电位，$\varphi^{\ominus\prime}$在条件不变时为一常数，则式(7-8) 可写为：

$$\varphi=\varphi^{\ominus\prime}+0.059\lg\frac{c_{Fe(Ⅲ)}}{c_{Fe(Ⅱ)}} \tag{7-10}$$

上面是以 HCl 溶液中 Fe(Ⅲ)/Fe(Ⅱ) 电对为例，对于一般的氧化还原反应，则有：

$$\varphi=\varphi^{\ominus\prime}_{Ox/Red}+\frac{0.059}{n}\lg\frac{c_{Ox}}{c_{Red}} \quad (25℃) \tag{7-11}$$

$$\varphi^{\ominus\prime}_{Ox/Red}=\varphi^{\ominus}_{Ox/Red}+\frac{0.059}{n}\lg\frac{\gamma_{Ox}\alpha_{Red}}{\gamma_{Red}\alpha_{Ox}} \tag{7-12}$$

式(7-12) 即是条件电极电位的定义。由式(7-12) 可知，条件电极电位由三部分组成：标准电极电位、溶液活度系数及副反应系数。采用条件电极电位来计算电极电位值既简单，又直观。只要求得电对的分析浓度并代入公式即可。但由于活度系数和副反应系数在实际条件下难以准确求得，故条件电极电位值都是通过实验测定的。附录 10 中列出了部分电对在某些特定介质中的条件电极电位，目前，条件电极电位的数据还不多，在一般情况下，当缺乏相同条件下的条件电极电位时，可采用条件相近的条件电极电位数据。如没有相应条件电极电位数据，则只好采用标准电极电位。在某一具体条件下，应该用式(7-11) 求出的实际的电极电位值来判断反应的方向、次序以及反应完成的程度；如果电对的浓度 c_{Ox} 和 c_{Red} 不知道，则只好用条件电极电位来判断（即假设 $c_{Ox}=c_{Red}$），当实际情况与 $c_{Ox}=c_{Red}$ 差别很大时，结论可能是错误的；如果条件电极电位也无法求得或查表查得，则只好用标准电极电位来判断，此时，引起错误的可能性更大。

【例 7-1】 计算 $1mol\cdot L^{-1}$ HCl 溶液，$c_{Ce(Ⅳ)}=1.00\times10^{-2}mol\cdot L^{-1}$，$c_{Ce(Ⅲ)}=1.00\times10^{-3}mol\cdot L^{-1}$时，Ce(Ⅳ)/Ce(Ⅲ) 电对的电极电位。

解： 查附表 10，半反应 $Ce(Ⅳ)+e^{-}\rightleftharpoons Ce(Ⅲ)$在 $1mol\cdot L^{-1}$ HCl 介质中的$\varphi^{\ominus\prime}=1.28V$

则

$$\varphi=\varphi^{\ominus\prime}_{Ce(Ⅳ)/Ce(Ⅲ)}+0.059\lg[c_{Ce(Ⅳ)}/c_{Ce(Ⅲ)}]$$

$$=1.28+0.059\lg\left(\frac{1.00\times10^{-2}}{1.00\times10^{-3}}\right)=1.34\ (V)$$

【例 7-2】 根据 $\varphi^{\ominus}_{Hg_2^{2+}/Hg}$和 Hg_2Cl_2 的 K_{sp}，计算 $\varphi^{\ominus\prime}_{Hg_2Cl_2/Hg}$。若溶液中 Cl^{-} 的平衡浓度为 $1.0mol\cdot L^{-1}$、$0.010mol\cdot L^{-1}$时，Hg_2Cl_2/Hg 电对的电极电位是多少？

解：由于没有 Hg_2Cl_2/Hg 的条件电极电位的数据，所以只好通过查附表 9，得 Hg_2Cl_2/Hg 电对的标准电极电位 $\varphi^{\ominus}=0.793V$。由于缺乏活度系数相关数据，所以，只好忽略离子强度的影响，但要考虑副反应（此处为沉淀反应）的影响。查附表 11，得到 Hg_2Cl_2 的 K_{sp} 为 1.3×10^{-18}。

$$\varphi=\varphi^{\ominus}_{Hg_2^{2+}/Hg}+\frac{0.059}{2}\lg[Hg_2^{2+}]=\varphi^{\ominus}_{Hg_2Cl_2/Hg}+\frac{0.059}{2}\lg\frac{K_{sp}}{[Cl^-]^2}$$

$$=\varphi^{\ominus}_{Hg_2Cl_2}+\frac{0.059}{2}\lg K_{sp}-0.059\lg[Cl^-]$$

当 $[Cl^-]=1.0mol\cdot L^{-1}$ 时，

$$\varphi^{\ominus\prime}=\varphi^{\ominus}_{Hg_2Cl_2/Hg}+\frac{0.059}{2}\lg K_{sp}$$

$$=0.793+\frac{0.059}{2}\lg 1.3\times10^{-18}=0.26\ (V)$$

当 $[Cl^-]=0.010mol\cdot L^{-1}$ 时，

$$\varphi=\varphi^{\ominus\prime}-0.059\lg[Cl^-]=0.26-0.059\lg 0.01=0.38\ (V)$$

根据 $\varphi=\varphi^{\ominus}_{Hg_2Cl_2/Hg}+\frac{0.059}{2}\lg K_{sp}-0.059\lg[Cl^-]$ 可知，式中唯一可变的量是 $[Cl^-]$，其他皆为常数，所以，把其他项合并到一起，当作条件电极电位。这样，计算更简单。

根据条件电极电位来计算实际电位虽然比较简单，但实验测得 $\varphi^{\ominus\prime}$ 的值很难。到目前为止，还有许多体系的条件电极电位没有被测出来。对于没有 $\varphi^{\ominus\prime}$ 的体系，只好用 $\varphi^{\ominus}$ 代替。本书在处理有关氧化还原反应的电位计算时，如无特别说明，一般仍采用 $\varphi^{\ominus}$。

条件电极电位的大小，反映了在外界条件影响下，电对的实际氧化还原能力的大小。因此，引入条件电极电位来处理问题比较符合实际情况。应用该具体条件下的条件电极电位可以正确地计算实际电极电位，判断反应的方向、次序和反应进行的程度，而如果用标准电极电位代替条件电极电位，可能会带来误差，甚至错误。

7.1.2 外界条件对电极电位的影响

(1) 离子强度的影响

离子强度较大时，活度系数远小于1，活度与浓度的差别较大，若用浓度代替活度，用能斯特方程式计算的结果与实际情况有差异。

例如：若在试液中加进大量的其他离子，致使溶液的离子强度增大，活度系数减小，电对的电极电位也会变化，此时，如果用能斯特方程式计算时还用浓度代替活度，则会导致计算的结果错误。

但由于各种副反应对电位的影响远比离子强度的影响要大，因此，一般情况下，常忽略离子强度的影响。

(2) 副反应的影响

在氧化还原反应中常利用氧化态（或还原态）参加沉淀反应或配位反应及其他副反应，使电对的氧化型（或还原型）的浓度发生变化，从而改变电对的电极电位。

溶液中存在的各种阴离子，常与金属离子的氧化态及还原态生成稳定性不同的各种配合物，从而改变电对的电极电位。

【例 7-3】 计算 NH_3 平衡浓度为 $0.100mol\cdot L^{-1}$，Zn^{2+} 总浓度为 $1.00\times10^{-4}mol\cdot L^{-1}$ 的溶液中 $[Zn(NH_3)_4]^{2+}/Zn$ 电对的电位。

解：查附表 6 得 Zn^{2+}-NH_3 配合物的 $\lg\beta_1\sim\lg\beta_4$ 为 2.27，4.61，7.01，9.06；$\varphi^{\ominus}_{Zn^{2+}/Zn}=-0.763V$

$$\alpha_{Zn(NH_3)}=1+10^{2.27}\times0.100+10^{4.61}\times(0.100)^2+10^{7.01}\times(0.100)^3+10^{9.06}\times(0.100)^4=1.25\times10^5$$

$$[Zn^{2+}]=\frac{c(Zn^{2+})}{\alpha_{Zn(NH_3)}}=\frac{1.0\times10^{-4}}{1.25\times10^{5}}=8\times10^{-10}\text{mol}\cdot\text{L}^{-1}$$

$$\varphi_{[Zn(NH_3)_4]^{2+}/Zn}=\varphi^{\ominus}+\frac{0.059}{2}\lg[Zn^{2+}]=-0.763+\frac{0.059}{2}\lg8\times10^{-10}=-1.03\ (\text{V})$$

上例表明，当加入的配合剂和氧化态生成配位化合物时，导致游离的氧化态浓度急剧降低（本题中，Zn^{2+}浓度由1.00×10^{-4}mol·L^{-1}降为8.00×10^{-10}mol·L^{-1}），因而，使电对的电极电位降低，即电对中还原态的还原性增加。

【例 7-4】 采用碘量法测定Cu^{2+}的含量，是基于如下反应：

$$2Cu^{2+}+4I^{-}\rightleftharpoons 2CuI\downarrow+I_2$$

$\varphi^{\ominus}_{Cu^{2+}/Cu^{+}}=+0.16$V，$\varphi^{\ominus}_{I_2/2I^{-}}=+0.54$V。从$\varphi^{\ominus}$看，$Cu^{2+}$不能氧化$I^{-}$，即上述反应不能进行，但实际上却可以利用上述反应来测定铜。如何解释？

解：从标准电极电位$\varphi^{\ominus}$看，Cu^{2+}确实不能氧化I^{-}，但用$\varphi^{\ominus}$判断反应的方向时，有三大前提：电对的氧化态和还原态的浓度相等；离子强度的影响可以忽略；副反应的影响可以忽略。

而本例中，由于生成的Cu^{+}即刻和I^{-}反应生成CuI沉淀，所以，电对的氧化态Cu^{2+}和还原态Cu^{+}的浓度不可能相等；虽然离子强度的影响可以忽略，但本例题中I^{-}和Cu^{+}的副反应却不可能忽略。

当溶液中KI浓度约为1mol·L^{-1}时，可以通过计算Cu^{2+}/Cu^{+}电对的实际的电极电位（忽略离子强度影响）来判断实际的反应方向。查附表11得$K_{sp(CuI)}=1.1\times10^{-12}$，则

$$\varphi=\varphi^{\ominus}_{Cu^{2+}/Cu^{+}}+0.059\lg\frac{[Cu^{2+}]}{[Cu^{+}]}=\varphi^{\ominus}_{Cu^{2+}/Cu^{+}}+0.059\lg\frac{[Cu^{2+}][I^{-}]}{K_{sp}}$$

$$=\varphi^{\ominus}_{Cu^{2+}/Cu^{+}}+0.059\lg\frac{1}{K_{sp}}+0.059\lg[Cu^{2+}][I^{-}]$$

当Cu^{2+}没有发生副反应，且$[Cu^{2+}]=1.0$mol·L^{-1}时，

$$\varphi=\varphi^{\ominus}_{Cu^{2+}/Cu}-0.059\lg K_{sp(CuI)}$$

$$=0.16-0.059\lg1.1\times10^{-12}=0.87\ (\text{V})$$

所以，在KI浓度为1mol·L^{-1}的条件下，Cu^{2+}能将I^{-}氧化。

加入沉淀剂时，会极大地改变电对的电极电位，上例是一个典型的例子。如果氧化态生成了沉淀，会使电对的电极电位降低，即氧化态的氧化性降低；如果还原态生成沉淀，会使电对的电极电位增高，即电对的还原态的还原性降低，因而可能改变反应的方向。

(3) 酸度的影响

若H^{+}和OH^{-}参与氧化还原半反应，则酸度将直接影响电对的电极电位。

【例 7-5】 碘量法中的一个重要反应是：

$$H_3AsO_4+2I^{-}+2H^{+}\rightleftharpoons HAsO_2+I_2+2H_2O$$

已知：$\varphi^{\ominus}_{H_3AsO_4/HAsO_2}=0.56$V，$\varphi^{\ominus}_{I_2/2I^{-}}=0.54$V，$H_3AsO_4$的$pK_{a_1}$、$pK_{a_2}$、$pK_{a_3}$分别是2.2、7.0、11.5，$HAsO_2$的$pK_a=9.2$，判断pH=8条件下，反应进行的方向（忽略离子强度的影响）。

解：如果单从标准电极电位来看，两电对的标准电极电位很接近，所以很难反应；但$H_3AsO_4/HAsO_2$电对的半反应

$$H_3AsO_4+2H^{+}+2e^{-}\rightleftharpoons HAsO_2+2H_2O$$

本半反应有H^{+}参加，因而电极电位受pH值的影响很大；而$I_2/2I^{-}$在pH=8时，其电极电位几乎不受pH值的影响。所以，本题不能以标准电极电位来判断反应的方向，而要用条件电极电位。

$$\varphi = \varphi^{\ominus} + \frac{0.059}{2}\lg\frac{[H_3AsO_4][H^+]^2}{[HAsO_2]}$$

$$= \varphi^{\ominus} + \frac{0.059}{2}\lg\frac{[H_3AsO_4]}{[HAsO_2]} + 0.059\lg[H^+]$$

当$[H_3AsO_4]=[HAsO_2]=1.0mol\cdot L^{-1}$时，$\varphi=\varphi^{\ominus\prime}$

$$\varphi^{\ominus\prime}=\varphi^{\ominus}+0.059\lg[H^+]$$

酸度为 $10^{-8}mol\cdot L^{-1}$时，$\varphi^{\ominus\prime}=0.56-0.472=0.088$ (V)

注意，上述解法错误。因为条件电极电位是 $c_{H_3AsO_4}=c_{HAsO_2}$ 时的电极电位，而非$[H_3AsO_4]=[HAsO_2]$时的电极电位。

在 pH=8 时，有

$$\delta_{H_3AsO_4}=\frac{[H^+]^3}{[H^+]^3+[H^+]^2\times K_{a_1}+[H^+]\times K_{a_1}K_{a_2}+K_{a_1}K_{a_2}K_{a_3}}$$

$$=\frac{10^{-24}}{10^{-24}+10^{(-16-2.2)}+10^{(-8-2.2-7.0)}+10^{(-2.2-7.0-11.5)}}$$

$$=10^{-6.8}$$

同理，可得 $\delta_{HAsO_2}\approx 1$

故 $\varphi=\varphi^{\ominus}+\frac{0.059}{2}\lg\frac{\delta_{H_3AsO_4}\times[H^+]^2\times c_{H_3AsO_4}}{\delta_{HAsO_2}\times c_{HAsO_2}}$

$c_{H_3AsO_4}=c_{HAsO_2}$时的电极电位即为条件电极电位，故

$$\varphi^{\ominus\prime}=0.56+\frac{0.059}{2}\lg10^{(-6.8-16)}=-0.109\ (V)$$

可见，在有 H^+和 OH^-参与的反应中，改变溶液的酸度，能显著改变条件电极电位的大小。因此，当标准电极电位相差很小的两电对间发生反应时，改变溶液的 pH 值，可以改变反应的方向。

从例 7-4 和例 7-5 看到，由于人为地控制反应条件，使在一般情况下不可能用于定量滴定的反应成为可能，从而拓宽了方法的应用范围。

7.1.3 氧化还原平衡常数

氧化还原反应进行的程度，与酸碱反应、配位反应一样，可用平衡常数来衡量。随着反应的不断进行，参与反应的各物质浓度不断改变，根据 Nernst 方程，其相应的电极电位也在不断变化：电极电位高的电对的电极电位逐渐降低，电极电位低的电对的电极电位逐渐升高。当两电极电位相等时，原电池的电动势为零，此时反应达到了平衡，各反应物的浓度称为平衡浓度。利用能斯特方程式和标准电极电位可以算出平衡常数，并由此判断氧化还原反应进行的程度。若平衡常数值很小，表示正向反应趋势很小，正向反应进行得不完全；若平衡常数值很大，表示正向反应可以充分地进行，甚至可以进行到接近完全。因此，平衡常数大小是反应进行程度的标志。

(1) 条件平衡常数

与配位滴定法相似，由于滴定体系中存在各种副反应的影响，所以引入条件平衡常数，来考察该条件下氧化还原反应进行的程度。

对于氧化还原反应： $n_2Ox_1+n_1Red_2 \rightleftharpoons n_1Ox_2+n_2Red_1$

反应平衡常数 $K=\frac{[Ox_2]^{n_1}[Red_1]^{n_2}}{[Ox_1]^{n_2}[Red_2]^{n_1}}$

则两电对的半反应及相应的 Nernst 方程如下：

$$Ox_1+n_1e^- \rightleftharpoons Red_1 \qquad \varphi_1=\varphi_1^{\ominus\prime}+\frac{0.059}{n_1}\lg\frac{c_{Ox_1}}{c_{Red_1}}$$

$$Ox_2 + n_2 e^- \rightleftharpoons Red_2 \qquad \varphi_2 = \varphi_2^{\ominus\prime} + \frac{0.059}{n_2} \lg \frac{c_{Ox_2}}{c_{Red_2}}$$

则定义 $K' = \dfrac{c_{Ox_2}^{n_1} c_{Red_1}^{n_2}}{c_{Ox_1}^{n_2} c_{Red_2}^{n_1}}$

式中，K'为条件平衡常数。即考虑反应体系中各种副反应对主反应影响时，使用条件电极电位计算时的平衡常数。

(2) 条件平衡常数与条件电极电位的关系

当反应达平衡时，两电对的电位相等 $\varphi_1 = \varphi_2$，则 $\varphi_1^{\ominus\prime} + \dfrac{0.059}{n_1} \lg \dfrac{c_{Ox_1}}{c_{Red_1}} = \varphi_2^{\ominus\prime} + \dfrac{0.059}{n_2} \lg \dfrac{c_{Ox_2}}{c_{Red_2}}$

整理得：$\lg K' = \lg \left[\left(\dfrac{c_{Red_1}}{c_{Ox_1}} \right)^{n_2} \left(\dfrac{c_{Ox_2}}{c_{Red_2}} \right)^{n_1} \right] = \dfrac{(\varphi_1^{\ominus\prime} - \varphi_2^{\ominus\prime}) n_1 n_2}{0.059} = \dfrac{\left(\varphi_1^{\ominus\prime} - \varphi_2^{\ominus\prime}\right) n}{0.059}$

将条件电极电位改为标准电极电位，即得氧化还原平衡常数与标准电极电位的关系：
$\lg K = \dfrac{(\varphi_1^{\ominus} - \varphi_2^{\ominus}) n_1 n_2}{0.059} = \dfrac{(\varphi_1^{\ominus} - \varphi_2^{\ominus}) n}{0.059}$

式中，n 为 n_1 和 n_2 的最小公倍数。可见，条件平衡常数的大小是由氧化剂和还原剂的电极电位之差和反应中转移的电子数决定的。氧化剂电对的电极电位越大，其氧化能力就越强；还原剂电对的电极电位越小，其还原能力就越强，$(\varphi_1^{\ominus\prime} - \varphi_2^{\ominus\prime})$ 越大，K'就越大，反应进行得越完全。

【例 7-6】 计算在 $0.5mol \cdot L^{-1}$ H_2SO_4 介质中下述反应的条件平衡常数：

$$2Fe^{3+} + 3I^- \rightleftharpoons 2Fe^{2+} + I_3^-$$

解： 已知 $\varphi_{Fe^{3+}/Fe^{2+}}^{\ominus\prime} = 0.68V$，$\varphi_{I_3^-/I^-}^{\ominus\prime} = 0.55V$

$$\lg K' = \frac{n(\varphi_1^{\ominus\prime} - \varphi_2^{\ominus\prime})}{0.059} = \frac{2 \times (0.68 - 0.55)}{0.059} = 4.4$$

$$K' = 2.5 \times 10^4$$

计算表明，在此条件下反应的条件平衡常数不大。下面讨论进行定量分析对氧化还原反应平衡常数的要求。

7.1.4 化学计量点时反应进行的程度

在例 7-6 中，由于 $\varphi_{Fe^{3+}/Fe^{2+}}^{\ominus\prime} = 0.68V$，$\varphi_{I_3^-/I^-}^{\ominus\prime} = 0.55V$，相差不大，反应不能定量进行。那么，$\varphi_1^{\ominus}$和 $\varphi_2^{\ominus}$相差多大时，反应才能定量进行呢？

滴定反应达到化学计量点时，总反应进行的程度可由某物质的氧化型与还原型的比值表示，该比值可根据平衡常数求得。对于如下反应

$$n_2 Ox_1 + n_1 Red_2 \rightleftharpoons n_1 Ox_2 + n_2 Red_1$$

要使反应进行完全的程度达到 99.9%以上，在化学计量点时要求：

$$\left(\frac{c_{Red_1}}{c_{Ox_1}} \right)^{n_2} \geqslant 10^{3n_2}, \left(\frac{c_{Ox_2}}{c_{Red_2}} \right)^{n_1} \geqslant 10^{3n_1}$$

此时：

$$\lg K' = \lg \left(\frac{c_{Red_1}}{c_{Ox_1}} \right)^{n_2} \left(\frac{c_{Ox_2}}{c_{Red_2}} \right)^{n_1} \geqslant \lg(10^{3n_2} \times 10^{3n_1}) = 3(n_1 + n_2)$$

$$= \frac{(\varphi_1^{\ominus\prime} - \varphi_2^{\ominus\prime}) n_1 n_2}{0.059}$$

故氧化还原反应定量进行的条件为：

$$\varphi_1^{\ominus\prime}-\varphi_2^{\ominus\prime}\geqslant 3(n_1+n_2)\frac{0.059}{n_1 n_2}$$

若 $n_1=n_2=1$，即有：$\varphi_1^{\ominus\prime}-\varphi_2^{\ominus\prime}=\frac{0.059}{n_1 n_2}\lg K'\geqslant 0.059\times 6\approx 0.35$（V）

即 $n_1=n_2=1$ 时，两电对的条件电极电位之差，一般应大于 0.4V，这样的氧化还原反应才可以用于定量分析。实际上，随着外界条件的改变，电对的条件电极电位也要发生改变。因此，只要该条件下两电对的条件电极电位差超过 0.4V（$n_1=n_2=1$），这样的氧化还原反应就能用于定量分析了。

【例 7-7】 计算 $1\text{mol}\cdot\text{L}^{-1}$ HCl 介质中，Fe^{3+} 与 Sn^{2+} 反应的平衡常数，并判断反应能否定量进行？

解： Fe^{3+} 与 Sn^{2+} 的反应式为 $\quad 2Fe^{3+}+Sn^{2+}\rightleftharpoons Sn^{4+}+2Fe^{2+}$

已知，$1\text{mol}\cdot\text{L}^{-1}$ HCl 介质中，两电对的条件电极电位值分别为：

$$Fe^{3+}+e^-\rightleftharpoons Fe^{2+} \qquad \varphi^{\ominus\prime}_{Fe^{3+}/Fe^{2+}}=0.68\text{V}$$

$$Sn^{4+}+2e^-\rightleftharpoons Sn^{2+} \qquad \varphi^{\ominus\prime}_{Sn^{4+}/Sn^{2+}}=0.14\text{V}$$

根据反应定量进行的条件：$\varphi_1^{\ominus\prime}-\varphi_2^{\ominus\prime}\geqslant 3(n_1+n_2)\frac{0.059}{n_1 n_2}$ 知：

$$\varphi_1^{\ominus\prime}-\varphi_2^{\ominus\prime}\geqslant 3(n_1+n_2)\frac{0.059}{n_1 n_2}=9\times\frac{0.059}{2}=0.266\ (\text{V})$$

而实际上 $\varphi^{\ominus\prime}_{Fe^{3+}/Fe^{2+}}-\varphi^{\ominus\prime}_{Sn^{4+}/Sn^{2+}}=0.68-0.14=0.54\text{V}>0.266\text{V}$

所以此反应能定量进行。

7.2 氧化还原反应的速率及其影响因素

根据有关电对的标准电极电位或条件电极电位，可以判断氧化还原反应的方向和完全程度。但这只说明了反应发生的可能性，若反应速率极慢，该反应还是不能直接用于滴定，例如反应：

$$2Ce^{4+}+HAsO_2+2H_2O\xrightleftharpoons{0.5\text{mol}\cdot\text{L}^{-1}\ H_2SO_4}2Ce^{3+}+H_3AsO_4+2H^+$$

$$\varphi^{\ominus\prime}_{Ce^{4+}/Ce^{3+}}=1.44\text{V},\ \varphi^{\ominus\prime}_{As(\text{V})/As(\text{III})}=0.56\text{V}$$

$\Delta\varphi^{\ominus\prime}=0.88\text{V}$，$K\approx 10^{30}$，若仅从平衡考虑，反应可以进行得很完全。实际上此反应极慢，若不加催化剂，反应无法实现。因此在氧化还原滴定分析中，不仅要从平衡理论来考虑反应的可能性，还应从反应速率来考虑反应的现实性。氧化还原反应的速率问题牵涉反应的历程，比较复杂。例如水中的溶解氧：

$$O_2+4H^++4e^-\rightleftharpoons 2H_2O \qquad \varphi^{\ominus}=1.23\text{V}$$

$$Sn^{4+}+2e^-\rightleftharpoons Sn^{2+} \qquad \varphi^{\ominus}=0.154\text{V}$$

$$Ce^{4+}+e^-\rightleftharpoons Ce^{3+} \qquad \varphi^{\ominus}=1.61\text{V}$$

从 $\varphi^{\ominus}$ 来看，Sn^{2+} 在水溶液中易转化为 Sn^{4+}；Ce^{4+} 应该氧化水产生 O_2。事实上它们的反应速率很慢，可以认为没有发生反应。

由于在许多氧化还原反应中，电子的转移往往会遇到许多阻力，如溶剂分子的阻力、各种配体的阻力、静电排斥力等；另外，像 MnO_4^-/Mn^{2+}、$Cr_2O_7^{2-}/Cr^{3+}$ 这些电对，带负电荷的含氧酸根转变为带正电荷的金属离子，其电子层结构、化学键性质和物质结构都发生了很大的变化，从而导致了反应速率缓慢。一般的氧化还原反应方程式只是表示了反应的最初状态和最终状态，并没有表明反应的真实历程，而反应历程才能很好地说明反应的机理。事实上，许多氧化还原反应是分步进行的，只要在这一系列反应步骤中，有一步反应比较慢，就决定了总的反应速率比较慢。

影响氧化还原反应速率的因素除了电对本身的性质外，还与外界条件有关。

(1) 反应物浓度

对于反应物分子在碰撞中一步直接转化为生成物分子的反应，即基元反应，反应速率与反应物的浓度成正比，增加反应物浓度能加快反应速率。但是，许多氧化还原反应是分步进行的，整个反应速率由最慢的一步所决定。因此不能从总的氧化还原反应方程式来判断反应物浓度对反应速率的影响。但一般来说，增加反应物的浓度就能加快反应的速率。例如 $Cr_2O_7^{2-}$ 与 I^- 的反应

$$Cr_2O_7^{2-}+6I^-+14H^+ \rightleftharpoons 2Cr^{3+}+3I_2+7H_2O\ (慢)$$

此反应速率慢，但增大 I^- 的浓度或提高溶液酸度可加速反应。实验证明，在 H^+ 浓度为 $0.4mol\cdot L^{-1}$时，KI 过量约 5 倍，放置 5min，反应即可进行完全。不过用增加反应物浓度来加快反应速率的方法只适用于滴定前一些预氧化还原处理的一些反应。在直接滴定时一般不用此法来加快反应速率。

(2) 温度

升高温度，一般都会使正反应和逆反应的反应速率加快，所以，到达反应平衡需要的时间缩短。通常溶液的温度每增高 10℃，反应速率约增大 2～3 倍，如反应

$$2MnO_4^-+5C_2O_4^{2-}+16H^+ \rightleftharpoons 2Mn^{2+}+10CO_2\uparrow+8H_2O$$

在室温下，反应速率很慢，加热却能加快反应速率。因此，当用 $KMnO_4$ 溶液滴定 $H_2C_2O_4$ 溶液时，必须将溶液加热到 75～85℃。

对于易挥发物质（如 I_2）以及易被空气氧化的物质（如 Sn^{2+}、Fe^{2+}），只能采用其他方法来提高反应速率。

(3) 催化剂

经常利用催化剂来改变反应速率，催化剂分正催化剂和负催化剂两类。很多催化反应的机理非常复杂。在催化反应中，由于催化剂的存在，可能新产生了一些不稳定的中间价态的离子、自由基或活泼的中间配合物，从而改变了原来的氧化还原反应历程，或者降低了原来进行反应时所需的活化能，使反应速率发生变化。

例如，Ce^{4+} 氧化 As(Ⅲ) 的反应很慢，加入少量 I^-，反应迅速进行，机理如下：

$$Ce^{4+}+I^- \rightleftharpoons I^0+Ce^{3+}$$

$$2I^0 \rightleftharpoons I_2$$

$$I_2+H_2O \rightleftharpoons HIO+H^++I^-$$

$$H_3AsO_3+HIO \rightleftharpoons H_3AsO_4+H^++I^-$$

少量 I^- 的存在可加速 Ce^{4+} 和 As（Ⅲ）的反应，其总反应为：

$$H_3AsO_3+2Ce^{4+}+H_2O \rightleftharpoons AsO_4^{3-}+2Ce^{3+}+5H^+$$

又如：

$$2MnO_4^-+5C_2O_4^{2-}+16H^+ \rightleftharpoons 2Mn^{2+}+10CO_2\uparrow+8H_2O$$

$$\left.\begin{array}{l} Mn(Ⅶ)\xrightarrow{Mn(Ⅱ)}Mn(Ⅵ)+Mn(Ⅲ) \\ \quad\xrightarrow{Mn(Ⅱ)}Mn(Ⅳ)+Mn(Ⅲ) \\ \quad\quad\xrightarrow{Mn(Ⅱ)}Mn(Ⅲ) \end{array}\right\}\xrightarrow{nC_2O_4^{2-}}Mn(Ⅱ)+2nCO_2$$

Mn^{2+}参加反应的中间步骤，加速了反应的进行，但它在最后又重新释放出来，所以，Mn^{2+}是催化剂。对于

$$2MnO_4^- + 5C_2O_4^{2-} + 16H^+ \rightleftharpoons 2Mn^{2+} + 10CO_2\uparrow + 8H_2O$$

MnO_4^- 与 $C_2O_4^{2-}$ 反应生成的 Mn^{2+} 加快了反应的速率，这种生成物本身起催化作用的反应叫自动催化反应。因此，在以 MnO_4^- 标准溶液滴定 $C_2O_4^{2-}$ 时，如果反应开始时，不加入二价锰盐，则由于此时溶液中的二价锰含量极少，所以，反应速率很慢，滴加下去的 MnO_4^- 褪色很慢，但反应一段时间后，由于溶液中产生了少量的二价锰，使得反应速率大大增加。

(4) 诱导反应

在氧化还原反应中，一种反应（主反应）的进行，能够诱发反应速度极慢或不能进行的另一种反应，叫做诱导反应，后一反应（副反应）叫做被诱导的反应或受诱反应。

例如，在酸性溶液中，$KMnO_4$ 可以氧化 Cl^-，但反应的速率极慢。

$$MnO_4^- + 8H^+ + 5e^- \rightleftharpoons Mn^{2+} + 4H_2O \qquad \varphi^{\ominus} = 1.491V$$

$$2Cl^- - 2e^- \rightleftharpoons Cl_2 \qquad \varphi^{\ominus} = 1.358V$$

但是当溶液中同时存在有 Fe^{2+} 时，MnO_4^- 与 Cl^- 的反应加快：

$$MnO_4^- + 5Fe^{2+} + 8H^+ \rightleftharpoons Mn^{2+} + 5Fe^{3+} + 4H_2O \quad \text{——诱导反应}$$

$$2MnO_4^- + 10Cl^- + 16H^+ \rightleftharpoons 2Mn^{2+} + 5Cl_2 + 8H_2O \quad \text{——受诱反应}$$

由于 Fe^{2+} 与 MnO_4^- 反应的进行，促进了 MnO_4^- 与 Cl^- 的进行，所以属于诱导反应。上例中 Fe^{2+} 称为诱导体，$KMnO_4$ 称为作用体，Cl^- 称为受诱体。

如果在溶液中加入过量的 Mn^{2+}，则 Mn^{2+} 能使 Mn(Ⅶ) 迅速转变为 Mn(Ⅲ)，加入磷酸配合 Mn(Ⅲ)，则 Mn(Ⅲ) /Mn(Ⅱ) 电对的电位降低，Mn(Ⅲ) 基本上只与 Fe^{2+} 反应，不能氧化 Cl^-。因此在 HCl 介质中用 $KMnO_4$ 法测定 Fe^{2+}，常加入 $MnSO_4$-H_3PO_4-H_2SO_4 混合溶液，防止副反应发生。

在催化反应中，催化剂参加反应后恢复其原来的状态。而在诱导反应中，诱导体参加反应后变成其他的物质。诱导反应消耗作用体，给滴定分析带来误差，而催化反应不带来误差。

7.3 氧化还原滴定指示剂

氧化还原滴定的终点可借助仪器（如电位滴定法）来确定，但通常采用指示剂来判断。常用的指示剂有以下三种类型：氧化还原指示剂、自身指示剂和专属指示剂。

7.3.1 氧化还原指示剂

氧化还原指示剂是一类参与氧化或还原反应的物质，它的氧化态和还原态具有不同的颜色，在滴定过程中指示剂由氧化态变为还原态，或由还原态变为氧化态，可根据颜色的突变来指示终点。例如用重铬酸钾法（$K_2Cr_2O_7$ 标准溶液）测定试样中铁的含量时，常用二苯胺磺酸钠作为指示剂。将试样预处理后，试样溶液中的铁全部还原为 Fe^{2+}，此时，加入的二苯胺磺酸钠处于还原态，为无色。当滴定反应完成时，即全部 Fe^{2+} 被氧化为 Fe^{3+} 时，肉眼无法判断此点的到达，故滴定到化学计量点时，再过量半滴至一滴的 $K_2Cr_2O_7$ 标准溶液，使二苯胺磺酸钠由还原态（无色）转变为氧化态（紫红色），使溶液呈现指示剂的紫红色，以此指示滴定终点。

如果用 In(Ox) 和 In(Red) 分别表示指示剂的氧化态和还原态，则

$$In(Ox) + ne^- \rightleftharpoons In(Red)$$

根据能斯特方程，随着滴定过程中 $c_{In(Ox)}/c_{In(Red)}$ 的变化，溶液电极电位会不断变化

$$\varphi_{In}=\varphi^{\ominus\prime}_{In}+\frac{0.059}{n}\lg\frac{c_{In(Ox)}}{c_{In(Red)}}$$

与酸碱指示剂的变色情况相似，当 $c_{In(Ox)}/c_{In(Red)}\geqslant 10$ 时，即 $\varphi_{In}\geqslant\varphi^{\ominus\prime}_{In}+0.059/n\lg 10=\varphi^{\ominus\prime}_{In}+0.059/n$ 时，溶液显氧化态的颜色。

当 $c_{In(Ox)}/c_{In(Red)}\leqslant\frac{1}{10}$ 时，即 $\varphi_{In}\leqslant\varphi^{\ominus\prime}_{In}+0.059/n\lg(1/10)=\varphi^{\ominus\prime}_{In}-0.059/n$，溶液呈还原态的颜色。

故指示剂变色点 $\varphi=\varphi^{\ominus\prime}$

指示剂的变色范围为：$\varphi_{In}=\varphi^{\ominus\prime}_{In}\pm 0.059/n$ (25℃)

在此范围的两侧可以看到指示剂颜色的改变，当被滴定溶液的电位值在此范围之内时，指示剂显中间颜色。在选择此类指示剂时，必须注意指示剂的条件电极电位应尽量与滴定反应的化学计量点时的电位一致。在实际滴定操作中，指示剂的变色范围应包含在化学计量点附近的电位突跃范围之内（对应的终点相对误差小于 0.1%）。如前所述，适合于氧化还原滴定的反应，其反应完全程度一般要求达到 99.9%，如果化学计量点附近的电位突跃范围较大，就可能有多种不同的指示剂可供选择。

终点变色时，指示剂也会消耗滴定剂，例如，二苯胺磺酸遇到氧化剂时，它首先被氧化为无色的二苯胺联胺磺酸（不可逆），再进一步被氧化为二苯联苯胺磺酸（可逆）的紫色化合物，显示出颜色变化。当标准溶液浓度比较大时，例如 $0.1\text{mol}\cdot\text{L}^{-1}$ 指示剂所消耗的标准溶液体积很小，对分析结果的影响不大，可以忽略不计；如果标准溶液的浓度很小，例如 $0.01\text{mol}\cdot\text{L}^{-1}$ 时，就要作空白试验，测出指示剂所消耗的体积，作为空白值，然后从消耗的标准溶液的总体积中将空白值减去，予以校正。又如：$K_2Cr_2O_7$ 滴定铁时，随着 Fe^{2+} 含量变化，指示剂空白值也变化，最好的办法是用含量与被分析试样相近的标准试样或标准溶液在相同条件下标定 $K_2Cr_2O_7$，这样就能较好地消除指示剂空白值的影响。

一些常用的氧化还原指示剂列于表 7-1。

表 7-1 常用的氧化还原指示剂

指示剂	$\varphi^{\ominus\prime}_{In}$/V $[H^+]=1\text{mol}\cdot\text{L}^{-1}$	颜色变化	
		氧化型	还原型
亚甲基蓝	0.36	蓝色	无色
二苯胺	0.76	紫色	无色
二苯胺磺酸钠	0.84	紫红色	无色
邻苯氨基苯甲酸	0.89	紫红色	无色
邻二氮菲-亚铁	1.06	浅蓝色	红色
硝基邻二氮菲-亚铁	1.25	浅蓝色	紫红色

在 $1.0\text{mol}\cdot\text{L}^{-1}$ H_2SO_4 介质中，用 Ce^{4+} 滴定 Fe^{2+}，可以计算出滴定至化学计量点前后 0.1%的电位突跃范围是 0.86～1.26V，显然选择邻二氮菲亚铁作指示剂是合适的。邻二氮菲亚铁的条件电极电位为 $\varphi^{\ominus\prime}_{In}=1.06$V，则其变色范围为

$$\varphi_{In}=\varphi^{\ominus\prime}_{In}\pm 0.059/1=1.06\pm 0.059=1.00\sim 1.12\ (\text{V})$$

在突跃范围以内，若选用二苯胺磺酸钠为指示剂，$\varphi_{In}=0.85\pm 0.059/2=0.82\sim 0.88$V，与突跃范围只有很少一点重合，滴定误差必然较大，为了克服这一缺点，可在被滴定的溶液中加入一些 H_3PO_4，它与 Fe^{3+} 配位成稳定的 $[Fe(HPO_4)]^+$，可以降低 Fe^{3+}/Fe^{2+} 电对的电位，使滴定突跃范围加大，计量点前按还原电对计算电位

$$\varphi=\varphi^{\ominus}_{Fe^{3+}/Fe^{2+}}+0.059\lg c_{Fe^{3+}}/c_{Fe^{2+}}$$

滴定至 99.9%的电位值为

$$\varphi=\varphi^{\ominus}_{Fe^{3+}/Fe^{2+}}+0.059\lg\frac{99.9}{0.1}$$

由于 H_3PO_4 的加入，若使 Fe^{3+} 的平衡浓度降低 10000 倍，则 $\varphi=0.68+0.059\lg\frac{\frac{99.9}{10000}}{0.1}=0.62V$

即突跃范围电位变成 0.62～1.26V，则二苯胺磺酸钠也是适宜的。

7.3.2 自身指示剂

有些标准溶液或试液本身具有颜色，而其反应产物呈无色或颜色很浅，则滴定时无需另外加入指示剂，它们本身的颜色变化起着指示剂的作用，这种物质叫自身指示剂。例如，用高锰酸钾法（$KMnO_4$ 标准溶液）测定无色或浅色的 Fe^{2+} 还原性溶液时，滴定反应如下：

$$MnO_4^-(紫红色)+5Fe^{2+}+8H^+ \rightleftharpoons Mn^{2+}(近无色)+5Fe^{3+}+4H_2O$$

实验表明：$KMnO_4$ 的浓度约为 $2\times10^{-6}mol\cdot L^{-1}$时，就可以看到溶液呈粉红色［大约相当于 100mL 溶液中含 0.01mL（半滴）$0.02mol\cdot L^{-1}$ $KMnO_4$ 溶液］。所以，正常的滴定过程中，当滴定反应完成时（此时无法判断），再过量如上所述的 $KMnO_4$ 标准溶液的量，肉眼即可观察到试液呈现粉红色，而引起的终点误差可以忽略。综上所述，采用高锰酸钾法测定无色或浅色的还原剂溶液时，不需外加指示剂，此处的 $KMnO_4$ 称为自身指示剂。

7.3.3 专属指示剂

可溶性淀粉溶液与碘的反应是专属反应。在室温下，可溶性淀粉与碘反应生成深蓝色的配合物，反应极为灵敏，用淀粉可检出含量约为 $5\times10^{-6}mol\cdot L^{-1}$的碘溶液。碘法和碘量法就是利用可溶性淀粉作为指示剂来指示滴定终点的，故将淀粉称为专属指示剂。在滴定反应中，当 I_2 被还原为 I^-时，蓝色消失；当 I^- 被氧化为 I_2 时，蓝色出现。因而可以根据蓝色的呈现或消失来确定滴定终点。

7.4 氧化还原滴定曲线

在氧化还原滴定过程中，随着氧化还原反应的进行，试液中有关电对的氧化型或还原型的浓度不断变化，其电极电位也随之变化。以实验测得试液的电极电位值为纵坐标，以加入的滴定剂的体积（mL）为横坐标绘制得到的曲线，称为氧化还原滴定曲线。对于可逆氧化还原体系，可根据能斯特公式由理论计算得出氧化还原滴定曲线。对于不可逆的氧化还原体系，滴定曲线通过实验方法测得，理论计算与实验值相差较大。

7.4.1 氧化还原滴定曲线的绘制

下面以 $1.0mol\cdot L^{-1}$ 的 H_2SO_4 介质中，用$0.1000mol\cdot L^{-1}$ $Ce(SO_4)_2$ 标准溶液滴定 20.00mL 的 $0.1000mol\cdot L^{-1}$ $FeSO_4$ 溶液为例，说明滴定过程可逆的、对称的电对的电极电位的变化情况。滴定反应为：

$$Ce^{4+}+Fe^{2+}\xrightleftharpoons{1mol\cdot L^{-1}H_2SO_4}Ce^{3+}+Fe^{3+}$$

已知：$\varphi^{\ominus\prime}_{Ce^{4+}/Ce^{3+}}=1.44V$，$\varphi^{\ominus\prime}_{Fe^{3+}/Fe^{2+}}=0.68V$

在滴定过程中，溶液中存在两个电对，每加入一滴滴定剂，反应很快达到新的平衡，此时，两个电对的电极电位是相等的。因此，在滴定过程中，可以根据计算的方便，选择某一电对来计算体系的电极电位值。

$$\varphi=\varphi^{\ominus\prime}_{Fe^{3+}/Fe^{2+}}+0.059\lg\frac{c_{Fe^{3+}}}{c_{Fe^{2+}}}=\varphi^{\ominus\prime}_{Ce^{4+}/Ce^{3+}}+0.059\lg\frac{c_{Ce^{4+}}}{c_{Ce^{3+}}}$$

(1) 滴定开始前

滴定前试液为 0.1000mol·L^{-1} 的 Fe^{2+} 溶液，由于空气中氧的氧化作用，不可避免地会有痕量 Fe^{3+} 存在，组成 Fe^{3+}/Fe^{2+} 电对。但由于 Fe^{3+} 的浓度不定，所以此时的电极电位也就无法计算。

(2) 滴定开始后至化学计量点前

在化学计量点前，滴加的 Ce^{4+} 几乎全部被还原成 Ce^{3+}，溶液中 Ce^{4+} 很少且 Ce^{4+} 的浓度不易求得，但知道了滴定百分率，$c_{Fe^{3+}}/c_{Fe^{2+}}$ 值就可以求出来了，因此，利用 Fe^{3+}/Fe^{2+} 电对来计算电极电位值。

例如，若加入 12.00mL 0.1000mol·L^{-1} Ce^{4+} 标准溶液，则溶液中 Fe^{2+} 将有 60% 被氧化为 Fe^{3+}，这时溶液中：

$$c_{Fe^{3+}}=\frac{12.00}{20.00}\times 100\%=60\%$$

$$c_{Fe^{2+}}=\frac{20.00-12.00}{20.00}\times 100\%=40\%$$

则得：$\varphi=\varphi^{\ominus\prime}_{Fe^{3+}/Fe^{2+}}+0.059\lg\frac{c_{Fe^{3+}}}{c_{Fe^{2+}}}=0.68+0.059\lg\frac{60}{40}=0.69V$

同理可以计算，当加入 19.98mL Ce^{4+} 标准溶液时，$\varphi=0.86V$。

(3) 化学计量点时

化学计量点时，已加入 20.00mL 0.1000mol·L^{-1} Ce^{4+} 标液，此时 Ce^{4+} 和 Fe^{2+} 都已经定量地转变成了 Ce^{3+} 和 Fe^{3+}，Ce^{4+} 和 Fe^{2+} 的浓度均很小，不易直接根据某一电对来求得，但两电对的电位相等，即

$$\varphi_{Ce^{4+}/Ce^{3+}}=\varphi_{Fe^{3+}/Fe^{2+}}=\varphi_{sp}$$

故：
$$\varphi_{sp}=\varphi_{Ce^{4+}/Ce^{3+}}=1.44+0.059\lg\frac{c_{Ce^{4+}}}{c_{Ce^{3+}}}$$

$$\varphi_{sp}=\varphi_{Fe^{3+}/Fe^{2+}}=0.68+0.059\lg\frac{c_{Fe^{3+}}}{c_{Fe^{2+}}}$$

将以上两式相加，整理后

得
$$2\varphi_{sp}=1.44+0.68+0.059\lg\frac{c_{Ce^{4+}}\cdot c_{Fe^{3+}}}{c_{Ce^{3+}}\cdot c_{Fe^{2+}}}$$

当达到计量点时，有

$c_{Ce^{4+}}=c_{Fe^{2+}}$，$c_{Fe^{3+}}=c_{Ce^{3+}}$ 代入上式：

$$2\varphi_{sp}=1.44+0.68+0.059\lg\frac{c_{Ce^{4+}}\cdot c_{Fe^{3+}}}{c_{Ce^{3+}}\cdot c_{Fe^{2+}}}$$

$$\varphi_{sp}=\frac{1.44+0.68}{2}=1.06V$$

对于一般的氧化还原反应：

$$n_2Ox_1+n_1Red_2 = n_1Ox_2+n_2Red_1$$

有关电对为：

$$Ox_1+n_1e^- \rightleftharpoons Red_1$$

$$Ox_2+n_2e^- \rightleftharpoons Red_2$$

$$\varphi_{Ox_1/Red_1}=\varphi^{\ominus\prime}_{Ox_1/Red_1}+\frac{0.059}{n_1}\lg\frac{c_{Ox_1}}{c_{Red_1}} \tag{7-13}$$

$$\varphi_{Ox_2/Red_2}=\varphi^{\ominus\prime}_{Ox_2/Red_2}+\frac{0.059}{n_2}\lg\frac{c_{Ox_2}}{c_{Red_2}} \tag{7-14}$$

当达到化学计量点时，两电对的电位相等，即 $\varphi_{Ox_1/Red_1}=\varphi_{Ox_2/Red_2}=\varphi_{sp}$，将(7-13)× n_1 +(7-14)× n_2 得 $(n_1+n_2)\varphi_{sp}=n_1\varphi^{\ominus'}_{Ox_1/Red_2}+n_2\varphi^{\ominus'}_{Ox_2/Red_2}+0.059\lg\frac{c_{Ox_1}c_{Ox_2}}{c_{Red_1}c_{Red_2}}$

当反应达到化学计量点时 $\frac{c_{Ox_1}}{c_{Red_2}}=\frac{n_2}{n_1}$，$\frac{c_{Ox_2}}{c_{Red_1}}=\frac{n_1}{n_2}$ 代入上式：

$$(n_1+n_2)\varphi_{sp}=n_1\varphi^{\ominus'}_{Ox_1/Red_1}+n_2\varphi^{\ominus'}_{Ox_2/Red_2}$$

$$\varphi_{sp}=\frac{n_1\varphi^{\ominus'}_{Ox_1/Red_1}+n_2\varphi^{\ominus'}_{Ox_2/Red_2}}{n_1+n_2}$$

对于有不对称电对参加的氧化还原反应，φ_{sp} 还与离子的浓度有关。

(4) 化学计量点后

此时溶液中 Ce^{4+}、Ce^{3+} 浓度均容易求得，而 Fe^{2+}、Fe^{3+} 浓度则不易直接求出，故此时按 Ce^{4+}/Ce^{3+} 电对计算 φ 值比较方便。

$$\varphi=1.44+0.059\lg c_{Ce^{4+}}/c_{Ce^{3+}}$$

例如：当 Ce^{4+} 有 0.1%过量（即加入 20.02mL）时，则

$$\varphi=1.44+0.059\lg\frac{0.1}{100}=1.26\ (V)$$

同样可计算加入不同量的 Ce^{4+} 溶液时的电位值，见表 7-2，用表 7-2 中数据作图见图 7-1。

表 7-2 以 0.1000mol·L^{-1} $Ce(SO_4)_2$ 标准溶液滴定 20.00mL 的 0.1000mol·L^{-1} $FeSO_4$ 溶液时电极电位的变化

加入 $Ce(SO_4)_2$ 标准溶液/mL	滴定分数/%	c_{Ox}/c_{Red}	电极电位/V	加入 $Ce(SO_4)_2$ 标准溶液/mL	滴定分数/%	c_{Ox}/c_{Red}	电极电位/V
		$c_{Fe(III)}/c_{Fe(II)}$		19.98	99.9	1000	0.86
1.00	5	0.0526	0.60	20.00	100		1.06
1.80	9	0.1	0.62			$c_{Ce(IV)}/c_{Ce(III)}$	
4.00	20	0.25	0.64	20.02	100.1	0.001	1.26
10.00	50	1	0.68	20.20	101	0.01	1.32
18.20	91	10	0.74	22.00	110	0.1	1.38
19.80	99	100	0.80	40.00	200	1	1.44

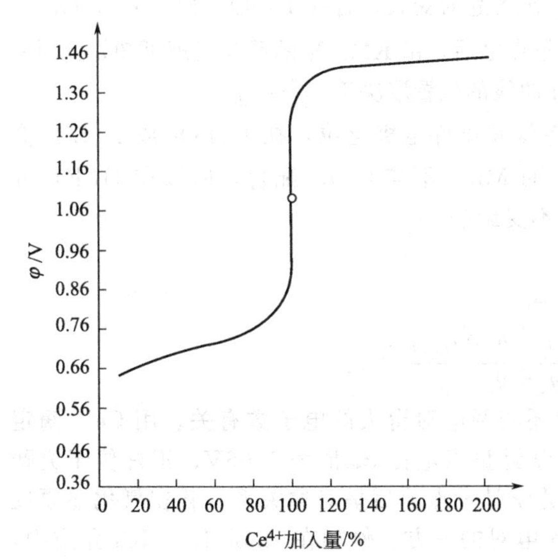

图 7-1 0.1000mol·L^{-1} Ce^{4+} 标准溶液滴定 0.1000mol·L^{-1} Fe^{2+} 溶液的滴定曲线

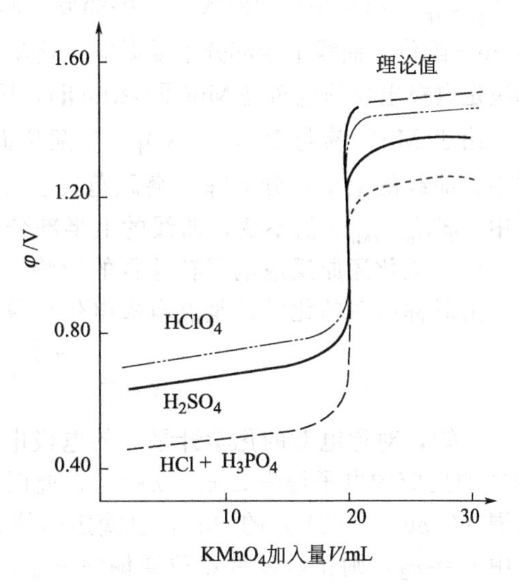

图 7-2 用 $KMnO_4$ 溶液在不同介质中滴定 Fe^{2+} 的滴定曲线（V_{sp}=20mL）

从表 7-2 上可以看出：对于可逆、对称的氧化还原电对，滴定百分数为50%处的电位就是还原剂（Fe^{2+}）的条件电极电位；滴定百分数为 200%处的电位就是氧化剂（Ce^{4+}）的条件电极电位。Ce^{4+}滴定 Fe^{2+}的反应，两电对电子转移数为 1，化学计量点电位（1.06V）正好处于滴定突跃（0.86～1.26）的中心。

7.4.2 滴定突跃及其影响因素

（1）滴定突跃

化学计量点之前 0.1%对应的电位到化学计量点之后 0.1%对应的电位，称为化学计量点附近的电位突跃范围。根据电位突跃范围的定义，对称电对的氧化还原反应的电位突跃范围可利用下式求算。

$$\left(\varphi^{\ominus\prime}_{Ox_2/Red_2}+\frac{0.0592}{n_2}\lg 10^3\right)\sim\left(\varphi^{\ominus\prime}_{Ox_1/Red_1}+\frac{0.0592}{n_1}\lg 10^{-3}\right) \quad (7\text{-}15)$$

可见，滴定突跃范围仅取决于两电对的电子转移数与条件电势差，而与浓度无关。

如 $Ce(SO_4)_2$ 溶液滴定 $FeSO_4$，$\varphi^{\ominus\prime}_{Ce^{4+}/Ce^{3+}}=1.44V$，$\varphi^{\ominus\prime}_{Fe^{3+}/Fe^{2+}}=0.68V$。当滴定百分数为 99.9%时的电位为 0.86V，当滴定百分数为 100.1%时的电位为 1.26V，则本滴定反应的突跃范围为 0.86～1.26V。

（2）两电对的条件电极电位差对滴定突跃的影响

由氧化还原滴定突跃范围的计算公式(7-15) 可知，氧化剂和还原剂两电对的条件电极电位相差越大，该滴定的突跃范围越大。例如在 1mol·L^{-1} HCl 介质中，用 Fe^{3+}滴定 Sn^{2+}，两电对的条件电位分别为 $\varphi'_{Sn^{4+}/Sn^{2+}}=0.14V$ 和 $\varphi'_{Fe^{3+}/Fe^{2+}}=0.68V$，其差值（0.54V）比上例（0.76V）小，所以突跃范围（0.32～0.50V）也比上例（0.86～1.26V）小。

（3）滴定介质的影响

氧化还原滴定曲线，还常因滴定介质的不同而改变其位置和突跃范围，例如在不同介质中用 $KMnO_4$ 滴定 Fe^{2+}的情况见图 7-2。化学计量点之前，曲线的位置取决于被滴定物电对的条件电极电位（$\varphi^{\ominus\prime}_{Fe^{3+}/Fe^{2+}}$）。当介质不同，影响溶液中 Fe^{3+}或 Fe^{2+}的活度系数与副反应系数时，会引起条件电极电位的变化，导致滴定曲线位置的变化。例如在 H_3PO_4 介质中，Fe^{3+}与 PO_4^{3-} 作用生成无色$[Fe(PO_4)_2]^{3-}$配离子，使 Fe^{3+}游离浓度降低，副反应系数 $\alpha_{Fe^{3+}}$ 增大，导致 $\varphi^{\ominus\prime}_{Fe^{3+}/Fe^{2+}}$值减小，使曲线的下半部分下降，突跃范围变大；若在 $HClO_4$ 介质中，ClO_4^- 不与 Fe^{3+}配位，曲线下半部分不受影响。化学计量点之后，由 $KMnO_4$ 的反应机理可知，此时实际决定电极电位的电对是 Mn(Ⅲ)/Mn(Ⅱ)，因而曲线的位置取决于$\varphi^{\ominus\prime}_{Mn^{3+}/Mn^{2+}}$。

由于 Mn^{3+}易与 PO_4^{3-}、SO_4^{2-} 等配位而降低其条件电极电位，在 H_3PO_4 或 H_2SO_4 介质中，曲线的上半部分下降，突跃范围变小；而 Mn^{3+}不与 ClO_4^- 配合，所以在 $HClO_4$ 介质中，$\varphi^{\ominus\prime}_{Mn^{3+}/Mn^{2+}}$值不变，曲线的上半部分也不受影响。

（4）氧化还原反应电子转移数的影响

由对称电对的化学计量点电极电位计算公式：

$$\varphi_{sp}=\frac{n_1\varphi^{\ominus\prime}_{Ox_1/Red_1}+n_2\varphi^{\ominus\prime}_{Ox_2/Red_2}}{n_1+n_2}$$

可知，对称电对的化学计量点的电极电位还与两电对得失的电子数有关。用 Ce^{4+}滴定 Fe^{2+}的反应中电子得失数 $n_1=n_2=1$，此时化学计量点电位 φ_{sp}值为 1.06V，正好位于突跃范围（0.86～1.68V）的中心，且滴定曲线在化学计量点前后呈对称关系。若在氧化还原反应中 $n_1\neq n_2$，则化学计量点位置偏向 n 值较大电对的一方。例如在 1mol·L^{-1} HCl 介质中，用 Fe^{3+}滴定 Sn^{2+}（$n_1=1$，$n_2=2$）时，化学计量点电位 φ_{sp}为 0.35V，而此时滴定突跃范围是 0.32～0.59V，其中心点即 φ_{sp}为 0.455V。

另外，滴定曲线的形状还与电对的可逆性有关。不可逆电对参加的滴定反应，因它们的电极电位计算不完全遵循能斯特方程式，故由计算所得的滴定曲线与实际曲线之间有一定的差异。例如 MnO_4^-/Mn^{2+} 是不可逆电对，所以在化学计量点后，理论计算所得曲线高于通过实验测得的曲线。

7.5 氧化还原滴定法中的预处理

7.5.1 预氧化和预还原

在实际的分析测试工作中，往往会遇到这样的情况：试样经分解处理后，待测组分所处的价态不具有合适的氧化性或还原性，不能直接进行测定。此时必须将待测组分氧化为高价态后，用还原剂滴定；或者还原为低价态后，用氧化剂滴定。在用标准溶液对试液进行滴定前，将待测组分转变为适合测定的一定价态的操作步骤，称为预氧化或预还原处理。

例如，测定试样中锰、铬组分的含量，样品经分解后，锰、铬以 Mn^{2+}、Cr^{3+} 的形式存在，由于 $\varphi^{\ominus}_{Cr_2O_7^{2-}/Cr^{3+}}$(1.33V)，$\varphi^{\ominus}_{MnO_4^-/Mn^{2+}}$(1.51V) 均较大，若要找电位值比它们高的强氧化剂来直接滴定，这种强氧化剂只有 $(NH_4)_2S_2O_8$ 等极少数，但 $(NH_4)_2S_2O_8$ 稳定性差，反应速率又慢，不能作为滴定剂。同样，很难利用 Mn^{2+}、Cr^{3+} 的还原性来测定它们，因为它们的还原性很小。但是，反过来，可以利用它们的氧化态的氧化性很强这一点，用还原剂来滴定。将 $(NH_4)_2S_2O_8$ 作为预氧化剂，将 Mn^{2+}、Cr^{3+} 氧化成 MnO_4^- 和 $Cr_2O_7^{2-}$ 就可以用还原剂标准溶液（如 Fe^{2+}）直接滴定。

预先处理时所用的氧化剂或还原剂，应符合下列要求。

① 反应进行完全，必须将待测组分完全氧化或者还原。

② 反应速率要快。

③ 反应具有一定的选择性，例如，钛铁矿中铁的测定，若用金属锌（$\varphi^{\ominus\prime}_{Zn^{2+}/Zn}=-0.76V$）为预还原剂，则不仅还原 Fe^{3+}，而且也还原 Ti^{4+}（$\varphi^{\ominus\prime}_{Ti^{4+}/Ti^{3+}}=+0.10V$），此时用 K_2CrO_7 滴定测出的则是两者的合量。如若用 $SnCl_2$（$\varphi^{\ominus\prime}_{Sn^{4+}/Sn^{2+}}=+0.14V$）为预还原剂，则仅还原 Fe^{3+}，因而提高了反应的选择性。

④ 过量的氧化剂或还原剂易于除去，除去的方法如下。

a. 加热分解。例如，$(NH_4)_2S_2O_8$、H_2O_2、Cl_2 等易分解或易挥发的物质，可借加热煮沸分解除去。

b. 过滤。如 $NaBiO_3$、Zn 等难溶于水的物质，可过滤除去。

c. 利用化学反应。如用 $HgCl_2$ 除去过量 $SnCl_2$。

$$2HgCl_2+SnCl_2 \rightleftharpoons SnCl_4+Hg_2Cl_2\downarrow$$

Hg_2Cl_2 沉淀一般不被滴定剂氧化，不必过滤除去。

7.5.2 常用的预氧化剂和预还原剂

预处理是氧化还原滴定法中的关键性步骤之一，熟练掌握各种氧化剂、还原剂的特点，选择合理的预处理步骤，可以提高方法的选择性。下面介绍几种常用的预先氧化或预先还原的氧化剂和还原剂。

(1) 氧化剂

① 过硫酸铵 $(NH_4)_2S_2O_8$ 过硫酸铵在酸性溶液中，并有催化剂银盐存在时，是一种很强的氧化剂。

$$S_2O_8^{2-}+2e^- \rightleftharpoons 2SO_4^{2-} \qquad \varphi^{\ominus}_{S_2O_8^{2-}/SO_4^{2-}}=2.01V$$

$S_2O_8^{2-}$ 可以定量地将 Ce^{3+} 氧化成 Ce^{4+}，将 Cr^{3+} 氧化成 Cr(Ⅵ)，将V(Ⅳ) 氧化成 V(Ⅴ)，以及 W(Ⅴ) 氧化成 W(Ⅵ)。在硝酸-磷酸或硫酸-磷酸介质中，过硫酸铵能将 Mn(Ⅱ) 氧化成 Mn(Ⅶ)。磷酸的存在，可以防止锰被氧化成 MnO_2 沉淀析出，并保证全部氧化成 MnO_4^-。

如果欲处理组分 Mn^{2+} 的试液中含有 Cl^-，则可先加 H_2SO_4 蒸发并加热至 SO_3 白烟，以除尽 HCl，然后再加入 H_3PO_4，用过硫酸铵进行氧化。Cr(Ⅲ) 和 Mn(Ⅱ) 共存时，能同时被氧化成 Cr(Ⅵ) 和 Mn(Ⅶ)。如果在 Cr^{3+} 氧化完全后，加入盐酸或氯化钠煮沸，则 Mn(Ⅶ) 被还原而 Cr(Ⅵ) 不被还原，可以提高选择性。过量的 $(NH_4)_2S_2O_8$ 可用煮沸的方法除去，其反应为

$$2S_2O_8^{2-}+2H_2O \xrightarrow{\text{煮沸}} 4HSO_4^-+O_2\uparrow$$

② 过氧化氢 H_2O_2　在碱性溶液中，过氧化氢是较强的氧化剂，可以把 Cr(Ⅲ)氧化成 CrO_4^{2-}。在酸性溶液中过氧化氢既可作氧化剂，也可作还原剂。例如在酸性溶液中它可以把 Fe^{2+} 氧化成 Fe^{3+}，其反应式如下：

$$2Fe^{2+}+H_2O_2+2H^+ \rightleftharpoons 2Fe^{3+}+2H_2O$$

也可将 MnO_4^- 还原为 Mn^{2+}：

$$2MnO_4^-+5H_2O_2+6H^+ \rightleftharpoons 2Mn^{2+}+5O_2\uparrow+8H_2O$$

因此，如果在碱性溶液中用过氧化氢进行预先氧化，过量的过氧化氢应该在碱性溶液中除去，否则在酸化后已经被氧化的产物可能再次被还原。例如，Cr^{3+} 在碱性条件下被 H_2O_2 氧化成 CrO_4^{2-}，当溶液被酸化后，CrO_4^{2-} 能被剩余的 H_2O_2 还原成 Cr^{3+}。

③ 高锰酸钾 $KMnO_4$　高锰酸钾 $KMnO_4$ 是一种很强的氧化剂，室温酸性介质中，可以在 Cr^{3+} 存在时将 V(Ⅳ) 氧化成 V(Ⅴ)，此时 Cr^{3+} 被氧化的速率很慢，但在加热煮沸的硫酸溶液中，Cr^{3+} 可以定量地被氧化成 Cr(Ⅵ)。

$$2MnO_4^-+2Cr^{3+}+3H_2O \rightleftharpoons 2MnO_2\downarrow+Cr_2O_7^{2-}+6H^+$$

过量的 MnO_4^- 和生成的 MnO_2 可以加入盐酸或氯化钠一起煮沸破坏。当有氟化物或磷酸存在时，$KMnO_4$ 可选择性地将 Ce^{3+} 氧化成 Ce^{4+}，过量的 MnO_4^- 可以用亚硝酸盐将它还原，而多余的亚硝酸盐用尿素使之分解除去。

$$2MnO_4^-+5NO_2^-+6H^+ \rightleftharpoons 2Mn^{2+}+5NO_3^-+3H_2O$$

$$2NO_2^-+CO(NH_2)_2+2H^+ \rightleftharpoons 2N_2\uparrow+CO_2\uparrow+3H_2O$$

④ 高氯酸 $HClO_4$　$HClO_4$ 是最强的酸，在热而浓度很高时又是很强的氧化剂。其电对半反应如下：

$$ClO_4^-+8H^++8e^- \rightleftharpoons Cl^-+4H_2O \qquad \varphi^{\ominus}_{ClO_4^-/Cl^-}=1.37V$$

在钢铁分析中，通常用它来分解试样并同时将铬氧化成 CrO_4^{2-}，钒氧化成 VO_3^-，而 Mn^{2+} 不被氧化。当有 H_3PO_4 存在时，$HClO_4$ 可将 Mn^{2+} 定量地氧化成 $Mn(H_2P_2O_7)_3^{3-}$ (其中锰为三价状态)。在预氧化结束后，冷却并稀释溶液，$HClO_4$ 就失去氧化能力。

应当注意，热而浓的高氯酸遇到有机物会发生爆炸。因此，在处理含有机物的试样时，必须先用浓 HNO_3 加热破坏试样中的有机物，然后再使用 $HClO_4$ 氧化。

(2) 还原剂

在氧化还原滴定中由于还原剂的保存比较困难，因而氧化剂标准溶液的使用比较广泛，这就要求待测组分必须处于还原状态，因而预先还原更显重要。常用的预还原剂有如下几种。

① 二氯化锡 ($SnCl_2$)　$SnCl_2$ 是一个中等强度的还原剂，在 $1mol\cdot L^{-1}$ HCl 中

$\varphi^{\ominus\prime}_{Sn^{4+}/Sn^{2+}}=0.139V$，$SnCl_2$ 常用于预还原 Fe^{3+}，还原速率随氯离子浓度的增高而加快。在热的盐酸溶液中，$SnCl_2$ 可以将 Fe^{3+} 定量并迅速地还原为 Fe^{2+}，过量的 $SnCl_2$ 加入 $HgCl_2$ 除去。由于 $HgCl_2$ 剧毒，为避免污染环境，近年来已采用 $SnCl_2$-$TiCl_3$ 无汞处理法。

$$SnCl_2+2HgCl_2 \rightleftharpoons SnCl_4+Hg_2Cl_2\downarrow$$

但要注意，如果加入 $SnCl_2$ 的量过多，就会进一步将 Hg_2Cl_2 还原为 Hg，而 Hg 将与氧化剂作用，使分析结果产生误差。所以预先还原 Fe^{3+} 时 $SnCl_2$ 不能过量太多。

$SnCl_2$ 也可将 Mo(Ⅵ) 还原为 Mo(Ⅴ) 及 Mo(Ⅳ)，将 As(Ⅴ) 还原为 As(Ⅲ) 等。

② 三氯化钛（$TiCl_3$） $TiCl_3$ 是一种强还原剂，在 $1mol\cdot L^{-1}$ HCl 中 $\varphi^{\ominus}_{Ti^{4+}/Ti^{3+}}=-0.04V$，在测定铁时，为了避免使用剧毒的 $HgCl_2$，可以采用 $TiCl_3$ 还原 Fe^{3+}，但选择性不如 $SnCl_2$ 好。

常用的预氧化剂和预还原剂分别见表 7-3 和表 7-4。

表 7-3 常用预氧化剂

氧化剂	反应条件	主要反应	除去方法
$NaBiO_3$ $NaBiO_3(s)+6H^++2e^- \rightleftharpoons Bi^{3+}+Na^++3H_2O$ $\varphi^{\ominus}=1.80V$	室温，HNO_3 H_2SO_4	$Mn^{2+}\rightarrow MnO_4^-$ Ce(Ⅲ)→Ce(Ⅳ)	过滤
PbO_2	pH=2～6 焦磷酸盐缓冲液	Mn(Ⅱ)→Mn(Ⅲ) Ce(Ⅲ)→Ce(Ⅳ) Cr(Ⅲ)→Cr(Ⅳ)	过滤
$(NH_4)_2S_2O_8$ $S_2O_8^{2-}+2e^- \rightleftharpoons 2SO_4^{2-}$ $\varphi^{\ominus}=2.01V$	酸性 Ag^+ 作催化剂	Ce(Ⅲ)→Ce(Ⅳ) $Mn^{2+}\rightarrow MnO_4^-$ $Cr^{3+}\rightarrow Cr_2O_7^{2-}$ $VO^{2+}\rightarrow VO_3^-$	煮沸分解
H_2O_2 $H_2O_2+2e^- \rightleftharpoons 2OH^-$ $\varphi^{\ominus}=0.88V$	NaOH HCO_3^- 碱性	$Cr^{3+}\rightarrow CrO_4^{2-}$ Co(Ⅱ)→Co(Ⅲ) Mn(Ⅱ)→Mn(Ⅳ)	煮沸分解
$KMnO_4$	焦磷酸盐和氟化物， Cr(Ⅲ)存在时	Ce(Ⅲ)→Ce(Ⅳ) V(Ⅳ)→V(Ⅴ)	亚硝酸钠和尿素
$HClO_4$	热、浓 HCO_4	V(Ⅳ)→V(Ⅴ) Cr(Ⅲ)→Cr(Ⅳ)	迅速冷却至室温，用水稀释

表 7-4 常用预还原剂

还原剂	反应条件	主要应用	除去方法
SO_2	中性或弱酸性	$Fe^{3+}\rightarrow Fe^{2+}$	煮沸或通 CO_2
$SnCl_2$	酸性加热	$Fe^{3+}\rightarrow Fe^{2+}$ As(Ⅴ)→As(Ⅲ) Mo(Ⅵ)→Mo(Ⅴ)	加 $HgCl_2$ 氧化
$TiCl_3$	酸性	$Fe^{3+}\rightarrow Fe^{2+}$	水稀释，Cu 催化空气氧化
Zn、Al	酸性	$Fe^{3+}\rightarrow Fe^{2+}$ Ti(Ⅳ)→Ti(Ⅲ)	过滤或加酸溶解
Jones 还原器（锌汞齐）	酸性	$Fe^{3+}\rightarrow Fe^{2+}$ Ti(Ⅳ)→Ti(Ⅲ) $VO_2^-\rightarrow V^{2+}$ $Cr^{3+}\rightarrow Cr^{2+}$	
银还原器	HCl	$Fe^{3+}\rightarrow Fe^{2+}$	Cr^{3+} Ti(Ⅳ)不被还原

7.6 氧化还原滴定法的应用

氧化还原滴定法是应用十分广泛的滴定分析法之一，可用于无机物和有机物含量的直接或间接测定。以氧化剂作为滴定剂的氧化还原滴定法，常用的氧化剂有$KMnO_4$、$K_2Cr_2O_7$、$KBrO_3$、$Ce(SO_4)_2$等，习惯上以该氧化剂的名称冠名滴定法，如高锰酸钾法、重铬酸钾法、碘法、溴酸钾法等。而能用作滴定剂的还原剂不多，常用的仅有$Na_2S_2O_3$和$FeSO_4$等。

7.6.1 高锰酸钾法

7.6.1.1 概述

以高锰酸钾标准溶液作为滴定剂的一种氧化还原滴定方法称高锰酸钾滴定法。高锰酸钾的氧化能力很强，并且本身显紫红色，颜色敏锐，在滴定中可以作自身指示剂而不需另加指示剂；但高锰酸钾试剂常含有杂质，只能用间接法配制其标准溶液。由于其氧化能力强，因此可能产生的干扰也就多。$KMnO_4$在不同介质中的反应如下。

在强酸溶液中：

$$MnO_4^- + 8H^+ + 5e^- \rightleftharpoons Mn^{2+} + 4H_2O \qquad \varphi^{\ominus} = 1.491V$$

上述反应式中，酸性介质常用硫酸，而不能用硝酸和盐酸，因硝酸具有氧化性，能与被测物反应；而盐酸具有还原性，能与$KMnO_4$反应。

在中性或弱碱溶液中：

$$MnO_4^- + 2H_2O + 3e^- \rightleftharpoons MnO_2 \downarrow + 4OH^- \qquad \varphi^{\ominus} = 0.58V$$

$KMnO_4$在强碱性溶液中（如浓度大于$2mol \cdot L^{-1}$的碱溶液中），溶液中的有机物即可与$KMnO_4$反应：

$$MnO_4^- + e^- \rightleftharpoons MnO_4^{2-} \qquad \varphi^{\ominus} = 0.56V$$

MnO_4^{2-}不稳定，易歧化　　$3MnO_4^{2-} + 4H^+ \rightleftharpoons 2MnO_4^- + MnO_2 \downarrow + 2H_2O$

而许多还原性物质，如Fe^{2+}、As(Ⅲ)、Sb(Ⅲ)、H_2O_2、$C_2O_4^{2-}$、NO_2^-等，可用$KMnO_4$直接滴定。

某些非氧化还原性物质可使用间接滴定法，如Ca^{2+}，首先沉淀为CaC_2O_4，用稀硫酸将所得沉淀溶解，用$KMnO_4$标准溶液滴定与Ca^{2+}相当的$C_2O_4^{2-}$，再根据量的关系求出钙的含量。

有些不能直接滴定的氧化性物质，可采用返滴定法，如MnO_2在硫酸介质中，加入一定量过量的$Na_2C_2O_4$标准溶液，作用完毕后，再用$KMnO_4$标准溶液滴定过量的$C_2O_4^{2-}$，再根据量的关系求出MnO_2的含量。

高锰酸钾法具有如下特点。

① $KMnO_4$氧化能力强，应用广泛，可直接或间接地测定多种无机物和有机物。如可直接滴定许多还原性物质，如Fe^{2+}、As(Ⅲ)、Sb(Ⅲ)、W(Ⅴ)、U(Ⅳ)、H_2O_2、$C_2O_4^{2-}$、NO_2^-等；返滴定时可测MnO_2、PbO_2等物质；也可以通过MnO_4^-与$C_2O_4^{2-}$反应间接测定一些非氧化还原物质，如Ca^{2+}、Th^{4+}等。

② $KMnO_4$溶液呈紫红色，当试液为无色或颜色很浅时，滴定不需要外加指示剂。

③ 由于$KMnO_4$氧化能力强，因此方法的选择性欠佳，而且$KMnO_4$与还原性物质的反应历程比较复杂，易发生副反应。

④ $KMnO_4$标准溶液不能直接配制，且标准溶液不够稳定，不能久置，最好用前再进行标定。

7.6.1.2 $KMnO_4$ 标准溶液的配制与标定

市售高锰酸钾试剂常含有少量的 MnO_2 及其他杂质，使用的蒸馏水中也含有少量如尘埃、有机物等还原性物质，这些物质都能使 $KMnO_4$ 还原，因此 $KMnO_4$ 标准溶液不能采用直接法而采用标定法配制。为了配制较稳定的 $KMnO_4$ 溶液，常采用下列措施：称取稍多于理论量的 $KMnO_4$ 试剂，溶解在计量体积的蒸馏水中；将配好的 $KMnO_4$ 溶液加热至沸，并保持微沸约 1h，然后放置数天，使溶液中可能存在的还原性物质完全氧化；用微孔玻璃漏斗过滤，除去析出的沉淀；将过滤后的 $KMnO_4$ 溶液贮存于棕色试剂瓶中，并存放于暗处，待标定后备用。

标定 $KMnO_4$ 溶液的基准物很多，如 $Na_2C_2O_4$、$H_2C_2O_4 \cdot 2H_2O$、$(NH_4)_2Fe(SO_4)_2 \cdot 6H_2O$ 和纯铁丝等。其中常用的是 $Na_2C_2O_4$，这是因为它易提纯且性质稳定，不含结晶水，在 105～110℃烘至恒重，即可使用。

在硫酸介质中，该标定反应为：

$$2MnO_4^- + 5C_2O_4^{2-} + 16H^+ \rightleftharpoons 2Mn^{2+} + 10CO_2 \uparrow + 8H_2O$$

为了使这个反应能够定量、较快地进行，应注意下列条件。

① 温度　在室温下，该反应的速率缓慢，因此常将溶液加热至 70～85℃时进行滴定。但温度不宜过高，若高于 90℃，会使部分 $H_2C_2O_4$ 发生分解。

$$H_2C_2O_4 \xrightarrow{\geqslant 90℃} H_2O + CO_2 \uparrow + CO \uparrow$$

② 酸度　酸度过低，$KMnO_4$ 易分解为 MnO_2；过高，会促使 $H_2C_2O_4$ 分解，一般滴定开始时的酸度应控制在 $0.5 \sim 1mol \cdot L^{-1}$。

③ 滴定速度　从前面的讨论已知，该反应具有自动催化作用，滴定刚开始时，由于溶液中 Mn^{2+} 少，本身的反应速率慢，随着反应的进行，Mn^{2+} 渐渐多起来了，产生了自动催化作用，使反应速率加快了。因此，开始滴定时，必须是滴下一滴后充分摇动至红色褪尽后再滴下第二滴，等几滴 $KMnO_4$ 已起作用后，滴定速度可以稍快些。为了加快滴定反应速率，也可以在滴定前加入几滴 $MnSO_4$ 作为催化剂。

④ 指示剂　一般情况下，$KMnO_4$ 自身可作为滴定时的指示剂无需另加指示剂。但当 $KMnO_4$ 标准溶液浓度低于 $0.002mol \cdot L^{-1}$ 时，则需采用指示剂，如二苯胺磺酸钠或 1,10-邻二氮菲-Fe(Ⅱ) 来确定终点。

⑤ 滴定终点　高锰酸钾法滴定终点的确定，滴定时溶液中出现的粉红色如在 0.5～1min 内不褪色，就可以认为已经到达滴定终点。因为空气中的还原性物质及尘埃能使 $KMnO_4$ 缓慢分解。

7.6.1.3 应用实例

(1) H_2O_2 的直接测定

市售双氧水中过氧化氢含量的测定常采用高锰酸钾法。对应强氧化剂，过氧化氢则显示还原性，在酸性介质和室温条件下能被高锰酸钾定量氧化，其反应方程式为：

$$2MnO_4^- + 5H_2O_2 + 6H^+ \rightleftharpoons 2Mn^{2+} + 5O_2 \uparrow + 8H_2O$$

$KMnO_4$ 与 H_2O_2 的反应在滴定开始时反应较慢，随着 Mn^{2+} 生成而加速，可先加入少量 Mn^{2+} 为催化剂。

H_2O_2 试样若系工业产品，用高锰酸钾法测定不合适，因为产品中常加有少量乙酰苯胺等有机化合物作稳定剂，滴定时也将被 $KMnO_4$ 氧化，引起误差。此时应采用碘量法或硫酸铈法进行测定。

(2) Ca^{2+} 的测定（间接滴定法）

有些金属能与 $C_2O_4^{2-}$ 形成沉淀，用硫酸溶解此沉淀后，可以用 $KMnO_4$ 标准溶液来滴

定溶液中的 $C_2O_4^{2-}$，如钙、钍、稀土元素。采用高锰酸钾法测定试样中钙的含量时，其主要反应如下

$$Ca^{2+}（欲测组分）+C_2O_4^{2-} \rightleftharpoons CaC_2O_4\downarrow$$

$$CaC_2O_4 \xrightleftharpoons{酸} C_2O_4^{2-}（与欲测组分 Ca^{2+} 的量相当）$$

$$2MnO_4^- + 5C_2O_4^{2-} + 16H^+ \rightleftharpoons 2Mn^{2+} + 10CO_2\uparrow + 8H_2O$$

在沉淀 Ca^{2+} 时，为了获得颗粒较大的晶形沉淀，并保证 Ca^{2+} 与 $C_2O_4^{2-}$ 有 1∶1 的比例关系，必须选择适当的沉淀条件。通常采用均相沉淀法制备 CaC_2O_4 沉淀，即在 Ca^{2+} 的试液中先加盐酸酸化，再加入过量的 $(NH_4)_2C_2O_4$。由于 $C_2O_4^{2-}$ 在酸性溶液中大部分以 $HC_2O_4^-$ 形式存在，$C_2O_4^{2-}$ 的浓度很小，此时即使 Ca^{2+} 浓度相当大，也不会生成 CaC_2O_4 沉淀。然后将加入 $(NH_4)_2C_2O_4$ 后的溶液加热至 70～80℃，再滴加稀氨水。由于 H^+ 逐渐被中和，$C_2O_4^{2-}$ 浓度缓缓增加，就可以生成粗颗粒结晶的 CaC_2O_4 沉淀。最后应控制溶液的 pH 值在 3.5～4.5 之间（甲基橙显黄色），并继续保温约 30min 使沉淀陈化。这样不仅可避免 $Ca(OH)_2$ 或 $(CaOH)_2C_2O_4$ 沉淀的生成，而且所得 CaC_2O_4 沉淀又便于过滤和洗涤。放置冷却后，过滤、洗涤，将 CaC_2O_4 沉淀溶于稀硫酸中，即可用 $KMnO_4$ 标准溶液滴定 $C_2O_4^{2-}$。

（3）铁的测定

铁矿石经硫磷混酸及硝酸溶解后，首先用 $SnCl_2$ 溶液还原大部分 Fe^{3+}。为了控制 $SnCl_2$ 的用量，加入 $SnCl_2$ 使溶液呈浅黄色（说明这时尚有少量 Fe^{3+}），然后加入 $TiCl_3$ 溶液，使其中的少量 Fe^{3+} 还原成 Fe^{2+}。为使反应完全，$TiCl_3$ 必须过量，而过量的 $TiCl_3$ 溶液用微量铜离子催化溶液中溶解氧，氧化除去，该过程以指示剂靛红二磺酸钠变蓝说明 $TiCl_3$ 已被除尽。然后以 $KMnO_4$ 标准溶液滴定，根据量的关系求出铁矿石中铁的含量。主要反应式如下：

$$2Fe^{3+} + Sn^{2+} + 6Cl^- \rightleftharpoons 2Fe^{2+} + SnCl_6^{2-}$$

$$4Ti^{3+} + 2H_2O + O_2 \xrightleftharpoons{Cu^{2+}} 4TiO^{2+} + 4H^+$$

$$Fe^{3+} + Ti^{3+} + H_2O \rightleftharpoons Fe^{2+} + TiO^{2+} + 2H^+$$

（4）化学耗氧量（COD）的测定（返滴定法）

化学耗氧量（chemical oxygen demand，COD）是量度水体受还原性物质（主要是有机物）污染程度的综合性指标。它是指水体中易被强氧化剂氧化的还原性物质所消耗的氧化剂的量，换算成氧的含量（以 $mg\cdot L^{-1}$ 计）。测定时在水样中加入 H_2SO_4 及一定量的 $KMnO_4$ 溶液，置沸水浴中加热，使其中的还原性物质氧化，剩余的 $KMnO_4$ 用定量且过量的 $Na_2C_2O_4$ 还原，再以 $KMnO_4$ 标准溶液返滴定过量的 $Na_2C_2O_4$。其主要反应为：

$$4MnO_4^- + 5C + 12H^+ \rightleftharpoons 4Mn^{2+} + 5CO_2\uparrow + 6H_2O$$

$$2MnO_4^- + 5C_2O_4^{2-} + 16H^+ \rightleftharpoons 2Mn^{2+} + 10CO_2\uparrow + 8H_2O$$

由于 Cl^- 对此有干扰，因而本法仅适用于地表水、地下水、饮用水和生活用水中 COD 的测定，含较高 Cl^- 的工业废水则应采用 $K_2Cr_2O_7$ 法测定。

（5）一些有机物的测定

在碱性溶液中氧化有机物比在酸性溶液中其反应更快，例如测定甘油时，加入一定过量的 $KMnO_4$ 标准溶液到含有试样的 $2mol\cdot L^{-1}$ NaOH 溶液中，放置片刻，溶液中发生如下反应：

$$H_2OHC—OHCH—COHH_2 + 14MnO_4^- + 20OH^- \rightleftharpoons 3CO_3^{2-} + 14MnO_4^{2-} + 14H_2O$$

待反应完全后再将溶液酸化，MnO_4^{2-} 歧化成 MnO_4^- 和 MnO_2，加入过量的 $Na_2C_2O_4$

标准溶液还原所有高价锰为 Mn^{2+}。最后再以 $KMnO_4$ 标准溶液滴定剩余的 $Na_2C_2O_4$。由两次加入的 $KMnO_4$ 量和 $Na_2C_2O_4$ 的量，计算甘油的质量分数。甲醛、甲酸、酒石酸、柠檬酸、苯酚、葡萄糖等都可按此法测定。

7.6.2 重铬酸钾法

7.6.2.1 概述

$K_2Cr_2O_7$ 的氧化能力比 $KMnO_4$ 稍弱，因此，重铬酸钾法应用不及 $KMnO_4$ 法广泛，但是重铬酸钾法有其独特的优点：$K_2Cr_2O_7$ 易于制成高纯试剂，在 140～250℃下烘干后即可作为基准物质，可直接配制成一定浓度的标准溶液；$K_2Cr_2O_7$ 溶液相当稳定，只要保存在密闭容器中，可以长期保存；在室温下不受 Cl^- 的诱导作用，可在 HCl 溶液中进行滴定。

在酸性介质中的半反应为：

$$Cr_2O_7^{2-}+14H^++6e^- \rightleftharpoons 2Cr^{3+}+7H_2O \qquad \varphi^{\ominus}=1.33V$$

$K_2Cr_2O_7$ 法受其他还原性物质的干扰较 $KMnO_4$ 法少。$K_2Cr_2O_7$ 法常用的指示剂是二苯胺磺酸钠和邻苯氨基苯甲酸等。

$K_2Cr_2O_7$ 标准溶液的配制方法：$K_2Cr_2O_7$ 标准溶液一般用直接法配制，但在配制前应将 $K_2Cr_2O_7$ 基准试剂在 105～110℃温度下烘至恒重。

7.6.2.2 应用实例

（1）铁的测定

$K_2Cr_2O_7$ 法常用于测定铁，是铁矿石中全铁量测定的标准方法。反应如下：

$$Cr_2O_7^{2-}+6Fe^{2+}+14H^+ \rightleftharpoons 2Cr^{3+}+6Fe^{3+}+7H_2O$$

$$Fe_2O_3+6H^+ \rightleftharpoons 2Fe^{3+}+3H_2O$$

$$2Fe^{3+}+Sn^{2+}(\text{过量}) \rightleftharpoons 2Fe^{2+}+Sn^{4+}$$

铁矿石用 HCl 溶解后，加入还原剂将 Fe^{3+} 被还原成 Fe^{2+}（此过程与 $KMnO_4$ 法类似），再在 H_2SO_4-H_3PO_4 的混合酸介质中，以二苯胺磺酸钠为指示剂，以 $K_2Cr_2O_7$ 标准溶液滴定，溶液由浅绿色变为紫色或紫蓝色即为终点。这里 H_2SO_4 的作用是调节足够的酸度，H_3PO_4 的作用使 Fe^{3+} 生成无色稳定的 $Fe(PO_4)_2^{3-}$ 配离子，掩蔽 Fe^{3+} 的黄色，有利于终点的观察；Fe^{3+} 生成 $Fe(PO_4)_2^{3-}$ 配离子，降低了 Fe^{3+}/Fe^{2+} 电对的条件电极电位，相当于扩大了滴定突跃范围，减小滴定误差。

（2）废水中化学耗氧量的测定

重铬酸钾氧化法（COD_{Cr}）适用于工业废水、生活污水的测定。测定方法：在水样中加入 $HgSO_4$ 消除 Cl^- 干扰，加入过量 $K_2Cr_2O_7$ 溶液，在强酸性介质中，以 Ag_2SO_4 作催化剂，加热回流，待氧化完全后，过量的 $K_2Cr_2O_7$ 用 $FeSO_4$ 标准溶液返滴定，用亚铁灵［邻二氮菲-Fe(Ⅱ)］指示滴定终点。此法要消耗昂贵的硫酸银和毒性大的硫酸汞，造成严重的二次污染，且加热消解时间长、耗能大，缺点十分明显，已不适应我国环境保护发展的需求。为此，人们从不同方面进行了改进。

① 消解方法的改进　为缩短传统的回流消解时间，以前常采用密封消解法、快速开管消解法、替代催化剂的选择等；现在多采用微波消解法、声化学消解法、光催化氧化法等新技术，如微波消解法消解无汞盐分光光度法及微波消解光度法快速测定、无需使用 $HgSO_4$ 和 Ag_2SO_4 测定 COD 的微波消解法、氧化铒作催化剂微波消解测定生活污水 COD 等。与标准回流法相比，微波消解时间从 2h 缩短到约 10min，且消解时无需回流冷却用水，耗电少，试剂用量大大降低，一次可完成 12 个样品的消解，减轻了银盐、汞盐、铬盐造成的二次污染。

② 替代催化剂的研究　重铬酸钾法所用的催化剂 Ag_2SO_4 价格昂贵，分析成本高。因此，研究 Ag_2SO_4 的替代物，以求降低分析费用有一定的实用性。如以 $MnSO_4$ 代替

Ag_2SO_4 是可行的，但回流时间仍较长。$Ce(SO_4)_2$ 与过渡金属混合显示出很好的协同催化效应，如以 $MnSO_4$-$Ce(SO_4)_2$ 复合催化剂代替 Ag_2SO_4，测定废水 COD，不但可降低测定费用，还可降低溶液酸度和缩短分析时间，与重铬酸钾法无显著差异。

7.6.3 碘法和碘量法

碘法和碘量法是利用 I_2 的氧化性和 I^- 的还原性来进行测定的滴定分析方法。由于固体 I_2 在水中的溶解度只有 $0.00133mol \cdot L^{-1}$，故通常将 I_2 溶解在 KI 溶液中，此时 I_2 在溶液中以 I_3^- 形式存在，但为方便起见，I_3^- 一般仍简写为 I^-。碘法和碘量法常用可溶性淀粉作指示剂，I_2 与淀粉反应形成蓝色配合物，可根据蓝色的出现或消失来指示终点。作为指示用的淀粉溶液应即配即用，若放置过久，则与 I_2 形成的配合物不呈蓝色而呈紫红色，终点颜色变化不敏锐。

7.6.3.1 碘法

(1) 概述

碘法是利用碘的氧化性，用碘标准溶液直接滴定还原性物质的分析方法。半反应为

$$I_2 + 2e^- \rightleftharpoons 2I^- \qquad \varphi^{\ominus}_{I_2/I^-} = 0.534V$$

I_2 是一种较弱的氧化剂，能与较强的还原剂，如 Sn(Ⅱ)、S^{2-}、SO_3^{2-}、As_2O_3、SO_2 等作用。如

$$I_2 + SO_2 + 2H_2O \rightleftharpoons 2I^- + SO_4^{2-} + 4H^+$$

应该指出，碘法不能在碱性溶液中进行，只能在中性或弱酸性介质中进行，因为在碱性溶液中，I_2 会发生歧化反应：

$$3I_2 + 6OH^- \rightleftharpoons IO_3^- + 5I^- + 3H_2O$$

强酸介质中 I^- 易被空气中的氧氧化，反应式如下：

$$4I^- + O_2 + 4H^+ \rightleftharpoons 2I_2 + 2H_2O$$

由于 I_2 的氧化性不强，故能用 I_2 直接滴定的物质不多，而且受 pH 值的影响较大，所以，直接碘法应用不多。

(2) 碘标准溶液的配制和标定

升华法制得的纯碘，可作为基准物，用直接法配制碘标准溶液。

市售的 I_2 因含有杂质，可用间接法配制，再用 $Na_2S_2O_3$ 标准溶液标定，或用基准物 As_2O_3 标定。

配制 I_2 时需注意：I_2 先溶于 40%KI 溶液中，再加水稀释（KI 浓度为 4%左右）；因为 I_2 难溶于水，但易溶于 KI 中；I_2 应保存在带严密塞子的棕色瓶中，放置暗处。因 I_2 腐蚀金属和橡皮，所以必须用酸式滴定管。

7.6.3.2 碘量法

(1) 概述

过量的 I^-（通常使用 KI）与待测的氧化性物质反应，析出游离态的 I_2，再用 $Na_2S_2O_3$ 标准溶液滴定此析出的 I_2，从而间接测定氧化性物质的量，称为碘量法（或间接碘法）。例如用碘量法测定 H_2O_2 的反应为：

$$H_2O_2 + 2I^-(过量) + 2H^+ \rightleftharpoons I_2 + 2H_2O$$

$$I_2 + 2S_2O_3^{2-} \rightleftharpoons 2I^- + S_4O_6^{2-}$$

在碘量法中，为了获得准确结果，必须注意以下几点。

① 必须控制溶液的酸度。为了使 $S_2O_3^{2-}$ 与 I_2 之间的反应迅速、定量地完成，酸度应控制在中性或弱酸性，因为在碱性溶液中除了 I_2 会发生歧化反应外，还会发生如下副反应，影响测定结果。

$$S_2O_3^{2-}+4I_2+10OH^- \rightleftharpoons 2SO_4^{2-}+8I^-+5H_2O$$

② 防止 I_2 的挥发。在 I_2 析出后，立即用 $Na_2S_2O_3$ 滴定，不能放置过久，且滴定应在室温下（一般低于 30℃）在碘量瓶中进行，并防止剧烈振荡。

③ 光照会促进 I^- 被空气氧化，也会促进 $Na_2S_2O_3$ 的分解，因此要避免阳光直接照射。

（2）硫代硫酸钠标准溶液的配制与标定

硫代硫酸钠试剂常含有少量杂质，如 S、Na_2SO_4、Na_2CO_3、NaCl 等，同时还容易风化、潮解，故不能采用直接法配制标准溶液，只能采用间接法配制。$Na_2S_2O_3$ 溶液不稳定，容易分解。例如：

① 与溶解在水中的 CO_2 反应

$$Na_2S_2O_3+H_2CO_3 \rightleftharpoons NaHCO_3+NaHSO_3+S\downarrow$$

② 与空气中的 O_2 反应

$$2Na_2S_2O_3+O_2 \rightleftharpoons 2Na_2SO_4+2S\downarrow$$

③ 水中微生物的影响

$$Na_2S_2O_3 \xrightarrow{\text{微生物}} Na_2SO_3+S\downarrow$$

因此，配制 $Na_2S_2O_3$ 标准溶液时，为了赶出溶液中的 CO_2 和杀死细菌，应使用新煮沸并冷却了的蒸馏水，并加入少量 Na_2CO_3 使溶液呈微碱性（抑制细菌的繁殖，以防 $Na_2S_2O_3$ 的分解）。为了避免日光对 $Na_2S_2O_3$ 的分解作用，溶液应保存在棕色瓶中，放置阴暗处 8～14 天再用基准物标定，若发现溶液浑浊，需重新配制。

标定 $Na_2S_2O_3$ 溶液的基准物质有 KIO_3、$KBrO_3$、$K_2Cr_2O_7$、纯铜等，这些物质均能与过量 I^- 反应定量析出 I_2。

$$Cr_2O_7^{2-}+6I^-+14H^+ \rightleftharpoons 2Cr^{3+}+3I_2+7H_2O$$

$$IO_3^-+5I^-+6H^+ \rightleftharpoons 3I_2+3H_2O$$

$$BrO_3^-+6I^-+6H^+ \rightleftharpoons 3I_2+3H_2O+Br^-$$

$$2Cu^{2+}+4I^- \rightleftharpoons 2CuI\downarrow+I_2$$

析出的 I_2 用 $Na_2S_2O_3$ 标准溶液滴定，滴定反应为

$$2S_2O_3^{2-}+I_2 \rightleftharpoons S_4O_6^{2-}+2I^-$$

标定时应注意以下几点。

① 基准物与 KI 反应时，溶液的酸度愈大，反应速率愈快，但酸度太大时，I^- 容易被空气中的 O_2 氧化，所以在开始滴定时，酸度一般以 $0.8\sim1.0\text{mol}\cdot L^{-1}$ 为宜。

② $K_2Cr_2O_7$ 与 KI 的反应速率较慢，应将溶液在暗处放置一定时间（5min），待反应完全后，加水稀释反应物，使溶液的酸度变小（酸度过高影响 $Na_2S_2O_3$ 与 I_2 的定量反应），Cr^{3+} 的绿色变浅（终点颜色变化敏锐），再用 $Na_2S_2O_3$ 溶液滴定析出的 I_2（KIO_3 与 KI 的反应速率快，不需要放置）。

③ 把握好加入淀粉指示剂的时间。应先以 $Na_2S_2O_3$ 溶液滴定至溶液浅黄色，即大部分 I_2 已被还原后再加入淀粉溶液，继续用 $Na_2S_2O_3$ 溶液滴定至蓝色恰好消失，即为终点。淀粉指示剂若加入过早，则大量的 I_2 与淀粉结合生成蓝色物质，这一部分 I_2 就不容易与 $Na_2S_2O_3$ 反应，因而使滴定产生误差。

滴定至终点后，再经过几分钟，溶液又会出现蓝色，这是由于空气中的 O_2 氧化 I^- 所引起的，对测定结果没有影响。

7.6.3.3 碘量法的应用

（1）水中溶解氧的测定

溶解于水中的氧称为溶解氧，常以 DO 表示。水中溶解氧的含量与大气压力、水的温度

有密切关系，大气压力降低，溶解氧含量也减小。温度升高，溶解氧含量将显著下降。溶解氧的含量用1L水中溶解的氧气量（O_2，$mg \cdot L^{-1}$）表示。

① 测定水体溶解氧的意义　水体中溶解氧含量的多少，反映出水体受到污染的程度。清洁的地面水在正常情况下，所含溶解氧接近于饱和状态。如果水中含有藻类，由于光合作用而放出氧，就可能使水中含有过饱和的溶解氧。但当水体受到污染时，由于氧化污染物质需要消耗氧，水中所含的溶解氧就会减少。因此，溶解氧的测定是衡量水污染的一个重要指标。

② 水中溶解氧的测定方法　清洁的水样一般采用碘量法测定。若水样有色或含有氧化性或还原性物质、藻类、悬浮物时将干扰测定，则需采用叠氮化钠修正的碘量法或膜电极法等其他方法测定。

碘量法测定溶解氧的原理是：在水样中加入硫酸锰和碱性碘化钾溶液，使生成氢氧化亚锰沉淀。氢氧化亚锰性质极不稳定，迅速与水中溶解氧化合生成棕色锰酸锰沉淀。

$$MnSO_4 + 2NaOH \rightleftharpoons Mn(OH)_2 \downarrow + Na_2SO_4 \quad \text{白色沉淀}$$

$$2Mn(OH)_2 + O_2 \rightleftharpoons 2H_2MnO_3 \downarrow \quad \text{棕色沉淀}$$

$$Mn(OH)_2 + H_2MnO_3 \rightleftharpoons MnMnO_3 \downarrow + 2H_2O \quad \text{棕色沉淀}$$

加入硫酸酸化，使已经化合的溶解氧与溶液中所加入的 I^- 起氧化还原反应，析出与溶解氧相当量的 I_2。溶解氧越多，析出的碘也越多，溶液的颜色也就越深。

$$MnMnO_3 + 3H_2SO_4 + 2KI \rightleftharpoons 2MnSO_4 + K_2SO_4 + I_2 + 3H_2O$$

最后取出一定量反应完毕的水样，以淀粉为指示剂，用 $Na_2S_2O_3$ 标准溶液滴定至终点。

（2）维生素C（Vc）的测定

维生素C又称抗坏血酸（$C_6H_8O_6$），摩尔质量为 $171.62g \cdot mol^{-1}$。由于维生素C分子中的烯二醇基具有还原性，所以它能被 I_2 定量地氧化成二酮基，其反应为：

```
 ┌──O──┐    H  OH          ┌──O──┐        H  OH
 │     │    |  |           │     │        |  |
 C─C═C─C──C─CH + I2  ⇌   C─C─C─C──C─CH + 2HI
 ‖ | | |  |  |            ‖ ‖ ‖ |   |  |
 O OHOHH  H  H            O O O H   OH H
```

维生素C的半反应式为：

$$C_6H_6O_6 + 2H^+ + 2e^- \rightleftharpoons C_6H_8O_6 \qquad \varphi^{\ominus}_{C_6H_6O_6/C_6H_8O_6} = +0.18V$$

由于维生素C的还原性很强，在空气中极易被氧化，尤其在碱性介质中更甚，测定时应加入HAc使溶液呈现弱酸性，以减少维生素C的副反应。

维生素C含量的测定方法是：准确称取含维生素C的试样，溶解在新煮沸且冷却的蒸馏水中，以HAc酸化，加入淀粉指示剂，迅速用 I_2 标准溶液滴定至终点（呈现稳定的蓝色）。

维生素C在空气中易被氧化，所以在HAc酸化后应立即滴定。由于蒸馏水中溶解有氧，因此蒸馏水必须事先煮沸，否则会使测定结果偏低。如果试液中有能被 I_2 直接氧化的物质存在，则对测定有干扰。

（3）直接碘法测定 H_2S 或 S^{2-}

在弱酸性溶液中，I_2 能氧化 S^{2-}，反应式为

$$H_2S + I_2 \rightleftharpoons S \downarrow + 2H^+ + 2I^-$$

以淀粉作为指示剂，用 I_2 标准溶液滴定 H_2S。滴定不能在碱性溶液中进行，否则部分 S^{2-} 将被氧化为 SO_4^{2-}，反应式为

$$S^{2-} + 4I_2 + 8OH^- \rightleftharpoons SO_4^{2-} + 8I^- + 4H_2O$$

在碱性溶液中 I_2 也会发生歧化反应。

(4) 碘量法测定铜合金中的铜

先把试样预处理，使铜转换为 Cu^{2+}，Cu^{2+} 与 I^- 的反应为

$$2Cu^{2+}+4I^- \rightleftharpoons 2CuI\downarrow+I_2$$

析出的 I_2 用 $Na_2S_2O_3$ 标准溶液滴定，就可计算出铜的含量。

为了使上述反应进行完全，必须加入过量的 KI，KI 既是还原剂，又是沉淀剂和配位剂（将 I_2 配位为 I_3^-）。

由于 CuI 沉淀强烈地吸附 I_2，会使测定结果偏低。加入 KSCN，使 CuI 转化为溶解度更小、无吸附作用的 CuSCN 沉淀。

$$CuI+KSCN \rightleftharpoons CuSCN\downarrow+KI$$

则不仅可以释放出被 CuI 吸附的 I_2，而且反应时再生出来的 I^- 可与未作用的 Cu^{2+} 反应，这样，就可以使用较少的 KI 却能使反应进行得完全。但是 KSCN 只能在接近终点时加入，否则 SCN^- 可能被 Cu^{2+} 氧化而使结果偏低。

为了防止铜盐水解，反应必须在酸性溶液中进行（一般控制 pH 值在 3～4 之间）。如果酸度过低，反应速率慢，终点拖长；酸度过高，则 I^- 被空气氧化为 I_2 的反应被 Cu^{2+} 催化而加快，使结果偏高。又因大量 Cl^- 可与 Cu^{2+} 配合，因此应使用 H_2SO_4 而不用 HCl 溶液。

测定时应注意防止其他共存离子的干扰，例如试样含有 Fe^{3+} 时，由于 Fe^{3+} 能氧化 I^-，其反应为 $2Fe^{3+}+2I^- \rightleftharpoons 2Fe^{2+}+I_2$，故干扰铜的测定。若加入 NH_4HF_2，可使 Fe^{3+} 生成稳定的 $[FeF_6]^{3-}$ 配离子，使 Fe^{3+}/Fe^{2+} 电对的条件电极电位降低，从而防止 Fe^{3+} 氧化 I^-。NH_4HF_2 和 H_2SO_4 还可控制溶液的酸度，使 pH 值为 3～4。

7.7 其他氧化还原滴定法

(1) 铈量法

$Ce(SO_4)_2$ 是一种强氧化剂，一般在酸度较高的溶液中使用，在酸度较低的溶液中 Ce^{4+} 易水解。在 H_2SO_4 介质中，$Ce(SO_4)_2$ 的条件电极电位接近于 $KMnO_4$，所以能用 $KMnO_4$ 法测定的物质，一般也能用铈量法测定。与高锰酸钾法相比，铈量法具有如下特点。

① $Ce(SO_4)_2$ 稳定，放置较长时间或加热煮沸也不分解。

② 可由易于提纯的 $Ce(SO_4)_2\cdot 2(NH_4)_2SO_4\cdot 2H_2O$ 直接配制标准溶液，不必进行标定。

③ Ce^{4+} 还原为 Ce^{3+} 时，只有一个电子的转移：$Ce^{4+}+e^- \rightleftharpoons Ce^{3+}$

在还原过程中不生成中间价态的产物，反应简单，没有诱导反应。能在 HCl 溶液中直接滴定 Fe^{2+}。

④ Ce^{4+} 呈橙黄色，Ce^{3+} 无色，故 Ce^{4+} 可作为指示终点的自身指示剂，但灵敏度不高，一般采用邻二氮菲-铁(Ⅱ) 作为指示剂，溶液的颜色由红色变为浅蓝色即为滴定终点。

(2) 溴酸钾法

溴酸钾法是用 $KBrO_3$ 作氧化剂的滴定方法。$KBrO_3$ 在酸性溶液中是一种强氧化剂，其半反应为

$$2BrO_3^-+12H^++10e^- \rightleftharpoons Br_2+6H_2O \qquad \varphi^{\ominus}_{BrO_3^-/Br_2}=1.44V$$

但 $KBrO_3$ 本身和还原剂的反应进行得很慢，实际上常在 $KBrO_3$ 标准溶液中加入过量 KBr（或在滴定前加入 KBr），当溶液酸化时，BrO_3^- 即氧化 Br^- 而析出 Br_2，生成的 Br_2 能

氧化具有还原性的物质。

溴酸钾法常与碘量法配合使用，即先用已知过量的 $KBrO_3$ 标准溶液与待测物质作用，然后过剩的 $KBrO_3$ 在酸性溶液中与 KI 作用，析出游离 I_2，再用 $Na_2S_2O_3$ 标准溶液滴定析出的 I_2。这种间接溴酸钾法在有机物分析中应用较多。例如测定苯酚时，在苯酚试液中加入已知过量的 $KBrO_3$-KBr 标准溶液，以 HCl 溶液酸化后，$KBrO_3$ 与 KBr 反应产生一定量的游离 Br_2。

$$BrO_3^- + 5Br^- + 6H^+ \rightleftharpoons 3Br_2 + 3H_2O$$

此 Br_2 与苯酚发生如下反应

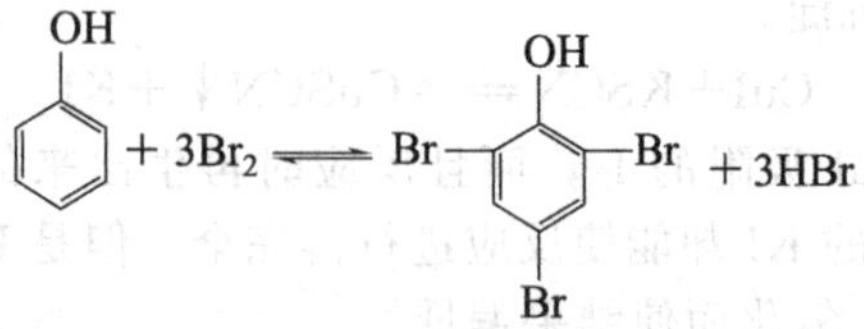

$$C_6H_5OH\ (\text{OH}) + 3Br_2 \rightleftharpoons \text{Br}\text{-}C_6H_2(OH)\text{-Br}\ (\text{Br}) + 3HBr$$

待反应完成后，剩余的 Br_2 与 KI 作用，置换出一定量的 I_2，再用 $Na_2S_2O_3$ 标准溶液滴定。根据上述反应中的计量关系可计算出试样中苯酚的含量。

7.8 氧化还原滴定结果的计算

氧化还原滴定法结果的计算主要依据氧化还原反应式中的化学计量关系。计算时根据反应式确定标准物与被测物之间的化学计量关系，列出化学计算式，再计算。现举例如下。

【例 7-8】 今有不纯的 KI 试样 0.3504g，在 H_2SO_4 溶液中加入纯 K_2CrO_4 0.1940g 与之反应，煮沸逐出生成的 I_2。放冷后又加入过量 KI，使之与剩余的 $K_2Cr_2O_7$ 作用，析出的 I_2 用 $0.1020mol \cdot L^{-1}$ $Na_2S_2O_3$ 标准溶液滴定，用去 10.23mL。问试样中 KI 的质量分数是多少？

解： 方法一

$$2CrO_4^{2-} + 2H^+ \rightleftharpoons Cr_2O_7^{2-} + H_2O$$

$$Cr_2O_7^{2-} + 6I^- + 14H^+ \rightleftharpoons 2Cr^{3+} + 3I_2 + 7H_2O$$

$$2S_2O_3^{2-} + I_2 \rightleftharpoons 2I^- + S_4O_6^{2-}$$

因为 $2CrO_4^{2-} \Bumpeq 1Cr_2O_7^{2-} \Bumpeq 6I^- \Bumpeq 3I_2 \Bumpeq 6S_2O_3^{2-}$

所以 $1CrO_4^{2-} \Bumpeq 3I^-$ $1CrO_4^{2-} \Bumpeq 3S_2O_3^{2-}$

剩余 K_2CrO_4 的物质的量 $n_{K_2CrO_4} = 0.1020 \times 10.23 \times \frac{1}{3} \times 10^{-3} = 3.478 \times 10^{-4}mol$

K_2CrO_4 的总物质的量 $n = \frac{0.1940}{194.19} = 0.999 \times 10^{-3}mol$

与试样作用的 K_2CrO_4 的物质的量 $n = 0.999 \times 10^{-3} - 3.478 \times 10^{-4} = 6.522 \times 10^{-4}$

$$w_{KI} = \frac{0.6522 \times 10^{-3} \times 3 \times 166.00}{0.3504} \times 100\%$$

$$= 92.55\%$$

方法二

由电子得失情况可以得到下面的化学计量关系：

$2CrO_4^{2-} \Bumpeq 1Cr_2O_7^{2-} \Bumpeq 6I^- \Bumpeq 3I_2 \Bumpeq 6S_2O_3^{2-}$

则
$$w_{KI}=\frac{m_{KI}}{G}\times100\%=\frac{3M_{KI}\times n_{与试样作用的K_2CrO_4}}{G}\times100\%$$
$$=\frac{3M_{KI}(n_{总K_2CrO_4}-n_{剩K_2CrO_4})}{G}\times100\%$$
$$=\frac{3M_{KI}(n_{总K_2CrO_4}-\frac{1}{3}n_{Na_2S_2O_3})}{G}\times100\%$$
$$=\frac{3\times166.00\times\left(\frac{0.1940}{194.19}-\frac{1}{3}\times0.1020\times0.01023\right)}{0.3504}\times100\%$$
$$=92.55\%$$

【例 7-9】 称取软锰矿试样 0.1000g，经碱熔（与 Na_2O_2 反应）后，得到 MnO_4^{2-}。煮沸溶液以除去过氧化物。酸化溶液，此时 MnO_4^{2-} 发生歧化反应，生成 MnO_4^- 和 MnO_2。过滤除去 MnO_2，用 $0.1012mol\cdot L^{-1}$ Fe^{2+} 标准溶液滴定 MnO_4^-，用去 25.80mL。计算试样中 MnO_2 的质量分数。

解：有关反应式为

碱熔反应　　$MnO_2+Na_2O_2 \rightleftharpoons Na_2MnO_4$

酸化过程　　$3MnO_4^{2-}+4H^+ \rightleftharpoons 2MnO_4^-+MnO_2\downarrow+2H_2O$

滴定反应　　$MnO_4^-+5Fe^{2+}+8H^+ \rightleftharpoons Mn^{2+}+5Fe^{3+}+4H_2O$

由反应的计量关系，应存在下列关系
$$1MnO_2 \Leftrightarrow 1MnO_4^{2-}，1MnO_4^{2-} \Leftrightarrow \frac{2}{3}MnO_4^-，\frac{2}{3}MnO_4^- \Leftrightarrow \frac{10}{3}Fe^{2+}$$

所以被测物 MnO_2 与标准物 Fe^{2+} 之间的计量关系为 $n_{MnO_2}=\frac{3}{10}n_{Fe^{2+}}$

故
$$w_{MnO_2}=\frac{\frac{3}{10}c_{Fe^{2+}}V_{Fe^{2+}}\times\frac{M(MnO_2)}{1000}}{m_s}\times100\%$$
$$=\frac{\frac{3}{10}\times0.1012\times25.80\times\frac{86.94}{1000}}{0.1000}\times100\%$$
$$=68.10\%$$

【例 7-10】 称取苯酚试样 0.4082g，用 NaOH 溶解后，移入 250.0mL 容量瓶中，加入稀释至刻度，摇匀。吸取 25.00mL，加入溴酸钾标准溶液（$KBrO_3+KBr$）25.00mL，然后加入 HCl 及 KI。待析出 I_2 后，再用 $0.1084mol\cdot L^{-1}$ $Na_2S_2O_3$ 标准溶液滴定，用去 20.04mL。另取 25.00mL 溴酸钾标准溶液做空白实验，消耗同浓度的 $Na_2S_2O_3$ 41.60mL。试计算试样中苯酚的质量分数。

解：有关的反应式为
$$BrO_3^-+5Br^-+6H^+ \rightleftharpoons 3Br_2+3H_2O$$
$$3Br_2+C_6H_5OH \rightleftharpoons C_6H_2Br_3OH+3HBr$$
$$Br_2+2I^- \rightleftharpoons I_2+2Br^-$$
$$2S_2O_3^{2-}+I_2 \rightleftharpoons 2I^-+S_4O_6^{2-}$$

可知：$1BrO_3^- \Leftrightarrow 1C_6H_5OH \Leftrightarrow 6S_2O_3^{2-}$

则
$$c_{KBrO_3}V_{KBrO_3}=\frac{1}{6}c_{Na_2S_2O_3}V_{Na_2S_2O_3}$$

得：
$$c_{KBrO_3}=\frac{41.60\times 0.1084}{6\times 25.00}=0.03006\text{mol}\cdot\text{L}^{-1}$$

故苯酚在试样中的含量为

$$w_{C_6H_5OH}=\frac{\left(n_{KBrO_3}-\frac{1}{6}c_{Na_2S_2O_3}V_{Na_2S_2O_3}\right)M_{C_6H_5OH}}{m_s}\times 100\%$$

$$=\frac{\left(0.03006\times 25.00-\frac{1}{6}\times 0.1084\times 20.04\right)\times\frac{94.14}{1000}}{0.4082\times\frac{25.00}{25.00}}\times 100\%$$

$$=89.81\%$$

思考题

1. 条件电极电位和标准电极电位有什么不同？影响条件电极电位的外界因素有哪些？
2. 在 Cl^-、Br^- 和 I^- 三种离子的混合物溶液中，欲将 I^- 氧化为 I_2，而又不使 Br^- 和 Cl^- 氧化，在常用的氧化剂 $Fe_2(SO_4)_3$ 和 $KMnO_4$ 中应选择哪一种？
3. 已知在 $1\text{mol}\cdot\text{L}^{-1}$ H_2SO_4 介质中，$\varphi^{\ominus\prime}_{Fe^{3+}/Fe^{2+}}=0.68\text{V}$。1,10-邻二氮菲与 Fe^{3+}、Fe^{2+} 均能形成配合物，加入1,10-邻二氮菲后，体系的条件电极电位变为1.06V。试问：Fe^{3+}、Fe^{2+} 和1,10-邻二氮菲形成的配合物中，哪一种更稳定？
4. 影响氧化还原反应速率的主要有哪些因素？
5. 氧化还原滴定法中，对于两个电对的标准电极电位有何要求？化学反应平衡常数大的氧化还原反应就能应用于氧化还原滴定中吗？为什么？
6. 解释下列现象。
   (1) 将氯水慢慢加入到含有 Br^- 和 I^- 的酸性溶液中，以 CCl_4 萃取，CCl_4 层变为紫色。
   (2) $\varphi^{\ominus}_{I_2/I^-}(0.534\text{V})>\varphi^{\ominus}_{Cu^{2+}/Cu^+}(0.159\text{V})$，但是 Cu^{2+} 却能将 I^- 氧化为 I_2。
   (3) Fe^{2+} 的存在加速 $KMnO_4$ 氧化 Cl^- 的反应。
   (4) 以 $KMnO_4$ 滴定 $C_2O_4^{2-}$ 时，滴入 $KMnO_4$ 的红色消失速度由慢到快。
   (5) 于 $K_2Cr_2O_7$ 标准溶液中，加入过量KI，以淀粉为指示剂，用 $Na_2S_2O_3$ 溶液滴定至终点时，溶液由蓝色变为绿色。
   (6) 以纯铜标定 $Na_2S_2O_3$ 溶液时，滴定到达终点后（蓝色消失）又返回到蓝色。
7. 氧化还原指示剂的变色原理和选择与酸碱指示剂有何异同？
8. 如何分别滴定混合液中的 Cr^{3+} 及 Fe^{3+}？
9. 用 $KMnO_4$ 为预氧化剂，Fe^{2+} 为滴定剂，试简述测定 Cr^{3+}、VO^{2+} 混合液中 Cr^{3+}、VO^{2+} 的方法原理。
10. 碘量法的主要误差来源有哪些？为什么碘量法不适宜在高酸度或高碱度介质中进行？
11. 在 $1.0\text{mol}\cdot\text{L}^{-1}$ 介质中用 Ce^{4+} 滴定 Fe^{2+} 时，使用二苯胺磺酸钠为指示剂，误差超过0.1%，而加入 $0.5\text{mol}\cdot\text{L}^{-1}$ H_3PO_4 后，误差小于0.1%，试说明原因。
12. 用碘量法滴定含 Fe^{3+} 的 H_2O_2 试液，应注意哪些问题？

习　题

1. 在 $1\text{mol}\cdot\text{L}^{-1}$ HCl溶液中，当 $[Cl^-]=1.0\text{mol}\cdot\text{L}^{-1}$ 时，计算 Ag^+/Ag 电对的条件电极电位。（0.21V）
2. 在 $1.5\text{mol}\cdot\text{L}^{-1}$ HCl介质中，当 $c_{Cr(Ⅵ)}=0.10\text{mol}\cdot\text{L}^{-1}$，$c_{Cr(Ⅲ)}=0.020\text{mol}\cdot\text{L}^{-1}$ 时，计算 $Cr_2O_7^{2-}/Cr^{3+}$ 电对的电极电位。（1.05V）

3. 银还原器（金属银浸于 $1mol\cdot L^{-1}$ HCl 溶液中）只能还原 Fe^{3+} 而不能还原 Ti(Ⅳ)，计算此条件下 Ag^{+}/Ag 电对的条件电极电位并加以说明。 (0.24V)

4. 当 Zn 的总浓度为 $1.00\times10^{-4}mol\cdot L^{-1}$，$NH_3$ 平衡浓度为 $0.100mol\cdot L^{-1}$ 时，计算 $[Zn(NH_3)_4]^{2+}/Zn$ 电对的电位。 (−1.03V)

5. 计算 $\varphi^{\ominus\prime}_{Hg_2Cl_2/Hg}$。如溶液中 Cl^- 浓度为 $0.010mol\cdot L^{-1}$，Hg_2Cl_2/Hg 电对的电极电位为多少？

(0.266V，0.384V)

6. 已知在 $1mol\cdot L^{-1}$ HCl 介质中，Fe(Ⅲ)/Fe(Ⅱ) 电对的 $\varphi^{\ominus\prime}=0.70V$，Sn(Ⅳ)/Sn(Ⅱ) 电对的 $\varphi^{\ominus\prime}=0.14V$。求在此条件下，反应 $2Fe^{3+}+Sn^{2+}\rightleftharpoons Sn^{4+}+2Fe^{2+}$ 的条件平衡常数。 (9.6×10^{18})

7. 将等体积的 $0.40mol\cdot L^{-1}$ 的 Fe^{2+} 溶液和 $0.10mol\cdot L^{-1}$ Ce^{4+} 溶液相混合，若溶液中 H_2SO_4 浓度为 $0.5mol\cdot L^{-1}$，问反应达平衡后，Ce^{4+} 的浓度是多少？已知 $0.5mol\cdot L^{-1}$ H_2SO_4 中，$\varphi^{\ominus\prime}_{Fe^{3+}/Fe^{2+}}=0.68$，$\varphi^{\ominus\prime}_{Ce^{4+}/Ce^{3+}}=1.45V$。 ($1.5\times10^{-15}mol\cdot L^{-1}$)

8. 在 $1mol\cdot L^{-1}$ HCl 溶液中，用 Fe^{3+} 滴定 Sn^{2+}，计算下列滴定百分率时的电位：9%，50%，91%，99%，99.9%，100.0%，100.1%，101%，110%，200%，并绘制滴定曲线。

9. 计算 $1mol\cdot L^{-1}$ 的 HCl 溶液中用 Fe^{3+} 滴定 Sn^{2+} 时化学计量点的电位，并计算滴定至 99.9%和 100.1%时的电位。 (0.23V，0.50V)

10. 用碘量法测量钢中硫时，先使硫燃烧成 SO_2，被含有淀粉的水溶液吸收后，用标准碘溶液滴定。若称取含硫 0.051%的标准样品和待测样品各 500.00mg，滴定前者用去碘溶液 11.60mL，滴定后者则用去 7.00mL，试用滴定度来表示碘溶液的浓度，并计算待测样品中硫的百分含量。滴定反应为：$I_2+SO_2+2H_2O\rightleftharpoons 2I^-+SO_4^{2-}+4H^+$ ($8.7\times10^{-5}g\cdot mL^{-1}$，0.031%)

11. 称取含有 KI 的试样 0.5000g，溶于水后先用 Cl_2 水氧化 I^- 为 IO_3^-，煮沸除去过量 Cl_2；再加入过量 KI 试剂，滴定 I_2 时消耗了 $0.02082mol\cdot L^{-1}$ $Na_2S_2O_3$ 21.30mL。计算试样中 KI 的质量分数。 (2.45%)

12. 有一批铁矿样，含铁量约为 50%，现用 $0.01667mol\cdot L^{-1}$ 的 $K_2Cr_2O_7$ 溶液滴定，欲使所用的标准溶液的体积在 20～30mL 之间，应称取试样质量的范围是多少？ (0.22～0.34g)

13. 称取含 $NaIO_3$ 和 $NaIO_4$ 的混合试样 1.000g，溶解后定容于 250mL 容量瓶中；准确移取试液 50.00mL，调至弱碱性，加入过量 KI，此时 IO_4^- 被还原为 IO_3^-（IO_3^- 不氧化 I^-）；释放出的 I_2 用 $0.04000mol\cdot L^{-1}$ $Na_2S_2O_3$ 溶液滴定至终点时，消耗 10.00mL。另移取试液 20.00mL，用 HCl 调节溶液至酸性，加入过量的 KI；释放出的 I_2 用 $0.04000mol\cdot L^{-1}$ $Na_2S_2O_3$ 溶液滴定，消耗 30.00mL。计算混合试样中 $w(NaIO_3)$ 和 $w(NaIO_4)$。 (23.10%，21.40%)

14. 某土壤样品 1.000g，用重量法获得 Al_2O_3 和 Fe_2O_3 共 0.1100g，将此混合氧化物用酸溶解并使铁还原后，以 $0.0100mol\cdot L^{-1}$ 的 $KMnO_4$ 进行滴定，用去 8.00mL。试计算土壤样品中 Al_2O_3 和 Fe_2O_3 的百分含量。 (7.81%，3.19%)

15. 称取软锰矿 0.3216g，分析纯的 $Na_2C_2O_4$ 0.3685g，共置于同一烧杯中，加入 H_2SO_4，并加热；待反应完全后，用 $0.02400mol\cdot L^{-1}$ $KMnO_4$ 溶液滴定剩余的 $Na_2C_2O_4$，消耗 $KMnO_4$ 溶液 11.26mL。计算软锰矿中 MnO_2 的质量分数。 (56.08%)

16. 用 KIO_3 标定 $Na_2S_2O_3$ 的浓度，称取 KIO_3 0.3567g，溶于水并稀释至 100.0mL，移取所得溶液 25.00mL，加入 H_2SO_4 及 KI 溶液，用 24.98mL $Na_2S_2O_3$ 滴定析出的 I_2，求 $Na_2S_2O_3$ 的浓度。取上述 $Na_2S_2O_3$ 溶液 25.00mL，用碘溶液 24.83mL 滴定至终点。求碘溶液的浓度。

($0.1001mol\cdot L^{-1}$，$0.05039mol\cdot L^{-1}$)

17. 今有不纯的 KI 试样 0.3500g，在 H_2SO_4 溶液中加入纯 K_2CrO_4 0.1940g 处理，煮沸赶出生成的碘。然后，又加入过量的 KI，使与剩余的 K_2CrO_4 作用，析出的 I_2 用 $0.1000mol\cdot L^{-1}$ $Na_2S_2O_3$ 标准溶液滴定，用去 $Na_2S_2O_3$ 溶液 10.00mL，问试样中 KI 的百分含量。 (94.72%)

18. 丁基过氧化氢（C_4H_9OOH）的摩尔质量为 90.08g/mol，它的测定是在酸性条件下使它与过量碘化钾反应，析出定量的碘，再用硫代硫酸钠标准溶液滴定；反应为：

$$C_4H_9OOH+2I^-+2H^+\rightleftharpoons C_4H_9OH+I_2+H_2O$$

$$I_2+2S_2O_3^{2-}\rightleftharpoons 2I^-+S_4O_6^{2-}$$

今称取含丁基过氧化氢的试样 0.3150g，滴定析出的碘时用去 $0.1000mol\cdot L^{-1}$ $Na_2S_2O_3$ 溶液 18.20mL。试计算试样中丁基过氧化氢的百分含量。 (26.02%)

19. 称取含有苯酚的试样 0.5000g。溶解后加入 0.1000mol·L^{-1} $KBrO_3$ 溶液（其中含有过量 KBr）25.00mL，并加 HCl 酸化，放置。待反应完全后，加入 KI。滴定析出的 I_2 消耗了 0.1003mol·L^{-1} $Na_2S_2O_3$ 溶液 29.91mL。计算试样中苯酚的质量分数。（37.64%）

20. 分析铜矿样 0.6000g，用去 $Na_2S_2O_3$ 溶液 20.00mL。1mL $Na_2S_2O_3$ 相当于 0.004175g $KBrO_3$。计算试样中 Cu_2O 的百分含量。（35.77%）

21. 今有 PbO-PbO_2 混合物。现称取试样 1.234g，加入 20.00mL 0.2500mol·L^{-1} 草酸溶液，将 PbO_2 还原为 Pb^{2+}；然后用氨中和，这时 Pb^{2+} 以 PbC_2O_4 形式沉淀；过滤，滤液酸化后用 $KMnO_4$ 滴定，消耗 0.0400mol·L^{-1} $KMnO_4$ 溶液 10.00mL；沉淀溶解于酸中，滴定时消耗 0.0400mol·L^{-1} $KMnO_4$ 溶液 30.00mL。计算试样中 PbO 和 PbO_2 的质量分数。（36.18%，19.38%）

22. 某试样为等质量的 Na_2CO_3 及 $MgCO_3$ 的混合物，将其中的钙沉淀为 CaC_2O_4，用 H_2SO_4 溶解，需 40.00mL $KMnO_4$ 滴定至终点，1mL $KMnO_4$ 相当于 0.008378g Fe。沉淀过 CaC_2O_4 后的溶液中的 Mg^{2+}，若沉淀成 $MgNH_4PO_4$，问灼烧后能获得 $Mg_2P_2O_7$ 多少克？（0.3963g）

23. 称取含 Mn_3O_4（即 $2MnO+MnO_2$）试样 0.4052g，用 H_2SO_4-H_2O_2 溶解，此时锰以 Mn^{2+} 形式存在；煮沸分解 H_2O_2 后，加入焦磷酸，用 $KMnO_4$ 滴定 Mn^{2+} 至 Mn（Ⅲ），消耗 0.02012mol·L^{-1} $KMnO_4$ 24.50mL，计算试样中 Mn_3O_4 的质量分数。（37.11%）

24. 计算在 H_2SO_4 介质中，用 20.00mL $KMnO_4$ 溶液恰好能氧化 0.1500g $Na_2C_2O_4$ 时 $KMnO_4$ 溶液的浓度。（0.02239mol·L^{-1}）

25. 测定某试样中锰和钒的含量。称取试样 1.000g，溶解后还原成 Mn^{2+} 和 VO^{2+}，用 0.0200mol·L^{-1} $KMnO_4$ 溶液滴定，消耗 3.05mL；加入焦磷酸，继续用上述 $KMnO_4$ 溶液滴定生成的 Mn^{2+} 和原有的 Mn^{2+}，又用去 $KMnO_4$ 5.10mL。计算试样中锰和钒的质量分数。（1.91%，1.55%）

26. 在 pH 值为 1.0 的 0.100mol·L^{-1} $K_2Cr_2O_7$ 溶液中加入固体亚铁盐使 Cr^{6+} 还原至 Cr^{3+}，若此时的平衡电位为 1.17V，求 $Cr_2O_7^{2-}$ 的转化率。($\varphi^{\ominus}_{Cr_2O_7^{2-}/Cr^{3+}}=1.33V$)（99.8%）

第 8 章　沉淀滴定法

8.1　沉淀滴定法概述

沉淀滴定法是以沉淀反应为基础的一种滴定分析法。虽然能形成沉淀的反应很多，但并不是所有的沉淀反应都能用于滴定分析。用于滴定分析的沉淀反应必须符合下列几个条件：

① 生成的沉淀具有恒定的组成，而且溶解度很小；

② 沉淀反应必须迅速、定量地进行；

③ 有合适的方法确定终点。

由于受上述条件的限制，有实际应用价值的沉淀滴定法并不多，目前应用较多的沉淀滴定法是以硝酸银标准溶液作为滴定剂，生成难溶银盐产物的测定方法，称为银量法。银量法的滴定反应为：

$$Ag^{+}+X^{-} = AgX\downarrow \text{（X 为卤素）}$$

用银量法可以对 Cl^{-}、Br^{-}、I^{-}、Ag^{+}、CN^{-}、SCN^{-} 等离子进行测定，也可测定经处理后能定量地产生这些离子的有机物。此外，$K_4[Fe(CN)_6]$ 与 Zn^{2+}、Hg^{2+} 与 S^{2-}、Ba^{2+} 与 SO_4^{2-} 等形成沉淀的反应也可用于滴定，但其实际应用不及银量法普遍。

银量法可分为直接法和间接法。直接法是用 $AgNO_3$ 标准溶液直接滴定被沉淀的物质；间接法是于待测定试液中先加入一定过量的 $AgNO_3$ 标准溶液，再用 NH_4SCN 标准溶液来滴定剩余的 $AgNO_3$ 溶液。其滴定反应为：

$$Ag^{+}+X^{-} = AgX\downarrow \quad \text{（直接法）}$$

$$Ag^{+}+SCN^{-} = AgSCN\downarrow \quad \text{（间接法）}$$

8.2　银量法滴定终点的确定及滴定条件

银量法按滴定终点确定方法的不同可分为摩尔（Mohr）法、佛尔哈德（Volhard）法和法扬司法（Fajans）。

(1) 摩尔法

摩尔法以 $AgNO_3$ 为标准溶液、以铬酸钾（K_2CrO_4）为指示剂指示终点的滴定分析法，试液中卤素含量的测定常采用此法。例如，在含有 Cl^{-} 的中性溶液中，加入 K_2CrO_4 指示剂（黄色），用 $AgNO_3$ 标准溶液滴定。在加入 $AgNO_3$ 标准溶液后，$AgNO_3$ 标准溶液中的 Ag^{+} 先与 Cl^{-} 生成白色 AgCl 沉淀，当试液中的 Cl^{-} 与 Ag^{+} 反应完全时，过量一点的 Ag^{+} 和 CrO_4^{2-} 反应，生成砖红色的 Ag_2CrO_4 沉淀，指示终点。主要反应为：

$$Ag^{+}+Cl^{-} = AgCl\downarrow \text{（白色）}$$

$$2Ag^{+}+CrO_4^{2-} = Ag_2CrO_4\downarrow \text{（砖红色）}$$

根据分步沉淀[1]原理，由于 AgCl 沉淀比 Ag_2CrO_4 沉淀溶解度小，因此在滴定过程中 AgCl 先沉淀出来。随着 $AgNO_3$ 溶液的加入，AgCl 沉淀不断生成，试液中 Cl^- 的浓度越来越小，当反应到达化学计量点时，过量 1～1/2 滴（误差要求范围内）的 $AgNO_3$ 标准溶液与 K_2CrO_4 反应，生成砖红色的 Ag_2CrO_4 沉淀，指示终点到达。

显然，指示剂 K_2CrO_4 的用量对于指示终点有较大影响。CrO_4^{2-} 浓度过高或过低，Ag_2CrO_4 沉淀的析出就会过早或推迟，因而产生一定的终点误差，所以要求 Ag_2CrO_4 沉淀应该恰好在滴定反应的化学计量点时产生。从理论上可以计算出化学计量点时所需 CrO_4^{2-} 的浓度为

$$[Ag^+]=[Cl^-]=\sqrt{K_{sp,AgCl}}=\sqrt{1.56\times10^{-10}}=1.25\times10^{-5}\text{mol}\cdot\text{L}^{-1}$$

$$[CrO_4^{2-}]=\frac{K_{sp,Ag_2CrO_4}}{[Ag^+]^2}=\frac{9.0\times10^{-12}}{1.56\times10^{-10}}=0.058\text{mol}\cdot\text{L}^{-1}$$

由于 K_2CrO_4 显黄色，故实际的滴定终点为黄橙色。当其浓度较高时颜色较深，不易判断砖红色沉淀的出现，因此指示剂实际使用的最适宜浓度为 $0.005\text{mol}\cdot\text{L}^{-1}$ 左右（5% K_2CrO_4 溶液每次加 1～2mL），低于理论浓度 $0.058\text{mol}\cdot\text{L}^{-1}$，终点时 $AgNO_3$ 稍过量，对于通常被测试样浓度为 $0.1\text{mol}\cdot\text{L}^{-1}$ 范围，其过量引起的误差不足 0.1%，而且误差可通过空白试验予以校正。

使用摩尔法要注意以下几点。

① 摩尔法只能在中性或弱碱性（pH＝6.5～10.5）溶液中进行。若在酸性溶液中，由于 CrO_4^{2-} 与 H^+ 发生如下反应：

$$2H^++2CrO_4^{2-}\rightleftharpoons 2HCrO_4^-\rightleftharpoons Cr_2O_7^{2-}+H_2O$$

从而降低了 CrO_4^{2-} 的浓度，影响 Ag_2CrO_4 沉淀的生成；测定也不能在强碱性条件下进行，如果溶液碱性太强，滴入的 $AgNO_3$ 将沉淀为 Ag_2O，即可发生如下反应：

$$2Ag^++2OH^-=2AgOH\rightarrow Ag_2O+H_2O$$

如果试液为酸性或强碱性，可用酚酞作指示剂，以稀 NaOH 溶液或稀 H_2SO_4 溶液调节至酚酞的红色刚好褪去，也可用 $NaHCO_3$、$CaCO_3$ 或 $Na_2B_4O_7$ 等预先中和，然后再滴定。

② 被测试液中不应含有氨，否则将与 $AgNO_3$ 标准溶液生成 $[Ag(NH_3)_2]^+$ 配离子，而使 AgCl 和 Ag_2CrO_4 沉淀溶解。如果溶液中有氨存在，可用酸中和。如果有铵盐存在，而溶液碱性较强，也会增大 NH_3 的浓度，此时，必须控制溶液的 pH 值在 6.5～7.2 为宜。

③ 以摩尔法直接滴定 Cl^- 和 Br^- 时，必须剧烈摇动。因为生成的 AgCl 沉淀易吸附 Cl^-，使终点过早出现，因此在滴定中，必须剧烈摇动，使被吸附的 Cl^- 释出；测 Br^- 时，生成的 AgBr 沉淀更易吸附 Br^-，则要更剧烈摇动。

④ 能与 Ag^+ 生成沉淀的 PO_4^{3-}、AsO_3^{3-}、CO_3^{2-} 等阴离子，能与 CrO_4^{2-} 生成沉淀的 Ba^{2+}、Pb^{2+} 等阳离子，大量的有色离子 Cu^{2+}、Co^{2+}、Ni^{2+} 等，能与 Ag^+ 生成配合物的物质 EDTA，以及在中性或弱碱性溶液中易水解的 Fe^{3+}、Al^{3+}、Bi^{3+}、Sn^{4+} 等离子对测定都有影响，应预先除去。

⑤ 摩尔法不能用于准确测定碘化物和硫氰化物，因为 AgI 和 AgSCN 沉淀对 I^- 和 SCN^- 强烈吸附，使终点提前出现，且终点变化也不明显。

⑥ 摩尔法不适于以 NaCl 标准溶液测定 Ag^+。若要用此法测定试样中的 Ag^+，可采用返滴定法。即在试液中加入一定过量的 NaCl 标准溶液，然后用 $AgNO_3$ 标准溶液返滴定过

---

[1] 分步沉淀法：若溶液中同时存在几种相同浓度的离子都能和所加入的沉淀剂起反应生成沉淀，则离子沉淀的先后顺序与溶度积有关，溶度积较小的先沉淀。利用溶度积大小不同进行先后沉淀称为分步沉淀。

量的 Cl^-。

(2) 佛尔哈德法

佛尔哈德法以铁铵矾作指示剂，用于测定 Ag^+ 和卤素离子含量，此法可用直接滴定和返滴定两种方式进行。

① 直接滴定法测定 Ag^+　测定 Ag^+ 时，采用直接法。在含有 Ag^+ 的酸性溶液中，加入铁铵矾[$NH_4Fe(SO_4)_2 \cdot 12H_2O$] 指示剂，用 NH_4SCN 标准溶液直接滴定。滴定过程中，生成 AgSCN 白色沉淀，当加入 NH_4SCN 标准溶液与试液中被测定的 Ag^+ 反应完全时（化学计量点）时，稍过量的 SCN^- 即与铁铵矾中的 Fe^{3+} 反应，生成红色的 $FeSCN^{2+}$ 配合物，指示终点到达。主要反应为：

$$Ag^+ + SCN^- \rightleftharpoons AgSCN\downarrow \text{(白色)}$$

$$Fe^{3+} + SCN^- \rightleftharpoons FeSCN^{2+} \text{(红色)}$$

在滴定过程中不断有 AgSCN 沉淀形成，AgSCN 沉淀会吸附溶液中被测组分 Ag^+，使 Ag^+ 浓度降低；当 SCN^- 浓度增加时，导致红色的最初出现会略早于化学计量点。因此，滴定过程中也需剧烈摇动，使被吸附的 Ag^+ 释出。

② 返滴定法测定卤素离子　用佛尔哈德法测定卤素时采用返滴定法，即在含有卤素离子的 HNO_3 溶液中先加入已知过量的 $AgNO_3$ 标准溶液，再以铁铵矾作指示剂，用 NH_4SCN 标准溶液回滴剩余的 Ag^+。

$$Ag^+ + X^- \rightleftharpoons AgX\downarrow$$

$$Ag^+ + SCN^- \rightleftharpoons AgSCN\downarrow \text{(白色)}$$

$$Fe^{3+} + SCN^- \rightleftharpoons FeSCN^{2+} \text{(红色)}$$

由于滴定在 HNO_3 介质中进行，许多弱酸盐，如 PO_4^{3-}、AsO_4^{3-}、S^{2-} 等都不干扰卤素离子的测定，因此此法选择性较高。

采用本法测定 Cl^- 时，由于 AgSCN 的溶解度小于 AgCl 的溶解度，所以用 NH_4SCN 标准溶液回滴剩余的 Ag^+ 达化学计量点后，稍微过量的 SCN^- 可能与 AgCl 作用，使 AgCl 沉淀转化为 AgSCN 沉淀。沉淀转化指在含有某种沉淀的溶液中，加入适当试剂使该沉淀形成另一种更难溶解于水的沉淀。

$$AgCl + SCN^- = AgSCN\downarrow + Cl^-$$

如果剧烈摇动溶液，反应将不断向右进行，直至达到平衡。显然，到达终点时，已多消耗了一部分 NH_4SCN 标准溶液。为了避免上述误差，通常可采用以下两种措施。

a. 试液中加入一定过量的 $AgNO_3$ 标准溶液后，将溶液加热煮沸，使 AgCl 凝聚，以减少 AgCl 沉淀对 Ag^+ 的吸附。滤去沉淀，并用稀 HNO_3 充分洗涤沉淀，然后用 NH_4SCN 标准溶液回滴滤液中余量的 Ag^+。

b. 试液中加入一定量过量的 $AgNO_3$ 标准溶液后，加入 1～2mL 有机溶剂（如硝基苯、1,2-二氯乙烷），并且不断摇动，使 AgCl 沉淀表面覆盖一层有机溶剂，避免与滴定溶液接触，从而阻止 SCN^- 与 AgCl 沉淀发生沉淀转化反应。

用返滴定法测定溴化物或碘化物时，由于 AgBr 和 AgI 的溶度积均比 AgSCN 小，不会发生沉淀转化反应，不必采取上述措施。但在测定 I^- 时，应先加入过量 $AgNO_3$ 溶液后再加指示剂，以避免发生如下反应：$2Fe^{3+} + 2I^- = 2Fe^{2+} + I_2$，影响分析结果的准确性。

应用佛尔哈德法的注意事项如下。

① 为了使 Fe^{3+} 不致水解，佛尔哈德法必须在酸性溶液中滴定，通常在 0.1～1mol·L^{-1} 的 HNO_3 溶液中进行。因为指示剂中的 Fe^{3+} 在中性或碱性溶液中将形成深色 $FeOH^{2+}$ 配合物，甚至产生沉淀而影响测定结果；Fe^{3+} 的浓度一般控制在 0.015mol·L^{-1} 左右，Fe^{3+} 的浓度过大也会因其黄色而干扰终点的观察。

② 氧化剂和氮的氧化物以及铜盐、汞盐可与 SCN^- 作用而干扰测定，必须预先分离除去。

(3) 法扬司法

法扬司法用有色有机化合物（也称有机染料）作吸附指示剂，这类指示剂当被胶体微粒吸附到表面上时，会由于分子结构发生变化而发生颜色变化，从而可指示滴定终点。例如用 $AgNO_3$ 测定 Cl^- 时，常用荧光黄作指示剂，荧光黄是一种有机弱酸，可用 HFIn 表示。在溶液中离解为 FIn^- 呈黄绿色，而 FIn^- 被吸附到胶体上后，分子结构发生变化，呈淡红色，在滴定过程中，化学计量点前，由于 AgCl 沉淀表面吸附了 Cl^-，呈负电性，则对 FIn^- 不吸附，化学计量点后，稍过量的 $AgNO_3$ 使 AgCl 沉淀吸附 Ag^+ 呈正电性，则带正电荷的胶体微粒将吸附 FIn^- 阴离子，使溶液颜色由黄绿色变为淡红色，指示终点到达。

主要反应示意如下：

标准液：$AgNO_3$。

指示剂：吸附指示剂（如荧光黄）

$$\underset{\text{(荧光黄)}}{HFIn} \rightleftharpoons H^+ + \underset{\text{(黄绿色)}}{FIn^-}$$

在滴定未至化学计量点时，Cl^- 量大，$AgCl \cdot Cl^-$ 带负电，不吸附 FIn^-，但到达化学计量点后，多滴入半滴（误差内），则：

$$AgCl \cdot Ag^+ + \underset{\text{(黄绿色)}}{FIn^-} = \underset{\text{(粉红色)}}{AgCl \cdot Ag \cdot FIn} \qquad \text{指示终点}$$

为了使终点颜色变化明显，应用吸附指示剂时要注意以下几点。

① 由于吸附指示剂的颜色变化发生在沉淀微粒表面上，欲使终点变色明显，应尽可能使卤化银沉淀呈胶体状态，具有较大的表面积。因此为了提高终点观察的灵敏度，在滴定前应将溶液稀释，并加入糊精、淀粉等高分子化合物保护胶体，以增大沉淀的表面积，吸附更多的指示剂，以防止 AgCl 沉淀凝聚。

② 溶液的酸度要适当。常用的吸附指示剂大多是有机弱酸，而起指示作用的是它们的阴离子，因此必须控制溶液的 pH 值。不同的吸附剂，所需要的酸度条件不一样，一般控制在中性或弱碱性溶液中滴定，防止指示剂阴离子与 H^+ 结合，生成不带电荷的物质而不被吸附，当然，对酸性强的吸附剂，酸度可适当高些。例如荧光黄，其 $pK_a^\ominus \approx 7$，当溶液 pH 值低时，荧光黄大部分以 HFIn 形式存在，不会被卤化银沉淀吸附，不能指示终点。用荧光黄作指示剂时，溶液的 pH 值应为 7～10。$pK_a^\ominus$ 较小的指示剂，可以在 pH 值较低的溶液中指示终点。如二氯荧光黄（$pK_a^\ominus \approx 4$）可在 pH＝4～10 范围内进行滴定；而曙红（四溴荧光黄，$pK_a^\ominus \approx 2$）在 pH＝2 时仍可应用。

③ 卤化银沉淀对光敏感，见光易分解析出金属银，使沉淀很快转变为灰黑色，影响终点观察，因此在沉淀过程中应避免强光照射。

④ 胶体微粒对指示剂离子的吸附能力应略小于对待测离子的吸附能力，以免指示剂在化学计量点前变色。但吸附能力也不能太小，否则终点时变色也不敏锐。卤化银对卤离子和几种常用吸附指示剂吸附能力的次序如下：

$$I^- > SCN^- > Br^- > \text{曙红} > Cl^- > \text{荧光黄}$$

因此，用 $AgNO_3$ 滴定 Cl^- 时应选用荧光黄作指示剂，而不能选用曙红，但滴定 Br^-、I^-、SCN^- 时则宜选用曙红。

⑤ 指示剂的离子与加入的滴定剂离子应带有相反的电荷。如用 Ag^+ 滴定 Cl^- 时，采用荧光黄 FIn^- 作指示剂。

⑥ 溶液中被滴定的离子的浓度不能太低（如用荧光黄作指示剂，用 $AgNO_3$ 溶液滴定

Cl^-时，Cl^-浓度要求在0.005mol·L^{-1}以上，但Br^-、I^-、SCN^-等灵敏度稍高，浓度可低至0.001mol·L^{-1}），因为浓度太低时沉淀很少，观察终点比较困难。

吸附指示剂种类很多，现将常用的列于表8-1中。

表8-1 常用的吸附指示剂及其应用

指示剂	被滴定的离子	滴定剂	滴定条件
荧光黄	Cl^-	Ag^+	pH7～10(一般pH7～8)
二氯荧光黄	Cl^-、Br^-、I^-、SCN^-	Ag^+	pH4～10(一般pH5～8)
曙红	Br^-、I^-、SCN^-	Ag^+	pH2～10(一般pH3～8)
溴甲酚绿	SCN^-	Ag^+	pH4～5
甲基紫	Ag^+	Cl^-	酸性溶液
罗丹明6G	Ag^+	Br^-	酸性溶液
钍试剂	SO_4^{2-}	Ba^{2+}	pH1.5～3.5
溴酚蓝	Hg_2^{2+}	Cl^-、Br^-	酸性溶液
二甲基二碘荧光黄	I^-	Ag^+	中性

下面举例讨论三种沉淀滴定法的应用。

【例8-1】 测定下列试样中的Cl^-时，选用K_2CrO_4指示终点比较合适的是下面哪一种？

A. $CaCl_2$　B. $BaCl_2$　C. $NaCl+Na_2SO_4$　D. $NaCl+Na_3PO_4$

解：A. 测定$CaCl_2$中Cl^-时，可以采用K_2CrO_4作指示剂，Ca^{2+}不干扰。

B. 测定$BaCl_2$中的Cl^-时，不能采用K_2CrO_4作指示剂，因为$BaCrO_4$的$K_{sp}=1.2\times10^{-10}$，是微溶化合物，故Ba^{2+}干扰滴定。

C. 测定$NaCl+Na_2SO_4$中的Cl^-时，可以选用K_2CrO_4作指示剂，无干扰。

D. 测定$NaCl+Na_3PO_4$中的Cl^-时，由于Ag^+在近中性溶液中能与PO_4^{3-}生成沉淀，故不能采用K_2CrO_4作指示剂。

综上所述，上述试样中只有A中的$CaCl_2$及C中的$NaCl+Na_2SO_4$试样在滴定时可选用K_2CrO_4作指示剂。

【例8-2】 佛尔哈德法测Cl^-时，溶液中未加硝基苯，分析结果会出现下面哪一种情况：

A. 偏高　B. 偏低　C. 无影响

解：佛尔哈德法是采用返滴定法测定Cl^-，加入硝基苯的目的是使AgCl沉淀的表面上覆盖一层有机溶剂，避免沉淀与外部溶液接触，防止AgCl转化为AgSCN沉淀。如果不加硝基苯，则在滴定终点后，过量的SCN^-与AgCl发生反应：

$$AgCl\downarrow + SCN^- \rightleftharpoons AgSCN\downarrow + Cl^-$$

使AgCl沉淀转化为AgSCN沉淀，从而使NH_4SCN用量过多，分析结果偏低，所以选B。

8.3 银量法的应用

(1) $AgNO_3$、NH_4SCN标准溶液的配制和标定

银量法中常用的标准溶液是$AgNO_3$和NH_4SCN（或KSCN）溶液。

① $AgNO_3$标准溶液　$AgNO_3$可以得到符合分析要求的基准试剂，因此可以用直接法配制。方法是：将优级纯的$AgNO_3$结晶置于烘箱内，在110℃烘干2h，以除去吸湿水。然后称取一定量烘干的$AgNO_3$，溶解后转移至一定体积的容量瓶中，加水定容即得到一定浓度的标准溶液。

但 $AgNO_3$ 中往往含有金属银、有机物及不溶物、氯化银、$AgNO_2$ 及铵盐等杂质，因此 $AgNO_3$ 标准溶液一般常用间接法配制。以间接法配制的 $AgNO_3$ 标准溶液常用基准物 NaCl 进行标定，NaCl 易吸潮，使用前应在 500～600℃下干燥至恒重。标定 $AgNO_3$ 溶液所用的标定方法，最好与用此标准溶液进行样品测定的方法相同，这样可消除系统误差。

$AgNO_3$ 与有机物接触易起还原作用，且见光易分解，所以应该贮于棕色玻璃瓶中并置于暗处，滴定时应使用有色酸式滴定管。$AgNO_3$ 有腐蚀性，应注意勿与皮肤接触。

② NH_4SCN 标准溶液　NH_4SCN 试剂一般含有杂质，而且容易潮解，只能用间接法先配制成近似的所要求浓度（蒸馏水应不含 Cl^-），然后再进行标定。

标定 NH_4SCN 标准溶液用佛尔哈德法，标定方式可采用直接滴定法和返滴定法。

直接滴定法：移取一定体积的 $AgNO_3$ 标准溶液，以铁铵矾作指示剂，用 NH_4SCN 溶液直接滴定。

返滴定法：用 NaCl 作基准试剂，采用佛尔哈德法，同时标定 $AgNO_3$ 和 NH_4SCN 两种溶液。先准确称取一定量的 NaCl 溶于水后，加入过量的 $AgNO_3$ 溶液，以铁铵矾作指示剂，用 NH_4SCN 溶液回滴过剩的 $AgNO_3$。利用 $AgNO_3$ 和 NH_4SCN 两种溶液的体积比，由基准物 NaCl 的质量和两种标准溶液的用量，即可计算两种标准溶液的准确浓度。

(2) 摩尔法测定人体血清中的 Cl^-

人体内的氯是以 Cl^- 形式存在于细胞外液中，血清中正常值为 3.4～3.8g·L^{-1}，Cl^- 常与 Na^+ 共存，故 NaCl 是细胞外液中的重要电解质。将血清中蛋白沉淀后，即可取无蛋白滤液进行 Cl^- 测定，通常采用摩尔法。

(3) 佛尔哈德法测定溶液中的 AsO_4^{3-}

在 pH7～9 溶液中加入 Ag^+ 以沉淀 Ag_3AsO_4，过滤后，将此沉淀溶于 30mL 8mol·L^{-1} HNO_3，稀释至 120mL，以 KSCN 溶液滴定之。Ge、少量 Sb 和 Sn 无干扰，在 pH7～9 时所有能被 Ag^+ 沉淀的离子不应存在。

(4) 合金中银的含量测定

准确称取定量银合金试样，用 HNO_3 溶解完全，制成溶液：

$$Ag+NO_3^-+2H^+ \longrightarrow Ag^+ + NO_2\uparrow + H_2O$$

在溶样时，必须煮沸以逐去氮的低价氧化物，防止其与 SCN^- 作用生成红色化合物，影响终点的观察：

$$HNO_2+H^++SCN^- \longrightarrow NOSCN(\text{红色})+H_2O$$

试样溶解后加入铁铵矾指示剂，用 NH_4SCN 标准溶液滴定。反应如下：

$$Ag^+ + SCN^- \rightleftharpoons AgSCN\downarrow(\text{白色})$$

$$Fe^{3+} + SCN^- \rightleftharpoons FeSCN^{2+}(\text{红色})$$

为了刚好滴定到化学计量点时出现 $FeSCN^{2+}$ 的红色，必须控制一定的 Fe^{3+} 浓度，实验证明控制 Fe^{3+} 的浓度为 0.015mol·L^{-1}可以得到满意的结果。

合金中银的百分含量可通过试样质量和滴定用去的 NH_4SCN 标准溶液的体积计算求得。

8.4 其他沉淀滴定法简介

① Zn^{2+} 的测定　以二苯胺为指示剂，用 $K_4[Fe(CN)_6]$ 标准溶液滴定 Zn^{2+}。滴定反应是：

$$3Zn^{2+} + 2K_4[Fe(CN)_6] \longrightarrow K_2Zn_3[Fe(CN)_6]_2 + 6K^+$$

② SO_4^{2-} 的测定　以 $BaCl_2$ 为滴定剂，四羟基醌为指示剂，在 pH 7～8 及含有

0.0025mol·L^{-1} SO_4^{2-} 的溶液中，加入等量的乙醇，在剧烈搅拌下滴定，作空白校正。SO_4^{2-}≥8mg 时结果良好，若在 pH=4 测定时可允许少量 PO_4^{3-} 存在。

③ MoO_4^{2-} 的测定　以 $Pb(NO_3)_2$ 为滴定剂，四碘荧光素为指示剂，滴定至溶液自橙色转变为暗红色为终点。

8.5 沉淀滴定法的计算示例

【例 8-3】 在 25.00mL $AgNO_3$ 溶液中加入 0.1000g 纯 NaCl，过量的 $AgNO_3$ 需用 3.00mL 0.06000mol·L^{-1}的 KSCN 滴定至终点，计算 $AgNO_3$ 溶液的浓度。假设在上述滴定过程中未采取措施防止 AgCl 转化为 AgSCN，则 $AgNO_3$ 溶液的实际浓度为多少？（滴定终点时溶液总体积为 50.00mL；$K_{sp(AgCl)}=1.56\times10^{-10}$；$K_{sp(AgSCN)}=0.49\times10^{-12}$；$[Fe^{3+}]=0.015mol\cdot L^{-1}$；观察终点明显时，$c[FeSCN]^{2+}=6.0\times10^{-6}mol\cdot L^{-1}$；$K_{[FeSCN]^{2+}}=138$）

解：根据溶液中的沉淀反应：

$$Ag^{+}+Cl^{-}\rightleftharpoons AgCl$$
$$Ag^{+}+SCN^{-}\rightleftharpoons AgSCN$$

可得到：

$$c_{AgNO_3}V_{AgNO_3}=c_{KSCN}V_{KSCN}+\frac{m_{NaCl}}{M_{NaCl}}\times1000$$

$$c_{AgNO_3}=\frac{0.06000\times3.00+\dfrac{0.1000}{58.44}\times1000}{25.00}=0.07565(mol\cdot L^{-1})$$

若未采取措施防止 AgCl 转化为 AgSCN，则需多消耗一些 KSCN 滴定剂，当转化反应达到平衡时，则

$$[Ag^{+}][Cl^{-}]=K_{sp(AgCl)}=1.56\times10^{-10}$$
$$[Ag^{+}][SCN^{-}]=K_{sp(AgSCN)}=0.49\times10^{-12}$$
$$\frac{[Cl^{-}]}{[SCN^{-}]}=\frac{1.56\times10^{-10}}{0.49\times10^{-12}}=318$$

即 $[Cl^{-}]=318[SCN^{-}]$

而 $[SCN^{-}]$ 与溶液中的指示剂量有关，根据指示剂变色反应：

$$Fe^{3+}+SCN^{-}\rightleftharpoons FeSCN^{2+}$$

得到：

$$[SCN^{-}]=\frac{[FeSCN^{2+}]}{[Fe^{3+}]K_{[FeSCN]^{2+}}}=\frac{6.0\times10^{-6}}{0.015\times138}=2.9\times10^{-6}(mol\cdot L^{-1})$$

因此：$[Cl^{-}]=318[SCN^{-}]=318\times2.9\times10^{-6}=9.2\times10^{-4}$ (mol·L^{-1})

此即为在有 AgCl 转化的条件下，滴定到终点时溶液中 Cl^{-} 的平衡浓度。而在 AgCl 不发生转化时溶液中 $[Cl^{-}]$ 的理论值为：

$$[Cl^{-}]=[Ag^{+}]=\sqrt{1.56\times10^{-10}}=1.3\times10^{-5}(mol\cdot L^{-1})$$

由于 AgCl 发生转化使溶液中的 $[Cl^{-}]$ 增加了：

$$9.2\times10^{-4}-1.3\times10^{-5}=9.07\times10^{-4}(mol\cdot L^{-1})$$

需多消耗 KSCN 的量为：

$$9.07\times10^{-4}\times50.00=0.04535(nmol)$$

则加入的 $AgNO_3$ 溶液的浓度为

$$c_{AgNO_3}V_{AgNO_3}=c_{KSCN}V_{KSCN}+\frac{m_{NaCl}}{M_{NaCl}}\times 1000-0.04535$$

$$c_{AgNO_3}=\frac{0.06000\times 3.00+\dfrac{0.1000}{58.44}\times 1000-0.04535}{25.00}$$

$$=0.07383(mol\cdot L^{-1})$$

【例 8-4】 在含有溴化物试样 0.2000g 的溶液中，加入 25.00mL 0.1000mol·L^{-1} $AgNO_3$ 标准溶液，然后用了 4.00mL 0.2000mol·L^{-1} NH_4SCN 溶液正好与余量的 $AgNO_3$ 反应完全。计算试样中溴的质量分数。

解： 试样中溴的质量分数：

$$w_{Br}=\frac{(c_{AgNO_3}V_{AgNO_3}-c_{NH_4SCN}V_{NH_4SCN})\dfrac{M_{Br}}{1000}}{m_0}\times 100\%$$

$$=\frac{(0.1000\times 25.00-0.2000\times 4.00)\times\dfrac{79.90}{1000}}{0.2000}\times 100\%$$

$$=67.92\%$$

【例 8-5】 已知试样中含 Cl^- 30%～40%。欲使滴定时耗去 0.1200mol·L^{-1} $AgNO_3$ 溶液的体积为 25～45mL，试求应称取的试样量范围。

解： 设应称取的试样量为 m(g)（Cl^- 30%时为 m_1，Cl^- 40%时为 m_2），

$$m=\frac{c_{AgNO_3}V_{AgNO_3}\dfrac{M_{Cl^-}}{1000}}{w_{Cl^-}}$$

$$m_1=\frac{0.1200\times(25\sim 45)\times\dfrac{35.45}{1000}}{0.20}=0.35\sim 0.64\ (g)$$

$$m_2=\frac{0.1200\times(25\sim 45)\times\dfrac{35.45}{1000}}{0.40}=0.27\sim 0.48\ (g)$$

故称量范围为 0.35～0.48g。

思考题

1. 什么叫沉淀滴定法？沉淀滴定法所用的沉淀反应必须具备哪些条件？
2. 分别写出摩尔法、佛尔哈德法和法扬司法测定 Cl^- 的主要反应，并指出各种方法选用的指示剂和滴定条件。
3. 用银量法测定下列试样中 Cl^- 含量时，选用哪种指示剂指示终点较为合适？
   (1) $BaCl_2$　(2) $NaCl+Na_3PO_4$
   (3) $FeCl_2$　(4) $NaCl+Na_2SO_4$
4. 说明用下述方法进行测定是否会引入误差，如有误差，指出偏高还是偏低？
   (1) pH≈4 时用摩尔法测定 Cl^-
   (2) 用法扬司法测定 Cl^- 时，用曙红作指示剂
   (3) 用佛尔哈德法测定 Cl^- 时，但没有加硝基苯
   (4) 中性溶液中用摩尔法测定 Br^-
   (5) 用摩尔法测定 pH≈8 的 KI 溶液中的 I^-

(6) 用摩尔法测定 Cl^-，但配制的 K_2CrO_4 指示剂溶液浓度过稀

5. 说明佛尔哈德法的选择性为什么会比摩尔法高？

6. 银量法中的法扬司法，使用吸附指示剂时应注意哪些问题？

习　题

1. 将 0.1159mol·L^{-1} $AgNO_3$ 溶液 30.00mL 加入含有氯化物试样 0.2255g 的溶液中，然后用 3.16mL 0.1033mol·L^{-1} NH_4SCN 溶液滴定过量的 $AgNO_3$。计算试样中氯的质量分数。（49.53%）

2. 用摩尔法测定生理盐水中 NaCl 的含量，准确量取生理盐水 10.00mL，以 K_2CrO_4 为指示剂，用 0.1045mol·L^{-1} $AgNO_3$ 滴定至砖红色，共消耗 $AgNO_3$ 标准溶液 14.58mL。计算生理盐水中 NaCl 的含量（g·mL^{-1}）。（8.904×10^{-3}g·mL^{-1}）

3. 称取一纯盐 KIO_x 0.5000g，经还原为碘化物后，用 0.1000mol·L^{-1} $AgNO_3$ 溶液滴定，用去 23.36mL，求该盐的化学式。（KIO_3）

4. 设含有可溶性氯化物、溴化物、碘化物的混合物的质量为 1.325g，加入 $AgNO_3$ 沉淀剂使沉淀为卤化银后，得质量为 0.4650g，卤化银经加热并通入氯气使 AgBr、AgI 等转化为 AgCl 后，混合物的质量为 0.2500g，若用同样质量的试样加入氯化亚钯处理，其中只有碘化物转变为 PdI_2 沉淀，它的质量为 0.1000g，求原混合物中氯、溴、碘的百分含量。（2.08%，7.17%，5.32%）

5. 称取含砷矿试样 1.000g，溶解并氧化成 AsO_4^{3-}，然后沉淀为 Ag_3AsO_4。将沉淀过滤、洗涤，溶于 HNO_3 中，用 0.1100mol·L^{-1} NH_4SCN 溶液 25.00mL 滴定至终点，计算矿样中砷的质量分数。（6.87%）

6. 称取含 NaCl 和 NaBr 的试样 0.5000g，溶解后用 0.1000mol·L^{-1} 的 $AgNO_3$ 溶液滴定，终点时消耗 22.00mL，另取 0.5000g 试样，溶解后用 $AgNO_3$ 处理，得到沉淀质量为 0.4020g。计算试样中 NaCl 和 NaBr 的质量分数。（2.92%，40.13%）

7. 以曙红为指示剂，在 pH=4 介质中，用法扬司法分析碘化钾试剂的纯度。若称样 1.652g 溶于水后，用 $c(AgNO_3)=0.05000$mol·L^{-1}标准溶液滴定，消耗 $AgNO_3$ 标准溶液 20.00mL，计算碘化钾试剂的纯度。（10.05%）

8. 将 40.00mL 0.1120mol·L^{-1} $AgNO_3$ 溶液加到 25.00mL $BaCl_2$ 溶液中，剩余的 $AgNO_3$ 溶液需用 20.00mL 0.1000mol·L^{-1}的 NH_4SCN 溶液返滴定，问 25.00mL $BaCl_2$ 溶液中含 $BaCl_2$ 质量为多少？（0.2582g）

9. 称取银合金试样 0.4000g，用酸溶解后，加铁铵矾指示剂，用 0.1500mol·L^{-1} NH_4SCN 标准溶液滴定，用去 22.60mL，计算样品中银的百分含量。（91.42%）

10. 称取 NaCl 基准试剂 0.1200g，溶解后加入 30.00mL $AgNO_3$ 标准溶液，过量的 Ag^+ 需要 3.00mL NH_4SCN 标准溶液滴定至终点。已知 20.00mL $AgNO_3$ 标准溶液与 25.00mL NH_4SCN 标准溶液能完全作用，计算 $AgNO_3$ 和 NH_4SCN 溶液的浓度各为多少？（0.07440mol·L^{-1}，0.05952mol·L^{-1}）

11. 准确称取含 ZnS 的试样 0.2000g，加入 50.00mL 0.1104mol·L^{-1}的 $AgNO_3$ 标准溶液，将生成的沉淀过滤，收集滤液以 $c(KSCN)=0.1000$mol·L^{-1}的硫氰酸钾标准溶液滴定过量的 $AgNO_3$，终点时消耗硫氰酸钾标准溶液 15.60mL，求试样中 ZnS 的质量分数。（77.17%）

12. 在含有相等浓度的 Cl^- 和 I^- 的溶液中，滴加 $AgNO_3$ 溶液，哪一种先沉淀？第二种离子开始沉淀时，Cl^- 和 I^- 的浓度比为多少？（1.04×10^6）

13. 称取一定量的约含 50%NaCl 和 40%KCl 的试样，将试样溶于水后，加入 0.1128mol·L^{-1} $AgNO_3$ 溶液 30.00mL，过量的 $AgNO_3$ 需用 10.00mL 标准 NH_4SCN 溶液滴定。已知 1.00mL 标准 NH_4SCN 溶液相当于 1.15mL $AgNO_3$ 溶液，应称取试样多少克？（0.1500g）

14. 0.2207g NaX 试样溶于水，以 25.15mL0.1500mol·L^{-1} $AgNO_3$ 溶液滴定，试推断 X 为何种元素？（Cl 元素）

第 9 章　重量分析法

9.1　重量分析法概述

重量分析法是通过物理或化学反应将被测组分与试样中的其他组分分离后，转化为一定的称量形式，由称得的称量形式的质量计算得到被测组分的含量。

重量分析法是经典的化学分析方法，它直接通过分析天平称量就可得到分析结果，无需使用容量器皿测定的数据，也不需要基准物质作比较。对于高含量组分的测定，重量分析法比较准确，测定的相对误差一般小于 0.1%。但重量分析法（沉淀重量法）需经沉淀、过滤、洗涤、灼烧、称量等过程，操作烦琐、费时，不适于工厂大量样品的控制分析，同时，由于对低含量组分测定其误差也较大，故也不适合于微量和痕量组分的测定。但目前在某些工业生产中，重量分析法仍被广泛使用。

9.2　重量分析法的分类

重量分析法根据分离方法的不同，一般分为以下三种方法：气化法、沉淀重量法和电质量法。

9.2.1　气化法

气化法也称挥发法，适合于挥发性组分的测定。一般是用加热或蒸馏等方法使被测组分转化为挥发性物质逸出，然后根据试样质量的减少来计算试样中该组分的含量；或在加热过程中，选择吸收剂将逸出组分全部吸收，然后根据吸收剂质量的增加来计算该组分的含量。

气化法主要有以下三个方面的应用。

（1）被测组分本身是挥发分

① 例如，$BaCl_2 \cdot 2H_2O$ 试样中结晶水含量的测定，可将一定质量的氯化钡试样加热，使水分逸出至恒重，根据氯化钡试样质量的减少来计算其中结晶水的含量；或用吸湿剂（如高氯酸镁、碱石棉等）来吸收逸出的水分，根据吸湿剂质量的增加来计算试样中的含水量。

② 又如煤的挥发分测定，是在隔绝空气下（防止有氧燃烧）于（900±10)℃加热 7min，分别称量煤加热前后（残余物）的质量（要注意进行水分校正），其中减轻的量就是挥发分的量，挥发物包括苯、甲苯、二甲苯、苯酚等芳香烃物质和氨、萘等几十种化合物（残余物是碳和无机物）。

（2）被测组分经化学反应可以生成挥发分

被测组分经过与一些物质反应生成挥发性物质，再利用吸收剂吸收，通过测定生成挥发性物质的质量或体积，从而间接测定被测组分的含量。如钢铁中总碳含量的测定，可将钢铁试样置入管式炉中，在氧气流中高温灼烧，使碳与氧反应生成 CO_2，然后用一定量的 KOH

溶液（或碱石棉[1]）吸收生成的 CO_2，根据 KOH 吸收溶液（或碱石棉[1]）的增加量计算钢铁中总碳含量。

(3) 被测组分不挥发，而其他组分挥发

如灰分测定。通常将试样在高温箱式电阻炉有氧条件下 1000℃左右加热，残余的物质称为灰分。在上述条件下，有机物已去除，残余物为无机物，即可直接称量，残余物占试样的百分率即为灰分率。

9.2.2 沉淀重量法

沉淀重量法是利用沉淀反应将被测组分以难溶化合物的形式沉淀出来，再将沉淀转化为称量形式称量，根据沉淀的质量计算待测组分的含量的方法。其基本的测定步骤是：

$$\text{试样}\xrightarrow{\text{溶解}}\text{试液}\xrightarrow{\text{沉淀剂}}\text{沉淀形式}\xrightarrow{\text{过滤、洗涤、烘干或灼烧}}\text{称量形式}\xrightarrow{\text{恒重}}\text{计算含量}$$

沉淀重量分析法的关键是获得纯净的沉淀形式和理想的称量形式。

9.2.3 电质量法

电质量法是利用电解的原理，使待测金属离子在电极上还原析出，然后根据电极增加的质量计算被测组分的含量。此方法仅用于铜、银、金等少数金属的分析。

9.3 沉淀重量分析法对沉淀形式和称量形式的要求

沉淀析出的形式称沉淀形式。沉淀经过滤、洗涤、烘干或灼烧后得到用以称量的形式称为称量形式。在沉淀重量法中，沉淀的沉淀形式起着分离作用，称量形式则用于计量作用，沉淀形式与称量形式可能相同，也可能不同。

有的沉淀在烘干或灼烧时不发生变化，它的称量形式和沉淀形式一致。例如，测定试液中 SO_4^{2-} 含量时，在试液中加入过量的 $BaCl_2$ 溶液，使 SO_4^{2-} 完全生成难溶的 $BaSO_4$ 沉淀，经过滤、洗涤、干燥至恒重后，称量 $BaSO_4$ 的质量，从而计算试液中 SO_4^{2-} 的含量，其沉淀形式和称量形式都为 $BaSO_4$。

$$SO_4^{2-} \longrightarrow BaSO_4(\downarrow)\xrightarrow{\text{灼烧}} BaSO_4$$

有的沉淀在灼烧时发生了化学变化，称量形式和沉淀形式不同，例如利用生成草酸钙沉淀测定 Ca^{2+} 时，沉淀形式是 $CaC_2O_4 \cdot H_2O$，而称量形式是 $CaSO_4$。

$$Ca^{2+} \longrightarrow CaC_2O_4 \cdot H_2O(\downarrow)\xrightarrow{\text{灼烧}} CaO \xrightarrow{H_2SO_4\text{、灼烧}} CaSO_4$$

沉淀重量法中对沉淀形式和称量形式有不同的要求。其中沉淀重量法对沉淀形式具有如下要求。

① 沉淀应定量地进行完全，因此沉淀的溶解度要小（一般要小于 $10^{-4}mol \cdot L^{-1}$）。

② 沉淀要易于过滤和洗涤。最好是粗大的晶形沉淀，若是小颗粒晶体则易于穿过滤纸。若是无定形沉淀，应控制沉淀条件以改善沉淀的性质。

③ 沉淀要纯净，避免混进杂质。

④ 沉淀形式易转化为可化学计量的称量形式。

沉淀重量法对称量形式具有如下要求。

① 称量形式要具有一定的化学组成，且必须与化学式完全符合。这是对称量形式最重要的要求，否则就不能根据化学式计算和分析结果。例如，$Fe(OH)_3$（$Fe_2O_3 \cdot xH_2O$）的组

---

[1] 碱石棉：烧碱石棉的别名。灰白色或浅绿色无定形粒状物，是一种经过氢氧化钠处理的石棉。露置空气中易吸收 CO_2 和水分。颗粒大小分 10～20 目、20～30 目、14～24 目等。

成不定，经高温灼烧，失去水分后成为组成一定并与化学式完全相符的 Fe_2O_3。

② 称量形式要稳定，不易吸收空气中的水分和 CO_2，不易氧化，在干燥、灼烧时不易分解。例如测定 Ca^{2+} 时，沉淀形式是 $CaC_2O_4 \cdot H_2O$，灼烧后得到 CaO，但 CaO 易吸收空气中的水和 CO_2，因此 CaO 就不适宜作为称量形式。实际测定时常常加入 H_2SO_4，使 CaO 转化为稳定的 $CaSO_4$，灼烧后称量形式为 $CaSO_4$。

③ 称量形式的摩尔质量要尽可能大。这样少量的待测组分可以得到较大的称量物质，从而可以减小称量误差，提高测定的灵敏度。

为了达到上述要求必须选择合适的沉淀剂。

9.4 沉淀重量法对沉淀剂的要求

沉淀重量法中所用的沉淀剂包括无机沉淀剂和有机沉淀剂。理想的沉淀剂的选择应根据上述对沉淀形式和称量形式的要求来考虑，具体应该具备以下条件。

① 沉淀剂应与被测组分反应完全。生成的沉淀溶解度要小，组成固定，颗粒大，结构稳定，易于过滤和洗涤，分离后得到的沉淀较纯。如沉淀 SO_4^{2-} 时，有多种可形成难溶硫酸盐的试剂选择，例如 Ca^{2+}、Pb^{2+}、Ba^{2+} 等，由于 $BaSO_4$ 的溶解度最小，故应选择 Ba^{2+}。又如沉淀 Al^{3+} 时，若用氨水沉淀则形成非晶形沉淀，而用 8-羟基喹啉则可形成晶形沉淀，易于过滤和洗涤。

② 沉淀剂应具有较好的选择性，即沉淀剂只与待测组分生成沉淀，与试液中的其他组分不起作用。否则必须采用分离或掩蔽等手段消除其他组分的干扰。

③ 在沉淀或滤液中的过量沉淀剂应易挥发或易灼烧除去。一些铵盐和有机沉淀剂都能满足这项要求。

④ 沉淀剂本身的溶解度要尽可能大，以减少沉淀对它的吸附。如沉淀 SO_4^{2-} 时，应选用 $BaCl_2$ 而不选用 $Ba(NO_3)_2$ 作沉淀剂，是因为 $BaCl_2$ 在水中溶解度大于 $Ba(NO_3)_2$。无机沉淀剂在这一方面有优势。

⑤ 所形成的沉淀相对分子质量应较大，可减小称量误差。一般有机沉淀剂形成沉淀称量形式的物质的相对分子质量都比较大。

表 9-1 重量分析法中常用的沉淀剂

沉淀剂	沉淀条件	可测定组分
H_2S	0.2～0.5mol·L^{-1} HCl	As、Cu、Ge、Hg、In、Mo、Pt、Rh
$NH_3 \cdot H_2O$	预先除去 Ag、Pb、Hg、Cu、Bi、Cd、Sn、Sb 等能生成硫化物沉淀的离子及 BO_2^-、F^- 等	Al、Be、Cr、Cu、Fe、In、La、Pb、Sc、Sn、Th、Zr、Ti 等稀土元素
酒石酸		Ca、K、Nb、Sc、Sr、Ta
铜铁试剂 $C_6H_5N(NO)ONH_4(H_2O)$		Al、Bi、Cu、Ga、Nb、Sn、Th、Ti、U、V、Zr
8-羟基喹啉	氨性溶液	Al、Cd、Co、Cu、Fe、Mo、Ni、Ti、Be、Ca、Mg
	HAc-NaAc 缓冲溶液	Al、Cd、Co、Cu、Fe、In、Mo、Ni、Ti、U、Zn
丁二酮肟	含有酒石酸的氨性介质	Ni
	稀酸	Pd
四苯硼酸钠	乙酸溶液	K、Tl(Ⅰ)、Cs

为了使反应完全，一般加入过量的沉淀剂，但过量太多则会影响沉淀纯度或剩余沉淀剂不易除去，因此，挥发性沉淀剂一般可过量50%～100%，非挥发性沉淀剂则一般过量20%～30%。

有机沉淀剂的选择性一般都比较好，而且组成固定，易于分离和洗涤，可简化操作，节省时间。同时，生成的沉淀其称量形式的摩尔质量也较大，因此在沉淀重量法中，有机沉淀剂的应用日益广泛。

表9-1列出重量分析法中几种常用的沉淀剂。

9.5 沉淀的溶解度、溶度积及对沉淀的影响因素

沉淀反应进行的完全程度可以根据反应达到平衡后溶液中未被沉淀的被测组分的量来衡量。也就是说，可以根据沉淀溶解度大小来衡量，溶解度越小，沉淀就越完全。根据重量分析法的误差要求，沉淀溶解损失的量不应超过分析天平称量的精度，即0.2mg。其实很多沉淀都不能满足这个要求，如1000mL水中，$BaSO_4$ 的溶解度为0.0023g，AgCl的溶解度为0.0019g，因此，在重量分析中，必须了解各种影响沉淀溶解度的因素，利用各种方法降低沉淀溶解度，使沉淀完全。

9.5.1 溶解度与溶度积

当溶液中存在难溶化合物MA时，MA将会溶解并达到饱和状态，此时溶液中存在以下平衡：

$$\mathrm{MA(固)} \rightleftharpoons \mathrm{MA(水)} \rightleftharpoons \mathrm{M^+} + \mathrm{A^-}$$

当溶液温度一定时，M^+、A^-的活度是一定的，则：

$a_{M^+}a_{A^-}=K_{ap}$——活度积常数（活度积）。

因为 $a_{M^+}=[M^+]\gamma_{M^+}$　　　$a_{A^-}=[A^-]\gamma_{A^-}$

则 $K_{ap}=a_{M^+}a_{A^-}=[M^+][A^-]\gamma_{M^+}\gamma_{A^-}=K_{sp}\gamma_{M^+}\gamma_{A^-}$

$$K_{sp}=\frac{K_{ap}}{\gamma_{M^+}\gamma_{A^-}}$$

式中，K_{sp}为离子积，当外界条件一定时是一个常数，在稀溶液中，离子强度影响不大，则K_{sp}可认为是一常数，且很接近K_{ap}。

当溶液中没有其他离子存在时，MA的溶解度若为S_0，

则 $S_0=[M^+]=[A^-]$

推出 $K_{sp}=[M^+][A^-]=S_0^2$　（对于MA型沉淀而言）

而对于MA_2型的沉淀：$S_0=[M^{2+}],2[A^-]=2S_0$

$$[M^{2+}][A^-]^2=S_0(2S_0)^2=4S_0^3$$

$$K_{sp}=4S_0^3$$

$$S_0=\sqrt[3]{\frac{1}{4}K_{sp}}$$

对于M_mA_n型沉淀有下列平衡：

$$M_mA_n \rightleftharpoons mM+nA$$

设微溶化合物的溶解度为S_0，则

$$K_{sp}=[M]^m[A]^n=(mS_0)^m(nS_0)^n=m^mn^nS_0^{m+n}$$

$$S_0=\sqrt[m+n]{\frac{K_{sp}}{m^mn^n}}$$

此时 S_0 的单位为 $mol \cdot L^{-1}$，有时溶解度 S_0 也指一定体积的溶液中溶解溶质的克数，$g \cdot L^{-1}$。

9.5.2 影响沉淀溶解度的因素

(1) 共同离子效应

组成沉淀的离子称为构晶离子，当沉淀反应达到平衡后，如果向溶液中加入含构晶离子的溶液，则沉淀的溶解度减小，这就是共同离子效应。

例如：25℃时，$BaSO_4$ 在纯水中的溶解度：

$$S=[Ba^{2+}]=[SO_4^{2-}]=\sqrt{K_{sp}}=\sqrt{1.10\times10^{-10}}=1.05\times10^{-5}(mol\cdot L^{-1})$$

如果溶液中 SO_4^{2-} 浓度为 $0.01mol \cdot L^{-1}$，则 $BaSO_4$ 的溶解度：

$$S=[Ba^{2+}]=\frac{K_{sp}}{[SO_4^{2-}]}=1.10\times10^{-8}(mol\cdot L^{-1})$$

$BaSO_4$ 的溶解度减小了 1000 倍，则溶解损失的量已很小。

200mL 溶液中，溶解损失的量为：

$$\frac{1.10\times10^{-8}\times233\times200}{1000}=5.1\times10^{-7}g=0.00051(mg)$$

显然，这已远小于允许溶解损失的质量，可以认为已经沉淀完全，已完全满足重量分析的要求。

因此，在实际工作中，通常加入过量沉淀剂，利用共同离子效应来降低沉淀的溶解度，使被测组分沉淀完全。沉淀剂过量的程度，应根据沉淀剂的性质来确定，否则若加入太多，有时可能引起盐效应、酸效应及配位效应等副反应，反而使沉淀的溶解度增大。若沉淀剂不易挥发，应适当过量少些，如过量 20%～30%；若沉淀剂易挥发除去，则可过量50%～100%。

(2) 盐效应

在难溶电解质溶液中，加入其他强电解质，会使难溶电解质溶解度比同温度时在纯水中的溶解度大，而且溶解度随这些强电解质浓度的增大而增大，这种现象称为盐效应。例如，在 $NaNO_3$ 存在下，AgCl、$BaSO_4$ 的溶解度都比在纯水中的大，并且随着 KNO_3 浓度增大，溶解度也增大。当溶液中 $NaNO_3$ 的浓度由 0 增加到 $0.01mol \cdot L^{-1}$时，AgCl 的溶解度由 $1.3\times10^{-5} mol \cdot L^{-1}$增加到 $1.48\times10^{-5} mol \cdot L^{-1}$，AgCl 在$0.01mol \cdot L^{-1}$ $NaNO_3$ 溶液中比在纯水中的溶解度增大 14%。

发生盐效应的原因是：当强电解质的浓度增大时，则离子强度增大，由于离子强度增大，而使活度系数减小（小于 1），而在一定温度下，活度积常数 K_{ap} 是一个常数，当活度系数 γ_{M^+}、γ_{A^-} 减小时必定引起 $[M^+][A^-]$ 增大，即沉淀的溶解度增大。

微溶化合物 MA 的溶解度为：

$$S=\sqrt{\frac{K_{ap}}{\gamma_{M^+}\gamma_{A^-}}}$$

因此在利用共同离子效应降低沉淀溶解度时，应该考虑盐效应的影响，即沉淀剂不能过量太多。应该指出，如果沉淀本身的溶解度很小，盐效应的影响很小，可以不予考虑；只有当沉淀的溶解度比较大，而且溶液的离子强度很高时，才考虑盐效应的影响。

(3) 酸效应

溶液的酸度对沉淀溶解度的影响，称为酸效应。酸效应的发生主要是由于溶液中 H^+ 浓度的大小对弱酸、多元酸或难溶酸离解平衡的影响。当酸度增大时，组成沉淀的阴离子如 CO_3^{2-}、$C_2O_4^{2-}$、PO_4^{3-}、SiO_3^{2-} 和 OH^- 等与 H^+ 结合，降低了阴离子的浓度，使沉淀的溶解度增大。当酸度降低时，则组成沉淀的金属离子可能发生水解，形成带电荷的羟基配合物如 $[FeOH]^{2+}$、$[Al(OH)]^{2+}$ 或它们的聚合物，如 $[Fe_2(OH)_2]^{4+}$、$[Al_6(OH)_{15}]^{3+}$ 等，于是降低了阳离子的浓度而增大沉淀的溶解度。下面以计算 CaC_2O_4 的溶解度为例，来说明酸效应对溶解度的影响。

草酸是二元弱酸，在溶液中存在二级离解平衡，则草酸以各种酸根形式存在。

溶液中$[C_2O_4^{2-}]_{总}=[C_2O_4^{2-}]+[HC_2O_4^-]+[H_2C_2O_4]$

则酸效应系数 $\alpha_{C_2O_4^{2-}(H)}=[C_2O_4^{2-}]_{总}/[C_2O_4^{2-}]$

$$K_{sp}=[Ca^{2+}][C_2O_4^{2-}]=[Ca^{2+}][C_2O_4^{2-}]_{总}/\alpha_{C_2O_4^{2-}(H)}$$

则 $[Ca^{2+}]\ [C_2O_4^{2-}]_{总}=K_{sp}\alpha_{C_2O_4^{2-}(H)}=K'_{sp}$（条件溶度积）

CaC_2O_4 溶度解可用下式计算：

$$S_{CaC_2O_4}=[Ca^{2+}]=[C_2O_4^{2-}]_{总}=\sqrt{K'_{sp}}=\sqrt{K_{sp}\alpha_{C_2O_4^{2-}(H)}}$$

不难发现，若溶液中存在酸效应时，对于MA型沉淀有下列平衡：

$$\begin{array}{ccc} MA \rightleftharpoons M+A & & \\ \quad\quad\quad\quad \Big\Updownarrow H^+ & & \\ HA \xrightleftharpoons{H^+} H_2A\cdots \xrightleftharpoons{H^+} H_nA \end{array}$$

设MA的溶解度为S，则 $[M]=S$

$$[A^{n-}]+[HA^{n-1}]+\cdots+[H_nA]=c_A^{n-}=S$$

$$\delta_n=\frac{K_{a_1}K_{a_2}\cdots K_{a_n}}{[H^+]^n+K_{a_1}[H^+]^{n-1}+\cdots+K_{a_1}K_{a_2}\cdots K_{a_n}}$$

式中，δ称为分布系数。

根据溶度积计算公式，得到：

$$[M][A]=Sc_A^{n-}\delta_n=S^2\delta_n=S^2/\alpha_n$$

$$S=\sqrt{\frac{K_{sp}}{\delta_n}}=\sqrt{K_{sp}\alpha_n}$$

【例 9-1】 计算 pH=2.00 和 pH=4.00 时，200mL 溶液中 CaC_2O_4 的溶解度。

解：已知草酸的 $K_{a_1}=5.9\times10^{-2}$，$K_{a_2}=6.4\times10^{-5}$，$K_{sp}=1.78\times10^{-9}$

pH=2.00 时，$[H^+]=10^{-2}mol\cdot L^{-1}$

则 $\alpha_{C_2O_4(H)}=1+\frac{[H^+]}{K_{a_2}}+\frac{[H^+]^2}{K_{a_2}K_{a_1}}=185.2$

$$S=\sqrt{K_{sp}\alpha_{C_2O_4^{2-}(H)}}=\sqrt{1.78\times10^{-9}\times185.2}=5.74\times10^{-4}(mol\cdot L^{-1})$$

200mL 溶液中溶解 CaC_2O_4 的量为：

$$m=SVM=5.74\times10^{-4}\times(200/1000)\times128.10=14.7(mg)$$

同理：pH=4.00 时，$\alpha_{C_2O_4(H)}=2.56$

则 $$S=\sqrt{K_{sp}\alpha_{C_2O_4(H)}}=\sqrt{1.78\times10^{-9}\times2.56}=6.76\times10^{-5}(mol\cdot L^{-1})$$

200mL 溶液中溶解 CaC_2O_4 量为：

$$m=SVM=6.76\times10^{-5}\times(200/1000)\times128=1.73(mg)$$

【例 9-2】 计算 pH=4.00，且 $C_2O_4^{2-}$ 总浓度为 $0.001mol\cdot L^{-1}$ 时 200mL 溶液中 CaC_2O_4 的溶解度。（考虑酸效应和共同离子效应）

解：$[Ca^{2+}]=S$

$$[C_2O_4^{2-}]_{总}=0.001+S\approx0.001(mol\cdot L^{-1})$$

$$[C_2O_4^{2-}]=\frac{[C_2O_4^{2-}]_{总}}{\alpha_{C_2O_4(H)}}=\frac{0.001}{2.56}=3.91\times10^{-4}(mol\cdot L^{-1})$$

则：$S=[Ca^{2+}]=\frac{K_{sp}}{[C_2O_4^{2-}]}=\frac{1.78\times10^{-9}}{3.91\times10^{-4}}=4.55\times10^{-6}\ (mol\cdot L^{-1})$

200mL 溶液中溶解 CaC_2O_4 量为：

$$4.55\times10^{-6}\times\frac{200}{1000}\times128=0.116(\text{mg})$$

通过计算可知，pH＝2 时 CaC_2O_4 的溶解度比 pH＝4 时大将近 10 倍，pH＝2 时，CaC_2O_4 溶解损失的量已经超过重量分析要求，CaC_2O_4 的溶解度随着溶液酸度增大而增大，而沉淀剂适当过量可减少沉淀的溶解度，所以对于弱酸形成的沉淀，酸度的影响比较大。因此，上述反应一般在 pH＝4～6 时进行。

（4）配位效应

如果溶液中存在配合剂，它能与形成沉淀的离子形成配合物，那么沉淀的溶解度将会增大，甚至不产生沉淀，这种现象称为配位效应。例如用 I^- 沉淀 Ag^+ 时：$Ag^+ + I^- \rightleftharpoons AgI\downarrow$

如果溶液中有 NH_3，则发生反应 $Ag^+ + 2NH_3 \rightleftharpoons Ag(NH_3)_2^+$，此时将使 AgI 溶解度增大。

【例 9-3】 计算 AgI 在 0.010mol·L^{-1} NH_3 溶液中的溶解度。

解： $K_{sp(AgI)}=1.5\times10^{-16}$，

$Ag(NH_3)_2^+$ 的 $\lg\beta_1=3.40$，$\lg\beta_2=7.40$

设 AgI 的溶解度为 S，则溶液中 $[I^-]=S$

而$[Ag^+]+[Ag(NH_3)^+]+[Ag(NH_3)_2^+]=c_{Ag^+}=S$

Ag^+ 发生配位反应的副反应系数为 $\alpha_{Ag(NH_3)_2}$

则：
$$\alpha_{Ag(NH_3)}=c_{Ag^+}/[Ag^+]=1+\beta_1[NH_3]+\beta_2[NH_3]^2$$

因为 AgI 的溶解度很小，$Ag(NH_3)_2^+$ 的稳定常数又不太大，则消耗在形成$Ag(NH_3)_2^+$ 上的 NH_3 的浓度很小，可以忽略，则 $[NH_3]\approx0.010$

则 $\alpha_{Ag(NH_3)}=1+10^{3.40}\times0.01+10^{7.40}\times0.01^2=1.0\times10^3$

$$S=\sqrt{K_{sp}\alpha_{Ag(NH_3)}}=\sqrt{1.5\times10^{-16}\times1.0\times10^3}=3.9\times10^{-7}(\text{mol}\cdot\text{L}^{-1})$$

而 AgI 在纯水中的溶解度为：

$$S=\sqrt{K_{sp}}=1.2\times10^{-8}(\text{mol}\cdot\text{L}^{-1})$$

即 AgI 在氨水中的溶解度比在纯水中的增大了 30 多倍。

因此，若溶液中存在配位效应时，对于 MA 型沉淀，体系中有下列平衡：

$$\begin{array}{l}MA \rightleftharpoons M + A\\ \qquad\quad \Big\Downarrow L\\ \qquad\quad ML \overset{L}{\rightleftharpoons} ML_2 \overset{L}{\rightleftharpoons} \cdots \overset{L}{\rightleftharpoons} ML_n\end{array}$$

根据物料平衡，得到

$$\begin{aligned}S&=[M]+[ML]+\cdots+[ML_n]=[M]+\beta_1[M][L]+\cdots+\beta_n[M][L]^n\\&=\frac{K_{sp}}{S}(1+\beta_1[L]+\cdots+\beta_n[L]^n)\end{aligned}$$

故 $S=\sqrt{K_{sp}(1+\beta_1[L]+\cdots+\beta_n[L]^n)}=\sqrt{K_{sp}\alpha_{M(L)}}$

以上讨论的关于影响沉淀溶解度的四个方面因素中，共同离子效应是降低沉淀溶解度的有利因素，在进行沉淀时应该尽量利用共同离子效应以达到沉淀完全的要求。盐效应、酸效应和配位效应是影响沉淀完全的不利因素，在进行沉淀时应注意消除其影响。但也有一些相反情况，如有些沉淀（如 $Fe_2O_3\cdot nH_2O$），由于容易形成胶体溶液而穿透滤纸，在此情况下，电解质的存在反而有利于破坏胶体，促进沉淀的凝聚。控制一定的酸度或加入配位掩蔽剂，往往可以提高沉淀剂的选择性，以保证沉淀的纯度。所以在实际分析工作中，必须根据具体情况，采取适当的措施，以保证分析结果的准确性。

(5) 其他影响因素

① 温度　溶解反应一般是吸热反应，因此，对于多数沉淀来说，温度升高，则溶解度增大。所以对于溶解度不是很小的晶形沉淀，如 $MgNH_4PO_4$，应在室温下过滤和洗涤；而对于沉淀溶解度很小，如 $Fe(OH)_3$，或受温度影响不大的沉淀，为了过滤快些，可趁热过滤和洗涤。

② 溶剂　大部分有机溶剂的极性都比水小，因此，无机物离子型晶体在有机溶剂中的溶解度比纯水中的小，利用这个原理，在沉淀时加入一些有机溶剂，如乙醇或丙酮等，可降低沉淀的溶解度。

③ 沉淀颗粒的大小和结构　沉淀最初形成时颗粒较小，立即进行过滤、洗涤时，很容易溶解造成损失，若在沉淀形成后，将沉淀与母液放置一段时间，则小晶体逐渐转化为大晶体，晶体结构也将更为稳定，这个过程叫陈化。经过陈化后的沉淀，结构好，颗粒大，品质纯净，有利于后续分析测试工作的进行，所以晶形沉淀形成后，一般都要进行陈化。

下面举例讨论和分析影响沉淀溶解度的因素。

【例 9-4】 判断下列各情况是何种效应的结果？

A. 共同离子效应　　B. 酸效应　　C. 盐效应　　D. 配位效应

(1) AgCl 在 $0.01mol \cdot L^{-1}$ HCl 中溶解度比在纯水中小

(2) 在 $NaNO_3$ 存在下，AgCl 的溶解度比在纯水中大

(3) I_2 溶解于 KI 溶液中

(4) Ca^{2+} 在 $(NH_4)_2C_2O_4$ 酸性溶液中不沉淀

解：(1) AgCl 在 $0.01mol \cdot L^{-1}$ HCl 中溶解度比在纯水中小，主要是由共同离子效应引起的，所以选 A。

(2) $NaNO_3$ 是强电解质，由于盐效应使 AgCl 的溶解度比在纯水中大，所以选 C。

(3) I_2 易挥发，加入 KI 后，使 I_2 与 I^- 发生配合反应：$I_2+I^- \rightleftharpoons I_3^-$，生成 I_3^- 配离子，所以是配位效应，选 D。

(4) $(NH_4)_2C_2O_4$ 在酸性溶液中，由于酸效应以 $H_2C_2O_4$、$HC_2O_4^-$ 形式存在，因此 Ca^{2+} 不沉淀，所以选 B。

【例 9-5】 已知 $La_2(C_2O_4)_3$ 在某温度时的溶度积常数为 2.5×10^{-27}，则 $La_2(C_2O_4)_3$ 的溶解度是何值？

A. $8.3\times10^{-15}mol \cdot L^{-1}$　　B. $1.9\times10^{-6}mol \cdot L^{-1}$

C. $4.8\times10^{-6}mol \cdot L^{-1}$　　D. $1.9\times10^{-3}mol \cdot L^{-1}$

解：

$$La_2(C_2O_4)_3 \rightleftharpoons 2La^{3+}+3C_2O_4^{2-}$$

设溶解度为 S，则

$$S=\sqrt[m+n]{\frac{K_{sp}}{m^m n^n}}=\sqrt[5]{\frac{2.5\times10^{-27}}{2^2\times3^3}}=1.9\times10^{-6}(mol \cdot L^{-1})$$

与 B 相符，所以选上述 B。

【例 9-6】 CaC_2O_4 在 pH=1.00、pH=3.00、pH=5.00 三种溶液中，溶解度由大到小的顺序为哪一种？

A. pH=1.00，pH=3.00，pH=5.00　　B. pH=5.00，pH=3.00，pH=1.00

C. pH=1.00，pH=5.00，pH=3.00　　D. pH=3.00，pH=1.00，pH=5.00

解：设 CaC_2O_4 在 pH=1.00 溶液中的溶解度为 S，已知 $K_{sp}=2.0\times10^{-9}$，

$H_2C_2O_4$ 的 $K_{a_1}=5.9\times10^{-2}$，$K_{a_2}=6.4\times10^{-5}$，此时

$$\delta_2=\frac{K_{a_1}K_{a_2}}{[H^+]^2+K_{a_1}[H^+]+K_{a_1}K_{a_2}}$$

$$=\frac{5.9\times10^{-2}\times6.4\times10^{-5}}{(10^{-1})^2+5.9\times10^{-2}\times10^{-1}+5.9\times10^{-2}\times6.4\times10^{-5}}$$

$$=2.37\times10^{-4}$$

$$S=\sqrt{\frac{K_{sp}}{\delta_2}}=\sqrt{\frac{2.0\times10^{-9}}{2.37\times10^{-4}}}=2.9\times10^{-3}\ (\mathrm{mol\cdot L^{-1}})$$

同样可求得，当 pH＝3.00 时，溶解度 $S'=1.9\times10^{-4}$ ($\mathrm{mol\cdot L^{-1}}$)

当 pH＝5.00 时，溶解度 $S''=4.8\times10^{-5}\mathrm{mol\cdot L^{-1}}$

由上述计算可知，CaC_2O_4 在 pH＝1.00 时，溶解度最大；在 pH＝5.00 时，溶解度最小。因此溶解度由大到小的顺序是 pH＝1.00，pH＝3.00，pH＝5.00，选择 A。

【例 9-7】 比较 AgI 分别在含 NH_3 为 $1\mathrm{mol\cdot L^{-1}}$、$0.1\mathrm{mol\cdot L^{-1}}$、$0.01\mathrm{mol\cdot L^{-1}}$溶液中的溶解度，哪一种是溶解度从小到大的顺序？

A. 1，0.1，0.01　　B. 1，0.01，0.1

C. 0.01，0.1，1　　D. 0.01，1，0.1

解：已知 $K_{sp}=9.0\times10^{-17}$，$Ag(NH_3)_2^+$ 的 $\lg K_1=3.2$，$\lg K_2=3.8$。

由于生成 $Ag(NH_3)^+$ 及 $Ag(NH_3)_2^+$，使 AgI 溶解度增大，

设其溶解度为 S，则 $[I^-]=S$，即

$$[Ag^+]+[Ag(NH_3)^+]+[Ag(NH_3)_2^+]=c_{Ag^+}=S$$

$$\alpha_{Ag(NH_3)}=\frac{c_{Ag^+}}{[Ag^+]}=1+K_1[NH_3]+K_1K_2[NH_3]^2$$

$$=1+10^{3.2}\times1+10^{3.2}\times10^{3.8}\times1^2=1.0\times10^7$$

当 $[NH_3]=1\mathrm{mol\cdot L^{-1}}$时，$\alpha_{Ag(NH_3)}$

故 $S=\sqrt{K_{sp}\alpha_{Ag(NH_3)}}=\sqrt{9.0\times10^{-17}\times1.0\times10^7}=3.0\times10^{-5}$ ($\mathrm{mol\cdot L^{-1}}$)

同理求得，当 $[NH_3]=0.1\mathrm{mol\cdot L^{-1}}$时，溶解度 $S'=3.0\times10^{-6}$ ($\mathrm{mol\cdot L^{-1}}$)，

当 $[NH_3]=0.01\mathrm{mol\cdot L^{-1}}$时，溶解度 $S''=9.5\times10^{-7}$ ($\mathrm{mol\cdot L^{-1}}$)

由上述计算可知，NH_3 的浓度越大，则溶解度越大，即 $[NH_3]=1\mathrm{mol\cdot L^{-1}}$时溶解度最大；$[NH_3]=0.01\mathrm{mol\cdot L^{-1}}$时溶解度最小，所以按溶解度由小到大的顺序排列为 0.01，0.1，1。故选择 C。

【例 9-8】 某溶液含有 Ag^+、Pb^{2+}、Ba^{2+}和 Sr^{2+}，各离子浓度均为 $0.01\mathrm{mol\cdot L^{-1}}$，在逐滴加入 K_2CrO_4 试剂的过程中，上述这些离子产生沉淀的顺序是下面哪一种？

A. Sr^{2+}，Ba^{2+}，Ag^+，Pb^{2+}　　B. Pb^{2+}，Ag^+，Ba^{2+}，Sr^{2+}

C. Pb^{2+}，Ba^{2+}，Ag^+，Sr^{2+}　　D. Sr^{2+}，Ag^+，Ba^{2+}，Pb^{2+}

$K_{sp(BaCrO_4)}=1.2\times10^{-10}$；$K_{sp(Ag_2CrO_4)}=2.0\times10^{-12}$

$K_{sp(PbCrO_4)}=2.8\times10^{-13}$；$K_{sp(SrCrO_4)}=2.2\times10^{-5}$

解：$[Ag^+]=0.01\mathrm{mol\cdot L^{-1}}$，$K_{sp(Ag_2CrO_4)}=2.0\times10^{-12}$

$$Ag_2CrO_4 \rightleftharpoons 2Ag^+ + CrO_4^{2-}$$

为使 Ag_2CrO_4 沉淀，所需的最小 CrO_4^{2-} 浓度为：

$$[CrO_4^{2-}]=\frac{K_{sp}}{[Ag^+]^2}=\frac{2.0\times10^{-12}}{0.01^2}=2.0\times10^{-8}\ (\mathrm{mol\cdot L^{-1}})$$

同理，为使 $BaCrO_4$ 沉淀，所需的最小 CrO_4^{2-} 浓度为：

$$[CrO_4^{2-}]=\frac{K_{sp}}{[Ba^{2+}]}=\frac{1.2\times10^{-10}}{0.01}=1.2\times10^{-8}\ (\mathrm{mol\cdot L^{-1}})$$

为使 $PbCrO_4$ 沉淀，所需的最小 CrO_4^{2-} 浓度为：

$$[CrO_4^{2-}]=\frac{K_{sp}}{[Pb^{2+}]}=\frac{2.8\times10^{-13}}{0.01}=2.8\times10^{-11}\ (mol\cdot L^{-1})$$

为使 $SrCrO_4$ 沉淀，所需的最小 CrO_4^{2-} 浓度为：

$$[CrO_4^{2-}]=\frac{K_{sp}}{[Sr^{2+}]}=\frac{2.2\times10^{-5}}{0.01}=2.2\times10^{-3}\ (mol\cdot L^{-1})$$

沉淀所需的 CrO_4^{2-} 浓度越小，则首先沉淀，由上面计算可知沉淀的顺序为：Pb^{2+}，Ba^{2+}，Ag^{+}，Sr^{2+}。所以选 C。

9.6 影响沉淀纯度的因素

在重量分析中，不仅要求沉淀溶解损失少，即沉淀溶解度要小，而且要求获得的沉淀必须纯净。但在沉淀析出的过程中，由于溶液中或多或少地夹杂着其他组分（杂质），使沉淀生成时受到沾污，因此，必须了解在沉淀生成过程中影响沉淀纯度的诸因素，从而找出减少杂质的方法。

9.6.1 影响沉淀纯度的因素

9.6.1.1 共沉淀

在进行沉淀反应时，溶液中的某些可溶性杂质被沉淀带下来而混杂于沉淀中，这种现象称为共沉淀。因发生共沉淀而使沉淀沾污，这是沉淀重量法中最重要的误差来源之一。产生共沉淀的原因有表面吸附、生成混晶、吸留和包藏等，其中主要的是表面吸附。

（1）表面吸附

在晶形沉淀的晶格中，构晶离子按照相同电荷相互排斥，异性电荷相互吸引的原则进行排列，晶体内部处于静电平衡状态，而在晶体表面的离子都处于电荷不平衡状态。由于静电力作用，晶体表面就具有吸附相反电荷的能力，于是溶液中带相反电荷的离子被吸引到沉淀表面上，因而使沉淀沾污，这种由于沉淀的表面吸附作用所引起的杂质共沉淀现象就叫做表面吸附共沉淀。例如，在 Na_2SO_4 溶液中加入过量 $BaCl_2$ 溶液，生成 $BaSO_4$ 沉淀后，溶液中存在 Ba^{2+}、Na^{+} 和 Cl^{-} 等，在 $BaSO_4$ 晶格表面的 SO_4^{2-} 就吸附 Ba^{2+} 形成第一吸附层，使晶体表面带正电荷，然后带正电荷的表面，又吸附溶液中带负电荷的离子（Cl^{-}），构成双电层。如图 9-1 所示。

从静电引力的作用来看，在溶液中任何带相反电荷的离子都同样有被吸附的可能。但是，实际上表面吸附是有选择性的，选择吸附遵循吸附规则。

① 如果各种离子的浓度相同，则优先吸附那些与构晶离子形成溶解度最小或离解度最小的化合物的离子。因此，通常首先吸附与构晶离子相同的离子。如 $BaSO_4$ 沉淀易吸附 Ba^{2+} 和 SO_4^{2-}，其次，与构晶离子大小相近、电荷相同的离子易被吸附，如 $BaSO_4$ 沉淀易吸附 Pb^{2+}。另外，若溶液中存在 NO_3^{-}，由于 $Ba(NO_3)_2$ 溶解度比 $BaCl_2$ 的溶解度小，所以第二吸附层优先吸附 NO_3^{-} 而不吸附 Cl^{-}。

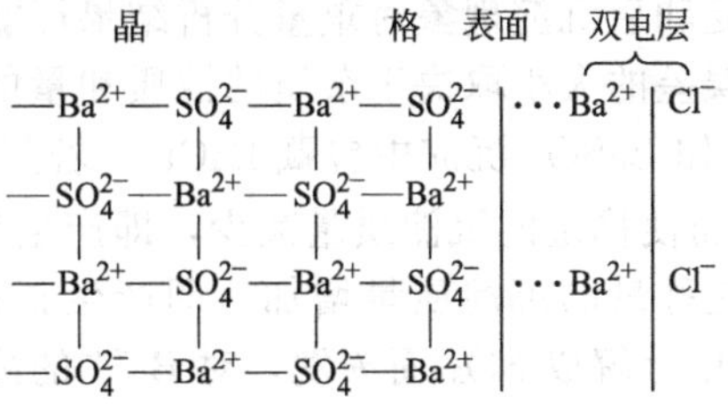

晶格　表面　双电层

—Ba^{2+}—SO_4^{2-}—Ba^{2+}—SO_4^{2-} | ···Ba^{2+} | Cl^{-}

—SO_4^{2-}—Ba^{2+}—SO_4^{2-}—Ba^{2+}

—Ba^{2+}—SO_4^{2-}—Ba^{2+}—SO_4^{2-} | ···Ba^{2+} | Cl^{-}

—SO_4^{2-}—Ba^{2+}—SO_4^{2-}—Ba^{2+}

图 9-1　$BaSO_4$ 晶体的表面吸附作用示意图

② 被吸附的离子所带的电荷越高、浓度越大，越易被吸附。如 Fe^{3+} 比 Fe^{2+} 易被吸附。

此外，吸附杂质的量的多少，还受一些因素的影响。影响吸附杂质的量的因素如下。

a. 对于同样质量的沉淀来说，沉淀颗粒越小，总表面积越大，吸附杂质的量越多。因此，应选择合适条件使晶形沉淀的颗粒增大或使非晶形沉淀的结构适当紧密些，以减小总表面积，从而减少吸附杂质的量。

b. 溶液中杂质的浓度越大，被吸附量越多。

c. 温度升高被吸附量会减少。因为吸附是放热过程，升高温度可以减少或阻止吸附作用。

对于因表面吸附引起的共沉淀现象，一般可以通过充分洗涤的方法减免。

（2）生成混晶

当杂质离子与构晶离子半径相近，晶体结构相似时，就可以取代晶体中的构晶离子，生成混晶共沉淀。例如，$BaSO_4$ 和 $PbSO_4$；$BaSO_4$ 和 $BaCrO_4$；$MgNH_4PO_4$ 和 $MgNH_4AsO_4$；$K_2NaCo(NO_2)_6$ 和 $Rb_2NaCo(NO_2)_6$；AgCl 和 AgBr 等都可以生成混晶，从而引起共沉淀。

对于因生成混晶而引起的共沉淀现象，杂质进入到沉淀的晶格内，而且生成混晶的过程属于化学平衡过程，杂质在溶液中和进入溶液中的比例决定于该化学反应的平衡常数。不论杂质离子浓度多么小，只要构晶离子形成了沉淀，杂质离子就会在沉淀过程中取代某一构晶离子而进入沉淀中。由于生成混晶的选择性较高，要避免是困难的。杂质进入了沉淀内部，通过改变沉淀条件、洗涤、陈化，甚至再沉淀等，都不能得到好的纯化沉淀效果。因此，为减免混晶的生成，最好事先将这类杂质分离除去。

（3）吸留和包藏

吸留指的是被吸附的杂质机械地嵌入沉淀中。包藏常指母液被机械地包藏在沉淀中。这些现象的产生，是由于在沉淀过程中沉淀剂加入太快，使沉淀急速生长，沉淀表面吸附的杂质来不及离开就被随后生成的沉淀所覆盖，使杂质或母液被吸留或包藏在沉淀内部。吸留或包藏使得晶体生长产生缺陷，不宜长大，造成沉淀不纯且不能用洗涤的方法除去杂质，但可以采用改变沉淀条件、陈化或重结晶的方法来减免。

9.6.1.2　后沉淀

在沉淀过程中一种本来难以析出沉淀的物质，或者形成稳定的过饱和溶液而不能单独沉淀的物质，在另一种组分沉淀之后被“诱导”沉淀下来的现象叫做后沉淀。例如，在含有 Cu^{2+}、Zn^{2+} 的酸性溶液中，通入 H_2S 时，最初得到的 CuS 沉淀中并不夹杂 ZnS。但如果沉淀与溶液放置一段时间，则由于 CuS 沉淀表面从溶液中吸附了 S^{2-}，而使沉淀表面上 S^{2-} 浓度大大增加，致使 S^{2-} 浓度与 Zn^{2+} 浓度的乘积大于 ZnS 的溶度积常数，于是在 CuS 沉淀表面上就析出 ZnS 沉淀。又如 Mg^{2+} 存在下用草酸盐沉淀 Ca^{2+} 时，Mg^{2+} 由于形成稳定的草酸盐过饱和溶液而不立即析出。若把含有 Mg^{2+} 的母液与草酸钙沉淀一起放置一段时间，则产生 MgC_2O_4 后沉淀现象。

后沉淀所引入的杂质量比共沉淀要多，且随着沉淀放置时间的延长而增多。因此为防止后沉淀现象的发生，某些沉淀的陈化时间不宜过久或不陈化。

9.6.1.3　共沉淀和后沉淀对重量分析结果的影响

在沉淀重量法中，共沉淀和后沉淀现象对重量分析结果可能产生正误差、负误差，有时也可能不产生误差，而产生误差的大小取决于杂质的性质和量的多少。例如沉淀 $BaSO_4$ 时，沉淀被沾污的情况见表 9-2。如 $BaSO_4$ 沉淀中包藏 $BaCl_2$，若测定 Ba^{2+}，由于 $BaCl_2$ 的摩尔质量小于 $BaSO_4$ 的摩尔质量而使称量的沉淀质量减少，即产生负误差；若测定 SO_4^{2-}，由于引入外来的 $BaCl_2$ 杂质，而使称量的沉淀质量增加，即产生正误差。若 $BaSO_4$ 沉淀中包藏 H_2SO_4，灼烧沉淀时，H_2SO_4 分解成 SO_3 而挥发，对 Ba^{2+} 的测定没有影响；若采用微波法对沉淀进行处理得到称量形式，其中的 H_2SO_4 不能分解，即对 Ba^{2+} 的测定产生正误差。

表 9-2 沉淀的沾污对分析结果的影响

待测离子	沉淀剂	生成沉淀	混入杂质	对分析结果的影响	原　因
SO_4^{2-}	$BaCl_2$	$BaSO_4$	Na_2SO_4	负误差(偏低)	Na_2SO_4 的摩尔质量比 $BaSO_4$ 的小
SO_4^{2-}	$BaCl_2$	$BaSO_4$	$BaCl_2$	正误差(偏高)	沉淀量是净增加的
SO_4^{2-}	$BaCl_2$	$BaSO_4$	$Ba(NO_3)_2$	正误差(偏高)	沉淀量是净增加的
SO_4^{2-}	$BaCl_2$	$BaSO_4$	H_2SO_4	负误差(偏低)	灼烧时 H_2SO_4 逸去
Ba^{2+}	H_2SO_4	$BaSO_4$	$BaCl_2$	负误差(偏低)	$BaCl_2$ 的摩尔质量比 $BaSO_4$ 的小
Ba^{2+}	H_2SO_4	$BaSO_4$	$Ba(NO_3)_2$	负误差(偏低)	灼烧后分解为 $Ba(NO_2)_2$，其摩尔质量比 $BaSO_4$ 的小
Ba^{2+}	H_2SO_4	$BaSO_4$	H_2SO_4	不影响结果	灼烧时 H_2SO_4 逸去

9.6.2 获得纯净沉淀的措施

为了得到纯净的沉淀，应针对上述影响沉淀纯度的因素，采取下列各种措施。

① 采用适当的分析程序和沉淀方法。如果溶液中同时存在含量相差很大的两种离子需要沉淀分离，为了防止含量少的离子因共沉淀而损失，应该先沉淀含量少的离子。例如分析烧结菱镁矿（含1%左右的CaO，90%以上的MgO）时，应该先沉淀 Ca^{2+}。为了避免沉淀 Ca^{2+} 时 MgC_2O_4 共沉淀，应该在大量乙醇介质中用稀硫酸将 Ca^{2+} 沉淀成 $CaSO_4$，而不能采用草酸铵沉淀 Ca^{2+}。

② 降低易被吸附杂质离子的浓度。对于易被吸附的杂质离子，必要时应先分离除去或加以掩蔽。为了减小杂质浓度，一般选择在稀溶液中进行沉淀。但对一些高价离子或含量较多的杂质，就必须先进行预处理。例如溶液中含有易被吸附的 Fe^{3+} 时，可将 Fe^{3+} 预先还原成不易被吸附的 Fe^{2+}，或加酒石酸（或柠檬酸）使之生成稳定的配合物，以减少共沉淀。

③ 针对不同类型的沉淀，选用适当的沉淀条件。沉淀的吸附作用与沉淀颗粒的大小、沉淀的类型、温度和陈化过程等都有关系。因此可通过试剂浓度、温度、试剂加入的次序与速度、陈化等情况，选择适宜的沉淀条件。

④ 在沉淀分离后，用适当的洗涤剂洗涤沉淀。洗涤可使沉淀表面上吸附的杂质进入洗涤液，从而可获得纯净的沉淀，选择的洗涤剂必须是在灼烧或烘干时容易挥发除去的物质，同时，在洗涤过程中沉淀的损失最少。

⑤ 必要时进行再沉淀（或称二次沉淀）。即将沉淀过滤、洗涤、再溶解后，进行再一次沉淀。这时杂质浓度已大大降低，进行再沉淀时，可以避免发生共沉淀现象。再沉淀对于除去吸留的杂质特别有效。

若采用上述措施后，沉淀的纯度仍提高不大，则应对沉淀中的杂质进行分析测定，然后再对分析结果加以校正。

9.7 沉淀形成与沉淀条件的选择

9.7.1 沉淀的类型

沉淀按其物理性质不同，一般可分为两类：一类是晶形沉淀，另一类是非晶形沉淀（又称为无定形沉淀或胶状沉淀）。表 9-3 列出了沉淀类型及相应颗粒直径大小的关系。

晶形沉淀颗粒较大，内部排列较规则，结构紧密，极易沉降于容器的底部。与晶形沉淀相比，无定形沉淀颗粒较小，内部排列杂乱无章，集聚疏松，又包含数目不定的水分子。故无定形沉淀体积庞大，不能很好地沉降于容器的底部。沉淀颗粒的大小与生成的结晶核的多

表 9-3　沉淀类型及相应的颗粒直径大小

沉淀类型	晶形沉淀	无定形沉淀	
		凝乳状沉淀	胶状沉淀
常见沉淀	$MgNH_4PO_4$、$BaSO_4$、CaC_2O_4	AgCl	$Fe_2O_3 \cdot nH_2O$
沉淀颗粒直径/μm	0.1～1	0.02～0.1	<0.02

少有关。如果生成的晶核很多，必然得到极多的细小结晶，从而成为无定形沉淀。

9.7.2　沉淀的形成过程

沉淀的形成是一个复杂的过程。有关这方面理论目前仅是定性解释或经验描述。一般认为沉淀的形成要经过晶核的形成和晶核的长大两个过程。如图 9-2 所示。

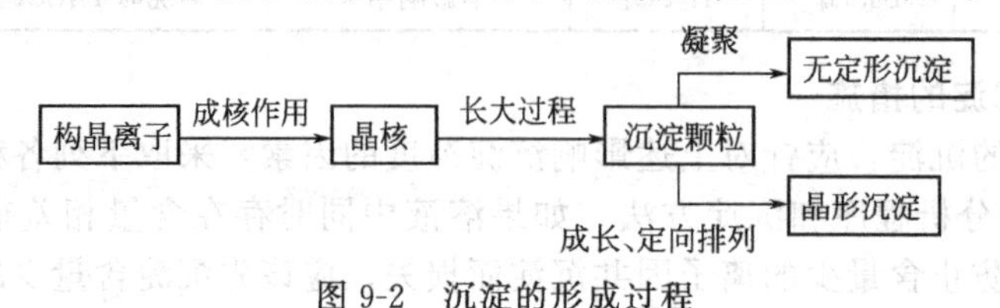

图 9-2　沉淀的形成过程

(1) 晶核的形成

晶核的形成包含两种情况：一种是均相成核作用，另一种是异相成核作用。

将沉淀剂加入试液中，当溶液达到过饱和状态时，构晶离子由于静电作用而缔合起来自发地形成晶核，这种过程称为均相成核作用。一般认为，所形成的晶核含有 4～8 个构晶离子或 2～4 个离子对。例如 $BaSO_4$ 的晶核由 8 个构晶离子（即 4 个离子对）组成，CaF_2 的晶核由 9 个构晶离子组成，Ag_2CrO_4 和 AgCl 的晶核由 6 个构晶离子组成。与此同时，在进行沉淀的介质和容器中，存在着大量肉眼看不见的固体微粒。每克化学试剂至少含有 10^{10} 个不溶微粒。烧杯壁上也附有许多 5～10nm 长的“玻璃核”，以上外来的杂质可以起到晶核的作用，这个过程称为异相成核作用。

(2) 晶核的成长

晶核形成以后，溶液中的构晶离子向晶核表面扩散并沉积在晶核上，晶核就逐渐长大成沉淀微粒。这种由离子形成晶核，再进一步聚集成沉淀微粒的速率称为聚集速率。在聚集的同时，构晶离子在一定晶格中定向排列的速率称为定向速率。如果聚集速率大，而定向速率小，即离子很快地聚集成大量的晶核，则得到非晶形沉淀。反之，如果定向速率大，而聚集速率小，即离子较缓慢地聚集成沉淀，有足够时间进行晶格排列，则得到晶形沉淀。

聚集速率（或称为形成沉淀的“初始速率”）可用冯·韦曼(Van Weimarn) 的经验公式表示：

$$u_{聚集}=k\frac{Q-S}{S} \tag{9-1}$$

式中　$u_{聚集}$——聚集速率；

Q——加入沉淀剂瞬间生成沉淀物质的浓度；

S——沉淀的溶解度；

$(Q-S)$——沉淀开始时的过饱和度；

$(Q-S)/S$——相对过饱和度；

k——比例常数，它与沉淀的性质、温度、溶液中存在的其他物质等因素有关。

从式(9-1) 可清楚地看出，聚集速率的大小由相对过饱和度决定，而相对过饱和度可通过控制沉淀条件来实现。即聚集速率由沉淀条件决定。

定向速率主要决定于沉淀物质的本性。一般极性强的盐类，如 $MgNH_4PO_4$、$BaSO_4$、CaC_2O_4 等具有较大的定向速率，易形成晶形沉淀。而高价金属离子的氢氧化物，如 $Fe(OH)_3$、$Al(OH)_3$ 等其结合的 OH^- 较多，定向排列困难，定向速率小。这类沉淀的溶解度极小，聚集速率很大，加入沉淀剂瞬间形成大量晶核，使水合离子来不及脱水就聚集起来，因而一般形成非晶形或胶状沉淀。但对价数较低的金属离子的氢氧化物沉淀，如 $Mg(OH)_2$、$Zn(OH)_2$等，因含有的 OH^- 较少，当条件适当时有可能形成晶形沉淀。因此，沉淀的类型不仅决定于沉淀的本质，也决定于沉淀时的条件，若适当改变沉淀条件，也可能改变沉淀的类型。

9.7.3 沉淀的特性与沉淀条件的选择

为使沉淀完全并得到纯净的沉淀，对于不同类型的沉淀，必须选择不同的沉淀条件。在生成晶形沉淀时，为了得到便于过滤、洗涤和颗粒较大的晶形沉淀，必须减小聚集速率、增大定向速率。减少晶核的形成，有助于晶体的长大。对于无定形沉淀，溶解度一般都很小，很难通过改变沉淀条件来改变沉淀的物理性质，但可以通过控制沉淀条件，设法破坏胶体、防止胶溶、加速沉淀微粒的凝聚，得到便于洗涤过滤又纯净的沉淀。表 9-4 列出了不同沉淀的特性及沉淀的操作条件。

表 9-4 沉淀的特性及沉淀的操作条件

项　目	晶形沉淀	无定形沉淀
实例	$BaSO_4$、CaC_2O_4 等	$Fe_2O_3 \cdot nH_2O$、$Al_2O_3 \cdot nH_2O$ 等
沉淀特性	①颗粒直径 0.1～1μm ②颗粒较大,内部排列较规则,结构紧密,整个沉淀所占体积小,极易沉降于容器的底部 ③ 易形成能穿过滤纸的细晶形沉淀 ④ 能与许多离子形成共沉淀,如 $BaSO_4$ 易与 Fe^{3+}、Co^{2+}、Ni^{2+}、Zn^{2+} 等形成共沉淀 ⑤ 溶解度小(约为 $10^{-5}mol \cdot L^{-1}$)	① 颗粒直径小于 0.1μm(其中包括凝乳状沉淀 0.02～0.1μm 如 AgCl;胶状沉淀<0.02μm) ② 颗粒较小,内部排列杂乱无章,集聚疏松,又包含数目不定的水分子,整个沉淀体积庞大,不能很好地沉降于容器的底部 ③ 易形成能穿过滤纸的胶体溶液,沉淀为胶体、蓬松、有黏性,易堵塞滤纸 ④ 易与杂质形成共沉淀 ⑤ 溶解度非常小(约为 $10^{-10}mol \cdot L^{-1}$)
沉淀条件	①稀:沉淀反应须在适当稀的溶液中进行。这样可以降低相对过饱和度,并且在较稀的溶液中杂质的浓度较小,共沉淀现象也相应较小,有利于得到纯净的沉淀 ②热:沉淀反应需在热溶液中进行。这样既可增大沉淀的溶解度,降低相对过饱和度,又能减少杂质的吸附量 ③慢:加入沉淀剂的速度要慢,防止晶核的快速形成,有利于晶体定向成长 ④搅:加入沉淀剂时应不断搅拌,防止局部过饱和度大而形成较多的晶核 ⑤陈:"陈"是指"陈化"。即将沉淀和溶液放置一段时间,或加热搅拌一定时间使沉淀中的小晶体溶解,大晶体长大,可使小晶体中共沉淀的杂质溶解而进入溶液,提高了沉淀的纯度,而且得到粗大的晶形沉淀,易于过滤和洗涤	①浓:沉淀反应需在较浓的溶液中进行,加入沉淀剂的速度也可适当快些,加入沉淀剂时应不断搅拌,这样可以减小离子的水化程度,有利于得到体积较小、结构较紧密、含水量少的沉淀,而且沉淀微粒也易于凝聚。对于因浓度大而增大的吸附杂质,可在沉淀完毕后,立即用热水适当稀释并充分搅拌,使其离开沉淀表面而转移到溶液中去 ②热:沉淀反应在热溶液中进行。这样不仅可以减小离子的水化程度,促进沉淀微粒的凝聚,防止形成胶体,而且还可以减少沉淀表面对杂质的吸附 ③凝:沉淀时加入大量电解质或某些能引起沉淀微粒凝聚的胶体。加入电解质促进沉淀微粒凝聚,防止形成胶体;加入某些胶体,可使被测组分沉淀完全 ④趁:沉淀完毕后,趁热过滤,不陈化。无定形沉淀放置后,将逐渐失去水分而凝聚得更加紧密,使沉淀难以洗涤和过滤 ⑤再:必要时进行再沉淀

9.8 均相沉淀法

在一般的沉淀过程中，尽管沉淀剂的加入是在不断搅拌下进行的，但是在刚加入沉淀剂时，局部过饱和现象总是难免的。为了消除这种现象，可采用均相沉淀法。

在沉淀过程中，沉淀剂不是直接加入到溶液中去，而是通过溶液中的化学反应，缓慢而均匀地在溶液中产生，从而使沉淀在整个溶液中均匀而缓慢地析出，从而获得颗粒较大、结构紧密、纯净而易于过滤的沉淀，这种沉淀方法称为均相沉淀法。例如，以均相沉淀法沉淀CaC_2O_4：在酸性溶液中加入草酸铵，此时草酸根主要以$H_2C_2O_4$和$HC_2O_4^-$形式存在于溶液中，因此无CaC_2O_4沉淀产生，然后加入尿素（此时溶液仍然是透明的），将溶液加热后，尿素发生水解：

$$O=C(NH_2)_2 + H_2O \xrightarrow{90\sim100℃} CO_2 + 2NH_3$$

水解生成的NH_3均匀分布在溶液的各个部分，随着NH_3的不断产生，中和溶液中的H^+，溶液的酸度逐渐降低，使溶液中的$C_2O_4^{2-}$浓度逐渐增加，直至pH＝4～4.5时，均匀而缓慢地析出CaC_2O_4沉淀。由于在沉淀过程中，溶液的相对过饱和度始终比较小，因此形成的晶核少，构晶离子可以定向排列再聚集，则可得到粗大而纯净的CaC_2O_4沉淀。

除用尿素外，还可利用六亚甲基四胺、乙酰胺等试剂在水溶液中水解，改变溶液的pH值。均相沉淀法并不限于改变溶液的pH值，还可以利用酯类和其他有机化合物的水解、配合物的水解、氧化还原反应，或缓慢地合成所需的沉淀剂等方式来进行。例如常用尿素来沉淀氢氧化物；用氨基磺酸（NH_2SO_3H）水解产生的SO_4^{2-}来沉淀Ba^{2+}、Pb^{2+}、Sr^{2+}等；用硫代乙酰胺水解产生的H_2S来沉淀各种硫化物等；沉淀剂磷酸根PO_4^{3-}可以从磷酸三甲酯$(CH_3)_3PO_4$中获得等。

表9-5列出了一些均相沉淀法的应用示例。

表9-5　一些均相沉淀法的应用示例

沉淀剂	加入试剂	产生沉淀剂的反应	被测组分
Ba^{2+}	Ba^{2+}＋EDTA	$BaY^{2-}+4H^+ \longrightarrow H_4Y+Ba^{2+}$	SO_4^{2-}
SO_4^{2-}	氨基磺酸等 硫酸二甲酯	$NH_2SO_3H+H_2O \longrightarrow NH_4^+ +H^+ +SO_4^{2-}$ $(CH_3)_2SO_4+H_2O \longrightarrow 2CH_3OH+2H^+ +SO_4^{2-}$	Ba^{2+}、Sr^{2+}、Pb^{2+}等
PO_4^{3-}	磷酸三甲酯 尿素＋磷酸盐	$(CH_3)_3PO_4+3H_2O \longrightarrow 3CH_3OH+H_3PO_4$	Zr^{4+}、Mg^{2+}、Hf^{4+}等
$C_2O_4^{2-}$	草酸二甲酯 尿素＋草酸盐	$(CH_3)_2C_2O_4+2H_2O \longrightarrow 2CH_3OH+H_2C_2O_4$	Ca^{2+}、Th^{4+}、Ca^{2+}等
AsO_4^{3-}	亚砷酸盐＋硝酸盐	$AsO_3^{3-}+NO_3^- \longrightarrow AsO_4^{3-}+NO_2^-$	ZrO^{2+}
CO_3^{2-}	三氯乙酸	$Cl_3CCOOH+2OH^- \longrightarrow CHCl_3+CO_3^{2-}+H_2O$	Ca^{2+}等
S^{2-}	硫代乙酰胺	$CH_3CSNH_2+H_2O \longrightarrow 2CH_3CONH_2+H_2S$	各种硫化物
OH^-	尿素 六亚甲基四胺	$CO(NH_2)_2+H_2O \longrightarrow CO_2+2NH_3$ $(CH_2)_6N_4+6H_2O \longrightarrow 6HCHO+4NH_3$	Al^{3+}、Fe^{3+}、Th^{4+}等

9.9　沉淀的过滤、洗涤、干燥或灼烧

沉淀生成后须经过滤、洗涤、烘干或灼烧等操作过程才能使沉淀形式转化为称量形式。所以，上述各项操作对重量分析的结果准确性影响很大。

9.9.1　过滤

重量分析的过滤方法有两种，常压过滤与减压过滤。常压过滤通常使用滤纸和长颈玻璃

漏斗。滤纸采用无灰滤纸[1]，滤纸有快速、中速、慢速三种。对一般非晶形沉淀，如 $Fe(OH)_3$、$Al(OH)_3$ 等，应选用疏松的快速滤纸，以免过滤时间过长；而对粗粒的晶形沉淀，如 $MgNH_4PO_4 \cdot 6H_2O$ 可用较紧密的中速滤纸；对较细粒的沉淀，如 $BaSO_4$ 应选用最紧密的慢速滤纸。

减压过滤法可选用玻璃砂芯坩埚，又称玻璃微孔坩埚，它的砂芯滤板是用玻璃粉末在高温下烧结而成，按微孔的细度分为 G_1～G_6（1号～6号）六个等级，滤孔逐渐减小，其中 G_3 用于过滤粗晶形沉淀，相当于中速滤纸；G_4、G_5 用于过滤细晶形沉淀，相当于慢速滤纸。

不管是常压过滤与减压过滤，一般都采用倾泻过滤法[2]。

9.9.2 洗涤

为了洗去沉淀表面吸附的杂质和混杂在沉淀中的母液，经过滤后的沉淀需进行洗涤。洗涤时应尽量减少沉淀的溶解损失并避免形成胶体。因此，需要选择合适的洗涤剂及洗涤方法。

（1）洗涤剂的选择原则

① 溶解度小而不容易形成胶体的沉淀，可用蒸馏水洗涤。

② 对溶解度较大的晶形沉淀，用沉淀剂的稀溶液洗涤后，再用少量蒸馏水洗涤。所选用的沉淀剂应是易挥发的，在烘干与灼烧时能被挥发除去的溶剂，例如用 $(NH_4)_2C_2O_4$ 稀溶液洗涤 CaC_2O_4 沉淀。

③ 对溶解度较小但有可能分散成胶体的沉淀，应用易挥发的电解质溶液洗涤，如用 NH_4NO_3 稀溶液洗涤 $Al(OH)_3$。

④ 溶解度受温度影响小的沉淀，可用热水洗涤，防止形成胶体。

（2）洗涤方法

洗涤沉淀时既要将沉淀洗净，又不能增加沉淀的溶解损失。因此，为了提高洗涤效率，应该采用少量多次的方法，并且洗涤时须待前次的洗涤液尽可能流尽后，再加入新的洗涤液进行下一次洗涤。

9.9.3 干燥或灼烧

干燥是为了除去沉淀中的水分和可挥发性的物质，使沉淀形式转化为固定的称量形式。灼烧除了有除去沉淀中的水分和可挥发物质的作用外，有时可能通过灼烧，使沉淀形式在高温下分解为组成固定的称量形式。干燥或灼烧的温度和时间因沉淀不同而异。如丁二酮肟镍，需在110～120℃烘40～60min，即可冷却至室温后进行称量；而磷钼酸喹啉则需在130℃烘45min。干燥沉淀常用的玻璃砂芯滤器和沉淀都必须烘至恒重（两次称量的绝对差值小于称量误差0.2mg）。

灼烧温度一般在800℃以上，具体温度和时间因沉淀不同而异。如 $BaSO_4$ 为800℃，$MgNH_4PO_4 \cdot 6H_2O$ 于1100℃灼烧为焦磷酸镁（$Mg_2P_2O_7$）。盛放沉淀常用瓷坩埚，若需用氢氟酸处理沉淀则应用铂坩埚盛放。灼烧沉淀前须预先将灼烧用的瓷坩埚和盖在灼烧沉淀的条件下灼烧至恒重，然后将沉淀用滤纸包好，放置在已烧至恒重的坩埚中，将滤纸烘干并灰化，再灼烧至恒重，因此耗时较长。近年来采用微波炉干燥 $BaSO_4$ 获得了理想的效果，大大缩短了重量分析的时间。沉淀经干燥或灼烧至恒重后，即可由所获得沉淀称量形式的质量计算测定结果。

---

[1] 无灰滤纸：一种定量滤纸，其灰分小于0.1mg。

[2] 倾泻过滤法：即将沉淀上清液沿玻璃棒小心倾入滤器，尽可能使沉淀留在杯内。

9.10 重量分析法的应用

重量分析法是一种经典的化学分析方法，又是一种既准确又精密的分析方法。虽然各种现代的分析方法不少，但在工业生产过程和产品成分和质量的分析测试中，重量分析法仍得到广泛的应用。举例如下。

(1) 钢铁及合金中 Ni^{2+} 的测定

钢铁及合金中镍的测定，重量法中选用丁二酮肟为沉淀剂，在弱酸性溶液（pH>5）或氨性溶液中，它与 Ni^{2+} 生成丁二酮肟镍［$Ni(C_4H_7O_2N_2)_2$］鲜红色的沉淀，生成的沉淀有特效性，沉淀经烘干后称量，可得到满意的测定效果。

由于铁、铝等离子能被氨水沉淀，对镍的沉淀有干扰，因此用柠檬酸或酒石酸进行掩蔽；当试样中含钙量高时，由于酒石酸钙的溶解度小，采用柠檬酸作掩蔽剂较好；少量铜、砷、锑存在不干扰。反应为：

$$2\ \begin{matrix} CH_3-C=NOH \\ | \\ CH_3-C=NOH \end{matrix} + Ni^{2+} \rightleftharpoons Ni(C_4H_7O_2N_2)_2 + 2H^+$$

(2) 8-羟基喹啉沉淀法测定铝

8-羟基喹啉是重量法测定铝的理想沉淀剂。在醋酸盐缓冲溶液（pH=4～5）中，8-羟基喹啉可把铝沉淀为 8-羟基喹啉铝［$Al(C_9H_6ON)_3$］，可用 EDTA 及 KCN 掩蔽试液中可能存在的铁（Ⅲ）、铜（Ⅱ）等元素。

8-羟基喹啉铝是晶形沉淀，化学稳定性好，相对分子质量大，经 120～150℃干燥后即可称重。反应为：

$$Al^{3+} + 3\,C_9H_6NOH \rightleftharpoons Al(C_9H_6ON)_3 \downarrow + 3H^+$$

8-羟基喹啉的缺点是选择性差。目前已合成了一些选择性较高的 8-羟基喹啉衍生物，如 2-甲基-8-羟基喹啉，可在 pH=5.5 时沉淀 Zn^{2+}，pH=9 时沉淀 Mg^{2+} 而不与 Al^{3+} 反应。

(3) 四苯硼酸钠沉淀法测定钾

四苯硼酸钠是测定钾的良好沉淀剂，反应生成四苯硼酸钾沉淀［$KB(C_6H_5)_4$］。

四苯硼酸钾是离子型化合物，具有溶解度小、组成稳定、热稳定性好（最低分解温度为 265℃）、可烘干后直接称重等优点。

反应为：
$$K^+ + B(C_6H_5)_4^- \rightleftharpoons KB(C_6H_5)_4 \downarrow$$

四苯硼酸钠也能与 NH_4^+、Rb^+、Tl^+、Ag^+ 等离子生成沉淀，但一般试样中 Rb^+、Tl^+、Ag^+ 的含量极微，所以常采用四苯硼酸钠测定钾。

(4) 硅酸盐中二氧化硅的测定

二氧化硅是硅酸盐及其制品（水泥、玻璃、陶瓷、耐火材料等）中的主要成分。绝大多数硅酸盐都不溶于酸或碱的溶液中，所以，一般采用碱性熔剂将试样熔融后再加酸处理，部分二氧化硅变成硅酸 $SiO_2 \cdot xH_2O$ 析出，部分仍分散在溶液中，需经脱水才能沉淀。可用

表 9-6　一些重量分析法的应用

被测物质	沉淀剂	测定操作	干扰离子及排除	称量形式
Ag^+	盐酸	取试液，加1%硝酸，加沉淀剂，加热至70℃，放置数小时，过滤，用0.06%硝酸洗涤，130～150℃干燥，需在暗处操作	Bi^{3+}、CN^-、Cu^+、Pb^{2+}、Hg_2^{2+}、$S_2O_3^{2-}$、Tl^+、Sb^{3+}干扰；低价离子经硝酸煮沸后可排除干扰	AgCl
Al^{3+}	氨水	取试液，加氯化铵，煮沸，加甲基红指示剂，用氨水调至黄色，过滤，用2%氯化铵洗涤，1200℃灼烧	SiO_2、不溶性氢氧化物、碱土金属，B、F^-有干扰	Al_2O_3
	磷酸氢二铵	取试液（0.05%盐酸），加热至100℃，加沉淀剂，pH5～5.4醋酸缓冲溶液，过滤，用5%硝酸铵洗涤，800～1000℃灼烧	Ca、Fe、Mn、Ti、Zn、Zr干扰	$AlPO_4$
Ba^{2+}	硫酸	取试液，煮沸，加入热沉淀剂，放置12～16h，过滤，热水洗涤，＞730℃灼烧	Pb、Ca、Sr、有干扰，Fe共存时加EDTA掩蔽	$BaSO_4$
	铬酸铵	取试液（乙酸），煮沸，加入热沉淀剂，过滤，用0.5%乙酸铵洗涤，＜60℃干燥	许多离子干扰，但允许Ca和Sr共存	$BaCrO_4$
Cu^{2+}	硫氰酸铵	取试液调至弱酸性，通入二氧化硫至饱和，然后用水稀释，煮沸，加入沉淀剂，过滤，分别用硫氰酸铵、二氧化硫溶液、20%乙醇洗涤，105～120℃干燥	Ag、Hg、Pb、Se、Te有干扰，Bi、Sb、Sn可用酒石酸掩蔽	$Cu(SCN)_2$
	硫氰酸铵＋吡啶	取试液，加沉淀剂至呈蓝色，过滤，20℃真空干燥		$[Cu(C_5H_5N)_2 \cdot (SCN)_2]$
	铜试剂（乙醇溶液）	取试液用氨水调至氨性，加入热沉淀剂，过滤，用1%氨水洗涤，105～140℃干燥	Al、Cd、Co、Ni、Fe、Zn用酒石酸掩蔽	$Cu(C_{14}H_{12}O_2N)$
Fe^{3+}	氨水	取试液加热至沸腾，加沉淀剂，过滤，用1%硝酸铵倾注法洗涤，1000～1100℃灼烧	AsO_4^{3-}、PO_4^{3-}、VO_4^{3-}、Si及不溶性氰氧化物、酒石酸、柠檬酸	Fe_2O_3
	六亚甲基四胺（10%）	取试液调至弱酸性，加氯化铵及沉淀剂，100℃加热，滤纸过滤，热水洗涤，1000～1100℃灼烧	AsO_4^{3-}、PO_4^{3-}、VO_4^{3-}、Si及不溶性氰氧化物、酒石酸、柠檬酸	Fe_2O_3
	铜铁试剂（6%）	取试液（硫酸），冷却至10℃，加沉淀剂，过滤，用3.5%盐酸、0.15%沉淀剂及氨水依次洗涤，1000～1100℃灼烧		Fe_2O_3
I^-	硝酸银（5%）	取试液，加氨水，加沉淀剂，1%硝酸，过滤，1%硝酸洗涤，130～150℃干燥	Cl^-、Br^-、CN^-、OCN^-、SCN^-、S^{2-}	AgI
F^-	氯化钙（5%）	取试液（不含NH_4^+、SiO_3^{2-}、PO_4^{3-}）调节pH＞3，加入沉淀剂、明胶、乙酸，蒸发后加水15～20mL，过滤，用1%～2%氨水洗涤，在800℃下灼烧	Si、Al、Fe等预先分离	CaF_2
PO_4^{3-}	镁混合剂	取试液（试液若含铁须预先加入柠檬酸掩蔽），加沉淀剂、氨水，放置数小时后过滤，用1.5%冷氨水洗涤，在900～1000℃下灼烧	Al、Fe、Mn用氨水加溴分离，Ca用草酸生成草酸钙沉淀分离	$Mg_2P_2O_7$
	钼酸铵	取试液（＞0.05mg磷），加入5%～10%硝酸铵，5%～10%硝酸，在40～50℃加热，然后加入过量沉淀剂，放置30min，过滤，用5%硝酸铵洗涤，在500～550℃灼烧	As、F、Se、Si、Te、Ti、V、W、Zr、H_2SO_4、HCl	$HPO_3 \cdot 12MoO_3$

盐酸反复蒸干脱水，让 $SiO_2 \cdot xH_2O$ 沉淀下来；也可用动物胶凝聚法，即利用动物胶吸附 H^+ 而带正电荷（蛋白质中氨基酸的氨基吸附 H^+），与带负电荷的硅酸胶体发生胶凝而析出，经蒸干使沉淀析出。最近，也有采用长碳链季铵盐，如十六烷基三甲基溴化铵（简称CTMAB）作沉淀剂，它在溶液中形成带正电荷的胶粒，可不加盐酸蒸干而将硅酸定量沉淀。所得沉淀疏松且易洗涤，比动物胶法更好。

硅酸沉淀后，需经高温灼烧才能完全脱水和除去带入的沉淀剂，但即使经过高温灼烧，一般还可能含有不挥发的杂质（如铁、铝等化合物）。为了提高精度，可在经过灼烧后的沉淀中再加入氢氟酸，使 SiO_2 生成 SiF_4 挥发逸去后称量，从两次称量差求得 SiO_2 的量。

反应为：

$$SiO_2 + 2NaOH \xrightarrow{\text{熔融}} Na_2SiO_3 + H_2O$$

$$Na_2SiO_3 + 2HCl = 2NaCl + H_2SiO_3 \downarrow$$

$$H_2SiO_3 = SiO_2 + H_2O$$

若高温灼烧完全脱水和除去沉淀剂后称重为 m_1，加入氢氟酸使 SiO_2 生成 SiF_4 挥发逸去后称重为 m_2，则

$$w_{SiO_2} = \frac{m_1 - m_2}{m_{试样}} \times 100\%$$

表 9-6 列举了一些重量分析法的应用。

9.11 重量分析法的计算

9.11.1 换算因数的计算

重量分析法的测定结果，是根据沉淀的称量形式与试样的质量，经过一定的计算获得待测组分的含量。在重量分析中，称量形式往往与被测组分的表示形式不一样，这就需要将称得的称量形式的质量换算成被测组分的质量。待测组分的摩尔质量与称量形式的摩尔质量的比值是一常数，称换算因数，又叫化学因数，以 F 表示。即：

$$换算因数(F) = \frac{a \times 待测组分的摩尔质量}{b \times 称量形式的摩尔质量} \tag{9-2}$$

式中，a，b 是使分子和分母中待测元素的原子个数相等时需乘的系数，换算因数是一个无量纲的具体数值，根据重量分析的误差要求，应保留四位有效数字。

下面举例说明换算因数的计算。

【例 9-9】 沉淀重量法测定试样中镁，先将 Mg^{2+} 沉淀为 $MgNH_4PO_4$，再灼烧成 $Mg_2P_2O_7$，进行称量。当以镁表示镁的含量时，写出并计算换算因数。

解：

$$F = \frac{2M_{Mg}}{M_{Mg_2P_2O_7}} = \frac{2 \times 24.32}{222.6} = 0.2185$$

【例 9-10】 分析 Fe_3O_4 含量时，将试样溶解后，将 Fe^{3+} 沉淀为 $Fe(OH)_3$，然后灼烧为 Fe_2O_3，进行称量，当以 Fe_3O_4 表示铁的含量时，写出并计算换算因数。

解：

$$F = \frac{M_{Fe_3O_4}}{M_{Fe_2O_3}} \times \frac{2}{3} = \frac{231.6}{159.7} \times \frac{2}{3} = 0.9668$$

【例 9-11】 沉淀重量法测铝时，计算 Al_2O_3 质量，利用 8-羟基喹啉将 Al^{3+} 沉淀为 8-羟基喹啉铝 $(C_9H_6NO)_3Al$，然后再干燥恒重称量，计算换算因数。

解：

$$F=\frac{M_{Al_2O_3}}{M_{(C_9H_6NO)_3Al}\times 2}=\frac{101.96}{459.4\times 2}=0.1110$$

9.11.2 沉淀剂用量的计算

根据称样量和被测组分的大致含量，按化学反应方程式可计算将被测组分沉淀完全时所需要的沉淀剂的理论用量。为使沉淀溶解损失减小到允许范围内，可利用同离子效应，加入过量沉淀剂，使沉淀反应尽可能完全。沉淀剂过量多少，与沉淀剂的性质、沉淀的溶度积和滤液的体积等因素有关。若沉淀剂不易挥发，应过量少些，如过量20%～30%；若沉淀剂易挥发除去，则可过量50%～100%。沉淀剂不能加入太多，否则可能引起盐效应、酸效应和配位效应等副反应，使沉淀溶解度增大。

【例9-12】 为了使0.2032g $(NH_4)_2SO_4$ 中的 SO_4^{2-} 沉淀完全，需要每升含63g $BaCl_2\cdot 2H_2O$ 的溶液多少毫升？

解： 由反应方程式：

$$BaCl_2+(NH_4)_2SO_4 = BaSO_4+2NH_4Cl$$

得到

$$1BaCl_2 \Leftrightarrow 1(NH_4)_2SO_4$$

故需 $BaCl_2\cdot 2H_2O$ 溶液理论体积为：

$$V=\frac{n_{(NH_4)_2SO_4}}{c_{BaCl_2\cdot 2H_2O}}=\frac{m_{(NH_4)_2SO_4}/M_{(NH_4)_2SO_4}}{m_{BaCl_2\cdot 2H_2O}/(M_{BaCl_2\cdot 2H_2O}V_{BaCl_2\cdot 2H_2O})}=\frac{0.2032/132.14}{63/(244.27\times 1000)}=5.96\ (mL)$$

因 $BaCl_2$ 不挥发，过量30%：

$$V_{过量}=5.98\times 30\%=1.8\ (mL)$$

因此欲使 SO_4^{2-} 沉淀完全应取此 $BaCl_2\cdot 2H_2O$ 溶液量为：

$$V=V+V_{过量}=5.96+1.8=7.76\ (mL)$$

9.11.3 称样量的计算

沉淀重量法中样品称取量的多少，以应得到多少沉淀量为原则。首先，从称量准确度考虑，为避免引起较大的称量误差，影响分析结果的准确度，沉淀量不能太少，应保证当沉淀形式转化为称量形式后，有足够量的称取质量。通常，晶形沉淀以灼烧后称量形式质量在0.3～0.5g为宜；无定形沉淀以灼烧后称量形式质量在0.1g左右为宜。其次，从分析操作考虑，沉淀时溶液体积不宜过大，沉淀量不能太多，以免引起沉淀难于过滤、洗涤和灼烧等情况。根据称量形式质量和被测组分在样品中的大致含量，通过反应方程式即可计算出应称样品的质量。

【例9-13】 欲测含硫约4%的煤中硫的含量，沉淀称量形式为 $BaSO_4$，应称取试样多少克？

解： $BaSO_4$ 为晶形沉淀，若使称量形式在0.3～0.5g之间，则煤样中硫的含量：

$$m=m_{称量形式}\times\frac{M_S}{M_{BaSO_4}}=(0.3\sim 0.5)\times\frac{32.06}{233.39}=0.04\sim 0.07\ (g)$$

故应称煤样量为：$(0.04\sim 0.07)\div 4\%=1\sim 1.8\ (g)$。

9.11.4 重量分析结果的计算

待测组分的质量由下式计算：

$$待测组分的质量=称量形式的质量\times 换算因数 \tag{9-3}$$

计算待测组分的含量：

$$w_{待测组分}=\frac{待测组分质量}{试样质量}\times 100\%$$

$$w_{待测组分}=\frac{称量形式的质量\times换算因数}{试样质量}\times100\%=\frac{m_{称}F}{m_{试}}\times100\% \quad (9\text{-}4)$$

式中，$m_{称}$为称量形式的质量，g；$m_{试}$为称取试样质量，g；F为换算因数。

【例 9-14】 分析某铬矿中的 Cr_2O_3 含量时，把 Cr 转变为 $BaCrO_4$ 沉淀，设称取 0.4500g 试样，然后得到 $BaCrO_4$ 质量为 0.2630g，求此矿中 Cr_2O_3 的百分含量。

解：

$$w_{Cr_2O_3}=\frac{m_{称}F}{m_{试}}\times100\%=\frac{0.2630\times\frac{M_{Cr_2O_3}}{M_{BaCrO_4}\times2}}{0.4500}\times100\%$$

$$=\frac{0.2630\times\frac{152.0}{253.3\times2}}{0.4500}\times100\%=17.54\%$$

【例 9-15】 测定 $KHC_2O_4\cdot H_2C_2O_4$ 的含量时，可用 Ca^{2+} 将它沉淀为 CaC_2O_4，灼烧为 CaO 后进行称量。今称取 0.5000g 试样，经过一系列操作手续后得 CaO 质量为 0.2437g，计算试样中 $KHC_2O_4H_2C_2O_4$ 的含量。

解：反应过程 $KHC_2O_4\cdot H_2C_2O_4+2Ca^{2+}\longrightarrow 2CaC_2O_4\longrightarrow 2CaO$

$$w_{KHC_2O_4\cdot H_2C_2O_4}=\frac{m_{称}F}{m_{试}}\times100\%=\frac{0.2437\times\frac{M_{KHC_2O_4\cdot H_2C_2O_4}}{M_{CaO}\times2}}{0.5000}\times100\%$$

$$=\frac{0.2347\times\frac{218.2}{56.08\times2}}{0.5000}\times100\%=94.82\%$$

【例 9-16】 今有纯的 CaO 和 BaO 的混合物 2.2120g，转化为混合硫酸盐后质量为 5.0230g，计算原混合物中 CaO 和 BaO 的质量分数。

解：设 CaO 和 BaO 的质量依次分别为 x(g) 和 y(g)，则

$$x+y=2.2120 \quad ①$$

转化为硫酸盐后有

$$x\frac{M_{CaSO_4}}{M_{CaO}}+y\frac{M_{BaSO_4}}{M_{BaO}}=5.0230$$

即

$$x\frac{136.14}{56.08}+y\frac{233.29}{153.33}=5.0230 \quad ②$$

联立①②两式解得

$$x=1.8290\text{g},\ y=0.3830\text{g}$$

则

$$w_{CaO}=\frac{1.8290}{2.2120}\times100\%=82.77\%$$

$$w_{BaO}=\frac{0.3830}{2.2120}\times100\%=17.23\%$$

思考题

1. 沉淀形式和称量形式有何区别？试举例说明。
2. 重量分析对沉淀的要求是什么？
3. 沉淀是怎样形成的？形成沉淀的形状与哪些因素有关？哪些因素主要由沉淀的本性决定？哪些因素由沉淀条件决定？
4. 影响沉淀完全的因素有哪些？

5. 影响沉淀纯净的因素有哪些？获得纯净沉淀的措施有哪些？
6. 影响沉淀溶解度的因素有哪些？它们是怎样发生影响的？在分析工作中，对于复杂的情况，应如何考虑主要影响因素？
7. 何谓均相沉淀法？与一般的沉淀法相比，它有什么优点？
8. 何谓陈化？其目的如何？陈化时应该注意些什么问题？
9. 怎样选择一种合适的沉淀剂？
10. 为了沉淀完全，必须加入过量的沉淀剂，但为什么不能过量太多？
11. 共沉淀和后沉淀有何区别？它们是怎样发生的？对重量分析有何影响？共沉淀在分析化学中有何用处？
12. 下列各条件中何者是晶形沉淀所要求的条件？
    (1) 沉淀反应在较浓的溶液中进行
    (2) 在不断搅拌下加入沉淀剂
    (3) 沉淀反应在冷的溶液中进行
    (4) 应进行沉淀的陈化
13. 何为化学因数（换算因数），如何确定与计算？
14. 沉淀重量法中根据什么来确定试样称取量？
15. 洗涤沉淀时，选择洗涤剂的原则是什么？
16. 沉淀为什么要烘干？烘干（或灼烧）时用什么仪器？

习　题

1. 完成下表

待测组分	称量形式	换算因数 F	待测组分	称量形式	换算因数 F
SO_3	$BaSO_4$		P_2O_5	$(NH_4)_3PO_4\cdot12MoO_3$	
MgO	$Mg_2P_2O_7$		As_2O_3	$Cu(C_2H_3O_2)_2\cdot3Cu(AsO_2)_2$	
P_2O_5	$Mg_2P_2O_7$		CuO	$Cu(C_2H_3O_2)_2\cdot3Cu(AsO_2)_2$	
P	$(NH_4)_3PO_4\cdot12MoO_3$		Al_2O_3	$(C_9H_6NO)_3Al$	

(0.3430，0.3622，0.6377，0.01650，0.03782，0.5854，0.3138，0.1110)

2. 计算 CaF_2 在 pH＝2.00，F^- 的总浓度为 0.10mol·L^{-1}的溶液中的溶解度。 (2.98×10^{-6} mol·L^{-1})
3. 计算 AgI 在纯水中和 1.0mol·L^{-1} NH_3 溶液中的溶解度。

(1.2×10^{-8} mol·L^{-1}，6.1×10^{-5} mol·L^{-1})

4. 分别计算 $BaSO_4$ 在下列条件下的溶解度。(1) 在纯水中；(2) 考虑同离子效应，在 0.10mol·L^{-1} $BaCl_2$ 的溶液中；(3) 考虑酸效应，在 2.0 mol·L^{-1} HCl 溶液中；(4) 考虑配合效应，在 pH＝8.0 的 0.010mol·L^{-1} EDTA 溶液中。 (1.1×10^{-5} mol·L^{-1}，1.1×10^{-9} mol·L^{-1}，1.5×10^{-4} mol·L^{-1}，6.6×10^{-4} mol·L^{-1})
5. 有纯的 AgCl 和 AgBr 混合试样质量为 0.8800g，在 Cl_2 气流中加热，使 AgBr 转化为 AgCl，则原试样的质量减轻了 0.1650g，计算原样品中氯的质量分数。 (5.15％)
6. 将 0.3600g 纯 $BaCl_2\cdot2H_2O$ 试样溶于水后，用稀硫酸将 Ba^{2+} 沉淀为 $BaSO_4$。若沉淀剂过量 50％，则需 0.5mol·L^{-1}的 H_2SO_4 溶液多少毫升？ (4.5mL)
7. 在 25℃时，$BaSO_4$ 沉淀在纯水中的溶解度为 1.05×10^{-5} mol·L^{-1}。如果加入过量 H_2SO_4 并使溶液中 SO_4^{2-} 的浓度为 0.02mol·L^{-1}，问 $BaSO_4$ 的溶解损失为多少？(设总体积为 500mL) (6.4×10^{-7} mg)
8. 铸铁试样 1.000g 放置电炉中，通氧燃烧使其中的碳生成 CO_2，用碱石棉吸收，增重 0.1025g。求碳在铸铁中的质量分数。 (2.80％)
9. 重量法测定钢中的钨，称取试样 0.6000g，得到 WO_3 沉淀 0.2210g，计算钢中钨的质量分数。

(29.21％)

10. 有含硫约 35%的黄铁矿，用重量法测定硫，欲得 0.6g 左右的 $BaSO_4$ 沉淀，问应称取试样的重量为多少？ (0.24g)

11. 用 $PbMoO_4$ 重量法测定磷时，首先将 PO_4^{3-} 沉淀成 $(NH_4)_3PO_4 \cdot 12MoO_3$，然后转化为 $PbMoO_4$，计算换算因数，并计算多少克磷可以得到 0.3g $PbMoO_4$ 沉淀？($M_{PbMoO_4}=367.136$)。 (2.1×10^{-3}g)

12. 测定硅酸盐中 SiO_2 的含量，称样 0.4837g，加酸溶解得到硅酸沉淀，经高温灼烧脱水处理后质量为 0.2350g，再用 HF 与 H_2SO_4 处理后，剩余残渣为 0.011g，计算试样中 SiO_2 的质量分数。 (46.31%)

13. 用四苯硼酸钠法测定钾长石中的钾时，称取试样 0.5000g，经处理并烘干得四苯硼酸钾 [$KB(C_6H_5)_4$] 沉淀 0.2834g，求钾长石中 K_2O 的质量分数 [$M_{KB(C_6H_5)_4}=358.33$]。 (7.30%)

14. 0.4869g 合金钢溶解后，将 Ni^{2+} 沉淀为丁二酮肟镍 ($NiC_8H_{14}O_4N_4$)，烘干后的质量为 0.2571g，计算试样中 Ni 的质量分数。 (10.73%)

15. 今有纯净的 $MgCO_3$ 和 $BaCO_3$ 的混合物，其中 CO_2 的质量分数为 0.4520，计算混合物中每种组分的含量。 (76.59%，23.41%)

16. 称取含有结晶水的纯净 $BaCl_2 \cdot xH_2O$ 0.6000g，得到 $BaSO_4$ 沉淀 0.5730g，计算 $BaCl_2$ 和结晶水的质量分数，并计算每分子氯化钡中所含结晶水的分子数目。 (85.21%，14.79%，2)

17. 称取某一纯铁的氧化物试样 0.5000g，然后通入氢气，将其中的氧全部还原除去后，残留物为 0.3489g。计算该铁的氧化物的分子式。 (Fe_2O_3)

第3篇 仪器分析法

第10章 仪器分析法概述

仪器分析是指采用较为特殊或复杂的仪器设备，通过测量物质的某些物理或物理化学性质参数及变化来确定其化学组成、成分含量或结构的分析方法。随着电子与计算机技术的飞速发展，分析化学无论是在方法还是在实验技术方面都发生了根本性的变化。新仪器研制成功，带动了新的分析方法不断出现，而且应用日益广泛，使得仪器分析在分析化学中所占的比重不断加大，并成为现代实验化学的重要支柱。因此，仪器分析中的一些基本原理和实验技术，已成为现代化学工作者所必须具备的基础知识和基本技能。只有掌握了仪器分析的原理和应用，才能懂得各种仪器分析方法的适用性、灵敏度和准确度，才能在解决某个具体问题的许多途径中作出合理的选择，提高分析问题和解决问题的能力。本章设置在具体仪器分析方法讲述之前，主要介绍一些仪器分析法中的基本知识。

10.1 仪器分析法的分类

原则上讲，凡是能够表征物质的所有物理或物理化学性质均可作为分析该物质的依据。因此仪器分析的方法很多，而且每种方法往往又有各自比较独立的方法原理和相应的仪器设备，可自成体系。根据物质所产生的可测信号不同，常可把仪器分析方法分为以下几类。

10.1.1 光学分析法

光学分析法是基于物质发射光或光与物质相互作用而建立起来的一类分析方法，可分为非光谱法与光谱法。

（1）非光谱法

非光谱法是指不以光的波长为特征信号，而是通过测量光的某些性质如反射、折射、干涉、衍射或偏振等变化建立起来的方法。在该方法中，物质与光的作用不涉及物质内部量子化能级的跃迁。常见的非光谱法有折射法、干涉法、散射浊度法、旋光法、X射线衍射法和电子衍射法等。

（2）光谱法

光谱法是基于与光作用时，物质内部量子化能级之间跃迁所产生的发射、吸收和散射等现象而建立起来的分析方法。根据作用粒子不同，光谱法可分为原子光谱法和分子光谱法；根据作用形式不同，光谱法可分为发射光谱法、吸收光谱法、荧光光谱法、拉曼光谱法等。光强对波长的变化曲线，即光谱图，是光谱法进行定性、定量或结构分析的基础。不同波长的光与原子或分子内部能级跃迁类型及分析方法的对应关系可见表 10-1。从广义的辐射概念讲，亦可将以光电子辐射为基础的各种光电子能谱法归于光谱法。

表 10-1　电磁波谱及其相应的分析方法

光谱区	波长范围	跃迁能级类型	分析方法
X 射线	0.01～10.0nm	原子内层电子能级	X 射线荧光光谱法(XPS)
远紫外光 近紫外光 可见光	10～200nm 200～380nm 380～780nm	原子及分子中价电子或成键电子能级	原子发射光谱法(AES) 原子吸收光谱法(AAS) 原子荧光光谱法(AFS) 紫外可见吸收光谱法(UV-Vis) 分子荧光光谱法(MPS)
近红外光 中红外光	0.78～2.5μm 2.5～50μm	分子振动能级	红外吸收光谱法(IR)
远红外光 微波	50～300μm 0.3mm～1m	分子转动能级	
射频	1～1000m	电子自旋、核自旋	电子顺磁共振波谱法(EPR) 核磁共振波谱法(NMR)

注：1. 波长范围的划分并不是很严格，不同文献略有差异。
2. 光谱区交界区域两种跃迁能级类型共存。
3. 紫外（远、近）、可见、红外（近、中、远）合称光学光谱区。
4. 远紫外可被空气吸收，亦称真空紫外区。

10.1.2　电化学分析法

电化学分析法是基于物质的电化学性质，应用电化学的基本原理和技术而建立的分析方法。测量时需将待测试液构成一个化学电池的组成部分，通过测量该电池的某些电参数，如电导（电阻）、电位、电流、电量等的变化来对物质进行分析。根据测量参数的不同，可分为电导分析法、电位分析法、电解和库仑分析法及伏安和极谱分析法等，见表 10-2。

表 10-2　电化学分析法的分类

电化学分析法	所测量电参数	电化学分析法	所测量电参数
电位法	电位(电流≈0)	电导法	电阻(电导)
电位滴定法	电位与标准溶液体积(电流≈0)	电导滴定法	电阻与标准溶液体积
伏安和极谱法	电流(控制电位)	库仑分析法	电流与时间
安培滴定法(电流滴定法)	电流与标准溶液体积	电重量分析法(电沉析法)	电解后电极增重

10.1.3　色谱分析法

色谱分析法是根据混合物中各组分在互不相溶的两相（固定相和流动相）中吸附能力、分配系数或其他形式作用力的差异而建立的分离分析方法。当流动相是气体时称为气相色谱法，流动相是液体时称为液相色谱法，流动相是超临界流体时称为超临界色谱法。

通常亦把毛细管电泳归为色谱法，该法是基于在石英毛细管中，相同电场力驱动下的不同带电组分的差速迁移而实现分离的方法。

色谱法是高效的分离方法，将其与各种现代仪器方法联用，即所谓的联用技术，是解决复杂物质的分离和分析问题最有效的手段。

10.1.4　其他方法

(1) 质谱法

试样在离子源中被电离成带电离子，然后在质量分析器中按质荷比（m/z）不同被分离成不同离子束而被检测器分别检测，得到强度随质荷比变化的质谱图。该法可用于同位素分析，元素或有机物的定性、定量分析，亦是有机化合物结构鉴定的有利手段。

（2）热分析法

根据物质的质量、体积、热导或反应热与温度之间关系而建立起来方法，可用于成分分析，但更多用于热力学、动力学和化学反应机理等方面的研究。属于这一类方法的有热导法、热焓法、热质量分析法、差热分析法、差示扫描量热法等。

（3）放射化学分析法

根据放射性同位素的性质来进行分析的方法，包括同位素稀释法、放射性滴定法和活化分析等。

10.2 分析仪器的组成

不同仪器方法所使用的仪器不同，即使同一种方法也会有多种类型的仪器，并且自动化程度越高，仪器内部的组成就越复杂。但究其本质，所有的分析仪器均是由信号发生器、检测器（传感器）、信号处理器和读出装置等四个基本部件组成，如图 10-1 所示，相应实例分析见表 10-3。

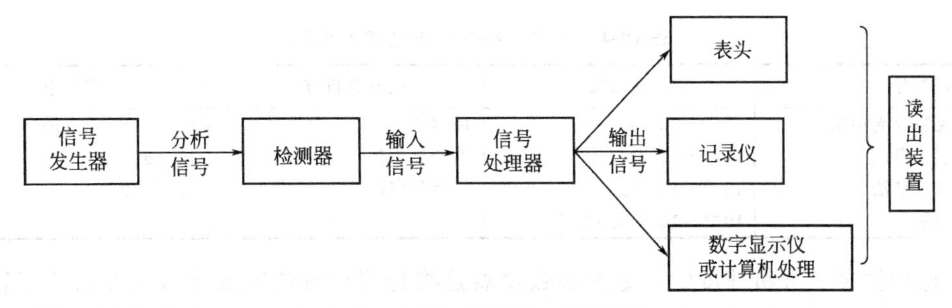

图 10-1　分析仪器的组成方框图

表 10-3　分析仪器的基本组成

仪器	信号发生器	分析信号	检测器	输入信号	信号处理器	读出装置
pH 计	样品	氢离子活度	pH 玻璃电极	电位	放大器	表头或数字显示
库仑计	直流电源和样品	电流	电极	电流	放大器	数字显示
气相色谱仪	样品	电阻(热导) 电流(氢焰)	热导或氢焰检测器	电阻	放大器	记录仪或打印机
比色计	钨灯和样品	衰减光束	光电池	电流		表头
紫外可见分光光度计	钨灯或氢灯和样品	衰减光束	光电倍增管	电流	放大器	表头、记录仪或打印机

（1）信号发生器

其功能是使样品产生可测信号，它可以是样品本身，如 pH 计的信号发生器就是溶液中的氢离子活度。而紫外可见分光光度计的信号发生器除样品外，还包括光源（钨灯或氢灯）。

（2）检测器

又称传感器，它是将某种类型的信号转换成可测定的电信号的器件，是实现非电信号的电学测量中不可缺少的部分。在电化学分析法的仪器中，传感器是各种类型的电极；色谱法中的传感器是各种类型的检测器，如热导检测器、氢火焰离子化检测器等；光学分析法中的传感器是光电管、光电倍增管等。传感器的性能优劣和使用正确与否将直接影响测定结果。

（3）信号处理器

其作用是将微弱的电信号用电子元件组成的电路加以放大，以便读出装置指示或记录。

(4) 读出装置

其作用是将信号处理器放大的信号显示出来，其形式有表头、数字显示器、记录仪、打印机、荧光屏或用计算机处理等。

在学习仪器分析的时候应根据各类仪器的组成方框图，了解每个组成部件的功能，特别是信号发生器和传感器。这样，即使仪器很复杂或更新了型号，操作者也能很快地熟悉仪器并快速上手。

10.3 仪器分析法与化学分析法的比较

与经典的化学分析法相比，仪器分析法具有以下优点。

① 灵敏度高 仪器分析法的灵敏度要比化学分析法高很多，表 10-4 列出了一些仪器分析方法的检出限。可以看出，仪器分析方法非常适合微量、痕量及超痕量组分的分析测定，这对高纯材料和生命科学中的痕量物质分析及环境监测具有重要意义。

表 10-4 一些仪器分析方法的检出限

仪器分析方法	检出限	仪器分析方法	检出限
紫外可见吸收光谱法	$10^{-6}\sim10^{-8}$g	极谱法	$10^{-5}\sim10^{-11}$mol·L^{-1}
原子发射光谱法	$10^{-8}\sim10^{-12}$g	库仑分析法	10^{-9}g
原子吸收光谱法	$10^{-8}\sim10^{-14}$g	气相色谱法	$10^{-9}\sim10^{-13}$g
直接电位法	$10^{-6}\sim10^{-8}$mol·L^{-1}		

② 操作简便、分析速度快 绝大多数仪器是将待测组分浓度或物理性质的改变转化为电性能（如电阻、电导、电位、电流等）变化，易于实现自动化和计算机控制。待测试样经过适当预处理后，可在很短的时间（几秒或几分）内获得结果，不少仪器还可实现多组分同时测定。

③ 选择性好 仪器分析法的选择性通常要比化学分析法好很多，许多仪器方法只需对测试条件优化，就可以消除共存组分的干扰而实现对某组分的选择性测定。但仪器分析法的选择性也不是绝对的，很多情况下也需要进行化学处理予以分离或掩蔽。

④ 所需试样少 很多仪器分析方法所需的试样量仅为几微克或几微升，甚至可在不损坏样品的情况下进行分析，这对来源较少的生物样品或文物等的分析测定具有重要意义。

⑤ 用途广泛，能适应各种分析要求 除定性、定量外，仪器分析还能进行化合物的结构分析、相对分子质量的测定、价态与形态分析、表面与微区分析等。

尽管具有以上诸多优点，仪器分析法仍存在一定的局限性，主要表现为以下几点。

① 相对误差较大。多数仪器分析法仅适于测定含量较低的试样，且相对误差均较大(通常为 1%～10%或更大)，因此要对常量组分进行准确测定时还应采用化学分析法，其相对误差仅为千分之几。但有些仪器方法本身或采取适当方式后也可获得与化学分析法媲美的准确度，如库仑分析法或示差光度法等。随着科技的不断发展，仪器分析方法的准确度也在不断提高。

② 仪器结构比较复杂，价格比较昂贵，而且有些仪器对测试条件要求较高如恒温、恒湿等，这些都在一定程度上限制了仪器分析法的推广和应用。

③ 除库仑和电重量法外，仪器分析法都是相对的分析方法，这就必须要使用相应的化学纯品作为标准物质，而这些化学纯品的成分通常都需要化学分析法来确定。

综上所述，仪器分析法和化学分析法各有优缺点，各有适用范围，应当相互配合，发挥各自的优势。但由于科学技术的进步及研究对象的变化，人们又需要研究生命、材料、环境等方面的难题，从而对痕量分析和复杂体系分析提出了更高的要求，因此仪器分析法发展的前景更为广阔，代表了分析化学的发展方向。

10.4　仪器分析法的发展

生产的发展和科学技术的进步，不断对分析化学提出了新的课题。20 世纪 40～50 年代兴起的材料科学，60～70 年代发展起来的环境科学都促进了分析化学学科的发展。80 年代以后，生命科学的发展正在促进分析化学又一次巨大的发展。作为分析化学的重要组成部分，仪器分析法也随之在不断地发展、更新，为科学研究和生产实践提供着更加准确、灵敏、专一、快速、简便、可靠的测定方法。

现代仪器分析发展的趋势和特点主要体现在以下几个方面：①灵敏度的进一步提高；②复杂体系的分离及分析方法选择性的提高；③扩展时空多维信息；④微型化及微环境的表征与测定；⑤形态、状态分析及表征；⑥生物大分子及活性物质的表征与测定；⑦非破坏性检测及遥控；⑧自动化与智能化等。

总而言之，小型化集成化（芯片）、多功能化（联用技术）和高稳定、高灵敏度检测是仪器分析发展的最高目标。

10.5　仪器分析的定量方法

与化学分析中利用滴定终点时待测物质与标准物质之间确定的计量关系通过计算进行定量不同，仪器分析中的定量是通过仪器的测量信号 S 与待测样品浓度 c（或含量）之间的函数关系实现的，这种函数关系通常表现为线性关系，即

$$S=kc \tag{10-1}$$

式中，k 值受仪器性能、测试条件等因素影响很大，在实际工作中通常采用标准曲线法和标准加入法进行校正。

10.5.1　标准曲线法

标准曲线法又称工作曲线法或校正曲线法，是仪器分析中最常用的定量方法。具体做法如下：采用相同处理方式配制一系列已知浓度（$c_1<c_2<\cdots<c_n$，通常 $n=5$）的标准溶液和待测试样（c_x），并保证 $c_1<c_x<c_n$，在相同仪器条件下分别测定相应的信号值。根据标准系列浓度与其相应的信号值，通过绘图或利用最小二乘法计算可获得信号和浓度间的线性关系（现在一般采用作图软件 Origin 或 Excel 处理数据，可同时获得直线图和线性方程），利用此关系可由试样的信号值求出其浓度，具体做法见下面例题。

【例 10-1】 邻二氮菲分光光度法测定水样中微量铁可采用以下步骤。(1) 铁标准贮备液的配制：准确称取 0.3511g $FeSO_4\cdot(NH_4)_2SO_4\cdot6H_2O$（标准物质，相对分子质量为 392.17）溶于 20mL 1∶4（体积比）的 H_2SO_4 中，定容至 500mL；(2) 系列标准溶液的配制：分别取 V mL 铁标准溶液置于 50mL 容量瓶中，然后依次加入适量的缓冲溶液、盐酸羟胺（将试样中可能存在的 Fe^{3+} 还原为 Fe^{2+}）和邻二氮菲（显色剂，与 Fe^{2+} 生成稳定的橙色配合物）后定容；(3) 吸取 5.00mL 试液稀释至 250mL，再吸取 2.00mL 置于 50mL 容量瓶中，然后加入与系列标准溶液配制中完全相同的试剂（包括种类和量）后定容；(4) 分别

于 510nm 处测量标准系列与稀释试样的吸光度 A（即仪器的响应信号，与铁浓度的函数关系为 $A=kc$），相关数据列于下表：

铁标准溶液 V/mL	0.20	0.40	0.60	0.80	1.00	稀释试样
吸光度 A	0.085	0.165	0.248	0.318	0.398	0.281

解： 首先可计算铁标准贮备液的浓度

$$c_{Fe}=\frac{0.3511\times 55.85\times 10^3}{500\times 392.17}=0.1000(\mathrm{mg\cdot mL^{-1}})$$

然后计算出系列标准溶液中的浓度，可得下表：

$c_{Fe}/\mu g\cdot mL^{-1}$	0.40	0.80	1.20	1.60	2.0
吸光度 A	0.085	0.165	0.248	0.318	0.398

根据上表数据可绘制标准曲线（采用 origin6.1 绘制），见图 10-2。

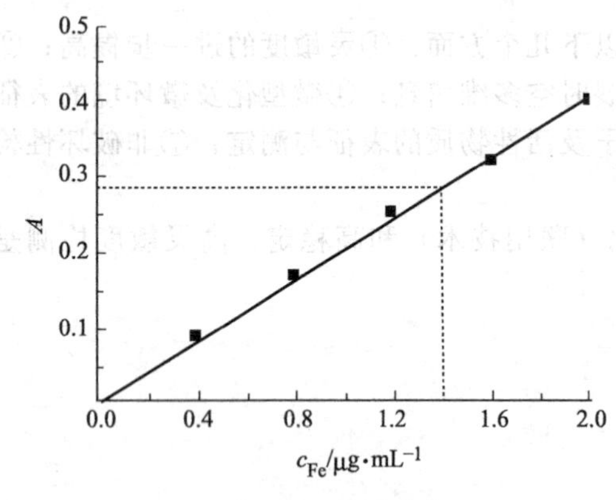

图 10-2　标准曲线

从工作曲线上可查出 $A=0.281$ 时，对应的 Fe 浓度为 $1.4\mu g\cdot mL^{-1}$，即稀释后试样中的铁浓度，还需将其换算为原试液的浓度

$$c_{Fe}=\frac{1.4\times 50\times 250}{2.00\times 5.00}=1.75(\mathrm{mg\cdot mL^{-1}})$$

origin 可给出 A 与 c_{Fe} 间的具体线性方程表达式，试样浓度通常是利用该方程计算获得。origin 还可给出相关系数 r（绝对值为 0～1），r 值越接近 1 表明线性关系越好，该值大于 0.999 时才能保证有较可靠的线性关系。若线性关系不好，通常不能用于定量分析。

如能保证标准溶液浓度配制准确，则标准曲线法的准确度会很高，但前提是试样基体影响要小。当处理大批样品时，该法可简化手续，提高分析效率。

10.5.2 标准加入法

当试样组成复杂，基体影响较大时，可采用此法。具体做法如下：将一系列已知量的待测物分别加入几等份样品中，配制成浓度为 (c_x+0)、(c_x+c_1)、(c_x+c_2)、(c_x+c_3) ……，且具有相同基体组成的标准系列，然后在相同条件测得相应信号 S_0、S_1、S_2……。以浓度 c 与信号 S 作直线图，再将直线外推至与浓度轴相交（见图 10-3），即可求得试样中待测物质的浓度 c_x。

该法可消除试样基体对测定的影响，但操作比较烦琐，仅在样品数量较少时采用。有时也可仅加标一次，直接利用公式计算结果。

实际分析中测量信号和浓度间也可能存在其他线性关系，如 $S=k\lg c+a$（常数）等，处理方式与上述类似。有时，在仪器分析定量时也会用到信号与浓度的其他函数关系，但并不普遍，准确性也较低。

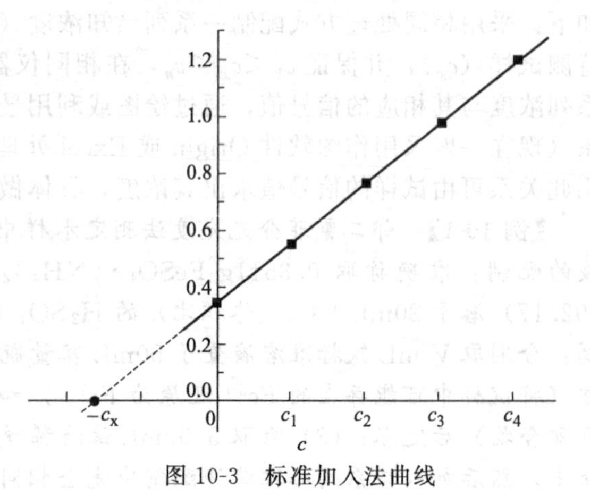

图 10-3　标准加入法曲线

10.6 分析仪器的性能表征

仪器分析方法繁多，往往实现同一个测定目标有很多方法可以选择，此时除了要对样品信息，包括测定目标、准确度要求、样品量多少、样品中待测物的浓度范围、可能存在的干扰组分及待分析的样品数目等充分了解外，还需熟知各种仪器的基本性能，这样才可以快速、准确地做出合理选择。

表征仪器性能的参数主要有分析对象、测定的准确度和精密度、方法的灵敏度、检出限、线性范围和选择性等。除此之外，分析速度、分析难度和方便性、对操作者的技能要求、仪器维护及实用性、分析测试费用等因素也在考虑范围之内。

不同仪器的分析对象和选择性不尽相同，本章暂不讨论。测定方法的准确度和精密度在第 3 章有详细介绍，因此本章只介绍一下灵敏度、检出限和线性范围。

10.6.1 灵敏度

待测组分浓度（或质量）改变时所引起的仪器信号的改变，反映了仪器或方法识别微小浓度或质量变化的能力，该值越大，仪器或方法的灵敏度越高。IUPAC（国际纯粹和应用化学联合会）推荐使用“校正灵敏度”或“校正曲线斜率”作为衡量灵敏度高低的标准。

图 10-4 中标准曲线的斜率就是灵敏度，可见（a）、（b）、（c）三种分析方法的灵敏度依次增大。但灵敏度高并不一定就表示该方法的检出能力强，这是因为 IUPAC 所推荐的灵敏度表示法中并未考虑到测定方法噪声的大小，即测定信号的重现性。图 10-4 中方法（c）的灵敏度虽高，但线性关系不佳，即测定信号的重现性较差，因此检出低含量试样的能力不一定强于方法（b）。灵敏度与所测物质本身及测定条件有关，有些仪器方法亦有自己习惯使用的灵敏度表示方式。

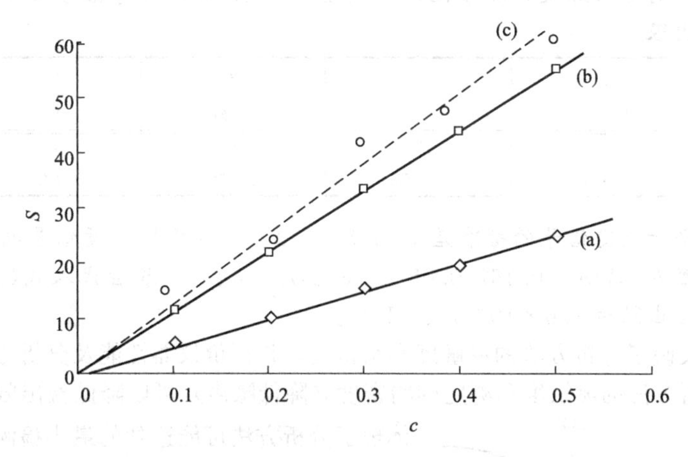

图 10-4 仪器方法灵敏度的描述

10.6.2 检出限

介绍此概念之前先讨论一下仪器测量信号的组成，通常仪器信号由以下三部分组成，即 $S=S_{试样}+S_{空白}+S_{本底}$，其中与试样浓度呈线性关系的是 $S_{试样}$。$S_{空白}$ 指试样中除待测组分外其他组分的影响，理论上可通过空白试样予以消除；$S_{本底}$ 指仪器自身的随机噪声产生的信号，无法消除，但可通过仪器条件的改善或适当的数据处理而减小，是影响检出限的主要因素之一。

所谓检出限是指在已知置信水平下，可检测到的待测物的最小浓度或质量，它与测定方法的灵敏度和本底信号的波动有关。如图 10-5 所示，本底信号的大小可用其平均值 $\overline{S}_b$ 表示，测定时产生的信号可表示为 $S=\overline{S}_b+Ks_b$（s_b 为多次本底信号的标准差）。S 究竟是完全

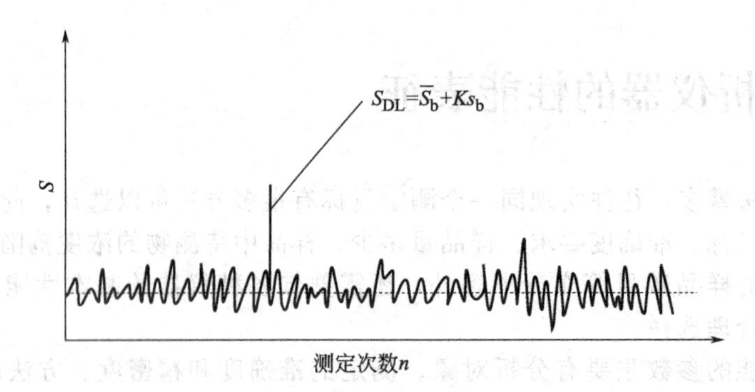

图 10-5　检出限的测定

来自于仪器自身的噪声，还是其中包含了试样的信号，取决于 K 的取值，统计学表明，$K=3$时，有 95%的可能在 S 中包含了试样信号，其大小为 $3s_b$，通过标准曲线斜率可将其转化为浓度（质量），这就是该方法的检出限 c_{DL}（m_{DL}）。

检出限的具体求算方法如下。

① 测定空白样品（或浓度接近空白值）10～20 次，求其平均值 $\overline{S}_b$ 及标准偏差 s_b，则可分辨的最小非噪声信号可表示为：

$$S_{DL}=\overline{S}_b+3s_b \tag{10-2}$$

② 通过校正曲线的斜率 k，将最小待测物信号 S_{DL} 转化为浓度值 c_{DL}（m_{DL}），即

$$c_{DL}(m_{DL})=\frac{S_{DL}-\overline{S}_b}{k}=\frac{3s_b}{k} \tag{10-3}$$

【例 10-2】 已知某元素在某仪器上的响应为 $S=k\cdot c$，采用 0.0500mg·L^{-1}（浓度接近空白值）该元素的标准溶液，在该仪器上连续测定 10 次，所得信号如下表，试计算该仪器对该元素的检出限。

测定次数	1	2	3	4	5
S	0.165	0.170	0.166	0.165	0.168
测定次数	6	7	8	9	10
S	0.167	0.168	0.166	0.170	0.167

解： 先求出平行测定信号的标准差 $s=1.83\times10^{-3}$；再根据测量信号的平均值与标准溶液浓度求出灵敏度 $k=\overline{A}/m=0.167/0.0500=3.34\text{L}\cdot\text{mg}^{-1}$；最后代入式(10-3)，即可得该仪器对该元素的检出限为 $1.6\times10^{-3}\text{mg}\cdot\text{L}^{-1}$。

检出限综合反映了分析方法的灵敏度和精密度，是评价仪器性能及分析方法优劣的主要技术指标。提高分析方法的灵敏度和测定的精密度（降低噪声）可以降低检出限。但检出限只是体现了分析方法可能达到的最小检测浓度，实际测定通常以 10 倍噪声偏差所对应的浓度作为测量时的最低浓度，称为定量低限，以保证测量结果的准确性。

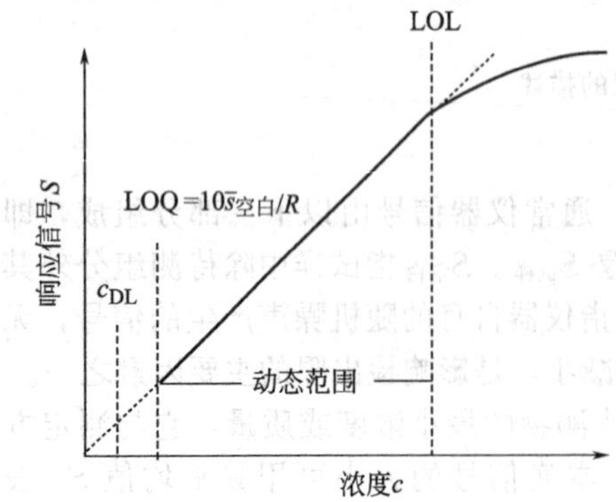

图 10-6　分析方法的线性范围

10.6.3　线性范围

又称为动态范围，指与测量信号呈线性关系的试样浓度范围，如图 10-6 所示，其中 LOQ（limit of quantitation）为定量下限，LOL（limit of linear response）为定量上限。试样浓度处在线性范围内才可准确测定，因此线性范围越宽对测定越有利，不同方法线性范围不同，且相差很大，实用分析方

法的线性范围应在2个数量级以上。

思考题

1. 仪器分析方法包括哪些主要的类别?
2. 化学分析与仪器分析之间是一种什么关系?
3. 仪器分析中常用的定量方法有哪些，各自有什么特点?
4. 仪器分析中灵敏度的概念是什么? 通常用什么来表征? 检出限的定义是什么? 通常如何测定? 灵敏度与检出限之间存在什么关系?
5. 已知某组分在某仪器上的响应为$S=k \cdot m$，采用$0.010 mg \cdot mL^{-1}$该组分的标准溶液，每次进样量为$20\mu L$，在该仪器上连续测定20次，所得信号为1.6，标准偏差s为0.04，求该仪器对该组分的检出限m_{DL}。($5\times10^{-9} g$)
6. 在火焰原子吸收分光光度计上，以$0.02 mg \cdot L^{-1}$标准钠溶液与去离子水交替连续测定12次，测得钠溶液的吸光度平均值为0.157，标准偏差s为$1.17\cdot10^{-3}$，求该原子吸收分光光度计对钠的检出限。

第 11 章　紫外可见吸收光谱法

11.1　方法概述

紫外可见吸收光谱法（ultraviolet-visible absorption spectrometry，UV-Vis）是基于物质分子（气、液、固态均可，但主要是液态）对近紫外至可见光波段（200～800nm）辐射的吸收特性而建立起来的分析测定方法。该吸收光谱由价电子在分子轨道间的跃迁产生，广泛地应用于无机和有机物质的定量和定性分析。

测定紫外可见吸收光谱的基本流程如图 11-1 所示。光源发出的连续辐射经单色器后获得波长为 λ 的入射光，通过待测样品（浓度及光程固定）后进入检测器，测定该波长单色光通过待测样品前后的光强 $I_{\lambda0}$ 和 $I_{\lambda t}$，并以吸光度 A 表示其吸收程度。转动单色器可使不同波长的入射光分别通过待测样品进入检测器，因此可测得待测样品在不同波长下的吸光度。以入射光的波长为横坐标，相应的吸光度为纵坐标绘制曲线，即可获得该样品的紫外可见吸收光谱。

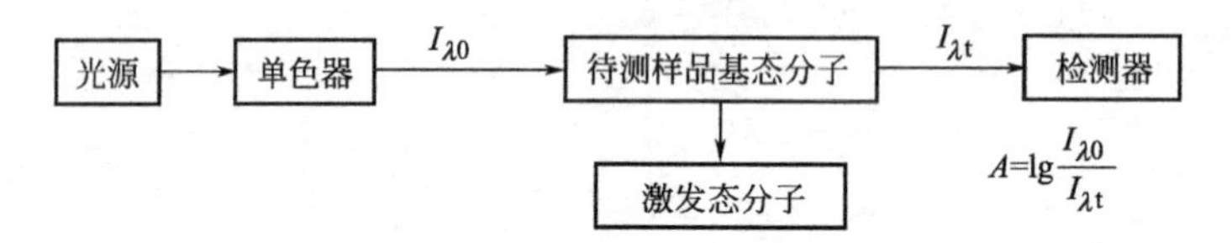

图 11-1　紫外可见吸收光谱测定流程

图 11-2 给出了几种有机化合物的紫外可见吸收光谱，可以看出彼此之间存在一定差异。这是因为体现吸收光谱特征的要素，如吸收峰数目（峰数）、吸收峰位置（吸收峰值所对应的波长或频率，通常以 λ_{max} 表示）及强度、吸收谱带的形状等均与物质分子内部结构密切相

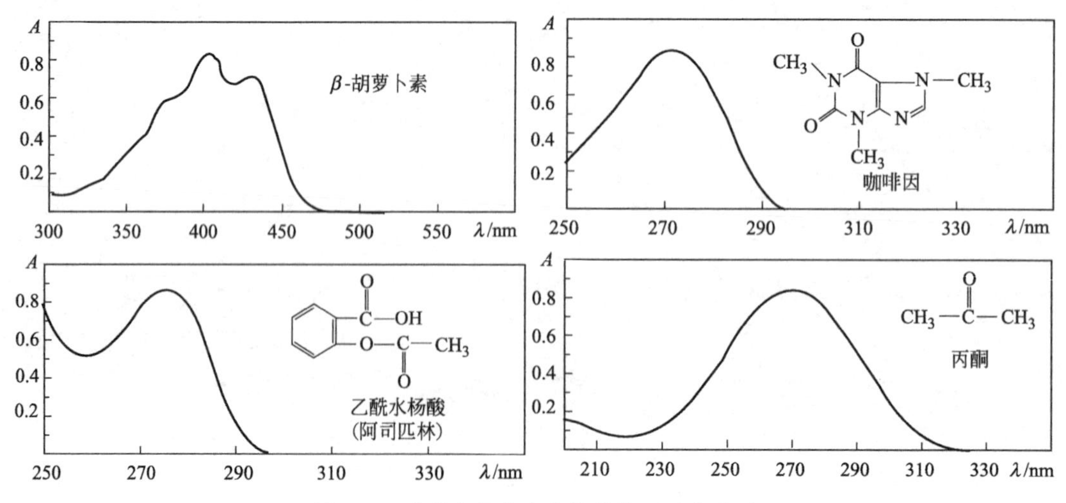

图 11-2　几种有机化合物的紫外可见光谱图

关，因此可利用紫外可见吸收光谱进行物质的定性和结构解析。但紫外可见吸收光谱较为简单，特征性不强，在物质定性和结构解析方面的应用比较有限，通常仅作为其他方法如红外光谱（IR）、核磁共振（NMR）、质谱（MS）等的辅助手段。

紫外可见吸收光谱最重要的应用是物质的定量分析，其基础是朗伯-比耳（Lambert-Beer）定律。紫外可见吸收光谱在物质定量方面具有以下特点。

① 应用广泛。可用于绝大多数元素（除少数放射性元素和惰性元素）和大部分有机化合物的测定。

② 灵敏度比较高。一般可测定浓度为 $10^{-6} \sim 10^{-5} mol \cdot L^{-1}$（$1 \sim 10mg \cdot L^{-1}$）的物质，新型显色剂及多元配合物的应用可使灵敏度进一步提高。

③ 具有一定的选择性。

④ 具有较高的准确度。测定的相对误差通常在 1%～3%内，是仪器分析方法中准确度最高的方法之一，常被用做标准方法，若采用示差分光度法测量，其准确度可与化学分析法媲美。

⑤ 仪器简单，操作简便、快速，分析成本低，易于推广普及，如在医院的常规化验中，约 95%的定量分析都是采用该法。

此外，在平衡常数测定、主客体配比及结合常数的求算等研究中也经常会用到紫外可见光谱法。

11.2 基本原理

11.2.1 紫外可见吸收光谱的产生

由量子力学可知，分子内部存在三种量子化的运动状态，即电子相对于原子核的运动，原子核间的相对振动和分子作为整体绕重心的转动，每种运动状态都有对应的量子化能级，如图 11-3 所示。不同能级的能量间隔不同，其中转动能级间隔最小（ΔE_r 通常小于 0.05eV），振动能级间隔其次（ΔE_v 在 0.05～1eV 之间），电子能级间隔最大（ΔE_e 在 1～20eV 之间）。不同状态分子的能量差 ΔE 可以表示为三种能级变化的总和，即

$$\Delta E = \Delta E_e + \Delta E_v + \Delta E_r \tag{11-1}$$

当某频率入射光的能量 $h\nu$ 恰好等于 ΔE 时便会被分子吸收。微观上的表现是低能量状态的分子跃迁至相应的高能量状态，宏观上的表现则是该辐射透过后强度降低，产生相应的吸收光谱。

显然，要引起分子内部电子能级的跃迁，入射光的能量应该在 1～20eV 左右，可以计算出该能量的光位于紫外可见光谱区（100～800nm）。因此涉及分子外层电子能级跃迁而产生的吸收光谱称为紫外可见光谱或分子的电子光谱。

处在同一电子能级的分子，由于所处的振动或转动能级的不同而带有不同的能量，因此分子的电子能级跃迁必然会伴随着振动和转动能级的跃迁。在吸收图谱上的体现是任一电子能级跃迁均是由若干条谱线构成的光谱带（例如从电子基态 E_0 跃迁至电子第一激发态 E_1，对应于图 11-3 中的 C），光谱带的位置主要由电子能级间隔决定，光谱带中相邻谱线的间隔由转动能级间隔决定。假设电子能级间隔为 5eV，转动能级间隔为 0.005eV，可以算出该电子跃迁所获得是 250nm 处、间隔为 0.25nm 的一系列谱线。此外分子间碰撞引起的分子各种能级的细微变化，也会导致谱线变宽和谱线间的融合。因此分子的电子光谱通常呈现为一条连续变化的吸收带，即所谓的带状光谱。

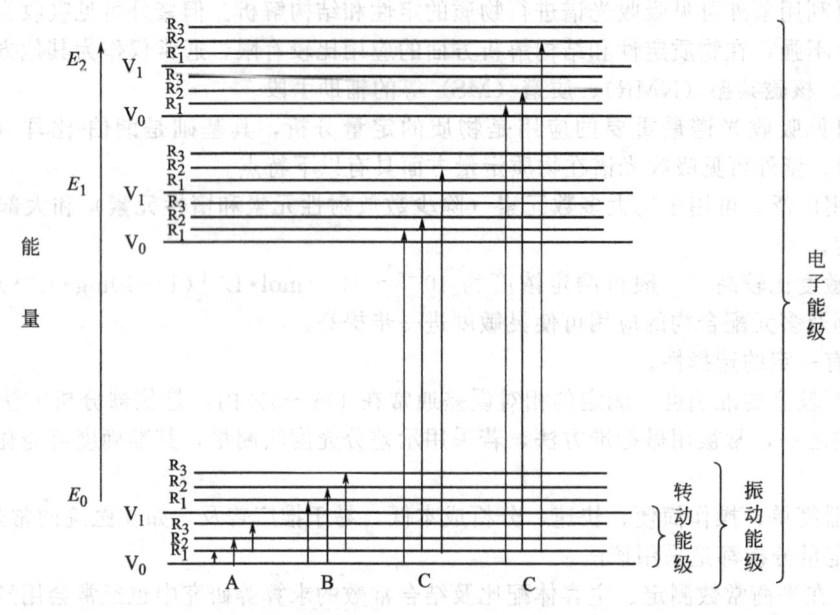

图 11-3　分子能级和转动跃迁（A）、振动跃迁（B）、电子跃迁（C）

11.2.2　有机化合物的紫外可见吸收光谱

紫外可见吸收光谱的产生虽然包含了振动和转动能级的变化，但主要还是电子能级的变化。因此各种化合物紫外可见吸收光谱的特征体现了分子中电子在各能级间跃迁的内在规律。物质对紫外可见光的特征吸收可用最大吸收波长 λ_{max} 表示，λ_{max} 取决于分子基态和激发态之间的能量差。

有机化合物的紫外可见吸收光谱是由分子中价电子的跃迁产生的。根据分子轨道理论，有机化合物中存在三种类型的价电子：即形成单键的 σ 电子、形成双键的 π 电子和未参与成键的 n 电子（也称孤对电子）。与之相对应的也存在五种分子轨道：即成键轨道 σ、π、非键轨道 n 和反键轨道 σ^*、π^*，其能量顺序为 $\sigma<\pi<n<\pi^*<\sigma^*$。分子处于基态时，各电子均处在相应的成键轨道上（n 电子处在 n 轨道上）。当入射光能量与能级间隔匹配时，电子就会吸收能量从成键轨道（或 n 轨道）跃迁至反键轨道，从而形成相应的吸收光谱。

分子轨道能量的相对大小和不同类型电子跃迁所需要吸收能量的大小如图 11-4 所示，可以看出跃迁时能量高低顺序为：$\sigma\rightarrow\sigma^*>\sigma\rightarrow\pi^*>\pi\rightarrow\sigma^*>n\rightarrow\sigma^*>\pi\rightarrow\pi^*>n\rightarrow\pi^*$。其中 $\sigma\rightarrow\pi^*$ 和 $\pi\rightarrow\sigma^*$ 两种类型跃迁所需能量较高且属于禁阻跃迁，一般不考虑。下面将根据电子

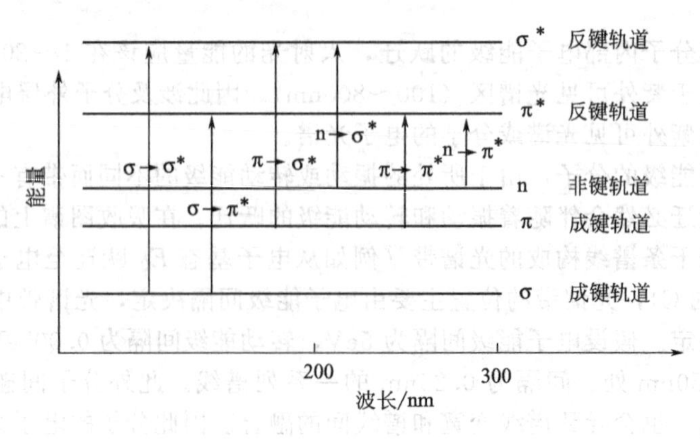

图 11-4　分子中电子能级及跃迁示意图

跃迁类型来讨论有机化合物中较为重要的一些紫外吸收光谱，由此可以看出紫外吸收光谱和分子结构的关系。

(1) 饱和的有机化合物

饱和烃的分子中只有C—C键和C—H键，显然只能发生$\sigma \to \sigma^*$跃迁，这类跃迁所需的能量最大，相应的吸收波长最短，处于200nm以下的远紫外区，如甲烷的$\lambda_{max}=125nm$，乙烷的$\lambda_{max}=135nm$。远紫外区又称为真空紫外区，无法利用常规的紫外可见光谱仪进行研究。

含有氧、氮、卤素等杂原子的饱和有机物因为存在n电子，还可以发生$n \to \sigma^*$的跃迁，其吸收峰通常在200nm附近，如水的$\lambda_{max}=167nm$，甲醇的$\lambda_{max}=183nm$。$n \to \sigma^*$属于禁阻跃迁，因此吸收峰强度不大，摩尔吸光系数ε通常为$100 \sim 3000L \cdot mol^{-1} \cdot cm^{-1}$。

饱和有机化合物一般不在近紫外区产生吸收，因此较难采用紫外可见吸收光谱法直接对这类物质进行分析。但也正是由于这个特点，紫外可见光谱分析中常采用这类物质作为溶剂。

(2) 不饱和脂肪族化合物

C=C键可以发生$\pi \to \pi^*$跃迁，λ_{max}在170～200nm左右，该跃迁的ε较大，通常为$5 \times (10^3 \sim 10^5) L \cdot mol^{-1} \cdot cm^{-1}$。类似地，单个C≡C或C≡N键$\pi \to \pi^*$跃迁的$\varepsilon$也较大，但$\lambda_{max}$均小于200nm。如果分子中存在两个或两个以上双键（包括三键）形成的共轭体系，则随着共轭体系的延长，$\pi \to \pi^*$跃迁所需能量降低，λ_{max}明显地移向长波长，并伴随着吸收强度的增加（见表11-1）。但如果分子中存在的多个双键之间没有形成共轭，其所呈现的吸收仅为所有双键吸收的单纯叠加。

表11-1 多烯化合物的$\pi \to \pi^*$跃迁

化合物	双键数	$\lambda_{max}/nm(\varepsilon/L \cdot mol^{-1} \cdot cm^{-1})$	颜色
乙烯	1	185(10000)	无色
丁二烯	2	217(21000)	无色
1,3,5-己三烯	3	258(35000)	无色
癸五烯	5	335(118000)	淡黄
二氢-β-胡萝卜素	8	415(210000)	橙黄
番茄红素	11	470(185000)	红

C=O、N=N、N=O等基团同时存在π电子和n电子，因此除可以发生具有较强吸收的$\pi \to \pi^*$跃迁外，还可以发生$n \to \pi^*$跃迁。该跃迁所需能量最低，处在近紫外或可见光区，但属于禁阻跃迁，吸收强度较低，ε一般为$10 \sim 100L \cdot mol^{-1} \cdot cm^{-1}$。例如丙酮$\pi \to \pi^*$跃迁的$\lambda_{max}=194nm$，$\varepsilon$为$900L \cdot mol^{-1} \cdot cm^{-1}$；$n \to \pi^*$跃迁的$\lambda_{max}=280nm$，$\varepsilon$仅为$10 \sim 30L \cdot mol^{-1} \cdot cm^{-1}$。若处在共轭体系中，$n \to \pi^*$跃迁的$\lambda_{max}$也会移向长波长，并伴随着吸收强度的增加。

(3) 芳香化合物

芳香族化合物为环状共轭体系，通常具有E_1带、E_2带和B带三个吸收峰。例如苯的E_1带$\lambda_{max}=184nm$ ($\varepsilon=4.7 \times 10^4 L \cdot mol^{-1} \cdot cm^{-1}$)，$E_2$带$\lambda_{max}=204nm$ ($\varepsilon=6900L \cdot mol^{-1} \cdot cm^{-1}$)，B带$\lambda_{max}=255nm$ ($\varepsilon=230L \cdot mol^{-1} \cdot cm^{-1}$)（见图11-5）。$E_1$带和$E_2$带是由苯环结构中三个乙烯环状共轭系统的跃迁产生的，吸收强度

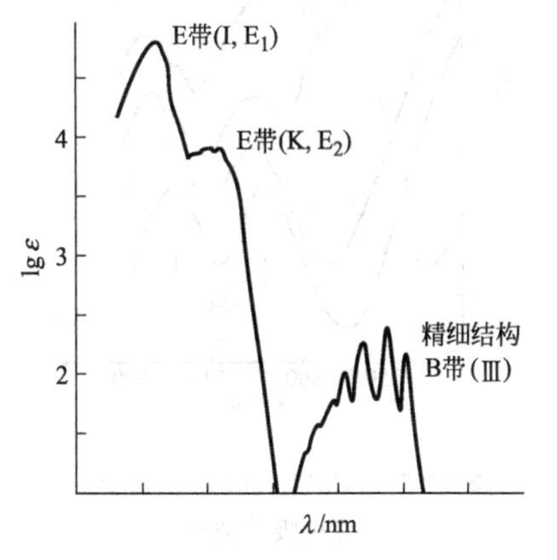

图11-5 苯的紫外吸收光谱
(溶剂为乙醇)

大，是芳香族化合物的特征吸收；B 带是由 $\pi \rightarrow \pi^*$ 跃迁和苯环的振动重叠引起的，吸收较弱，但经常带有许多精细结构，可用来鉴别芳香族化合物。当苯环上有取代基或处在极性溶剂中时，B 带的精细结构会减弱。对于稠环芳烃，随着苯环的数目增多，E_1、E_2 和 B 带均会向长波方向移动。当芳环上的—CH 基团被氮原子取代后，相应的氮杂环化合物（如吡啶、喹啉）的吸收光谱与相应的碳化合物极为相似，即吡啶与苯相似，喹啉与萘相似。此外，由于引入含有 n 电子的 N 原子，这类杂环化合物还可能产生 $n \rightarrow \pi^*$ 吸收带。

由上面的讨论可知，对有机化合物的分析而言，最有用的是基于 $\pi \rightarrow \pi^*$ 和 $n \rightarrow \pi^*$ 跃迁而产生的吸收光谱。因为实现这两类跃迁所需要吸收的能量相对较小，λ_{max} 一般都处于 200nm 以上的近紫外区，甚至可能在可见光区。除此之外，有机化合物还可以产生电荷转移吸收光谱，即在光能激发下，某一化合物中的电荷发生重新分布，导致电子从化合物的一部分（电子给体）迁移到另一部分（电子受体）而产生的吸收光谱。例如某些取代芳烃可产生这种分子内电荷转移吸收带：

$$C_6H_5-NR_1R_2 \xrightarrow{h\nu} {}^{-}C_6H_5=N^{+}R_1R_2 \qquad C_6H_5-C(=O)R \xrightarrow{h\nu} {}^{+}C_6H_5=C(O^{-})R$$

前一例中苯环为电子受体，氮是电子给体；后一例中苯环为电子给体，氧是电子受体。可以看出电荷转移吸收的实质就是一个分子内自氧化还原过程，激发态即是该过程的产物。通常这类吸收光谱的谱带较宽而且强度较大（$\varepsilon > 10^4 L \cdot mol^{-1} \cdot cm^{-1}$）。

11.2.3 无机化合物的紫外可见吸收光谱

无机化合物的紫外可见吸收光谱主要有电荷转移光谱和配位体场吸收光谱两种类型。

（1）电荷转移光谱

与有机化合物一样，许多无机配合物也可以在外来辐射的作用下发生类似的电子转移过程，从而产生电荷转移光谱，如：

$$M^{n+}-L^{b-} \xrightarrow{h\nu} M^{(n+1)+}-L^{(b-1)-} \qquad [Fe^{3+}-SCN^-]^{2+} \xrightarrow{h\nu} [Fe^{2+}-SCN]^{2+}$$

其中，M 为中心离子（例中为 Fe^{3+}），是电子受体；L 是配体（例中为 SCN^-），是电子给体。通常中心离子的氧化性越强或配体的还原能力越强（或相反情况），产生电荷转移跃迁所需的能量越小。许多水合离子、不少过渡金属离子与配体作用时都可产生电荷转移吸收光谱。这类吸收光谱处在近紫外或可见区，吸收强度很大（$\varepsilon > 10^4 L \cdot mol^{-1} \cdot cm^{-1}$），因此在定量分析中广泛应用。

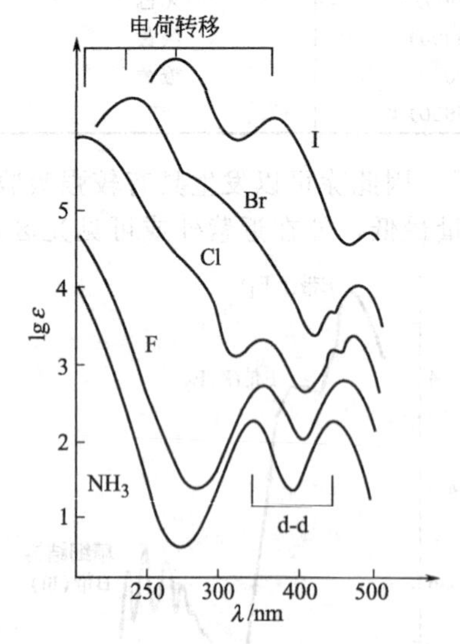

图 11-6 $[Co(NH_3)_5X]^{n+}$ 的紫外可见吸收光谱

（$X=NH_3$ 时，$n=3$；$X=F$、Cl、Br、I 时，$n=2$）

（2）配位体场吸收光谱

过渡金属配合物除能产生电荷转移吸收外，还能产生配位体场吸收。图 11-6 为 $[Co(NH_3)_5X]^{n+}$ 的紫外可见吸收光谱，其中所示的 d-d 跃迁就是配位体场跃迁的一种形式。可以看出，与电荷转移跃迁相比，配位体场跃迁需要更小的能量，通常处在可见光区，但吸收强度较弱（ε 一般为 $10^{-1} \sim 10^3 L \cdot mol^{-1} \cdot cm^{-1}$），因此较少用于定量分析，主要用于无机配合物的结构及其键合理论的研究。

配位体场吸收光谱有 d-d 跃迁和 f-f 跃迁两种类型，下面以 d-d 型跃迁为例解释一下光谱产生的原因，如图 11-7 所示。

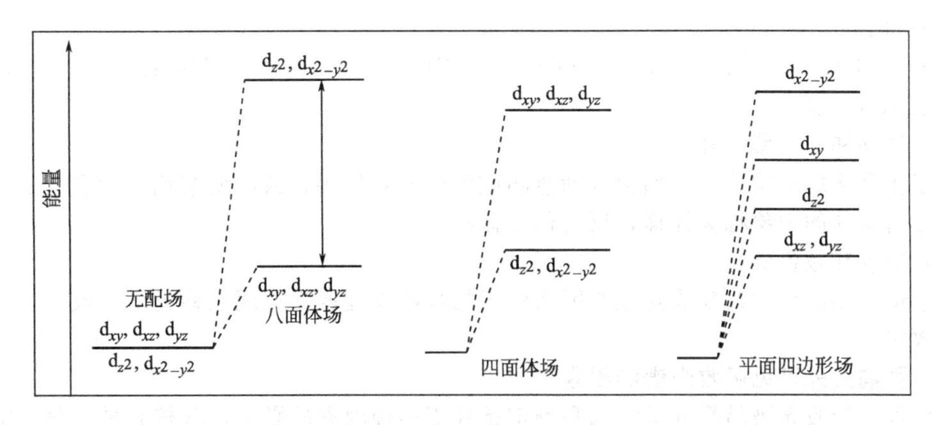

图 11-7　不同配位体场中 d 轨道的分裂

依据配位场理论，在无配位场存在时，五种 d 轨道的能量是简并的；当过渡金属离子处于配位体形成的负电场中时，5 个简并的 d 轨道会分裂成能量不同的轨道。不同配位体场，如八面体场、四面体场、平面四边形场中形成的能级分裂不同，但能量间隔都不大。如果轨道是未充满的，低能量轨道上的电子吸收外来能量后，将会跃迁到高能量的轨道，从而产生吸收光谱。由于该光谱必须在配体的配位场作用下才可能产生，因此称为配位体场吸收光谱。

11.2.4　常用术语

如前所述，由于化合物中不同种类电子所发生的不同跃迁，因而产生了不同的吸收光谱。根据电子及分子轨道的种类可将紫外可见光谱中的吸收峰加以分类，一般将吸收峰对应的波长位置称为吸收带。下面将紫外可见光谱中吸收带类型和常用术语分别进行阐明，以便更好地进行光谱解析。

（1）吸收带的类型

紫外可见光谱中常见的吸收带分类见表 11-2。

表 11-2　吸收带的划分

吸收带	跃迁类型	特　征	ε/L·mol^{-1}·cm^{-1}
远紫外	$\sigma \rightarrow \sigma^*$	远紫外区测定	—
末端吸收	$n \rightarrow \sigma^*$	紫外区短波长端至远紫外区的强吸收	—
E_1	$\pi \rightarrow \pi^*$	芳香环的双键吸收	>10000
$K(E_2)$		共轭烯(炔)烃、烯酮的吸收	>10000
B		芳香环、芳香杂环的特征吸收	>100
R	$n \rightarrow \pi^*$	含 CO、NO_2 等 n 电子基团的吸收	<100

（2）生色团和助色团

生色团是指含有非键或 π 键电子，能吸收外来辐射引发 $n \rightarrow \pi^*$ 和 $\pi \rightarrow \pi^*$ 跃迁的结构单元（如 C=C、C=N、C=O 等）。如果分子中含有数个生色团，但它们彼此之间不发生共轭，则该化合物的吸收光谱理论上是这些个别生色团的简单加和；如果这些生色团发生共轭，则原来各自孤立的生色团吸收带就不再存在，而代之为一个新的吸收带。新吸收带的 λ_{max} 将移向长波长，并通常伴随吸收增强的现象。

助色团是指含有非键电子对的基团。当它们与生色团或饱和烃相连时，能使其吸收峰向长波方向移动，并可提高吸收强度。其助色本质是因为和生色团中的电子发生相互作用，形成非键电子与 π 键的共轭，即 p-π 共轭，降低了 $\pi \rightarrow \pi^*$ 跃迁所需的能量。常见助色团的大致助色能力如下：

$—F < —CH_3 < —Cl < —Br < —OH < —OCH_3 < —NH_2 < —NHCH_3 < —N(CH_3)_2 < —NHC_6H_5 < O^-$

（3）红移和蓝（紫）移

由于化合物的结构改变（如引入助色团或发生共轭作用）或改变溶剂等而引起的吸收峰向长波方向移动的现象称为红移，反之称为蓝移。

（4）增色和减色效应

由于化合物的结构改变或其他原因而引起的吸收强度增强的现象称为增色效应，反之称为减色效应。

11.2.5 影响紫外可见吸收光谱的因素

紫外可见吸收光谱易受分子结构和测定条件等多种因素的影响，其核心是对分子中共轭结构的影响。具体的影响表现为谱带位移、谱带强度的变化、谱带精细结构的出现或消失等，下面将分别进行讨论。

（1）共轭效应

共轭体系增大，λ_{max}红移，吸收强度增加。由图 11-8 可以看出，形成共轭体系后，π 轨道发生重组，结果使得最高成键轨道能量升高，最低反键轨道能量降低，因此发生 π→π* 跃迁所需能量降低，λ_{max}红移，吸收强度增加。显然，共轭体系越长，该效应越大。

化合物	乙烯	丁二烯	己三烯	辛四烯
结构式	$CH_2=CH_2$			
λ_{max}/nm	185	217	258	296
ε/L·mol^{-1}·cm^{-1}	1.0×10^4	2.1×10^4	3.5×10^4	5.2×10^4

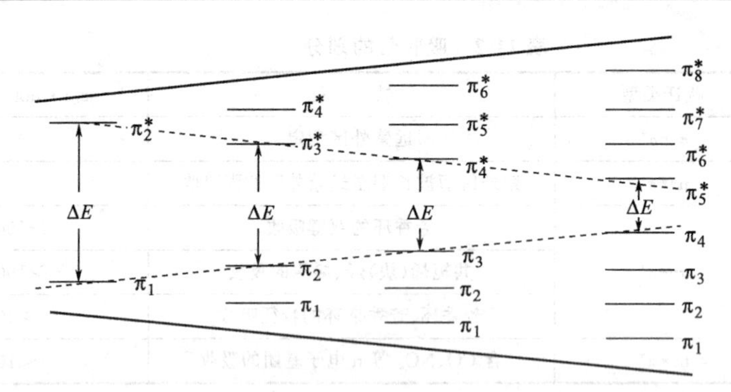

图 11-8 共轭效应对紫外可见吸收光谱的影响

（2）立体化学效应

立体化学效应是指因空间位阻、构象、跨环共轭等因素导致吸收光谱的红移或蓝移，并常伴随着增色或减色效应，其本质是分子共轭程度受到影响所致。

空间位阻会妨碍分子内共轭的生色团同处一个平面，导致共轭效果变差，引起蓝移和减色。跨环共轭是指两个生色团本身不共轭，但由于空间的排列，使其电子云能相互作用产生共轭效果而引起红移和增色。

（3）溶剂的影响

化合物的紫外可见吸收光谱通常是在溶液中测定的，溶剂的性质可能会对吸收峰位置、形状和强度有所影响，因此必须加以考虑。

首先，化合物溶剂化后分子的自由转动将受到限制，使得由转动引起的精细结构消失；若溶剂的极性较大，化合物的振动也将受到限制，使得由振动引起的精细结构也消失，吸收谱带仅呈现为宽的带状包峰。图 11-9 给出了对称四嗪在不同环境下的吸收光谱，可以看出，若想获得吸收图谱的精细结构，应在气态或非极性溶剂中测定。

其次，溶剂极性的增大往往会使化合物中的 $\pi\rightarrow\pi^*$ 跃迁红移，$n\rightarrow\pi^*$ 跃迁蓝移，这种现象称为溶剂效应。如图 11-10 所示，在 $\pi\rightarrow\pi^*$ 跃迁中，由于分子激发态的极性大于基态，与极性溶剂间的静电作用更强，能量降低程度也大于基态，因此跃迁时所需能量减小，吸收谱带的 λ_{max} 发生红移；而在 $n\rightarrow\pi^*$ 跃迁中，由于 n 电子可与极性溶剂形成氢键，使得基态分子能量降低更大，因此跃迁时所需能量增大，吸收谱带的 λ_{max} 发生蓝移。溶剂效应随溶剂极性增大而更为显著，如表 11-3 中的数据所示。

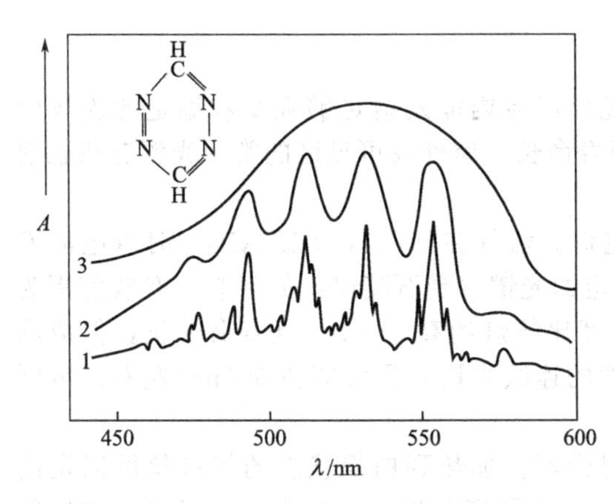

图 11-9 对称四嗪的紫外可见吸收图谱
曲线 1—蒸气态；曲线 2—环己烷中；曲线 3—水中

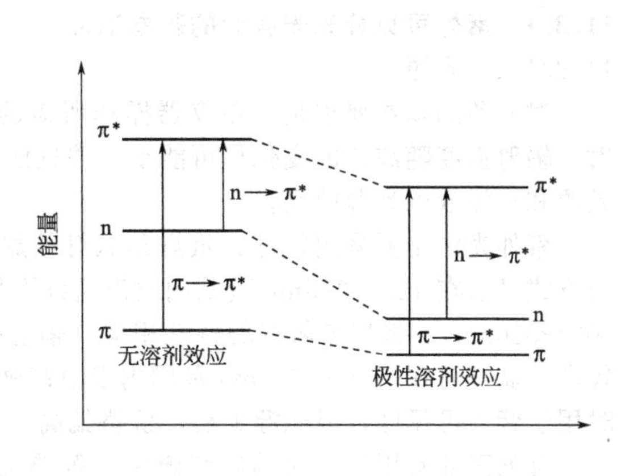

图 11-10 溶剂极性对 $n\rightarrow\pi^*$ 和 $\pi\rightarrow\pi^*$ 跃迁能量的影响

表 11-3 异亚丙基丙酮的溶剂效应

溶剂 / 跃迁类型	极性由小变大			
	正己烷	氯仿	甲醇	水
$\lambda_{max}(\pi\rightarrow\pi^*)$/nm	230	238	237	243
$\lambda_{max}(n\rightarrow\pi^*)$/nm	329	315	309	305
$\Delta\lambda_{max}$/nm	99	77	72	62

由上面的讨论可知，溶剂对紫外可见吸收光谱的影响很大。因此在吸收光谱图上或数据表中必须注明所用的溶剂；与已知化合物的谱图作对照时也应注意所用的溶剂是否相同。进行紫外可见光谱分析时，必须正确地选择溶剂。选择溶剂时应注意下列几点：

① 溶剂应能很好地溶解试样且为惰性的，即所配制的溶液应具有良好的化学和光化学稳定性；

② 在溶解度允许的范围内，尽量选择极性较小的溶剂；

③ 溶剂在样品的吸收光谱区应无明显吸收。

(4) pH 值的影响

对于酸碱性的化合物，溶剂 pH 值大小将会影响其解离情况，因此也会对其紫外可见光谱产生影响，例如酸碱指示剂的变色现象，本质就是不同 pH 值下解离不同而进一步影响其结构产生的。

11.3 紫外可见分光光度计

用于测定吸光度的仪器称为分光光度计，紫外可见分光光度计可测的波长范围通常为200～1000nm，也有波长范围200～400nm的紫外分光光度计和波长范围350～800nm的可见分光光度计。紫外可见分光光度计的种类和型号繁多，但就其基本结构而言，均由5个部分组成，即光源、单色器、吸收池、检测器和信号指示系统（见图11-11）。

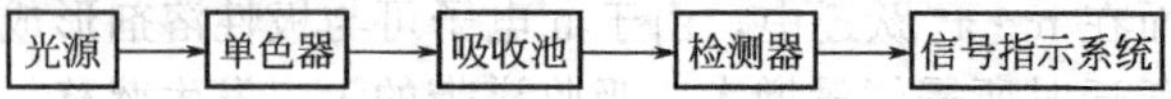

光源 → 单色器 → 吸收池 → 检测器 → 信号指示系统

图11-11 紫外可见分光光度计基本结构示意图

11.3.1 紫外可见分光光度计的基本部件

11.3.1.1 光源

对光源的基本要求是：在仪器操作所需的光谱区域内能发射足够强度和稳定的连续辐射，辐射强度随波长的变化尽可能小，并且使用寿命长。紫外及可见区的常用光源有热辐射光源和气体放电光源两类。

紫外光区主要采用氢灯、氘灯和氙灯等放电灯。氢气在低压（约1.3kPa）时以电激发的方式可以在160～375nm范围内发出连续而稳定的光谱（受石英窗口的限制，有效范围为200～350nm）。氘灯与氢灯的特性相似，辐射强度比氢灯约高2～3倍且寿命较长，但成本较高。氙灯可在200～1000nm范围内发射高强度的连续光谱，最大值在500nm左右，可同时用于紫外可见区，但光源欠稳，价格偏高。

可见区的常用光源为钨灯和碘钨灯等热辐射光源。加热到白炽状态的钨灯丝可以发出320～2500nm的连续辐射。该光源的辐射能随波长不同变化较大，升高温度可以增加辐射能的输出，但会减少灯的寿命，通常工作温度为2700K左右。此外，必须严格控制电压以确保光源稳定。在钨灯泡中引入少量碘蒸气，可防止高温工作时钨蒸气在灯泡内壁的不断沉积，从而延长灯的使用寿命。

11.3.1.2 单色器

单色器是将光源发出的复合光分解成单色光（严格地说应是具有一定宽度的谱带）的光学装置，一般由入射狭缝、准光器（透镜或凹面反射镜使入射光成平行光）、色散元件（棱镜或光栅）、聚焦元件和出射狭缝等几部分组成。其性能的优劣直接影响到入射光的单色性，因此会影响到测定的灵敏度、选择性及校准曲线的线性关系等。

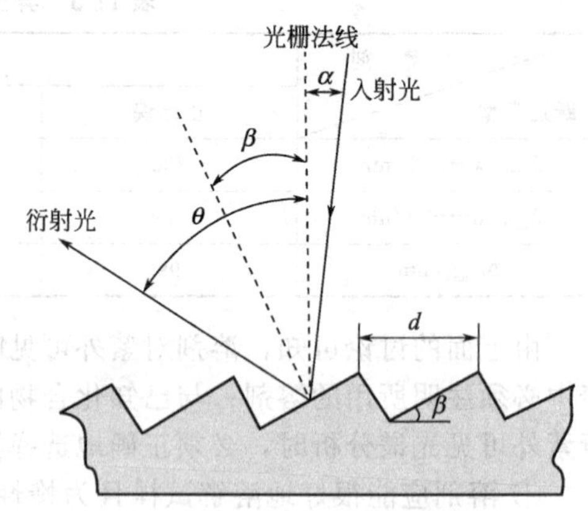

图11-12 平面反射光栅的衍射示意图

起分光作用的色散元件是单色器的核心部分，现代光谱仪器大多采用光栅。下面以最常用的平面反射光栅（又称闪耀光栅）为例来解释一下光栅的分光原理。平面反射光栅是由刻在镀铝的光学玻璃上的许多平行等距且间距很小并具有反射面的沟槽构成（紫外可见区通常为300～2000条·mm^{-1}）。光栅光谱的产生是多狭缝干涉和单狭缝衍射两者联合作用的结果，其中多狭缝干涉决定谱线出现的位置，单狭缝衍射决定谱线的强度分布。图11-12是平面反射光栅的一段垂直于刻线的截面。它的色散作用可用光栅公式表示

$$d(\sin\alpha+\sin\theta)=n\lambda \qquad (11\text{-}2)$$

式中，α 和 θ 分别为入射角和衍射角；整数 n 为光谱级次；d 为光栅常数（两刻槽间距）。α 规定为正值，θ 与 α 在光栅法线同侧取正值，异侧取负值。当一束平行的复合光以一定的入射角 α 照射光栅时，对给定的光谱级次，衍射角 θ 随波长的增大而增大，即产生了光的色散。当 $n=0$ 时，$\theta=-\alpha$，说明零级次光谱没有色散能力，因此需将光栅沟槽刻成具有一定形状（通常为三角形，每个小反射面与光栅平面的夹角 β 称为闪耀角），使衍射的能量尽量集中到一级光谱上。当 $n_1\lambda_1=n_2\lambda_2$ 时，会产生光谱重叠现象，即不同级次不同波长的光会在同一衍射角出现，如 $\lambda_1=600$nm 的一级光谱会和 $\lambda_2=300$nm 的二级光谱和 $\lambda_3=200$nm 的三级光谱重叠。光谱级次越高，重叠现象越严重，因此实际工作中均采用一级光谱，其谱线重叠现象可利用滤光片等方法消除。

光栅的分光能力可用色散率和分辨率表征。当入射角 α 不变时，可由光栅方程微分求得光栅的角色散率

$$\frac{\mathrm{d}\theta}{\mathrm{d}\lambda}=\frac{n}{d\cos\theta}\approx\frac{n}{d} \tag{11-3}$$

式中，$\mathrm{d}\theta/\mathrm{d}\lambda$ 为衍射角对波长的变化率，即角色散率。当 θ 很小而且变化不大时，可认为 $\cos\theta\approx1$，因此光栅的角色散率只取决于光栅常数 d 和光谱级次 n，不再随波长的变化而改变（相应的光谱称为“均排光谱”），这是光栅优于棱镜的一个方面。

在实际工作中色散率常用线色散率 $\mathrm{d}l/\mathrm{d}\lambda$ 表示，其含义是指波长相差 $\mathrm{d}\lambda$ 的两条谱线在焦面（色散后各平行单色光的聚焦平面）上被分开的距离 $\mathrm{d}l$。

$$\frac{\mathrm{d}l}{\mathrm{d}\lambda}=\frac{\mathrm{d}\theta}{\mathrm{d}\lambda}f=\frac{nf}{d} \tag{11-4}$$

式中，f 是会聚透镜的焦距。线色散率的倒数 $\mathrm{d}\lambda/\mathrm{d}l$ 也是一个常用参数，常用 D 表示，其意义是焦面上单位长度内容纳的波长数，单位是 nm/mm。

光栅的理论分辨率 R 等于光谱级次 n 与光栅总刻痕数的乘积，即

$$R=\frac{\bar{\lambda}}{\Delta\lambda}=nN \tag{11-5}$$

对于一块宽度为 50mm，刻痕数 N 为 1200 条·mm^{-1} 的光栅，采用一级光谱可获得 $R=6\times10^4$ 的分辨率，若是采用棱镜，达到如此分辨率则需底边长达 500mm。可见光栅分辨率比棱镜高很多，这是光栅优于棱镜的另一个方面。

光源发出的复合光经入射狭缝、光栅分光和物镜聚焦后通过出射狭缝才能获得所谓的单色光。狭缝是由两片经过精密加工，具有锐利边缘的金属片组成，其两边必须保持互相平行，并且处于同一平面上。出射狭缝的宽度对分析有重要意义，连续光源经单色器后所获得“单色光”的宽度即有效带宽 S 可用光栅倒色散率 D 和出射狭缝宽度 W 的乘积来表示

$$S=DW \tag{11-6}$$

当仪器的色散率固定时，S 将随 W 变化。W 越小，分辨率越高，所得谱线的单色性越好，但通过的光强越小；W 越大，通过的光强增大，但分辨率和谱线的单色性均会降低，应根据实际测定需要进行选择。

采用中阶梯光栅分光系统可进一步提高分辨能力。中阶梯光栅与普通闪耀光栅的区别在于衍射角 β 要大很多（60°～70°），刻槽密度也相对较低（8～80 条·mm^{-1}），它是通过增大衍射角及利用高级次光谱（$n=40\sim120$）来提高分辨率的。显然，高级次光谱的使用使得谱线重叠现象非常严重。为了将不同级次的重叠谱线分开，通常采用交叉色散原理，即使谱线色散方向与谱级散开方向正交，在焦面上形成一个二维的色散图像，如图 11-13 所示。通常的做法是在中阶梯光栅光路的前方或后方安置一个辅助色散元件（大多是棱镜），在垂直方向上先将各级次光谱色散开，中阶梯光栅在水平方向再将同一级光谱内的各波长辐射色

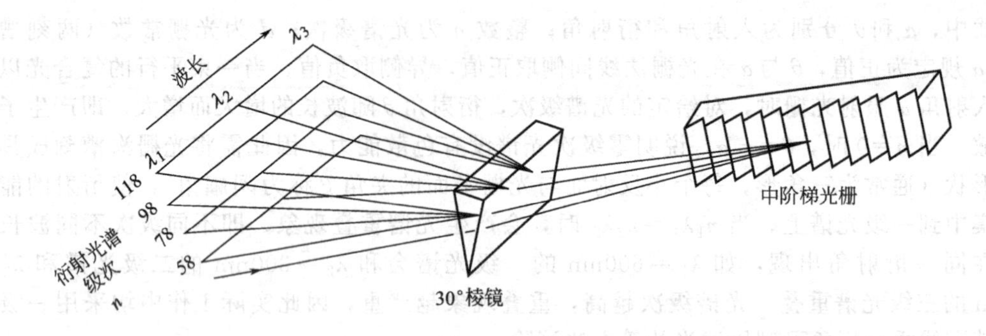

图 11-13　中阶梯光栅的二维色散示意图

散。这种二维光谱可以在一个相对较小的面积上汇集大量的光谱信息，并且具有很高的分辨率，目前已相当多地应用于商品化仪器。

光栅或棱镜均属于色散型的波长选择器，此外还有滤光片及干涉仪等非色散型波长选择器，本章不再具体介绍。

11.3.1.3　吸收池

紫外可见吸收光谱法中通常测定的是液体试样，需用吸收池（又称为比色皿）盛装后放在光度计相应的液体池槽中。对吸收池的要求主要是能透过相关辐射，因此紫外光区必须用石英吸收池，可见光区可用石英或玻璃吸收池，有时也采用塑料池。

为减小入射光的反射损失，吸收池的窗口应完全垂直于光束。典型的可见和紫外光吸收池的光程长度为 1cm，有些仪器也配有其他规格的吸收池。吸收池与参比池的匹配程度及是否被污染等，对所测吸光度的准确性有直接的影响，因此在测定时应注意以下几点：参比池和吸收池应是一对经校正好的匹配吸收池；使用前后都应将吸收池洗净，测量时不能用手接触透光窗口；已匹配好的吸收池不能用炉子或火焰干燥，以免引起光程长度上的改变等。

11.3.1.4　检测器

将待测光强转化为电信号并进行测量的装置称为检测器，所基于的原理是光电效应（紫外可见光区）或热电效应（红外区）。对检测器的基本要求是：灵敏度高，信噪比低，响应快且与光强呈线性关系。下面介绍几种常用的光电检测器。

（1）光电管

如图 11-14 所示。光电管是一个具有透明窗口的真空二极管，其中丝状的阳极被涂有光敏材料的半圆筒状阴极所包围，两级间加有 90V 的直流电压。当光照射到光敏阴极时，由于光电效应产生的电子在电场的作用下流向阳极，形成光电流，其大小与照射到阴极的光强成正比。

（2）光电倍增管

光电倍增管的作用原理和光电管相似，但在阴、阳极之间多了若干打拿极（图 11-15 中的 $D_1 \sim D_3$），在每个打拿极和阴极间加有成倍增加的正电压。阴极发出的光电子（一次电子发射）被电场加速到第一打拿极后会引发出 4～5 倍的电子（二次电子发射），然后再到下一个打拿极发生类似的过程。显然，最终达到阳极的电子数目要比普通光电管多得多，因此灵敏度通常可高出 2 个数量级。光电倍增管是检测微弱光最常用的光电元件，可使用较窄的单色器狭缝，对光谱的精

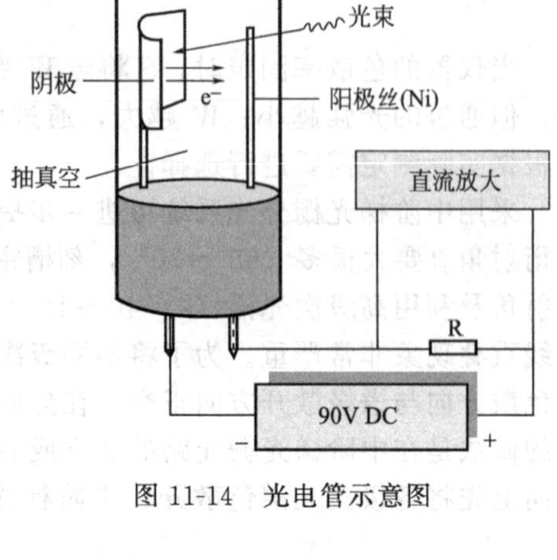

图 11-14　光电管示意图

细结构有较好的分辨能力，但强光或长时间照射时会引起不可逆的损坏。

(3) 硅二极管阵列

二极管阵列是将若干（几百或上千）个二极管检测器集成在同一硅片上而形成的多道检测器。与光电管和光电倍增管等单道检测器不同，使用二极管阵列时不需要出射狭缝，只要将其置于单色器的焦面上，分光后不同波长的光会被同时检测（光谱带宽与阵列中二极管个数相关）。因此该检测器可在瞬间（0.1～1s）完成整个波段的测定，而使用单道检测器时则需通过光栅的转动逐个波长检测，但二极管阵列的灵敏度不如光电倍增管。

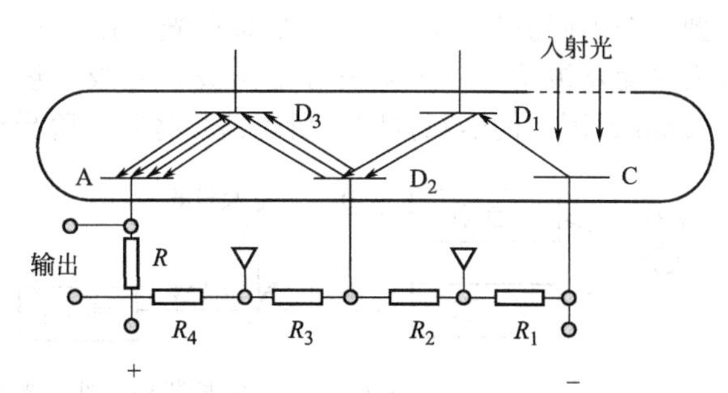

图 11-15　光电倍增管示意图

(4) 电荷耦合器件

电荷耦合器件 CCD（charge-coupled device）是一种新型的固体多道光学检测器件，多为面阵型，即由逐点紧密排列的感光元（类似于单道检测器）而形成的平面阵列。若将其与中阶梯光栅的二维分光系统联用，可以实现多道同时检测。CCD 响应的波长范围广（200～1050nm），灵敏度高，尤其适合弱光的检测，目前已在光谱分析的很多领域获得了应用。

11.3.1.5　信号指示系统

信号指示系统的作用是放大检测信号并以适当方式指示或记录下来，常用的信号指示系统有检流计、数字显示仪和微型计算机等。目前仪器的信号指示系统大多采用微型计算机，它既可控制仪器操作，又能进行数据处理，并大大提高了仪器的精度、灵敏度和稳定性。

11.3.2　紫外可见分光光度计的类型

按光学系统可将紫外可见分光光度计分为单光束、双光束、双波长和多道分光光度计。

(1) 单光束分光光度计

单光束分光光度计的光路示意图见图 11-11，一束经过单色器的光，依次通过参比溶液和试样溶液，以进行光强度测量。单光束分光光度计的测量结果受电源波动的影响较大，因此必须保证光源和检测系统有较高的稳定度。该类型的仪器特别适用于只在一个波长处作吸收测量的定量分析。

(2) 双光束分光光度计

双光束分光光度计的光路示意图见图 11-16，光源发出的光经单色器后被斩波器转变为交替的两束光，分别通过参比池和样品池，然后在参比池与检测器之间的斩波器控制下，两束透射光交替聚焦到同一检测器上，两束光强的比值即为透过率。由于两光束基本同时通过样品池和参比池，因此可消除光源强度变化带来的误差。

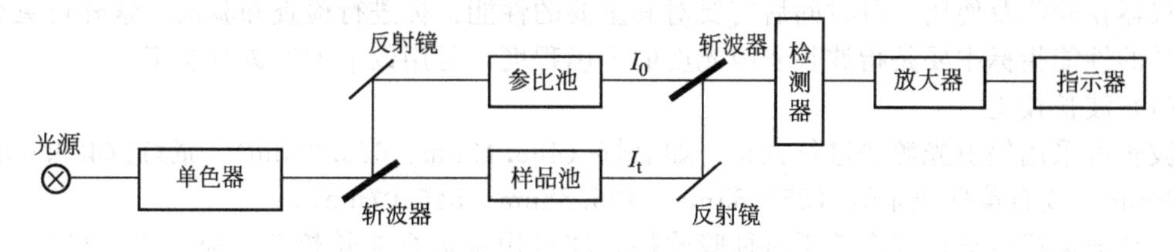

图 11-16　双光束紫外可见分光光度计基本光路示意图

(3) 双波长分光光度计

单光束和双光束分光光度计，就测量波长而言，都是单波长的。双波长分光光度计的光路示意图见图 11-17，由同一光源发出的光被分成两束，分别经过两个单色器，因此可同时得到两个不同波长（λ_1 和 λ_2）的单色光。在斩波器的作用下，λ_1 和 λ_2 交替地照射同一溶液进入检测器被检测，所得信号是两波长处吸光度的差值 $\Delta A = A_{\lambda 1} - A_{\lambda 2}$。若两个波长保持1～2nm的固定间隔扫描时，所得信号将是一阶导数光谱，即吸光度对波长的变化曲线。

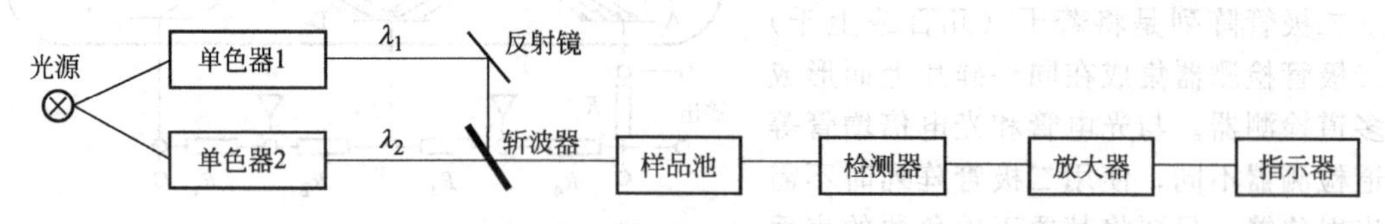

图 11-17　双波长紫外可见分光光度计基本光路示意图

双波长分光光度计不仅能测定高浓度试样及多组分混合试样，而且能测定一般分光光度计不宜测定的浑浊试样。双波长法测定相互干扰的混合试样时，双波长操作较单波长法简单，且准确度高。用双波长法测量时，两个波长的光通过同一吸收池，这样可以消除因吸收池的参数不同，位置不同，污垢及制备参比溶液等带来的误差，使测定的准确度显著提高。另外，双波长分光光度计是用同一光源得到的两束单色光，故可以减小因光源电压变化产生的影响，得到高灵敏和低噪声的信号。

(4) 多道分光光度计

多道分光光度计的光路示意图见图 11-18，光源发出的复合光通过样品池后被光栅分光，色散后的单色光分别被二极管阵列中所对应的二极管同时检测。由于全部波长被同时检测，且二极管的响应很快，因此可在极短的时间内（0.1～1s）获得整个光谱信息，这为追踪化学反应过程及快速反应的研究提供了极为方便的手段。近年来亦成为液相色谱和毛细管电泳的常用检测器，可以获得时间-波长-强度的三维色谱图，为色谱检测提供了更为丰富的信息。二极管阵列检测器一般容纳几百个二极管，需覆盖190～900nm的波长范围，因此该类型仪器的分辨率通常只有1～2nm，且价格较贵。

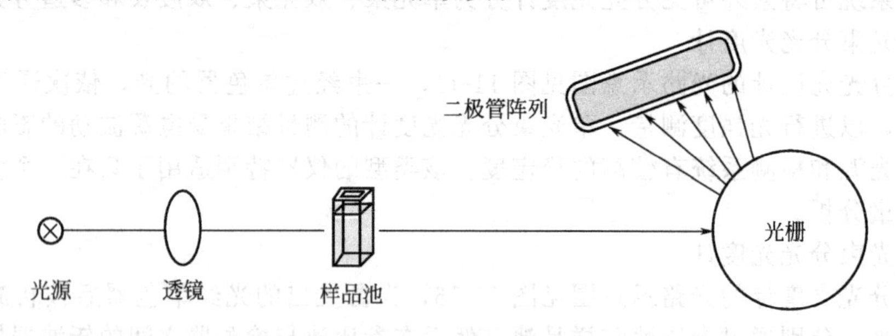

图 11-18　多道分光光度计基本光路示意图

11.3.3　紫外可见分光光度计的校正

仪器在验收及使用一段时间后需要对其重要的性能指标进行检查和验证。紫外可见分光光度计的性能指标主要是指波长和吸光度的准确程度，可用以下方法进行校正。

(1) 波长校正

波长可采用辐射光源法进行校正。如氢灯（486.13nm、656.28nm）、氘灯（486.00nm、656.10nm）或石英低压汞灯（253.65nm、435.88nm、546.07nm）。

镨钕玻璃或钬玻璃都有若干特征吸收峰，亦可用来进行波长校正。前者用于可见光区，后者对紫外可见均适用。

(2) 吸光度校正

吸光度通常采用盐类溶液进行校正，其中以 K_2CrO_4 最为常用。将 0.0400g K_2CrO_4 溶于 1L 0.05mol·L^{-1}的 NaOH 溶液中，以 1cm 吸收池，在 25℃测其吸收曲线，以此吸光度作为标准。

11.3.4 吸光度的测定

吸光度的准确测定，是紫外可见吸收光谱分析测定的基础。通常待测组分是以溶液状态装入吸收池中进行测定的，如图 11-19 所示，强度为 I_0 的入射光通过样品池后的强度损失 I_0-I_t 并不完全是吸收引起的，实际的入射光强度应扣除反射和散射的影响，可表示为$I_0-I_{折射}-I_{散射}$，因此溶液中吸光物质（除待测物质外，还应考虑溶剂及其他相关试剂的吸收）的吸光度可表示为

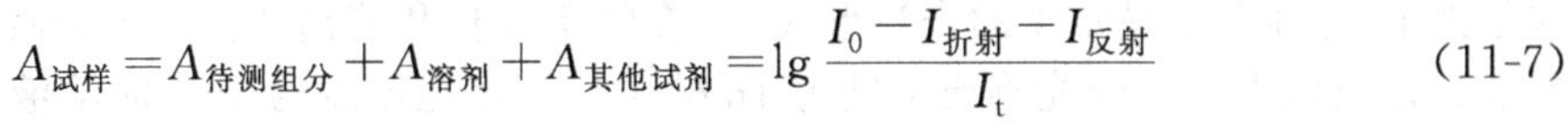

$$A_{试样}=A_{待测组分}+A_{溶剂}+A_{其他试剂}=\lg\frac{I_0-I_{折射}-I_{反射}}{I_t} \tag{11-7}$$

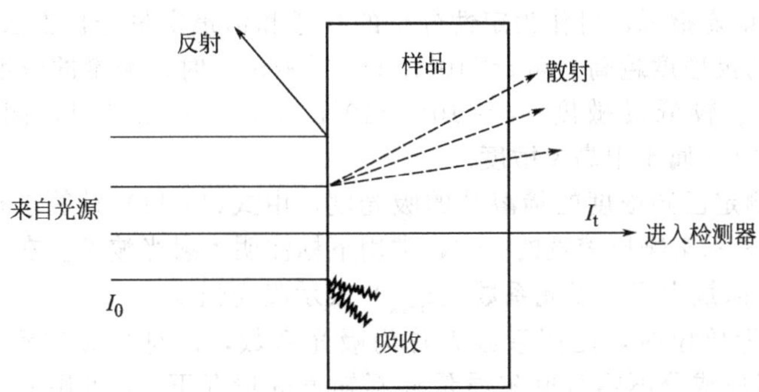

图 11-19　强度为 I_0 的光束通过样品池后强度减弱示意图

可见需扣除溶剂及其他相关试剂的影响才能获得待测组分的准确吸光度。实际测量中可用参比溶液（原则上其组成除不含待测组分外，其他成分应和待测样品完全一致）进行校正。选择与试样测定时光学性质及厚度相同的吸收池装入参比溶液，以相同的光强 I_0 照射，其吸光度可表示为

$$A_{参比}=A_{溶剂}+A_{其他试剂}=\lg\frac{I_0-I_{折射}-I_{反射}}{I_{t(参比)}} \tag{11-8}$$

两次测定的吸光度差即为待测组分的吸光度，可表示为

$$A_{待测组分}=A_{试样}-A_{参比}=\lg\frac{I_{t(参比)}}{I_t} \tag{11-9}$$

式(11-9) 表明，只要把通过参比池的光强作为入射光强，就可以实现待测组分吸光度的准确测定。若使用单光束仪器，需先将参比池放入光路，调整仪器使透光率为 100%（即吸光度为 0），再将样品池放入光路即可获得相应吸光度；若使用双光束仪器，将参比池与样品池同时放入相应光路，直接测定即可。

11.4 定量分析

11.4.1 定量依据

紫外可见吸收光谱法的定量依据是吸收定律，即朗伯-比耳定律。这是一个由实验得出的定律，它指出：当一束单色光通过某均匀介质时，光强度的减弱同入射光的强度、吸收介质的厚度以及光路中吸光微粒的数目呈正比。用数学式可表达为：

$$A=-\lg(I_t/I_0)=-\lg T=klc \tag{11-10}$$

式中，A 为吸光度（无量纲）；T 为透过率（无量纲）；I_0 为入射光的强度；I_t 为透过光的强度；k 为比例系数，入射波长确定时是一个与温度及溶液性质有关的常数；c 为吸光物质的浓度；l 为吸收介质的厚度，又称光程（实际测量时指吸收池的厚度，为固定值），

单位为 cm；式(11-10) 表明测量条件一定时，A-c 之间呈线性关系，由此可实现定量测定。

11.4.1.1　吸收系数

式(11-10) 中的比例系数 k 的值及单位与 c 的单位有关。当 c 以 $mol \cdot L^{-1}$ 为单位时，吸收系数用符号 ε 表示，称为摩尔吸光系数，单位为 $L \cdot mol^{-1} \cdot cm^{-1}$，此时式(11-10) 可表示为

$$A = \varepsilon lc \tag{11-11}$$

这是朗伯-比耳定律最常见的表达形式。ε 在特定波长和溶剂的情况下是吸收物质的一个特征参数，在数值上等于吸光物质浓度为 $1mol \cdot L^{-1}$，液池厚度为 1cm 时溶液的吸光度。它是物质吸光能力量度的重要指标，可作为定性分析的参考和估量定量分析方法的灵敏度。显然，ε 越大，测定方法的灵敏度越高。当 $\varepsilon < 10^4 L \cdot mol^{-1} \cdot cm^{-1}$ 时，测量的浓度范围约为 $10^{-4} \sim 10^{-3} mol \cdot L^{-1}$，属于较低灵敏度；$\varepsilon = 10^4 \sim 10^5 L \cdot mol^{-1} \cdot cm^{-1}$ 时，测量的浓度范围为 $10^{-6} \sim 10^{-5} mol \cdot L^{-1}$，属于中高灵敏度。

ε 一般是通过测定已知浓度的稀溶液的吸光度，由式(11-11) 计算求得。由于 ε 与入射光波长有关，因此表示某物质溶液的 ε 时，常用下标注明入射光波长。在吸收光谱中有时用 ε 或 $\lg\varepsilon$ 代替 A，并以最大摩尔吸光系数（ε_{max}）表示吸光强度。

当 c 以 $g \cdot L^{-1}$ 为单位时，比例系数 k 称为吸光系数，以符号 a 表示，单位为 $L \cdot g^{-1} \cdot cm^{-1}$。当化合物组成成分不明且摩尔质量亦不知道的情况下，c 可用 $g \cdot (100mL)^{-1}$ 表示，此时比例系数 k 称为比吸光系数，用符号 $E_{1cm}^{1\%}$ 表示。$E_{1cm}^{1\%}$ 是指物质的质量分数为 1%，l 为 1cm 时的吸光度，其与 a、ε 的关系可用下式表示：

$$E_{1cm}^{1\%} = 10a = 10\varepsilon / M \tag{11-12}$$

如果待测体系中存在两种或两种以上的吸光物质且彼此之间没有相互作用，则体系的总吸光度等于各组分吸光度之和，即吸光度具有加和性。利用该性质，可对双组分或多组分体系在不经分离的条件下实现同时测定。

$$A = A_1 + A_2 + \cdots + A_n = \sum_{i=1}^{n} \varepsilon_i l c_i \tag{11-13}$$

11.4.1.2　偏离朗伯-比耳定律的因素

由式(11-11) 可知，当光程 l 固定时，以吸光度 A 对浓度 c 作图，应得到一条通过原点的直线。但实际工作中，特别是当 c 较大时，该直线往往发生弯曲现象，即产生对朗伯-比耳定律的偏离。比较常见的是直线向浓度 c 轴弯曲的负偏离现象。引起偏离朗伯-比耳定律的因素很多，通常可归为两类：样品性质的影响与仪器的影响，分别叙述如下。

(1) 样品性质的影响

朗伯-比耳定律只适用于稀溶液。当试样浓度过高（$>0.01 mol \cdot L^{-1}$）或处在高浓度电解质中时容易发生对朗伯-比耳定律的偏离。原因是高浓度时吸光质点间彼此比较接近，会互相影响对方的电荷分布，使得它们对给定波长的吸收能力发生变化，即吸光系数发生改变，从而发生对朗伯-比耳定律的偏离。吸光系数与折射率有关，如果溶液浓度改变引起折射率发生较大变化时，也会发生对朗伯-比耳定律的偏离。

由吸光物质等构成的溶液体系，常因条件的变化而发生吸光组分的缔合、解离、互变异构、配合物的逐级形成以及与溶剂之间的相互作用等，从而形成新的化合物或改变吸光物质的浓度，这都将导致对朗伯-比耳定律的偏离。如图 11-20 所示，当亚甲基蓝阳离子的浓度由 a 到 c 增大时，660nm 处的有效 ε 不断降低，这是由于缔合作用产生了亚甲基蓝阳离子的二聚体（λ_{max} 蓝移至 610nm），而使得亚甲基蓝阳离子单体浓度降低的缘故。因此在分析测定中，必须控制好溶液条件，使被测组分以一种形式存在，就可以克服上述因素对朗伯-比耳定律的偏离。

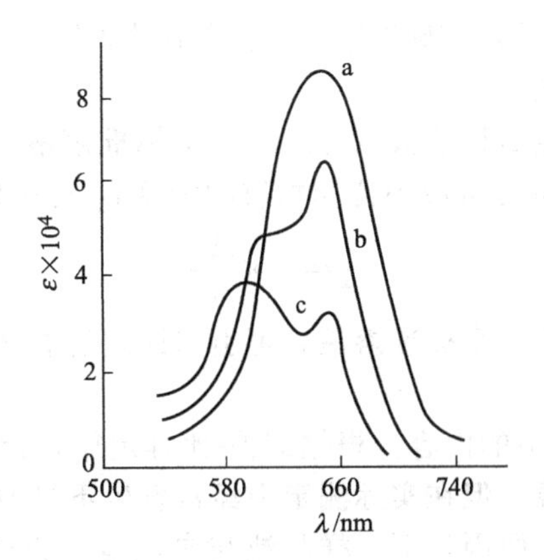

图 11-20 亚甲基蓝阳离子水溶液的吸收光谱图

a—6.36×10^{-6} mol·L^{-1}；b—1.27×10^{-4} mol·L^{-1}；c—5.97×10^{-4} mol·L^{-1}

另外，当试样为胶体、乳状液或有悬浮物质存在时，入射光会因散射而造成非吸收损失，也会引起吸光度变化，产生对朗伯-比耳定律的正偏差。

(2) 仪器的影响

只有采用绝对的单色光入射时，吸收体系才会严格地遵守朗伯-比耳定律。而实际上通过波长选择器从连续光源中分离出的所谓单色光，只是包括所需波长的波长带，这就造成了对朗伯-比耳定律的偏离。为了方便讨论，现假定入射光由测量波长 λ_1 和干扰波长 λ_2 两种波长光组成，溶液吸光质点对 λ_1 和 λ_2 的吸收都遵从朗伯-比耳定律。

对 λ_1：$A_1=\lg\dfrac{I_{01}}{I_{t1}}=\varepsilon_1 lc \Rightarrow I_{t1}=I_{01}10^{-\varepsilon_1 lc}$

对 λ_2：$A_2=\lg\dfrac{I_{02}}{I_{t2}}=\varepsilon_2 lc \Rightarrow I_{t2}=I_{02}10^{-\varepsilon_2 lc}$

总的入射光强度为 $I_{01}+I_{02}$，透射光强为 $I_{t1}+I_{t2}$，该光通过溶液后的吸光度为：

$$A=\lg\frac{I_{01}+I_{02}}{I_{t1}+I_{t2}}=\lg\frac{I_{01}+I_{02}}{I_{01}10^{-\varepsilon_1 lc}+I_{02}10^{-\varepsilon_2 lc}}$$

若 $\varepsilon_1=\varepsilon_2$ 时，上式可表示为 $A=\varepsilon_1 lc$，即符合朗伯-比耳定律；若 $\varepsilon_1\neq\varepsilon_2$ 时，则 $A\neq\varepsilon_1 lc$，即发生对朗伯-比耳定律的偏离，ε_1 和 ε_2 相差越大，偏离现象越严重。以上讨论表明，只要入射光带宽内的 ε 基本一致，即使不是单色光，也可以保证不会产生太大的偏离。因此在实际测定时，通常会选择吸光物质的 λ_{max} 作为测定波长（见图 11-21），此处曲线比较平坦，ε 数值大且变化小，既能保证测定有较高的灵敏度，又不会对朗伯-比耳定律产生较大偏离。在保证一定入射光强的前提下，应选用较小的出射狭缝以控制尽可能窄的有效带宽，同时应尽量避免使用尖锐的吸收峰进行定量分析。

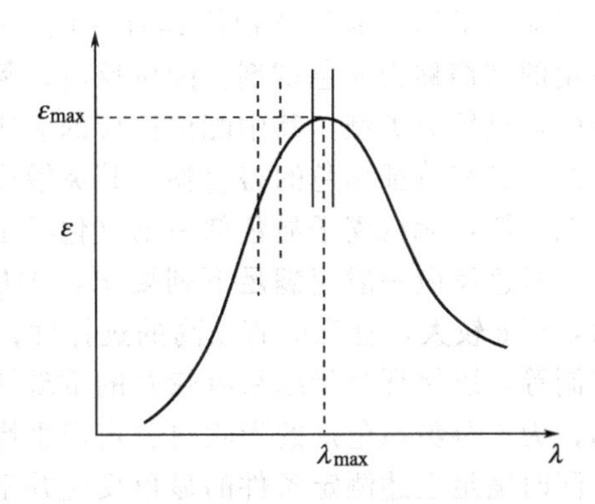

图 11-21 分析波长的选择

11.4.2 定量方法

紫外可见吸收光谱法主要用于单组分的测定，下面介绍一些常用的定量方法。

(1) 直接计算法

不少体系的 ε（或其他表示方式）已被测定，可从有关手册上查到，因此就可根据式(11-

11）直接计算获得试样含量。该法准确度不高，测定时的条件应和 ε 所标注的条件一致。

（2）比较法（单标对照法）

在相同条件下，平行测定试样溶液（c_x）和一个标准溶液（c_s；且 c_s 与 c_x 应尽可能接近）的吸光度 A_x 和 A_s，则试样溶液中待测物质的浓度 c_x 可由以下公式求算

$$c_x = c_s \times \frac{A_x}{A_s} \tag{11-14}$$

该法简单方便，但仅使用一个标准溶液，可引起误差的偶然因素较多，准确度也不高。

（3）标准曲线法

具体参见本书 10.5.1 节中的内容。根据朗伯-比耳定律，紫外可见吸收光谱法的标准曲线应该是一条通过原点的直线，但在实际测定中经常发生不过原点的现象。相关因素较为复杂，难以一概而论。通常可能原因如下：样品池与参比池不完全匹配；参比溶液选择不当；显色化合物离解程度较大或由于其他一些配位剂的存在导致待测物质显色不完全等。

（4）标准加入法

具体参见本书 10.5.2 节中的内容。该法比较烦琐，仅在样品数量较少时采用。有时也可仅加标一次，直接利用下列公式进行计算

$$\frac{A_x}{c_x} = \frac{A_{x+s}}{c_x + c_s} \Rightarrow c_x = \frac{A_x}{A_{x+s} - A_x} c_s \tag{11-15}$$

（5）目视比色法

顾名思义，就是用眼睛比较溶液颜色深浅而确定物质含量的方法，因此要求待测物质必须有颜色，即要在可见区有吸收。该法不需要专门的仪器，操作简单方便。体系适当时，灵敏度也不低，但准确度较差（相对误差为 5%～20%），非常适合大批试样初筛。

11.4.3　显色反应

具有共轭双键或芳香性的有机化合物及个别无机物（如 $KMnO_4$、$K_2Cr_2O_7$ 等）在近紫外或可见区有较强的吸收，即有较高的摩尔吸光系数（$\varepsilon > 10^4 L \cdot mol^{-1} \cdot cm^{-1}$），因此可直接进行定量测定。但是绝大多数金属离子或部分有机物（如氨基酸、糖类化合物等）在紫外可见区没有吸收或吸收强度很低，因此无法直接测定或测定灵敏度很低。这时就必须通过适当反应使待测物质转化为能在紫外可见区具有较强吸收的物质再进行测定。这种反应称为显色反应（虽然大部分产物均具有颜色，但反应后能在近紫外区产生强吸收，亦称为显色），所用的试剂称为显色试剂。配位反应、氧化还原反应以及增加生色基团的衍生化反应都是常见的显色反应类型，其中配位反应的应用最为广泛。许多有机显色剂与金属离子能形成稳定性好、具有特征颜色的螯合物，其灵敏度和选择性都比较高，具体请参见现代化学试剂手册第四分册：无机离子显色剂一书（化学工业出版社）。

显色反应一般应满足下列要求：①反应的生成物必须在紫外或可见区有较强的吸光能力，即 ε 较大，且反应有较高的选择性；②反应生成物组成恒定，稳定性好，显色条件易于控制等，以保证测量结果有较好的重现性；③对照性要好，显色反应中显色剂通常是大过量的，为了避免显色剂的吸收对测定产生影响，显色前后的 λ_{max} 相差应在 60nm 以上。实际上能同时满足上述测定条件的显色反应并不是很多，因此在初步确定好显色剂后，需认真仔细地研究显色反应的条件。

为了获得更高的灵敏度和选择性，显色反应也常用于可直接测定的物质，如考马斯亮蓝染色法测蛋白质和二苯胺显色法测定核酸等。

11.4.4　定量分析条件的选择

11.4.4.1　测量条件的选择

（1）吸光度范围的选择（测定浓度的选择）

读数误差是分光光度法误差的主要来源，一般分光光度计透过率 T 的读数误差 ΔT 为 0.2%～2%（对于确定的仪器，ΔT 为定值）。由于透过率 T 与待测溶液浓度 c 呈负对数关系，因此不同 T 值时，相同 ΔT 引起的浓度误差是不同的。由读数误差 ΔT 引起的待测组分浓度的相对误差可用 $\Delta c/c$ 表示，即

$$\frac{\Delta c}{c}=\frac{\Delta A}{A}\approx\frac{dA}{A}=\frac{d(-\lg T)}{-\lg T}=\frac{-0.434d(\ln T)}{-\lg T}=\frac{0.434dT}{T\lg T}=\frac{0.434\Delta T}{T\lg T} \tag{11-16}$$

为使 $\Delta c/c$ 值最小，应使式(11-16) 分母 $T\lg T$ 取最大值，因此

$$d(T\lg T)=dT\cdot\lg T+Td(\lg T)=dT\cdot\lg T+0.434T\cdot\frac{dT}{T}=0 \tag{11-17}$$

解得 $\lg T=-0.434$ 或 $T=36.8\%$。即当吸光度 $A=0.434$ 时，由读数误差引起的浓度相对误差最小。图 11-22 给出了 $\Delta c/c$ 与 A 和 T 的关系。

如果分光光度计的读数误差 $\Delta T=1\%$，若要求浓度测量的相对误差小于 5%，则需将待测溶液的透过率控制在 10%～70%范围内（对应吸光度范围是 0.15～1.0）。实际测量中，可以通过调节待测溶液的浓度或选择适当厚度的吸收池等方式以满足上述条件。显然降低读数误差 ΔT，能使可用透过率（吸光度）范围扩大，一些配有光电倍增管为检测器的高档分光光度计即使在吸光度高达 2.0 甚至 3.0 时，仍可保证浓度测量相对误差小于 5%。尽管如此，可明显地看出吸收光谱法的线性范围不宽，仅为 1～2 个数量级。

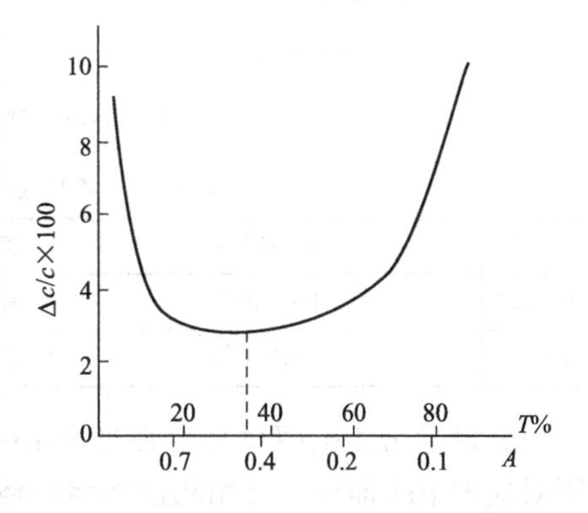

图 11-22　浓度测量的相对误差与透过率 T 和吸光度 A 的关系（$\Delta T=1\%$）

(2) 测量波长的选择

无干扰时，测量应选择在 λ_{max} 处。

(3) 出射狭缝宽度的选择

中低档仪器的出射狭缝宽度是固定的，若可以调节时，应在确保一定入射光强度时，选择较小的狭缝宽度。

11.4.4.2　显色反应条件的选择

对显色反应影响较大的因素有显色剂的用量、溶液 pH、温度及反应时间等，这些影响因素的最佳取值均是通过实验确定的。通常采用的是单因素变化法，即在其他影响因素固定的前提下，改变待考察因素，测定相应吸光度并绘制成曲线，根据测定数据和曲线的形状来确定该影响因素的最佳取值范围。

(1) 显色剂用量

生成配合物的显色反应可表示为：M(待测组分)＋nR(显色剂)══ MRn（有色配合物）。由配位平衡可知，稳定常数大的显色反应和加入过量的显色剂，有利于待测物质的完全转化。但显色剂过多，有时会发生副反应，生成多种不同组成的显色物质。具体用量可由吸光度-显色剂用量关系曲线（见图 11-23）来确定。其中（a）（b）是比较常见的情况，只需将显色剂的用量控制在曲线平坦部分，所对应的浓度即可保证有色配合物的组成固定。（c）表明形成了逐级配合物（如 Fe^{3+} 与 SCN^- 的配位），这时显色剂必须过量很多或者进行严格控制。

(2) 溶液的 pH 值

溶液酸度对显色反应的影响是多方面的。如多数显色剂都是有机弱酸或弱碱，溶液的 pH 值直接影响到显色剂的离解程度，从而影响显色反应的完全程度。又如许多显色剂本身

就是酸碱指示剂，配位反应后的颜色必须与显色剂本身的颜色有着显著的不同。二甲酚橙在pH>6.3时呈紫红色，pH<6.3时呈黄色，与金属离子的配合物则呈红色，因此只适用于pH<6.3的条件。此外pH值还影响配合物的组成（如Fe^{3+}与磺基水杨酸Sal的配位，见表11-4）及待测离子的水解情况。

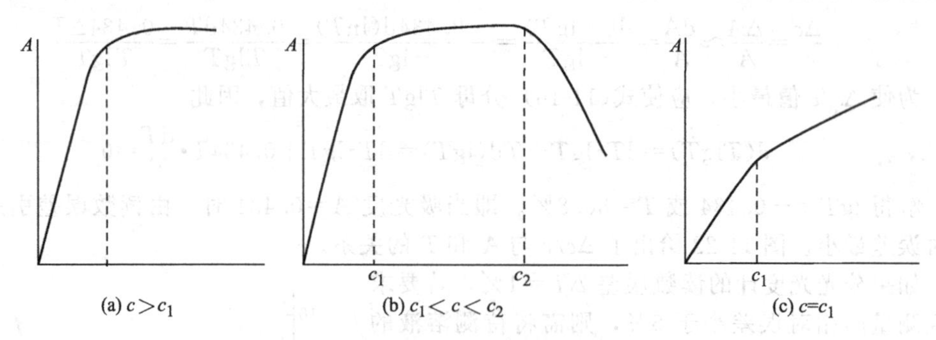

图11-23 吸光度与显色剂用量的关系

表11-4 不同pH下Fe^{3+}与磺基水杨酸的配位

pH范围	配位产物	颜色	pH范围	配位产物	颜色
1.8～2.5	$[Fe(Sal)]^{+}$	紫红色	8～11.5	$[Fe(Sal)]_3^{3-}$	黄色
4～8	$[Fe(Sal)]_2^{-}$	紫褐色	>12	配合物被破坏，生成$Fe(OH)_3$沉淀	—

因此最适pH范围也是由吸光度-pH关系曲线来确定的，如图11-24，选择曲线平坦部分所对应的pH即可，可用相应的缓冲溶液来进行控制。

(3) 显色时间、温度及其他

由于反应速率不同，完成反应所需的时间常有很大差别，因此，测定时应尽量要求能在室温下快速完成显色反应，例如Fe^{2+}与邻菲啰啉、Fe^{3+}与磺基水杨酸的反应迅速，且能稳定较长时间。但有时显色反应速率较慢，需经过一段时间后才能稳定；有时显色化合物也会因长时间放置而褪色，因此必须求出适宜的显色时间，例如硅钼蓝生成后最好在1h内测定完毕。温度对显色反应也有影响，升高温度可提高反应速率或溶解度，例如硅钼蓝的生成如果在沸水中则只需30s，但也可能引发副反应，因此也必须确定适宜的温度范围。这两个条件最适值的确定与pH的选择类似。

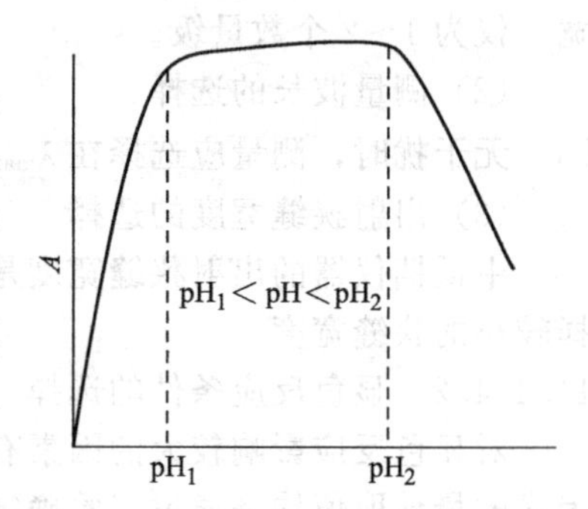

图11-24 吸光度与pH的关系

此外，溶剂的选择也很重要，它可以直接影响化合物的颜色、溶解度及稳定性。如有机配位剂与金属离子所形成的有色物质在水中溶解度通常比较小，如果采用适当有机溶剂萃取后测定可大大提高灵敏度和选择性。

11.4.4.3 参比溶液的选择

由11.3.4中的讨论可知，参比溶液的选择对于吸光度的准确测定是至关重要的。参比溶液选择的基本原则是除不含待测的有色物质外，其组成应尽量接近被测试液。通常可按以下方法选择。

① 溶剂参比　当试样、试剂、显色剂对测定波长的光几乎没有吸收时，可选择溶剂作为参比溶液（如蒸馏水），这样可消除溶剂、吸收池等因素的影响。

② 试剂参比　当显色剂或其他试剂在测定波长处有吸收时，可用空白溶液（也称试剂

空白，配制时完全按照显色反应的相同条件，只是不加待测样品）作参比，这样可以消除试剂与溶剂的影响。

③ 试样参比　当试样基体在测定波长处有吸收，但不与显色剂发生显色反应时，可按与显色反应相同的条件处理试样，但不加显色剂。这种参比试剂适用于试样中有较多的共存组分，加入显色剂量不大，且显色剂在测定波长处无吸收的情况。

11.4.4.4　干扰及消除方法

在紫外可见光谱分析法中，体系内存在的干扰物质的影响主要有以下几种情况：干扰物质本身或与显色剂作用后在测定波长下也有吸收；干扰物质与显色剂或被测物质形成稳定的配合物，使显色反应完成度降低或不能进行；显色条件下，干扰物质水解形成沉淀，造成溶液浑浊而干扰吸光度的测定。可以采取以下几种方法来消除这些干扰。

① 加入适当的掩蔽剂。选取的原则是掩蔽剂不与待测离子作用，其自身以及与干扰物质的产物在测定条件下无吸收。常用的掩蔽方法较多，如配位掩蔽、氧化还原掩蔽及沉淀掩蔽等，可视情况选用。

② 控制酸度法。根据配合物的稳定性不同，可以利用控制酸度的方法提高反应的选择性并保证主反应进行完全。如双硫腙可与 Hg^{2+}、Pb^{2+}、Cu^{2+}、Ni^{2+}、Cd^{2+} 等十余种离子形成有色配合物，其中与 Hg^{2+} 形成的配合物最稳定，在 $0.5mol \cdot L^{-1}$ H_2SO_4 介质中仍能定量进行，而上述其他离子在此条件下不发生反应。

③ 根据配合物的稳定性不同实现分离。如钢铁中微量钴的测定，常用钴试剂为显色剂。钴试剂除与 Co^{2+} 有灵敏反应外，还可与共存的 Ni^{2+}、Zn^{2+}、Mn^{2+}、Fe^{2+} 等反应。但上述反应在弱酸中完成后如果加入强酸酸化，只有钴的配合物能够稳定地存在，因此可消除其他离子的干扰。

④ 选择合适的测定波长。若显色物质存在多个吸收峰且在 λ_{max} 处存在干扰时，可选择吸收次强的峰以避开干扰，但测定灵敏度会降低。

⑤ 分离。当以上办法均不奏效时，可考虑采用预先分离的方法，如沉淀、萃取、离子交换、蒸发和蒸馏以及色谱分离等。但分离方法通常比较费时，而且容易引起准确度和精密度等指标的下降。

此外，还可以利用化学计量学的方法实现多组分的同时测定，以及利用导数光谱法、双波长光谱法等技术来消除干扰。

11.4.4.5　提高灵敏度及选择性的方法

可以通过以下几种途径进一步提高分光光度法的灵敏度和选择性：①合成或改进新的高灵敏度、高选择性的有机显色剂；②分离富集和测定相结合，如用有机溶剂萃取显色产物，再进行光度测定；③采用三元（或多元）配合物显色体系。通常的显色反应只有一种显色剂，如果加入两种或以上显色剂则可能形成三个（或多个）组分的混合配合物。例如当 $pH=0.6 \sim 2$ 时，Ti^{4+} 与 H_2O_2 能显色生成 $[TiO(H_2O_2)]^{2+}$ 黄色配合物（$\lambda_{max}=420nm$），如果再加入二甲酚橙，则会生成 $n(Ti^{4+}):n(H_2O_2):n$(二甲酚橙)$=1:1:1$ 的红色配合物（$\lambda_{max}=530nm$）。该体系可大大提高测定的选择性、灵敏度及显色产物的稳定性。三元配合物主要有三元离子缔合物、三元混配配合物和三元胶束（增溶）配合物等类型。

11.4.5　其他定量分析方法

11.4.5.1　示差光度法

对浓度较高（但不偏离朗伯-比耳定律）的待测试样欲不经稀释直接测定时，会因吸光度超出适宜的读数范围（0.15～1.0）而产生较大的误差，采用示差光度法可克服这一缺点。

示差光度法是采用比待测试样浓度（c_x）略低且数值已知的标准溶液（c_s，且 $c_s<c_x$），经过与待测试样相同的处理后作为参比溶液，根据朗伯-比耳定律可得

$$\Delta A = A_x - A_s = \varepsilon l c_x - \varepsilon l c_s = \varepsilon l \Delta c \tag{11-18}$$

式中，A_x 和 A_s 分别是以试剂空白为参比时待测试样 c_x 和标准溶液 c_s 的吸光度；ΔA 是以标准溶液 c_s 为参比时待测试样 c_x 的吸光度；Δc 是待测试样 c_x 与标准溶液 c_s 的道度差值。可见选择合适的标准溶液浓度 c_s 可使 ΔA 处在正常的读数范围且与 Δc 成正比，这即是示差光度法的定量基础。以 c_s 作为参比，测定一系列 Δc 已知的标准溶液的吸光度差 ΔA，绘制 ΔA-Δc 工作曲线，再测未知样品的 ΔA 就可以在工作曲线上查出相应的 Δc，即可知待测试样的浓度 $c_x = c_s + \Delta c$。

示差光度法比普通法准确度高的原因有两个：①将读数控制在误差较小的范围内（这点通过稀释也可以实现）；②示差光度法的读数误差为 $dc/\Delta c$（这点与普通光度法没有区别），但对于试样而言的测量误差为 $dc/(c_s + \Delta c)$，其中 c_s 是一个较大而十分准确的数值，因此测量误差很小，如果参比溶液 c_s 选择适当，该法的准确度完全可以和滴定分析法媲美。除用于高浓度试样的测定外，示差光度法也可以用于低浓度和中等浓度试样的测定，均可提高测定的准确度。

11.4.5.2　光度滴定法

根据滴定过程中溶液吸光度变化来确定终点的方法称为光度滴定法。以特定波长下吸光度 A 对滴定剂体积 V 作图，即可获得光度滴定曲线。若滴定反应进行的完全，滴定曲线由两条直线组成，它们的交点就是终点；若反应不完全，则在终点附近为曲线，需延长两条曲线的直线部分，使其相交获得终点。

与利用指示剂颜色变化目视确定终点的滴定方法相比，光度滴定法有以下优点：①可以测定反应不够完全的体系。如对硝基酚的 $pK_a = 7.15$，间硝基酚的 $pK_a = 8.39$，采用指示剂法既不能测定总量，也不可以分步测定。但是可以采用光度法测定，图 11-25 就是用 NaOH 标准溶液滴定对硝基苯和间硝基苯混合物的光度滴定曲线。②可以测定溶解度较小的试样。③对目视法难以判断终点的体系，如被测物本身有颜色或者被测溶液底色较深的体系，选择适当的测量波长，有可能用光度法测定。

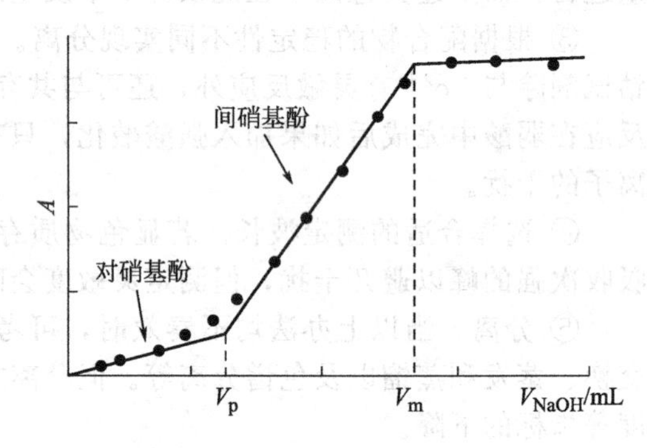

图 11-25　光度滴定法测定对硝基酚和间硝基酚混合物（测定波长为 545nm）

由于在选定波长下滴定体系中各组分的吸光情况不同，光度滴定曲线可能存在多种形状，如图 11-26 所示：图中（a）是滴定剂在测定波长下有很大的吸收，但待测物质和产物均不吸收，如以 $KMnO_4$ 溶液滴定 Fe^{2+}；（b）是滴定剂和产物在测定波长下无吸收，但待测物质有强烈吸收，如 EDTA 溶液滴定磺基水杨酸铁溶液；（c）是滴定剂和待测物质在测定波长下均有吸收，但产物无吸收，如 $KBrO_3$-KBr 溶液在 326nm 处滴定 Sb^{3+}；（d）是滴定剂和待测物质在测定波长下均无吸收，而产物有吸收，如 NaOH 滴定对溴苯酚。

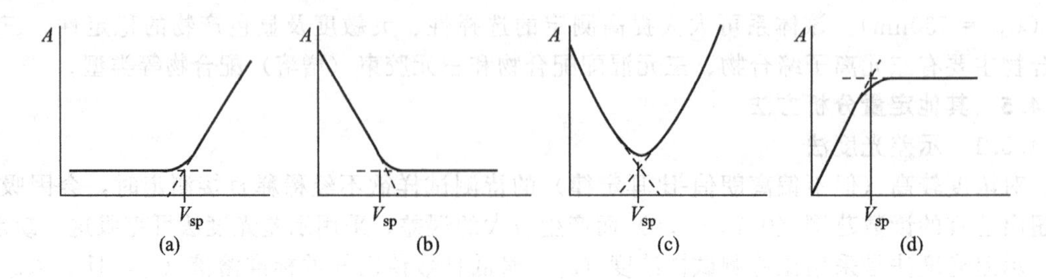

图 11-26　几种典型的光度滴定曲线

只有在滴定过程中溶液吸光度发生变化的体系，才能使用光度滴定法。另外为了保证测定的准确度，必须对滴定过程中溶液的体积变化进行校正。

11.4.5.3　多组分的测定

根据吸光度的加和性质，可同时测定试样中两个以上的组分。假设待测试样含有 x、y 两种组分，若分别绘制 x、y 吸收光谱（叠加在同一坐标系中），会出现图 11-27 所示的三种情况。(a) 表示 x、y 互不干扰，可分别在 λ_1 和 λ_2 处对 x、y 进行测定，与单组分的测定方法相同。(b) 表示 x 对 y 的测定有干扰，但 y 对 x 无干扰，可先在 λ_1 处测得组分 x 的浓度 c_x，然后在 λ_2 处测量溶液的吸光度 $A_{\lambda_2}^{x+y}$ 和纯组分 x 及 y 的 $\varepsilon_{\lambda_2}^{x}$ 和 $\varepsilon_{\lambda_2}^{y}$（用已知浓度的 x 和 y 的纯溶液测得），根据吸光度加和性，可列出下列公式：

$$A_{\lambda_2}^{x+y}=\varepsilon_{\lambda_2}^{x}lc_x+\varepsilon_{\lambda_2}^{y}lc_y \tag{11-19}$$

将相应数据代入，可以求出组分 y 的浓度 c_y。(c) 表示 x 和 y 互相干扰，此时可在 λ_1 和 λ_2 处分别测定溶液的吸光度 $A_{\lambda_1}^{x+y}$ 和 $A_{\lambda_2}^{x+y}$，及纯组分 x 及 y 的 $\varepsilon_{\lambda_1}^{x}$、$\varepsilon_{\lambda_1}^{y}$、$\varepsilon_{\lambda_2}^{x}$ 和 $\varepsilon_{\lambda_2}^{y}$，根据吸光度加和性，可列出下列联立方程组：

$$A_{\lambda_1}^{x+y}=\varepsilon_{\lambda_1}^{x}lc_x+\varepsilon_{\lambda_1}^{y}lc_y \qquad A_{\lambda_2}^{x+y}=\varepsilon_{\lambda_2}^{x}lc_x+\varepsilon_{\lambda_2}^{y}lc_y \tag{11-20}$$

将相应数据代入后解方程即可求出 c_x 和 c_y。三组分体系也可以采用类似的方法进行测定，对于更为复杂的多组分体系，则需借助计算机来对所测数据进行处理。

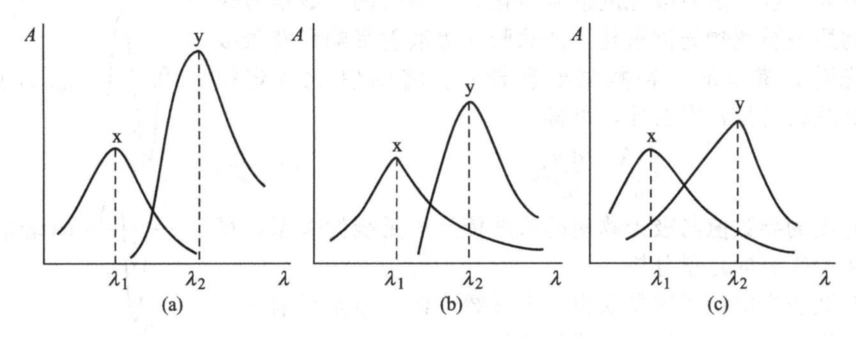

图 11-27　多组分的吸收光谱

11.4.5.4　双波长分光光度法

双波长分光光度法是在传统单波长分光光度法的基础上发展起来的，其仪器结构和特点参见 11.3.2。该法在提高灵敏度、分辨重叠吸收谱带和消除浑浊背景干扰方面具有独到之处。

浑浊样品由于散射的缘故造成背景吸收很大，在单波长仪器中无法选择合适的参比溶液消除，但在双波长仪器中可以选择两个适当的波长（λ_1 和 λ_2）交替通过同一份试样，可得

$$\Delta A=A_{\lambda_2}-A_{\lambda_1}=\varepsilon_{\lambda 2}lc+A_b(\lambda_2)-\varepsilon_{\lambda 1}lc-A_b(\lambda_1) \tag{11-21}$$

式中，A_b 表示由散射造成的背景吸收，由于散射程度受波长变化影响不大，因此可以认为 $A_b(\lambda_2)\approx A_b(\lambda_1)$，$\Delta A=(\varepsilon_{\lambda 2}-\varepsilon_{\lambda 1})lc=\Delta\varepsilon lc$，即所测吸光度差值 ΔA 与试样浓度成正比，从而消除了背景的影响。

类似地，双波长法也可用于相互干扰的两组分体系的测定。组分（x+y）混合体系中，各组分的吸收曲线如图 11-28 所示，干扰组分 y 在待测组分 x 的 $\lambda_{max}(\lambda_1)$ 有吸收，此时可选 λ_2 为参比波长（干扰组分在 λ_1 和 λ_2 处吸收相等），测定可得

$$\Delta A=A_{\lambda_1}^{x+y}-A_{\lambda_2}^{x+y}=A_{\lambda_1}^{x}+A_{\lambda_1}^{y}-A_{\lambda_2}^{x}-A_{\lambda_2}^{y}=A_{\lambda_1}^{x}-A_{\lambda_2}^{x}=(\varepsilon_{\lambda_1}^{x}-\varepsilon_{\lambda_2}^{x})lc \tag{11-22}$$

式(11-22) 表明，双波长法测定的 ΔA 与 y 组分无关，因此可在 y 组分存在下准确测定 x 组分，同理也可以在 x 组分的存在下准确测定 y 组分，该方法称为等吸收波长法。如果干

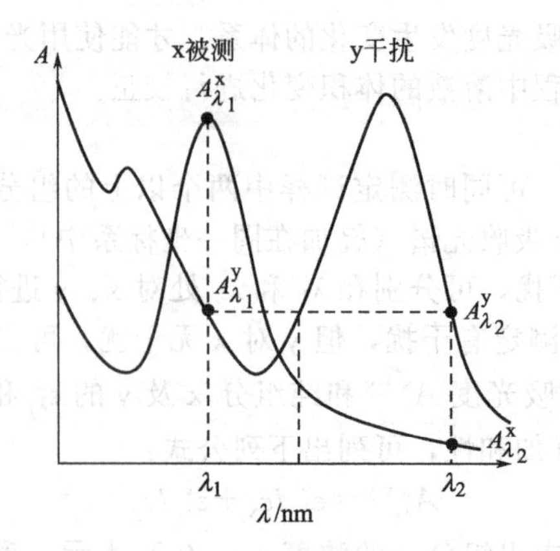

图 11-28　双波长分光光度法选择波长 λ_1、λ_2 示意图

扰组分的吸收曲线在测量波长范围内无吸收峰，即仅出现陡坡，不存在吸光度相等的两个不同波长时，可以采用系数倍率法进行测定，此处不再详述。

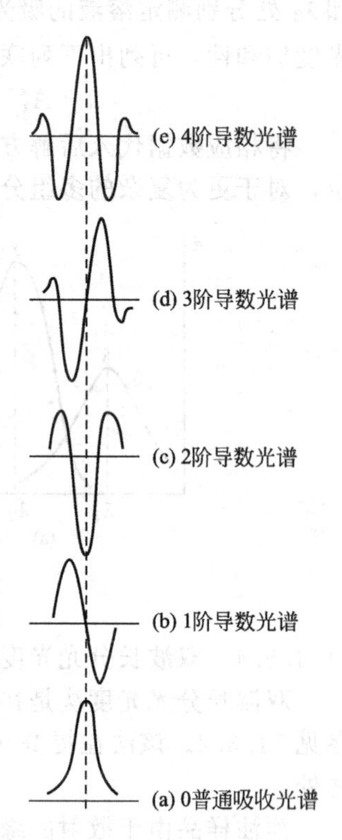

图 11-29　物质的吸收光谱及其 1～4 阶导数光谱

11.4.5.5　导数分光光度法

导数分光光度法是将吸光度信号转化为对波长的导数信号来解决干扰物质与被测物光谱重叠，消除胶体等散射影响和背景吸收，提高光谱分辨率的一种数据处理技术。将朗伯-比耳定律 $A_\lambda=\varepsilon_\lambda lc$ 对波长进行 n 次求导，可得

$$\frac{d^nA}{d\lambda^n}=\frac{d^n\varepsilon}{d\lambda^n}lc \tag{11-23}$$

可见，吸光度的导数值与吸光物质的浓度依然满足线性关系，可据此进行待测组分的定量分析。

采用双波长光度计很容易获得一阶导数图谱，但是目前更多是利用计算机直接实现各阶导数光谱的测定。图 11-29 表示了近似高斯曲线的单一吸收曲线和它的 1～4 阶导数曲线，可见随着导数阶次增加，吸收峰变窄，分辨能力提高；吸收数目增加，光谱特征性增强。对变化平缓的背景吸收（如浑浊、悬浮造成的散射背景），其导数谱近似为吸光度等于零的直线，因此取导后可被消除。

导数光谱法具有灵敏度高、再现性好、噪声低、分辨率高等优点，一些物质，如核糖核酸酶 A、过氧化氢酶、细胞色素 c 等的高阶导数光谱显示出它们特征的精细结构，称为“指纹”光谱，可用于这些物质的鉴定和纯度检验。

11.5　其他应用

11.5.1　定性分析

紫外可见吸收光谱法主要用于不饱和有机化合物，尤其是共轭体系的鉴定，以此推断未知物的骨架结构。由于光谱简单，特征性不强，使得该法的应用具有一定的局限性，但可作为其他定性及结构分析方法如红外光谱、核磁共振波谱法和质谱法的有效辅助手段。

在相同测量条件（溶剂、pH 值等）下，比较未知物（需经提纯）与已知标准物的紫外可见吸收图谱，若两者谱图完全相同（包括吸收曲线的形状、吸收峰的个数、λ_{max}的位置及相应的ε_{max}等），则可初步认为是同一化合物。若无标准物质，也可借助于前人以实验结果为基础而汇编的各种有机化合物的紫外可见吸收光谱标准谱图或有关电子光谱数据表，如以下的 4 种文献：

①Sadtler Standard Spectra（Ultraviolet），Heyden，London，1978；②Frieded R A，Orchin M. Ultraviolet Spectra of Aromatic Compounds. Wiley，New York，1951；③Kenzo Hirayama. Handbook of Ultraviolet and Visible Absorption Spectra of Organic Conpunds，Plenum，New York，1967；④Organic Electronic Spectral Data，Jon Wiley and Sons，1946（目前还在继续编写）。

应当注意，分子或离子对紫外可见光的吸收只是它们含有的生色基团和助色基团的特征，而不是整个分子或离子的特征，仅靠紫外可见吸收光谱来确定未知物的结构是困难的。当采用物理和化学的方法已判断出某化合物的几种可能结构时，也可参照一些经验规则（如 Woodwoard-Fieser 规则和 Scotte 规则）来计算化合物的λ_{max}并与实验值进行比较，然后确定物质的结构，较为详细的论述可参阅相关书籍。

11.5.2 有机化合物分子结构的推断

根据化合物的紫外可见吸收光谱可以推测化合物所含的官能团。例如某化合物在 220～800nm 范围内没有吸收峰，则它可能是脂肪族烃类化合物、胺、腈、醇、羧酸、氟代烃或氯代烃，不含双键或环状共轭体系，没有醛、酮或溴、碘等基团；如果在 210～250nm 有强吸收带，则可能是含 2 个双键的共轭体系；若在 260～350nm 有强吸收带，则可能是含 3～5 个双键的共轭体系。如果化合物在 270～350nm 范围内仅出现弱的吸收带，表明该物质只含非共轭的、具有 n 电子的生色团，如羰基、硝基等。如在 250～300nm 有中等强度吸收带并具有一定的精细结构，则表示有苯环的特征吸收。

紫外可见吸收光谱还可以用来确定某些化合物的构型与构象，例如乙酰乙酸乙酯存在酮式-烯醇式互变异构体：

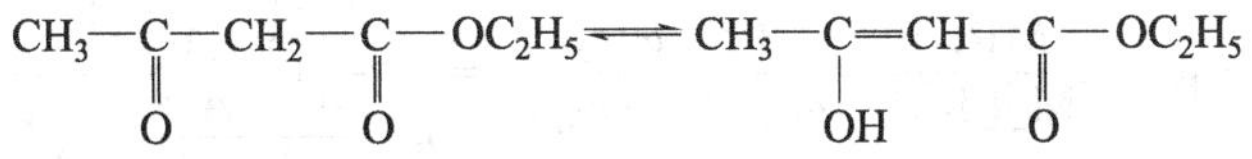

$$\underset{\text{酮式}}{CH_3-\underset{\underset{O}{\|}}{C}-CH_2-\underset{\underset{O}{\|}}{C}-OC_2H_5} \rightleftharpoons \underset{\text{烯醇式}}{CH_3-\underset{\underset{OH}{|}}{C}=CH-\underset{\underset{O}{\|}}{C}-OC_2H_5}$$

酮式没有共轭双键，仅在 204nm 处有弱吸收，而烯醇式具有共轭双键，在 245nm 处有强的 K 带吸收（$\varepsilon_{max}=18000L\cdot mol^{-1}\cdot cm^{-1}$），因此可根据它们的紫外可见吸收光谱判断其存在与否。

又如 1,2-二苯乙烯具有顺式和反式两种异构体，即

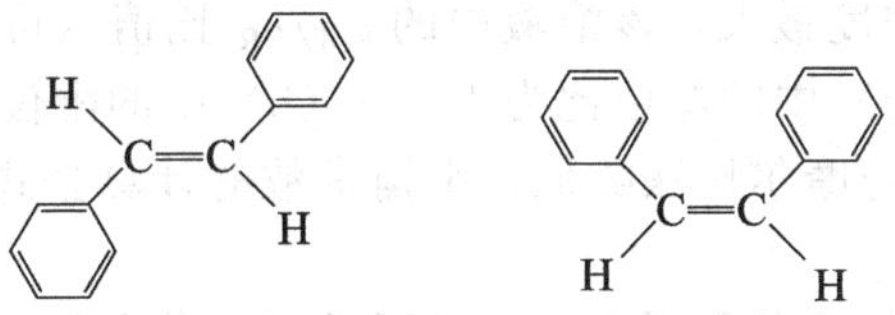

反式 λ_{max}=295nm, ε_{max}=27000

顺式 λ_{max}=280nm, ε_{max}=10500

生色团或助色团必须处在同一平面上才能产生最大的共轭效应。由上面的结构式可知，反式异构体因空间位阻较小，因此λ_{max}和ε_{max}均大于顺式异构体，可据此可判断其顺反式的存在。

以上讨论表明，紫外可见吸收光谱可以提供未知物分子中可能具有的生色团、助色团以及共轭程度等信息，这对有机化合物的鉴别往往是很有用的。

11.5.3 配合物组成及稳定常数的测定

紫外可见吸收光谱法是研究配合物组成（配合比）和测定配合稳定常数最常用的方法之一，下面对常用到的摩尔比法和等摩尔连续变化法进行简单介绍。

(1) 摩尔比法

又称饱和法，是根据配位反应中金属离子 M 被配体 R（或相反）所饱和的原则来测定配合物的组成。

假定配位反应为 $M+nR \rightleftharpoons MR_n$，配制一系列金属离子浓度 c_M 固定，但 c_R/c_M 比值不同的溶液，并在适当波长下（通常为配合物 MR_n 的 λ_{max}）测定各溶液的吸光度。以吸光度 A 对 c_R/c_M 作图（见图 11-30），可以看出，当 $c_R/c_M<n$ 时，金属离子没有完全配位，随着配体 R 浓度的增加，吸光度 A 线性增加；当 $c_R/c_M>n$ 时，金属离子几乎完全配位，吸光度 A 不再改变。两条直线交点（通常用外推法求得）所对应的 c_R/c_M 即是所求 n。

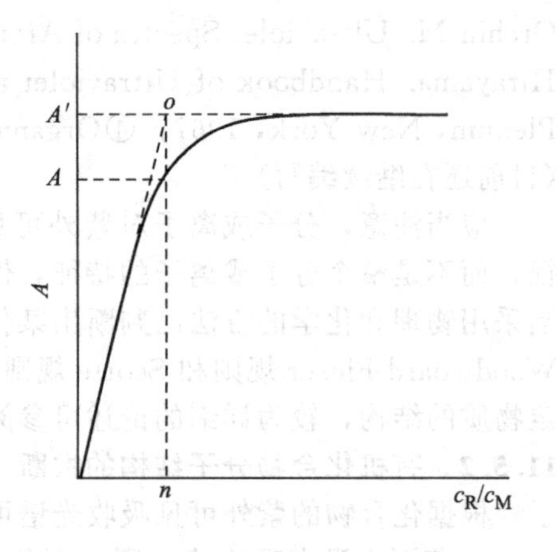

图 11-30 摩尔比法

应用该法时应注意以下几点：①M 与 R 在所选波长处无显著吸收；②此法适用于离解度小、配位比高的配合物组成的测定；③若配合物的离解度较大，则曲线转折点不明显，甚至难以确定。

当 $c_R/c_M=n$ 时，由图 11-30 可以看出：若配合物不发生离解，相应的吸光度值应为 A'（可由外推法获得），浓度等于 c_M；由于发生离解，实际所测吸光度值为 A，因此配合物的离解度可表示为 $\alpha=(A'-A)/A'$。此时体系中 M、R 和 MR_n 的平衡浓度可表示为

$$[MR_n]=(1-\alpha)c_M \qquad [M]=\alpha c_M \qquad [R]=\alpha n c_M$$

配合物的稳定常数可以表示为

$$K_{稳}=\frac{[MR_n]}{[M][R]^n}=\frac{(1-\alpha)c_M}{\alpha c_M\times(\alpha n c_M)^n}=\frac{1-\left(\frac{A'-A}{A'}\right)}{n^n\left(\frac{A'-A}{A'}\right)^{n+1}{c_M}^n} \tag{11-24}$$

(2) 等摩尔连续变化法（又称 Job 法）

设配位反应为 $M+nR \rightleftharpoons MR_n$，$c_M$ 和 c_R 分别为溶液中 M 和 R 物质的量的浓度，保持 $c_M+c_R=c$（c 值固定），连续改变溶液中 c_M 和 c_R 的相对比值，配制一系列溶液，并在适当波长下测定溶液的吸光度。以吸光度 A 对 c_M/c 作图（见图 11-31），可以看出，当吸光度 A 达到最大值时，即 MR_n 的浓度最大，该溶液中的 c_M/c_R 比值（可通过外推法获得）即为配合物的组成比，如图 11-31(a) 中的配位比为 1∶1；(b) 中的配位比为 1∶2。

应用该法时的注意事项与摩尔比法类似，平衡常数的计算公式亦相同。

11.5.4 解离常数的测定

分析化学中所用的指示剂或显色剂多为有机弱酸碱，若它们的酸色型和碱色型的吸收曲线不重叠，就可采用分光光度法测定其解离常数。该法特别适用于溶解度较小的有机弱酸碱。

现以一元弱酸 HL 为例，在溶液中存在以下平衡关系：

$$HL \rightleftharpoons H^+ + L^-$$

$$K_a=\frac{[H^+][L^-]}{[HL]} \Rightarrow pK_a=pH+\lg\frac{[HL]}{[L^-]} \tag{11-25}$$

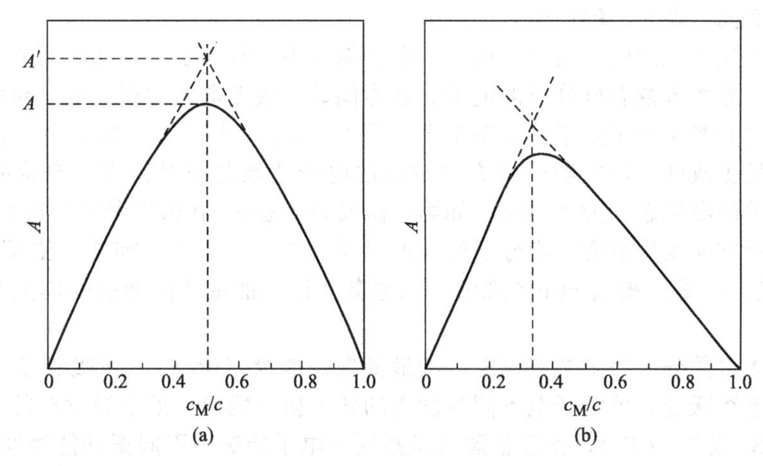

图 11-31 连续变化法

由式(11-25)可知，在某一确定 pH 下，只要知道 $[HL]/[L^-]$，就可以计算出 pK_a。配制一系列分析浓度 c 相等但 pH 值不同的 HL 溶液，在某一确定波长下，用 1.0cm 比色皿测定各溶液的吸光度，并用酸度计测量各溶液的 pH 值。已知 $c=[HL]+[L^-]$，根据两种型体的摩尔分布系数，各溶液的吸光度 A 可表示为

$$A=\varepsilon_{HL}[HL]+\varepsilon_{L^-}[L^-]=\varepsilon_{HL}\frac{[H^+]c}{K_a+[H^+]}+\varepsilon_{L^-}\frac{K_a c}{K_a+[H^+]} \tag{11-26}$$

在高酸度时，可认为溶液中仅存在 HL 型体，此时式(11-26)可以表示为

$$A_{HL}=\varepsilon_{HL}[HL]\approx\varepsilon_{HL}\cdot c \Longrightarrow \varepsilon_{HL}=A_{HL}/c \tag{11-27}$$

同理，在碱性条件下，可认为溶液中仅存在 L^- 型体，此时式(11-26)可以表示为

$$A_{L^-}=\varepsilon_{L^-}[L^-]\approx\varepsilon_{L^-}c \Longrightarrow \varepsilon_{L^-}=A_{L^-}/c \tag{11-28}$$

将式(11-27)和式(11-28)代入式(11-26)，整理可得

$$K_a=\frac{[H^+][L^-]}{[HL]}=\frac{A_{HL}-A}{A-A_{L^-}}[H^+] \quad 或 \quad pK_a=pH+\lg\frac{A-A_{L^-}}{A_{HL}-A} \tag{11-29}$$

式(11-29)是利用紫外可见光谱法测定一元弱酸解离常数的基本公式。式中 A_{HL}、A_{L^-} 分别为弱酸完全以 HL、L^- 存在时溶液的吸光度；A 为某一确定 pH 值时溶液的吸光度，均可由实验测定，代入后即可求出 pK_a 值。也可将式(11-29)改写为

$$\lg\frac{A-A_{L^-}}{A_{HL}-A}=pK_a-pH \tag{11-30}$$

该式是一个线性方程，可用线性拟合或作图法求出 pK_a。

11.6 分子荧光（磷光）法简介

分子荧光光谱法（molecular fluorescence spectrometry，MFS）和分子磷光光谱法（molecular phosphorescence spectrometry，MPS）又称为光致发光法，是基于被测物质分子的电子从基态被光子激发后，在电子从第一激发态返回基态时，以发射辐射的方式释放能量，通过测量辐射光的波长、强度等情况而对被测物质进行定性和定量分析的方法。

与紫外可见吸收光谱法相比，分子荧光（磷光）光谱法具有以下特点：①灵敏度高，检出限通常在 $\mu g\cdot L^{-1}$；②提供的光谱信息量较大；③线性范围宽；④选择性好。

11.6.1 分子荧光（磷光）的产生

分子中存在量子化的电子能级，而每个电子能级中又包含了一系列不同的振动和转动能级。在基态时，绝大多数有机分子的电子总数为偶数，成键电子对或孤电子对填充到不同的分子轨道上，这时候说分子处于基态单重态，用 S_0 表示。分子吸收能量后，若电子在跃迁后自旋方向不发生改变，保持顺时针方向自旋的电子总数与逆时针方向自旋的电子总数相等，则分子所处的激发态仍为单重态，如第一激发单重态 S_1 和第二激发单重态 S_2 等；若电子在跃迁后自旋方向发生改变，则分子所处的激发态称为三重态，如第一激发三重态 T_1 和第二激发三重态 T_2 等。根据 Hund 规则，三重态（T_1）能量比同能级的单重态（S_1）能量略低。

室温下，大多数分子处于基态（S_0）的最低振动能级（$v=0$），当吸收了一定频率的辐射能量后发生能级跃迁，可跃迁至不同激发态的各个振动能级。处于激发态的分子可以通过内转换（$S_2 \rightarrow S_1$ 或 $T_2 \rightarrow T_1$），振动弛豫（是指同一电子能级中不同振动能级间的跃迁），系间跨越（单重态→三重态），外转移，发光等形式将能量释放，最后回到基态。

分子从第一激发单重态的最低振动能级（即 S_1 的 $v=0$ 状态）返回基态并发射光子的过程称为荧光发射。分子从第一激发三重态的最低振动态（即 T_1 的 $v=0$ 状态）返回基态并发射光子的过程称为磷光发射。

磷光的寿命要比荧光长得多，因此当光照停止后，荧光会马上消失，而磷光仍可持续一段时间。

11.6.2 激发光谱和发射光谱

任何荧光（磷光）物质均具有两个特征光谱：激发光谱和发射光谱。它们是荧光（磷光）法定性和定量分析的基本参数和依据。

(1) 激发光谱

荧光和磷光均为光致发光，因此必须选择合适的激发光波长，这可根据它们的激发光谱来确定。绘制激发光谱时，应将测量波长固定为荧光（磷光）强度最大的谱峰的波长，然后改变激发波长并记录相应的荧光（磷光）强度。以激发光波长为横坐标，相应的荧光（磷光）强度为纵坐标即可获得激发光谱。

(2) 发射光谱

简称荧光（磷光）光谱。将激发光波长固定在最大激发波长（图 11-32 中 356nm 的光作激发波长），然后测定不同波长的荧光（磷光）强度，即可绘制出荧光（磷光）光谱。图 11-32 是蒽的乙醇溶液的激发光谱和发射光谱。从图 11-32 可以看出荧光光谱具有以下特征：

① Stokes 位移　发射光相对于激发光向长波方向的位移称为 Stokes 位移。这是由于激发态的电子在返回基态过程中除了发射荧光，还可能有其他能量损失（内转换，振动弛豫等）造成的。

② 发射光谱的形状与激发波长无关　荧光对应于第一激发单重态的最低振动能级到基态的跃迁，所以荧光发射光谱形状与激发波长无关。从图 11-32 中看出，荧光强度与激发波长有密切关系。激发光谱中最大激发波长 356nm 产生的荧光强度最大（发射光谱曲线 1）

③ 镜像规则　有时候，荧光发射光谱和它的吸收光谱呈镜像对称关系。

11.6.3 荧光与分子结构的关系

物质分子结构对荧光强度和荧光光谱位置的影响主要如下。

① 绝大多数荧光物质为含芳香环或杂环的化合物。共轭程度越大，分子的荧光效率越大，且荧光光谱向长波移动。

② 具有刚性平面结构的分子，荧光量子产率高。

③ 取代基对荧光物质的荧光特征和强度也有很大影响。给电子取代基可使共轭增强，

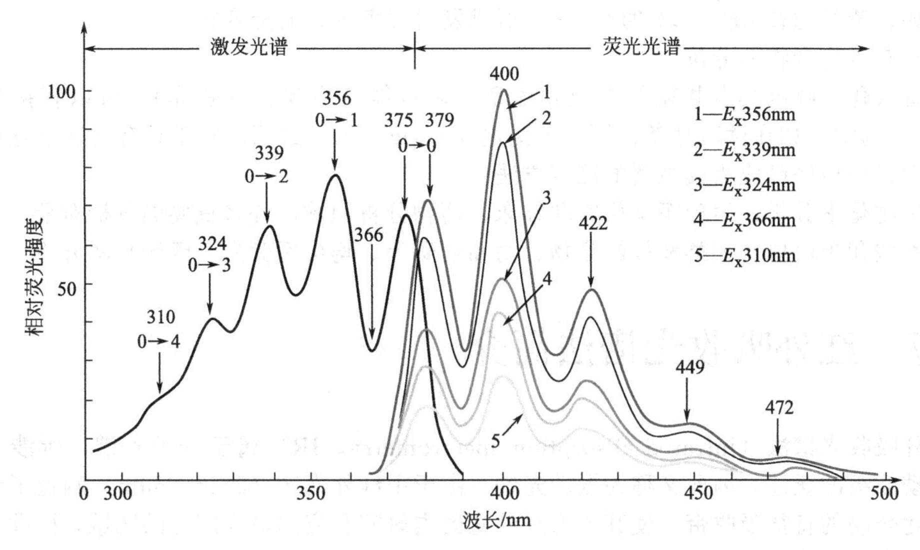

图 11-32　蒽的激发光谱和荧光光谱（乙醇溶液）

导致荧光增强；吸电子取代基往往使荧光减弱。

11.6.4　外部因素对荧光光谱的影响

① 溶剂　同一荧光物质在不同溶剂中可能表现出不同的荧光性质。一般来说，电子激发态比基态具有更大的极性，因此溶剂极性增强，对激发态会产生更大的稳定作用，结果使物质的荧光波长红移，荧光强度增大。

② 温度　温度对荧光强度的影响非常显著。对于大多数荧光物质，升高温度会使非辐射跃迁概率增大，荧光效率降低。磷光通常需要在低温（液氮）条件下测定。

③ pH 值　大多数含有酸性或碱性取代基团的芳香族化合物的荧光性质受溶液 pH 的影响很大，因此在荧光分析中必须严格控制溶液的 pH。

④ 散射光的影响　荧光分析中常出现瑞利散射、容器表面的散射、Tyndall 散射及 Raman 散射等；激发波长选择适当，可以消除其影响。

⑤ 荧光的猝灭　荧光物质与溶剂分子或其他溶质分子的相互作用引起荧光强度降低的现象称为荧光猝灭，引起荧光猝灭的物质称为荧光猝灭剂，如卤素离子、重金属离子、氧分子、硝基化合物、重氮化合物等。

11.6.5　荧光（磷光）光谱仪

荧光光谱仪由光源、单色器、样品池、检测器和信号显示记录器五部分组成。它与紫外可见分光光度计主要区别有两点：①荧光光谱仪采用垂直测量方式，即在与激发光相垂直的方向测量荧光以消除透射光的影响；②荧光光谱仪有两个单色器，一个是样品池前的激发光单色器，用于获得单色性较好的激发光；另一个是置于液体池和检测器之间的发射光单色器，用于分出某一波长的荧光，消除其他杂散光干扰。荧光光谱法可与高效液相色谱、毛细管电泳等分离技术联用，作为这些分离分析方法的检测器。由于荧光法，尤其是激光诱导荧光分析法的高灵敏度和高选择性，已经成为微型化分析方法，如基因芯片、微流控芯片的理想检测手段。

11.6.6　应用

荧光（磷光）分析法主要用于痕量物质的测定。

(1) 无机化合物的分析

很多无机离子可以与一些有机化合物形成有荧光的配合物，利用这一性质可对其进行荧光测定。目前常采用荧光法测定的元素有铍、铝、硼、镓、硒、镁、锌、镉及某些稀土元素等。例如，荧光镓在 pH=3.0 时与 Ga^{3+} 形成发射黄色荧光的配合物。

(2) 有机化合物的分析

芳香族化合物因具有共轭的不饱和体系，多数能发生荧光（磷光），可以直接用荧光（磷光）法测定。如在微碱性条件下，可测定 $0\sim5\mu g\cdot mL^{-1}$ 的蒽。对于具有致癌活性的多环芳烃，荧光分析法已成为其主要的测定方法。

在生物化学分析、生理医学研究和临床、药物分析领域，许多重要的分析对象，如维生素、氨基酸和蛋白质、胺类和甾族化物、酶和辅酶等，均可用荧光（磷光）法分析。

11.7 红外吸收光谱法简介

红外吸收光谱法（infrared absorption spectrometry，IR）属于分子光谱，所涉及的是分子振动能级的跃迁，因此又称为振动光谱。由于中红外光区（2.5～25μm）涵盖了绝大多数有机化合物的特征吸收带，使其成为红外光区内研究和应用最为广泛的区域，因此红外光谱通常指中红外光谱。

11.7.1 基本原理

分子中的各个原子不是静止的，而是运动的。对于双原子分子，可以认为分子中的两个原子以非常小的振幅做周期性的振动，在振动过程中，两原子间距离发生微小变化，但质心不发生变化。按照简谐振动模型，可以得出双原子分子的伸缩振动频率（以波数表示）为：

$$\tilde{\nu}=1303\sqrt{\frac{k}{\mu}} \tag{11-31}$$

式中，$\tilde{\nu}$ 为波数（红外光谱中经常用波数代替波长），其定义为波长（以 cm 为单位）的倒数，即单位厘米内所包含的波长数；k 为化学键的力常数，单位为 $N\cdot cm^{-1}$；μ 为折合相对原子质量，即 $\mu=M_1M_2/(M_1+M_2)$，其中 M_1 和 M_2 分别为原子 1 和 2 的相对原子质量。

从式(11-31) 看出，影响振动频率的直接因素是相对原子质量和化学键的力常数。化学键的力常数 k 越大，则振动频率越高，吸收峰将出现在高波数区。例如 C—C、C═C、C≡C 三种碳碳键的力常数的顺序是单键＜双键＜叁键，因此在红外吸收光谱中，C—C、C═C、C≡C 的吸收峰分别出现在约 $1100cm^{-1}$、$1640cm^{-1}$、$2120cm^{-1}$ 处。折合原子质量 μ 越小，则振动频率越高。含氢原子的振动，如 O—H、C—H、S—H 的伸缩振动，往往出现在高频区，主要是因为折合质量小引起的。

多原子分子的振动光谱比双原子分子复杂得多。除了引起键长变化的伸缩振动，还有键角发生改变的变形振动。

① 伸缩振动 是指原子沿键轴方向伸缩，键长发生变化而键角不变的振动形式。它又可分为对称伸缩振动（符号 v_s）和不对称伸缩振动（符号 v_{as}）。

② 变形振动 又称为弯曲振动或变角振动，是指键角发生周期变化而键长不变的振动形式，用符号 δ 表示。变形振动可分为面内变形和面外变形：面内变形振动又分为剪式（δ）和平面摇摆振动（ρ）；面外变形又分为非平面摇摆（ω）和扭曲振动（τ）。

亚甲基的各种振动形式如图 11-33 所示。

上面讨论了红外吸收谱带的频率，下面介绍红外光谱的吸收强度问题。

物质分子吸收红外辐射应满足以下两个条件：①辐射光子的能量应与振动能级间跃迁所需能量相等。按照量子力学，分子中不同振动能级的能量差 $\Delta E=\Delta\upsilon\cdot h\nu$，$\Delta\upsilon$ 为不同能级振动量子数的差值，ν 为振动频率。光子的能量 $E=h\nu_p$ 必须恰好等于该能量差 ΔE，因此有光

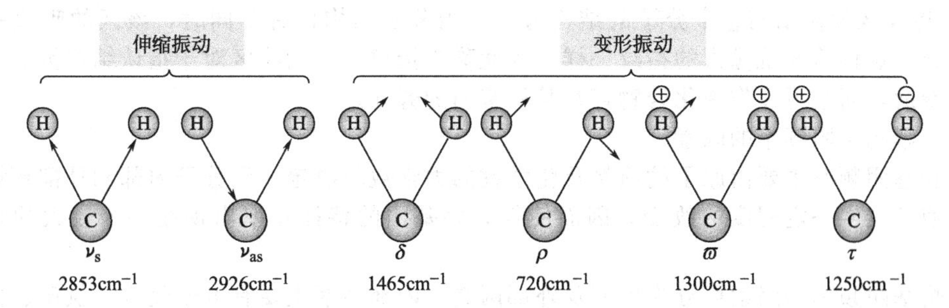

图 11-33 亚甲基的振动形式
（+，一分别表示运动方向垂直纸面向里或向外）

子的频率 $\nu_p = \Delta\upsilon \cdot \nu$。②振动过程中必须伴随着偶极矩的变化。$H_2$ 有 H—H 伸缩振动，也有固有振动频率，但键长发生改变时，偶极矩没有变化，因此无红外吸收峰出现。或者说吸收强度为零。

红外吸收谱带的强度与偶极距的变化密切相关。通常，振动时偶极矩的变化小，所产生的谱带就弱；反之则强。C=O 具有很强的极性，因此其振动峰强度就大。极性化合物或极性键往往有较强的红外吸收。红外光谱中一般用很强（vs）、强（s）、中（m）、弱（w）、很弱（vw）等来表示吸收峰的相对强度。

11.7.2 基团频率和特征吸收

实验表明，组成分子的各种官能团，如 O—H、N—H、C—H、C=C、C≡C、C=O、—COOH 等，它们的振动频率往往出现在特定的吸收区域，分子内其他部分对其吸收位置的影响较小。通常把这种能代表官能团存在，并有较高强度的吸收谱带称为基团频率，其所在的位置一般又称为特征吸收峰。只要掌握了各种官能团的特征频率及其位移规律，就可以应用红外光谱来确定化合物中官能团的存在及其在化合物中的相对位置。

（1）基团频率区和指纹区

中红外光谱区可分成 4000～1300cm^{-1} 和 1300～400cm^{-1} 两个区域。最有分析价值的基团频率为 4000～1300cm^{-1}，因此这一区域称为基团频率区、官能团区或特征区。基团频率区可分为三个区域。

① 4000～2500cm^{-1} 为 X—H 伸缩振动区，X 可以是 O、N、C 或 S 等原子。O—H 基的伸缩振动出现在 3650～3200cm^{-1} 范围内，它可作为判断有无醇类、酚类和有机酸类的重要依据。C—H 的伸缩振动可分为饱和碳（sp^3 杂化）和不饱和碳（sp^2 和 sp 杂化）两种。饱和碳的 C—H 伸缩振动出现在 3000cm^{-1} 以下，约 3000～2800cm^{-1}，取代基对它们影响很小，如 CH_2 的吸收出现在 2920cm^{-1} 和 2850cm^{-1} 附近。不饱和碳的 C—H 伸缩振动出现在 3000cm^{-1} 以上。苯环的 C—H 伸缩振动出现在 3030cm^{-1} 附近，叁键 ≡CH 上的 C—H 伸缩振动出现在 3300cm^{-1} 附近。

② 2500～1900 为叁键和累积双键区。主要包括 —C≡C、—C≡N 等叁键的伸缩振动及 —C=C=C、—C=C=O 等累积双键的不对称性伸缩振动。对于炔烃类化合物，可以分成 R—C≡CH 和 R′—C≡C—R 两种类型，R—C≡CH 的伸缩振动出现在 2140～2100cm^{-1} 附近，R′—C≡C—R 出现在 2260～2190cm^{-1} 附近。

③ 1900～1300cm^{-1} 为双键伸缩振动区。C=O 伸缩振动出现在 1900～1650cm^{-1}，是红外光谱中很特征且往往是最强的吸收，据此很容易判断酮类、醛类、酸类、酯类以及酸酐等有机化合物。酸酐的羰基吸收带由于振动偶合而呈现双峰。烯烃的 C=C 伸缩振动出现在 1680～1620cm^{-1}，一般很弱。单环芳烃的 C=C 伸缩振动出现在 1600cm^{-1} 和 1500cm^{-1} 附近，有 2～4 个峰，是芳环的骨架振动结构，可用于确认有无芳环的存在。

④ 指纹区的振动与整个分子的结构有关。当分子结构稍有不同时，该区的吸收就有细微的差异，这种情况就像人的指纹一样，因此称为指纹区。指纹区对于指认结构类似的化合物很有帮助，而且可以作为化合物存在某种基团的旁证。

(2) 影响基团频率的因素

尽管基团频率主要由原子的质量及化学键的力常数所决定，但分子内部和外部环境的改变都会使其发生一定程度的改变，因而使得许多基团的特征频率出现在一个较大的频率范围内。

影响基团频率的因素可分为内部及外部两类。内部因素主要有电子效应、氢键、振动偶合、费米共振、空间效应等的影响；外部因素主要指测定物质的状态以及溶剂效应等的影响，在与标准谱图进行比较时，应注意在相同的物质状态和溶剂下进行光谱测定。

11.7.3 红外光谱仪

红外光谱仪可分为色散型和傅里叶变换型两类。色散型红外光谱仪在20世纪80年代以前，有着较为广泛的应用，但目前已基本被傅里叶变换型仪器所取代。

傅里叶变换红外光谱仪（Fourier transform infrared spectrometer，FT-IR）问世于20世纪70年代初。傅里叶变换红外光谱仪具有扫描速度快、灵敏度高、分辨率和波长精度高及光谱范围宽等许多优点，是近代化学研究不可缺少的基本仪器之一。

11.7.4 样品制备技术

要获得一张高质量的红外光谱图，除了仪器本身的因素外，还必须有合适的试样制备方法。红外光谱的试样可以是液体、固体或气体，一般应要求：试样为单一组分的纯物质（纯度应>98%）；试样中不应含有游离水；试样的浓度和测试厚度应选择适当，以使光谱图中大多数吸收峰的透射率处于10%～80%。

(1) 气体样品

可在两端粘有红外透明的NaCl或KBr窗片的玻璃气槽内进行测定，先将气槽抽真空，再将气体试样注入。

(2) 液体和溶液试样

沸点较低、挥发性较大的试样，可注入封闭液体池中，液层厚度一般为0.01～1mm；沸点较高的试样，直接滴在两片红外透明的盐板之间，形成液膜。对于一些吸收很强的液体，可用适当的溶剂配成稀溶液进行测定。一些固体也可以用溶液的形式进行测定。常用的红外光谱溶剂（CCl_4和CS_2等）应在所测光谱区内没有强烈的吸收，不侵蚀盐窗，对试样没有强烈的溶剂化效应等。

(3) 固体试样

除前面介绍的溶液法外，比较常用的还有KBr压片法、石蜡糊法、薄膜法等。

① 压片法　将1～2mg试样与200mg光谱纯KBr研磨均匀后，在压片机上压成透明薄片，即可用于测定。试样和KBr都应经干燥处理，研磨到粒度小于2μm，以免散射影响光谱质量。

② 石蜡糊法　将干燥处理后的试样研细，与液体石蜡或全氟代烃混合，调成糊状，夹在盐片中测定。

③ 薄膜法　主要用于高分子化合物的测定。可将它们直接加热熔融制成或压制成膜，也可将试样溶解在低沸点易挥发溶剂中，涂在盐板上，待溶剂挥发后成膜测定。

11.7.5 红外吸收光谱法的应用

红外光谱在化学领域中的应用是多方面的。它不仅用于结构的研究，如确定分子的空间构型，求算化学键的力常数、键长和键角等；而且广泛地用于化合物的定性、定量分析和化学反应的机理研究等。

（1）定性分析

将试样的红外谱图与标准物的红外谱图进行对照，或者与文献上的红外谱图进行对照。如果两张谱图各吸收峰的位置和形状完全相同，峰的相对强度一样，就可认为样品是该种物质。如果两张谱图不一样，或峰位不一致，则说明两者不为同一化合物，或样品有杂质。如用计算机谱图库检索，则采用相似度来判别。使用文献上的谱图应注意试样的物态、结晶状态、溶剂、测定条件以及所用仪器类型均应与标准谱图相同。

（2）结构解析

确定未知物的结构，是红外光谱法分析的一个重要用途。它涉及图谱的解析，下面简单给予介绍。

① 收集试样的有关资料和数据。在解析图谱前，必须对试样有透彻的了解，例如试样的纯度、外观、来源、试样的元素分析结果及其他物性（相对分子质量、沸点、熔点等），这样可以大大节省解析图谱的时间。

② 根据元素分析及相对分子质量的测定结果，求出化学式，并根据下式计算化合物的不饱和度：

$$\Omega=1+n_4+(n_3-n_1)/2 \tag{11-32}$$

式中，n_4、n_3 和 n_1 分别为分子中所含的四价、三价和一价原子的数目，二价原子如 S、O 等不参加计算。如当 $\Omega=4$ 时，表示可能含有一个苯环等。

③ 图谱解析的顺序一般先从基团频率区的最强谱带入手，推测未知物可能含有的基团。再从指纹区的谱带来进一步验证，找出可能含有基团的相关峰，用一组相关峰来确认一个基团的存在。对于简单化合物，确认几个基团之后，便可初步确定分子结构，然后查对标准谱图核实。对于较复杂的化合物，则需要结合质谱、核磁共振波谱、紫外可见吸收光谱等数据才能得出较可靠的数据。

（3）定量分析

红外吸收光谱法的定量分析也是基于朗伯-比耳定律。由于红外光谱的谱带较多，选择的余地大，所以能方便地对单一组分和多组分进行定量分析。红外光谱定量实验操作比较烦琐，限制了其应用。

思考题

1. 溶液有颜色是因为它吸收了可见光中特定波长范围的光。若某溶液呈蓝色，它吸收的是什么颜色的光？若溶液无色透明，是否表示它不吸收光？
2. 为什么分子吸收光谱是带状光谱？
3. 试说明有机化合物的紫外可见吸收光谱的电子跃迁及吸收带有哪几种类型。
4. 何谓生色团、助色团、红移、蓝移、增色、减色？
5. 紫罗兰酮有两种异构体，α-异构体的吸收峰在 228nm（$\varepsilon=14000\text{L}\cdot\text{mol}^{-1}\cdot\text{cm}^{-1}$），而 β-异构体的吸收峰在 296nm（$\varepsilon=11000\text{L}\cdot\text{mol}^{-1}\cdot\text{cm}^{-1}$），试指出下列两种异构体分属哪种结构。

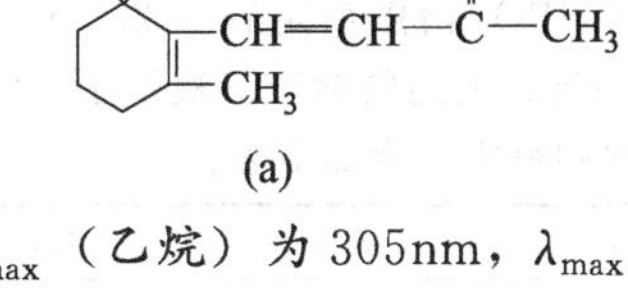

H$_3$C CH$_3$ … —CH=CH—C(=O)—CH$_3$, —CH$_3$

(a)

H$_3$C CH$_3$ … —CH=CH—C(=O)—CH$_3$, —CH$_3$

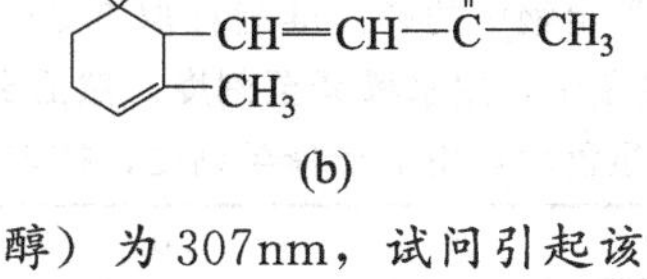

(b)

6. 某化合物的 λ_{max}（乙烷）为 305nm，λ_{max}（乙醇）为 307nm，试问引起该吸收的是 $n\rightarrow\pi^*$ 跃迁还是 $\pi\rightarrow\pi^*$ 跃迁？

7. 排列下列化合物的λ_{max}和ε_{max}顺序：乙烯、1,3,5-己三烯和1,3-丁二烯。
8. 紫外可见分光光度计由哪几部分组成？
9. 画出单光束、双光束、双波长及多道分光光度计的示意图，并比较这几种类型仪器的特点。
10. 紫外可见光谱法定量分析中，引起对朗伯-比耳定律偏离的主要因素有哪些？如何克服这些因素对测量的影响？
11. 紫外可见光谱法定量分析中，为什么应尽可能选择最大吸收波长作为测量波长？
12. 显色条件有哪些？一个光度测定的显色条件应如何确定？
13. 什么是参比溶液？它有什么作用？如何选择参比溶液？用铬天青S分光光度法测定钢中的铝时，铬天青S与钢中共存元素钴、镍皆可显色，此时应如何选择参比溶液？
14. 示差光度法和普通光度法有什么区别？为什么它可以提高测定准确度？
15. 什么是吸光度的加和性，如何用它来进行混合物的测定？
16. 简述双波长分光光度法的原理，为什么该法可用于浑浊试样的测定？
17. 在有机化合物的鉴定及结构推测上，紫外可见吸收光谱所提供的信息具有什么特点？
18. 乙酰乙酸乙酯有酮式和烯醇式两种互变异构，在近紫外区存在$\lambda_{max}=272nm$（$\varepsilon_{max}=16L\cdot mol^{-1}\cdot cm^{-1}$）和$\lambda_{max}=245nm$（$\varepsilon_{max}=18000L\cdot mol^{-1}\cdot cm^{-1}$）两个吸收带，试分析每个吸收带的类型，并说明是由哪个异构体贡献的。

习　题

1. 用分光光度法测定$5.00\times10^{-5}mol\cdot L^{-1}$的碱性$K_2CrO_4$溶液。在波长372nm处，用1cm比色皿测得透光率为59.1%。试计算（1）该溶液的吸光度；（2）摩尔吸光系数ε；（3）吸收系数a；（4）若改用5cm比色皿，则透光率为多少？　（0.228；4.56×10^3；23.5；0.072）
2. 为测定工业废水中的Cr^{VI}的含量，取废水10.00mL置于100mL容量瓶中，显色后稀释至刻度，摇匀。以3.0cm比色皿于540nm处测得吸光度为0.250，已知在该波长下$\varepsilon=2.0\times10^4L\cdot mol^{-1}\cdot cm^{-1}$。则废水中$Cr^{VI}$的含量是多少？(以$mg\cdot L^{-1}$表示)　(2.17)
3. 用双硫腙萃取光度法测定某含铜试样，称取试样0.200g，溶解后定容至100mL，从中移取10mL显色定容至25mL，用等体积的氯仿萃取一次。如萃取率为90%，有机相在最大吸收波长处用1cm比色皿测得吸光度为0.40，已知该波长下待测物的$\varepsilon=4.0\times10^4L\cdot mol^{-1}\cdot cm^{-1}$，请计算试样中铜的质量分数。

（0.088%）
4. 称取苦味酸胺0.0250g，处理成1L有色溶液，在380nm处以1cm比色皿测得吸光度为0.760，已知其摩尔吸光系数ε为$10^{4.13}L\cdot mol^{-1}\cdot cm^{-1}$，则其摩尔质量为多少？　(443.7)
5. 根据下列数据绘制磺基水杨酸光度法测定Fe^{3+}的标准曲线。标准溶液是由0.432g的铁铵矾$NH_4Fe(SO_4)_2\cdot12H_2O$溶于水，再定容到500.0mL配制成的。取下列不同量标准溶液于50.0mL容量瓶中，加显色剂定容后，测量其吸光度A如下：

V_{Fe}/mL	1.00	2.00	3.00	4.00	5.00	6.00
A	0.097	0.200	0.304	0.408	0.510	0.618

测定某试液含铁量时，吸取试液5.00mL，稀释到250.0mL，再取该稀释液2.00mL，置于50.0mL容量瓶中，与上述标准曲线相同条件下显色定容，测得吸光度为0.450，试计算试样中铁的含量（以$g\cdot L^{-1}$表示）。　($11.01g\cdot L^{-1}$)
6. 用硅钼蓝光度法测定钢中的磷。准确称取0.3549g Na_2HPO_4溶解后定容至250mL，从中移取5.00mL置于100mL容量瓶中，用水稀释至刻度。然后分别取VmL上述磷标准溶液置于50mL容量瓶中，用钼酸铵和亚硫酸钠显色后，用水稀释至刻度，摇匀，分别测得吸光度如下表：

V_P/mL	0.0	1.0	2.0	3.0	4.0	5.0
A	0.0	0.149	0.297	0.445	0.592	0.742

称取钢样 1.000g 溶于酸后，移入 100mL 容量瓶中，用水稀释至刻度，摇匀，取此试液 2.0mL 于 50mL 容量瓶中，按上述显色条件显色并测得吸光度 $A=0.250$，计算钢样中磷的百分含量。（0.127%）

7. 某有色溶液以试剂空白作参比时，选用 1.0cm 比色皿，测得 $T=8.0\%$。已知 $\varepsilon=1.1\times10^4\, L \cdot mol^{-1} \cdot cm^{-1}$，若用示差法测定上述溶液，应选择多大浓度的溶液作参比才能使由测量引起的相对误差（$dc/\Delta c$）最小？（$6.03\times10^{-5}\, mol \cdot L^{-1}$）

8. 某催眠药物浓度为 $1.0\times10^{-3}\, mol \cdot L^{-1}$，用 1cm 厚的比色皿在 270nm 下测得吸光度为 0.400，345nm 下测定吸光度为 0.100。已经证明此药物在人体内的代谢产物在 270nm 处无吸收，$1.0\times10^{-4}\, mol \cdot L^{-1}$ 的代谢产物在 345nm 处的吸光度为 0.460。现在取尿样 10.0mL，稀释至 100.0mL，在同样的条件下，在 270nm 下的吸光度为 0.325，在 345nm 下的吸光度为 0.720，计算原尿样中代谢产物的浓度。（$1.39\times10^{-3}\, mol \cdot L^{-1}$）

9. 利用二苯基脲分光光度法测定铬酸钡的溶解度时，加过量的 $BaCrO_4$ 与水在 30℃的恒温水浴中，让其充分平衡。吸取上层清液 10.0mL 于 25mL 容量瓶中，在酸性介质中以二苯基脲显色并用水稀释至刻度，用 1cm 的比色皿于 540nm 波长下，测得吸光度为 0.200。已知 10.0mL 铬标准溶液（含 Cr2.00 $mg \cdot L^{-1}$）在同样条件显色后，测得吸光度为 0.440。试计算 30℃时铬酸钡的溶度积。（3.26×10^{-10}）

10. Mn^{2+} 与 Q 生成有色配合物，用饱和法（摩尔比法）测定其组成。用 Mn^{2+} 与 Q 按以下比例配制一系列溶液，固定 Mn^{2+} 的浓度为 $2.0\times10^{-4}\, mol \cdot L^{-1}$，而改变 Q 的浓度，于波长 525nm 处用 1cm 比色皿测得下列吸光度数据，用作图法求配合物的组成及配合物的稳定常数。（MQ；9.0×10^4）

$c_Q/10^{-4}\, mol \cdot L^{-1}$	0.500	0.750	1.00	2.00	2.50	3.00	3.50	4.00
A	0.112	0.162	0.216	0.372	0.449	0.463	0.470	0.470

11. 用连续变化法（Job 法）测定 Fe^{3+} 与 SCN^- 形成的配合物组成。将浓度均为 $2.00\times10^{-3}\, mol \cdot L^{-1}$ 的标准溶液，按下列方法配制成一系列总体积为 10.00mL 的溶液，于 480nm 处用 1cm 比色皿测量得到下列吸光度数据，用作图法求配合物的组成及配合物的稳定常数。（$FeSCN^{2+}$；4.6×10^3）

V_{Fe}/mL	0.00	1.00	2.00	3.00	4.00	5.00	6.00	7.00	8.00	9.00	10.00
V_{SCN}/mL	10.00	9.00	8.00	7.00	6.00	5.00	4.00	3.00	2.00	1.00	0.00
A	0.000	0.178	0.358	0.463	0.527	0.552	0.519	0.458	0.354	0.178	0.002

12. 用分光光度法测定甲基红指示剂的酸式离解常数。甲基红（HIn）两种型体 HA 和 A^- 的 λ_{max} 分别为 528nm 和 400nm，用 1cm 比色皿在不同介质中分别测得吸光度 A 如下：试计算甲基红指示剂的酸式离解常数 K_a。（7.44×10^{-6}）

甲基红浓度 $/mol \cdot L^{-1}$	介　质	吸光度 A	
		528nm	400nm
1.22×10^{-3}	$0.1mol \cdot L^{-1}$ HCl	1.738	0.077
1.09×10^{-3}	$0.1mol \cdot L^{-1}$ $NaHCO_3$	0.000	0.753
少量	$0.1mol \cdot L^{-1}$ HAc-NaAc，pH=4.31	1.401	0.166

第 12 章　原子吸收光谱法

12.1　方法概述

原子吸收光谱法（atomic absorption spectrometry，AAS）是基于待测元素的气态基态原子对其共振辐射的吸收现象而建立起来的一种用于元素，尤其是金属元素定量分析的方法。该方法的测定流程如图 12-1 所示。样品溶液在热能 E 的作用下干燥、蒸发（形成气态分子）和原子化（形成气态的基态原子），当光源所发出待测元素的共振辐射（v_0）通过该基态原子蒸气时即会被吸收，且吸收程度（以吸光度 A 表示）在一定范围内与样品中待测元素的浓度成正比。由流程可看出，待测元素最终必须转化为气态的基态原子而被测定，因此该法只能测定元素总量，而无法提供包括价态在内的任何结构信息。

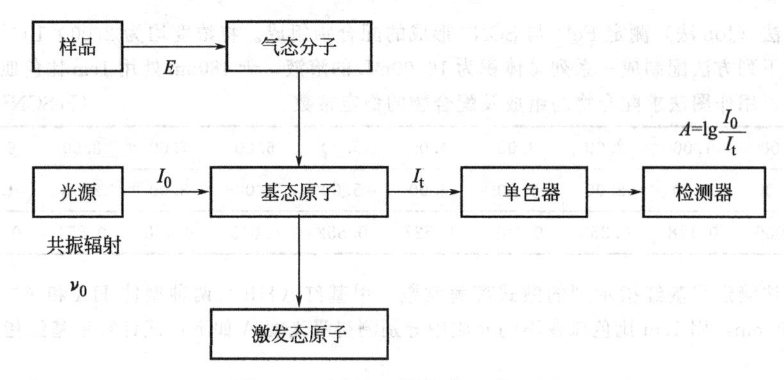

图 12-1　原子吸收光谱法流程图

原子吸收光谱法具有以下特点。

① 检出限低，灵敏度高。火焰原子吸收法的检出限可达到 ng·mL^{-1}数量级，石墨炉原子吸收法的检出限可达到 $10^{-14}\sim10^{-10}$g。

② 精密度高。火焰原子吸收法的相对误差可小于 1%（已接近于经典化学方法），石墨炉原子吸收法的分析精度一般约为 2%～5%。

③ 方法选择性好。大多数情况下，共存元素不会对待测元素产生干扰，因此可省去预分离的步骤。

④ 应用范围广。既能用于痕量元素的测定，又可用于常规低含量元素的测定，采用特殊的分析技术还可用于高含量或基体元素的测定。

⑤ 仪器比较简单，操作方便，易于实现自动化，因此分析速度快。

但原子吸收光谱法本身也存在一定的局限性。如常用原子化温度（3000K 左右）对一些难熔元素测定的灵敏度较低；光源的限制使得实现多元素同时测定困难（虽然已有多元素同时测定或顺序测定的仪器出现，但目前并不普及）；标准曲线的线性范围通常比较窄（1 个数量级左右）；对于某些复杂试样，也会存在严重的干扰。

12.2 基本原理

12.2.1 基态原子数与激发态原子数的关系

由量子力学可知，原子内部客观存在着量子化电子能级。通常情况下，原子中的所有电子均占据可能的最低能级，该状态称为原子基态，比较稳定。基态原子的外层电子在热能的作用下会跃迁至较高能级，形成激发态原子（通常仅涉及一个电子的跃迁，以后的讨论亦如此），该状态不稳定，平均寿命通常为 10^{-8}s，因此，会瞬间释放能量返回基态。当气态原子所处的环境温度一定时，单位体积内基态原子数 N_0 和处于某一激发态的原子数 N_i 之间将保持着一个动态的平衡，即遵从玻耳兹曼分布（Boltzmann）定律：

$$\frac{N_i}{N_0}=\frac{g_i}{g_0}e^{\frac{-E_i}{kT}} \tag{12-1}$$

式中，N_0 和 N_i 分别为基态和激发态原子数；g_0 和 g_i 分别为基态和激发态的统计权重（一定条件下为常数）；E_i 为激发能，等于激发态与基态的能量差值；k 为玻耳兹曼常数（$1.38\times10^{-23}J\cdot K^{-1}$）；$T$ 为原子所处的热力学温度。

原子吸收光谱分析中，试样溶液需在热能（通常为 2000～3000K，称为原子化温度）作用下蒸发气化并离解为自由原子。根据原子化温度及元素的激发能（通常为 2～10eV）可由式(12-1) 计算出处于激发态与基态的原子数目比值，具体结果见表 12-1。可以看出，在原子化温度下，N_i/N_0 很小，大多数元素 $N_i/N_0<1\%$，$N_0\gg N_i$（实际原子化过程中会同时存在多种激发态原子，但其总和依然很小）。当原子化温度变化时，虽然激发态原子数目发生显著地变化，但基态原子数目基本保持不变，因此可合理地认为原子吸收光谱法中基态原子数 N_0 近似等于待测元素的总原子数 N，即吸收现象仅发生在基态原子。

表 12-1　根据玻耳兹曼分布计算出的某些元素的 N_i/N_0 值

元素	激发能/eV	对应波长/nm	$\frac{g_i}{g_0}$	N_i/N_0		
				2000K	2500K	3000K
Na	2.104	589.0	2	9.9×10^{-6}	1.14×10^{-4}	5.83×10^{-4}
K	1.617	766.49	2	1.68×10^{-4}	1.10×10^{-3}	3.84×10^{-3}
Mg	4.346	285.21	3	3.35×10^{-11}	5.2×10^{-9}	1.50×10^{-7}
Ca	2.932	422.67	3	1.22×10^{-7}	3.67×10^{-6}	3.55×10^{-5}
Cu	3.817	324.75	2	4.82×10^{-10}	4.04×10^{-8}	6.65×10^{-7}
Zn	5.795	213.86	3	7.45×10^{-15}	6.22×10^{-12}	1.50×10^{-7}
Ag	3.778	328.07	2	6.03×10^{-10}	4.84×10^{-8}	8.99×10^{-7}

12.2.2 原子吸收光谱的产生

基态原子也可吸收辐射的能量跃迁至激发态。当某一频率的辐射通过待测元素的基态原子蒸气且等于该元素原子基态与某激发态能量差值时（共振辐射），基态原子就会从辐射场中吸收能量发生跃迁，造成该辐射强度的减弱，从而产生吸收光谱，所对应的谱线称为共振吸收线。原子存在多种激发状态，因此每种元素均存在多条共振吸收线，原则上都可以用来进行元素的定量分析，但在实际测定中，通常选择第一共振吸收线，即原子的外层电子从基态跃迁至第一激发态（能量最低的激发态）时所对应的吸收谱线作为分析线，以获得最高的灵敏度。

各元素的原子核及外层电子的排布不同，元素的外层电子从基态跃迁至激发态时吸收的能量也不同，因此各元素的共振吸收频率是不同而且确定的（具有元素特征性）。当某元素的共振辐射通过含有该元素的混合原子蒸气时，仅能被该元素所吸收，这就是原子吸收光谱法高选择性的原因。

12.2.3　原子吸收谱线的轮廓

原子吸收谱线是对应于两个确定能级之间的跃迁，其频率可通过下列公式求得

$$\nu=\Delta E/h \tag{12-2}$$

式中，ΔE 为激发态与基态能量差值；h 为普朗克常数。但实际上原子吸收谱线并不是一条严格几何意义上的线，而是占据了有限的、相当窄的波长（或频率）范围（约 10^{-3}nm 量级），即谱线具有一定的轮廓。

基态原子蒸气对频率为 ν 的单色光的吸收也符合朗伯-比耳定律，可用下式表示：

$$I_t=I_0 e^{-K_\nu l} \tag{12-3}$$

式中，I_0 和 I_t 分别为通过基态原子蒸气前后的光强；l 为基态原子蒸气的厚度（光程）；K_ν 为吸收系数，其大小与入射光频率有关，因此原子吸收谱线轮廓可以用吸收系数 K_ν 随频率 ν 的变化曲线（见图 12-2）来描述。可以看出，原子蒸气对中心频率 ν_0（吸收系数最大值所对应的频率）附近一定频率范围内的辐射都有不同程度的吸收能力。通常以吸收系数等于最大吸收系数 K_0 一半处吸收线轮廓上两点间的距离（即两点间的频率差）来表征吸收线的宽度，称为吸收线的半宽度，以 $\Delta\nu$ 表示。

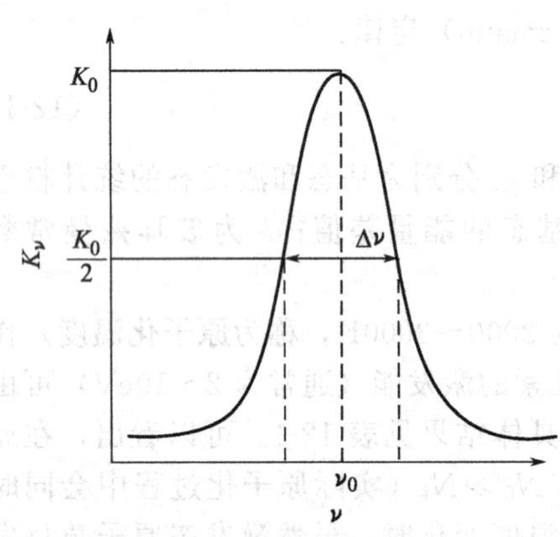

图 12-2　原子吸收谱线的轮廓

显然，原子吸收谱线的轮廓可用中心频率 ν_0 和半宽度 $\Delta\nu$ 来进行表征。ν_0 由原子的能级分布特征决定，通常情况下就等于特征频率；$\Delta\nu$ 则除了原子自身性质外，还受其他外界条件的影响，下面将简要讨论几种较为重要的变宽效应。

(1) 自然宽度

谱线的自然宽度是指不受任何外界影响时的谱线宽度。根据海森堡（Heisenberg）测不准原理可得以下关系式：

$$\Delta E\Delta t=h/4\pi \tag{12-4}$$

式中，ΔE 为体系能量的不确定度；Δt 为体系时间的不确定度。对于基态原子，$\Delta t\rightarrow\infty$，故 $\Delta E\rightarrow 0$，因此能量是确定的；对于激发态原子，因其寿命有限，ΔE 将不能为 0，即其能量是不确定的。令 τ 为某激发态的平均寿命，则 $\tau=\Delta t$，可得：

$$\Delta E\tau=h/4\pi \tag{12-5}$$

当原子由基态向激发态跃迁时，其对应能量的不确定度为 ΔE，因此产生 $\Delta\nu$ 的宽度

$$\Delta\nu=\frac{\Delta E}{h}=\frac{1}{4\pi\tau} \tag{12-6}$$

这表明，激发态原子寿命越长，谱线越窄。通常激发态原子的平均寿命在 10^{-8}s 左右，因此谱线的 $\Delta\nu$ 为 10^8Hz，换算成波长宽度约为 10^{-5}nm。

(2) 多普勒（Doppler）变宽

多普勒宽度是由于原子在空间做无规则热运动所引起的变宽，故也称热变宽，以 $\Delta\nu_D$ 表示。在原子吸收光谱法的原子化过程中，气态原子是处在无规律的热运动之中，如图12-3所示，(a) 原子在入射光方向上的运动分量为 0，因此可吸收频率为 ν_0 的辐射；(b) 原子在入射光方向上的运动分量与其相反，因此可吸收频率略小于 ν_0 的辐射（若以该运动原子为参考体系，所吸收辐射的频率仍为 ν_0，这就是多普勒现象）；同理 (c) 原子在入射光方向上的运动分量与其相同，则可以吸收频率略大于 ν_0 的辐射。

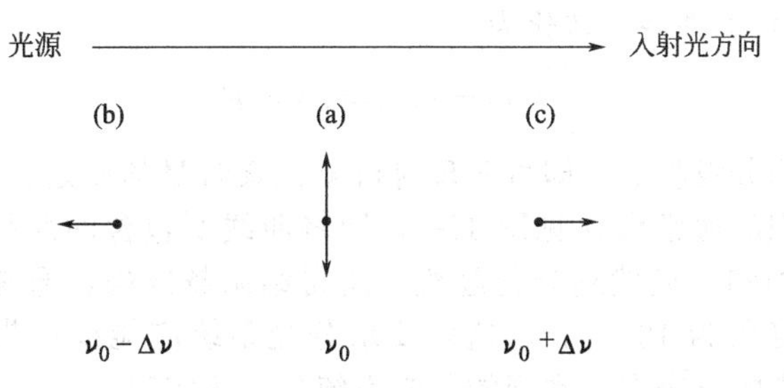

图 12-3 原子化过程中气态原子的无规则热运动

处于热平衡时，运动原子在入射光方向上运动分量的分布是以 0 为中心的高斯（Gauss）分布，因此多普勒变宽也呈高斯分布。多普勒变宽不会引起 ν_0 的偏移（此时 ν_0 等于特征吸收频率），但会降低吸收强度。多普勒变宽的半宽度可由下式决定：

$$\Delta\nu_D=\frac{2\nu_0}{c}\sqrt{\frac{2RT\ln2}{M}}=7.162\times10^{-7}\nu_0\sqrt{\frac{T}{M}} \tag{12-7}$$

式中，R 为气体常数；c 为光速；M 为相对原子质量；T 为体系的热力学温度；ν_0 为谱线的中心频率。

可见，多普勒宽度与元素的相对原子质量、温度和谱线频率有关。随温度升高和相对原子质量减小，原子的热运动加剧，多普勒宽度增加。但 $\Delta\nu_D$ 与温度的 $T^{1/2}$ 成正比，所以在一定温度范围内，温度稍有变化对谱线的宽度影响不大。在原子化温度下（3000K 左右），对大多数元素来说，$\Delta\nu_D$ 约为 10^{-3}nm 数量级，比自然宽度约大 2 个数量级，是谱线变宽的主要因素之一。

（3）碰撞变宽

又称为压力变宽。在压力作用下，粒子做无规则热运动时不可避免会发生彼此间的碰撞，这将导致激发态原子的平均寿命缩短，由式(12-6) 可知会引起谱线轮廓变宽。显然，原子区内气体压力越大，粒子间碰撞概率越高，变宽效应越显著。与多普勒变宽不同，碰撞变宽有可能导致中心波长的位移以及峰形的不对称化。根据与之碰撞的粒子不同，碰撞变宽可分为洛伦茨（Lorentz）变宽和赫鲁兹马克（Holtzmark）变宽。

洛伦茨变宽是指待测元素原子与其他粒子相互碰撞而引起的变宽，以 $\Delta\nu_L$ 表示，在通常的原子吸收分析测定条件下，$\Delta\nu_L$ 和 $\Delta\nu_D$ 具有相同的数量级，是碰撞变宽的主要来源。而赫鲁兹马克变宽是指待测原子间相互碰撞而引起的变宽，也称为共振变宽，以 $\Delta\nu_H$ 表示，仅在待测原子浓度较大时才有所体现，通常测定中可不考虑。

影响谱线变宽的还有其他一些因素，如场致变宽、自吸效应等。但在通常的原子吸收分析实验条件下，吸收线的轮廓主要受多普勒和洛伦茨变宽的影响，约为 $10^{-3}\sim10^{-2}$nm。

12.2.4 原子吸收光谱法定量基础

12.2.4.1 积分吸收

图 12-2 中原子吸收曲线轮廓所包含的面积称为积分吸收，它代表了原子蒸气所吸收的全部能量。从理论上可以得出，积分吸收与原子蒸气中吸收辐射的原子数呈正比，其数学表达式为：

$$\int k_\nu \mathrm{d}\nu=\frac{\pi e^2}{mc}N_0 f \tag{12-8}$$

式中，e 为电子电荷；m 为电子质量；c 为光速；N_0 为单位体积原子蒸气中吸收辐射的基态原子数，即基态原子浓度；f 为振子强度，代表每个原子中能被入射光激发的平均电子数，它正比于原子对入射光的吸收概率，在一定条件下对一定元素，f 可视为一定值。由玻耳兹曼分布定律可知原子化温度下子 $N_0\approx N$，且给定实验条件下试样中待测元素浓度 c 与

N 成正比，则式(12-8) 可进一步转化为

$$\int k_\nu \mathrm{d}\nu = kN_0 = kN = Kc \tag{12-9}$$

可见，如能测得积分吸收值，即可实现对待测元素含量的测定。在无确定函数关系时，计算曲线下所包含面积的通常做法见图 12-4，即将曲线所包含的面积均匀划分，将每一部分按矩形求算后进行加和（显然划分得越细，所得结果越准确，通常应保证十个点以上）。已知原子吸收谱线宽度仅为 10^{-3} nm，这就要求分光系统应能提供带宽为 10^{-4} nm 的单色光。显然，这需要极高的分辨率，常规的分光系统是无法实现的，这就是原子吸收现象在发现后的一百多年中一直无法用于定量分析的原因之一。

12.2.4.2　峰值吸收

为解决积分吸收难以测定的问题，Walsh 在 1955 年提出并证明了在温度不太高的稳定火焰条件下，峰值吸收系数 K_0（简称峰值吸收）与火焰中被测元素的原子浓度成正比，即

$$K_0 = kc \tag{12-10}$$

这就表明如果能测定峰值吸收同样可以实现待测元素含量的测定，就不必再去追求积分吸收的测定问题。但采用连续光源和常规的分光系统，同样无法实现峰值吸收的测定，因此 Walsh 提出锐线光源的概念。

12.2.4.3　锐线光源

所谓的锐线光源需满足以下两个条件：①发射谱线的中心频率与吸收谱线的中心频率相等，即 $\nu_{0e} = \nu_{0a}$；②发射谱线的半宽度应远小于吸收谱线的半宽度，即 $\Delta\nu_e \ll \Delta\nu_a$，如 12-5 所示，在发射线的带宽内 K_ν 变化不大，近似等于 K_0。实验证明，发射线半宽度为吸收线半宽度的 1/10～1/5 时，即可满足测定要求。

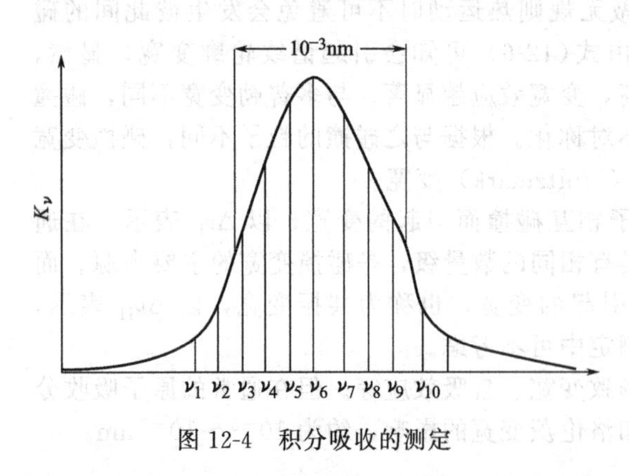

图 12-4　积分吸收的测定

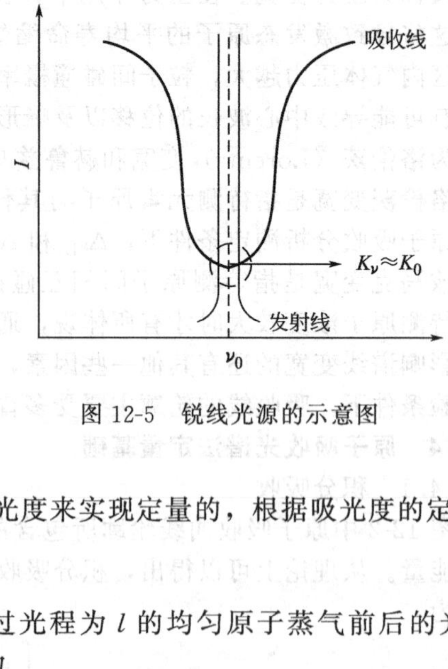

图 12-5　锐线光源的示意图

12.2.4.4　原子吸收光谱法的基本定量关系式

原子吸收光谱法的实际分析中也是通过测定吸光度来实现定量的，根据吸光度的定义式

$$A = \lg \frac{I_0}{I_t}$$

式中，I_0 和 I_t 分别为入射光（锐线光源）通过光程为 l 的均匀原子蒸气前后的光强，它们在入射光带宽 $\Delta\nu$ 内的积分强度可以分别表示为

$$I_0 = \int_0^{\Delta\nu} I_{0\nu} \mathrm{d}\nu \tag{12-11}$$

$$I_t = \int_0^{\Delta\nu} I_{t\nu} \mathrm{d}\nu = \int_0^{\Delta\nu} I_{0\nu} \mathrm{e}^{-K_\nu l} \mathrm{d}\nu = \int_0^{\Delta\nu} I_{0\nu} \mathrm{e}^{-K_0 l} \mathrm{d}\nu \tag{12-12}$$

将式(12-11) 和式(12-12) 代入吸光度定义式，可得

$$A=\lg \frac{I_0}{I_t}=\lg \frac{\int_0^{\Delta\nu} I_{0\nu}}{\int_0^{\Delta\nu} I_{0\nu} e^{-K_0 l} d\nu}=0.434K_0 l \tag{12-13}$$

将式(12-10) 代入式(12-13) 可得

$$A=0.434klc=Kc \tag{12-14}$$

这就是原子吸收光谱法中基本定量关系式。

12.3 原子吸收分光光度计

用于测量原子吸收的仪器称为原子吸收分光光度计，尽管目前已有多种类型，但均由光源、原子化器、单色器、检测器、信号处理及显示记录等基本单元组成，如图 12-6 所示。图 12-6 中（a）为单光束型仪器，它的结构简单，是目前原子吸收光谱仪的主流类型。（b）为双光束仪器，同一光源发出的辐射经旋转反射切光器后交替通过（测量光束）或绕过（参比光束）火焰后被检测，这样可以克服光源不稳定造成的漂移影响。

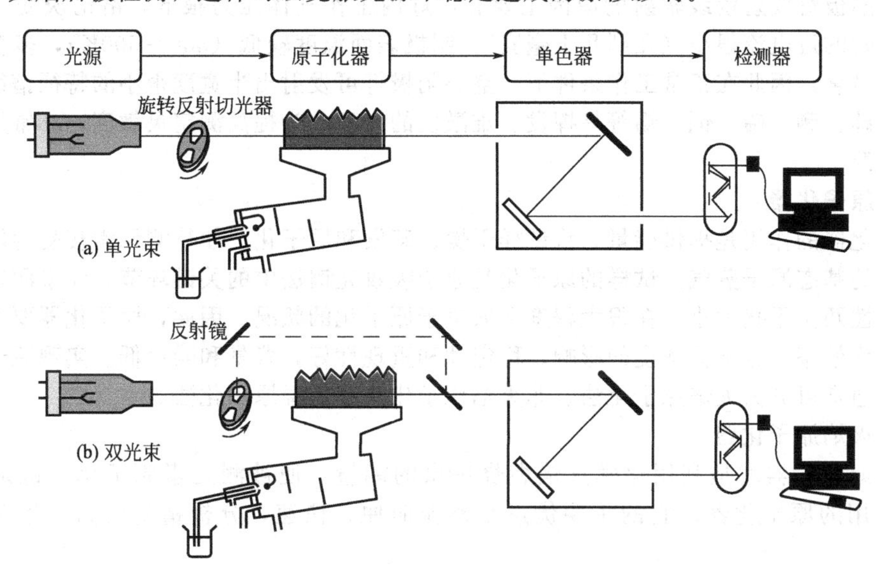

图 12-6 火焰原子分光光度计结构示意图

12.3.1 光源

光源的作用是提供可被待测元素气态的基态原子所吸收的特征共振线。如前所述，它必须符合“锐线”光源的要求（即 $\nu_{e0}=\nu_{a0}$ 且 $\Delta\nu_e \ll \Delta\nu_a$）。除此之外，还应满足强度大、稳定好、背景小、寿命长等基本条件。目前原子吸收光谱法中应用最广泛的光源是空心阴极灯。

空心阴极灯是一种特殊的辉光放电管，其结构如图 12-7 所示。它有一个由待测元素的纯金属或合金制成圆筒形的空心阴极（也可用铜、铁等金属制成阴极衬套后将待测元素衬于或熔入内壁）和一个由钛、钽、锆等有吸气性能金属制成的阳极。两根电极被密封于带有光学窗口（根据工作时的波长范围选择石英或玻璃）的硬质玻璃管内，抽真空后充入几百帕低压的惰性气体，如氖、氩等作为工作气体。

当在两极之间施加数百伏电压（通常为 300～500V）时，工作气体便发生辉光放电。放电产生的正离子在电场作用下射向阴极，并不断得到加速。若正离子最终的动能足以克服金属阴极表面的晶格能，当其撞击在阴极表面时，就可使原子从晶格中溅射出来，并聚集在阴

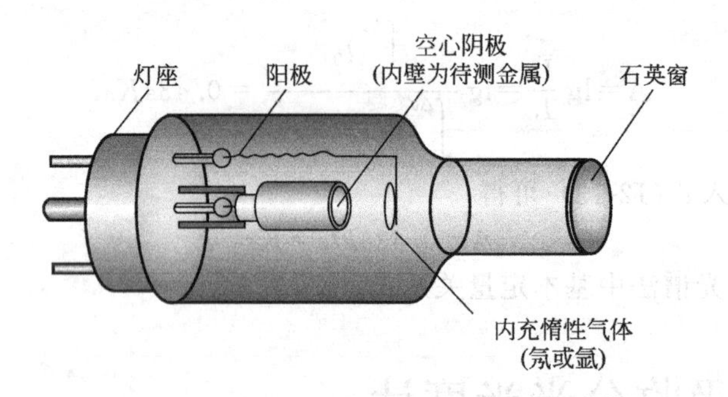

图 12-7 空心阴极灯结构示意图

极空腔内形成原子蒸气。这些原子在和腔内其他粒子（电子、离子或原子）发生非弹性碰撞后会被激发，在退激时便可发出待测元素的特征辐射（其中也杂有内充气体和阴极杂质的谱线）。当选用不同元素作为阴极材料时，就可制成适于该元素测定的空心阴极灯。因此，在原子吸收分析中，每测定一种元素就需换上该元素的灯。为解决这个问题，目前也有多元素的空心阴极灯，但发射强度低，而且元素组合不当时易产生光谱干扰，因此使用尚不普遍。

空心阴极灯发射锐线辐射的原因主要有：灯内工作气体压力很低，洛伦茨变宽效应很小；工作时的灯电流很小（几到几十毫安），阴极表面温度较低（300～500K），多普勒变宽效应也不显著。因此在正常工作条件下，空心阴极灯可发射出半宽度很小的特征谱线。

对于砷、硒、碲、镉、锡等易挥发、难激发的元素，为提高测定灵敏度，亦常用无极放电灯作光源。

12.3.2 原子化器

原子化器的作用是提供能量，将试样干燥、蒸发和原子化，使待测元素转变为能够吸收共振辐射的基态原子蒸气。试样的原子化是原子吸收光谱法中的关键环节，元素测定的灵敏度、准确性乃至干扰大小，在很大程度上取决于原子化的状况。因此，原子化器要有尽可能高的原子化效率，且不受浓度的影响，稳定性和重现性好，背景和噪声低。实现原子化的方法很多，通常可分为火焰原子化法、非火焰原子化法和低温原子化法。

（1）火焰原子化器

火焰原子化器就是利用化学火焰燃烧提供的能量，使被测元素原子化。这是最早也是最为常用的原子化器。它的主要优点是操作简便、快速，分析精密度高（相对误差可达 1%）。

目前商品仪器基本采用预混型火焰原子化器，其结构如图 12-8 所示，由雾化器、预混合室和缝式燃烧器三部分组成。雾化器的作用是将试样溶液转变为湿气溶胶，即非常细小的雾滴，所形成雾滴越小，粒径越均匀，对后面的去溶剂和原子化过程越有利。由雾化室喷出的雾滴进入预混合室时，会与雾化器喷嘴前端放置的玻璃撞击球或扰流片相撞被进一步分散。湿气溶胶、燃气、助燃气在预混合室中混合均匀后进入燃烧器，粒径较大的液滴因重力作用无法被气流携带，而经由废液管排出。目前普遍采用的气动同轴型雾化器的雾化效率约为 10%，即试样利用率仅有十分之一，这是造成火焰原子吸收法灵敏度较低的主要因素。

燃烧器是一个吸收光程较长的长缝喷灯，多用不锈钢制成。燃气和助燃气从狭缝中喷出后可用电子点火器点燃形成火焰，微粒细小且均匀的气溶胶进入高温火焰后瞬间即可完成蒸发及原子化过程。根据火焰燃烧速率的不同，一般仪器配有两种以上不同规格的单缝式燃烧头，例如标准燃烧器（空气-乙炔火焰）缝长 10cm，宽 0.5cm；氧化亚氮-乙炔燃烧器缝长 5cm，宽 0.5cm 等。燃烧器可旋转一定角度，高度也能上下调节，以便选择合适的火焰部位进行测量。

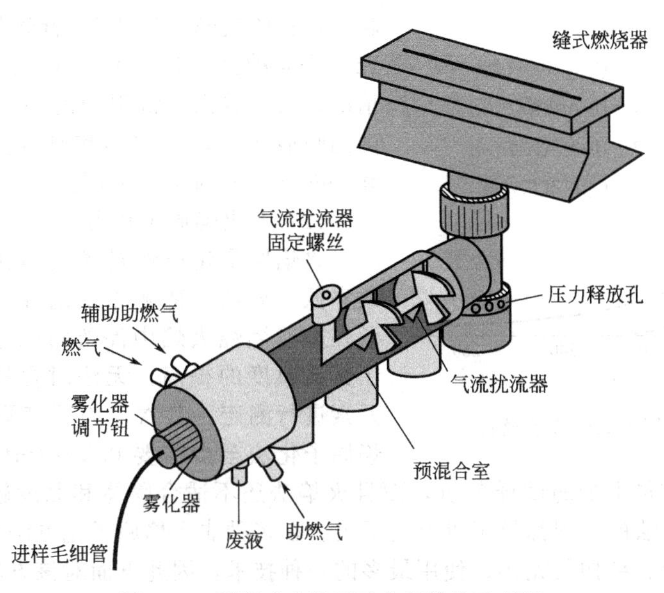

图 12-8 预混型火焰原子化器结构示意图

火焰的基本性质如下。

① 燃烧速度 是指火焰由着火点向可燃混合气体其他点传播的速度，它影响火焰的安全操作和燃烧稳定性。可燃混合气体的供气速度应大于燃烧速度以保证火焰的稳定性，但过大会导致火焰不稳甚至吹灭火焰，如果太小则会引起回火，造成危险。

② 火焰温度 由不同燃气或助燃气所形成的火焰温度是不同的，见表 12-2。

表 12-2 几种常用火焰的燃烧特性

燃气	助燃气	燃烧速度 /$cm \cdot s^{-1}$	温度 /℃	特 点
C_2H_2	空气	158～266	2100～2500	温度较高，最常用(稳定、噪声小、重现性好，可以测定 30 多种元素)
C_2H_2	O_2	1100～2480	3050～3160	高温火焰、作为上述火焰的补充，用于其他更难原子化的元素
C_2H_2	N_2O	165～285	2600～2990	高温火焰，具有强还原性(可使难分解的氧化物分解)，可用于多达 70 多种元素的测定
H_2	空气	300～440	2000～2318	较低温氧化火焰，适用于共振线位于短波区的元素(如 As-Se-Sn-Zn)

③ 火焰的燃助比与化学环境 根据燃气和助燃气比例不同，可将火焰分为三类：化学计量火焰、富燃火焰和贫燃火焰。化学计量火焰是指燃气和助燃气的比例接近化学反应计量关系，因此也称为中性火焰。该火焰温度最高而且稳定、干扰小、背景低，除碱金属和易生成难解离氧化物的元素外，适用于大多数常见元素的原子化。富燃火焰指燃气与助燃气比例大于化学计量关系的火焰，又称还原性火焰。该火焰燃烧不完全，温度略低于化学计量火焰，但含有丰富的半分解产物，具有较强的还原性，适合于易形成难解离氧化物的元素，如 Ba、Mo、Al 的测定。贫燃火焰指燃气与助燃气比例小于化学计量关系的火焰，又称氧化性火焰。由于大量冷的助燃气带走火焰热量，该火焰温度较低，氧化性较强，适用于碱金属的测定。

可见，即使相同的燃气和助燃气，若燃助比不同，火焰温度和化学环境分布也会发生变化。因此，在火焰原子化方法中，选择合适的燃助比和燃烧器高度是两个最基本的实验条件。

④ 火焰的光谱性质 是指无样品存在时，火焰本身对光源辐射的吸收情况，显然吸收

越少，火焰就越“透明”，背景相应的就越小。图12-9是4种火焰对190～230nm范围内辐射的吸收情况，可以看出，常用的乙炔-空气焰在这一范围内的吸收较大，测定砷和硒（分析线为193.7nm和196.0nm）时不宜采用。

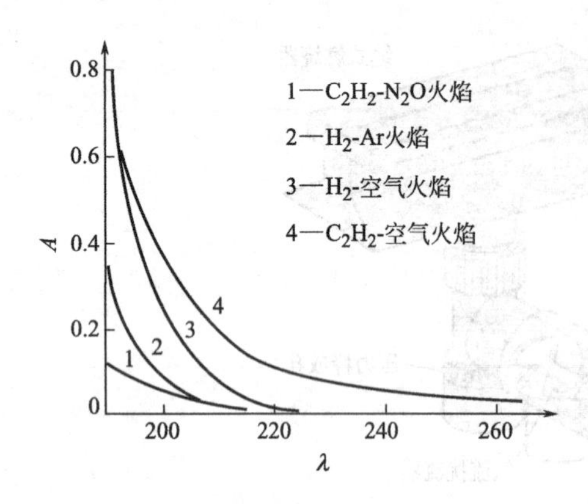

图 12-9　不同火焰的背景吸收

（2）非火焰原子化器

火焰原子化虽然具备诸多优点，但由于雾化效率低、火焰对待测原子的稀释效应以及待测原子在高速燃烧火焰中停留时间过短等不足，限制了其灵敏度的提高，无法对含量为纳克级的微量元素进行测定。其次，为了获取稳定的读数，火焰原子化法至少需要0.5～1mL的试样，这就限制了来源困难、数量很少的试样分析，而且火焰法还不适合固体和黏度较大样品的直接分析。非火焰原子化法的出现弥补了以上的不足。在多种非火焰原子化方法中，石墨炉原子化法是目前发展最快、结构最完善、使用最多的一种技术，因此下面对该方法进行简单介绍。

石墨炉原子化器的本质是一个电加热器，它利用电能的高温加热盛放试样（液体或固体均可）的石墨管，使得试样蒸发和原子化。常用的管式石墨炉原子化器，其结构如图12-10所示，由加热电源、保护系统和石墨管三部分构成。石墨管是一根长约28mm，内径小于8mm，两端开口的空心圆管，管中间为进样口（直径小于2mm），也是原子化时样品烟气的出口。石墨管被固定在炉体中两个电极之间，由加热电源采用低压（10～15V）、大电流（300～450A）的交流电提供能量，当电流通过石墨管时可产生高热高温（最高温度可达到3000℃）。为了防止石墨管和试样在高温下被氧化，必须在不断通入保护性气体（常用Ar气）的条件下进行测定。保护气体分为内外两路，外气路中的Ar气沿石墨管外壁流动，以保护石墨管不被烧蚀；内气路中Ar气从管两端流向管中心，由管中心孔流出，以有效地除去在干燥和灰化过程中产生的基体蒸气，同时保护已原子化了的原子不再被氧化。在炉体的夹层中还通有冷却水，可使达到高温的石墨炉在完成一个样品的测定后，迅速降到室温。

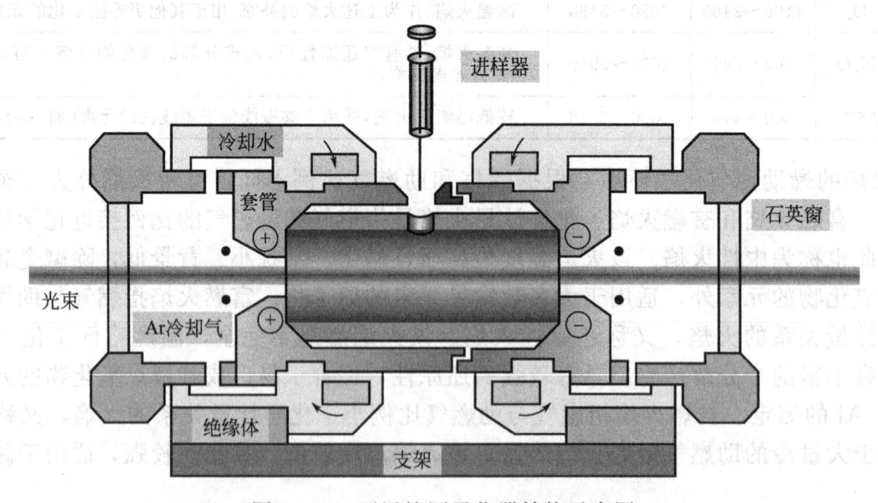

图 12-10　石墨炉原子化器结构示意图

为了获得试样的高效原子化，石墨炉原子化中采取逐级加热方式，其过程可分为四个阶段，即干燥、灰化、原子化和净化（见图12-11）。

① 干燥阶段：目的是蒸发去除溶剂，以免溶剂存在导致灰化或原子化过程飞溅，通常

选择温度略高于溶剂沸点即可。

② 灰化阶段：采用中等温度（350～1200℃）去除有机物和低沸点的无机物，以减少基体组分对待测元素的干扰，这是加热过程中最为关键的一步。

③ 原子化阶段：快速升温使待测元素原子化，不同元素的最适原子化温度不同，应根据元素种类、含量和基本性质通过绘制原子化温度曲线来进行选择。该阶段应停止或减小管内 Ar 气流的通过，以延长原子在石墨炉中的停留时间。

④ 净化阶段：将温度升至最大允许温度，以去除残余物，消除由此产生的记忆效应，为下次样品分析提供清洁的环境。

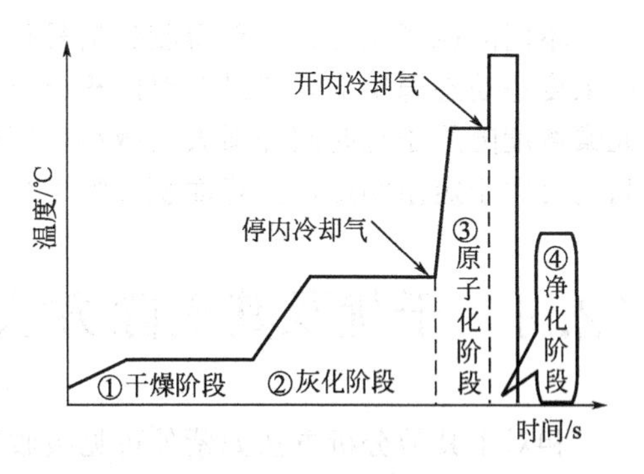

图 12-11　石墨炉原子化器的程序升温过程示意图

（图中所示为斜坡式，也可采用阶梯式升温）

石墨炉原子化法的优点是：原子化效率高（接近 100%），检出限绝对值可达 10^{-12}～10^{-14}g，比火焰法低三个数量级；原子化是在惰性气体保护下的强还原介质内完成，有利于难熔氧化物的分解和自由原子的生成；原子化阶段管内保护气停留，可延长自由原子在石墨管内的平均停留时间（1s 或更长）；可实现在火焰法中有强烈背景吸收的短波辐射如 I(183.0nm)、P(177.5nm)、S(180.7nm) 等的测定；液体或固体（比较少用）样品均可直接进样，所需样品量少（液体 5～50μL；固体 0.1～10mg）。该法的不足是样品的基体效应、化学干扰较多，有较强的背景，测量的重现性也比火焰原子化法差。但这些可通过采用背景扣除装置和自动进样器等获得很大的改善。

（3）低温原子化器

低温原子化，又称化学原子化法，其原子化温度为室温至几百摄氏度，可分为汞低温原子化和氢化物低温原子化。

① 汞低温原子化　汞在室温下就具有一定的蒸气压，因此只需要通过简单的预处理，将试样中的汞元素还原后就可直接进行原子吸收测定。一般的做法是，先将含汞的试样用 HNO_3 消化生成 Hg^{2+}，然后用 $NaBH_4$ 等还原剂在酸性环境下将 Hg^{2+} 还原成单质 Hg，所得的汞蒸气由载气（Ar 或 N_2）送到石英吸收池内测定。

② 氢化物低温原子化　该法适用于 As、Sb、Se、Sn、Bi、Ge、Pb、Te 等八种元素。这些元素在强还原剂如 $NaBH_4$ 的作用下可生沸点低、易挥发解离的共价分子型氢化物，如

$$AsCl_3 + 4NaBH_4 + HCl + 8H_2O = AsH_3\uparrow + 4NaCl + 4HBO_2 + 13H_2\uparrow$$

产生的氢化物被送至石英吸收池。吸收池被外部缠绕的电阻丝加热至 900℃左右时，氢化物即分解成自由原子而被测定。

由于 Hg 或氢化物的生成本身就是一个分离过程，因此低温原子化时样品的基体干扰和化学干扰都很小，分析检出限一般低于火焰原子化法 1～3 个数量级，而且操作简便、快速。

12.3.3　单色器

单色器的构成与紫外可见光谱仪中基本相同，但由于原子吸收光谱仪采用空心阴极灯等锐线光源，发射谱线比较单纯，仅有少量的共存谱线及惰性气体的发射背景，因此单色器只需将待测元素的共振辐射与邻近谱线分开即可，并不需要很高的分辨率（通常能分辨出 Mn 的 279.5nm 和 279.8nm 的两条谱线即可）。单色器置于原子化器之后，以阻止来自原子化器的干扰辐射进入检测器。

12.3.4　检测器

原子吸收光谱仪中广泛使用的检测器是光电倍增管，最近一些仪器也采用 CCD 作为检测器。有关光电倍增管和 CCD 检测器的原理见第 11 章中的相关内容。

不同的原子化方式所获得测量信号形式是不同的。火焰原子化中，稳定火焰中基态原子的浓度是动态稳定的，通过对时间积分可获得稳定的信号。石墨炉原子化时，石墨管中基态元素浓度随原子化时间先增大后减小，因此所测得的是一个尖锐的峰信号。通常峰面积和峰高均可用于定量测定，但峰面积反映了总体待测原子的吸收，用于定量更加可靠。

12.4 干扰及其消除方法

相对于其他分析方法如紫外可见吸收光谱法等，原子吸收光谱的干扰较少而且比较容易克服，但对其也不能忽视，否则会影响分析工作的进行。通常根据干扰产生的原因可将原子吸收法中的干扰分为物理干扰、化学干扰、电离干扰、光谱干扰和背景干扰五类。这些干扰在火焰和石墨炉原子化过程中均可能出现，但干扰程度和所采取消除方法有所不同。

12.4.1 物理干扰

物理干扰是指试样在转移、蒸发和原子化过程中，由于试样的任何物理性质，如黏度、表面张力、密度等的变化而引起吸光度变化的干扰效应。该干扰是非选择性的，即对试样各元素的影响基本是相似的。通常的消除办法是采用与被测试样组成相似的标准样品。若试样组成未知或无法匹配时，可采用标准加入法或稀释法（试样浓度较大时）来减小和消除物理干扰。

12.4.2 化学干扰

化学干扰是指待测元素在溶液或气态中与干扰成分生成热力学更稳定的化合物，从而影响被测元素的原子化，是一种选择性的干扰。

火焰原子化中化学干扰的消除通常可以采用以下几种方法：

① 加入释放剂使之与干扰组分形成更稳定或更难挥发的物质，如加入锶或镧盐可消除磷酸根对钙测定的干扰；

② 加入保护剂（常为有机配位剂）与待测元素形成易分解且稳定的化合物，以避免其与干扰成分作用，如 EDTA 可消除磷酸根对钙影响，8-羟基喹啉可消除 Mg 对 Al 的影响；

③ 加入缓冲剂，指在标准及试样中加入过量干扰元素而使干扰恒定，但这种方法往往会显著降低灵敏度而较少使用；

④ 加入助熔剂如 NH_4Cl，使待测元素转变为较易挥发的氯化物，从而抑制铝、硅酸根、磷酸根、硫酸根等的干扰；

⑤ 改变测定条件，如火焰温度、燃助比、燃烧器高度及使用适当有机溶剂等。

石墨炉原子化中化学干扰的消除通常可以采用以下几种方法：

① 在干燥或灰化阶段选择最佳的升温方式，在不引起待测元素损失的前提下，尽可能地去除引起化学干扰的基体；

② 加入基体改进剂，增加基体挥发性，改变待测元素挥发性或阻止其形成碳化物。如 Se 易挥发，测定时不能采用高的灰化温度（基体难以消除），但加入 Ni 后可使灰化温度由 400℃提高至 1200℃；

③ 裂解石墨涂层或平台技术亦可有效消除干扰。

与待测元素含量无关的化学干扰还可通过标准曲线法消除。若上述方法均不奏效，只能采用分离的方法如溶剂萃取、离子交换、沉淀、吸附等。

12.4.3 电离干扰

较高的温度有助于试样的解离和原子化，但也易导致原子电离，造成基态原子数量减少，吸光度降低，这种干扰称为电离干扰。消除电离干扰最有效的方法是加入过量的（但要适量）比待测元素电离能低的元素（消电离剂），如测钙时可以加入 KCl，钾电离时产生的大量电子可抑制钙的电离。

12.4.4 光谱干扰

光谱干扰主要有以下几种。

① 吸收线重叠　共存元素吸收线与待测元素分析线很接近造成重叠或部分重叠，导致分析结果偏高，另选吸收线即可克服，不过这种干扰很少见。

② 光谱通带内存在非吸收线　这些非吸收线可能是待测元素的其他共振线与非共振线，也可能是光源中杂质的谱线干扰，可通过减小狭缝宽度或灯电流、或另选其他谱线解决。

③ 原子化器内的直流发射干扰　原子化器中被测原子对辐射的吸收和发射（激发态返回基态时以辐射形式释放能量）是同时存在的，另外火焰组分也会发射带状光谱，这些来自原子化器的辐射会使检测器产生直流的干扰信号，采取光源调制可以消除这一干扰。

12.4.5 背景干扰

严格上讲，背景干扰也是一种光谱干扰，其主要来源是分子吸收和光散射。

(1) 分子吸收与光散射

分子吸收是指在原子化过程中生成的气体分子、氧化物及盐类分子对辐射的吸收。分子吸收是带状光谱，会在一定波长范围内形成干扰。如碱金属卤化物在 200～400nm 范围内有分子吸收谱带，硫酸、磷酸在 250nm 以下有强吸收带等。

光散射是指原子化过程中所产生的微小固体颗粒使光发生散射，造成透过光强减小，吸光度增大。

背景吸收在火焰和石墨炉原子化中均存在，后者情况更加严重，有时背景吸收可导致分析工作无法进行，因此必须加以扣除。

(2) 背景校正方法

背景校正的方法很多，下面只介绍最为常用的连续光源（氘灯）校正法和塞曼（Zeeman）效应校正法。

① 连续光源校正背景法　连续光源校正背景法的光路见图 12-12，旋转反射切光器可使空心阴极灯和氘灯发出的辐射沿同一光路交替通过原子化器、单色器进入检测器。当空心阴极灯辐射通过时所测的是待测元素的吸光度 A 和背景吸收 A_B；氘灯辐射在同一波长处所测的只是背景 A_B（虽然氘灯辐射经单色器后进入检测器的波长与测定波长相同，但是谱带很宽，因此待测元素产生的共振吸收 a 可忽略），两者之差即为校正背景后的待测元素吸光度。

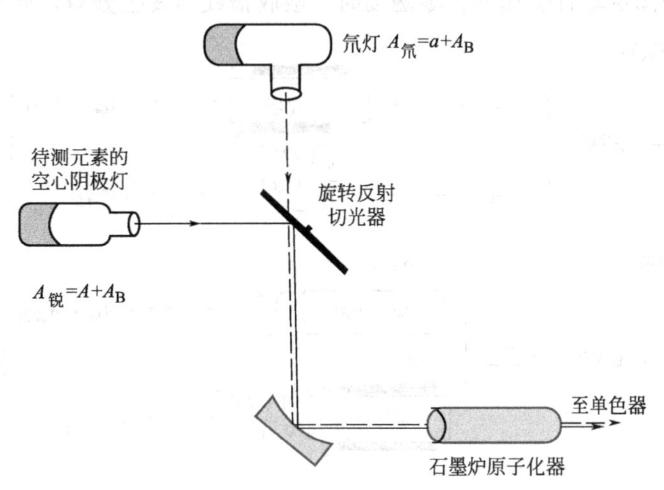

图 12-12　连续光源校正法光路示意图

该方法装置简单，价格便宜，很多商品化的火焰原子化吸收光谱仪均配备，但存在以下不足之处：a. 连续光源测定是光谱通带内（约 0.1nm）的平均背景与分析线处（约 10^{-4} nm）的真实背景有差异；b. 原子化器中气相介质和粒子分布不均，对两个光源的排列要求极高；c. 大多仪器装配的氘灯不适于可见光区（强度太小）。

② 塞曼效应校正背景法　所谓塞曼效应是指在磁场作用下简并谱线分裂成几条偏振化谱线的现象（分裂后谱线波长差值约为 0.01nm）。对单重线（如 Mg 285.2nm）而言，可分裂成振动方向平行于磁场的 π 线（波长不变）和垂直于磁场的 $\sigma^{\pm}$ 线（波长增加或降低，并呈对称分布），根据谱线的偏振特性即可区分被测元素吸收和背景吸收，见图 12-13。

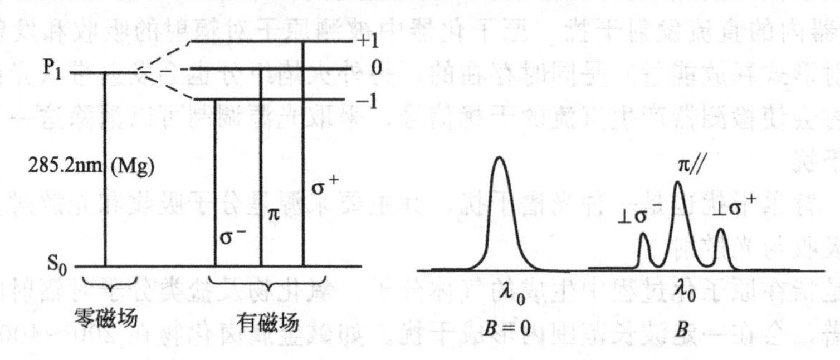

图 12-13　镁（285.2nm）塞曼效应能级分裂示意图

磁场作用下，发射线和吸收线均可发生塞曼效应，因此塞曼效应校正背景可分为光源调制法（光源处于磁场间）与吸收线调制法（原子化器处于磁场间）两大类，其中后者应用较广。吸收线调制法又有恒定磁场调制方式和可变磁场调制方式，下面简单介绍一下有关的原理。

恒定磁场调制方式［见图 12-14(a)］是在原子化器上施加一个垂直于光束方向的恒定磁场，此时，吸收线发生裂分，即只能对频率与 π 线相同并平行磁场方向的偏振光，或频率与 $\sigma^{\pm}$ 线相同并垂直磁场方向的偏振光产生吸收。光源发射的是与 π 线频率相同的自然光，而放置在光源与原子化器间的旋转偏振片只允许某一偏振方向的辐射通过。当偏振片平行于磁场时，入射光被待测元素吸收并同时产生背景吸收（背景吸收来自于分子吸收和散射，不区分自然光或偏振光）；当偏振片垂直于磁场时，入射光仅能产生背景吸收。两次吸光度的差值，便是校正背景吸收后待测元素的净吸收值。

可变磁场调制方式［见图 12-14(b)］是在原子化器上加一可产生交变磁场的电磁铁，另外偏振片方向是固定垂直磁场的。零磁场时，吸收谱线不发生分裂，此时测的是待测元素

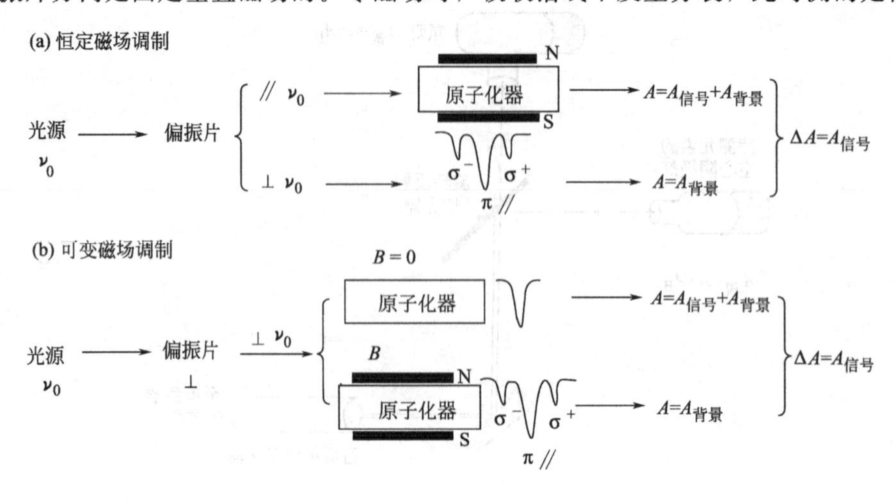

图 12-14　吸收线调制法扣背景原理示意图

吸收和背景吸收；激磁时，吸收谱线发生分裂，垂直于磁场的偏振光只能产生背景吸收。两次吸光度的差值，便是校正背景吸收后待测元素的净吸收值。

塞曼效应背景校正法中仅使用一个光源，且测量光束与参比光束均有完全相同的频率和光斑大小，只是在测量时间上略有差异，因此可适用于全波段及强背景的校正并有很高的准确度。但是由于谱线裂分后光强减弱，使得灵敏度有所下降，若采用可变磁场调制方式，灵敏度基本上接近常规原子吸收法。此外使用该法得到的校正曲线往往会出现“返转”现象，即在高浓度时吸收度反而下降。塞曼效应背景校正法装置较贵，通常用于石墨炉原子吸收光谱仪。

12.5 分析方法

12.5.1 测量条件的优化

原子吸收光谱法中，测量条件的选择对测定结果的准确度、灵敏度等有较大影响，因此必须选择合适的测量条件，才能得到满意的分析结果。

（1）试样的预处理

虽然石墨炉原子化器可用于固体及黏稠试样的直接进样，但在实际测定中通常还是要将样品采用适当的方法如干法、湿法、微波等进行消解然后制成均匀的溶液。

（2）分析线选择

首选第一共振吸收线作为分析线，若测定高含量元素或存在光谱干扰，也可选用灵敏度较低的非共振吸收线为分析线。

（3）空心阴极灯的工作电流选择

工作电流对空心阴极灯发射强度及稳定性是有影响的，选择灯电流的一般原则是在保证有足够且稳定的光强输出条件下，尽量使用较低的工作电流。商品空心阴极灯均标有允许使用的最大灯电流，通常选用该值的1/3～1/2作为工作电流。实际工作中，最合适的工作电流可采用单因素变化法绘制吸光度-灯电流曲线予以确定。

（4）原子化条件的选择

火焰原子化法中火焰类型和特性是影响原子化效率的主要因素，因此首先要根据样品性质选择合适的火焰类型，然后通过单因素变化法确定最适宜的燃助比和燃烧器高度。

石墨炉原子化法中需通过实验确定干燥、灰化、原子化及净化温度与时间。基本原则如下：干燥温度应在溶剂沸点附近，以防止试液飞溅；灰化时在保证被测元素没有损失的前提下应尽可能使用较高的温度；原子化温度应选用达到最大吸收信号的最低温度，原子化时间应以保证完全原子化为准；净化温度应高于原子化温度但不能高于石墨管使用温度上限。

（5）狭缝宽度选择

单色器中出射狭缝宽度影响光谱通带宽度与检测器接受辐射能量的大小。原子吸收光谱分析中，光谱重叠干扰概率小，可使用较宽的狭缝以增加光强，从而提高信噪比，降低检出限。但对谱线复杂、邻近线较多的元素应适当选择较小的狭缝。最适狭缝的大小可通过单因素变化实验予以确定。

12.5.2 分析方法

通常采用标准曲线法，若试样基体复杂时，应采用标准加入法。

（1）方法灵敏度

可采用IUPAC（国际纯粹与应用化学联合会）推荐的标准曲线斜率表征灵敏度，但是原子吸收光谱法习惯采用1%吸收灵敏度，即特征灵敏度。其定义是：能产生1%吸收，即$A=\lg(I_0/I_t)=\lg(100/99)=0.0044$时所对应的待测元素的浓度或质量。

火焰原子化时，进样速率恒定，吸光度正比于试样浓度，因此特征灵敏度以特征浓度表示，即

$$c_0=\frac{0.0044}{k}=\frac{0.0044c_s}{A}(\mu g \cdot mL^{-1}) \qquad (12\text{-}15)$$

式中，k为标准曲线斜率，即IUPAC规定的灵敏度；c_s为待测元素标准溶液的浓度（已知）；A为多次测量的吸光度平均值。

石墨炉原子化时，吸光度与试样浓度和进样体积均有关，即正比于加入到石墨管中试样的质量，因此特征灵敏度以特征质量表示，即

$$m_0=\frac{0.0044}{k}=\frac{0.0044c_sV_s}{A}(\mu g \cdot mL^{-1}) \qquad (12\text{-}16)$$

式中，c_s为待测元素标准溶液的浓度；V_s为待测元素标准溶液的体积；A为多次测量的吸光度平均值。

(2) 检出限

关于检出限的讨论见本书10.6.2中的内容。原子吸收光谱法是比较成熟的测定方法，不同原子化条件下各元素的检出限已知，可查表获得。测定时应先确保检测灵敏度达到要求，再优化测量条件，最后确定方法的精密度和准确度。

12.6 原子吸收光谱法的发展

原子吸收光谱法是目前元素测定中应用最为广泛的分析方法，其中石墨炉原子吸收光谱法亦是元素分析最灵敏的方法之一，今后该方法的发展主要有以下几个趋势。

(1) 连续光源原子吸收光谱仪的应用

目前德国耶拿公司已经成功地研制出商品化的连续光源火焰原子化吸收光谱仪contrAA。该仪器采用高聚焦短弧氙灯光源、高分辨率的中阶梯光栅分光系统（280nm处分辨率达0.002nm）和高性能CCD检测器，可实现快速的多元素顺序分析，测定结果准确、精度高。还可同时记录背景信息并直接扣除，不再需要传统的扣背景装置。contrAA的问世，为快速多元素石墨炉原子吸收奠定了仪器基础。

(2) 色谱-原子吸收联用技术

金属化学形态分析是随着环境科学研究的深入而向现代分析工作者提出的一个新课题。由于环境中的金属含量低而且化学形态不尽相同，试样基体复杂，干扰因素较多，很难选择合适的测定方法。采用色谱-原子吸收联用技术，既能发挥色谱法高效分离的特点，又能将原子吸收光谱法的高灵敏度和选择性应用到金属化学形态分析中。

(3) 石墨炉固体进样技术的开发

直接固体进样通常采用固体悬浮液进样，所采用的加热程序及改良剂与溶液进样法类似，校正曲线亦可采用待测试样的标准水溶液绘制。由于进样量极少，固体悬浮液的均匀性对测定准确度影响很大。尽管如此，由于不需要对样品进行复杂的预处理，已广泛应用于各种样品的测定。

12.7 原子发射光谱法简介

12.7.1 基本原理

原子发射光谱法（atomic emission spectrometry，AES）是依据热激发时，待测元素的

原子或离子发射特征电磁辐射的现象而建立起来的一种用于元素，尤其是金属元素定性及定量分析的方法。基本流程如图 12-15 所示，待测样品在热能的作用下蒸发并原子化，部分原子由于获取了较多能量而使得外层电子跃迁至较高能级成为激发态原子。处于激发态的原子非常不稳定，会在极短的时间（10^{-8}s）跃迁至基态或其他较低能态，多余的能量伴随着跃迁过程以电磁波的形式释放形成发射光谱。

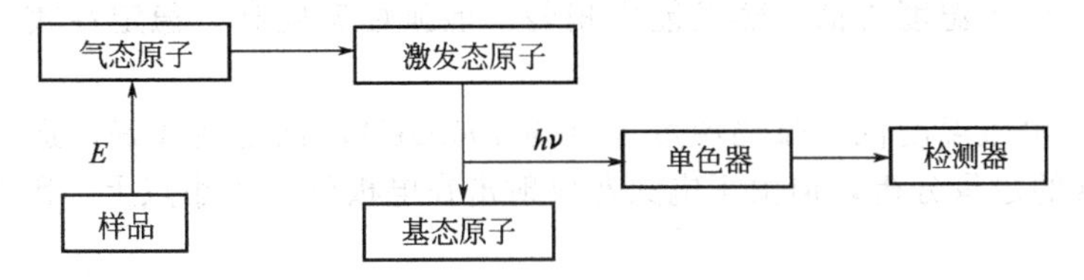

图 12-15　原子发射光谱法流程图

所发射的辐射经单色器分光后被检测器所检测。由于核外电子能级间隔不同，各种元素原子所能发射的辐射波长具有特征性，因此可根据试样激发后是否产生某元素的特征辐射波长进行定性分析；在一定浓度范围内，发射谱线的强度与待测元素含量成正比，据此可进行定量分析。原子发射光谱与原子吸收光谱类似，也是线状光谱，谱线变宽的主要原因也是多普勒变宽和碰撞变宽，光谱位于紫外可见区。

原子中某一外层电子由基态跃迁到高能级所需的能量称为激发电位，原子发射光谱中每一条谱线的产生有其相应的激发电位。由激发态向基态跃迁所发射的谱线称为共振线，共振线具有最小的激发电位，最容易被激发，强度最大，是定性或定量分析普遍采用的谱线。

由于电感耦合等离子体这一新型激发光源的引入，使得原子发射光谱法成为痕量金属元素分析中最有力的工具之一，其主要特点如下。

① 具有多元素同时检测能力，分析速度快。试样激发后，各元素发射的特征辐射可被同时检测，能在短短几分钟内实现几十种元素的测定。

② 选择性好。每种元素所能发射的特征辐射由其原子结构决定，即使铌和钽、锆和铪等性质十分相近的元素，原子发射光谱法也可轻易地将其区分并测定。

③ 检出限低。采用电感耦合等离子体光源可达 $ng \cdot mL^{-1}$。

④ 准确度高。采用电感耦合等离子体光源的相对误差可达 1%以下。

⑤ 校正曲线动态范围宽。采用电感耦合等离子体光源可达 4～6 个数量级。

原子发射光谱法本身也存在一定局限性：①待测元素最终均转化为气态原子被检测，因此无法提供包括价态在内的任何结构信息；②常见非金属元素，如氧、硫、氮、卤素等的发射谱线处在远紫外区，一般光谱仪无法测定；③磷、硒、碲等非金属元素的激发电位较高，测定灵敏度较差。

12.7.2　原子发射光谱仪

原子发射光谱仪由激发光源（含样品引入装置）、单色器和检测器三部分组成。单色器和检测器的相关内容见本书 11.3.1.2 和 11.3.1.4，本章只介绍激发光源及发射光谱仪的类型。

12.7.2.1　激发光源

激发光源的作用是提供足够的能量使试样蒸发、原子化、激发并产生发射光谱。光源的特性在很大程度上影响着分析的准确度、精密度和检出限。常用的激发光源可分为经典光源和现代光源两大类。

(1) 经典光源

经典光源包括火焰、直流电弧、交流电弧及高压火花，是原子发射光谱法早期最为常用的激发光源，它们的特点分别如下。

① 火焰光源：类似于原子吸收中的原子化器，稳定但温度较低（一般低于3000℃），仅适合碱金属等少数易激发的元素，目前较少使用。

② 直流电弧：电极温度高，蒸发能力强；弧焰温度低（约7000K），激发能力一般；稳定性差，易自吸和自蚀，适于难熔物质中痕量易激发元素的定性和半定量分析。

③ 交流电弧：电极温度略低，蒸发能力稍弱；但弧焰温度高，稳定性较好，适于低含量元素的定量分析。

④ 高压火花：电极温度低，弧焰温度高（约10000K），稳定性较好，适于高含量、低熔点、难激发元素的定量分析，但由于电火花仅射击在电极的一个小点上，因此要求待测试样组成要均匀。

（2）现代光源

现代光源主要有电感耦合等离子体、微波诱导等离子体及激光等，其中电感耦合等离子体是目前性能最好、应用最为广泛的光源，因此下面只对该光源进行介绍。

电感耦合等离子体（inductively coupled plasma，ICP）是利用高频感应加热原理使流经石英管的工作气体电离而产生的火焰状等离子体。光源主要由高频发生器、等离子体炬管和样品引入系统（包括供气系统）（见图12-16）三部分组成。

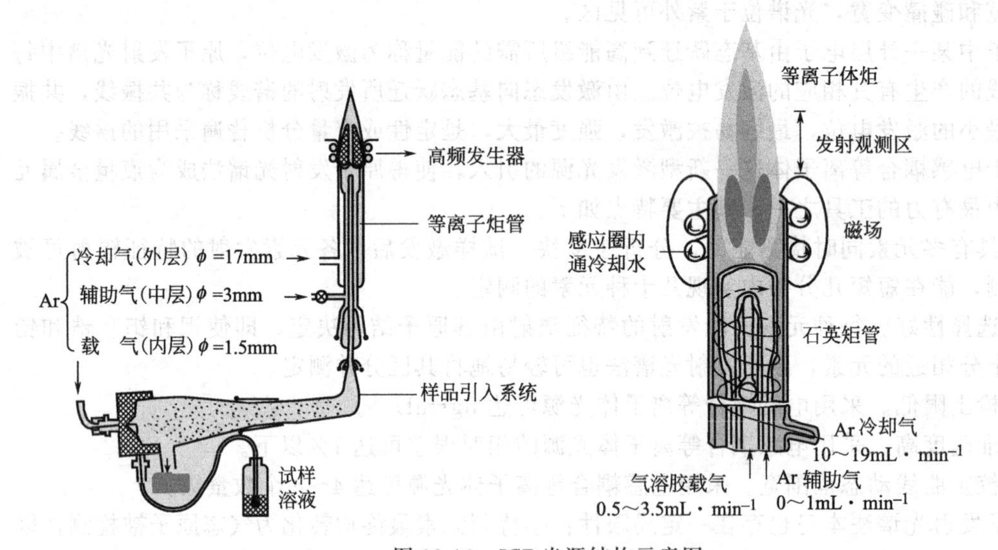

图12-16　ICP光源结构示意图

高频发生器的作用是产生高频磁场，以供给等离子体能量。ICP的主体部分是放置在感应线圈内的，由三层同心石英管组成的等离子体矩管。最外层通冷却气，其作用是：①将等离子体吹离外层石英管的内壁，保护石英管不被烧毁；②利用离心作用在炬管中心产生低气压通道，以利于进样；③参与放电过程。中层管通辅助气，用于点燃等离子体，当进样稳定后，可以关闭该气体。内层管通载气，把经过雾化器的试样溶液以气溶胶的形式引入等离子体中。ICP普遍采用Ar气作为工作气体。

样品引入系统的主体是雾化器，其作用是将试样溶液雾化成极细的雾珠，与载气混合形成气溶胶后被送入等离子体。常用的雾化装置有气动雾化器、超声雾化器、电热气化装置等。

由于高频电流的“趋肤效应”，ICP中高频感应电流绝大部分流经导体外围，而在中心形成一个“环形通道”，试样气溶胶可借此通道顺利地进入到等离子体内而并不影响等离子体的稳定性。“环形通道”周围是加热区，用热传导与辐射方式间接加热，使组分的变化对ICP影响较小，加之进样量又少，因此基体效应小。同时由于是从温度高的外围向中心通道内的气溶胶加热，不会出现电弧或高压火花中普遍存在的自吸现象，因此测定的线性范围可扩展为4～6个数量级。由此可见，环状结构是ICP具有优良性能的根本原因。

12.7.2.2 发射光谱仪的类型

根据检测手段不同，发射光谱仪可分为摄谱仪和光电直读光谱仪。

(1) 摄谱仪

摄谱仪是指以感光板为检测器的光谱仪。激发光源中试样产生的发射光谱经单色器分光后在感光板上聚焦、成像，再经过显影、定影等过程后，制得光谱底片，其上有许多黑度不同的光谱线。利用映谱仪观察谱线位置及大致强度，可进行定性分析及半定量分析；利用测微光度计测量谱线的黑度 S，可进行定量分析。

(2) 光电直读光谱仪

光电直读光谱仪是指以光电倍增管或电荷耦合器件（CCD）为检测器的光谱仪，可直接测出分光后的发射谱线强度。光电直读光谱仪有以下三种类型。

① 多道直读光谱仪　结构示意图见图12-17，从光源发出的光经透镜聚焦后，在入射狭缝上成像并进入狭缝，进入狭缝的光投射到凹面光栅上，凹面光栅将光色散、聚焦在焦面上，焦面上安装有一组出射狭缝，每一个狭缝允许一条特定波长的光通过，投射到狭缝后的光电倍增管上进行检测，最后经计算机进行数据处理。

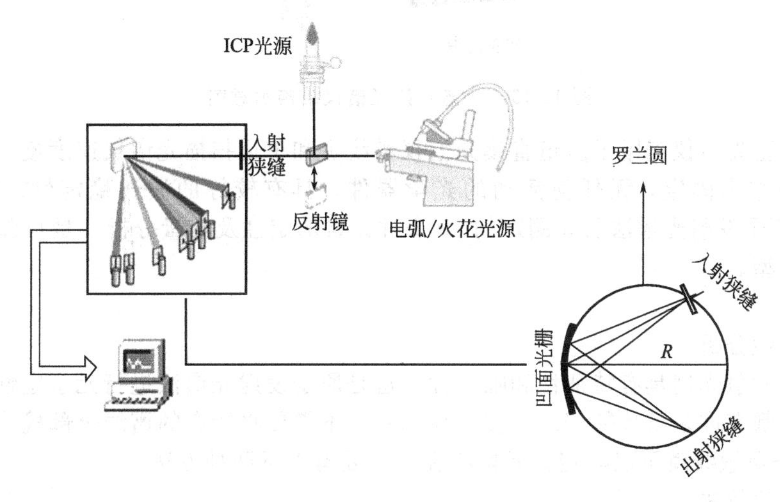

图12-17　多道直读光谱仪结构示意图

② 单道扫描光谱仪　结构示意图见图12-18，从光源发出的光穿过入射狭缝后照射到一

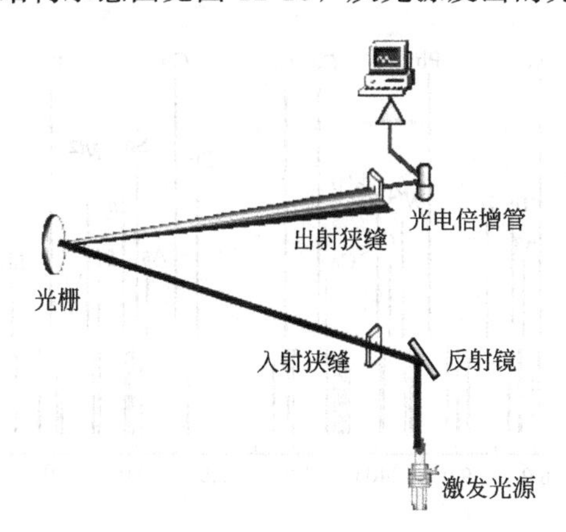

图12-18　单道扫描光谱仪结构示意图

个可以转动的光栅上，经光栅色散后，将某一特定波长的光反射到出射狭缝上，然后投射到光电倍增管上进行检测。光栅转动至某一固定角度时只允许一条特定波长的光通过出射狭缝，随光栅角度的不断变化，谱线依次通过出射狭缝进入到检测器被检测，从而完成一次全谱扫描。

与多道直读光谱仪相比，单道扫描光谱仪的波长选择更为灵活方便，可分析的元素范围更广，但由于完成一次扫描需要较长的时间，因此分析速度受到一定限制。

③ 全谱直读光谱仪　结构示意图见图 12-19，光源发出的光经中阶梯光栅和与其成垂直方向的棱镜分光后获得一个二维色散光谱，各波长的光经反射镜反射后进入面阵型 CCD 检测器被同时检测。

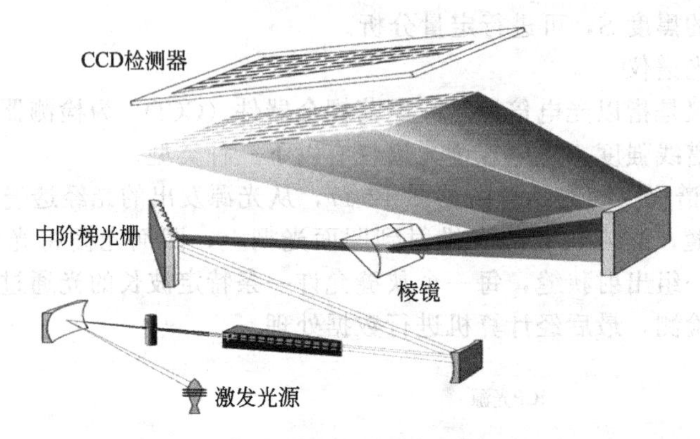

图 12-19　全谱直读光谱仪结构示意图

全谱直读型光谱仪克服了多道直读光谱仪谱线少和单道扫描光谱仪速度慢的缺点，且所有的元件都被牢牢固定，无任何活动的光学器件，具有较好的波长稳定性。该仪器能在 1min 内完成原子发射光谱法所能测定的 70 余种元素的定性及定量分析，是目前原子发射光谱仪的主流类型。

12.7.3　应用

12.7.3.1　定性分析

各元素的发射光谱具有特征性和唯一性，这是原子发射光谱法进行元素定性的依据。但每种元素一般都有许多条特征谱线，实际检测时并不需要将所有的谱线全部检出，只需检出该元素2～3 条灵敏线就可以确定该元素存在。主要有以下两种方法。

（1）铁谱比较法

这是目前最通用的方法，它采用铁的光谱作为波长的标尺，来判断其他元素的谱线，见图 12-20。

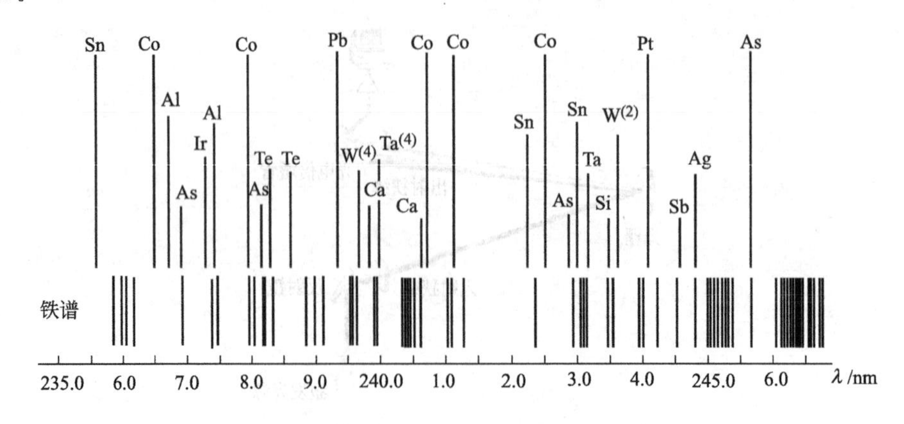

图 12-20　用于定性分析的标准光谱图

定性分析时需将待测试样与纯铁在完全相同条件下并列并且紧挨着摄谱，摄得的谱片置于映谱仪上放大 20 倍后与标准光谱图进行比较。首先将谱片上的铁谱与标准光谱图上的铁谱对准，然后检查试样中的元素谱线。若试样中的元素谱线与标准图谱中标明的某一元素谱线出现的波长位置相同，即为该元素的谱线。

（2）标准试样光谱比较法

将欲检测元素的纯物质或纯化合物与试样并列摄谱于同一感光板上，在映谱仪上检查试样光谱与纯物质光谱。若试样中出现与纯物质具有相同特征的谱线，则表明试样中存在欲检测的元素。

12.7.3.2 半定量分析

若分析任务对准确度要求不高，可采用光谱半定量分析给出试样中某元素的大致含量。特别是分析大批量样品时，采用光谱半定量法尤为简单快速。半定量分析通常也是采用摄谱仪进行的，有以下两种方法。

（1）比较黑度法

该法与可见光谱法中的目视比色法相似，首先需配制一个基体与试样组成近似的被测元素的标准系列，在相同条件和同一块感光板上将标准系列与试样并列摄谱，然后在映谱仪上用目视法直接比较试样与标准系列中被测元素分析线的黑度。如黑度相同，则表示被测试样中待测元素的含量近似等于该标准样品中待测元素的含量。

（2）显线法

元素含量低时，仅出现少数灵敏线，随着元素含量增加，一些次灵敏线与较弱的谱线也相继出现。这样就可以编成一张谱线出现与含量的关系表，可根据某一谱线的出现与否来估计试样中该元素的大致含量。

12.7.3.3 定量分析

实验条件稳定时，原子发射谱线的强度 I 与试样浓度 c 的关系可用罗马金-赛伯（Lomakin-Schiebe）经验公式表达：

$$I=ac^{b} \tag{12-17}$$

$$\lg I=b\lg c+\lg a \tag{12-18}$$

上式是原子发射光谱定量分析的基本关系式。式中，b 为自吸系数，当待测元素浓度较小时 $b=1$，即无自吸；待测元素浓度增大，b 逐渐减小。当待测试样浓度较低或采用 ICP 光源时，$b=1$，此时 $I=ac$。由于 ICP 光源的稳定性很高，因此可直接利用标准曲线法或标准加入法进行定量分析。

若采用经典光源进行定量分析时，定量关系式中的 a 值受试样组成、形态及放电条件等的影响较大，很难在实验中保持为常数，因此通常不采用谱线的绝对强度来进行光谱定量分析，而是采用“内标法”，具体做法如下：在被测元素谱线中选一条作为分析线，再选择一条其他元素的谱线作为内标线，所选内标线的元素称为内标元素。内标元素可以是试样的基体元素，也可以是定量加入的其他试样中不存在的元素。分析线与内标线组成分析线对，设分析线和内标线的强度分别为 I 和 I_0，待测元素浓度与内标元素浓度分别为 c 和 c_0，分析线和内标线的自吸系数分别为 b 和 b_0，根据式(12-17)，分别有 $I=ac^{b}$ 和 $I_0=a_0c_0^{b_0}$。分析线与内标线强度之比为 R，称为相对强度。

$$R=\frac{I}{I_0}=\frac{ac^{b}}{a_0c_0^{b_0}} \tag{11-19}$$

式中，内标元素 c_0 为常数；实验条件一定时，$A=a/(a_0 c_0^{b_0})$为常数，则

$$R=Ac^b \tag{11-20}$$

式(11-20) 是内标法定量分析的基本关系式，以相对强度对浓度作图，可得校正曲线。可见内标法的依据是测定条件的变化对分析线对的影响一致，因此可以相互抵消。

12.8 原子荧光光谱法简介

12.8.1 基本原理

原子荧光光谱法（atomic fluorescence spectrometry，AFS）是一种通过测量待测元素基态原子蒸气在辐射能激发下所产生的荧光发射强度进行元素定量分析的方法。基本流程如图 12-21 所示。

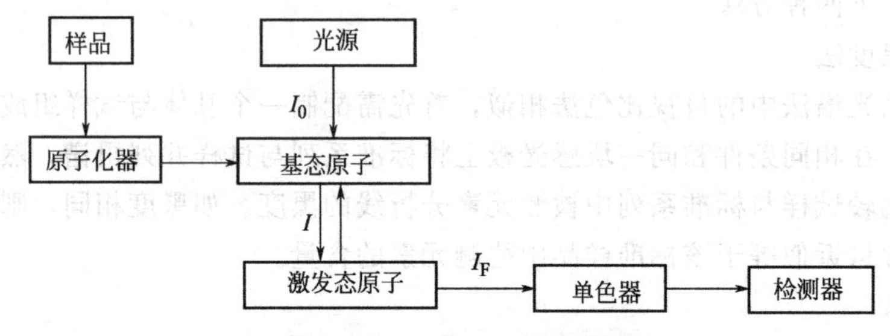

图 12-21 原子荧光光谱法流程图

样品溶液在原子化器中干燥、蒸发、原子化后形成基态原子蒸气；如有来自光源的强辐射照射在原子蒸气上，则基态原子将会吸收其中特征波长光的能量而跃迁至激发态；激发态原子不稳定，当其返回基态或其他较低能态时所发出的与原吸收辐射波长相同或不同的辐射即为原子荧光，其强度在一定实验条件下与试样中待测元素浓度成正比。从机理来看，原子荧光是光致发光，即二次发光，当光源停止照射时，再发射过程立即停止，属于发射光谱法的一种；但从所用仪器及操作技术来看则与原子吸收光谱法相近。

原子荧光可分为共振荧光、非共振荧光与敏化荧光等三种类型，非共振荧光又可以分为直跃荧光、阶跃荧光和反斯托克斯荧光。图 12-22 为原子荧光产生的过程。敏化荧光是指激发原子通过碰撞将其激发能转移给另一个原子使其激发，后者再以辐射形式去激发而发射的荧光。火焰原子化器中的原子浓度很低，因此观察不到敏化荧光，只有在非火焰原子化器中才能观察到。

就大多数元素而言，共振荧光是最强荧光，是原子荧光分析中最常用的一种荧光。但非共振荧光因其远离激发波长，可消除激发光对检测器的干扰，因此也受到重视及应用。

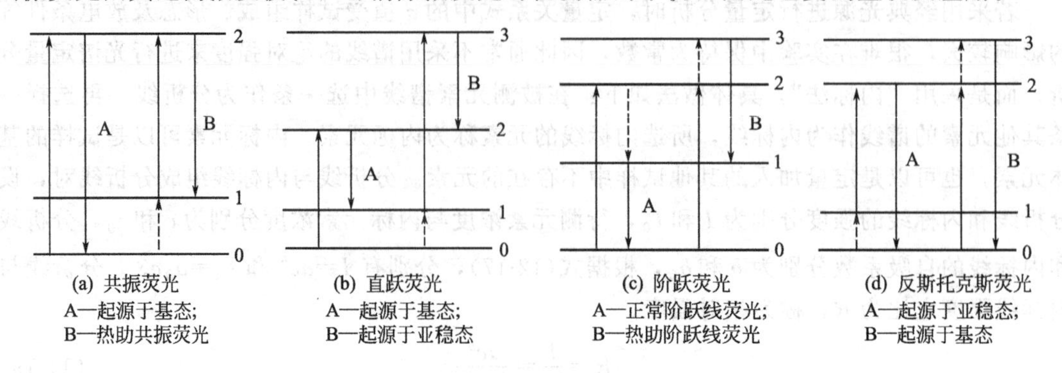

图 12-22 原子荧光产生的过程

原子荧光光谱强度由原子吸收和原子发射过程共同决定。对指定频率的共振原子荧光，受激原子发射的荧光强度 I_f 为

$$I_f = \phi A I_0 \varepsilon l N_0 \tag{12-21}$$

式中，ϕ 为荧光量子效率，表示发射荧光光量子数与吸收激发光量子数之比，该值一般小于 1；A 为受光源照射在检测系统中观察到的有效面积；I_0 为原子化器内单位面积上接受的光源强度；ε 为对入射辐射吸收的峰值吸收系数；l 为吸收光程长；N_0 为单位体积内的基态原子数。当仪器与操作条件一定时，上式中除 N_0 外皆为常数，而 N_0 与试样中待测元素浓度呈正比，因此，原子荧光强度与待测元素浓度亦成正比，此即原子荧光光谱法定量分析的基础。

受激原子和其他粒子碰撞，将一部分能量变成热运动或其他形式的能量，而发生无辐射去激发的现象称为荧光猝灭。荧光猝灭会使荧光的量子效率降低，荧光强度减弱。许多元素在烃类火焰（如燃气为乙炔的火焰）中要比使用氩稀释的氢-氧火焰中荧光猝灭大得多，因此原子荧光光谱法尽量不采用烃类火焰而采用氩稀释的氢-氧火焰代替或采用较强的光源，以弥补荧光猝灭的损失。

12.8.2 仪器

原子荧光光度计与原子吸收光度计在很多组件上是相同的。如原子化器（火焰和石墨炉）；用切光器及交流放大器来消除原子化器中直流发射信号的干扰；检测器为光电倍增管等。因此下面讨论它们的主要区别。

① 光源　由式(12-21) 可知，荧光强度与光源强度成正比。因此为了提高测定灵敏度，原子荧光光谱仪通常采用高强度空心阴极灯、无极放电灯、ICP、激光等作为激发光源。此外，由于原子荧光谱线比较简单，受吸收谱线分布和轮廓影响并不显著，也可采用连续光源而不必使用高色散的单色仪。

② 光路　在原子荧光光度计中，为使所测荧光信号不受光源辐射的影响，需把光源、原子化器和检测器呈一定角度（常为直角）排列（见图 12-23）；而在原子吸收光度计中，这三者是处于一条直线上。

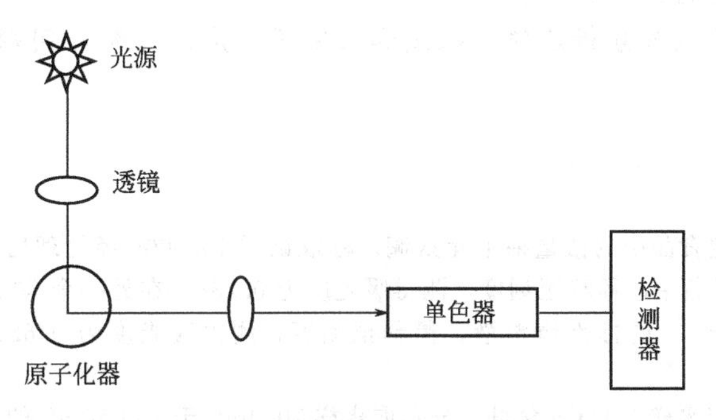

图 12-23　原子荧光光度计结构示意图

原子荧光光度计有色散型和非色散型两类，它们的结构基本相似，只是前者以光栅作为色散元件，后者则是用滤光片来分离分析线和邻近谱线以降低背景。

12.8.3 应用

原子荧光光谱法具有灵敏度高、光谱简单等优点。应用火焰及非火焰原子化法时，对于 20 多种元素，主要是吸收线小于 300nm 的元素，如 Zn、Cd 等的检出限优于原子吸收光谱法和原子发射光谱法，采用新的高强度光源可进一步降低其检出限。在低浓度范围内，校正曲线的动态范围可达 3～5 个数量级。此外，由于原子荧光是向空间各个方向发射的，因此便于制作多道仪器以进行多元素同时测定。但由于荧光猝灭效应，原子荧光光谱法在测定复

杂基体的试样及高含量样品时，尚有一定的困难。此外，散射光的干扰也是原子荧光分析中的一个麻烦问题。因此，原子荧光光谱法在应用方面远不及原子吸收光谱法和原子发射光谱法广泛，但可作为这两种方法的补充。

值得注意的是，采用激光（气体激光器、半导体泵浦固体激光器）做光源和微弱信号探测技术（光电倍增管、CCD 等）的激光诱导原子荧光光谱法具有极高的分析灵敏度和选择性，是少数可以测定单个原子的方法之一。因此在超纯物质、环境污染物、痕量生物活性物质中超痕量元素检测等需要极高灵敏度的测定中，它将是一个可供选择的方法。

思考题

1. 比较原子吸收光谱法与紫外可见分光光度法在原理和仪器设备上的异同点。
2. 原子吸收光谱中，是否原子化温度越高，测定的灵敏度就越高？
3. 什么是原子谱线的轮廓？如何表示？讨论谱线的轮廓有什么意义？影响原子谱线轮廓的因素有哪些？
4. 什么是积分吸收？它与哪些因素有关？为什么说积分吸收的测定比较困难？
5. 何为锐线光源？在原子吸收光谱法中为什么要采用锐线光源？
6. 原子吸收光谱法在仪器设计上是否可以采用连续光源，如果不可以，请说明原因，如果可以，请简述理由。
7. 空心阴极灯为什么能提供锐线光源？简述其工作原理及使用注意事项。
8. 原子吸收光谱法中常用的火焰种类有哪些？火焰类型有哪些？说明其主要特点。
9. 石墨炉升温程序可以分成几个阶段？各阶段的目的是什么？温度选择的依据是什么？
10. 石墨炉原子化比火焰原子化有更低的检出限，原因是什么？
11. 试对原子吸收光谱法中的两种主要原子化方式（火焰和石墨炉）进行比较。
12. 原子吸收光谱法中连续光源扣背景与 Zeeman 扣背景的原理是什么？请用图示法简要说明，并对该方法进行简单评价。
13. 要保证或提高原子吸收分析法的灵敏度和准确度，应注意哪些问题？怎样选择分析的最佳条件？

习　题

1. 用石墨炉原子化法测定食品中的微量稀土元素镧。称取试样 10.000g 经处理后稀释至 100mL。取 10mL 试样溶液至 50mL 容量瓶中，稀释至刻度，测得吸光度为 0.288；在另一个 50mL 容量瓶中加入 9mL 试样溶液和 1mL $10\mu g \cdot mL^{-1}$ 的标准镧溶液，稀释至刻度，测得吸光度为 0.626。试计算该食品中镧的含量。 （$7.85\mu g \cdot g^{-1}$）
2. 用原子吸收光谱法测定水样中的 Co 含量。分别取水样 10.0mL 于 5 只 50mL 的容量瓶中，然后在容量瓶中加入不同体积的 $6.23mg \cdot L^{-1}$ 的钴标准溶液，并稀释到刻度。测得吸光度如下，试计算水样中 Co 的含量。 （$11.4mg \cdot L^{-1}$）

溶液号	1	2	3	4	5	6
未知水样/mL	0	10.0	10.0	10.0	10.0	10.0
钴标准溶液/mL	0	0	10.0	20.0	30.0	40.0
吸光度 A	0.042	0.201	0.292	0.378	0.467	0.554

3. 采用原子吸收光谱法分析试样中的微量硅，硅空心阴极灯发出三条较强的谱线 251.43nm、251.61nm 和 251.92nm。初步实验时，当 Si 质量浓度为 $5.0mg \cdot L^{-1}$ 时，三条波长下的吸光度分别为 0.044、0.44 和

0.022。请问（1）选择哪条谱线进行测定最为适宜？（2）在该波长下此仪器的特征灵敏度是多少？（3）若该仪器光栅的倒线色散率 D 为 2nm·mm^{-1}，应该选择多大狭缝宽度？（4）在该狭缝宽度下相应的光谱通带是多少？（251.61nm；0.05mg·L^{-1}；$W \leqslant 0.09$mm；$D \leqslant 0.18$nm）

4. 在 2500K 时，Mg 的共振线 285.21nm 为 $3^1S_0 \sim 3^1P_1$ 跃迁产生的，请计算其激发态和基态原子数之比（$g_i/g_0=3$；$E_i=4.346$eV），从计算结果能获得什么信息？（5.3×10^{-9}）

5. 某原子吸收分光光度计对浓度为 3μg·mL^{-1} 的镁标准溶液进行测定，测得吸光度为 0.319，试求（1）该原子吸收分光光度计对镁的特征浓度；（2）若某待测试样中镁含量为 0.02%，所配试液体积为 50mL，欲控制其吸光度在 0.1～0.5 范围内，试求称取试样量的范围。

第 13 章　电位分析法

13.1　电位分析法概述

13.1.1　电位分析法定义

电位分析法是电化学分析法的一个重要组成部分，是建立在溶液电化学性质基础上的一类分析方法。该方法将被测试样溶液与电极构成一个化学电池，利用物质的组分、含量与该电池的电学量，如电导、电量、电流、电位等有一定的关系对物质进行分析测定。

电化学分析法也称为电分析化学，电分析化学是利用物质的电学和电化学性质进行表征与测量，是电化学及分析化学的重要组成部分。在这领域中对其定义存在各种的不同阐述。20 世纪 50 年代，分析化学之父 I. M. Kolthoff（荷兰）提出：电分析化学为电化学在分析化学中的应用。80 年代，由于分析化学的快速发展，电分析化学内容的扩充和更新，J. A. Plambeck（加拿大）提出了如下定义：电分析化学是化学分析的一个分支，它利用电化学方法来获取化学物质的含量，性质和化学环境的相关信息。

我国早期引用 Kolthoff 的定义。80 年代后，提出定义为：电化学分析法是“依据电化学和分析化学的原理及实验测量技术来获取物质的质和量及状态信息的一门科学。”

电分析化学历史悠久，18 世纪开始提出电解和库仑分析，从 19 世纪开始，出现了电导分析、电位分析和极谱方法，极谱法的问世使电分析化学方法的测量范围从常量扩展到痕量，从而使电分析化学的发展进入了一个崭新的阶段。随后的各种电分析方法的提出使其测定的灵敏度和准确度得到进一步的提高。如离子选择性电极、酶电极、气敏电极等。20 世纪 80 年代开始，由于电化学理论及应用的高速发展结合现代电子技术和计算技术，以及各种新技术和新材料的发现，电分析化学在生命科学、环境科学、食品科学、医学等领域的应用越来越广泛，使电分析化学迅速发展成为一类快速、灵敏、简便的分析方法。由于电分析化学具有测量精度高、自动化程度好、应用范围广的特点，可应用于现场、活体甚至单分子监测。

13.1.2　电位分析法中的基本概念

在上述对定义的讨论中涉及以下几点概念。

① 溶液的电化学性质：是指溶液的电学性质与化学性质之间的关系。

② 溶液的电学性质：是指化学电池产生的电学量，如电导、电量、电流、电位等。

③ 化学性质：这里是指如溶液的组成、浓度、形态及某些化学变化等。

④ 电极：这里指电化学分析法中常用的电极，包括参比电极和指示电极两大类。

13.1.3　电化学分析法的分类

电化学分析法的分类，习惯上按电化学性质参数之间的关系来划分，可分为：电导分析法、电位分析法、电解与库仑分析法、极谱与伏安分析法等。

（1）经典方法

按测量参数可划分为三大类。

① 以待测物质的浓度在某一特定实验条件下与某些电化学参数间的直接关系为基础的

分析方法。如电导法、电位法、库仑法、极谱与伏安法等。

② 以滴定过程中，某些电化学参数的突变作为滴定分析中指示终点的方法（注意：不是用指示剂），如电位滴定、电导滴定、电流滴定等。

③ 经电子作为“沉淀剂”，使试液中某待测物质通过电极反应转化为固相沉积在电极上，由电极上沉积产物的量进行分析的方法，如电解分析法（也称电重量法）。

（2）按电极反应本质分类（IUPAC 建议方法）

按照 IUPAC（国际纯粹和应用化学联合会）1975 年的推荐意见，分类如下。

① 既不涉及双电层，也不涉及电极反应的方法，例如电导分析法和高频滴定法。

② 只涉及双电层，但不涉及电极反应的方法，例如通过测量表面张力或非法拉第阻抗而测定浓度的分析方法。

③ 涉及电极反应的方法，可分为两类：一类是电解电流为零，如电位滴定法；另一类是电解电流不为零，包括计时电位法、计时电流法、阳极溶出法、交流极谱法、单扫描极谱法、方波极谱法、示波极谱法、库仑分析法等。

本章主要讨论电位分析法，同时简要介绍电解分析法、库仑分析法、极谱和伏安分析法。

13.1.4 电化学分析法的特点

电化学分析法的特点如下。

① 灵敏度较高。最低检出限可达 $10^{-12}mol·L^{-1}$。

② 准确度高。如库仑分析法和电解分析法的准确度很高，前者特别适用于微量成分的测定，后者适用于高含量成分的测定。

③ 测量范围宽。电位分析法及微库仑分析法等可用于微量组分的测定；电解分析法、电容量分析法及库仑分析法则可用于中等含量组分及纯物质的分析。

④ 仪器设备较简单，价格低廉，容易实现自动化。

⑤ 选择性差。电化学分析的选择性一般都较差，但离子选择性电极法、极谱法及控制阴极电位电解法选择性较高。

⑥ 应用范围广，如化学平衡常数测定、化学反应机理研究、化学工业生产流程中的监测与自动控制、环境监测与环境信息实时发布、生物、药物分析、活体分析和监测（超微电极直接插入生物体内）等。

13.2 基本原理

13.2.1 化学电池

（1）化学电池的组成

化学电池是化学能与电能相互转化的装置：

$$\text{化学能} \underset{\text{电解池}}{\overset{\text{原电池}}{\rightleftharpoons}} \text{电能}$$

原电池指自发地将其内部的化学反应所产生的能量转化为电能的化学电池。而电解池指电化学反应的能量由外电源供给的化学电池。

简单的化学电池由两组金属与电解质溶液体系组成。两组金属（电极）通过导线与外电路连接，两电极与溶液部分相互沟通，组成一个回路。如果组成电极的两组金属浸入同一个电解质溶液中，构成的电池称为无液体接界电极，如图 13-1(a) 所示。

如果两组金属分别浸入不同电解质中且两组溶液用盐桥连接，构成的电池称为有液体接界电池，如图 13-1(b) 所示。

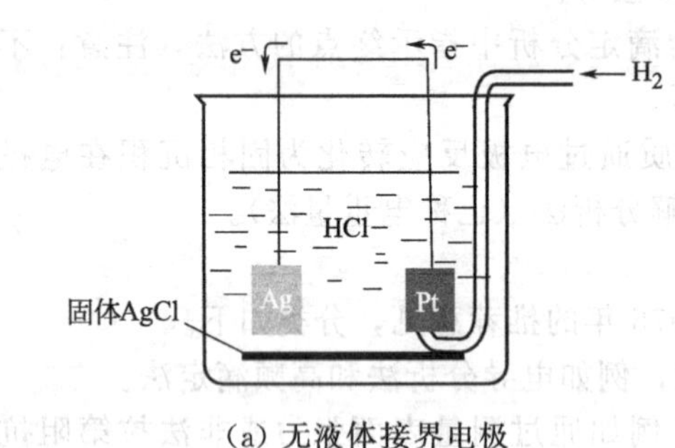

(a) 无液体接界电极

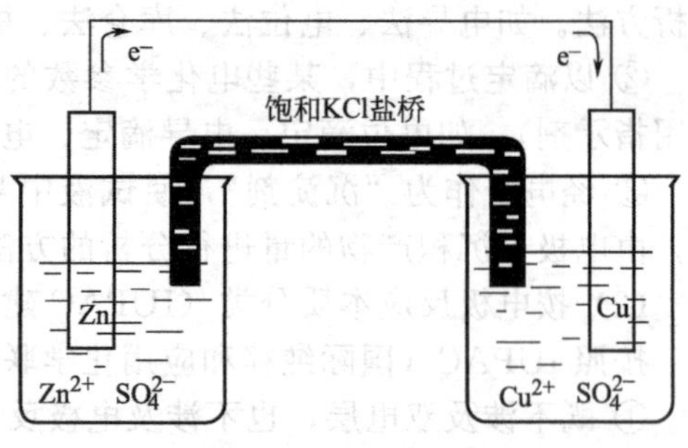

(b) 有液体接界电极

图 13-1　简单的原电池

电池工作时，电流通过电池的内外部，构成回路。外部电路是金属导体，移动的是电子。电池内部是电解质溶液，移动的分别是带正、负电荷的离子。电流要通过整个回路，必须在两电极的金属/溶液界面上发生电子交换的氧化还原电极反应，即离子从电极上取得电子或将电子交于电极。

(2) 原电池的表示方法

按 IUPAC 的规定，原电池的表示方法如下：

① 用"‖"代表盐桥；

② 电极电位低的负极写在左边，电极电位高的正极写在右边；

③ 用"|"表示相界面或两互不相溶的溶液；

④ 标明物态（s、l、g）和组成（浓度 a、压力 p）。

按上述规定，Cu-Zn 电池可表示为：

$(-)Zn(s) \mid ZnSO_4(a_1) \parallel CuSO_4(a_2) \mid Cu(s)(+)$

(3) 液接界电位

当两种静态的不同溶液直接接触时，如果离子不同或离子相同而浓度不同，由于离子的迁移（扩散）速度不同，在其接触界面上产生正、负电荷的分离，因而产生界面的电势差，称为液接界电位，通常简称液接电位。

由于 φ_L 难以确定，影响了电池电动势的测量，必须予以消除或使其降低到最小，通常的方法是在两电解质溶液之间用"盐桥"连接，可使液接电位降到很低（一般为 1～2mV）。

13.2.2　电极

电化学分析法中常用的电极可分为两大类，即参比电极和指示电极，它们与被测试液组成工作电池。电化学分析法就是研究该电池内发生的特定现象来获得物质的组成、含量等有关信息的。

(1) 参比电极

参比电极（reference electrode）是电位已知并且恒定的电极。测量时，参比电极上通过的电流极小，不致引起参比电极的极化。参比电极要求电极电位恒定，重现性好，结构简单，容易制作和使用寿命长。标准氢电极是最精确的参比电极，认为是参比电极的一级标准。因为标准氢电极的电势值为零，当它与另

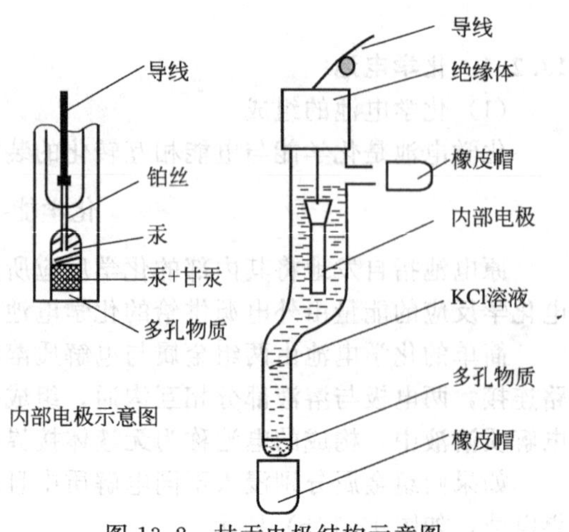

图 13.2　甘汞电极结构示意图

外一支指示电极组成原电池时，所测得的电池电势，即是该指示电极的电势。但标准氢电极的制备和操作难度较高，电极中的铂黑易中毒而失活，因此，在实际工作中往往采用一些易于制作，使用方便，在一定条件下电极电势恒定的其他电极作为参比电极。目前常用的参比电极有甘汞电极和银-氯化银电极，它们的电极电势值是相对于标准氢电极而测得的，故称为二级标准。

① 甘汞电极（calomel electrode） 甘汞电极是实验室最常用的参比电极之一，由金属汞、甘汞（Hg_2Cl_2）和 KCl 溶液组成。它的结构如图 13-2 所示。

其电极反应：$Hg_2Cl_2+2e^- \longrightarrow 2Hg+2Cl^-$

半电池符号：Hg，Hg_2Cl_2（固）KCl

电极电位（25℃）：

$$\varphi_{Hg_2Cl_2/Hg}=\varphi^{\ominus}_{Hg_2Cl_2/Hg}-0.059\lg a_{Cl^-} \tag{13-1}$$

可见其电位与氯离子的浓度有关，当电极内溶液的 Cl^- 活度一定时，甘汞电极电位固定。常用的甘汞电极如表 13-1 所示

表 13-1 甘汞电极的电极电位（25℃）

电极种类	0.1mol·L^{-1}甘汞电极	标准甘汞电极(NCE)	饱和甘汞电极(SCE)
KCl 浓度	0.1mol·L^{-1}	1.0mol·L^{-1}	饱和溶液
电极电位/V	+0.3365	+0.2828	+0.2438

温度校正，对于 SCE，t℃时的电极电位为：

$$\varphi_t=0.2438-7.6\times10^{-4}(t-25)\ (\text{V}) \tag{13-2}$$

② 银-氯化银电极 银-氯化银电极也是实验室最常用的参比电极之一，银丝上镀一层 AgCl 沉淀，浸在一定浓度的 KCl 溶液中即构成了银-氯化银电极。其结构示意图如图 13-3 所示。

其电极反应：$AgCl+e^- \longrightarrow Ag+Cl^-$

半电池符号为：Ag，AgCl（固）KCl

电极电位（25℃）：

$$\varphi_{AgCl/Ag}=\varphi^{\ominus}_{AgCl/Ag}-0.059\lg a_{Cl^-} \tag{13-3}$$

其电位也受 Cl^- 浓度的影响，当 Cl^- 活度一定时，Ag-AgCl 电极的电极电势值就恒定。表 13-2 为不同 Cl^- 浓度下 Ag-AgCl 电极的电极电位。

温度校正，（标准 Ag-AgCl 电极），t℃时的电极电位为：

$$\varphi_t=0.2223-6\times10^{-4}(t-25)\ (\text{V}) \tag{13-4}$$

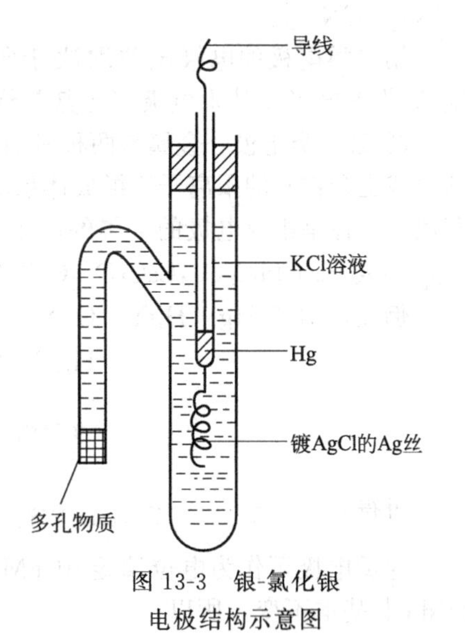

图 13-3 银-氯化银电极结构示意图

表 13-2 Ag-AgCl 电极的电极电位（25℃）

项 目	0.1mol·L^{-1}Ag-AgCl 电极	标准 Ag-AgCl 电极	饱和 Ag-AgCl 电极
KCl 浓度	0.1mol·L^{-1}	1.0mol·L^{-1}	饱和溶液
电极电位/V	+0.2880	+0.2223	+0.2000

（2）金属基电极

这类电极是以金属为基体，其共同的特点是电极上有电子交换反应，即氧化还原反应的存在，它可以分为以下四种。

① 第一类电极——金属-金属离子电极　金属插入该金属离子的溶液中，金属与其离子溶液就组成金属-金属离子电极（如银、汞、铜、铅、锌、镉等电极）。该电极的电极电势能准确地反映溶液中金属离子活度的变化。

图示式：　$M|M^{n+}[a_{M^{n+}}]$

半反应：　$M^{n+}+ne^- \rightleftharpoons M$

电极电位：

$$\varphi_{M^{n+}/M}=\varphi^{\ominus}_{M^{n+}/M}+\frac{RT}{nF}\ln a_{M^{n+}} \tag{13-5}$$

金属电极的电极电位仅与 M^{n+} 活度有关，不但可用于测定 M^{n+} 活度，也可用于滴定过程中由于沉淀或配位等反应而引起的 M^{n+} 活度变化的电位滴定测定。某些活泼金属（如铁、钴、镍）表面易产生氧化膜，故不宜用来制备指示电极。

② 第二类电极——金属-金属难溶盐电极　金属与其难溶盐（或配位离子）及难溶盐的阴离子（或配位离子）组成体系的电极，前述的两种参比电极（Hg-Hg_2Cl_2 和 Ag-$AgCl$）均属于此类指示电极。这类电极有两个相界面，常用作参比电极。如银-氯化银电极（$Ag/AgCl, Cl^-$）。

电极反应：　$AgCl+e^- \rightleftharpoons Ag+Cl^-$

电极电位（25℃）：　$\varphi=\varphi^{\ominus}_{AgCl/Ag}-0.059\lg a_{Cl^-}$

Ag/Ag^+ 电极的电位为：　$\varphi=\varphi^{\ominus}_{Ag^+/Ag}+0.059\lg a_{Ag^+}$

因此

$$\varphi^{\ominus}_{AgCl/Ag}=\varphi^{\ominus}_{Ag^+/Ag}+0.059\lg K_{sp,AgCl} \tag{13-6}$$

常用的类似电极还有金属与其配离子组成的电极，如银-银氰配离子电极［$Ag/Ag(CN)_2^-, CN^-$］。

第二类电极的电极电位取决于阴离子的活度，所以可以作为测定阴离子的指示电极。银-氯化银电极及甘汞电极（尤其是饱和甘汞电极）又常作为电化学中的二级标准电极。

③ 第三类电极　金属与两种具有相同阴离子难溶盐（或难离解配合物）以及第二种难溶盐（或配合物）的阳离子所组成体系的电极。这两种难溶盐（或配合物）中，阴离子相同，而阳离子一种是组成电极的金属的离子，另一种是待测离子。如：$Ag \mid Ag_2C_2O_4, CaC_2O_4, Ca^{2+}(a_{Ca^{2+}})$或 $Pb \mid PbC_2O_4, CaC_2O_4, Ca^{2+}(a_{Ca^{2+}}), Hg \mid HgY, CdY, Cd^{2+}, (a_{Cd^{2+}})$等。

例如，对于 $Hg \mid HgY, CdY, Cd^{2+}, (a_{Cd^{2+}})$，电极反应：

$$HgY+2e^-+Cd^{2+} \rightleftharpoons Hg+CdY$$

$$\varphi=\varphi^{\ominus}_{HgY/Hg}+\frac{0.059}{2}\lg\frac{a_{HgY}a_{Cd^{2+}}}{a_{CdY}} \tag{13-7}$$

可得：

$$\varphi^{\ominus}_{HgY/Hg}=\varphi^{\ominus}_{Hg^{2+}/Hg}+\frac{0.059}{2}\lg\frac{K_{CdY}}{K_{HgY}} \tag{13-8}$$

这类电极可作为电位滴定中 pM 的指示电极，在滴定临近终点时，可认为［HgY］/［CdY］基本不变，所以：

$$\varphi=\varphi^{\ominus\prime}+\frac{0.059}{2}\lg a_{Cd^{2+}} \tag{13-9}$$

④ 零类电极——惰性金属电极　指将惰性金属如铂或石墨制成片状或棒状，浸入含有同一元素不同氧化态的两种离子的溶液中而组成的电极。这类电极的电极电势与两种氧化态离子的活度比有关，惰性物质本身不参与电极反应，只作为电子交换场所，起电子转移的介质作用。最常用的是 Pt 电极。如 $Pt|Fe^{3+}(a_1)$、$Fe^{2+}(a_2)$、$Pt|Ce^{4+}(a_1)$、$Ce^{3+}(a_2)$、氢电极等。

由上述讨论可知：金属电极、金属-金属难溶盐电极、零类金属电极等，都属金属基电极，其电极电位主要来源于电极表面的氧化还原反应。由于这些电极受溶液中氧化剂、还原剂等多种因素影响，其选择性不高。

13.3 离子选择性电极

离子选择性电极（又称膜电极 ISE，ion selective electrode），是具有敏感膜并能产生膜电位的电极（基于离子交换或扩散的电极）。由于它的电极电势产生机理与金属基电极不同，因此专门进行讨论。

离子选择性电极主要由离子选择性膜、内参比电极和内参比溶液组成。根据膜的性质不同，离子选择性电极可分为非晶体膜电极、晶体膜电极和敏化电极等，1976 年 IUPAC 基于膜的特征，推荐将其分为以下几类（表 13-3）。

表 13-3 离子选择性电极分类

原电极(主体电极)	晶体膜电极		非晶体膜电极
	单晶膜电极	多晶膜电极	如各种玻璃电极、液态膜电极
	如氟电极	如氯电极($AgCl+Ag_2S$)	
敏化电极	气敏电极(gas sensing electrode)	酶电极(enzyme elecrode)	其　他
	如 NH_3 电极、SO_2 电极等	如尿素酶电极等	如细菌电极生物电极、免疫电极等

13.3.1 离子选择性电极的原理与结构

离子选择性电极也称电化学传感器，是通过某些离子在膜两侧的扩散、迁移和离子交换等作用，选择性地对某个离子产生膜电势，而膜电势与该离子活度的关系符合 Nernst 方程。其基本结构如图 13-4 所示。

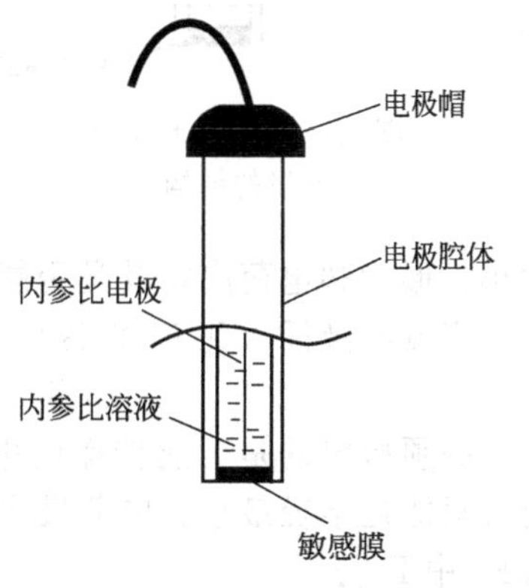

图 13-4 离子选择性电极示意图

（1）电极结构

从图 13-4 中可以看到，离子选择性电极（ISE）由四个基本部分组成。

① 电极腔体——由玻璃或高分子聚合物材料做成。

② 内参比电极——通常为 Ag/AgCl 电极。

③ 内参比溶液——由氯化物及相应离子的强电解质溶液组成。

④ 敏感膜——对离子具有高选择性响应的敏感膜，其特点是仅对溶液中特定离子有选择性响应。膜电极的关键部分是一个称为选择膜的敏感元件。敏感元件包括为单晶、混晶、液膜、功能膜及生物膜等构成。

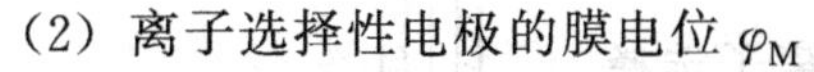
（2）离子选择性电极的膜电位 φ_M

ISE 的膜电位是指离子选择电极膜内外由于被测离子活度的不同而产生电位差。当敏感膜两边分别与两个不同浓度或不同组成的电解质相接触时，膜两边交换、扩散的离子数目不同，形成了双电层结构，在膜的两边形成两个相界电位 $\varphi_{外}$ 和 $\varphi_{内}$，产生电位差。

$$\varphi_{玻璃膜}=\varphi_{外}-\varphi_{内}=k\pm\frac{RT}{F}\ln\frac{a_{外}}{a_{内}}=k\pm\frac{RT}{F}\ln a_{(外)} \qquad (13\text{-}10)$$

对阳离子来说，式(13-10) 中取“+”号，对阴离子来说取“－”号。

(3) ISE的电极电位 φ_{ISE}

由于玻璃电极中还含有内参比溶液，所以，离子选择性电极的电极电位应为：

$$\varphi_{ISE}=\varphi_{M}+\varphi_{内参}$$

而 $\varphi_{内参}$ 是定值，故

$$\varphi_{ISE}=K\pm\frac{RT}{zF}\ln a \qquad (阳离子取“+”,阴离子取“-”) \tag{13-11}$$

可见 φ_{ISE} 取决于待测离子的活度，因此式(13-11)也称为ISE的Nernst方程，它是ISE分析法的依据。不同电极的 K 值不同，其数值与薄膜及内部溶液有关。离子选择性电极在其工作范围内，膜电位符合能斯特方程式，与待测离子活度的对数值成直线关系，这是应用离子选择性电极测定离子活度的基础。

13.3.2 几种离子选择性电极简介

(1) 晶体膜电极——氟离子选择电极

晶体膜电极分为均相、非均相晶膜电极。均相晶膜由一种化合物的单晶或几种化合物混合均匀的多晶压片而成。非均相膜由多晶中掺惰性物质经热压制成。

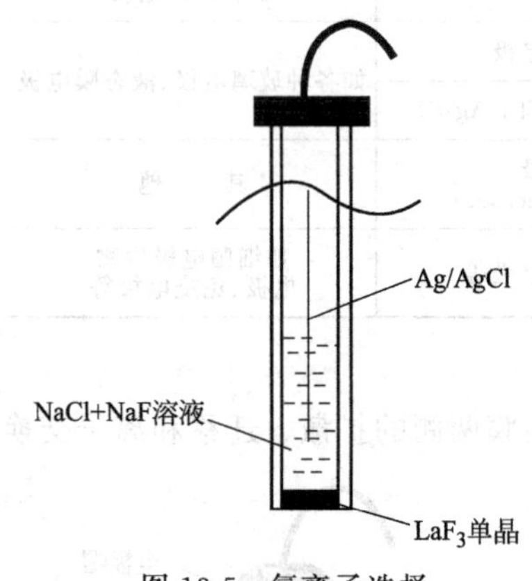

图13-5 氟离子选择电极的结构

典型的晶体膜电极是氟离子选择电极，其电极结构如图13-5所示。

氟离子选择电极的敏感膜为氟化镧（LaF_3）单晶片，约2mm厚，常掺入0.1%～0.5%EuF_2和1%～5%CaF_2，使晶格点阵中La^{3+}被Eu^{2+}、Ca^{2+}取代，形成较多的晶格空穴，从而改善电极的导电性能。内参比电极为Ag-AgCl电极（管内）。内参比溶液由0.1mol·L^{-1}的NaCl和0.1mol·L^{-1}的NaF混合溶液（F^-用来控制膜内表面的电位，Cl^-用以固定内参比电极的电位）组成。

由于LaF_3的晶格中有空穴，在晶格上的F^-可以移入晶格邻近的空穴而导电。对于一定的晶体膜，离子的大小、形状和电荷决定其是否能够进入晶体膜内，故膜电极一般都具有较高的离子选择性。

当氟电极插入到F^-溶液中时，F^-在晶体膜表面进行交换。25℃时：

$$\varphi(膜)=K-0.059\lg a(F^-)=K+0.059\text{pF} \tag{13-12}$$

必须指出的是：能传递的电荷只是少数晶格能小的晶体，而且只能是半径最小、电荷最少的晶格离子才能扩散移动，如LaF_3中F^-。

一般来说，晶膜电极的选择性取决于膜化合物和共存离子与晶格离子生成化合物溶解度的相对大小，而检测限取决于膜化合物的K_{sp}。

(2) 非晶体膜电极——玻璃电极

① 玻璃电极的结构 pH玻璃电极是最早使用的离子选择性电极，属于非晶体膜电极。玻璃电极包括对H^+响应的pH玻璃电极及对K^+、Na^+响应的pK、pNa玻璃电极。玻璃电极的结构同样由电极腔体（玻璃管）、内参比溶液、内参比电极及敏感玻璃膜组成，而关键部分为敏感玻璃膜。pH玻璃电极的结构如图13-6所示。

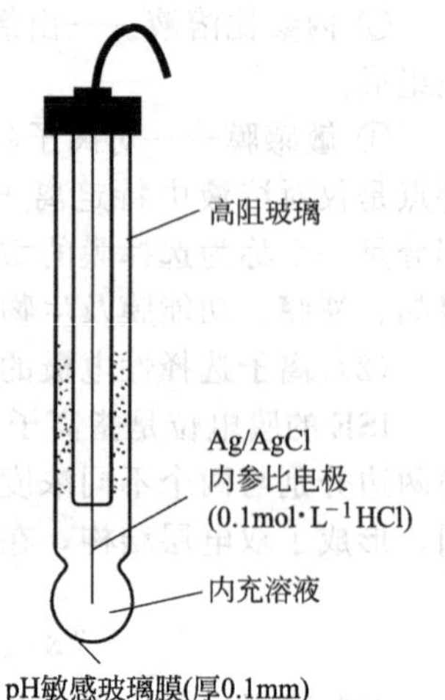

图13-6 pH玻璃电极

玻璃膜的组成不同，可制成对不同阳离子响应的玻璃电

极。如常用的 pH 玻璃电极，其玻璃配方为：Na_2O21.4%，CaO6.4%，$SiO_2$72.2%，其pH值测量范围为pH1～10，若加入一定比例的 Li_2O，可以扩大测量范围。而 H^+ 响应的玻璃膜电极其敏感膜是在 SiO_2 基质中加入 Na_2O、Li_2O 和 CaO 烧结而成的特殊玻璃膜。

② pH 玻璃电极的响应机理　硅酸盐玻璃的结构——玻璃中含有金属离子、氧和硅，Si－O键在空间中构成固定的带负电荷的三维网络骨架，金属离子与氧原子以离子键的形式结合，存在并活动于网络之中，承担着电荷的传导。

在晶格中存在较小的，但活动力较强的正离子，主要是钠离子，溶液中的氢离子能进入硅酸晶格中代替钠离子的点位，而溶液中的负离子，则被带负电的硅酸晶格排斥，二价或多价离子也无法进入晶格。新做成的电极，干玻璃膜的网络中由 Na^+ 所占据。玻璃电极使用前，必须在水溶液中浸泡 24h。玻璃电极在水溶液中浸泡后，水中的 H^+ 和玻璃中的 Na^+ 会发生如下交换反应：

$$H^+ + Na^{+-}O\overset{|}{\underset{|}{Si}}— \rightleftharpoons —\overset{|}{\underset{|}{Si}}O^- H^+ + Na^+$$

由于硅酸结构与 H^+ 结合的键的强度远大于 Na^+ 强度，约 10^{14} 倍。反应平衡常数很大，有利于正反应，经过一定时间，玻璃膜表面 Na^+ 的点位全部被 H^+ 所占据，形成一个三层结构水合硅胶层，由中间的干玻璃层和两边的水化硅胶层构成。水化硅胶层的厚度为 10^{-4}～10^{-5}mm。

玻璃膜水化胶层示意如图 13-7 所示。

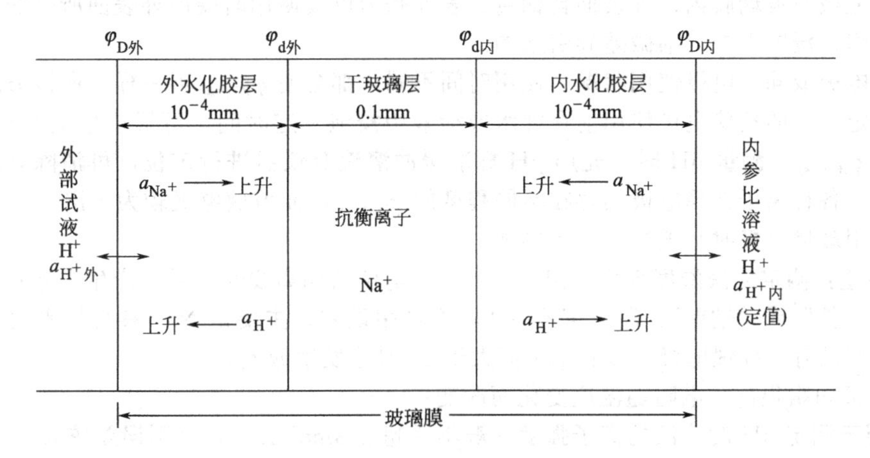

图 13-7　玻璃膜的水化胶层及膜电位的产生

③ pH 玻璃电极的膜电位及电极电位　将浸泡后的玻璃电极插入待测溶液，水合层与溶液接触，由于水合硅胶层表面与溶液中的 H^+ 活度不同，形成活度差，H^+ 由活度大的一方向活度小的一方迁移，达到平衡时：

$$H^+_{硅胶层} \rightleftharpoons H^+_{溶液}$$

因而改变了硅胶层——溶液两相界面的电荷分布，产生了一定的相界电位。

同理，在玻璃膜内侧水合硅胶层-内部溶液界面间也存在相界电位。可见，玻璃电极两侧相界电位的产生不是由于电子得失，而是由于离子（H^+）在溶液和硅胶层界面间进行迁移的结果。

由此可见，膜电位的形成是由于敏感膜两边分别与两个不同浓度或不同组成的电解质相接触时，膜两边交换、扩散离子数目不同，形成了双电层结构，在膜的两边形成两个相界电位 $\varphi_{外}$ 和 $\varphi_{内}$，产生电位差所致。25℃时其膜电位可表示如下：

$$\varphi_{膜}=\varphi_{外}-\varphi_{内}$$

$$\varphi_{外}=k_1+0.059\lg\frac{a_{外}}{a'_{外}}$$

$$\varphi_{内}=k_2+0.059\lg\frac{a_{内}}{a'_{内}}$$

式中，$a_{外}$ 为外部溶液中 H^+ 活度；$a'_{外}$ 为外水合胶层表面中 H^+ 活度；$a_{内}$ 为内参比溶液中 H^+ 活度；$a'_{内}$ 为内水合胶层表面中 H^+ 活度；k_1、k_2 为与膜表面性质有关的常数。当玻璃膜内外表面的性状相同，可以认为 $k_1=k_2$，又因水合硅胶层表面的 Na^+ 都被 H^+ 所代替，故 $a'_{内}=a'_{外}$。

由此可得

$$\varphi_{膜}=\varphi_{外}-\varphi_{内}=0.059\lg\frac{a_{外}}{a_{内}} \tag{13-13}$$

通常内参比溶液固定，则

$$\varphi_{膜}=k+0.059\lg a_{外}=k-0.59\mathrm{pH}_{试} \tag{13-14}$$

25℃时，pH 玻璃电极的电极电位为：

$$\varphi_{玻璃}=\varphi_{内参}+\varphi_{膜}=K-0.059\mathrm{pH}_{试} \tag{13-15}$$

由式(13-15) 可知，当膜内外的溶液相同时，$\varphi_M=0$，但实际上仍有一很小的电位存在，称为不对称电位，这时由于膜的内外表面的性状不可能完全一样。造成的因素主要包括：制作电极时玻璃膜内、外表面含钠量、表面张力以及使用时膜内外表面所受的机械磨损及化学吸附、浸蚀不同等细微差异引起的。

不同电极或同一电极使用状况、使用时间不同，都会使 $\varphi_{不对称}$ 不一样，所以 $\varphi_{不对称}$ 难以测量和确定。干的玻璃电极使用前在纯水或稀酸中浸泡一定时间，可形成稳定的水化胶层，利于降低 $\varphi_{不对称}$。测量 pH 时，先用 pH 标准缓冲溶液对仪器进行定位，可消除 $\varphi_{不对称}$ 对测定的影响。各种离子选择电极均存在不同程度的 $\varphi_{不对称}$，而玻璃电极较为突出。

在使用玻璃电极时必须注意以下事项：

a. 酸差：测定溶液酸度太大（pH＜1）时，电位值偏离线性关系，产生误差；

b. “碱差”或“钠差”：测定溶液 pH＞12 产生误差，主要是 Na^+ 参与相界面上的交换所致。现在已有一种锂电极，仅在 pH 值大于 13 时才发生碱差；

c. 电极内阻很高，电阻随温度变化而改变；

d. 用于测定 pH 时溶液的离子强度一般不要超过 $3\mathrm{mol\cdot L^{-1}}$，否则误差较大。

(3) 流动载体电极

① 结构　电极薄膜由待测离子的盐类、螯合物等溶解在不与水混溶的有机溶液中，再使这种有机溶液渗入惰性多孔物质而制成的电极称为液态膜电极，也称为流动载体膜电极（液膜电极）。钙离子电极是液膜电极的代表。其结构如图 13-8 所示。

内参比溶液：Ca^{2+} 水溶液。液膜（内外管之间）：$0.1\mathrm{mol\cdot L^{-1}}$ 二癸基磷酸（液体离子交换剂）的苯基磷酸二辛酯溶液，其极易扩散进入微孔膜，但不溶于水，故不能进入试液溶液。多孔性膜是疏水性的，仅支持离子交换剂形成一层薄膜，即为电极的敏感膜。

② 钙离子电极的电位　二癸基磷酸根在液膜-试液两相界面间来回迁移，传递钙离子，直至达到平衡。在薄膜两面的界面发生离子交换反应：$CaR = Ca^{2+}+R^{2-}$。由于 Ca^{2+} 在水相（试液和内参比溶液）中的活度与在有机相中的活度有差异，在两相之间产生相界电位。在 25℃时为：

$$E=K+\frac{0.059}{2}\lg a_{Ca^{2+}}$$

钙电极适宜的 pH 范围是 5～11，可测出 10^{-5} mol·L^{-1}的 Ca^{2+}。

③ 分类　根据电极膜性质不同，可分为带正电荷的流动载体电极、带负电荷载体电极和中性载体电极。NO_3^- 选择电极为带正电荷的流动载体电极，这类电极主要对无机、有机阴离子或配体阴离子有响应。而带有机大阴离子、羧基等这类带负电荷载体电极，可响应阳离子，如 Ca^{2+} 选择电极、一些药物电极。若用某些抗生素、冠醚化合物及开链酰胺等具有未成键电子（n 电子）的中性大分子螯合剂作为载体，可响应阳离子，这类电极为中性载体电极，如 K^+ 选择电极。

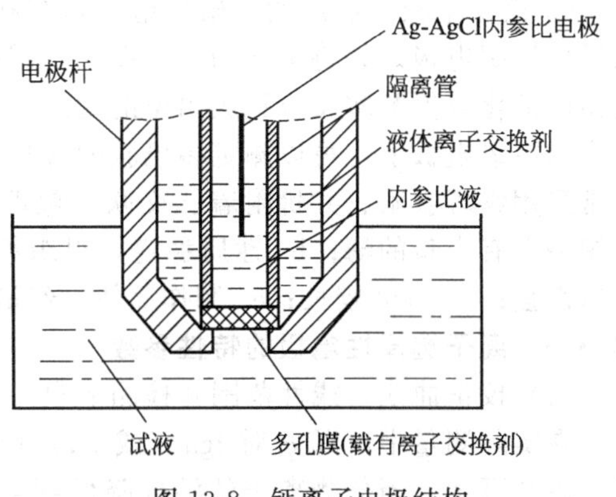

图 13-8　钙离子电极结构

(4) 敏化电极

按 IUPAC 推荐的定义：敏化电极为在主体电极上覆盖一层膜或物质，使电极能提高或改变其选择性的电极。

敏化电极包括气敏电极、酶电极、细菌电极和生物电极等。

① 气敏电极　气敏电极是基于界面化学反应的敏化电极。气敏电极在原电极上覆盖一层膜或物质，使得电极的选择性提高。通常由指示电极与参比电极组装在一起组成对电极，结构如图 13-9 所示。

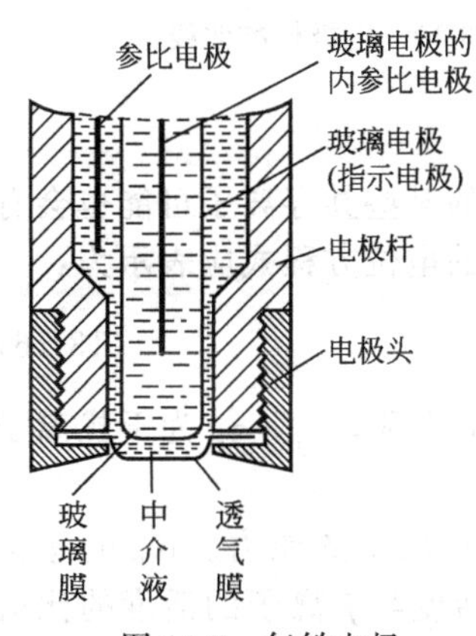

图 13-9　气敏电极结构示意图

气敏电极也被称为探头、探测器和传感器。测量时，试样中待测组分气体扩散通过透气膜，进入离子选择电极的敏感膜与透气膜之间的极薄液层内，使液层内离子活度变化，则离子选择电极膜电位改变，故电池电动势也发生变化，从而可以指示试样中气体的分压。

如氨气敏电极，以 pH 玻璃电极为指示电极，透气膜为聚偏四氟乙烯，中介质为 NH_4Cl 溶液，NH_3 穿过透气膜进入 NH_4Cl 溶液，引起下列平衡的移动：

$$NH_3+H_2O \rightleftharpoons NH_4^++OH^- \qquad K_b=\frac{[NH_4^+][OH^-]}{[NH_3]}$$

$[NH_4^+]$ 基本不改变，因此，$[OH^-]=K_b'[NH_3]$，则 pH 玻璃的电极电位就表示为：

$$\varphi=K-0.059\lg[OH^-]=K'-0.059\lg[NH_3]=K''-0.059\lg p_{NH_3}$$

(因为 $[NH_3]\propto p_{NH_3}$)

同理可做成 CO_2、NO_2、H_2S、SO_2 等气敏电极。

② 酶电极　酶电极是基于界面酶催化化学反应的敏化电极。酶是具有特殊生物活性的催化剂，对反应的选择性强，催化效率高，可使反应在常温、常压下进行。在指示电极（离子选择性电极或电流型传感电极）上覆盖一层活性酶物质，通过酶的酶促作用，使待测物质（底物）反应生成指示电极能响应的物质，从而达到间接测定的目的。如尿素的测定：

$$CO(NH_2)_2+H_2O \xrightarrow{\text{脲酶}} 2NH_3+CO_2$$

或

$$CO(NH_2)_2+H^++2H_2O \xrightarrow{\text{脲酶}} 2NH_4^++HCO_3^-$$

可用气敏氨电极或 CO_2 电极检测。

③ 组织电极　利用动、植物组织内存在的某种酶，将这些物质覆盖在指示电极上，可以做成组织电极。如将猪肝切片夹在尼龙网中紧贴在氨气敏电极上，利用猪肝组织中谷氨酰胺酶能催化谷氨酰胺反应释放出氨的功用，从而测定试样中的谷氨酰胺。又如将香蕉与碳糊混合贴在氧电极上，可以测定多巴胺的含量等。组织电极的制作关键是生物组织膜的固定，通常采用物理吸附、共价附着、交联、包埋等方法。组织电极的特点：a. 来源丰富，许多组织中含有大量的酶；b. 性质稳定，组织细胞中的酶处于天然状态，可发挥较佳功效；c. 专属性强；d. 寿命较长；e. 制作简便、经济，生物组织具有一定的力学性能。

13.3.3　离子选择性电极的特性参数

（1）校正曲线、线性范围和检测下限

在实际测量中，以 φ 对 $\lg a$（或 pa）作图，所得的曲线称为校正曲线，如图 13-10 所示。由图可知，当待测离子的活度降低到某一定值时，曲线开始偏离线性。校正曲线的直线部分所对应的离子活度范围称为 ISE 响应的线性范围。直线部分与水平部分延长线的交点所对应的离子活度称为 ISE 的检测下限。

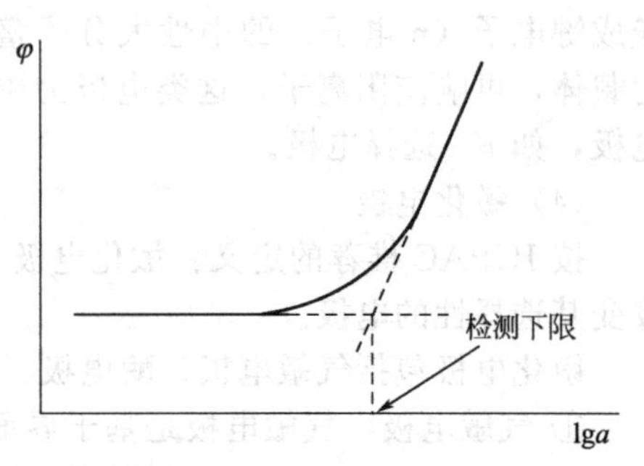

图 13-10　电极校准曲线

（2）响应斜率

校正曲线线性响应部分的直线斜率 $S=\mathrm{d}\varphi/\mathrm{d}\lg a$，称为 ISE 的实际响应斜率，$S$ 也称为级差。按照 Nernst 响应，直线斜率应为 $2.303RT/zF$，25℃时为 $0.059/z$，称为 ISE 的理论响应斜率 $S_{理}$。

（3）电位选择系数

在应用离子选择性电极对某一特定离子进行测定时，溶液中的某些共存离子可能也会有响应，即共存离子对离子选择性电极的电极电位也有贡献，此时的电位方程式应表示为：

$$\varphi=K\pm\frac{RT}{zF}\ln\left(a_i+K_{ij}a_j^{\frac{z_i}{z_j}}+K_{ik}a_k^{\frac{z_i}{z_k}}+\cdots\cdots\right)\tag{13-16}$$

式中，i 为被测定离子；j，k 为共存离子；z_i 为被测定离子的电荷；z_j，z_k 为干扰离子的电荷。此式称为 Nernst 扩充式（或称修正式）。

K_{ij} 称为 ISE 的电位选择系数，其大小表明电极抵抗其他干扰离子的能力。K_{ij} 的意义是：当待测离子 i 与干扰离子 j 所贡献的电位相同时，i 离子的活度与 j 离子的活度的比值（离子电荷相同时），即 $K_{ij}=a_i/a_j$。

一般 $K_{ij}<1$，K_{ij} 值越小，表明 ISE 电极的选择性越高。

例如：能测高 pH 值的玻璃电极，其 K_{H^+,Na^+} 可达 10^{-15}。又如：$K_{ij}=0.001$，表明 ISE 对 i 离子的响应比对 j 离子的响应灵敏 1000 倍，即当干扰离子 j 离子的活度比待测离子 i 的活度大 1000 倍时，两者才产生相同的电位。

借助选择系数，可以估计干扰离子对待测离子的测量结果所产生的误差。

$$误差=\frac{K_{ij}a_j^{\frac{z_i}{z_j}}}{a_i}\times100\%\tag{13-17}$$

【例 13-1】 某硝酸根电极对硫酸根的选择系数 $K_{NO_3^-,SO_4^{2-}}=4.1\times10^{-5}$，用此电极在 $1.0\mathrm{mol\cdot L^{-1}}$ 硫酸盐介质中测定硝酸根，如果要求测量误差不大于 3%，试计算可以测定的硝酸根的最低活度为多少？

解：

$$误差=\frac{K_{ij}a_j^{z_i/z_j}}{a_i}\times100\%=K_{NO_3^-,SO_4^{2-}}\times\frac{a_{SO_4^{2-}}^{1/2}}{a_{NO_3^-}}\leqslant3\%$$

$$a_{NO_3^-} \geqslant 4.1\times10^{-5}\times\frac{1.0^{1/2}}{3\%}=1.4\times10^{-3}\,mol\cdot L^{-1}$$

测定的硝酸根的活度应大于 $1.4\times10^{-4}\,mol\cdot L^{-1}$。

【例 13-2】 用 pNa 玻璃膜电极（$K_{Na^+,K^+}=0.001$）测定 pNa=3 的试液时，如试液中含有 pK=2 的钾离子，则产生的误差是多少？

解

$$相对误差=K_{ij}\times\frac{(a_j)^{z_i/z_j}}{a_i}\times100\%$$

$$=0.001\times\frac{(10^{-2})}{10^{-3}}\times100\%=1\%$$

从上面的讨论可知：①严格来说选择系数不是一个常数，不同离子活度条件下测定的选择系数值不相同；②K_{ij} 仅能用来估计干扰离子存在时产生的测定误差或确定电极的适用范围。

(4) 响应时间

响应时间是指参比电极与离子选择电极同时刚接触到试液起直到电极电位值达到稳定值的 95%所需的时间。

影响离子选择性电极响应时间快慢的因素有：①敏感膜的组分和性质；②膜的厚度；③膜表面的光洁度；④参比电极的稳定性；⑤液接电位的稳定性；⑥溶液的组成与浓度（在浓溶液中比在稀溶液中的响应要快）。测量时，常用搅拌测量溶液来缩短离子选择性电极的响应时间。一般响应时间为 2～15min。

13.4 电位分析法

13.4.1 基本原理

电位分析法是在零电流条件下，以测定两电极间的电位差（电池电动势）或电位差变化为基础的电化学分析法。

电极电位与被测物质活度之间的关系可以用 Nernst 方程式来表示。

$$\varphi_{M^{n+}/M}=\varphi^{\ominus}_{M^{n+}/M}+\frac{RT}{nF}\ln a_{M^{n+}} \qquad (13\text{-}18)$$

式中，$a_{M^{n+}}$ 为被测物质的活度，溶液浓度很小时可用 M^{n+} 的浓度代替活度；n 为单元半反应的电子转移数；$\varphi^{\ominus}_{M^{n+}/M}$ 为指示电极的标准电极电位；R 为气体常数，$8.314\,J\cdot mol^{-1}\cdot K^{-1}$)；$F$ 为法拉第常数，$96487\,C\cdot mol^{-1}$；K 为热力学温度。当 K 为 278（25℃）时，方程式简化为：

$$\varphi_{M^{n+}/M}=\varphi^{\ominus}_{M^{n+}/M}+\frac{0.059}{n}\ln a_{M^{n+}} \qquad (13\text{-}19)$$

由于单个电极的电极电位的绝对值无法测量，所以可以将它和另一个电极电位固定，并和已知的电极共同浸入试液中组成原电池，通过测定其电动势，就可以求出有关离子的浓度。

电位分析法的基本装置由三部分组成，即工作电池，由参比电极、指示电极和被测试液组成；搅拌器一般采用磁力搅拌器和被测试液和电位计。电位分析法装置如图 13-11 所示。

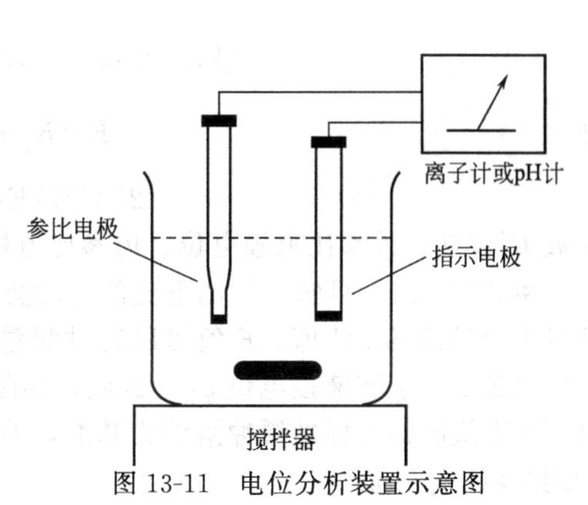

图 13-11 电位分析装置示意图

设电池为

$$M|M^{n+}\|参比电极$$

习惯上把正极写在右边，负极写在左边，用 E 表示电池电动势，则

$$E=\varphi_{(+)}-\varphi_{(-)}+\varphi_L$$

式中，$\varphi_{(+)}$ 为正极电极电位；$\varphi_{(-)}$ 为负极是极电位；φ_L 为液体接界电位，通常在实际测量中使用盐桥，故液接电位很小，可以忽略，故 25℃时

$$E=\varphi_{(+)}-\varphi_{(-)}=\varphi_{参比}-\varphi_{M^{n+}/M}=\varphi_{参比}-\varphi^{\ominus}_{M^{n+}/M}-\frac{0.059}{n}\ln a_{M^{n+}} \tag{13-20}$$

式中，$\varphi_{参比}$ 代表参比电极的电位。

由于式中 $\varphi_{参比}$ 和 $\varphi^{\ominus}_{M^{n+}/M}$ 在温度一定时，都是常数，故只要测出电池的电动势 E 就可以求得 $a_{M^{n+}}$，这种方法称为直接电位法。

若 M^{n+} 是被滴定离子，在滴定过程中，电极电动势 E 会随 $a_{M^{n+}}$ 的变化而不断变化。在化学计量点附近发生突变，相应的 E 也有较大的变化，这种通过测量滴定过程中电池电动势的变化来确定滴定终点的方法称为电位滴定法，可用于酸碱、氧化还原等各类滴定反应的终点确定。此外电位滴定法还可以用于测定电对的条件电极电位、酸碱的离解常数、配合物的稳定常数等。

13.4.2 电位分析法的应用

13.4.2.1 直接电位法

以测定电池（工作电池）电动势求得待测组分含量的方法称为电位测定法，也称直接电位法。应用最广的是溶液 pH 值的测定和离子活度的测定。

(1) 溶液 pH 值测定

① 原理 pH 值的定义：对溶液 pH 值的原定义为：氢离子浓度的负对数，表示为：$pH=-\lg[H^+]$。而实践证明，用电位法测得的实际上是离子的活度而不是浓度。因此对 pH 值重新定义为：氢离子活度的负对数，表示为：$pH=-\lg a_{H^+}$。测定溶液 pH 值有多种方法，包括试纸法、标准溶液对照法和仪器测定法（即直接电位法）。

② 装置（见图 13-11） 工作电池：指示电极为玻璃膜电极（也称氢离子选择性电极）、参比电极为饱和甘汞电极，也可采用复合玻璃电极，测定 pH 值未知的待测溶液。

电池示意如下：

$Ag, AgCl|HCl|$玻璃膜$|$试液溶液$||KCl$(饱和)$|Hg_2Cl_2$(固)$, Hg$

$\varphi_{玻璃}$ $\varphi_{液接}$ $\varphi_{甘汞}$

电池电动势为：

$$\begin{aligned}E&=\varphi_{甘汞}-\varphi_{玻璃}+\varphi_{液接}\\&=\varphi_{Hg_2Cl_2/Hg}-(\varphi_{AgCl/Ag}+\varphi_{膜})+\varphi_{液接}\\&=\varphi_{Hg_2Cl_2/Hg}-\varphi_{AgCl/Ag}-K-\frac{2.303RT}{F}\lg a_{H^+}+\varphi_L\end{aligned}$$

则

$$E=K'+\frac{2.303RT}{F}pH \tag{13-21}$$

$$25℃时：E=K'+0.059pH \tag{13-22}$$

常数 K' 包括：外参比电极电位、内参比电极电位、不对称电位 $\varphi_{不对称}$ 和液接电位 φ_L。

由式(13-21) 可知，待测电池的电动势与试液的 pH 值成直线关系，若能求出 E 和 K，便可求出试液的 pH 值。E 值可以通过测量获得，但常数 K 中包含了难以测量和计算的不对称电位 $\varphi_{不对称}$ 和液接电位 φ_L。因此，实际工作中，不能用式(13-21) 直接计算 pH 值，而是用 pH 值已知的标准缓冲溶液为基准，通过比较待测溶液和缓冲溶液的电池电动势来确定待测溶液的 pH 值。

③ pH 值的实用定义（比较法来确定待测溶液的 pH 值）　用电位计测定 pH 值已知的标准缓冲溶液 s 和 pH 值待测的试液 x 各自的电动势为：

$$E_S = K'_S + \frac{2.303RT}{F}pH_S;E_X = K'_X + \frac{2.303RT}{F}pH_X$$

若测定条件完全一致，则 $K'_S = K'_X$，两式相减得：

$$pH_X = pH_S + \frac{E_X - E_S}{2.303RT/F} \tag{13-23}$$

式中，pH_S 已知，实验测出 E_S 和 E_X 后，利用上式即可求出欲测试液的 pH 值 pH_X。IUPAC 推荐上式作为 pH 值的实用定义。使用时，尽量使温度保持恒定并选用与待测溶液 pH 值接近的标准缓冲溶液。常用的准缓冲溶液见表 13-4。

综合上述的讨论，直接电位法测定溶液的 pH 值步骤如下：

a. 用广泛 pH 试纸检测待测溶液大致的 pH 值；

b. 选择与待测液 pH 值相近（±2 个 pH 值左右）的标准缓冲溶液；

c. 将测定装置安装好；

d. 用选定的标准缓冲液对仪器进行定位；

e. 移开标准缓冲溶液，将电极洗净并擦干；

f. 测定待测液；直接在 pH/mV 计上读出该溶液的 pH 值。这种方法即为比较法来确定待测溶液的 pH 值法。

表 13-4　常用标准缓冲溶液

温度 t/℃	$0.05mol \cdot L^{-1}$ 草酸三氢钾	25℃饱和酒石酸氢钾	$0.05mol \cdot L^{-1}$ 邻苯二甲酸氢钾	$0.01mol \cdot L^{-1}$ 硼砂	25℃ $Ca(OH)_2$
10	1.671		3.996	9.330	13.011
15	1.673		3.996	9.276	12.820
20	1.676		3.998	9.226	12.637
25	1.680	3.559	4.002	9.182	12.460
30	1.684	3.551	4.010	9.142	12.292
35	1.688	3.547	4.019	9.105	12.130
40	1.694	3.547	4.029	9.072	11.975

实际工作中，常用的标准溶液为（25℃时）：邻苯二甲酸氢钾（pH=4.01）、磷酸二氢钾-磷酸一氢钾（pH=6.86）、硼砂（pH=9.18）等三种。

(2) 离子活度（或浓度）的测定原理与方法

根据上面的讨论，若将不同的离子选择性电极（指示电极）和相应的参比电极插入试液中，可以组成测定各种离子活度的工作电池，电池电动势为：

$$E = K' \pm \frac{2.303RT}{nF}\lg a_i \tag{13-24}$$

离子选择性电极作正极时，对阳离子响应的电极，取正号；对阴离子响应的电极，取负号。

Nernst 方程式表示的是电极电位与离子活度之间的关系式，而对于分析化学来说，测定的是离子浓度而不是活度，活度与浓度的关系为：

$$a = \gamma c$$

式中，γ 为活度系数，由溶液的离子强度所决定。

所以电位方程式变换为：

$$E=K\pm\frac{RT}{zF}\ln\alpha=K\pm\frac{RT}{zF}\ln\gamma c=K'\pm\frac{RT}{zF}\ln c \tag{13-25}$$

可见，在系列的测量中必须使 γ 基本不变，才不会影响测定系列的结果，在电位分析法中可通过加入总离子强度调节缓冲剂（totle ionic strength adjustment buffer，简称 TISAB）来实现的。

① 标准曲线法——适于大批量且组成较为简单的试样分析。用测定离子的纯物质配制一系列（一般为 5 个）与试样溶液组成相似的标准溶液 c_i，与试样溶液同样加入总离子强度调节缓冲溶液（TISAB）以保持溶液的离子强度相对稳定，分别测定各溶液的电位值，绘制 E-$\lg c_i$（或 E-$\mathrm{p}c_i$）标准曲线，由未知试样溶液所测的 E_x 从曲线中求得 c_x。

注意：离子活度系数保持不变时，膜电位才与 $\lg c_i$ 呈线性关系。

总离子强度调节缓冲溶液 TISAB 的作用为：保持较大且相对稳定的离子强度，使活度系数恒定；维持溶液在适宜的 pH 值范围内，满足离子电极的要求；掩蔽干扰离子。

例如：测定 F^- 常用总离子强度调节剂的组成是：$1\mathrm{mol\cdot L^{-1}}$ 的 NaCl，使溶液保持较大稳定的离子强度；$0.25\mathrm{mol\cdot L^{-1}}$ 的 HAc 和 $0.75\mathrm{mol\cdot L^{-1}}$ 的 NaAc，使溶液 pH 值稳定在 5 左右；$0.001\mathrm{mol\cdot L^{-1}}$ 的柠檬酸钠，掩蔽 Fe^{3+}、Al^{3+} 等干扰离子。

② 标准加入法　将小体积——V_s（一般为试液的 1/100～1/50）而大浓度——c_s（一般为试液的 50～100 倍）的待测组分标准溶液，加入到一定体积的试样溶液中，分别测量标准加入前后的电动势，从而求出 c_x。可分为单次标准加入法和连续标准加入法两种。本文只讨论单次标准加入法。

设某一试液体积为 V_0，其待测离子的浓度为 c_x，测定的工作电池电动势为 E_1，则：

$$E_1=K+\frac{2.303RT}{nF}\lg(x_i\gamma_i c_x)$$

式中，x_i 为游离态待测离子占总浓度的分数；γ_i 为活度系数；c_x 为待测离子的总浓度。

往试液中准确加入一小体积 V_S（大约为 V_0 的 1/100）的用待测离子的纯物质配制的标准溶液，浓度为 c_S（约为 c_x 的 100 倍）。由于 $V_0\gg V_S$，可认为溶液体积基本不变。

浓度增量为：$\Delta c=c_s V_S/V_0$

再次测定工作电池的电动势为 E_2：

$$E_2=K+\frac{2.303RT}{nF}\lg(x_2\gamma_2 c_x+x_x\gamma_2\Delta c)$$

可以认为 $\gamma_2\approx\gamma_1$，$x_2\approx x_1$，则：

$$\Delta E=E_2-E_1=\frac{2.303RT}{nF}\lg\left(1+\frac{\Delta c}{c_x}\right)$$

$$令:S=\frac{2.303RT}{nF}$$

$$则:\Delta E=S\lg\left(1+\frac{\Delta c}{c_x}\right)$$

$$c_x=\Delta c(10^{\Delta E/S}-1)^{-1} \tag{13-26}$$

必须注意的是：ΔE 的正负值与电极的连接方法有关；S 为电极响应的实际斜率，可以从标准曲线求得：

$S=2.303RT/nF$（25℃时，$S=0.059/n$）

待测离子为阳离子时，S 取“+”号；待测离子为阴离子时，取“－”号。

注意：一次标准加入法适用于组成比较复杂、测定份数较少的试样。为保证能获得准确的结果，在加入标准溶液后，应保证试液的离子强度无显著的变化。

（3）直接电位法的误差

直接电位法测定浓度结果的误差主要由电动势 E 的测量误差引起的。

$$E=K'+\frac{RT}{zF}\ln c(\text{阴离子})$$

$$dE=\frac{RT}{zF}\frac{dc}{c} \quad \text{或} \quad \Delta E=\frac{RT}{zF}\frac{\Delta c}{c}$$

则相对误差

$$\frac{\Delta c}{c}=\frac{zF}{RT}\Delta E \qquad 25℃\text{时 } \Delta E=39z\Delta E \tag{13-27}$$

若 E 测量误差为±0.1mV 时，测定一价离子的浓度相对误差为±0.4%，二价离子为±0.8%。

(4) 影响电位测定准确性的因素

对离子选择性电极测量有影响而导致误差的因素较多，如电极性能、测量系统、温度、溶液组成等。下面就其中较为重要的因素进行讨论。

① 测量温度　温度的波动可能使离子活度变化而影响电位、直线斜率测定，从而影响离子活度测定的准确性。在测量过程中应尽量保持温度恒定。有的仪器可同时对前两项进行校正，但多数仅对斜率进行校正。

② 线性范围和电位平衡时间　一般要求测定的线性范围在 $10^{-6}\sim10^{-1}mol\cdot L^{-1}$，平衡时间越短越好。测量时可通过搅拌使待测离子快速扩散到电极敏感膜，以缩短平衡时间。同时测量一批不同浓度试液时，浓度应由低到高测量。

③ 电位测量误差　当电位读数误差为 1mV 时，对于一价离子，由此引起结果的相对误差为 3.9%；而对于二价离子，则相对误差为 7.8%。故电位分析法多用于测定低价离子。

13.4.2.2　电位滴定法

电位滴定法与直接电位法的不同在于，它是以测量滴定过程中指示电极的电极电位（或电池电动势）的变化为基础的一类滴定分析方法。滴定过程中，随着滴定剂的加入，发生化学反应，待测离子或与之有关的离子活度（浓度）发生变化，指示电极的电极电位（或电池电动势）也随着发生变化，在化学计量点附近，电位（或电动势）发生突跃，由此确定滴定的终点。因此电位滴定法与一般滴定分析法的根本不同是确定终点的方法不同。

(1) 电位滴定法的原理和装置

电位滴定法的装置在直接电位法装置的基础上加上滴定装置即可，如图 13-12 所示。

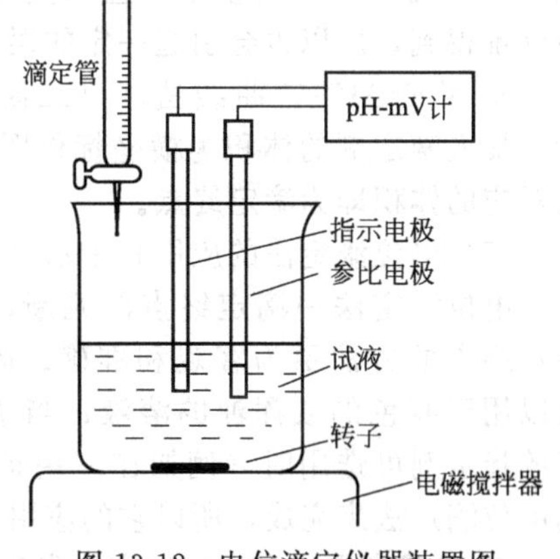

图 13-12　电位滴定仪器装置图

(2) 电位滴定法特点

① 准确度较电位法高，与滴定分析法一样，测定的相对误差可低至 0.2%。

② 可用于难以用指示剂判断终点的浑浊或有色溶液的滴定。

③ 用于非水溶液的滴定，某些有机物的滴定需在非水溶液中进行，一般缺乏合适的指示剂，可采用电位滴定。

④ 能用于连续滴定和自动滴定，并适用于微量分析。

(3) 电位滴定法的步骤

电位滴定法的关键是确定滴定反应至化学计量点时，所消耗滴定剂（标准溶液）的体积。测定步骤如下：①根据预测定数据，取一定量的待测试液；②用标准溶液进行滴定，并记录相应的电位；③根据所得数据，按以下两种方法来确定终点：作图法，包括 E-V 曲线法、$\Delta E/\Delta V$-V 曲线法和 $\Delta^2 E/\Delta V^2$-V 曲线法三种；计算法即二阶微商计算法。

(4) 电位滴定终点确定方法

通常采用三种作图方法来确定电位滴定终点。

① 作 E-V 曲线（即一般的滴定曲线），以测得的电位 E 对滴定的体积 V 作图，得到图 13-13(a) 的曲线。曲线的突跃点（拐点）所对应的体积为终点的滴定体积 V_e。

② 作 $\Delta E/\Delta V$-V 曲线（即一阶微分曲线），其中，$\Delta V=V_2-V_1$ 相邻两次加入体积之差，$\Delta E=E_2-E_1$ 相邻两次电动势之差。得到图 13-13(b) 的曲线。用外延法作出 $\Delta E/\Delta V$-V 曲线的最高点，曲线极大值所对应的体积为 V_e。

③ 作 $\Delta^2 E/\Delta V^2$-V 曲线（即二阶微商曲线），二阶微商等于零处对应的体积为滴定终点体积 V_e。如图 13-13(c) 所示。

④ 作 $\Delta V/\Delta E$-V 曲线，只要在化学计量点前后取几对数据，以 $\Delta V/\Delta E$ 对 V 作图，可得到两条直线，图 13-13(d) 所示，其交点所对应的体积为 V_e。

从上面的三种作图法确定电位滴定法滴定终点的讨论中可以归纳出以下几点。

a. E-V 曲线法。简单，易掌握，但准确性稍差。

b. $\Delta E/\Delta V$-V 曲线法。一阶微商由电位改变量与滴定剂体积增量之比计算。曲线上存在着极值点，该点对应着 E-V 曲线中的拐点。用此法作图确定终点较为准确，但手续较烦，且峰尖是由实验点的连线外推得到，所以也会引起一定的误差。

c. $\Delta^2 E/\Delta V^2$-V 曲线法。以二阶微商值为纵坐标，加入滴定剂的体积为横坐标作图。$\Delta^2 E/\Delta V^2=0$ 所对应的体积即为滴定终点。

(5) 电位滴定法的应用和指示电极的选择

电位滴定法中滴定终点的判断，比之用指示剂指示终点的方法更为客观和准确。此外，电位滴定可以用于有色的或浑浊的溶液；当某些反应没有适当的指示剂可选用时（例如在一些非水滴定中），可用电位滴定法来完成，所以它的应用范围较广。

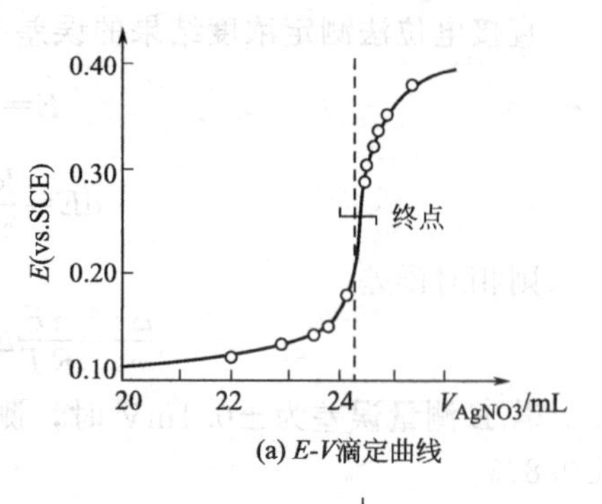

(a) E-V滴定曲线

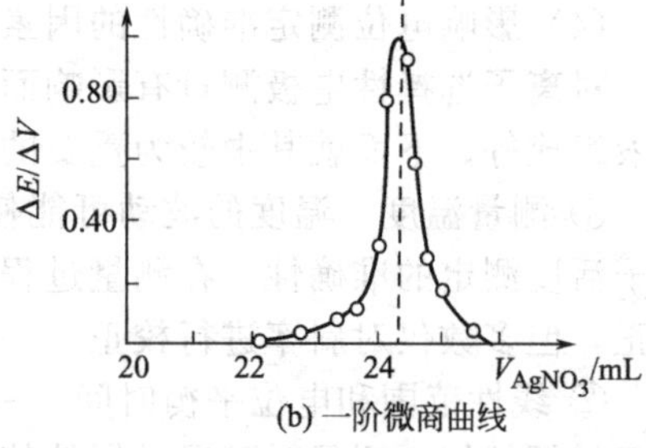

(b) 一阶微商曲线

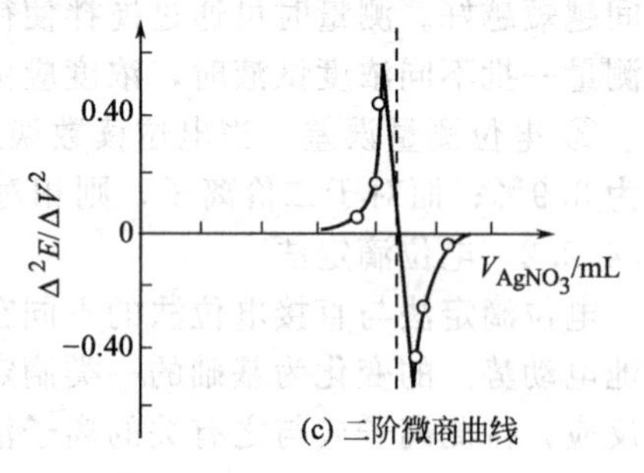

(c) 二阶微商曲线

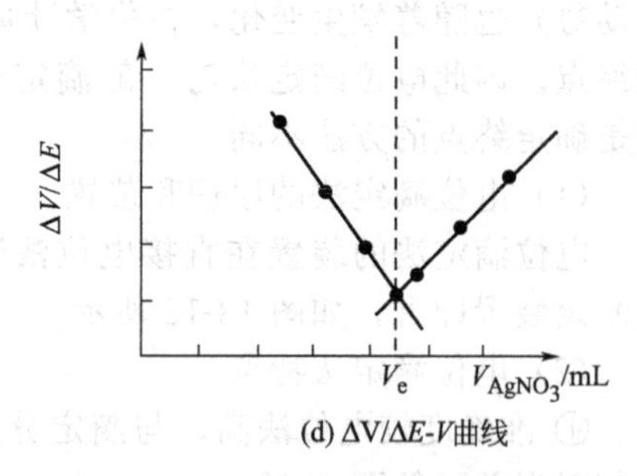

(d) $\Delta V/\Delta E$-V曲线

图 13-13 作图法确定滴定终点（$AgNO_3$ 滴定 Cl^-）

① 酸碱滴定　在酸碱滴定中发生溶液 pH 值变化，所以最常应用 pH 玻璃电极作指示电极。用甘汞电极作参比电极。在化学计量点附近，pH 突跃使指示电极电位发生突跃而指示出滴定终点。

用指示剂法确定终点时，往往要求在化学计量点附近有 2 个 pH 单位的突跃，才能观察出指示剂颜色的变化。而使用电位法确定终点，因为 pH 计较灵敏，化学计量点附近即使有零点几个单位的 pH 值变化也能觉察出，所以很多弱酸、弱碱，以及多元酸（碱）或混合酸（碱）可用电位滴定法测定。

在非水溶液的酸碱滴定中，或没有适当的指示剂可用，或虽有可用指示剂但往往变色不明显，因此在非水滴定中电位滴定法是基本的方法。滴定时常用的电极系统仍可用玻璃电极-甘汞电极。为了避免由甘汞电极漏出的水溶液以及在甘汞电极口上析出的不溶盐（KCl）影响液接电位，可以使用饱和氯化钾无水乙醇溶液代替电极中的饱和氯化钾水溶液。

② 氧化还原滴定　一般都应用铂电极作指示电极，以甘汞电极为参比电极。氧化还原滴定都能应用电位法确定终点。

③ 沉淀滴定　在进行沉淀反应的电位滴定中，应根据不同的沉淀反应采用不同的指示电极。例如以硝酸银标准溶液滴定卤素离子时，可以用银电极作指示电极。若滴定的是氯、溴、碘三种离子或其中两种离子的混合溶液，由于它们银盐溶解度不同，而且相差得足够大，可以利用分级沉淀的原理，用硝酸银溶液分步滴定。碘化银的溶度积最小，碘离子的滴定突跃最先出现，然后是溴离子，最后是氯离子。在实际测定中，由于沉淀的吸附作用和沉淀易于附着在指示电极上引起反应迟钝等原因，测定结果有偏差。一般测得的碘离子和溴离子的浓度偏高1%～2%，氯离子浓度则偏低。若仅有碘离子和溴离子或碘离子和氯离子共存，其测定结果较三种离子共存时的测定结果为好。

在这类滴定中，直接插入甘汞电极作为参比电极是不适当的，因为甘汞电极漏出的氯离子显然对测定有干扰。因此需要用硝酸钾盐桥将试液与甘汞电极隔开（双盐桥甘汞电极）。比较方便的办法是在试液中加入少量酸（HNO_3），然后用 pH 玻璃电极作为参比电极。因在滴定时 pH 值不会变化，所以玻璃电极的电位就能保持恒定。

在上述滴定中，离子选择性电极是一种很好的指示电极。

④ 配位滴定　在配位滴定中（以 EDTA 为滴定剂），若共存杂质离子对所用金属指示剂有封闭、僵化作用而使滴定难以进行，或需要进行自动滴定时，电位滴定是一种好的方法。指示电极用铂电极，参比电极用甘汞电极。

在滴定溶液中加入少量汞(Ⅱ)-EDTA 配合物（3～5 滴 0.05mol·L^{-1} Hg^{2+}-EDTA 溶液）并使用汞电极作为指示电极时，可滴定多种金属离子。例如 Cu^{2+}、Zn^{2+}、Cd^{2+}、Pb^{2+}、Ni^{2+}、Ca^{2+}、Mg^{2+}、Co^{2+}、Al^{3+} 等。汞电极适用的 pH 值范围为 2～11。当酸性过大时，HgY^{2-} 不稳定，碱性过大时，则将生成 HgO 沉淀而破坏所要求的电极反应。

配位滴定的终点也可用离子选择性电极作指示电极来确定。例如以氟离子选择性电极为指示电极可以用镧滴定氟化物，用氟化物滴定铝离子，以钙离子选择性电极作指示电极可以用 EDTA 滴定钙等。

13.4.3　电位分析法的计算示例

【例 13-3】　以银电极为指示电极，双液接饱和甘汞电极为参比电极，用0.1000mol·L^{-1} $AgNO_3$ 标准溶液滴定含 Cl^- 试液，得到的原始数据如下（电位突跃时的部分数据）。用二阶微商法求出滴定终点时消耗的 $AgNO_3$ 标准溶液体积？

滴加体积/mL	24.00	24.20	24.30	24.40	24.50	24.60	24.70
电位 E/V	0.183	0.194	0.233	0.316	0.340	0.351	0.358

解：将原始数据按二阶微商法处理

一阶微商和二阶微商由后项减前项比体积差得到，例：

$$\frac{\Delta E}{\Delta V}=\frac{0.316-0.233}{24.40-24.30}=0.83;\quad \frac{\Delta^2 E}{\Delta V^2}=\frac{0.24-0.88}{24.45-24.35}=-5.9$$

二阶微商等于零时所对应的体积应在 24.30～24.40mL 之间，准确值可以由内插法计算出：

$$V_{终点}=24.30+(24.40-24.30)\times\frac{4.4}{4.4+5.9}=24.34\text{mL}$$

滴入的$AgNO_3$体积/mL	测量电位E/V	$\Delta E/\Delta V$	$\Delta^2 E/\Delta V^2$
24.00	0.174		
		0.09	
24.10	0.183		0.2
		0.11	
24.20	0.194		2.8
		0.39	
24.30	0.233		4.4
		0.83	
24.40	0.316		−5.9
		0.24	
24.50	0.340		−1.3
		0.11	
24.60	0.351		−0.4
		0.07	
24.70	0.358		

【例 13-4】 将钙离子选择电极和饱和甘汞电极插入 100.00mL 水样中，用直接电位法测定水样中的Ca^{2+}。25℃时，测得钙离子电极电位为－0.0619V（相对于 SCE），加入 0.0731mol·L^{-1}的$Ca(NO_3)_2$标准溶液 1.00mL，搅拌平衡后，测得钙离子电极电位为－0.0483V（相对于 SCE）。试计算原水样中Ca^{2+}的浓度？

解：由标准加入法计算公式

$$S=\frac{0.059}{2}=0.0295\ (\mathrm{V})$$

$$\Delta c=\frac{c_s V_s}{V_s+V_x}=\frac{1.00\times0.0731}{100+1.00}=7.31\times10^{-4}\ (\mathrm{mol\cdot L^{-1}})$$

$$\Delta E=-0.0483-(-0.0619)=0.0136\ (\mathrm{V})$$

$$c_x=\Delta c(10^{\Delta E/S}-1)^{-1}=\frac{7.31\times10^{-4}}{10^{0.0136/0.0295}-1}=3.87\times10^{-4}\ (\mathrm{mol\cdot L^{-1}})$$

故：试样中Ca^{2+}的浓度为3.87×10^{-4}mol·L^{-1}。

【例 13-5】 在 0.1000mol·L^{-1} Fe^{2+}溶液中，插入铂电极（＋）和饱和甘汞电极（－），在 25℃时测得电池电动势为 0.395V，问有多少Fe^{2+}被氧化成Fe^{3+}？

解：SCE‖$a(Fe^{3+})$，$a(Fe^{2+})$|Pt

$E=\varphi_{铂电极}-\varphi_{甘汞}=0.77+0.059\lg([Fe^{3+}]/[Fe^{2+}])-0.2438$

$\lg([Fe^{3+}]/[Fe^{2+}])=(0.395+0.243-0.771)/0.059=-2.254$

设有x%的Fe^{2+}氧化为Fe^{3+}，则：

$\lg([Fe^{3+}]/[Fe^{2+}])=\lg x/(1-x)=-2.254$

$x/(1-x)=0.00557$

$x=0.557\%$，即有约 0.56%的Fe^{2+}被氧化为Fe^{3+}。

13.5 其他电分析方法简介

电位分析法中通过适当的电路连接方式，使得测量电位时，工作电池中通过的电流趋近于零。若采用外电源向原电池供给电能的方法，便可推动电极的化学反应，使工作电极成为电解池。事实上，许多电化学分析法是利用电解池中有电流通过电解质溶液时的电化学行为，通过测定有关参数进行物质组分分析的。

13.5.1 电解分析法

电解分析法是一种经典的电化学分析法，包括电重量分析法、电解分析法和库仑分析法。

13.5.1.1 电重量分析法

电重量分析法是把外加电压控制在一定范围，使被测金属发生电解，定量还原并沉积在一已知质量的电极上，电解结束从电极的增重可求得被测金属的量。此类方法常用于高含量物质的分析，如金属、合金或电镀液中的铜、铅、银、镍等的含量分析。

例如：在 $CuSO_4$ 溶液中浸入两个铂电极，通过导线分别与电池的正极和负极相连。如果两极之间有足够的电压，那么在两电极上就有电极反应发生。

阴极反应 $Cu^{2+} + 2e^- = Cu \downarrow$

阳极反应 $2H_2O = 4H^+ + O_2 \uparrow + 4e^-$

阳极上有氧气放出，阴极上有金属铜析出。

通过称量电极上析出金属铜的质量来进行分析，这就是电重量法。

13.5.1.2 电解分析法

控制一定的电解条件进行电解以达到不同物质的分离。电解分析法包括控制电位电解分析法和控制电流电解分析法。

电解是利用外部电能使化学反应向非自发方向进行的过程。在电解池的两电极上施加的直流电压达到一定值时，电极上就发生氧化还原反应，电解池中（及回路）就有电流通过，这个过程称为电解。

(1) 电解装置

电解装置主要由电解池（包括电极、电解溶液及搅拌器）、外加电压装置（分压器）及显示仪器三部分组成，如图 13-14 所示。

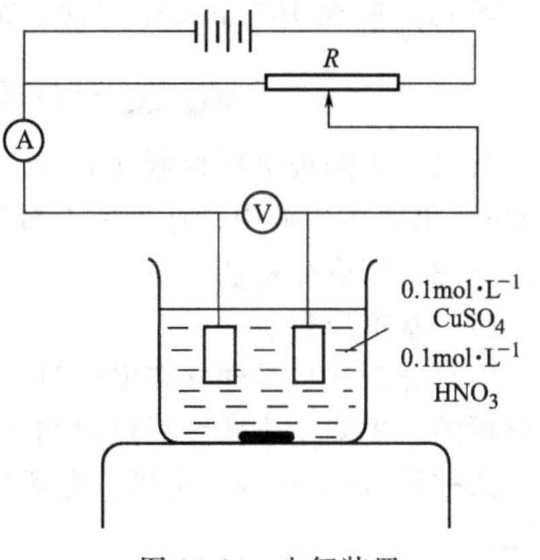

图 13-14 电解装置

(2) 电解原理

电解所产生的电流（电解电流）是与电极上的反应密切相关的，电流进出电解池是通过电极反应来完成的，与电流通过一般的导体有本质的不同。

在 0.1mol·L^{-1} HNO_3 介质中电解 0.1mol·L^{-1} $CuSO_4$，调节可变电阻，选择适当的电压和电流，使电解发生。

Cu^{2+} 在与外电源负极连接的铂电极上被还原，此电极为阴极，电极反应为：

$$Cu^{2+} + 2e^- \longrightarrow Cu$$

25℃时，阴极的电极电位是：

$$\varphi_{阴} = \varphi_{Cu^{2+}/Cu} = \varphi^{\ominus}_{Cu^{2+}/Cu} + \frac{0.059}{2}\lg[Cu^{2+}] \tag{13-28}$$

阳极为与外电源正极连接的铂电极，电极反应为：

$$2H_2O \longrightarrow 4H^+ + O_2 \uparrow + 4e^-$$

25℃时，阳极的电极电位是：

$$\varphi_{阳} = \varphi^{\ominus}_{O_2/H_2O} + \frac{0.059}{4}\lg p_{O_2}[H^+]^4 \tag{13-29}$$

(3) 应用

① 控制电流电解分析法（也叫恒电流电解分析法） 控制电流电解法一般只适用于溶液中只含一种金属离子的情况。如果溶液中存在两种或两种以上的金属离子，且其还原电位相差不大，就不能用该法分离测定，所以选择性不高是该法的最大缺点。但这种方法可以分离电动序中氢以前和氢以后的金属。

② 控制电位电解分析法 控制电位电解分析是在控制工作电极的电位为一定值的条件下进行电解的方法。在控制阴极电位电解分析法中，调节外加电压使工作电极的电位控制在一定范围内或某一电位值，使被测离子在工作电极上析出，而其他离子还留在溶液中。只要阴极电位选择得当，可以使共存金属离子依次先后在阴极上分别析出，实现分离或分别定量测定，从而达到分离和测定元素的目的。

在电解分析中，通常把离子的浓度降至初始浓度的 10^{-6}～10^{-5}倍时，视为电解析出完全。因此对于两混合离子要能通过控制电位电解达到完全分离，其析出电位之差 $\Delta\varphi_{析}>\frac{0.30}{n}$（V）（即$\frac{0.0591}{n}\lg 10^{-5}$）。

例：能否通过控制电位电解分离含有 $1.00\text{mol}\cdot\text{L}^{-1}$及 $1.00\times10^{-2}\text{mol}\cdot\text{L}^{-1}$ Ag^{+}？哪种离子先析出？（η 略）

$$\varphi_{Cu_{析}}=\varphi^{\ominus}_{Cu^{2+},Cu}+\frac{0.0591}{2}\lg c_{Cu^{2+}}=0.337+\frac{0.0591}{2}\lg 1.00=0.337\ (\text{V})$$

$$\varphi_{Ag_{析}}=\varphi^{\ominus}_{Ag^{+},Ag}+0.0591\lg c_{Ag^{+}}=0.799+0.0591\lg 1.00\times10^{-2}=0.681\ (\text{V})$$

因为 $\varphi_{Ag_{析}}>\varphi_{Cu_{析}}$，所以 Ag^{+}先还原析出，Cu^{2+}后还原析出。

若 $c_{Ag_{析}}$ 降至 $10^{-7}\text{mol}\cdot\text{L}^{-1}$时，被视为完全析出，此时阴极电位为：

$$\varphi_{Ag^{+},Ag}=0.799+\frac{0.0591}{1}\lg 10^{-7}=0.385\text{V}>\varphi_{Cu^{2+}}$$

所以，当阴极电压控制在 0.337～0.385V 之间，电解结束时，Ag^{+}可以完全还原析出而 Cu^{2+}仍留在溶液中，达到完全分离。

13.5.1.3 库仑分析法

(1) 基本原理

库仑分析法也是建立在电解过程上的分析法，它是通过测量电解过程所消耗的电量来进行分析的，主要用于微量或痕量物质的分析。

法拉第（Faraday）定律：电解过程中，发生电极反应物质的量与通过电解池的电量成正比。

$$m=\frac{MQ}{nF}=\frac{MQ}{96487n}=\frac{M}{n}\times\frac{it}{96487} \tag{13-30}$$

式中，m 为电极上析出物质的质量；M 为物质的摩尔质量；n 为电极反应的电子转移数；Q 为通过电解池的电量；F 为法拉第常数，$96487\text{C}\cdot\text{mol}^{-1}$。

法拉第电解定律有两层含义：①电极上发生反应的物质的量与通过体系的电量成正比；②通过相同量的电量时，电极上沉积的各物质的质量与其 M/n 成正比。

对于库仑分析来说，通过电解池的电量应该全部用于测量物质的电极反应，即待测物质的电流效率应为 100%，这是库仑分析的先决条件。即电极反应是单一的，没有其他副反应发生。

库仑分析法包括控制电位库仑分析法和控制电流库仑分析法。

(2) 控制电位库仑分析法

控制电位库仑分析法可在控制一定电位下，使被测物质以 100% 的电流效率进行电解，当电解电流趋于零时，表明该物质已被电解完全，通过测量所消耗的电量从而确定被测物质的量。

控制电位库仑分析法的灵敏度、准确度都较高，用于微量甚至痕量分析，可测定 μg 级的物质，误差可达 0.1%～0.5%。该法是测量电量而非称量，所以可用于溶液中均相电极反应或电极反应析出物不易称量的测定，对有机物测定和生化分析及研究上有较独特的应用。可用于电极过程及反应机理的研究，如测定反应的电子转移数、扩散系数等。

(3) 控制电流库仑分析法（库仑滴定法）

库仑滴定法是用恒定的电流通过电解池，以 100%的电流效率电解产生一种物质（称为“电生滴定剂”）与被测物质进行定量反应，当反应到达化学计量点时，由消耗的电量（it）算得被测物质的量。

与一般滴定分析方法不同的是库仑滴定法中，滴定剂是由电解产生的，而不是由滴定管加入的，其计量标准量为时间及电流（或 Q），而不是一般滴定法的标准溶液的浓度及体积。

例：测定 As^{3+}，在溶液中加入辅助试剂 KI，则电极反应为

阳极：$2H^+ + 2e^- = H_2$　　阴极：$2I^- - 2e^- = I_2$

滴定反应：$I_2 + As^{3+} = 2I^- + As^{5+}$

在上述反应中，滴定剂 I_2 是由阴极电解产生的。

库仑滴定法的特点和应用如下。

① 原则上，凡能与电生滴定剂起定量反应的物质均可测定，因此，库仑滴定法的应用较为广泛。

② 在现代技术条件下，i、t 均可以准确计量，只要电流效率及终点控制好，方法的准确度、灵敏度都很高，可达 10^{-9}～10^{-6} mol·L^{-1}，相对误差为 0.2%～0.5%。

③ 有些物质或者不稳定，或者浓度难以保持一定，如 Cu^+、Cr^{2+}、Sn^{2+}、Cl_2、Br_2 等，在一般滴定中不能配制成标准溶液，而在库仑滴定中可以产生电生滴定剂。

④ 不需标准溶液，因此不但克服了寻找标准溶液的困难，还减少了因使用标准溶液引入的误差。

⑤ 易实现自动检测，可进行动态的流程控制分析。

13.5.2 伏安和极谱分析法

伏安和极谱分析法是一种在特殊条件下进行电解的分析方法，它是以小面积极化电极作工作电极，与参比电极组成电解池，电解待测物质的稀溶液，根据所得的电流-电位（电压）或电流-时间曲线进行分析的方法，是电分析化学的一个重要分支。

特殊的电解形式
- 特殊的电极 —— 电解池用一支小面积的极化电极作为工作电极，一支大面积的去极化电极作为参比电极
- 特殊的电解条件 —— 稀浓度、小电流、静止

在含义上，伏安法和极谱法是相同的，而两者的不同在于工作电极：伏安法的工作电极是电解过程中表面不能更新的固定液态或固态电极，如悬汞、汞膜、玻璃碳、铂电极等；极谱法的工作电极是表面能周期性更新的液态电极，即滴汞电极。

极谱分析法的特点如下。

① 较高的灵敏度，普通直流极谱法的测量浓度范围为 10^{-5}～10^{-2} mol·L^{-1}，灵敏度一般，但现代新技术极谱法，其灵敏度可高达 10^{-11}～10^{-8} mol·L^{-1}，如脉冲极谱法检测限为 10^{-9} mol·L^{-1}。

② 准确度高，重现性好，相对误差一般在 2%以内。

③ 选择合适的极谱底液时，可不经分离而同时测定几种物质，具有一定的选择性。

④ 由于极谱电解电流很小，分析结束后浓度几乎不变，同一试液可连续反复使用。

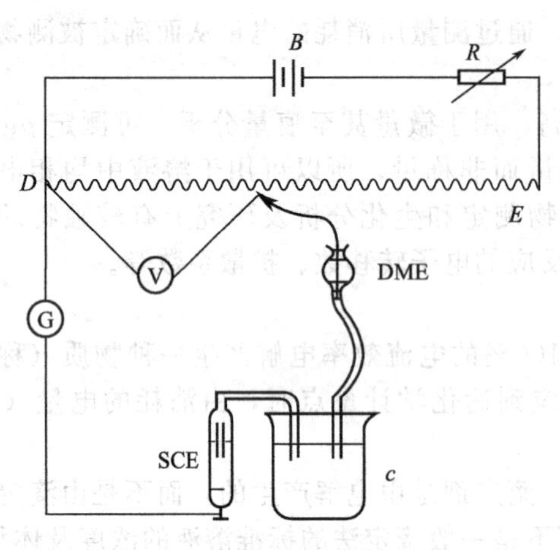

图 13-15　极谱法的基本装置

⑤ 应用广泛，凡在电极上被氧化或还原的无机离子和有机物质，都可用极谱法，还可用于化学反应机理及动力学过程的研究及配合物的组成及化学平衡常数的测定。

(1) 仪器与装置

基本装置可分为外加电压装置（提供可变的外加直流电压）、电流测量装置（包括分流器、灵敏电流计）和电解池三部分。具体如图 13-15 所示。

其中，参比电极是去极化电极，其电极电位不随外加电压的变化而变化，通常用饱和甘汞电极（SCE），置于电解池外边，用盐桥与电解池连接。去极化电极的必要条件：电极表面积要大，通过的电流（密度）要小，可逆性要好。

工作电极是一个表面积很小的极化电极，极谱法中采用滴汞电极（DME）。储汞瓶中的汞沿着乳胶管及毛细管（内径约 0.05mm）滴入电解池中，储汞瓶高度一定，汞滴以一定的速度（3～5s/滴）均匀滴下。

(2) 极谱波的形成

以测定 1×10^{-3}mol·L^{-1}的 Cd^{2+}（含有 0.1mol·L^{-1}的 KNO_3）为例说明极谱波的形成。每改变一次电压，测定相应的 i。以电流为纵坐标，电压为横坐标作 i-φ 曲线，结果如图 13-16 所示，该曲线称为极谱图或极谱波。

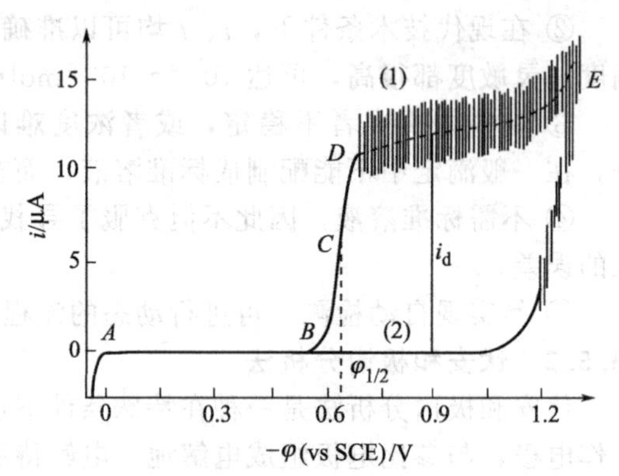

图 13-16　镉离子的极谱图

极谱波可分为三个部分。

① 残余电流部分（AB 段）　当外加电压未达到 Cd^{2+} 的分解电压，亦即施加在电极上的电位未达到 Cd^{2+} 的析出电位时，回路上仍有微小的电流通过，此电流称为残余电流。残余电流包含有两部分：一是滴汞电极的充电电流（这是主要的），二是可能共存杂质还原的法拉第电流。

② 电解电流（电流上升部分：BD 段）

当外加电压 $V_{外}$ 继续增加，达到 Cd^{2+} 的析出电位时，Cd^{2+} 在滴汞电极上还原，产生电解电流，即为 B 点，电极反应为：

阴极　$Cd^{2+}+2e^-+Hg \longrightarrow Cd(Hg)$（镉汞齐，向汞滴中心扩散）

阳极　$2Hg-2e^-+2Cl^- \longrightarrow Hg_2Cl_2$

此时电解池中开始有电解电流通过，滴汞电极的电位由能斯特方程表示：

$$\varphi=\varphi^{\ominus}_{Cd^{2+}/Cd}+\frac{0.059}{2}\lg\frac{[Cd^{2+}]}{[Cd(Hg)]}(25℃)$$

式中，$[Cd^{2+}]$ 是 Cd^{2+} 在滴汞表面溶液中的浓度；$[Cd(Hg)]$ 是金属镉在 Hg 中的浓度。

当外加电压继续增大，Cd^{2+} 迅速被还原，此时，滴汞电极电位减小，电解池电位差增大，电解电流 i 迅速上升，即为 BD 段。

由于 Cd^{2+} 迅速被还原，且溶液是静止的，所以汞滴表面溶液的 Cd^{2+} 浓度 c^S 小于溶液

本体中 Cd^{2+} 的平衡浓度 c^0，产生了浓差极化，在汞滴周围形成了一层扩散层。若设其厚度为 δ，则浓度梯度为 $\frac{c^0-c^S}{\delta}$，Cd^{2+} 从溶液的本体向汞滴表面扩散。电解电流受到 Cd^{2+} 的扩散速度制约，这样的电解电流称为扩散电流 i（扣除残余电流 i_r 后的电解电流）

$$i \propto Cd^{2+}\text{的扩散速度} \propto \frac{c^0-c^\delta}{\delta}$$

可写成

$$i=K_s(c^0-c^s)$$

式中，K_s 为比例常数。

③ 极限扩散电流部分（*DE* 段） 当外加电压 $V_{外}$ 进一步增大，使 φ 负到一定值时，由于 Cd^{2+} 在滴汞电极（DME）上的迅速反应，Cd^{2+} 向 DME 表面的扩散跟不上电极反应的速度，电极反应可以进行到如此完全的程度，以至于滴汞表面的溶液中，Cd^{2+} 的浓度趋于零。这时，在每一瞬间，有多少 Cd^{2+} 扩散到电极表面，就同样有多少 Cd^{2+} 被还原。这种情况称为完全浓差极化，电解电流到达最大值，称为极限电流 i_l，而扣除残余电流 i_r 后的极限电流，称为极限扩散电流 i_d，即 $i_d=i_l-i_r$。

因为 $c^S=0$，所以

$$i_d=K_s c^0$$

上式这是极谱定量分析的依据。此后，φ_c 继续变负时，i_d 保持不变，出现了 *DE* 段的平台。

当扩散电流为极限扩散电流一半（见图 13-16 中的 *C* 点）时所对应的滴汞电极的电位称为半波电位 $\varphi_{1/2}$。当溶液的组成、温度一定时，每一种物质的 $\varphi_{1/2}$ 一定，它不随浓度的变化而改变。这是极谱定性分析的依据。

从极谱波的形成，可以得出如下结论。

a. 极谱波的产生是由于工作电极的浓差极化而引起，所以 i-φ 曲线也叫极化曲线，极谱法也由此而得名。

b. 要产生完全浓差极化，必要的条件是：工作电极的表面积要足够小，这样电流密度才会大，c^S 才容易趋于零；被测物质浓度要稀，也使 c^S 容易趋于零；溶液要静止，才能在电极周围建立稳定的扩散层。

(3) 经典直流极谱法的应用及局限性

① 经典直流极谱法在无机分析方面的应用：特别适合于金属、合金、矿物及化学试剂中微量杂质的测定，如金属锌中的微量 Cu、Pb、Cd、Pb；钢铁中的微量 Cu、Ni、Co、Mn、Cr；铝镁合金中的微量 Cu、Pb、Cd、Zn、Mn；矿石中的微量 Cu、Pb、Cd、Zn、W、Mo、V、Se、Te 等的测定。

② 经典直流极谱法在有机分析方面的应用：醛类、酮类、糖类、醌类、硝基、亚硝基类、偶氮类的测定。

③ 经典直流极谱法在药物和生物化学方面的应用：维生素、抗生素、生物碱的测定。

经典直流极谱法因充电电流的存在，灵敏度受到了限制。此外，分辨率低，因而组分间干扰较大，为解决上述问题，发展了一些新的极谱法，如极谱催化波、单扫描极谱法、循环伏安法、脉冲极谱法、溶出伏安法等。

13.5.3 循环伏安法

1938 年，Matheson 和 Nichols 首先采用循环伏安法，1958 年，Kemula 和 Kubli 发展了这种方法，并将其用于有机化合物电极过程的研究。循环伏安法可用于研究无机化合物电极过程的机理，有机化合物在滴汞电极上的还原过程和在铂、碳及碳糊电极上的氧化过程的机制，研究双电层、吸附现象和电极反应动力学，成为最有用的电化学方法之一。

(1) 循环伏安法的基本原理

循环伏安法是以线性扫描伏安法的电位扫描到头后，再回过头来扫描到原来的起始电位值，所得的电流-电压曲线为基础的分析方法。扫描电压呈等腰三角形。

循环伏安法施加的是等腰三角波电压，如图 13-17 所示，由起始电压 E_i 开始沿一个方向线性变化，到达终止电压 E_m 后又反方向线性变化，回到起始电压。前半部扫描（电位上升部分）为去极化剂在电极上被还原的阴极过程，后半部扫描为还原产物重新被氧化的阳极过程。一次三角波扫描完成一个还原过程和氧化过程的循环。循环伏安法由于双向扫描，所以极谱图为双向的循环伏安曲线，如图 13-18 所示。

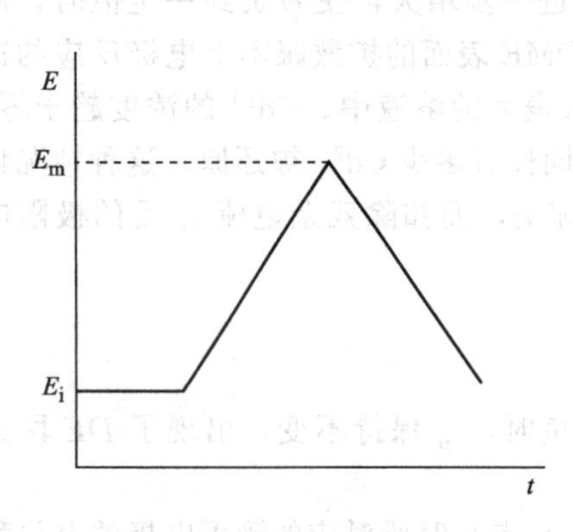

图 13-17　三角波电压

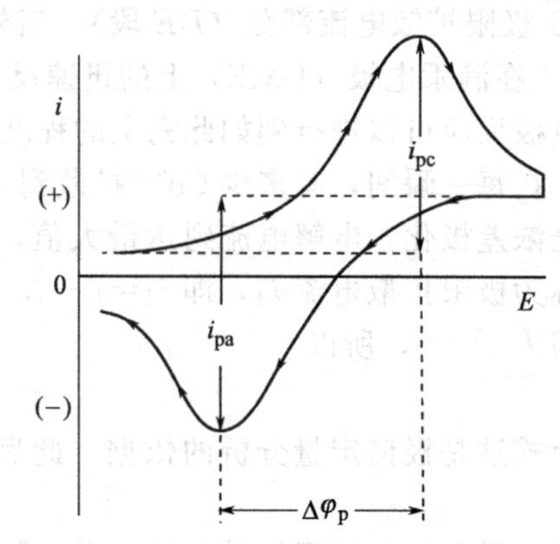

图 13-18　循环伏安极化曲线

(2) 循环伏安法的应用

循环伏安法是一种很有用的电化学研究方法，可用于电极反应的性质、机理和电极过程动力学参数的研究。但该法很少用于定量分析。

电极可逆性的判断：循环伏安法中电压的扫描过程包括阴极与阳极两个方向，因此，从所得的循环伏安法图的氧化波和还原波的峰高和对称性中可判断电活性物质在电极表面反应的可逆程度。若反应是可逆的，则曲线上下对称，若反应不可逆，则曲线上下不对称。

对于可逆电极过程来说，循环伏安法阴极支和阳极支的峰电位 φ_{pc}、φ_{pa} 分别为

$$\varphi_{pc}=\varphi_{1/2}-1.1\frac{RT}{nF} \tag{13-31}$$

$$\varphi_{pa}=\varphi_{1/2}+1.1\frac{RT}{nF} \tag{13-32}$$

$$\Delta\varphi_p=\varphi_{pa}-\varphi_{pc}=2.2\frac{RT}{nF}=\frac{0.056}{n}\ \text{(V)（25℃）} \tag{13-33}$$

$$\frac{i_{pa}}{i_{pc}}=1 \tag{13-34}$$

对于不可逆体系：

$$\Delta\varphi_p>56.5/n \qquad \frac{i_{pa}}{i_{pc}}<1 \tag{13-35}$$

注意：两个峰电流值及其比值，两个峰电位值及其差值是循环伏安法中最为重要的参数。

13.5.4　现代电分析化学的发展与应用

近年来，由于电化学理论及应用的高速发展结合现代电子技术和计算技术，以及各种新技术和新材料的出现，电分析化学在生命科学、环境科学、食品科学、医学等领域的应用越来越广泛，目前电分析化学的研究及应用的热点主要涉及如下几个方面。

(1) 超微电极电化学

超微电极可直接作为微型测试探头或制成微型传感器，用于生命科学及其他领域的在线检测。由于超微电极的体积很小，可方便地插入活体动物体内而不损坏组织又不破坏活体体内的系统平衡，而且能够快速地响应生物体内物质浓度的变化，非常适合脑神经递质的测定，可用于测定生物神经传导过程中物质的瞬间变化。活体分析中，微电极可用于测定多巴胺、肾上腺素、去肾上腺素及多巴酸等神经递质；也可用于研究脑组织细胞、脊髓细胞、感觉器官、心肌等细胞内的重要物质。

(2) 酶促反应电分析化学

酶是活细胞产生的一类具有特殊结构的功能化蛋白质。生物体内代谢过程中发生的化学反应绝大多数是在酶的催化下进行的，酶的存在是生物体进行新陈代谢的必要条件。酶作为一种生物催化剂具有很多特性，如需要在较温和的条件下进行催化反应、催化效率高、具有高度的特异性和高的选择性、催化反应没有副产物。因此可以将生物酶作为高选择性的分子识别物质，固定在电极的表面形成活性膜，用于选择性测定生命物质。

(3) 生物膜基电分析化学

生命科学的发展，使人们认识到生物膜的重要性，而生物膜的研究及其功能探索为电分析化学的发展提供一个新的研究领域。细胞识别、融合、胞吞、胞泌、易位、输运和渗透都是以膜为媒介的过程，生物膜对膜内外的物质交换、能量传递和信息转移都起着重要的作用。而用电分析化学的理论、方法和技术进行模拟生物膜功能的研究是认识生命活动的有效途径之一。目前的研究内容有 LB 膜生物传感器、脂双层膜生物传感器、多层磷脂膜电化学传感器等。

(4) 蛋白质及纳米电分析化学

蛋白质作为一类典型的生物大分子和特殊催化剂，在生命过程中扮演着极为重要的角色。可以用于传感器的敏感膜制备，能够实现传感器对底物的高选择性和高灵敏度检测。理论上，蛋白质与电极之间的直接电子传递过程更接近于生物氧化还原系统的原始模型，可用于揭示生物氧化还原过程的机理；在应用方面，直接电化学的实现可以用于发展人工心脏用的生物燃料电池。因而研究氧化还原蛋白质与电极之间的直接电子传递在生命科学、环境科学、能源科学和分析化学中具有重要的理论和实践意义。将氧化还原蛋白质固定在具有生物兼容性的电极表面，可发生快速的电子转移反应，利用这一直接电子转移性质制成的生物传感器不需要向分析液中添加电子传递媒介就可以实现底物分子的电化学测定。然而，氧化学还原蛋白质与裸露的金属表面直接接触通常会引起蛋白质的结构与功能发生变化，甚至失去活性，理想的界面可以通过对电极或蛋白质进行修饰，如对汞、金、ITO、石墨、玻碳、碳糊电极的功能化等。最近，纳米材料修饰电极的广泛应用，为一些生物分子或蛋白质的电分析化学研究提供了新的手段和思路。如多巴胺、肾上腺素、抗坏血酸、细胞色素 c、蓝铜蛋白、过氧化物酶等的直接电化学或分析测定等。

(5) 电化学免疫分析与免疫传感器

健康的机体能够通过许多不同的机制防御生物和有害物质的侵袭，这些防御机制包括天然免疫和特异性免疫。诱导特异性免疫的外源性物质——抗原能够通过侵染或其他途径刺激动物机体的免疫系统，诱发免疫应答，产生以抗体和淋巴细胞为主的免疫应答。电化学免疫分析是将免疫技术与电化学检测相结合的一种标记免疫分析方法，通过测定免疫反应前后界面电容、电势、电导、电流等的变化直接测定抗原抗体间的结合而无需标记。由于免疫传感器具有高选择性、高灵敏度等特性，可以用于临床恶性肿瘤的早期诊断，即用于检测肿瘤患者血清中相关肿瘤标志物。一些重要的肿瘤标志物，如癌胚抗原、糖类抗原 125、人绒毛膜促性腺激素等已经应用于直肠癌、胰腺癌、上皮卵巢和肝癌等的临床检测。

(6) DNA 电化学分析与序列识别

基因与其表达产物蛋白质的检测、外源基因变异性与多态性的分析是对遗传病、感染性疾病和肿瘤等疾病进行临床诊断的重要手段，对于在分子水平上研究生物分子间的相互作用、揭示特殊蛋白质或基因药物与生物聚合物的特殊结合位点、阐明肿瘤与遗传病的分子机理、设计基因靶标药物和疾病的时期发现与防治具有重要意义。同时各种核酸序列的快速检测在法医、环境、食品安全、生化武器等领域也必不可少。近年来，生物传感器提供了一个可值得信赖的快速、廉价的核酸检测方法。基于核酸杂交过程的 DNA 传感器促进了基因疾病的诊断、传染媒介的检测、基因表达差异的测量，以及法庭科学、药物筛选和环境监测的发展。

(7) 细胞电化学与细胞传感器

细胞作为电化学活体，在电极上能给出明显的电化学响应信号。细胞本身是一个电化学体系，细胞内所发生的一系列生化反应及生理过程所涉及的电子产生与传递都会影响并改其表面的静电分布。将细胞固定在电极的表面，可以采用电化学方法研究细胞的增殖和分化。在单个细胞水平上，获得反映细胞生理状态和过程的更准确、更全面的信息，可以使人们更好地了解细胞群体中某些特殊的细胞功能，更深入认识细胞个体差异、细胞间相互作用和信息传递，以及神经递质、药物或毒物刺激的生理影响。同时利用这种影响与电化学信号之间的关系，可以构建细胞膜表面抗原免疫传感器、细胞膜表面蛋白质电化学免疫传感器，以及用于分析肿瘤细胞的生长与药物抑制作用等。

思考题

1. 什么叫指示电极？什么叫参比电极？常见的有哪些？试各举例说明其作用。
2. 何谓直接电位法？理论依据是什么？
3. 金属基电极与离子选择性电极的响应原理有何区别？
4. 用玻璃电极测定溶液 pH 值的原理是什么？
5. 用直接电位法测定溶液 pH 值时，为什么采用与标准缓冲溶液 pH 值比较的方法？
6. 为什么离子选择性电极对欲测离子具有选择性？如何估量这种选择性？
7. 影响离子选择性电极测定离子活度准确度的因素有哪几方面？应该如何避免？
8. 何谓电位滴定法？确定终点的方法有哪几种？
9. 为什么一般来说，电位滴定法的误差比电位测定法小？
10. 何谓总离子强度调节缓冲剂？它的作用是什么？
11. 何谓 ISE 的不对称电位？在使用 pH 玻璃电极时，如何减少不对称电位对 pH 值测量的影响？
12. 气敏电极在结构上与一般的 ISE 有何不同？其原理如何？
13. 写出法拉第定律的数学表达式，说明其物理意义。
14. 在库仑分析中，对电流效率有何要求？影响电流效率的因素是什么？
15. 为什么恒电流库仑法又称为库仑滴定法？它与一般的滴定分析法有何不同？库仑滴定法指示终点的方法有哪几种？
16. 伏安和极谱分析法是一种特殊情况下的电解形式，其特殊表现在哪些方面？
17. 极谱分析法采用的滴汞电极具有哪些特点？
18. 极谱干扰电流有哪些？如何消除？
19. 极谱的底液包括哪些物质？其作用是什么？

20．简述循环伏安法的原理及应用。

习　题

1. 当下述电池中的溶液是 pH=4.00 的缓冲溶液时，在 25℃时用毫伏计测得下列电池的电动势为 0.309V：

玻璃电极｜H^+‖饱和甘汞电极

当缓冲溶液由未知溶液代替时，在 25℃时测得不同溶液时的电动势分别为（1）0.642V；（2）0.406V；（3）0.259V。计算三种未知溶液的 pH 值。（pH 值为 9.64，5.64，3.15）

2. 测定以下电池：pH 玻璃电极|pH=5.00 的溶液|SCE，得到电动势为 0.212V；而测定另一未知酸度的溶液时，电动势为 0.253V。电极的实际响应斜率为 58.0mV/pH。计算未知液的 pH 值。

（pH 值为 5.71）

3. 假设溶液中 pBr=3，pCl=1。如用溴离子选择性电极测定 Br^- 活度，将产生多大误差？已知电极的选择性系数 $K_{Br^-,Cl^-}=6\times10^{-3}$。（60%）

4. 某 Na 电极，其选择性系数 $K_{Na^+,H^+}=300$，如用此电极测 pNa=3 的 Na^+ 溶液，并要求测定误差小于 3%，则试液的 pH 值必须大于多少？（pH≥7）

5. 一般在海水中镁的浓度为 1320μg·mL^{-1}，而钙的浓度为 410μg·mL^{-1}，Ca^{2+} 选择性电极对于镁的选择性系数是 0.016，计算用直接电位法测定海水中 Ca^{2+} 的含量时，由于 Mg^{2+} 存在所引起的误差是多少？已知 $M_{Mg^{2+}}=24.30$，$M_{Ca^{2+}}=40.08$（8.52%）

6. 用氟离子选择性电极测定饮用水中 F^- 含量时，吸取水样 50.00mL 于 100mL 容量瓶中，加入总离子强度调节缓冲液，稀至刻度，测其电动势值为－192mV。然后在此溶液中加入 1.00mL 1.00×10^{-2} mol·L^{-1} 氟标准溶液，测得电动势为－150mV，计算饮用水中 F^- 的质量浓度（mg·L^{-1}）。已知 $M_F=19.0$。

（0.92）

7. 用钙离子选择性电极和 SCE 置于 100mLCa^{2+} 试液中，测得电位为 0.415V。加入 2mL 浓度为 0.218mol·L^{-1} Ca^{2+} 标准溶液后，测得电位为 0.430V。计算 Ca^{2+} 的浓度。（1.96×10^{-3}mol·L^{-1}）

8. 用离子选择性电极和饱和甘汞电极测定腌番茄汁中氯化物含量时，在 100mL 的番茄汁中测得电动势为－27.2mV，加入 1.00mL 0.200mol·L^{-1} 经酸化的氯化钠溶液后，测得电动势为－54.6mV，计算番茄汁中氯的含量。单位以 mol·L^{-1} 和 mg·L^{-1} 表示。（假定加入氯化钠前后离子强度不变，S=59mV），已知 $M_{Cl}=35.45$。（$c_x=1.05\times10^{-3}$mol·L^{-1}；M=37.2mg·L^{-1}）

9. 在一硫酸铜溶液中，浸入两个铂片电极，接上电源，使之发生电解反应。这时在两铂片电极上各发生什么反应？写出反应式。若通过电解池的电流强度为 24.75mA，通过电流时间为 284.9s，在阴极上应析出多少毫克铜？已知 $M_{Cu^+}=63.55$。（2.322mg）

第14章 气相色谱法

14.1 概述

14.1.1 色谱分析法的产生与发展

色谱分析法又称色谱法（旧称层析法），是一种高效的分离分析方法。该方法基于不同物质在流动相和固定相两相中分配系数的不同，当两相做相对运动时，各组分在两相中经过反复多次的分配，使原来分配系数只有微小差异的物质能够得到分离。

（1）色谱法的产生

色谱法是俄国植物学家茨维特（Michael Tswett，1872～1919）创立的。在1903年的一次国际会议上，茨维特提出了一种应用吸附原理分离植物色素的新方法。1906年，茨维特命名这个方法为色谱法（chromatography）。1907年，他在德国生物学会议上第一次向人们公开展示了采用色谱法提纯的植物色素溶液及其显现着彩色环带的柱管。他将植物叶色素的石油醚提取液倾入一根碳酸钙颗粒吸附剂的竖直玻璃管柱中，并不断以石油醚淋洗柱子。经过一段时间后柱内形成间隔清晰的不同颜色的谱带（提取液中叶色素各组分分离的结果）。由于出现有颜色的谱带，“色谱”因此得名。茨维特的实验如图14-1所示。装置中装有碳酸钙颗粒吸附剂的玻璃管就是色谱柱（column），固定在管内的填充物碳酸钙是固定相（stationary phase），而淋洗液石油醚则为流动相（mobile phase）。

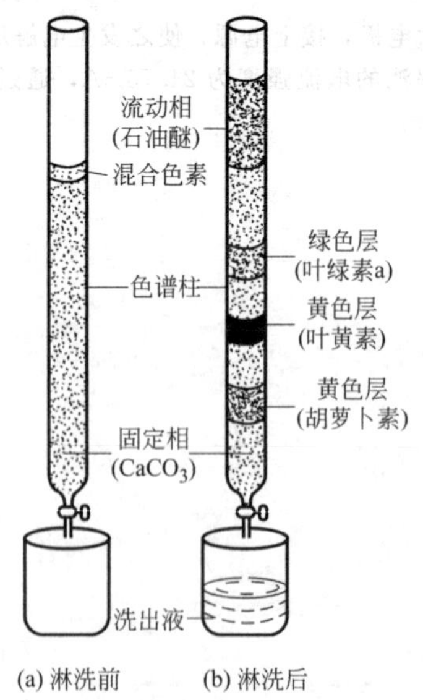

图14-1 茨维特的色谱实验示意图

（2）色谱法的发展

随着被分离样品种类的增多，色谱法广泛用于无色物质的分离，“色谱”名称中的“色”

失去了原有的意义，但“色谱”这一名称沿用至今。

色谱柱连接上专门的检测器、数据采集和处理系统，就可以对色谱柱分离的成分分别进行定性、定量检测，如图 14-2 所示。当年茨维特的简单液相色谱柱已经发展为目前广为使用的高效液相色谱法，图 14-3 展示的是简单的高效液相色谱仪装置，配置紫外检测器，图中的 254（nm）是检测波长。

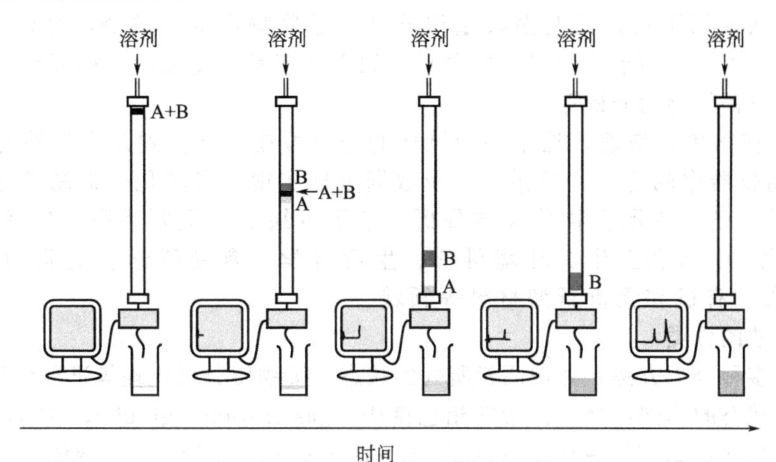

图 14-2　柱液相色谱分离方法

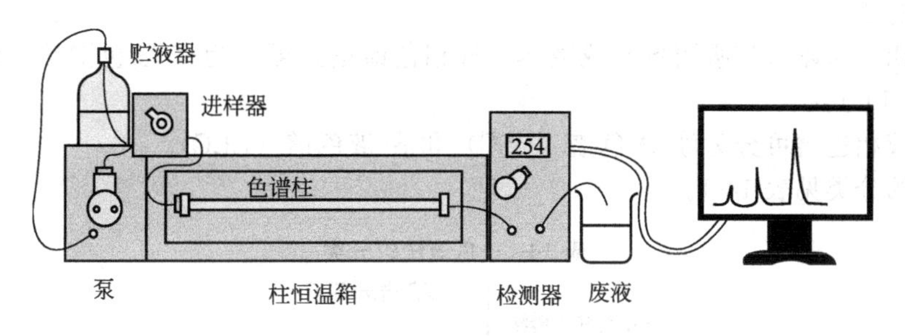

图 14-3　简单配置的高效液相色谱仪

上述茨维特发明的经典柱液相色谱方法，由于分离速度慢，分离效率低，长时间未引起重视。虽然 20 世纪 40 年代出现了纸色谱，50 年代产生了薄层色谱，然而色谱法成为分析化学的重要分支学科，则是以流动相为气体的气相色谱的产生、发展为标志。50 年代由于色谱理论和技术上的创新，色谱法得到了迅速的发展，作出最重要的贡献当推英国生物学家马丁（Martin）和辛格（Synge），他们为此获得了 1952 年诺贝尔化学奖。早在 1941 年，马丁和辛格首次提出塔板概念并建立了色谱塔板理论；1952 年，马丁和詹姆斯（James）创立了可分离测定挥发性化合物的气液色谱法，为该类化合物的分离测定带来了划时代的变革；1958 年，Golay 创立了高效毛细管气相色谱方法并建立了相关理论，大大提高了色谱分离效率。60 年代末，人们从气相色谱法的实践和理论得到启发，在经典液相色谱基础上发展建立起高效液相色谱法，现在其已成为生物化学与分子生物学、化学等领域不可缺少的分析分离工具之一。其后，70 年代中提出了离子色谱，80 年代提出了超临界流体色谱，90 年代提出毛细管电泳色谱。今后几年，联用技术（如气相色谱与质谱、液相色谱与质谱的联用）、大分子的色谱分离、制备色谱等均可望取得更大的发展。

14.1.2　色谱分析法的特点及应用

色谱法是一种高效能、高选择性、高灵敏度、应用广泛的分离分析方法。

由于色谱柱对混合物分离的高效能、高选择性，色谱法能用于性质极为相似的物质（如同位素、同系物、烃类异构体等）的分离与测定；同时可分析极为复杂、难以分离的物质。例如用空心毛细管柱，以气相色谱-质谱联用技术分析普通汽油，一次可以分离出240个左右色谱峰，鉴定了其中的180种组分。由此可见，色谱分离的高效能是其他分离方法无法比拟的。

由于色谱法使用了对微量甚至痕量组分高灵敏度响应的检测器，可检测出 10^{-13} ～ 10^{-11} g的物质，因而可用于痕量组分的分析，如农副产品、食品中农药残留量的分析；大气、水体中痕量污染物的分析等。

色谱法操作简单、快速，通常一个试样的分析可在几分钟到几十分钟内完成。由于计算机在色谱仪器中的应用，色谱操作及数据处理实现了自动化，提高了分析速度。

目前色谱法已成为混合物分离与分析测定不可缺少的重要手段，广泛应用于天然产物、石油化工、医药卫生、环境科学、生命科学、食品科学、地质勘探、能源科学、天体气象、有机和无机新型材料等领域。

14.1.3 色谱法的分类

色谱法有多种分类方法，如按两相所处的状态、按物质分离机理等进行分类。

按流动相状态的不同可分为：①气相色谱法（gas chromatography，GC），以气体为流动相的色谱分析法；②液相色谱法（liquid chromatography，LC），以液体为流动相的色谱分析法；③超临界流体色谱法（supercritical chromatography，SFC），以超临界流体为流动相的色谱分析法。

按固定相为固体（如吸附剂）或液体，气相色谱法又可分为气-固色谱法（GSC）与气-液色谱法（GLC）。

同理，液相色谱可分为液-固色谱（LSC）和液-液色谱（LLC）。

色谱法的分类见表14-1。

表 14-1 色谱法的分类

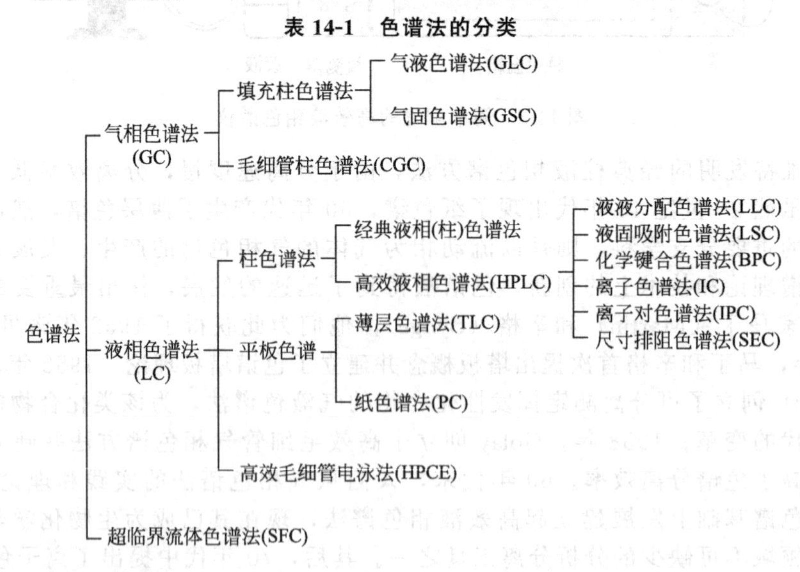

本章主要讨论气相色谱法并简介液相色谱法。

14.1.4 气相色谱分析流程

气相色谱分析流程如图14-4所示。载气（不与被测物作用、用来载送试样的气体，如氢、氮等）载着欲分离的试样通过色谱柱中的固定相，使试样中各组分分离，然后依次进入检测器分别检测。

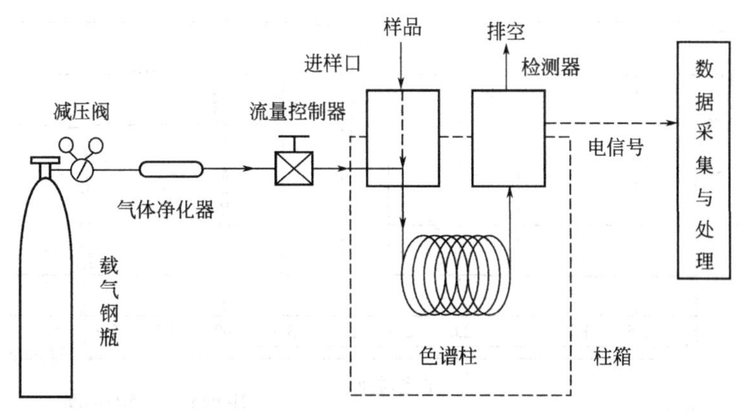

图 14-4　气相色谱分析示意图

可见，色谱分析过程可归结为分离和分析两个过程。如图 14-5 所示。

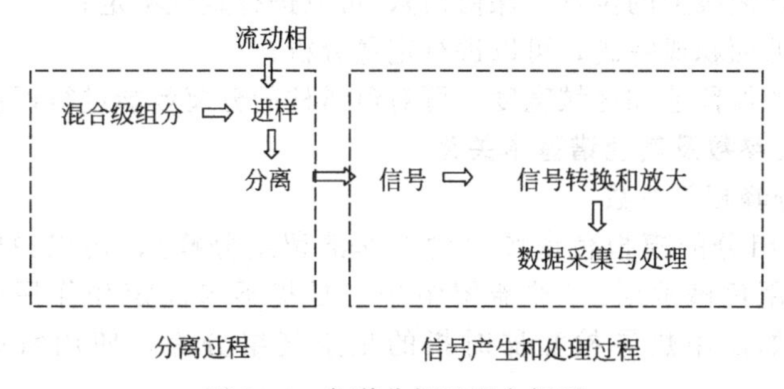

图 14-5　色谱分析过程方框图

① 分离过程：基于物质溶解度、蒸气压、吸附能力、立体结构和离子交换等物化性质和结构上的微小差异，使其在流动相和固定相之间的作用力大小或强弱不同，当两相做相对运动时，组分在两相间进行连续多次分配，从而达到彼此分离的目的。

② 分析过程（包括信号的产生和处理过程）：利用组分的物理和化学性质（光学性质、电学性质、热学性质和化学显色反应等）设计各种检测器，对分离组分连续检测。

14.2　色谱法术语

14.2.1　色谱流出曲线图或色谱图

色谱流出曲线图或色谱图（chromatogram）是柱后流出物通过检测器产生的响应信号对时间或流动相流出体积的关系曲线图。流出曲线反映了组分在柱内运行的情况。图 14-6 为色谱数据处理软件记录的以组分检测信号（电压）变化为纵坐标、流出时间 t 为横坐标所得的气相色谱图。

当不含被测组分的载气进入检测器时，所得流出曲线称为基线（baseline）。基线反映检测系统噪声随时间变化情况，稳定的基线是一条直线，如图 14-6 中所示的直线部分。基线随时间定向的缓慢变化称为漂移（drift）。基线信号的波动称为噪声（noise）。

图 14-6 中色谱峰顶旁显示的数值为该色谱峰的最大值相应的时间，也就是后面将要定义的保留时间。

色谱图提供了色谱法的定性和定量信息：

① 根据色谱流出曲线图上峰的个数，可给出该试样中至少含有的组分数；

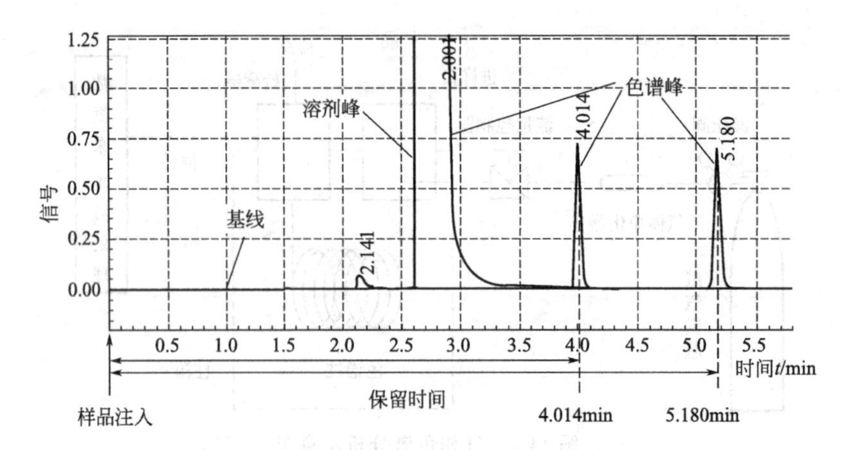

图 14-6　典型气相色谱图（岛津色谱软件记录）

② 根据组分峰在曲线上的位置（保留值），可以进行定性鉴定；

③ 根据组分峰的面积或峰高，可以进行定量分析；

④ 根据色谱峰的保留值和区域宽度，可对色谱柱的分离效能进行评价。

14.2.2　色谱图有关参数及其色谱基本关系

14.2.2.1　单个组分峰相关参数

图 14-7 为单个组分的模拟色谱图（含有非滞留组分峰），用以说明色谱分析法中涉及单个组分峰的常用色谱术语。“非滞留组分”是指不与固定相作用的组分峰，与所使用的检测器有关，如使用热导检测器时指的是空气组分峰，使用氢火焰离子化检测器则为甲烷峰。

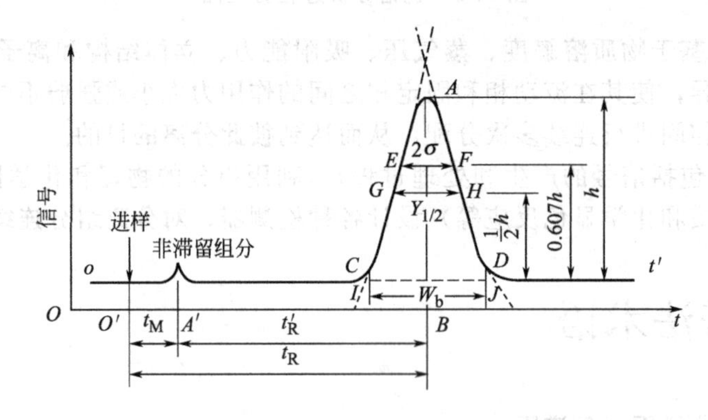

图 14-7　单个组分峰的模拟色谱图

(1) 色谱峰参数

① 峰高（peak height）h（定量参数）　峰的最高点（A 点）至基线的垂直距离。

② 区域宽度　区域宽度（peak width）是指色谱峰宽度。为了数学上计算方便，通常把色谱峰看作为高斯分布（即正态分布）的对称峰来处理。在色谱分析中要求区域宽度越窄越好。区域宽度一般有三种表示方式。

a. 标准偏差（standard deviation）σ。标准偏差是指正态分布的色谱峰峰高 0.607 倍处色谱峰宽度的一半。如图 14-7 中 EF 宽度的一半。

b. 半峰宽度（peak width at half-height）$Y_{1/2}$。简称为半宽度或半峰宽，是指峰高一半处的峰宽，如图 14-7 中的 GH。对于正态分布的色谱峰，半宽度与标准偏差的关系为

$$Y_{1/2}=2.354\sigma \tag{14-1}$$

半峰宽较易测量，使用方便，是最常用的区域宽度指标。

c. 峰底宽度（peak width at peak base）W_b。指由流出曲线的两个拐点（E 和 F 点）所作的切线在基线上的截距，如图 14-7 中的 IJ。对于正态分布的色谱峰，峰底宽度与标准偏差和半峰宽的关系为

$$W_b = 4\sigma = 1.699Y_{1/2} \tag{14-2}$$

③ 峰面积（peak area）A（定量参数）　峰与基线所包围的面积，是色谱定量分析的依据。

（2）保留值（定性参数）

试样中各组分在色谱柱中滞留时间的数值称为保留值（retention value）。通常用时间或将组分带出色谱柱所需流动相（载气）的体积来表示。因不同组分与固定相之间的作用力不同，所以在一定的固定相和操作条件下，不同组分具有不同的保留值，可作为定性的参数。

① 死时间 t_M 和死体积 V_M　死时间（hold-up time）t_M 是指不与固定相作用的组分（如空气、甲烷等）从进样开始到柱后出现检测信号最大值时所需的时间，如图 14-7 中的 $O'A'$。死体积（hold-up volume）V_M 是指色谱柱内填充的固定相以外的空隙体积、气相色谱仪中进样器、管路连接处及检测器等空间的总和。

死时间和死体积的关系为

$$V_M = t_M F_0 \tag{14-3}$$

式中，F_0 为色谱柱出口处载气的体积流速（flow rate）。

② 保留时间 t_R 和保留体积 V_R　保留时间（retention time）是指被测组分从进样开始到出现最大检测信号值时所需的时间。如图 14-7 中的 $O'B$。保留体积（retention volume）是指被测组分从进样到柱后出现最大检测信号值时所通过载气的体积。

即
$$V_R = t_R F_0 \tag{14-4}$$

上述参数足以表征单个组分峰的色谱特征，但常常还使用下面几个与之相关的参数。

③ 调整保留时间 t'_R 和调整保留体积 V'_R　调整保留时间（adjusted retention time）定义为扣除死时间后的保留时间（如图 14-7 中的 $A'B$）：

$$t'_R = t_R - t_M \tag{14-5}$$

同样，扣除死体积后的保留体积称为调整保留体积（adjusted retention volume）。

即
$$V'_R = V_R - V_M \text{ 或 } V'_R = t'_R F_0 \tag{14-6}$$

组分经过色谱柱的保留时间包括它在色谱柱流动相和固定相上所消耗的时间。因此调整保留时间就是组分在色谱柱固定相上的滞留时间，反映组分与固定相相互作用消耗的时间，是各组分得以分离的基础。

（3）分配系数 K、分配比 k 及其与保留值的关系

① 分配系数（partition coefficient）K　当组分进入色谱柱时，流动相携带组分前移，组分就在固定相和流动相之间进行分配。分配系数 K 是在一定温度、压力下，组分在两相之间分配达到平衡时的浓度比：

$$K = \frac{c_S}{c_M} \tag{14-7}$$

式中，c_S 和 c_M 和分别为组分分配在固定相和流动相中的浓度。在条件（固定相、流动相和温度等）一定，c_S 和 c_M 很小时，分配系数 K 只决定于组分的性质，而与浓度无关。

② 分配比（partition ratio）k　分配比 k 定义为在一定温度、压力下，组分在两相间达到分配平衡时的质量比：

$$k = \frac{m_S}{m_M} \tag{14-8}$$

式中，m_S 和 m_M 分别为组分分配在固定相和流动相中的质量，故 k 值有时又称为质量分配系数。

k 值还可以表示为：

$$k=\frac{V_R-V_M}{V_M}=\frac{V'_R}{V_M} \tag{14-9}$$

$$k=\frac{t_R-t_M}{t_M}=\frac{t'_R}{t_M} \tag{14-10}$$

即分配比 k 是组分的调整保留体积（或时间）与柱子死体积（或死时间）的比值，故又称为容量因子（capacity factor），是衡量色谱柱对被分离组分保留能力的重要热力学参数。k 值也决定于组分及固定相的热力学性质。它不仅随柱温、柱压的变化而变化，而且还与流动相及固定相的体积有关。

分配比 k 与保留值不同的是，跟色谱体系的几何参数无关，是更适用于衡量色谱柱对组分保留能力的重要参数。k 值大小可根据式(14-10) 直接从色谱图测得。

从式(14-10) 可以得到保留值的表示形式：

$$t_R=t_M(1+k) \tag{14-11}$$

从式(14-11) 可知，样品中 k 值大的组分在固定相中滞留时间长，后流出色谱柱；k 值小的组分则滞留时间短，先流出色谱柱。

此外，还可以得到分配比 k 与分配系数 K 的关系：

$$K=\frac{c_S}{c_M}=\frac{m_S/V_S}{m_M/V_M}=k\frac{V_M}{V_S}=k\beta \tag{14-12}$$

式中，V_S 和 V_M 分别为固定相和流动相占有的体积；$\beta=V_M/V_S$，称为色谱柱的相比(phase ratio)，是色谱柱的结构参数之一。由式(14-12) 可知，分配比 k 与分配系数 K 成正比，与色谱柱的相比 β 成反比。由式(14-11) 和式(14-12)，可以得到色谱保留方程：

$$t_R=t_M\left(1+K\frac{V_S}{V_M}\right) \tag{14-13}$$

该式表明，在色谱体系确定后（固定相和流动相均确定），组分的保留时间只取决于组分的分配系数，分配系数越大的组分在色谱柱中滞留时间越长。

(4) 色谱柱效能（column efficiency）

根据塔板理论，色谱柱的分离效能用理论塔板数、理论塔板高度、有效塔板数、有效塔板高度等表示，更多解释见后面塔板理论部分。

① 理论塔板数 n（number of theoretical plates） 表示柱效能的指标。对某一组分，计算式为：

$$n=\left(\frac{t_R}{\sigma}\right)^2=5.54\left(\frac{t_R}{Y_{1/2}}\right)^2=16\left(\frac{t_R}{W_b}\right)^2 \tag{14-14}$$

② 理论塔板高度 H（height equivalent to a theoretical plate） 定义为单位理论塔板的长度：

$$H=\frac{L}{n} \tag{14-15}$$

式中，L 为色谱柱长。

③ 有效塔板数 $n_{有效}$（number of effective plate） 由于死体积 V_M（或死时间 t_M）内并没有发生分配作用，在考虑柱的实际分离效能时应予扣除，扣除死时间后色谱柱效能用有效塔板数 $n_{有效}$ 和有效塔板高度 $H_{有效}$ 表示。$n_{有效}$ 计算式为：

$$n_{有效}=5.54\left(\frac{t'_R}{Y_{1/2}}\right)^2=16\left(\frac{t'_R}{W_b}\right)^2 \tag{14-16}$$

④ 有效塔板高度 $H_{有效}$ (height equivalent to a effective plate)

$$H_{有效}=\frac{L}{n_{有效}} \tag{14-17}$$

式(14-14) 和式(14-16) 中 n 和 $n_{有效}$ 是无量纲量，因此计算时，t_R、t'_R、$Y_{1/2}$ 和 W_b 要取相同单位（时间或长度）。

14.2.2.2　相邻组分峰相关参数

上述参数均不能表征相邻色谱峰之间的关系。图 14-8 为多个组分的模拟色谱图。可知，在大约 10min 后的响应是一段基线，也就是说峰 1 和峰 2 达到基线分离。因此假如在 7～10min 期间收集组分的话，收集物中将不含有构成峰 2 和峰 3 的组分。而由于峰 2 与峰 3 不能完全分离，在 11～14.5min 期间收集到的将不只是峰 2 的组分（同时混有少量的峰 3 的组分）。常用以下两种参数来定量描述峰分离的情况。

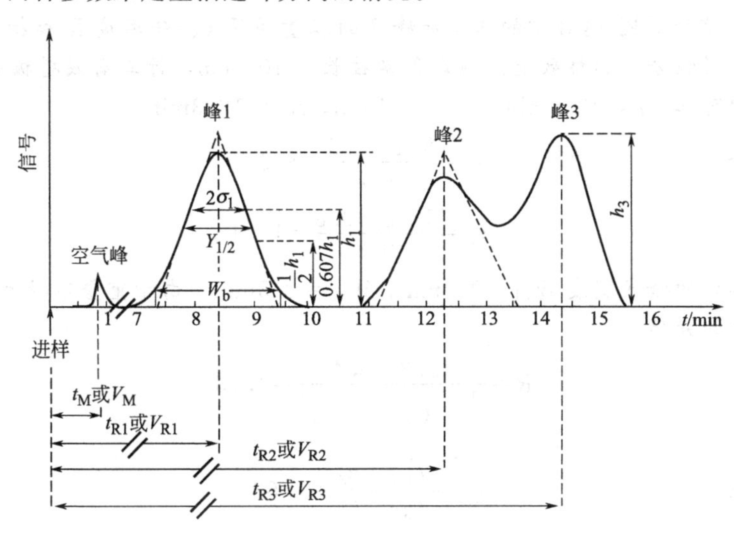

图 14-8　多个组分峰的模拟色谱图

(1) 相对保留值 $r_{2,1}$ (relative retention value)

相对保留值是指两个组分的调整保留值之比：

$$r_{2,1}=\frac{t'_{R2}-t_M}{t'_{R1}-t_M}=\frac{t'_{R2}}{t'_{R1}}=\frac{V'_{R2}}{V'_{R1}} \tag{14-18}$$

相对保留值的优点是，只要柱温、固定相性质不变，即使柱径、柱长、填充情况及流动相流速有所变化，$r_{2,1}$ 值仍保持不变，因此它在色谱定性中常被用于判断未知峰，它可以把未知峰和标准物联系起来：

$$r_{i,s}=\frac{t'_{Ri}}{t'_{Rs}} \tag{14-19}$$

式中，t'_{Ri} 和 t'_{Rs} 分别为未知化合物和标准物的调整保留时间。

另外，相对保留值表示了固定相（色谱柱）对两种组分的选择性大小，可以反映分离效率，又称为分离因子（separation factor）或选择性因子（selectivity factor）。此时常用符号 α 表示：

$$\alpha=\frac{t'_{R2}}{t'_{R1}}=\frac{k_2}{k_1}=\frac{K_2}{K_1} \tag{14-20}$$

α 值越大，说明两组分的 t'_R 相差越大，两组分的分配比或分配系数相差越大，分离得就越好。当 $\alpha=1$ 时，两组分根本不能被分离（$t_{R2}=t_{R1}$，$k_2=k_1$，$K_2=K_1$），因此，两组分具有不同的分配系数是色谱分离的先决条件。

从式(14-20) 可知，α 值与峰宽无关，不能说明相邻峰实际分离的程度。

(2) 分离度 R (resolution)

两相邻色谱峰的组分（物质对）的实际分离程度可用分离度来定量描述。广泛采用的是以峰底宽（度）计算的分离度，以 R 表示，定义为相邻两组分色谱峰的保留值之差与两组分色谱峰底宽平均值的比值：

$$R=\frac{t_{R2}-t_{R1}}{\frac{1}{2}(W_{b1}+W_{b2})} \tag{14-21}$$

式中，t_{R1}、t_{R2} 分别为相邻两峰的保留时间；W_{b1}、W_{b2} 分别为两峰的峰底宽度；R 是无量纲量。故式(14-21) 中的 t_R 和 W_b 的单位（时间或长度）要统一。

【例 14-1】 试计算图 14-8 中的峰 1 和峰 2 的容量因子 k、分离度 R 和相对保留值 $r_{2,1}$。并计算该色谱柱对组分 1 的柱效能。假定色谱柱长为 10.0cm，计算有效塔板高度。

解： 从图中可知，$t_M=0.8\text{min}$，$t_{R1}=8.4\text{min}$，$t_{R2}=12.3\text{min}$

则容量因子

$$k_1=\frac{8.4-0.8}{0.8}=8.9$$

$$k_2=\frac{12.3-0.8}{0.8}=14.4$$

以时间为单位的峰底宽度 $W_{b1}=2.0\text{min}$，$W_{b2}=2.5\text{min}$（由于重叠不很确定）

峰 1 和峰 2 的分离度

$$R=\frac{12.3-8.4}{\frac{1}{2}\times(2.5+2.0)}=1.73$$

相对保留值

$$r_{2,1}=\frac{t'_{R2}}{t'_{R1}}=\frac{k_2}{k_1}=1.62$$

对于组分 1 的柱效能

$$n_{有效}=16\left(\frac{t'_{R1}}{W_{b1}}\right)^2=231\text{（块）}$$

柱长 $L=10.0\text{cm}$

$$H_{有效}=\frac{L}{n_{有效}}=0.043\text{ (cm)}$$

14.3 色谱基本理论

14.3.1 色谱分离过程

如上所述，多组分的试样是通过色谱柱得到分离的，下面以气相色谱为例来说明色谱分离原理。

在气-固色谱（GSC）中，气-固色谱柱的固定相是具有多孔结构和较大比表面积的吸附剂颗粒。色谱分离过程如图 14-9 所示。含有 A、B 两组分的样品由载气（流动相）携带进入柱子即被吸附剂所吸附。由于载气不断流过吸附剂，吸附着的被测组分又被洗脱——脱附。脱附的组分随着载气继续前移，又可被前面的吸附剂所吸附。如此在色谱柱上不断地发生吸附和脱附的过程。若两个组分的性质不同，则在吸附剂上的吸附能力会有差异，吸附能力较强的组分 A 将不易被脱附，向前移动慢些。经过一定时间，即通过一定量的载气后，即使两组分吸附能力只有微小的差异，经过反复多次的重复，差异得到扩大，其结果是吸附能力较弱的 B 先从色谱柱中流出，吸附能力较强的 A 后流出色谱柱，从而彼此分离。

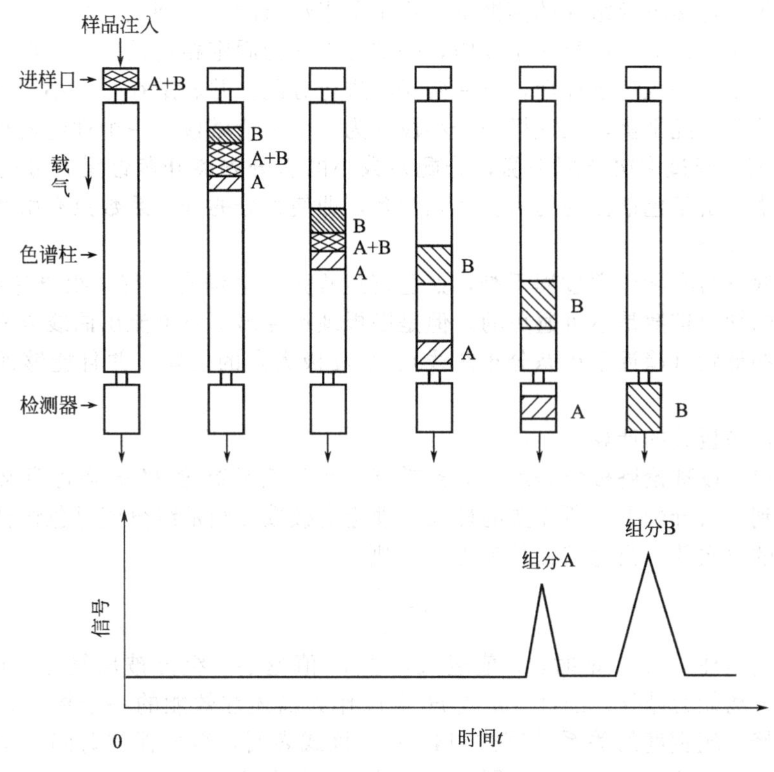

图 14-9　色谱分离过程示意图

在气-液色谱（GLC）中，固定相是在化学惰性的固体微粒（用于负载固定液，称为担体或载体）表面涂上一层高沸点有机化合物的液膜。这种高沸点有机化合物称为固定液。混合物分离是基于各组分在固定液中溶解度的不同，组分在两相之间反复多次发生溶解和挥发的过程。溶解度大的组分较难挥发，在柱中的滞留时间就长些，前移慢些，反之亦然。因此，经过一定时间后，各组分按时间先后流出色谱柱而达到分离。

上述物质组分在两相之间发生的吸附、脱附和溶解、挥发的过程称为分配过程。色谱过程就是物质分子在相对运动的两相间分配“平衡”的过程。这种分配行为可用分配系数、分配比和相比来定量描述，具体定义见式(14-7)～式(14-12)。注意色谱中的分配系数是广义的，包括溶解、吸附、离子交换、亲和力和分子大小等分离特性。色谱法的高效率在于其独特的“动态分离过程”，即反复多次的分配，大大扩大了原来分配系数的差异，从而实现混合物的分离。

试样各组分在色谱柱里能否分离取决于各组分在两相间分配系数的差异，而分配系数取决于组分与两相的作用力，与各物质（包括试样中组分、固定相、流动相）的分子结构和性质相关。各组分的保留时间反映了各组分在两相间的分配情况，因此保留时间是否有差别是取决于色谱过程的热力学因素。但常常是相邻组分的保留时间有差别，而由于色谱峰太宽导致彼此重叠，不能分离。色谱峰的区域宽度与组分在色谱柱中的运动情况有关，反映了流动相的流速、组分在两相之间的传质与扩散作用等动力学因素的影响，也就是说分离的好坏取决于其动力学行为。因此色谱理论需要探讨：①色谱分离过程的热力学和动力学问题；②影响分离及柱效的因素与提高柱效的途径；③柱效与分离度的评价指标及其关系。

14.3.2　塔板理论

14.3.2.1　塔板理论模型

在色谱分离技术发展的初期，马丁（Martin）和辛格（Synge）为解释色谱分离过程，将色谱柱比拟为由许多塔板组成的蒸馏塔，提出了半经验的塔板理论，即把一根连续的色谱柱设想成由许多小段组成。在每一小段内，一部分空间为固定相占据，另一部分空间充满流动相。组分随流动相进入色谱柱后，就在两相间进行分配。并假定在每一小段内组分可以很快地在两相中达到分配平衡，把这样一个小段称为一个理论塔板，一个理论塔板的长度称为理论塔板高度 H。经过多次分配平衡，分配系数小的组分先离开蒸馏塔，分配系数大的组分后离开蒸馏塔。由于色谱柱内的塔板数相当多，即使组分的分配系数只有微小差异，仍可以获得好的分离效果。

虽然以上假设与实际色谱过程不符，如色谱过程是一个动态过程，很难达到分配平衡；组分沿色谱柱的轴向扩散是不可避免的。但是塔板理论导出了色谱流出曲线方程，成功地解释了流出曲线的形状（趋近于正态分布曲线）、浓度极大点的位置，并且能够评价色谱柱的柱效。

14.3.2.2 理论塔板数的计算

塔板理论提出以理论塔板数表示柱分离效能。理论塔板高度 H 的物理意义是使组分在柱内两相间达到一次分配平衡所需要的柱长；理论塔板数 n 则是组分流过色谱柱时在两相间进行平衡分配的总次数。当色谱柱长为 L 时，则

$$n=\frac{L}{H} \tag{14-22}$$

可见，当色谱柱长 L 一定时，n 值越大，或 H 值越小，组分被反复分配的次数越多，柱效能越高，分离能力越强。因此，n 或 H 可以作为描述柱效能的一个指标。塔板理论还导出 n 与色谱峰区域宽度的关系计算式(14-14)。该式表明，组分保留时间一定时，色谱峰越窄，塔板数越多，柱效能越高，如图 14-10 所示。比较图 14-11(a)、(b) 可知，宽峰比窄峰难以分离。因此色谱柱效能指标定量解释了窄峰有利于组分分离的实现。

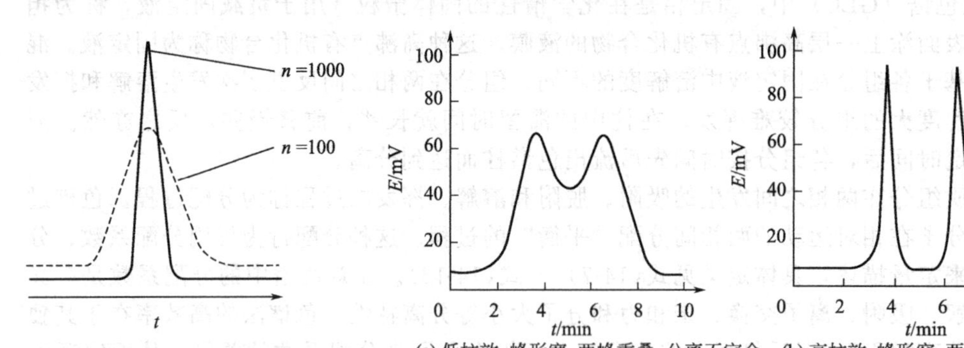

图 14-10 组分保留时间相同、塔板数不同的色谱峰情况

(a) 低柱效，峰形宽，两峰重叠，分离不完全 (b) 高柱效，峰形窄，两峰分离完全

图 14-11 柱效能与峰分离

在实际应用中，式(14-14) 中的分子项 t_R（也可用 V_R 代替）包含有死时间 t_M（或死体积 V_M），由于 t_M（或 V_M）不参与分配过程，理论塔板数 n 或理论塔板高度 H 并不能真实反映色谱分离的好坏，尤其是对流出色谱柱较早的组分（t_R 较小）更为突出。因此提出了将 t_M 除外的柱效能指标有效理论塔板数 $n_{有效}$ 和有效塔板高度 $H_{有效}$，见式(14-16) 和式(14-17)。

由于同一色谱柱对不同物质的柱效能不同，故用 H、n、$H_{有效}$、$n_{有效}$ 等指标表示柱效能时应注明被测物质和测定条件。

由式(14-11)、式(14-14) 和式(14-16)，可以得到有效理论塔板数与容量因子的关系：

$$n_{有效}=n\left(\frac{k}{1+k}\right)^2 \tag{14-23}$$

式(14-23) 说明，k 值越小，$n_{有效}$ 就越明显地小于 n 值；k 值越大，$n_{有效}$ 就越接近于 n 值。而且，在相同条件下，用不同的 k 值的组分测出的柱效能是不同的。

应该指出，柱效能不能表示被分离组分的实际分离效果。色谱柱的理论塔板数的大小只能说明色谱柱对某一组分分离效能的好坏，不能说明组分间分离的好坏，因为分离好坏决定于各组分在两相间分配系数的差别，而不是分配次数的多少。因此无论是有效塔板数还是理论塔板数都不能作为两个组分能否分离的依据。

14.3.3　速率理论

塔板理论无法解释同一色谱柱在不同的载气流速下柱效不同的实验结果，也无法指出影响柱效的因素及提高柱效的途径，显然塔板理论不足以说明色谱柱的分离过程。速率理论克服塔板理论的不足，充分考虑组分在两相间达到分配平衡的实际速率，即充分考虑了组分在两相间的扩散和传质过程。

1956 年，荷兰学者范第姆特（Van Deemter）等在研究气液色谱时，提出了色谱过程的动力学理论。他们吸收了塔板理论的塔板高度的概念，并把影响柱效能塔板高度的动力学因素结合进去。指出理论塔板高度 H 是峰宽的量度，运用流体分子规律研究色谱过程中动力学因素对峰展宽（即柱效）的影响，导出了塔板高度 H 与载气平均线速度 u 的关系式：

$$H=A+\frac{B}{u}+Cu \tag{14-24}$$

式(14-24) 称为范第姆特方程，也叫速率方程。式中，u 为载气的线速度。其余各项的物理意义如下。

A：涡流扩散项（eddy diffusion term，又称多径项），是由于色谱柱内填充物颗粒大小不同及填充的不均匀性，同时进入柱子的同一组分的分子在柱内运行路径长短不一，引起峰扩张。A 与固定相颗粒大小、几何形状及装填紧密程度有关，与流速无关。采用细而均匀的载体，有助于提高柱效。毛细管柱因为无填料，$A=0$。

B/u：分子扩散项（longitudinal diffusion，又称纵向扩散项），是由于进样后组分分子在柱内存在浓度梯度，导致轴向扩散而引起峰扩展。B 为分子扩散项系数。载气的线速度愈小，分子扩散项 B/u 的影响愈大，从而成为峰扩展的主要原因。

Cu：传质阻力项（resistance to mass transfer term），是由于组分在气液两相进行质量传递时不能瞬间达到平衡而造成的峰扩展。C 为传质阻力系数，是气相传质阻力系数和液相传质阻力系数之和，即 $Cu=(C_g+C_l)u$。

速率方程表明理论塔板高度是引起峰扩展的诸因素对理论塔板高度的贡献的总和，对色谱分离条件的选择具有理论指导意义。详细的速率方程指出了填充均匀程度、填充物粒度、流动相的种类及流速、固定相的液膜厚度等因素对柱效、峰展宽的影响（请参照有关专著）。

14.3.4　分离度与分离条件的选择

14.3.4.1　分离度

两相邻色谱峰的组分（物质对）的分离情况常用分离度来定量描述，定义式见式(14-21)。可知，两组分的色谱峰之间的距离相差越大，每个组分峰越窄，则难分离物质对的 R 值越大，意味着相邻两组分分离得越好。如图 14-11 所示，若两峰间仅有一定距离，而每一个峰却很宽，致使彼此重叠，则两组分仍无法完全分离。两组分保留值的差值主要取决于色谱柱是否选择得当，即取决于固定液和组分的热力学性质；色谱峰的宽窄则反映了分离条件的好坏，取决于色谱过程的动力学因素，即柱效能的高低。分离度 R 正是综合了这两个因素，因此可以作为色谱柱总的分离效能指标。

从理论上可以证明，若峰形对称且满足正态分布，则当 $R=1$ 时，相邻两组分基本分离，分离程度可达 98%，当 $R=1.5$ 时，分离程度可达 99.7%，故 $R=1.5$ 可作为两相邻组分达到完全分离的标志。

14.3.4.2　色谱分离基本方程式

根据分离度 R 的定义，且因为分离主要是针对最难分离物质对，可以假设 $W_{b1}=W_{b2}$，从而可导出 R 与容量因子 k、理论塔板数 n、分离因子 α 的关系为：

$$R=\frac{1}{4}\sqrt{n}\left(\frac{\alpha-1}{\alpha}\right)\left(\frac{k}{1+k}\right) \tag{14-25}$$

式(14-25) 代入式(14-23)，可得：

$$R=\frac{1}{4}\sqrt{n_{有效}}\left(\frac{\alpha-1}{\alpha}\right) \tag{14-26}$$

将式(14-17) 代入可以导出：

$$L=16R^2\left(\frac{\alpha}{\alpha-1}\right)^2 H_{有效} \tag{14-27}$$

式(14-25) 和式(14-26) 分别为以 n 和 $n_{有效}$ 表示的色谱分离基本方程式，分离度与柱效能、容量因子 k 和柱选择性 α 的关系如图 14-12 和表 14-2 所示。

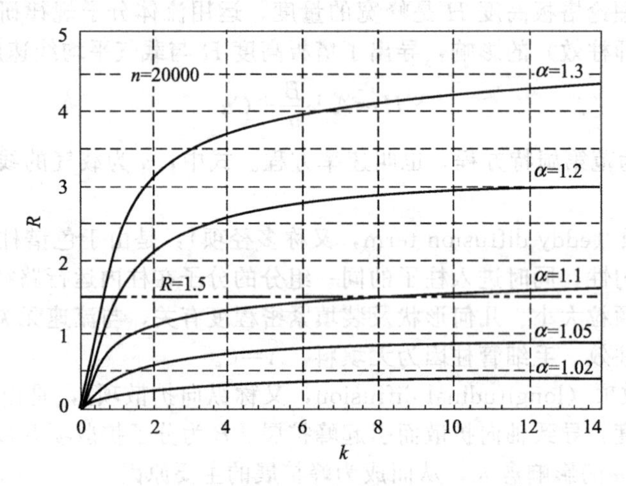

图 14-12　$n=20000$ 时分离度 R 与 α、k 的关系

表 14-2　分离度 R 与 α、$n_{有效}$ 的关系

α	$n_{有效}$		α	$n_{有效}$	
	$R=1.0$	$R=1.5$		$R=1.0$	$R=1.5$
1.00	∞	∞	1.10	1900	4400
1.005	650000	1450000	1.15	940	2100
1.01	163000	367000	1.25	400	900
1.02	42000	94000	1.50	140	320
1.05	7100	16000	2.0	65	145
1.07	3700	8400			

【例 14-2】 在一定条件下，两个组分的调整保留时间分别为 85s 和 100s，要达到完全分离，即 $R=1.5$，需要多少块有效塔板？若填充柱的塔板高度为 0.1cm，柱长是多少？

解： $r_{21}=100/85=1.18$

$$n_{有效}=16R^2[r_{21}/(r_{21}-1)]^2=16\times1.5^2\times(1.18/0.18)^2$$
$$=1547\ (块)$$
$$L=n_{有效}H_{有效}=1547\times0.1=155\text{cm}$$

即柱长为 1.55m 时，两组分可以得到完全分离。

14.3.4.3　分离操作条件的选择

（1）载气及其流速的选择

由式(14-24)可知，对一定的色谱柱和试样，必有一最佳的载气流速，此时柱效能最高。

用在不同流速下的塔板高度 H 对流速 u 作图，得 H-u 曲线图（见图14-13）。在曲线的最低点，塔板高度 H 最小（$H_{最小}$），即柱效能最高。该点所对应的流速即为最佳流速 $u_{最佳}$。实际工作中为了缩短分析时间，常常选择稍高于 $u_{最佳}$ 的流速。

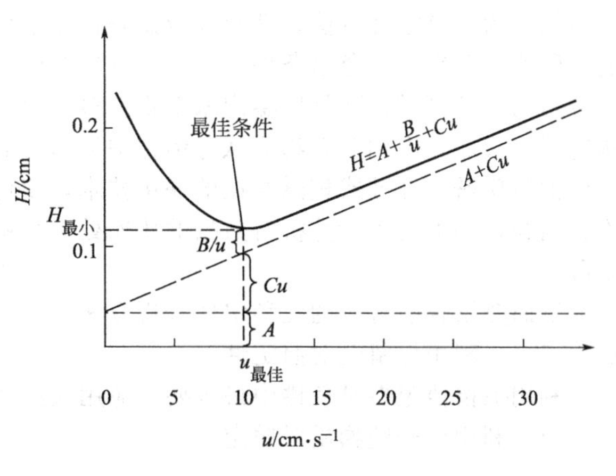

图14-13　塔板高度 H 与载气线速 u 的关系

从图14-13可知，当流速较小时，分子扩散项就成为色谱峰扩张的主要因素。而当流速较大时，传质项为控制因素。

（2）柱温的选择

柱温直接影响分离效能和分析速度。首先要考虑到每种固定液都有一定的使用温度。柱温不能高于固定液的最高使用温度，否则固定液挥发流失。

柱温对组分分离的影响较大，提高柱温使各组分的挥发度靠拢，保留值差别缩小，不利于分离，所以，从分离的角度考虑，宜采用较低的柱温。但柱温太低，被测组分在两相中的扩散速率大为减小，分配不能迅速达到平衡，峰形变宽，柱效下降，并延长了分析时间。选择的原则是：在使最难分离的组分尽可能分离的前提下，采取较低的柱温，但以保留时间适宜、峰形不拖尾为度。具体操作条件的选择应根据不同的实际情况而定。

对于含多组分沸点范围较宽的试样，宜采用程序升温，即柱温按预定的加热速度，随时间作线性或非线性增加。在较低初始温度，沸点较低的组分，即最早流出的峰可以得到良好分离。随柱温增加，较高沸点的组分也能较快地流出，并和低沸点组分一样也能得到分离良好的尖峰。总之，采用程序升温不仅可以改善分离，而且缩短了总分析时间。

（3）进样时间和进样量

进样必须快，否则试样原始宽度变大，色谱峰也必将变宽，甚至变形，保留时间改变。一般液体进样0.1～5μL，气体0.1～10mL。进样量太多，会造成峰叠加，影响分离效果。但进样量太少，又会使低含量组分因检测器灵敏度不足而不出峰。在实际分析中最大允许进样量应控制在使峰面积或峰高与进样量呈线性关系的范围内。

（4）汽化温度

足够高的汽化温度可使液体试样瞬间汽化后被载气带入柱中。在保证试样不分解的情况下，适当提高汽化温度对分离及定量有利，尤其当进样量大时更是如此。一般选择汽化温度比柱温高30～70℃。

14.4　气相色谱定性与定量方法

14.4.1　定性分析

分离是分析的前提，色谱法在分离上犹如巨人，其威力强大。但一般来说，色谱分析数据不能用于直接定性鉴定未知组分。所谓定性鉴定就是确定色谱峰的归属。利用保留值定性是最根本的色谱定性方法。其定性依据是：在色谱条件一定时，各种物质都有各自确定不变的保留值。但在同一色谱条件下，不同物质在同一根柱上可能有相同的保留值，即保留值并非专属的，其可靠性不足以鉴定未知物。多数色谱检测器给出的响应信号缺乏典型的分子结构特征，只能“看到”有物质从色谱柱中流出，而不能直接识别其为何物。所以近年来发展的色谱与质谱、红外或核磁共振的联用技术，使色谱的高分离能力与质谱、光谱的高鉴定能力相结合，加上运用计算机对数据的快速处理与检索，成为解决复杂混合物定性分析的重要手段。

下面介绍目前常用的几种定性分析方法。

14.4.1.1　利用保留值对照定性

利用保留值定性是色谱中最重要、应用最广泛的定性方法。

(1) 利用已知纯物质对照定性

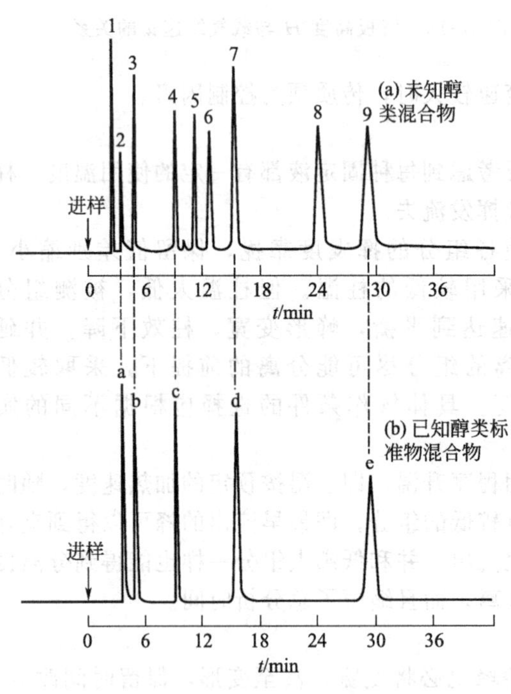

图 14-14　用已知物对照定性
a—甲醇；b—乙醇；c—正丙醇；
d—正丁醇；e—正戊醇

对于组分不太复杂的样品，可通过利用纯物质对照的方法进行定性分析。前面的讨论中已知，各种物质在一定的操作条件下，在给定的色谱柱上都有确定的保留值，因此可将标准物与未知物在相同色谱条件下的保留值（如保留时间）进行比较。若二者相同，则可以初步认为它们属同一种物质。如图 14-14 所示，(a) 和 (b) 分别为未知醇类混合物和已知醇类标准物混合物在相同色谱条件进样得到的色谱图。通过比较 (a) 和 (b) 可以推测，(a) 中色谱峰 2、3、4、7、9 分别可能是甲醇、乙醇、正丙醇、正丁醇、正戊醇。

应注意，在同一色谱柱上，不同化合物可能有相同的保留值，只用一根色谱柱定性，结果有时不一定可靠。可采用另一根极性不同的色谱柱进行定性（称双柱法），比较未知组分和已知物在两根色谱柱上的保留值，如果都具有相同的保留值，即可认为未知组分与已知物为同一种物质。因为不同的化合物在不同的色谱柱上具有相同保留值的概率要小得多。

(2) 加入已知物增加峰高法

若样品组成较复杂，峰间距太小不易辨认，或操作条件不够稳定，保留值不易确定时，可用此法。首先测定未知样品的色谱图，然后把已知标准物加到样品中，在相同色谱条件下进样测定已知标准物＋未知样品的色谱图。比较两图，峰高增加的组分即可能为这种已知标准物。

14.4.1.2　与质谱、红外光谱和核磁共振谱的联用技术定性

若找不到相应的纯物质对照，上述的保留值定性法就不适用。而质谱、红外光谱和核磁共振等是鉴别未知物的有力工具，但要求所分析的试样组分很纯。因此，将气相色谱与质谱、红外光谱、核磁共振谱联用，复杂的混合物先经气相色谱分离成单一组分后，通过接口进入质谱仪、红外光谱仪或核磁共振谱仪被鉴定。例如，应用气相色谱-质谱联用仪（Gas chromatography mass spectrometry，GC/MS）分析时，未知物经色谱分离后，质谱可以很

快地给出未知组分的相对分子质量和电离碎片，提供是否含有某些元素或基团的信息。借助于计算机，还可获得样品总离子强度随时间变化的总离子流色谱图。其外形和一般色谱仪得到的色谱图一样，也能提供组分的保留时间。图上实质包含了样品所有能出峰的组分的质谱，计算机可任意调出色谱上任何一点所对应的质谱进行分析。由于定性的参数增加，GC/MS 远比 GC 方法定性可靠。而且还能检测尚未分离的色谱峰，这是 GC 法无能为力的。红外光谱也可很快得到未知组分所含各类基团的信息，为结构鉴定提供可靠的依据。在所有联用技术中，气质联用发展最完善，应用最广泛。目前从事有机物分析的实验室几乎都把它作为主要的定性确认手段之一，已逐步成为分析复杂混合物最为有效的手段之一。特别是在许多有机化合物常规检测工作中成为一种必备的工具，广泛应用于环保分析、兴奋剂检测、食品、石油化工和药物等行业。

14.4.2 定量分析

在一定的操作条件下，检测器对某组分 i 的响应信号（峰面积 A 或峰高 h）与进入检测器的 i 组分的量（质量 m 或浓度 c）成正比，即可写成

$$m_i = f_i A_i \quad 或 \quad m_i = f_i h_i \tag{14-28}$$

式(14-28) 是色谱定量分析的依据。式中比例常数 f_i 称为i 组分的定量校正因子。为了求算色谱分析的定量结果，必须准确测出峰面积 A 或峰高 h，求算定量校正因子，并根据实际情况选择具体的定量方法。

14.4.2.1 峰面积的测量

峰面积测量的准确与否将直接影响定量结果的准确性。根据色谱图中峰形的不同，峰面积的测量方法有以下几种。

(1) 峰高乘以半峰宽法

当色谱峰为对称峰时，根据等腰三角形求面积的计算方法，近似用峰高乘以半峰宽，得出峰面积为

$$A = hY_{1/2} \tag{14-29}$$

因此法测得的峰面积，只有实际峰面积的 0.94 倍，故实际峰面积应为

$$A = 1.065hY_{1/2} \tag{14-30}$$

由于此法简单、快速，在实际工作中常被采用。但对于不对称峰、很窄或很小的峰，因 $Y_{1/2}$ 的测量误差较大，不能使用此法。

(2) 峰高乘平均峰宽法

此法用于非对称峰的测量可得到较准确的结果。两种非对称峰，即拖尾峰和前伸峰如图 14-15 所示。在色谱峰的 $0.15h$ 和 $0.85h$ 处分别测出峰宽 $W_{0.15}$、$W_{0.85}$，然后取其平均峰宽，再乘以峰高，得峰面积为

$$A = h \times \frac{(W_{0.15} + W_{0.85})}{2} \tag{14-31}$$

(3) 自动积分法

电子学和计算机的发展促进了色谱分析的自动化，使色谱仪器的操作和数据处理工作快捷、准确与简便。最早是用电子积分仪代替记录仪，现已发展为由通用微机、数据采集板、色谱仪控制板和计算机软件组成的色谱工作站，对色谱仪运行进行控制，对检测器输出的数据进行采集和处理，使色谱仪的操作和分析结果的输出实现完全自动化。

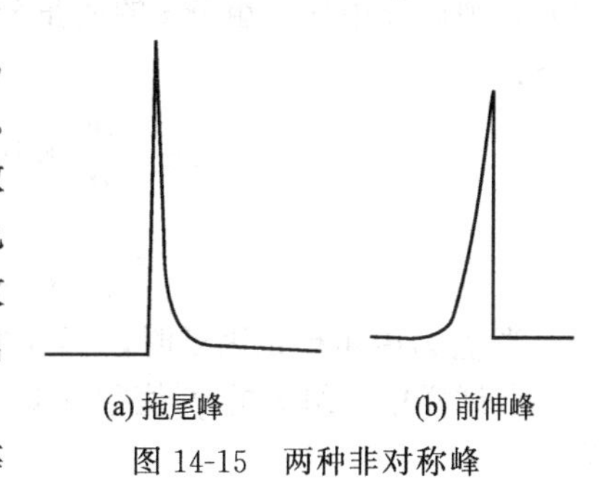

图 14-15 两种非对称峰

自动积分法自动给出每个峰的保留时间和峰面积等

数据，速度快，线性范围广，精密度一般可达 0.2%～2%。对不对称峰或较小的峰，也能得出较准确的结果。

当各种操作条件（如色谱柱、温度和流速等）严格保持不变，同时在一定进样范围内半峰宽也不变时，可直接应用峰高来进行定量。对于分离度不好、保留时间短、半峰宽窄的峰的定量，峰高定量比峰面积定量结果更准确。

14.4.2.2　定量校正因子

气相色谱分析法的定量依据是在一定的条件下，各组分的峰面积与其进样量成正比。但相同量的不同物质，在检测器中的响应信号大小却不同，即检测器对不同组分的灵敏度不相同，结果反映在色谱图上的峰面积也不同，这样就不能用峰面积来直接计算不同物质的含量。因此，必须对所测得峰面积加以校正。为此引入了定量校正因子，即

$$f_i=\frac{m_i}{A_i} \tag{14-32}$$

式中，f_i 称为组分 i 的绝对质量校正因子，其物理意义是相当于单位峰面积的 i 组分的质量。由于绝对校正因子 f_i 不易测准，故实际常用的是相对校正因子 f_i'，即组分的绝对质量校正因子 f_i 和标准物的绝对质量校正因子 f_s 之比。

$$f_i'=\frac{f_i}{f_s}=\frac{m_i/A_i}{m_s/A_s}=\frac{m_iA_s}{m_sA_i} \tag{14-33}$$

式中，A_i、A_s 分别为组分 i 和标准物 s 的峰面积；m_i、m_s 分别为组分 i 和标准物 s 的质量。

根据物质量的表示方法不同，有不同的 f_i'值。如质量校正因子、摩尔校正因子等。相对质量校正因子的测量方法为准确称取一定量的被测组分的纯物质 m_i 和标准物 m_s，混合后，在实验条件下进样分析。分别测出峰面积 A_i、A_s，利用式(14-33) 计算出相对校正因子。

由相对校正因子 f_i'可求算检测器对某组分的相对响应值 s_i'(也称相对灵敏度)。相对灵敏度在数值上等于相对校正因子的倒数，即

$$s_i'=\frac{1}{f_i'} \tag{14-34}$$

f_i'和 s_i'值均为相对值，仅与被测组分、标准物质及检测器类型有关，而与操作条件（柱温、载气流速和固定液性质等）无关，故在给定的分析条件下是一个定值。常用物质的数据可查阅有关色谱手册。

14.4.2.3　定量分析方法

(1) 归一化法

归一化法适用于试样中所有组分全部流出色谱柱，并在色谱图上出现所有组分色谱峰的情况。假设试样中有 n 个组分，各组分的质量分别为 m_1，m_2，…，m_n，各组分含量的总和为 m，则试样中任一组分 i 的质量分数 w_i 可用归一化法（normalization method）公式计算如下：

$$\begin{aligned}w_i&=\frac{m_i}{m}\times100\%=\frac{m_i}{m_1+m_2+\cdots+m_n}\times100\%\\&=\frac{A_if_1'}{A_1f_1'+A_2f_2'+\cdots+A_nf_n'}\times100\%\end{aligned} \tag{14-35}$$

当 f_i'为摩尔校正因子时，得到的是摩尔分数。

若试样中各组分的 f_i'值很接近，如同系物中沸点相近的不同组分，则式(14-36) 可简化为

$$w_i=\frac{A_i}{A_1+A_2+\cdots+A_n}\times 100\% \tag{14-36}$$

采用式(14-36) 定量称为面积归一化法。

式(14-35) 用峰高代替峰面积计算时可写成

$$w_i=\frac{h_i f_i'}{h_1 f_1'+h_2 f_2'+\cdots+h_n f_n'}\times 100\% \tag{14-37}$$

式中，f_i'指峰高相对校正因子，测定方法同峰面积相对校正因子。

归一化法的优点是简便、准确，操作条件或进样量的变动对结果的影响小，但试样组分必须全部出峰，否则不能使用此法。

(2) 内标法

当只需测定试样中某几个组分的含量或试样中的组分不能全部出峰时，可采用内标法(internal standard method)。测定方法是：取一定量的纯物质作为内标物，加入到准确称取的试样中，然后进行色谱分析。根据内标物和试样的质量及相应的峰面积来计算被测组分的含量。设被测组分 i 的质量为 m_{i}，称取的试样质量为 m，试样中加入的内标物质量为 m_{s}，则

$$m_i=f_i'A_i \tag{14-38}$$

$$m_{\mathrm{s}}=f_{\mathrm{s}}'A_{\mathrm{s}} \tag{14-39}$$

两式相除整理后可得

$$m_i=\frac{A_i f_i'}{A_{\mathrm{s}} f_{\mathrm{s}}'}m_{\mathrm{s}} \tag{14-40}$$

被测组分 i 的质量分数 w_i 为

$$w_i=\frac{m_i}{m}\times 100\%=\frac{A_i f_i'}{A_{\mathrm{s}} f_{\mathrm{s}}'}\times\frac{m_{\mathrm{s}}}{m}\times 100\% \tag{14-41}$$

一般以内标物为基准求算相对校正因子，所以 $f_{\mathrm{s}}'=1$，此时内标法计算式可写成

$$w_i=\frac{m_i}{m}\times 100\%=\frac{A_i}{A_{\mathrm{s}}}\times\frac{m_{\mathrm{s}}}{m}f_i'\times 100\% \tag{14-42}$$

式(14-42) 中的峰面积亦可用峰高代替，则

$$w_i=\frac{m_i}{m}\times 100\%=\frac{h_i}{h_{\mathrm{s}}}\times\frac{m_{\mathrm{s}}}{m}f_i'\times 100\% \tag{14-43}$$

由于本法通过测量内标物和被测组分的峰面积的相对值来进行计算，可以抵消由操作条件变化而引起的误差，所以可得到较准确的结果。但内标物的选择必须符合以下几个条件：①内标物应为试样中不存在的纯物质；②内标物的色谱峰应位于被测组分的色谱峰附近或几个被测组分色谱峰之间；③内标物的加入量应接近被测组分的量。

(3) 内标标准曲线法

此法可认为是简化的内标法。如果称量同样量 m 的试样，加入固定量 m_{s} 的内标物，则式(14-42) 中$\frac{m_{\mathrm{s}}}{m}f_i'\times 100\%$项为一常数，即

$$w_i=\frac{A_i}{A_{\mathrm{s}}}\times 常数 \tag{14-44}$$

亦即被测组分的质量分数 w_i 与 A_i/A_{s} 成正比。若 w_i 对 A_i/A_{s} 作图可得一条直线，如图 14-16 所示。根据此直线关系，采用标准曲线法定量十分方便。此法不必测出校正因子，消除了某些操作条件的影响，也不需要严格定量进样，适合于液体试样的常规分析。

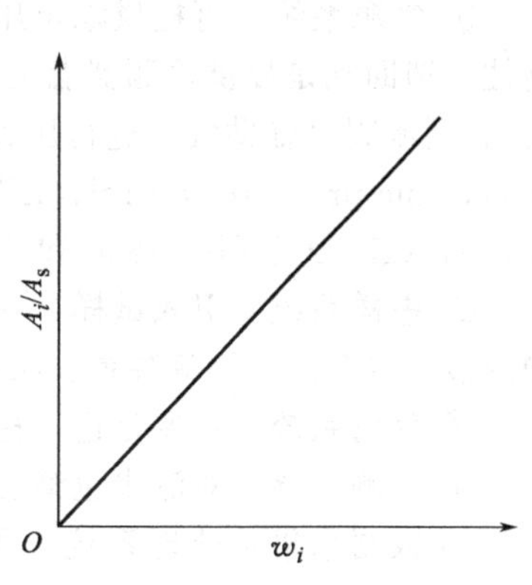

图 14-16　内标标准曲线

(4) 外标法

外标法(external standard method)是用欲测组分的纯物质来制作标准曲线的方法。具体方法是取被测组分的纯物质配成一系列不同含量的标准溶液，在一定色谱条件下分别定量(固定体积)进样，得出相应的色谱峰。绘制峰面积(或峰高)对组分含量的标准曲线。然后在同样操作条件下，分析同样量的未知试样，从色谱图上测出被测组分的峰面积(或峰高)，再从标准曲线上查出被测组分的含量。

当试样中被测组分含量变化不大时，可不必作标准曲线，而用单点校正法测定，即配制一个与欲测组分含量十分接近的标准溶液，分别取相同量的试样和标准溶液进样分析，由试样和标准样中的被测组分峰面积比(或峰高比)，可直接求出被测组分的含量，即

$$\frac{w_i}{w_s}=\frac{A_i}{A_s} \tag{14-45}$$

$$w_i=\frac{A_i}{A_s}w_s \tag{14-46}$$

式中，w_i、w_s、A_i、A_s 分别为试样和标准样中被测组分的质量分数和峰面积。

外标法操作方便，计算简单，但要求操作条件稳定，进样量的重复性好，否则会影响结果的准确性。

14.5 气相色谱法

14.5.1 气相色谱仪

气相色谱仪通常包括六个基本单元，如图 14-17 所示，各单元功能如下。

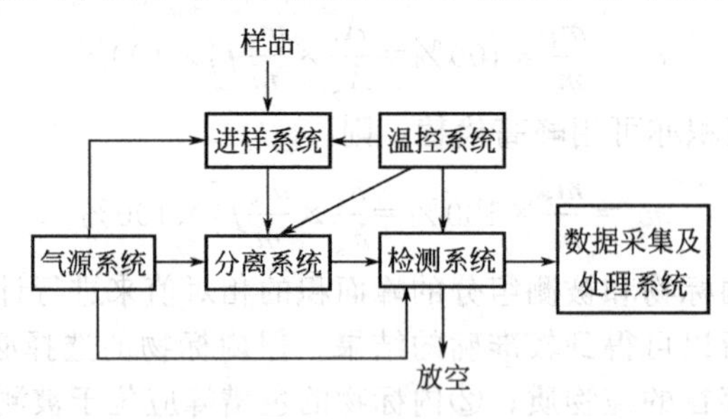

图 14-17 气相色谱仪的基本单元

① 气源系统 可提供稳定压力和流量的载气和辅助气。载气用于携带分析试样通过色谱柱，辅助气是提供检测器燃烧或吹扫用。气源输出的气需经减压阀、稳压阀、稳流阀(载气)、调流阀(辅助气)进行压力和流量的控制。国外先进的气相色谱仪采用电子压力控制(electronic pressure control，EPC)系统对气流进行数字化控制，确保压力和流量的高稳定性，如 Agilent 公司的 6890 和 7890 系列。

② 进样系统 引入试样，并保证试样汽化，有些仪器还包括试样预处理装置，例如热脱附装置(TD)、裂解装置、吹扫捕集装置、顶空进样装置。

③ 分离系统 主要是色谱柱，所以又称柱系统。以保证试样在柱内运行得到分离。

④ 检测系统 对流出色谱柱的已被分离组分进行检测。

⑤ 数据采集及处理系统 采集并处理检测系统输入的信号，给出试样的定性和定量结果。

⑥ 温控系统　控制并显示进样系统、柱箱、检测器及辅助部分的温度。

其中色谱柱和检测器是气相色谱仪的关键部件。色谱柱决定了混合物分离的成败，检测器决定了分离后的组分能否准确检出。下面分别予以讨论。

14.5.2 气相色谱柱及固定相

14.5.2.1 气相色谱柱

色谱柱是色谱仪的心脏。气相色谱柱主要有两类，即填充柱和毛细管柱。如图 14-18 所示。

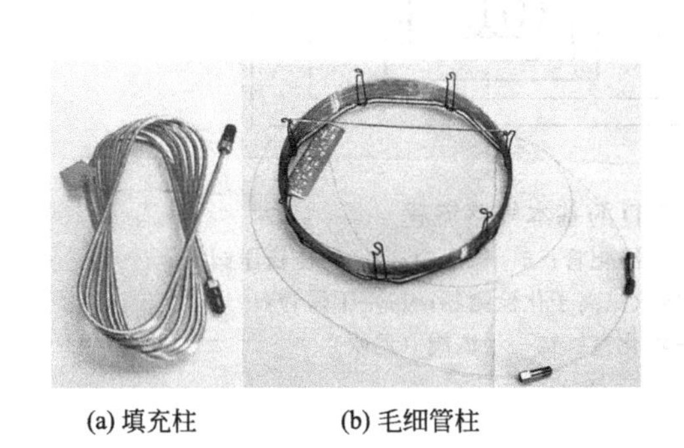

图 14-18　填充柱和毛细管柱

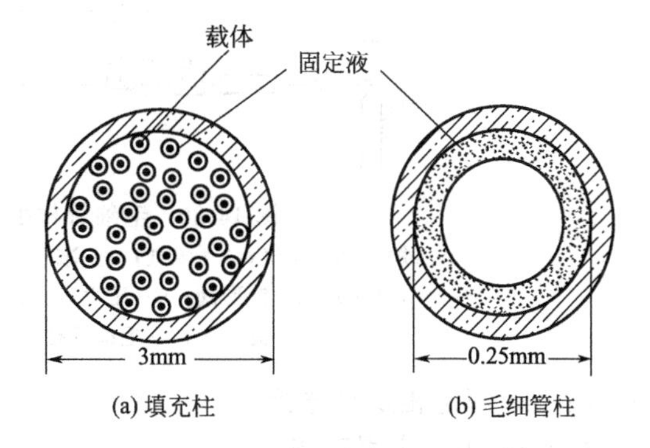

图 14-19　填充柱和毛细管柱的截面示意图

(1) 填充柱

填充柱（packed column）的柱管由不锈钢或玻璃、聚四氟乙烯等材料制成，目前最常用的是不锈钢管。管内径一般为 2～4mm，长 1～3m。柱形有 U 形和螺旋形二种。管内装有固定相，如图 14-19(a) 所示为 GLC 柱。

(2) 毛细管柱

毛细管柱（capillary column）又称空心柱或开管柱（open tubular column）。可分为涂壁、多孔层、涂载体、交联型和键合型等五种。

毛细管柱一般长 5～50m（绕成环状，最长可到 300m），内径 0.1～0.7mm。涂壁空心柱（WCOT）是将固定液均匀地涂在毛细管内壁而成，如图 14-19(b) 所示。毛细管材料可以是不锈钢、玻璃或石英。目前市售商品化的毛细管柱几乎都是由熔融石英拉制的，简称弹性石英毛细管柱，如图 14-18(b) 所示，在化学惰性、热稳定性和机械强度等方面性能优越，且具柔性。交联石英毛细管柱（CLOT）是目前较为理想的柱型，由交联引发剂将固定相交联到毛细管管壁上，耐高温，抗溶剂抽提，液膜稳定，柱效高，寿命长，已广为应用。

毛细管柱内没有填充物，不存在涡流扩散，渗透性好，柱长可以大大增加；相比高，传质阻力小，分析速度快。与填充柱相比，其总柱效大为提高（理论塔板数可达 10^4～10^6）。因此可以解决原来填充柱色谱法不能解决或很难解决的问题。

(3) 毛细管柱色谱与填充柱色谱的区别

两种色谱系统基本上是相同的。但由于毛细管柱内径小，柱容量低，一般只允许 10^{-3}～$10^{-2}\mu$L的液体进样量，对进样技术和检测器要求高。故为避免过载，通常需要采用柱前分流技术，即将汽化室出口处的气体分成两路，小部分进入柱子，大部分放空。这两部分的比例叫分流比。0.53mm 以上的宽口径毛细管柱不必分流。

毛细管柱内载气流速小，分离的组分峰会因柱后死体积突然增加而可能在柱后再次重叠。故为减少柱后扩散，需要采用柱后尾吹技术，即在柱出口到检测器流路中增加一路称为尾吹气（又称补充气）的辅助气路，以增加柱出口到检测器的载气流速，减小柱后死体积造成的峰扩散，并且满足氢火焰离子化检测器对载气流量的要求（见 14.5.3.2）。

配置氢火焰离子化检测器（FID）的毛细管柱色谱仪单柱单气路的基本流程见图 14-20。

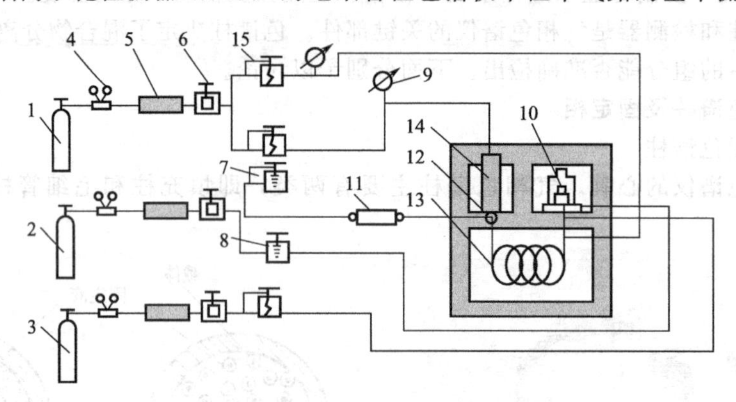

图 14-20　毛细管柱配置 FID 的基本气路流程

1—载气；2—空气；3—氢气；4—减压阀；5—净化管；6—稳压阀；7—背压稳压阀（分流）；8—针形阀；9—压力表；10—氢火焰离子化检测器；11—干燥管；12—分流器；13—毛细管柱；14—汽化室；15—稳流阀（尾吹）

14.5.2.2　固定相及其选择

(1) 气-固色谱固定相

在气-固色谱法中作为固定相的吸附剂，常用的有非极性的活性炭、弱极性的氧化铝、强极性的硅胶等。它们对各种气体吸附能力的强弱不同，因而可根据分析对象来选用。近年发展的苯乙烯（或乙基苯乙烯）与二乙烯苯共聚而成的高分子多孔微球，扩展了气－固色谱的应用范围。一些常用的气-固色谱固定相见表 14-3。

表 14-3　常用气-固色谱固定相

商品名	最高使用温度/℃	性质	分析对象	使用前活化方法	备注
分子筛 A 型，X 型	＜400	有强极性表面	永久性气体	粉碎过筛后，550～600℃烘 4h	
高分子多孔微球 GDX-01～04 有机裁体 401,402	＜200	随聚合原料不同,极性不同	气相和液相中水的分析,永久性气体、低沸点烃类化合物、低级醇等	170～180℃下烘去微量水分后通载气活化 10～20h	北京试剂厂,天津试剂二厂,上海试剂厂
Amberlite XAD 1～8		随不同编号极性不同	气相和液相中水的分析,永久性气体、低沸点烃类化合物、低级醇等		美国,性能与国产 GDX 系列相似
活性炭	＜300	非极性	永久性气体和低沸点烃类气体	160℃烘烤 2h 后装柱	
硅胶	＜400	氢键型	永久性气体，低级烃	装柱后 200℃下通载气活化 2h	
氧化铝	＜400	极性	低级烃及异构体，氢同位素(－196℃)	装柱前在 600℃烘烤 4h	

(2) 气-液色谱固定相

气-液色谱固定相是在化学惰性的固体颗粒（载体）表面涂上一层高沸点的有机化合物液膜，这种高沸点有机化合物称为固定液。载体（support，旧称为担体）是一种化学惰性的多孔颗粒，可提供一个大的惰性表面，使固定液以薄膜状态分布在其表面上。气液色谱分离主要是依靠固定液的作用。固定液在常温下不一定为液体，但在使用温度下一定呈液体状态。因此应注意柱温设置要低于固定液允许的最高使用温度（超过该温度固定液易流失）和高于最低使用温度（低于此温度固定液是固态）。

① 载体　气-液色谱对载体的要求：表面应是化学惰性的，即表面没有吸附性或吸附性很弱，更不能与被测物质起化学反应；表面多孔，比表面大，使固定液与试样的接触面较大；热稳定性好，有一定的机械强度，不易破碎；颗粒均匀、细小，以提高柱效。

载体一般分为硅藻土型和非硅藻土型两类。常用的是硅藻土型载体，又可分为红色载体和白色载体两种。在分析极性试样时，载体需加以钝化处理，以改进载体孔隙结构，屏蔽活性中心。处理方法可用酸洗、碱洗、硅烷化等。常用气液色谱载体见表 14-4。

表 14-4　常用气液色谱载体

载体		用途	产地	国外相应品牌
红色硅藻土载体	6201 载体，201 载体釉化 6201 载体，301 载体	分离非极性、弱极性物质 分离中等极性物质	大连红光化工厂，上海试剂一厂大连红光化工厂，上海试剂一厂	英国 C-22 保温砖 美国 Chromosorb P 美国 Gas Chrom R
白色硅藻土载体	101，102 白色载体	适用于配合极性固定液，分析极性或碱性物质	上海试剂一厂	英国 Celite 545
	101，102 硅烷化白色载体	分离高沸点、氢键型化合物		美国 Chromosorb（A、G、W）
非硅藻土载体	玻璃微球，硅烷化玻璃微球	分离高沸点和易分解物质	上海试剂一厂	美国 Teflon-6（聚四氟乙烯）
	氟载体	强极性物质，腐蚀性气体		
	高分子多孔微球	见表 14-3		

② 固定液　对固定液的要求如下。

a. 挥发性小，在操作温度下有较低的蒸气压，以免流失。

b. 稳定性好，在操作温度下不发生分解。

c. 对试样各组分有适当的溶解能力。

d. 具有高的选择性，即对沸点相同或相近的不同物质有尽可能高的分离能力。

e. 化学稳定性好，不与被测物质起化学反应。

常用气相色谱固定液见表 14-5。

表 14-5　常用固定液

固定液	组成	极性	类似品牌	应用
SE-30；OV-1；OV-101	二甲基聚硅氧烷	非极性	DB-1；HP-1；CP-Sil 5CB；SPB-1；007-1；Rtx-1；BP-1	烃类、胺类、酚类、农药、挥发油、硫化物等
SE-54；SE-52	5%苯基，1%乙烯基甲基聚硅氧烷	非极性	DB-5；HP-5；CP-Sil 8CB；SPB-5；Rtx-5；BP-5	药物、芳烃类、生物碱、卤代烃
OV-17	50%苯基甲基聚硅氧烷	中等极性	DB-17；HP-50；SP-2250；CP-Sil 19；Rtx-50；SPB-50	药物、农药等
PEG-20M	聚乙二醇 20M	极性	DB-WAX；HP-WAX；CP-WAX 52CB	醇类、醛类、溶剂、香料等
FFAP	聚乙二醇 20M 和 2-硝基对苯二甲酸的反应产物	极性	DB-FFAP；HP-FFAP；SP-1000	醇、酸、醛等

固定液的选择，一般根据“相似相溶”原理进行。如果组分与固定液分子性质（极性）相似，固定液和被测组分两种分子间的作用力就强，被测组分在固定液中的溶解度就大，分配系

数就大，也就是说，被测组分在固定液中溶解度或分配系数的大小与被测组分和固定液两种分子之间相互作用的大小有关。分子间的作用力包括静电力、诱导力、色散力和氢键力等。

固定液的选择大致可以分为以下几种情况。

a. 分离非极性物质，一般选用非极性固定液，这时试样中各组分按沸点次序先后流出色谱柱，沸点低的先出峰，沸点高的后出峰。

b. 分离极性物质，选用极性固定液，这时试样中各组分主要按极性顺序分离，极性小的先流出色谱柱，极性大的后流出色谱柱。

c. 分离非极性和极性混合物时，一般选用极性固定液，这时非极性组分先出峰，极性组分（或易被极化的组分）后出峰。例如环己烷（沸点 80.8℃）和苯（沸点 80.2℃）沸点相差不到 1℃，用非极性固定液很难分离，但由于苯比环己烷容易极化，所以用中等极性的邻苯二甲酸二壬酯（DNP）作固定液，使苯产生诱导偶极，两组分可以获得分离。如图 14-21 所示。

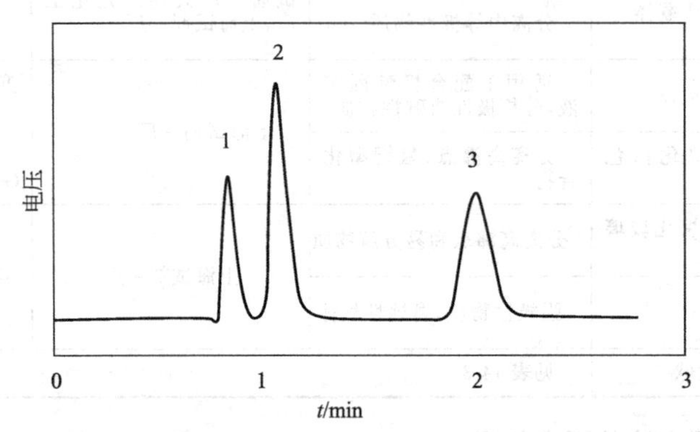

图 14-21 环己烷、苯和甲苯在邻苯二甲酸二壬酯色谱柱上的色谱分离情况

1—环己烷（t_R=0.840min）；2—苯（t_R=1.073min）；3—甲苯（t_R=2.023min）

d. 对于能形成氢键的试样，如醇、酚、胺和水等的分离，一般选择极性的或是氢键型的固定液，这时试样中各组分按与固定液分子形成氢键的能力大小先后流出。

14.5.3 气相色谱检测器

混合物样品经色谱柱分离后的各组分以气态分子与载气分子相混合状态流出，此时人肉眼是无法识别的，检测器就是色谱仪的眼睛。气相色谱检测器的作用就是将色谱柱流出组分及其变化按其物理、化学特性转换为易测量的电信号。

检测器通常由两部分组成：传感器和检测电路。传感器是利用被测组分的各种物理、化学性质与载气的差异，来感应出组分的存在及其量的变化，如热导池检测器就是利用被测物质的热导率与载气的差异，氢火焰离子化检测器、氮磷检测器等都是利用被测物质在一定条件下可被电离，产生微电流而响应，而载气不电离。因此传感器是检测器的核心。而检测电路把传感器产生的信号，如电阻、电流、电压、离子流、频率和光波等转变成可测的电信号。

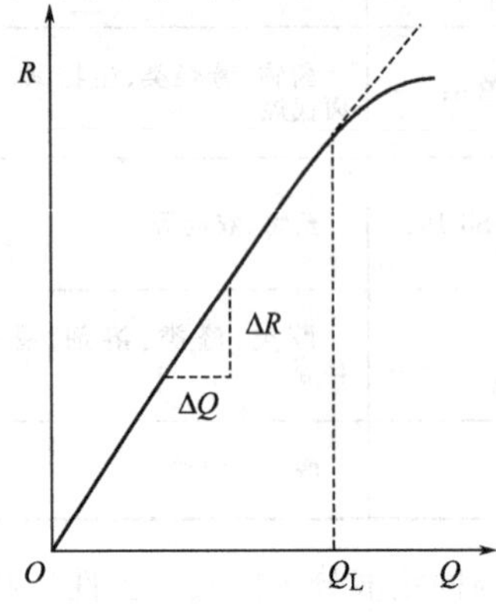

图 14-22 检测器的 R-Q 关系

对检测器的要求是响应快、灵敏度高、稳定性好和线性范围宽，并以这些作为衡量检测器质量的指标。

一定量的组分进入检测器所产生的响应信号的大小称为检测器对该组分的灵敏度（或响应值）。气相色谱分析的响应值是用峰面积或峰高。假如以响应信号（R）对进样量（Q）作图，可得一直线，如图 14-22 所示。该直线的斜率 S 就是检测器的灵敏度，表示为：

$$S=\frac{\Delta R}{\Delta Q} \tag{14-47}$$

图 14-22 中，Q_L 是最大允许进样量，超过此量时进样量与响应信号不呈线性关系。

灵敏度是衡量检测器质量的重要指标。但由于信号可以被放大器任意放大，灵敏度高时基线波动也随之增大。因此，用灵敏度不能很好地衡量检测器的质量。因此提出了考虑到信噪比的检测器指标——检测限，它定义为检测器恰能产生和噪声相辨别的信号时，单位体积或时间内需进入检测器的物质的量。通常把三倍噪声信号所相当的组分的量称为检测限。有时也用与柱效和操作条件有关的最小检测量或最小检测浓度来表示。即检测器能产生三倍噪声信号时，需要进入色谱柱的组分的量或浓度。检测器的线性范围是指检测器信号与被测组分的量保持线性关系的范围。常用组分在线性范围内的最大和最小进样量之比来表示。线性范围愈大，愈有利于准确定量。

根据检测原理的不同，检测器可分为浓度型检测器（concentration sensitive detector）和质量型检测器（mass flow rate sensitive detector）两种。浓度型检测器的电信号大小与进入检测器的组分浓度成正比，如热导池检测器和电子捕获检测器等。质量型检测器的电信号大小与单位时间内进入检测器的某组分的质量成正比，峰面积与载气流速无关，如氢火焰离子化检测器和火焰光度检测器等。

14.5.3.1 热导池检测器

热导池检测器（thermal conductivity detector，TCD）检测原理是基于不同的物质有不同的热导系数，并利用惠斯登电桥来检测。其结构简单，灵敏度适中，稳定性好，线性范围宽，而且对可挥发的无机及有机物都有响应，不破坏样品，因此是应用最广泛的通用型检测器之一。

(1) TCD 基本原理

TCD 由热导池和检测电路组成。热导池由热敏元件和池体两部分构成。热敏元件是 TCD 的感应元件，阻值随温度变化而改变，大多使用热丝。为了提高检测器的灵敏度，一般选用电阻率高、电阻温度系数（即温度每变化 1℃，导体电阻的变化值）大的金属热丝。钨丝具有较高的电阻温度系数和电阻率，而且价廉，易加工，是目前最广泛使用的热敏元件。但高温时易氧化。现多采用铼-钨丝，其抗氧化性、机械强度、化学稳定性和灵敏度均高于钨丝。池体用不锈钢块制成，内部加工有池腔和孔道，其总体积称池总体积。常规 TCD 池体积为 100～500μL，适用于填充柱。近年发展的微 TCD，池体积在 100μL 以下，有的达 3.5μL，适用于毛细管柱。常规 TCD 和微 TCD 均是用惠斯登电桥来测量气体热导系数的变化。

① 常规 TCD　常规 TCD 根据热敏元件的连接方式又可分为双臂热导池和四壁热导池两种，如图 14-23(a) 和 (b) 所示。它们分别有两个或四个大小相同、形状完全对称的孔道，每个孔道里固定一根材质、长短、粗细和电阻值完全相同的热丝。四臂热导池热丝的阻值比双臂热导池增加一倍，故灵敏度也提高一倍。其中二臂为参比臂，另二臂为测量臂。热导池池体两端有气体的进口和出口。测量时参比池中只通过载气的气流，而从色谱柱流出的被测组分由载气携带进入测量池。将参比臂和测量臂接入惠斯登电桥，组成热导池测量线路，电桥由恒定的电流加热，如图 14-24 所示。当被分析组分进入测量臂时，由于被测组分与载气的热导系数不同（见表 14-6），带走的热量也不同，因此热丝阻值发生变化；此时参考臂的电阻值不变，因而电桥产生不平衡电压，此电压（有些 TCD 再经放大器放大）输出为可测量的电信号。载气中被测组分的浓度越大，测量池热丝的电阻值改变也越明显，检测器所产生的响应信号越大，记录器可记录相应的色谱峰。

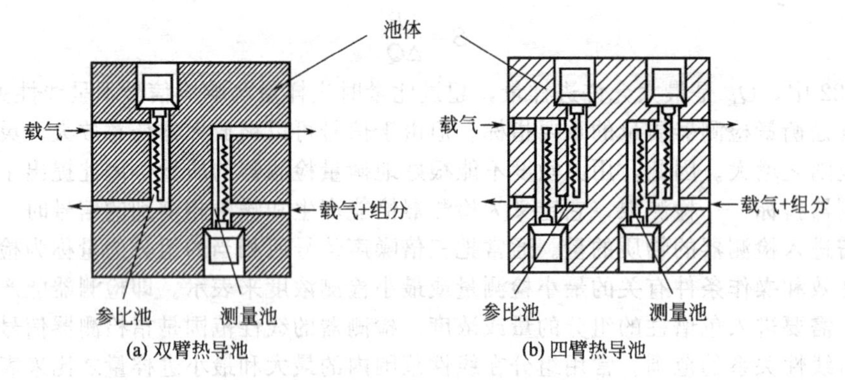

图 14-23 热导池检测器结构示意图

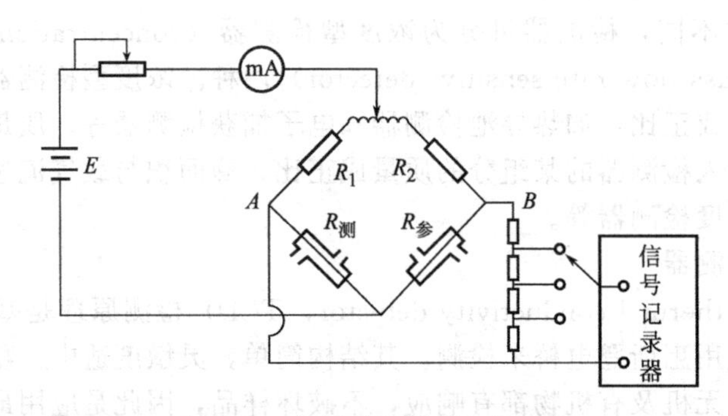

图 14-24 热导池检测器电桥线路

表 14-6 某些气体与蒸气的热导系数 λ/［J/（cm·℃·s）］

气体	λ×10⁵(100℃)	气体	λ×10⁵(100℃)
氢气	224.3	甲烷	45.8
氦气	175.6	乙烷	30.7
氧气	31.9	丙烷	26.4
空气	31.5	甲醇	23.1
氮气	31.5	乙醇	22.3
氩气	21.8	丙酮	17.6

② 微 TCD　毛细管柱色谱流量在 1mL/min 左右，出峰时间仅为几秒，要求检测池体积在 5μL 以下，常规 TCD 不符合要求。近年发展的微 TCD（μ-TCD）的池体积已减少到几微升，甚至 200nL，可以跟毛细管柱配合使用，而不会造成峰展宽。例如安捷伦公司推出了可直接跟毛细管柱相连的单丝流路调制式 TCD。通常载气在 TCD 池腔中的流动都是按一定方向、连续匀速地通过参考池和测量池。但在该 TCD 中，载气通过池腔是按一定的周期改变方向、间断通过热丝的，如图 14-25 所示。池体为长方形不锈钢制成，内有长方环形气体流路，且有左、中、右三个入口。左通道中装有热丝，是 TCD 仅有的一根热丝。右通道比左通道略粗。有一快速切换阀控制切换气（或称调制气、参比气）交替进入左入口和右入口，频率为 5Hz，即每 100ms 切换一次，每秒切换 10 次。毛细管柱流出物和尾吹气由中间入口进入池腔，但流动方向却完全受一定流量的切换气控制，与参比气交替通过装有热丝的左通道，并从出口放空。因此，对热丝而言，十次中有五次是样品气通过，另五次为参比气通过。将该热丝作为惠斯登电桥的一个臂，组成恒丝温检测电路，利用时域差从一根热丝上分别取得测量和参比信号。测定原理仍然是基于柱流出物有组分存在时和参比气之间的热导系数的差异。更详细的测量原理请参见有关专著。

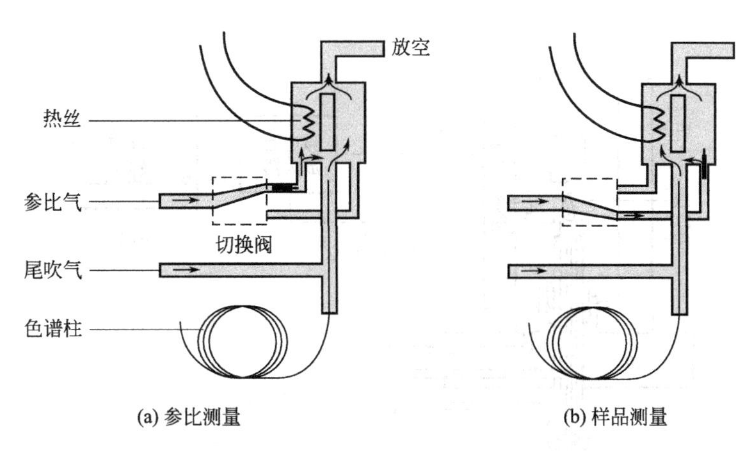

图 14-25 单丝流路调制式 TCD 示意图（选自 Agilent 公司培训资料）

(2) 影响 TCD 灵敏度的因素

① 桥路工作电流的影响 TCD 的响应值和流过热丝的电流的三次方成正比。实际使用工作电流不能过高，否则基线不稳定，甚至会将热丝烧坏。一般操作条件下，桥路工作电流应控制在 100～200mA。

② 热导池池体温度的影响 TCD 的灵敏度与热丝和池体间的温差成正比。显然增大温差有两个途径，即提高桥流和降低池温。但一般池温不能低于柱温，否则被测组分会在检测器内冷凝。

③ 载气的影响 若载气与试样的热导率相差越大，则检测灵敏度越高。因一般物质的热导系数都较小，选用热导系数大的气体（如氢气或氦气）作载气，可以获得高的灵敏度，氮气作载气时灵敏度明显下降（见表 14-6）。

④ 热敏元件阻值的影响 一般应选择阻值高、电阻温度系数较大的热敏元件。当温度稍有变化时，即能引起电阻值的显著变化，使测定灵敏度增高。

⑤ 池体积的影响 相同情况下，池体积越大，灵敏度越低。

14.5.3.2 氢火焰离子化检测器

氢火焰离子化检测器（flame ionization detector，FID），简称氢焰检测器。

FID 是众多的气相电离检测器之一。其利用氢火焰作电离源，使有机物电离，产生微电流而响应，是破坏性的质量型检测器。其对几乎所有挥发性的有机物有响应，特别是对烃类灵敏度很高且响应与碳原子数成正比，线性范围宽，结构简单，稳定性好。由于死体积几乎为零，可与毛细管柱直接相连，是毛细管柱气相色谱使用最多的一种检测器。因此无论是在过去填充柱色谱时期，还是毛细管柱逐渐普及的今天，FID 均得到广泛应用。

(1) 氢火焰离子化检测器的基本原理

FID 由电离室（又称离子室）和放大电路组成。电离室由气体入口、火焰喷嘴、一对电极和不锈钢外罩等组成。如图 14-26 所示，底座中心装有喷嘴，喷嘴附近的环形金属圈是极化极（又称发射极），上端金属圆筒为收集极，这两极间加 150～300V 的极化电压，形成一直流电场加速电离的离子。收集极捕集的离子流经放大器的高阻（$10^{7}\sim10^{10}\,\Omega$）产生信号，放大后输送到数据采集系统。

流出色谱柱的被测组分与载气在气体入口处与氢气混合后一同经喷嘴进入离子室，氢气在空气的助燃下，经引燃后燃烧，在燃烧所产生的高温火焰中，被测有机物组分电离成正、负离子，并在极化电压形成的直流电场作用下，作定向运动形成微弱电流。此电流大小与进入离子室的被测组分的含量之间存在定量关系。但氢火焰中物质的电离效率一般很低，因此

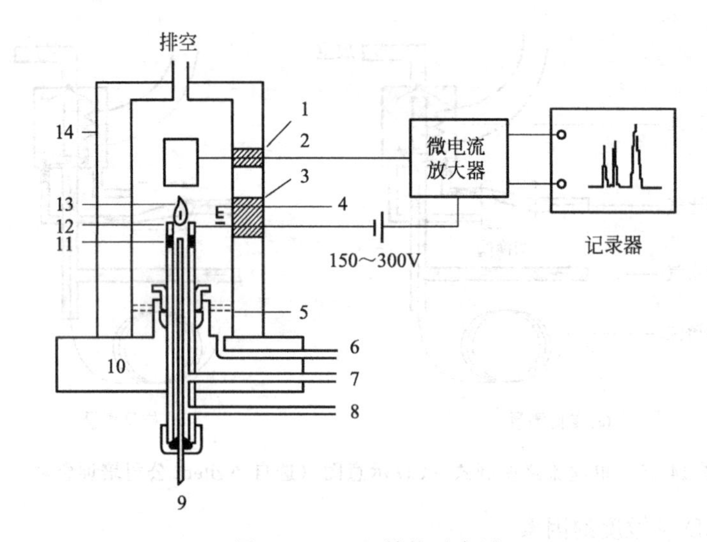

图 14-26　FID 结构示意图

1,3—绝缘体；2—收集极；4—极化极和点火线圈；5—气体扩散器；6—空气入口；7—氢气入口；8—尾吹气；9—石英毛细管柱；10—基座（加热器）；11—绝缘体；12—喷嘴；13—火焰；14—检测器筒体

产生的电流很微弱，需经放大器放大后在记录器上得到色谱信号。当没有组分流出柱子，即只有载气进入检测器时，由于 N_2 不会被电离，只有载气中的有机杂质和流失的固定液可被电离，此时记录器记录的是基流，或称背景电流。

FID 的响应原理近年才明朗化。烃类和非烃类的机理有所不同。对于烃类，在火焰内燃烧的所有碳原子均定量转化为最基本的、共同的响应单位——甲烷，再经过下面的反应过程与空气中的氧反应生成 CHO^+ 正离子和电子，在电场作用下分别向两极移动形成离子流。

$$CH + O \longrightarrow CHO^+ + e^-$$

信号大小与单位时间内进入火焰的碳原子数成正比，即 FID 对烃是等碳响应。而在碳原子中产生 CH 的概率仅为 10^{-6}。因此离子化效率很低。对非烃类化合物，其响应机理随所含官能团不同而异，不与杂原子相连的碳原子均转化成甲烷。与杂原子 O、N、X 及其相连的碳原子的转化产物分别为 CH_4 或 CO、HCN 和 HX。CO、HCN 和 HX 在 FID 上不响应，因此非烃类化合物的相对质量响应值不符合等碳响应规律。

氢火焰离子化检测器对大多数的有机化合物有很高的灵敏度，故很适合分析痕量有机物。但不能检测 CO、CO_2、H_2S、水和氮的氧化物等在氢火焰中不电离的无机化合物。

（2）操作条件的选择

① 载气流量　一般用氮气作载气。因载气流量影响分离效能，故对给定的色谱柱和试样，需经实验来选定最佳的流量，使柱的分离效率尽可能提高。

② 氢气流量　氢气流量的大小将直接影响氢火焰的温度及火焰中的电离过程。当用 N_2 作载气时，一般控制 H_2 和 N_2 的流量比为（1∶1）～（1∶1.5）。在最佳氢氮比时，检测器不仅灵敏度高，而且稳定性好。

③ 空气流量　空气是助燃气体，并为组分电离成正离子提供氧气。空气流量在一定范围内对响应值有影响。一般氢气与空气的流量比为 1∶10。

④ 极化电压　在氢火焰中电离产生的离子，只有在电场的作用下，才能向两极定向移动产生电流，而且极化电压与检测器的响应值有关。一般选择极化电压为 100～300V。

⑤ 使用温度　FID 的响应对温度不太敏感，但其设定温度应比柱温略高，以保证样品在 FID 内不冷凝；而且不可低于 100℃，以免水蒸气在离子室内冷凝。

此外，屏蔽、绝缘、接触是否良好，气体的净化、管道及离子室的清洁等对基线的稳定性有影响，都应予以足够的重视。

14.5.3.3 其他检测器简介

(1) 电子捕获检测器

电子捕获检测器（electron capture detector，ECD）是灵敏度最高的气相色谱检测器，同时又是最早出现的选择性检测器。它对能捕获电子的化合物（如含 N、O、S、P 和卤素等电负性化合物）的响应比烃类高三个数量级，有些甚至高六个数量级，是检测电负性化合物的最佳气相色谱检测器。因其灵敏度高（可达 10^{-14} g/mL）、选择性好，多年来已广泛用于食品、环境样品中的痕量农药、多氯联苯等污染物的分析，是仅次于 TCD 和 FID 的常用气相色谱检测器。

ECD 是利用放射源 ^{63}Ni 或 $^{3}H_2$（氚吸附在钛或钪箔上）的 β 射线能量的离子化检测器，也是气相电离检测器之一，但它的信号不同于 FID，FID 是基流的增加，ECD 是高背景基流的减少。

ECD 由 ECD 池和检测电路组成。其与 FID 相比只有电离室和电源这两部分不同。检测器结构如图 14-27 所示。池体用作阴极，圆筒内侧装有放射源（^{63}Ni），图中 2 是阳极，在阳极和阴极之间用陶瓷或聚四氟乙烯绝缘。两极间施加恒流或脉冲电压。

ECD 工作原理是：由柱流出的载气（如 N_2，若接毛细管柱加上吹扫气）进入 ECD 池，在放射源发射出的 β 射线的轰击下被电离，产生大量电子和正离子。在一定强度电场作用下，得到 10^{-9}～10^{-8} A 的基流。当电负性组分（如四氯化碳）从柱后进入检测器时，即捕获池内电子，如下列的反应

$$AB + e^- \longrightarrow AB^- \text{ 或 } AB + e^- \longrightarrow A\cdot + B^- \text{ 或 } AB + e^- \longrightarrow A^- + B\cdot$$

然后正、负离子复合成中性分子，排出池外。结果使基流下降，产生一负峰。通过放大器放大、极性转换，输出正峰信号。信号大小与进入池中电负性组分的浓度成正比。

由于 ECD 的灵敏度很高，载气的纯度和流速对信号值和稳定性有很大的影响，所以要求载气的纯度在 99.99%以上。检测器的温度对 ECD 响应值也有较大的影响。此外，进样量要注意不可超载。

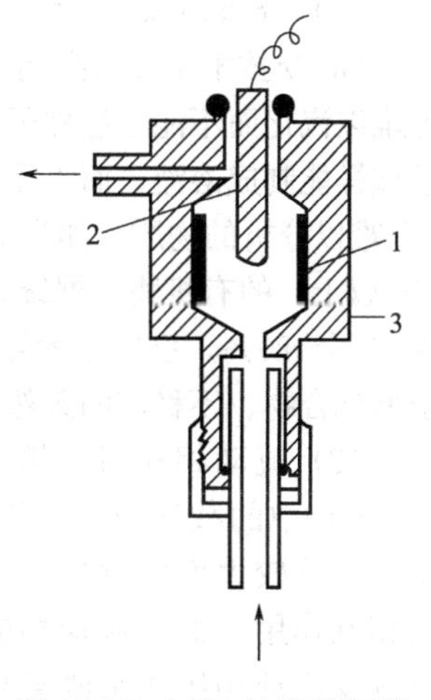

图 14-27 ECD 结构示意图

1—放射源；2—阳极；3—阴极

(2) 火焰光度检测器

火焰光度检测器（flame photometric detector，FPD）是灵敏度很高的选择性检测器，广泛地用于含硫、磷化合物的分析。FPD 的原理是利用富氢火焰使含硫、磷的有机化合物经燃烧后又被氢还原，产生激发态的分子 S_2^*（S_2 的激发态）和 HPO^*（HPO 的激发态），当它们回到基态时分别辐射出最强波长为 394nm 和 526nm 的特征光谱，通过相应波长的滤光片送光电倍增管转化为电信号，信号大小与被测组分的质量流速成正比。FPD 是光度法中的分子发射检测器。

(3) 热离子检测器

热离子检测器（thermionic detector，TID）又称氮磷检测器（nitrogen-phosphorous detector，NPD），它是在 FID 的喷嘴和收集极之间放置一个含有硅酸铷或硅酸铯的玻璃或陶瓷珠。铷珠在冷氢焰中用电加热作为热电离源，含氮磷化合物在冷氢焰区受热分解，生成的电负性基团 CN 或 PO_2、PO 等从铷珠表面及其周围的气相中得到电子形成负离子，再由收集极收集而检测。信号值比没有铷珠时大大增加，因而提高了检测器的灵敏度。这种检测器多用于痕量氮磷化合物的分析中，广泛用于环保、医药、临床、生化和食品等领域。

(4) 光离子化检测器

光离子化检测器（photoionization detector，PID）是高灵敏度、高选择性检测器。利用光辐射如紫外线，使电离电位等于或低于紫外线能量的组分发生光电离，产生正离子，放出电子，在电场作用下产生电信号。对大多数有机物都有响应信号，灵敏度比 FID 高 50～100 倍，是非破坏性的浓度型检测器，广泛应用于环境监测、商品检验和石油化工等领域的痕量分析，也是常用的气相色谱检测器之一。

14.6 高效液相色谱法简介

液相色谱分析法是以液体为流动相的色谱技术。

14.6.1 高效液相色谱法的特点

HPLC 与 GC 的基本概念及理论基础，如保留值、容量因子、分离度、塔板理论和速率理论等是一致的，两者不同之处均归结于流动相的不同——分别为液体和气体。由于流动相在密度、黏度和扩散系数等物理性质方面存在差异，两种色谱技术既有共同之处，又各具特点。

HPLC 和 GC 相比较，主要在以下方面有所区别。

（1）分析对象

GC 受技术条件的限制，只适合分析较易挥发、且化学性质稳定的有机化合物。有些样品因为难以汽化而不能通过柱子，热不稳定的物质受热会发生分解，也不适用于 GC。HPLC 则只要求试样能制成溶液，而不需要汽化，不受样品的挥发性和热稳定性的限制。其适合于分析那些用 GC 难以分析的物质，如高沸点、极性强、具有生物活性、热稳定性差、相对分子质量大（大于 400 以上）的有机物。据统计，能用 GC 分析的物质只占有机物总数的 15%～20%，而 HPLC 则占 70%～80%，已经远远超过 GC，位居色谱法之首，广泛应用于生物、医学有关的大分子和离子型化合物、不稳定的天然产物、种类繁多的其他高分子及不稳定化合物的测定。

（2）流动相和固定相

GC 中的载气与待测组分不发生作用，一般不影响分配。HPLC 中流动相的性质对分配系数影响较大而影响分离过程，也就是说，在液相色谱中，有两个相与样品分子发生选择性的相互作用。而且流动相的选择范围较广（极性、非极性、弱极性、离子型等溶剂），可通过改变流动相组成来改善分离效果，因此对于性质和结构类似的物质分离的可能性比 GC 更大。HPLC 具有独特效能的固定相种类较多，从而扩大了方法的适用范围。

（3）影响峰展宽的主要因素

在速率方程中，HPLC 的涡流扩散项和 GC 是相同的。但由于液体的黏度较气体大 2 个数量级，使被测组分在液体流动相中的扩散系数比在气体流动相中小 4～5 个数量级。因此在 HPLC 中，当流动相线速 u 稍大（$>0.5\text{cm}\cdot\text{s}^{-1}$）时，分子扩散引起的峰扩展可忽略不计。而在 GC 中这一项却是峰展宽的主要原因。HPLC 中决定峰展宽的主要因素是传质阻力项。因此要提高柱分离效能，要采用粒度细小、装填均匀的固定相。常规液相色谱柱的装填多采用匀浆装柱，使用 5～10μm 的细颗粒固定相。因此流动相阻力大，必须配备高压输液系统。

由于 HPLC 柱（长 5～30cm）比 GC 柱短得多，而且流动相液体具有较低的分子扩散系数，HPLC 的柱外效应要比 GC 更为显著。所谓柱外效应是指色谱柱外各种因素引起的峰展宽，由进样器、连接管道和检测器池的死体积所引起。

（4）分离温度

GC 一般在较高的操作温度下进行。HPLC 则使用较低的分离温度，通常在室温下工作。

（5）检测器

HPLC 已广泛采用高灵敏度的检测器，同时又是非破坏性的检测器，如紫外检测器、示差折光检测器和荧光检测器等，便于样品的回收或样品的纯化制备。但 HPLC 没有像 GC 使用的 TCD 和 FID 那样既通用又灵敏的检测器。

14.6.2 HPLC 的主要类型

HPLC 按分离机制的不同分为液固吸附色谱法、液液分配色谱法（正相与反相）、离子色谱法、离子对色谱法及尺寸排阻色谱法等。

14.6.2.1 液固吸附色谱法

基于组分与固定相对组分的吸附作用不同来进行分离。分离过程是反复多次的吸附-解吸附的平衡过程。常用的吸附剂为硅胶或氧化铝，粒度 5～10μm。适用于分离相对分子质量为 200～1000 的组分。常用于结构异构体分离和族分离。

14.6.2.2 液-液分配色谱法和化学键合相色谱法

液-液分配色谱法的固定相为固定液涂于惰性载体表面而形成。流动相和固定相都是液体。分离原理是根据被分离的组分在流动相和固定相中溶解度不同，具有不同的分配系数而分离。由于涂覆式固定相很难避免固定液流失，现在已很少采用。现在多采用的是把特定的有机基团通过化学反应键合于多孔硅胶（载体）表面的游离羟基上而形成的化学键合固定相，如 C_{18}（十八烷基）、C_8（辛烷基）、氨基柱、氰基柱和苯基柱等。其分离机制是吸附与分配两种兼有，以分配机理为主。

按固定相和流动相的相对极性大小可分为正相色谱法（normal phase chromatography，NPC）和反相色谱法（reversed phase chromatography，RPC）。如果采用流动相的极性小于固定相的极性，称为正相色谱法。反之，若流动相的极性大于固定相的极性，称为反相色谱法。

（1）正相色谱法

固定相采用极性的聚乙二醇、氨基与氰基等键合相；流动相为相对非极性或低极性的溶剂（烷烃类如正已烷、环已烷）加入乙醇、异丙醇、四氢呋喃、三氯甲烷等。适用于分离中等极性和极性较强的化合物（如酚类、胺类、羰基类及氨基酸类等）。组分洗脱次序是极性小的先洗出。

（2）反相色谱法

固定相采用非极性（C_{18}、C_8）或弱极性的键合相；流动相为水或缓冲液加入甲醇、乙腈、异丙醇、丙酮、四氢呋喃等与水互溶的有机溶剂。适用于分离非极性和极性较弱的化合物。组分洗脱次序是极性大的先洗出。

溶剂的极性、黏度和溶剂化参数是选择流动相溶剂的主要指标。溶剂极性越大，在反相体系中的洗脱能力越弱。通常以不同比例混合而成的甲醇/水、乙腈/水洗脱剂是最常见的二元溶剂体系。甲醇/水或乙腈/水体系中加入四氢呋喃组成的三元溶剂体系可以进一步提高洗脱效果，三种溶剂所具有的洗脱能力几乎可以解决所有不同样品的洗脱问题。RPC 在现代液相色谱中应用最为广泛，据统计，它占整个 HPLC 应用的 80%左右。

14.6.2.3 离子色谱法

离子色谱法（ion chromatography，IC）的固定相是离子交换树脂。离子色谱法有多种，限于篇幅这里仅介绍常用的离子交换色谱法（ion exchange chromatography，IEC）。

IEC 是利用离子交换原理和 HPLC 技术的结合来测定溶液中阳离子和阴离子的分离方法。用作固定相的离子交换树脂是苯乙烯与二乙烯基苯交联形成的共聚物，其骨架表面末端芳环上接上羧基、磺酸基（称阳离子交换树脂）或季铵基（阴离子交换树脂），具有可离解的阴离子或阳离子基团。凡在溶液中能电离的物质都可用 IEC 进行分离。分离原理是流动相中被测组分的离子与树脂上可离解的基团进行可逆交换，基于各离子与树脂的亲和能力不同而分离。

缓冲液常用作 IEC 的流动相。被分离组分在离子交换柱中的保留时间除了跟组分离子与树脂上的离子交换基团作用强弱有关外，还受流动相的 pH 值和离子强度影响。

IEC 不仅适用于无机离子混合物的分离，也可用于有机物如有机酸、氨基酸、多肽、核酸、蛋白质等的分离。

传统 IEC 的流动相都是强电解质溶液，具有很高的背景电导，而不能使用电导检测器检测被分离的离子。1975 年，Small 等提出了采用电导检测器连续检测分离无机离子的高效离子色谱法。其方法是：使样品先通过一根低交换容量离子交换树脂的分离柱，然后通过一根与分离柱树脂电荷相反的高容量离子交换树脂抑制柱，除去流动相中与被测离子电荷相反的离子，以使流动相电导降低，从而获得高的检测灵敏度。抑制柱使用一段时期以后，需要用酸或碱再生。后人又提出采用低电导的弱电解质洗脱液，分离柱直接连接电导检测器而不需使用抑制柱，称为非抑制型离子色谱法（单柱离子色谱法）。

IC 是进行离子测定的快速、灵敏、高选择性的方法，可以同时检测多种离子，是离子型混合物的最佳分离分析方法。特别是对阴离子的测定更是其他方法所不能相比拟的。例如，六个常见的无机阴离子（F^-、Cl^-、NO_2^-、Br^-、NO_3^- 和 SO_4^{2-}）在 5min 内可以完全分离。

14.6.2.4 离子对色谱法

离子对色谱法（ion pair chromatograph，IPC）是基于被测组分离子与离子对试剂离子形成中性的离子对化合物后，在非极性固定相中溶解度增大，从而提高分离的选择性。主要用于分离、分析离子强度大的酸碱物质。分析碱性物质常用的离子对试剂为烷基磺酸盐，如戊烷磺酸钠、辛烷磺酸钠等。分析酸性物质常用四丁基季铵盐，如四丁基溴化铵、四丁基铵磷酸盐。

IPC 常用反相分离体系。固定相使用 C_{18} 或 C_8，甲醇-水或乙腈-水体系中添加与被测组分离子电荷相反的离子对试剂作为流动相，被测组分在一定的 pH 值范围内与反离子形成中性的疏水性化合物而被分离。

14.6.2.5 尺寸排阻色谱法

尺寸排阻色谱法（size exclusion chromatography，SEC）是对样品分子的尺寸大小不同进行筛分的一种分离方法。固定相是具有特定结构和孔径分布的多孔性填料，如凝胶类物质、多孔聚合物和多孔硅胶类物质。流动相是可以溶解样品的溶剂。直径小的分子可以进入填料的微孔中，滞留时间长；直径大的分子不能进入孔中而受到排阻，直接随流动相流出柱子并首先在色谱图上出现。填料起到类似于分子筛的作用。SEC 常用于分离大分子化合物，如组织提取物、多肽、蛋白质、核酸等。

14.6.3 高效液相色谱仪

高效液相色谱仪一般由输液泵、进样器、色谱柱、检测器、数据采集及处理装置等部件组成（参照图 14-3）。其中输液泵、色谱柱、检测器是关键部件。有的仪器还有梯度洗脱装置、在线脱气机、自动进样器、预柱或保护柱、柱温控制器等，现代 HPLC 仪还有微机控制系统，进行自动化仪器控制和数据处理。制备型 HPLC 仪还备有自动馏分收集装置。

近年来研制成功的高压泵可编程进行梯度洗脱且精度很高，柱填料从单一品种发展至几百种类型，检测器从单波长到可变波长检测器、可得三维色谱图的二极管阵列检测器、可确证物质结构的质谱检测器。

14.6.3.1 高压输液系统

高压输液系统由贮液器、高压泵和梯度洗脱装置等组成。

(1) 高压泵

高压泵是 HPLC 系统中最重要的部件之一。泵的性能好坏直接影响到整个系统的质量和分析结果的可靠性。对泵的要求是，能输出恒定无脉动、可调范围宽的流量，耐压，耐腐蚀，密封性好。常用的输液泵有恒流泵和恒压泵两种，现以前者居多，且应用最多的是其中的柱塞往复泵。

流动相使用前应预先滤除其中的任何固体微粒，以防堵塞输液泵和进样阀。使用前还须脱气，以防止流动相从高压分离柱流至检测器时因压力降低释出气泡，影响基线的稳定性。

(2) 梯度洗脱

HPLC有等强度（isocratic）洗脱和梯度（gradient）洗脱两种洗脱方式。等强度洗脱是在同一分析周期内流动相组成保持恒定，适合于分析组分数目较少、性质差别不大的样品。类似于GC中的程序升温技术，梯度洗脱是在一个分析周期内程序控制流动相的组成。其通过连续改变流动相的极性、离子强度和pH值等因素来改变分离的选择性，使样品的各组分均有合适的保留值且分离良好，兼可缩短分析时间。可用于分析组分数目多、性质差异较大的复杂样品。

梯度洗脱有两种实现方式：低压梯度（外梯度）和高压梯度（内梯度）。低压梯度是在常压下将两种溶剂（或多元溶剂）输至混合室混合后，然后泵送到色谱柱系统，只需要一台高压泵。高压梯度是用两台泵将强度不同的两种溶剂输入混合室，混合后再进入色谱柱。目前大多数HPLC配有实现后者的装置。

14.6.3.2　进样系统

通常采用六通阀进样器。其进样原理如图14-28和图14-29所示，进样时分两步：手柄位于装样（Load）位置时1和2，5和6连通，样品以微量进样器从进样孔1注射进样品环（sample loop，又称定量管），定量管充满后，多余样品从连接放空孔6的管道排出；将手柄迅速转动至进样（Inject）位置时，2和3，4和5，1和6连通，阀与色谱流路接通，由泵输送的流动相把定量管里面固定体积的样品送入色谱柱。样品环的体积是固定的，因此进样重复性好。

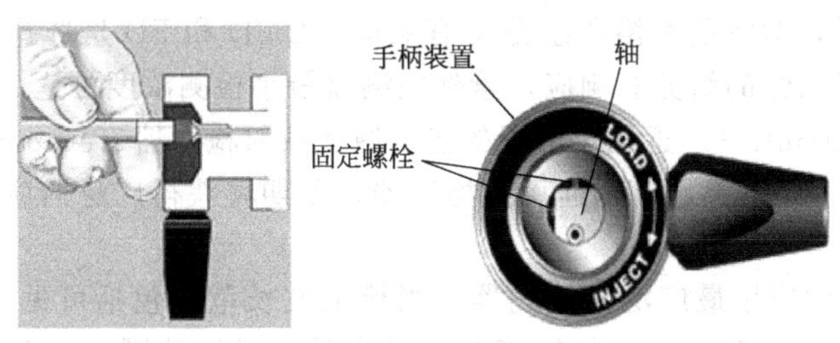

图14-28　六通阀手柄

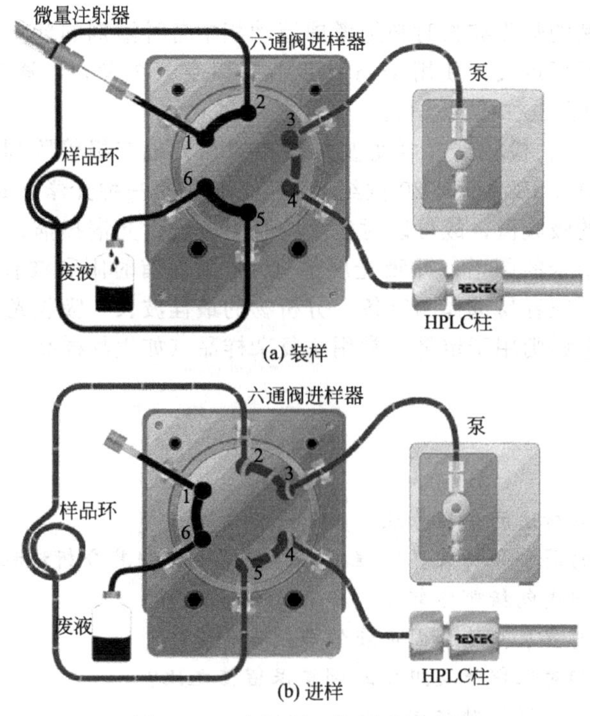

图14-29　六通阀工作原理示意图

（造自Restek公司资料）

14.6.3.3 色谱柱系统

HPLC 柱常由内部抛光的直形不锈钢管制成。固定相的装填需要专门的设备和技术。大多数实验室使用已填充好的商品柱。市售 HPLC 柱有各种不同的型号，可按分析对象性质进行相应的选择，如多孔硅胶以及以硅胶为基质的键合相、氧化铝、有机聚合物微球（包括离子交换树脂）、多孔碳等，粒径一般为 3μm、5μm、7μm、10μm 等，柱效理论值可达（5～16）万/m。一般常规分析柱内径 2～5mm（常用 4.6mm），柱长 10～30cm，就可满足复杂混合物分析的需要。例如，采用梯度洗脱 25cm×0.46cm 的 Lichrosorb-ODS（5μm）柱，可在不到 0.5h 内分离出尿中 104 个组分。

14.6.3.4 检测系统

检测器是 HPLC 仪的三大关键部件之一。其作用是把洗脱液中组分的量转变为电信号。HPLC 的检测器要求灵敏度高、噪声低（即对温度、流量等外界变化不敏感）、柱外效应小、线性范围宽、重复性好和适用范围广。常用的检测器有紫外检测器（ultraviolet detector，UVD)、示差折光检测器（differential refractive index detector，RID)、电导检测器（electrical conductivity detector，ECD）和荧光检测器（fluorophotometric detector，FD)，均属于非破坏性检测器。其中 RID 和 ECD 是通用型检测器，分别测量的是一般物质均具有的折射率、电导性质，对溶剂和溶质组分均有响应。UVD 和 FD 是选择性检测器，分别只对有紫外吸收、荧光活性的组分有响应，紫外检测器最小检测浓度可达 10^{-9}g·mL^{-1}，而荧光检测器可达 10^{-11}g·mL^{-1}。近几年出现的蒸发激光散射检测器（evaporation laser scattering detector，ELSD）是高灵敏度的通用型检测器，预期将获得广泛的应用。限于篇幅，下面只介绍 UVD。

UVD 是 HPLC 中应用最广泛的检测器，当检测波长范围包括可见光时，又称为紫外-可见检测器（UV-VIS)。其优点是灵敏度高，噪声低，线性范围宽，对流速和温度均不敏感，可用于梯度洗脱。

但要注意选择样品的吸收波长时必须考虑流动相中各种溶剂的紫外吸收截止波长和吸光系数。溶剂的截止波长可定义为使用 1cm 比色皿时以空气为参比，逐渐降低入射波长，吸光度 $A=1$ 时的波长值，也称极限波长。

UVD 可分为固定波长检测器、可变波长检测器和光电二极管阵列检测器（photodiode array detector，PDAD)。PDAD 是 20 世纪 80 年代出现的一种光学多通道检测器，同时可得到样品对所有波长的吸收值，故可以对每个洗脱组分进行光谱扫描，经计算机处理后，得到三维的光谱和色谱结合的图谱，即吸光度值（A）随保留时间和波长（λ）而变化的三维图或轮廓图。通过此图很容易选择测定各个分析物的最佳波长。吸收光谱可用于定性，对色谱峰纯度进行鉴定，色谱则用于定量，常用于复杂样品（如生物样品、中草药）的定性定量分析。

思考题

1. 简要说明气相色谱分析法的分离原理。
2. 请画出气相色谱法的简单分析装置流程框图。并简要说明其分析流程。
3. 气相色谱仪的基本组成包括哪些部分？各有什么作用？
4. 对载体和固定液有何要求？选择固定液的原则是什么？
5. 什么叫保留时间、相对保留值及组分的调整保留值之比？
6. 从给定的色谱图上可以得到哪些信息？
7. 能否根据理论塔板数来判断分离的可能性？为什么？

8. 简述速率方程式中 A、B、C 三项的含义及产生的原因。
9. 柱温对分离有何影响？选择柱温的原则是什么？
10. 分离度 R 的定义是什么？R 如何计算？相邻两组分完全分离时 R 应满足何条件？
11. 当下列参数改变时：(1) 柱长增加，(2) 固定相量增加，(3) 流动相流速减小，(4) 相比增大，是否会引起分配比的变化？为什么？
12. 当下列参数改变时：(1) 柱长缩短，(2) 固定相改变，(3) 流动相流速增加，(4) 相比减少，是否会引起分配系数的改变？为什么？
13. 试述热导池检测器的工作原理。有哪些因素影响热导池检测器的灵敏度？
14. 试述氢火焰离子化检测器的工作原理。哪些因素影响氢火焰离子化检测器的灵敏度？
15. 色谱法定量的依据是什么？
16. 色谱定量分析中，为何要用校正因子？在什么情况下可以不用校正因子？
17. 色谱定量方法有哪些？试述它们的特点及适用情况。
18. 简述高效液相色谱法实现高效、快速和高灵敏度检测的原因。

习　题

1. 在某气相色谱柱上组分 A 流出需 15.0min，组分 B 流出需 25.0min，而不溶于固定相的物质 C 流出需 2.0min，问：(1) B组分相对于 A 组分的相对保留时间是多少？(2) A 组分相对于 B 组分的相对保留时间是多少？(3) 组分 A 在柱中的容量因子是多少？(4) 组分 B 流出柱子需 25.0min，那么，B 组分通过固定相的平均时间是多少？[(1) $r_{B,A}=1.77$；(2) $r_{A,B}=0.57$；(3) $k=6.5$；(4) B 组分通过固定相的平均时间为 23.0min]
2. 在某色谱分析中得到下列数据：保留时间 (t_R) 为 5.0min。死时间 (t_M) 为 1.0min，液相体积 (V_s) 为 2.0mL，柱出口载气体积流量 (F_0) 为 $50mL \cdot min^{-1}$，试计算：(1) 分配比 k；(2) 死体积 V_M；(3) 分配系数 K；(4) 保留体积 V_R。[(1) 分配比 $k=4$；(2) 死体积 $V_M=50mL$；(3) 分配系数 $K=100$；(4) 保留体积 $V_R=250mL$]
3. 某色谱峰峰底宽为 50s，保留时间为 50min，在此情况下，该柱子有多少块理论塔板？(57600 块)
4. 已知 $R=\dfrac{t_{R2}-t_{R1}}{\frac{1}{2}(W_{b1}+W_{b2})}$，设相邻两峰的峰底宽度相等，证明 $R=\frac{1}{4}\sqrt{n}\left(\frac{\alpha-1}{\alpha}\right)\left(\frac{k_2}{1+k_2}\right)$。
5. 分析某种试样时，两个组分的相对保留值 $r_{2,1}=1.11$，柱的有效塔板高 $H=1mm$，需要多长的色谱柱才能完全分离？(3.66m)
6. 测得石油裂解气的气相色谱图（前面四个组分为经过衰减 1/4 而得到)，经测定各组分的 f 值并从色谱图量出各组分峰面积为：

出峰次序	空气	甲烷	二氧化碳	乙烯	乙烷	丙烯	丙烷
峰面积	34	214	4.5	278	77	250	47.3
校正因子 f	0.84	0.74	1.00	1.00	1.05	1.28	1.36

用归一化法定量，求各组分的质量分数各为多少？($w_{甲烷}=25.34\%$；$w_{二氧化碳}=0.72\%$；$w_{乙烯}=44.48\%$；$w_{乙烷}=12.94\%$；$w_{丙烯}=12.80\%$；$w_{丙烷}=2.57\%$)

7. 有一试样含甲酸、乙酸、丙酸及少量水、苯等物质，称取此试样 1.055g。以环己酮作内标，称取 0.1907g 环己酮，加到试样中，混匀后吸取 3μL 进样，得到色谱图。从色谱图上测得的各组分峰面积及已知的 s' 值如下表所示：

出峰顺序	甲酸	乙酸	环己酮	丙酸
峰面积	14.8	72.6	133	42.4
响应值 s'	0.261	0.562	1.00	0.938

试求甲酸、乙酸、丙酸的质量分数。($w_{甲酸}=7.71\%$；$w_{乙酸}=17.55\%$；$w_{丙酸}=6.17\%$)

8. 欲求苯、甲苯、乙苯、邻二甲苯的峰高校正因子，则可称取一定量各组分的纯物质，混合后进样，在一定色谱条件下测得色谱图上各组分色谱峰的峰高分别如下：

出峰次序	苯	甲苯	乙苯	邻二甲苯
质量/g	0.5967	0.5478	0.6120	0.6680
峰高/mm	180.1	84.4	45.2	49.0

试求各组分的峰高校正因子，以苯为标准。($f'_{甲苯}=1.959$；$f'_{乙苯}=4.087$；$f'_{邻二甲苯}=4.115$)

9. 已知在混合酚试样中仅含有苯酚、邻甲酚、间甲酚和对甲酚四种组分，经乙酰化处理后，用液晶柱测得色谱图。图上各组分色谱峰的峰高、半峰宽及已测得各组分的校正因子分别如下。试求各组分的质量分数。

出峰次序	苯酚	邻甲酚	间甲酚	对甲酚
峰高/mm	64.0	104.1	89.2	70.0
半峰宽/mm	1.94	2.40	2.85	3.22
校正因子	0.85	0.95	1.03	1.00

(苯酚：12.7%；邻甲酚：28.6%；间甲酚：31.5%；对甲酚：27.2%)

10. 测定氯苯中的微量杂质苯、对二氯苯、邻二氯苯时，以甲苯为内标，先用纯物质配制标准溶液，进行气相色谱分析，得如下数据。试根据这些数据绘制标准曲线（峰高比与质量比之间的关系曲线）。

在分析未知试样时，称取氯苯试样 5.119g，加入内标物 0.0421g，测得色谱图。从图上量取各色谱峰的峰高，并求得各峰高比值：苯峰高比甲苯峰高＝0.341；对二氯苯峰高比甲苯峰高＝0.298；邻二氯苯峰高比甲苯峰高＝0.042。试求试样中各杂质的质量分数。

编号	甲苯质量/g	苯		对二甲苯		邻二甲苯	
		质量/g	峰高比	质量/g	峰高比	质量/g	峰高比
1	0.0455	0.0056	0.234	0.0325	0.080	0.0243	0.031
2	0.0460	0.0104	0.424	0.0620	0.157	0.0420	0.055
3	0.407	0.0134	0.608	0.0848	0.247	0.0613	0.097
4	0.0413	0.0207	0.838	0.1191	0.334	0.0878	0.131

(苯：0.15%；对二氯苯：2.17%；邻二氯苯：0.56%)

第 4 篇　复杂物质分析

第 15 章　定量分析中的分离及富集方法

15.1　概述

通过前面学习可知，定量分析测试工作的步骤包括：试样的采集、制备、分解、中间处理、分析方法的选择、定量测定、数据处理及分析结果的评价等。其中中间处理步骤，主要是对样品进行预处理，包括干扰组分的分离（或掩蔽）、微量或痕量待测组分的富集以及预测定，它是整个定量分析测试工作程序中十分重要且不可缺少的环节。

在实际的分析测试工作中，若面对的试样较单纯，所选用的方法和仪器的灵敏度也能达到测试的要求，那么，试样经过一般处理即可进行测定。但实际工作中往往面对的都是比较复杂的试样。例如，试样中有其他组分与待测组分共存，而且干扰待测组分的正常测定。此时可以采取控制测定条件或加入掩蔽剂等方法消除干扰。当上述措施不能奏效时，就需要事先将被测组分与干扰组分分离。若试样中待测组分含量太低，则必须在进行分离时同步进行富集，以提高待测组分的浓度。总之，经过这一步骤，一是可将被测组分从复杂体系中分离出来；二是将对测定有干扰的组分分离除去；三是将微量或痕量待测组分通过分离达到富集的目的。

因此，面对种类繁多、千变万化的实际样品，必须根据最后所选用的分析测量方法、样品的性质和数量、被测组分的含量、分析时间的要求以及对分析结果准确度的要求等，对试样进行预处理。

对分离的要求及分离效果的表示如下。

(1) 对分离的要求

① 分离要完全，即共存杂质不干扰待测组分的测定；

② 被测组分损失小至可忽略；

③ 分离方法简便，易操作；

④ 分离效果好。

特别需要注意的是，在分离操作过程中，不允许或必须避免目标组分的丢失、引入与目标组分相似的物质和干扰目标组分测定的组分。

(2) 分离效果的表示

分离的效果通常称为分离效率，即目标组分的回收率，必须要符合一定的要求。表15-1列出了不同目标组分含量对回收率的要求。

表 15-1 目标组分含量对回收率的要求

目标组分含量/%	＞1	0.01～1	＜0.01(痕量组分)
回收率要求/%	＞99.9%	＞99%	90～95

$$回收率=\frac{分离后得到目标组分的质量}{原试样中目标组分的质量}\times 100\%$$

本章主要介绍定量分析中常用的分离富集方法，如沉淀分离法、溶剂萃取分离法、离子交换分离法和色谱分离法，并对膜分离、超声波分离、固相萃取、超临界萃取等现代分离富集方法的原理和应用进行了介绍。

15.2 定量分析中常用的分离及富集方法

15.2.1 沉淀分离法

沉淀分离法是依据溶度积原理有选择地沉淀某些离子，使其与其他离子分离开来。在实际工作中，一般是在试液中加入适当的沉淀剂，使待测组分沉淀出来，或将干扰组分沉淀除去，从而达到分离的目的。

15.2.1.1 无机沉淀剂分离

(1) 氢氧化物沉淀法分离

通过金属离子在碱性条件下形成沉淀分离，是一种常用的方法。

表 15-2 某些氢氧化物沉淀和溶解时所需的 pH 值

氢氧化物	pH 值				
	开始沉淀		沉淀完全	沉淀开始溶解	沉淀完全溶解
	原始浓度 ($1mol\cdot L^{-1}$)	原始浓度 ($0.01mol\cdot L^{-1}$)			
$Sn(OH)_4$	0	0.5	1.0	13	＞14
$Ce(OH)_4$		0.8	1.2		
$Sn(OH)_2$	0.9	2.1	4.7	10	13.5
$Fe(OH)_3$	1.5	2.3	4.1		
$Ga(OH)_3$		3.5		9.7	
$Bi(OH)_3$		4.0			
$Al(OH)_3$	3.3	4.0	5.2	7.8	10.8
$Th(OH)_4$		4.5			
$Cr(OH)_3$	4.0	4.9	6.8	12	＞14
$Cu(OH)_2$	5.0				
$Be(OH)_2$	5.2	6.2	8.8		
$Zn(OH)_2$	5.4	6.4	8.0	10.5	12～13
$Ce(OH)_3$		7.1～7.4			
$Fe(OH)_2$	6.5	7.5	9.7	13.5	
$Co(OH)_2$	6.6	7.6	9.2	14	
$Ni(OH)_2$	6.7	7.7	9.5		
$Cd(OH)_2$	7.2	8.2	9.7		
$Pb(OH)_2$		7.2	8.7	10	13
$Mn(OH)_2$	7.8	8.8	10.4	14	
$Mg(OH)_2$	9.4	10.4	12.4		
稀土		6.8～8.5	约 9.5		
$WO_3\cdot nH_2O$		约 0	约 0		约 8
$SiO_2\cdot nH_2O$		＜0		7.5	
$PbO_2\cdot nH_2O$		＜0		12	

由表 15-2 可以看出，大多数金属离子都能生成氢氧化物沉淀，不同金属离子生成氢氧化物沉淀所要求的 pH 值是不同的，同时各种氢氧化物沉淀的溶解度有很大的差别。因此，可以通过控制酸度改变溶液中的 $[OH^-]$，达到选择性沉淀分离的目的（见表 15-3）。

表 15-3　常见氢氧化物沉淀分离沉淀剂和可沉淀的离子

pH 值	沉淀剂	沉淀分离的离子
pH≥12	NaOH	将两性元素与非两性元素分离 Al^{3+}，Zn^{2+}，Cr^{3+}，Sn(Ⅳ)，Sn(Ⅱ)，Pb^{2+}，Sb(Ⅴ)在此条件下不沉淀
pH8～9	NH_3	Ag^+，Co^{2+}，Ni^{2+}，Zn^{2+}，Cd^{2+}，Cu^{2+} 因生成配氨离子不沉淀而与其他离子分离
pH5～6	ZnO 悬浊液或有机碱（六亚甲基四胺、吡啶等）	Mn^{2+}，Co^{2+}，Ni^{2+}，Cu^{2+}，Zn^{2+}，Cd^{2+} 与 Al^{3+}，Fe^{3+}，Bi^{3+} 等离子分离

（2）常见阳离子的两酸两碱沉淀分离

两酸两碱沉淀分离是指依次采用 HCl、H_2SO_4、NH_4Cl-NH_3 和 NaOH 为组试剂，依据各种氯化物、硫酸盐和氢氧化物沉淀溶度积的差异进行选择性沉淀分离，如表 15-4 所示。

表 15-4　常见阳离子的两酸两碱沉淀分离

分组	Ⅰ	Ⅱ	Ⅲ	Ⅳ	Ⅴ
组试剂分离离子	HCl	H_2SO_4	NH_4Cl-NH_3	NaOH	（可溶组）②
	Ag^+	Ca^{2+}	Fe^{3+}	Cu^{2+}	Na^+
	Hg_2^{2+}	Sr^{2+}	Al^{3+}	Mg^{2+}	K^+
	(Pb^{2+})①	Ba^{2+}	Cr^{3+}	Cd^{2+}	Zn^{2+}
		Pb^{2+}	Mn^{2+}	Co^{2+}	NH_4^+
			Hg^{2+}	Ni^{2+}	

① $PbCl_2$ 在热溶液中溶解度大，难以沉淀。

② 此组的离子不沉淀，与沉淀的离子分离。

（3）硫化物沉淀分离系统

硫化物沉淀分离系统所依据的就是各离子硫化物溶解度有明显的不同，以及根据离子的其他性质，将常见阳离子分成五组，称为硫化氢系统分组方案。现简化为四组（将钙、钠组合并），见表 15-5。在分组之前应先分别检出 Fe^{3+}、Fe^{2+}、NH_4^+（请思考为什么?）。

表 15-5　简化的硫化氢系统分组方案

组试剂	HCl	0.3mol·L^{-1}HCl，H_2S 或 0.2～0.6mol·L^{-1}HCl，TAA，加热	NH_3+NH_4Cl($(NH_4)_2S$)或 NH_3+NH_4Cl，TAA，加热	—
组的名称	Ⅰ组 银组 盐酸组	Ⅱ组 铜锡组 硫化氢组	Ⅲ组 铁组 硫化铵组	Ⅳ组 钙钠组 可溶组
组内离子	Ag^+ Hg_2^{2+} Pb^{2+}	ⅡA：Pb^{2+}，Bi^{3+}，Cu^{2+}，Cd^{2+} ⅡB：Hg^{2+}，As(Ⅲ)，Sb(Ⅲ)，Sn(Ⅳ)	$Al(OH)_3$，$Cr(OH)_3$ Fe^{3+}，Fe^{2+}(由 S^{2-} 还原)， Mn^{2+}，Zn^{2+}，Co^{2+}，Ni^{2+}	Ba^{2+}、K^+ Ca^{2+}、Na^+ Mg^{2+}、NH_4^+

注：表中未写出沉淀形式，均为相应的组沉淀。

H_2S 是有毒气体，为避免 H_2S 带来的污染，可采用硫代乙酰胺均匀沉淀代替 H_2S❶。

❶ 即通过在不同 pH 值介质中加热分解硫代乙酰胺达到选择沉淀不同硫化物的目的。

15.2.1.2 有机沉淀剂选择沉淀分离

有机沉淀剂种类多，并可根据需要加以修饰（如引入某些基团），因此具有选择性高、共沉淀不严重的特点，且形成的沉淀晶形好。

例如丁二酮肟在氨性溶液中，在酒石酸存在下，与镍的反应是特效的：

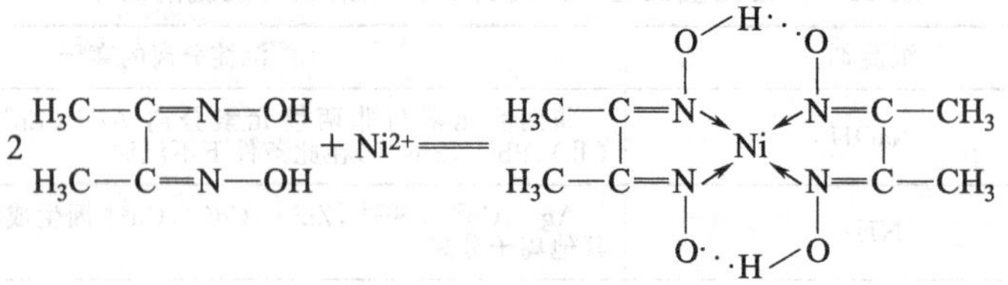

$$2\ \begin{matrix} H_3C-C=N-OH \\ | \\ H_3C-C=N-OH \end{matrix} + Ni^{2+} \longrightarrow \text{[}Ni(C_4H_7N_2O_2)_2\text{]}$$

在弱酸性介质中也只有 Pd^{2+}、Ni^{2+} 与其生成沉淀。

又例如 8-羟基喹啉（8-羟基喹啉结构式）与 Al^{3+}、Zn^{2+} 均生成沉淀，若在 8-羟基喹啉芳环上引入一个甲基，形成 2-甲基-8-羟基喹啉（结构式），可选择沉淀 Zn^{2+}，而 Al^{3+} 不沉淀，达到 Al^{3+} 与 Zn^{2+} 的分离。

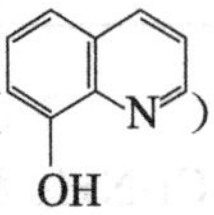

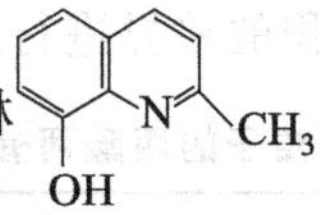

15.2.1.3 其他沉淀分离

使用氢氟酸（HF）、草酸（$H_2C_2O_4$）等沉淀剂也能分离金属离子，如表 15-6 所示。

表 15-6 其他沉淀剂及沉淀分离的离子

沉淀剂	沉淀分离
HF 或 NH_4F	Ca^{2+}、Sr^{2+}、Mg^{2+}、Th(Ⅳ)、稀土金属离子形成氟化物沉淀与其他金属离子分离
H_3PO_4	Zr(IV)、Hf(IV)、Th(IV)、Bi^{3+} 等形成磷酸盐沉淀与其他金属离子分离
$H_2C_2O_4$	Ca^{2+}、Sr^{2+}、Ba^{2+}、Th(IV)等与 Fe^{3+}、Al^{3+}、Zr(IV)、Nb(V)、Ta(V)等分离
铜铁试剂	Fe^{3+}，Th(IV)，V(V)等形成沉淀而与 Al^{3+}、Cr^{3+}、Co^{2+}、Ni^{2+} 等分离
8-羟基喹啉	8-羟基喹啉与金属离子形成沉淀的溶度积有较大差异，可控制 pH 值选择沉淀分离

15.2.1.4 共沉淀分离与富集

利用共沉淀现象，以某种沉淀作载体，将痕量组分定量地沉淀下来，溶解在少量溶剂中，达到分离与富集的目的。共沉淀分离与富集一方面要求待富集的痕量组分回收率高，另一方面要求共沉淀载体不干扰待富集组分的测定，常见共沉淀分离富集方法如表 15-7 所示。

表 15-7 几种共沉淀分离富集方法

表面吸附共沉淀	利用 $Fe(OH)_3$、$Al(OH)_3$、$MnO(OH)_2$ 作载体，通过吸附共沉淀将微量或痕量组分共沉淀分离富集
混晶共沉淀	利用生成混晶对微量组分或痕量组分进行共沉淀分离富集。例如利用 Pb^{2+} 与 Ba^{2+} 生成硫酸盐混晶，用 $BaSO_4$ 共沉淀分离富集 Pb^{2+}
“固体萃取剂”共沉淀	例如 U(Ⅵ)-1-亚硝基-2-萘酚微溶螯合物量少时难以沉淀。在体系中加入 α-萘酚或酚酞的乙醇溶液。α-萘酚或酚酞在水溶液中溶解度小，故析出沉淀，同时将 U(VI)-1-亚硝基-2-萘酚螯合物共沉淀富集。α-萘酚或酚酞不与 U(VI)及其螯合物发生反应，称为“惰性共沉淀剂”，也可理解为利用“固体萃取剂”进行共沉淀分离富集

15.2.2 溶剂萃取分离法

溶剂萃取分离法是利用与水不相溶的有机溶剂与试液（一般为水相）一起振荡，由于各种物质在不同的溶剂中分配系数的大小不等，这时一些组分进入有机相中，另一些组分仍留在水相中，从而达到分离的目的。如果被萃取组分是有色化合物，则可以取有机相直接进行光度测定，这种方法称为萃取光度法。

萃取分离法具有选择性高、分离效果好、设备简单、操作简便、快速以及易于实现自动控制等特点，因此一直受到广泛关注和应用。特别适用于微量元素的分离和富集，在微量分析中有着重要的意义。

15.2.2.1　分配系数和分配比

萃取过程是被萃取物质在不相混溶的两相中的分配过程。若物质 A 在两相中存在的形态相同，则 A 就按溶解度的不同而分配在这两种溶剂中（$A_{水}$ 代表 A 物质在水相中形式，$A_{有}$ 代表 A 物质在有机相中的形式）：

$$A_{水} \rightleftharpoons A_{有}$$

在一定温度和压力下，物质 A 在有机相与水相中分配达到平衡时，其浓度比为一常数：

$$\frac{[A]_{有}}{[A]_{水}} = K_D \qquad (15\text{-}1)$$

式中，K_D 称为分配系数，与溶质和溶剂的特性及温度等因素有关。

分配系数只适用于溶质在两相中的存在形态相同、没有解离聚合等副反应的情况，而在实际萃取体系中可能伴随上述多种化学作用，溶质在两相中可能有多种存在形态。因此，不能简单地用分配系数来描述整个萃取过程的平衡问题。在一般的分析测试中，往往只是要知道溶质 A 在两相间的分配以及在每一相中的总量而不论其存在形态如何。因此，常把溶质 A 在两相中各种存在形态的总浓度之比称为分配比，以 D 表示：

$$D = \frac{c_{有}}{c_{水}} \qquad (15\text{-}2)$$

D 与溶质性质、萃取体系以及萃取条件有关。当两相的体积相等时，若 $D>1$，则说明溶质进入有机相的量比留在水相中的量多。由于溶质在两相中存在形态不同，其分配行为也不同，故 D 不是常数。因此，在一般情况下，分配比 D 和分配系数 K_D 不同，只有当溶质以单一形式存在于两相中时，K_D 才与 D 相等。实际工作中常利用改变试样某一组分存在形式（如生成配合物）的方法，使其分配比增大，从而易与其他组分分离。

15.2.2.2　萃取效率和分离因子

在实际工作中，常用萃取效率表示萃取的完全程度。萃取效率是物质被萃取到有机相中的百分率，以 E 表示：

$$E = \frac{被萃取物质在有机相中的总含量}{被萃取物质的总含量} \times 100\%$$

设被萃取物质在有机相和水相中的总浓度分别为 $c_{有}$ 和 $c_{水}$；两相的体积分别为 $V_{有}$ 和 $V_{水}$。则：

$$E = \frac{c_{有} V_{有}}{c_{有} V_{有} + c_{水} V_{水}} \times 100\% \qquad (15\text{-}3)$$

由于 $D=\frac{c_{有}}{c_{水}}$，将式(15-3) 分子分母同除以 $c_{水} V_{有}$，即得：

$$E = \frac{D}{D + \frac{V_{水}}{V_{有}}} \times 100\% \qquad (15\text{-}4)$$

式中，$V_{水}/V_{有}$ 又称相比。可见，D 愈大，萃取效率愈高。如果 D 固定，减小相比，即增加有机溶剂的用量，亦可提高萃取效率，但后者的效果不太显著。此外，增加有机溶剂用量，将使萃取以后溶质在有机相中的浓度降低，不利于进一步的分离和测定。因此在实际工作中，对于分配比 D 较小的溶质，常采取分几次加入溶剂，多次连续萃取的办法，以提高萃取效率。

设$V_水$ mL溶液中含有被萃取物m_0g，用$V_有$ mL有机溶剂萃取一次，水相中剩余被萃取物m_1 g，则进入有机相的量为（m_0-m_1）g，此时分配比D为：

$$D=\frac{c_有}{c_水}=\frac{(m_0-m_1)/V_有}{m_1/V_水}$$

则

$$m_1=m_0\,\frac{V_水}{DV_有+V_水}$$

若每次用$V_有$ mL溶剂，萃取n次，水相中剩余被萃取物为m_n g，则

$$m_n=m_0\left(\frac{V_水}{DV_有+V_水}\right)^n \tag{15-5}$$

【例 15-1】 在pH=7.0时，用8-羟基喹啉氯仿溶液从水溶液中萃取La^{3+}。已知La^{3+}在两相中的分配比$D=43$，今取含La^{3+}的水溶液（1.00mg·mL^{-1}）20.0mL，计算用萃取液10.0mL一次萃取和用同量萃取液分两次萃取的萃取效率。

解：用10.0mL萃取液一次萃取：

$$m_1=20.0\times\frac{20.0}{43\times10.0+20.0}=0.889\ (\text{mg})$$

$$E=\frac{20.0-0.889}{20.0}\times100\%=95.6\%$$

每次用5.0mL萃取液连续萃取两次：

$$m_2=20.0\times\left(\frac{20.0}{43\times5.0+20.0}\right)^2=0.145\ (\text{mg})$$

$$E=\frac{20.0-0.145}{20.0}\times100\%=99.3\%$$

可见用同量的萃取液，分几次萃取，比一次萃取的萃取效率高。

从例15-1可看出，当仅一种组分转移到有机相（其他组分不进入有机相）时，采用多次连续萃取的办法效果特别有效，因此一般会以增加萃取次数来提高萃取的效率。但增加萃取次数也将增大工作量，操作步骤的增加也将引起误差。

但当体系中存在有多组分时，例如A（为被萃取组分）和B（为共存组分），为达到分离的目的，不仅萃取效率要高，而且共存组分间的分离效果要好。一般用分离因子β来表示分离效果：

$$\beta=\frac{D_A}{D_B} \tag{15-6}$$

式中，D_A、D_B分别为被萃取组分A和共存组分B的分配比。

如果D_A和D_B相差很大，则β值很大，表示两种组分可以定量分离，即萃取的选择性好；反之β接近于1时，两种组分就难以完全分离。

15.2.2.3 萃取体系的分类和萃取条件的选择

溶剂萃取体系由水相（待萃取物所在）和有机相（有机溶剂）组成，萃取分离主要是利用了“相似相溶”的原则。

无机物质中只有少数共价分子（如HgI_2、$HgCl_2$、$GeCl_4$、$AsCl_3$、SbI_3等）可以直接用有机溶剂萃取。大多数无机物质在水溶液中解离成离子，并与水分子结合成水合离子，其亲水性强，难于用非极性或弱极性的有机溶剂萃取。为使无机离子从水相进入有机相，必须加入某种试剂（称为萃取剂）与被萃取的金属离子作用，生成一种不带电荷易溶于有机溶剂的分子（称为萃合物），才有可能从水相转移到有机相。因此，萃取过程是物质由亲水性转变为疏水性的过程。

根据被萃取组分与萃取剂形成的可被萃取分子性质的不同，可把萃取体系分类如下。

(1) 螯合物萃取体系

螯合物萃取体系在分析化学中应用最为广泛，主要用于金属离子的萃取，所用的萃取剂为螯合剂，一般是有机弱酸或弱碱，能与金属离子形成中性螯合物，被有机溶剂萃取。其反应灵敏度高，适用于少量或微量组分的萃取分离。

例如，Ni^{2+}在水溶液中以 $[Ni(H_2O)_6]^{2+}$形式存在，如果在氨性溶液中加入萃取剂丁二酮肟，生成不带电荷的疏水性丁二酮肟合镍螯合物，即可用有机溶剂如氯仿等萃取。

此外，如铜铁试剂（即 *N*-亚硝基苯胲铵）、铜试剂（即二乙氨基二硫代甲酸钠）和双硫腙等都是常用的萃取剂。

(2) 离子缔合物萃取体系

阳离子和阴离子通过静电引力结合而成的电中性疏水性化合物称为离子缔合物，它能被有机溶剂萃取。许多金属阳离子和金属配阴离子以及某些酸根离子，能形成疏水性的离子缔合物。例如用乙醚从 $6mol \cdot L^{-1}$ HCl 溶液中萃取 Fe^{3+}时，Fe^{3+}与 Cl^- 配位形成配阴离子 $FeCl_4^-$。而溶剂乙醚可与溶液中的 H^+ 结合成鎓离子，鎓离子与 $FeCl_4^-$ 缔合成中性分子鎓盐：

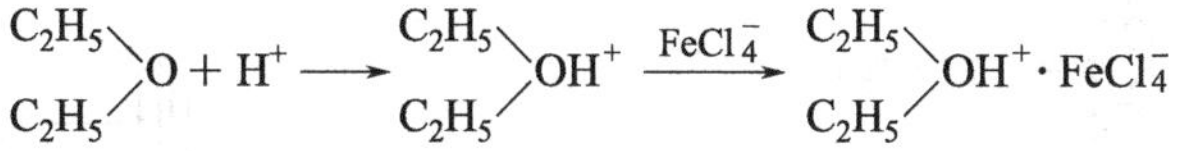

$$(C_2H_5)_2O + H^+ \longrightarrow (C_2H_5)_2OH^+ \xrightarrow{FeCl_4^-} (C_2H_5)_2OH^+ \cdot FeCl_4^-$$

鎓盐有疏水性，可被有机溶剂乙醚所萃取。在这类萃取体系中，溶剂分子参加到被萃取的分子中去，因此它既是溶剂又是萃取剂。

含氮的有机萃取剂多为碱性染料，它在酸性溶液中可以和 H^+ 结合成阳离子，并能与金属配阴离子形成铵盐离子缔合物。例如，硼与 F^- 形成 BF_4^- 配阴离子，亚甲基蓝在酸性条件下与 H^+ 形成阳离子，再与 BF_4^- 缔合成铵盐缔合物（如下图），可被二氯乙烷萃取。

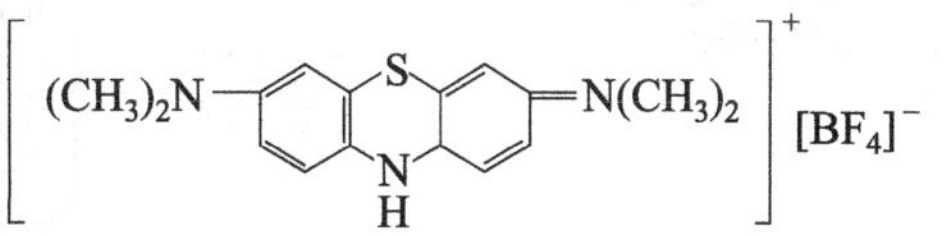

$$\left[(CH_3)_2N-\text{(S, NH)}=N(CH_3)_2\right]^+[BF_4]^-$$

离子缔合物萃取效果好，有利于萃取分离。

在离子缔合物萃取体系中，加入与被萃取物具有相同阴离子的盐类（或酸类），可显著提高萃取效率。这种现象称为盐析作用，加入的盐类称为盐析剂。

(3) 三元配合物萃取体系

三元配合物具有选择性好、萃取效率高的特点，因而这类萃取体系近年来发展较快，广泛应用于稀有元素、分散元素的分离和富集。例如 Ag^+ 与邻二氮菲配位生成配阳离子，并与溴邻苯三酚红的阴离子缔合成三元配合物：

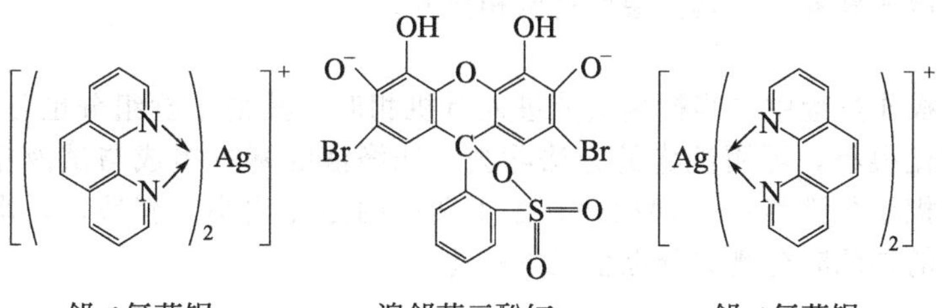

邻二氮菲银　　溴邻苯三酚红　　邻二氮菲银

在 pH=7 的缓冲溶液中用硝基苯萃取后，即可用萃取光度法直接测定 Ag^+。

(4) 溶剂化合物萃取体系

溶剂分子通过其配位原子与无机化合物中的金属离子相键合形成溶剂化合物，因而能被有机溶剂萃取，此种萃取体系称为溶剂化合物萃取体系。例如用磷酸三丁酯萃取 $FeCl_3$ 或 $HFeCl_4$。

15.2.2.4 溶剂萃取分离的操作技术

(1) 萃取方式

① 间歇萃取 间歇萃取通常在 60～125mL 的梨形分液漏斗（见图 15-1）中进行。将试液加入分液漏斗后，再加入一定体积的与水不相混溶的有机溶剂（或含有适宜的萃取剂），然后振荡，使物质在两相中达到分配平衡，静置分层，再分离。

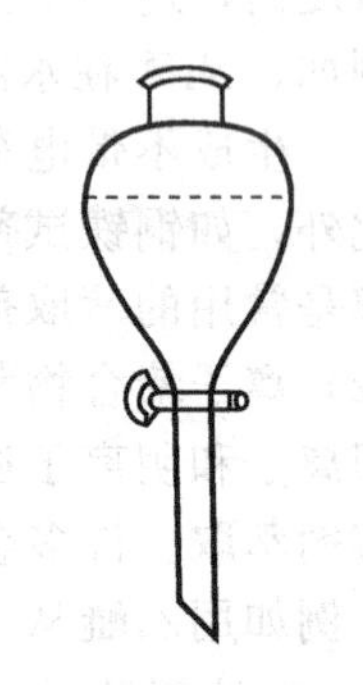
图 15-1 梨形分液漏斗

② 高密度溶剂连续萃取 当萃取溶剂相的密度比被萃取溶剂相的密度大时，称高密度溶剂萃取。采用如图 15-2 装置。圆底烧瓶中的高密度溶剂受热蒸发，蒸气在回流冷凝管中冷凝后形成萃取剂液滴，经转向口进入低密度被萃取溶液，在流经被萃取溶液时，将待分离物质萃取，萃取溶剂相经底部的弯管流回圆底烧瓶，如此循环，连续萃取。

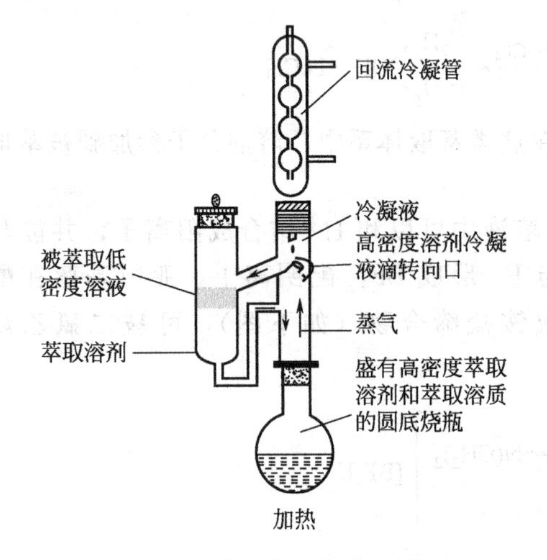

图 15-2 高密度溶剂萃取装置

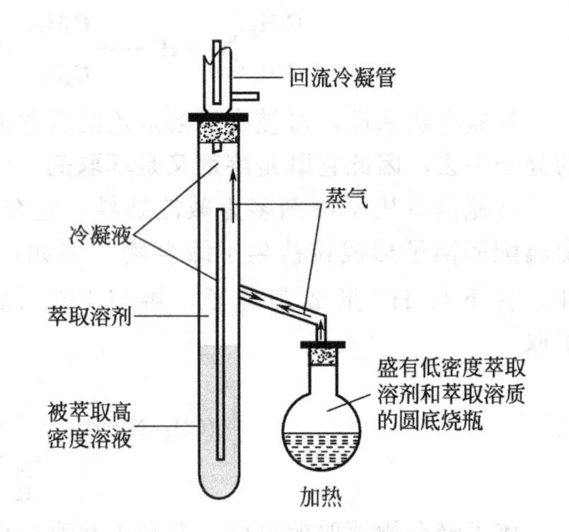

图 15-3 低密度溶剂萃取装置

③ 低密度溶剂连续萃取 当萃取溶剂相的密度比被萃取溶剂相的密度小时，称低密度溶剂萃取，采用如图 15-3 装置。圆底烧瓶中的低密度萃取剂受热蒸发，蒸气在回流冷凝管中冷凝后形成萃取剂液滴，滴入接收管中，当管中液柱的压力足够大时，萃取溶剂从管底部流出，流出的萃取组分萃取进低密度萃取溶剂相，流回圆底烧瓶，如此循环，连续萃取。

(2) 静置分层

萃取后，让溶液静置，待其分层后将两相分开。

(3) 洗涤

在萃取分离操作过程中，当被测组分进入有机相时，其他干扰组分也可能进入有机相。如果杂质的分配比很小，可用洗涤的方法除去。洗涤液的基本组成与试液相同，但不含试样。将分出的有机相与洗涤液一起振荡，由于杂质的分配比小，容易转入水相，因而被洗去。但应该注意的是此时待测组分也会损失一些。

(4) 反萃取

若萃取是用于分离，则通常将解脱液（反萃液）加入到有机相中振荡，使被萃物再转入水相，然后再用其他方法测定。

15.2.2.5　萃取分离法的应用

萃取分离法是分析化学中应用比较广泛的分离方法之一，主要用于以下几个方面。

① 萃取分离　通过萃取将被测元素与干扰元素分离，从而消除干扰。如在 0.5mol·L^{-1} H_2SO_4 溶液中，用双硫腙将 Hg^{2+} 萃取至 CCl_4 中，消除 Pb^{2+}、Cd^{2+}、Zn^{2+}、Ni^{2+}、Co^{2+}、Fe^{3+} 等的干扰。对于性质相近的元素，如 Nb 和 Ta、Mo 和 W、Zr 和 Hf 以及其他稀土元素都可以利用溶剂萃取法进行有效分离。

② 萃取富集　通过萃取可以将含量很低或浓度极微的待测组分富集起来，以提高其浓度，从而提高分析方法的灵敏度。

例如天然水中农药的含量分析，由于其含量极微，不能直接测定，可取大量水样用少量苯萃取后，收集苯层，挥发除去苯，残余物用少量乙醇溶解，即可测定。

萃取技术与仪器分析方法的结合，提高了分离和测定的选择性和灵敏度，促进了微量分析的发展。

15.2.3　离子交换分离法

离子交换分离法是利用离子交换剂（固相）与试液中的离子发生交换反应来进行分离的方法，适用于分离所有的无机离子和许多有机物。不仅用于带相反电荷离子之间的分离，还可用于带相同电荷离子之间的分离，甚至性质相近的离子（如 Nb 和 Ta、Zr 和 Hf 等）。亦广泛用于微量和痕量组分的富集、高纯物质的制备以及对蛋白质、核酸、酶等生物活性物质的纯化，可用于大规模工业生产，是一种应用广泛而重要的分离方法。

15.2.3.1　离子交换剂的种类

离子交换剂主要分为无机离子交换剂和有机离子交换剂两大类。目前应用较多的是有机离子交换剂，即离子交换树脂。

离子交换树脂是高分子聚合物，由两部分组成，一部分是碳链和苯环组成了树脂的骨架，具有可伸缩性，常用 R 表示。目前应用最多的是苯乙烯和二乙烯苯的共聚物，其中二乙烯苯把链状的苯乙烯交联为网状，故称其为交联剂；另一部分是通过化学反应与骨架结合的活性基团。树脂的骨架部分在水、酸和碱中不溶，对热、有机溶剂、氧化剂、还原剂和其他化学试剂具有一定的稳定性，而骨架上活性基团则可与试液中的离子进行交换，根据性能不同可分为如下几种。

(1) 阳离子交换树脂

这类树脂的活性交换基团是酸性基团，其中的 H^+ 可被阳离子所交换。根据活性基团酸性的强弱，可分为强酸型、弱酸型两类。

强酸型树脂含有磺酸基（$—SO_3H$），浸在水中时，磺酸基上的 H^+ 与溶液中的阳离子（如 Na^+）进行交换：

$$R—SO_3H + Na^+ \underset{\text{洗脱过程}}{\overset{\text{交换过程}}{\rightleftharpoons}} R—SO_3Na + H^+$$

该树脂在酸性、中性或碱性溶液中均可使用，交换反应速率快，应用范围很广。

弱酸型树脂含有羧基（—COOH）或酚羟基（—OH），其中的 H^+ 不易解离，因此在酸性溶液中不能使用（羧基在 $pH>4$，酚羟基在 $pH>9.5$ 时，才具备离子交换能力），但选择性好，易用酸洗脱，常用于分离不同强度的碱性氨基酸、有机碱。

(2) 阴离子交换树脂

这类树脂含有与阴离子发生交换作用的碱性基团，经水化后所连接的 OH^- 基团可与溶液中的其他阴离子交换。根据活性基团碱性的强弱，可分为强碱型和弱碱型两类。

强碱型树脂含有季铵基，浸在水中时，首先发生水化作用：

$$R—N^+(CH_3)_3 + H_2O \longrightarrow R—N(CH_3)_3^+OH^- + H^+$$

其中的 OH^- 再与其他阴离子（如 Cl^-）进行交换：

$$R—N(CH_3)_3^+OH^- + Cl^- \underset{洗脱过程}{\overset{交换过程}{\rightleftharpoons}} R—N(CH_3)_3^+Cl^- + OH^-$$

该树脂在酸性、中性或碱性溶液中均可使用，与强酸根、弱酸根离子都能交换，应用较广。

弱碱型阴离子交换树脂含有氨基—NH_2、仲氨基—$NH(CH_3)$ 或叔氨基—$N(CH_3)_2$，水化后所连接的 OH^- 不易解离，交换能力受溶液酸度影响较大，在碱性溶液中失去交换能力，应用较少。

(3) 螯合树脂

这类树脂中引入了可与金属离子螯合的特殊活性基团，在交换过程中能选择性地交换某种金属离子。分离时，在树脂上同时进行交换反应和螯合反应，从而呈现出它的高选择性。例如含有氨基二乙酸基—$N(CH_2COOH)_2$ 的树脂对 Cu^{2+}、Co^{2+}、Ni^{2+} 有很高的选择性，含有双硫腙活性基团的树脂对 Hg^{2+} 有高选择性。因此，可按需要有目的地合成一些新的螯合树脂，以有效解决某些性质相似的离子的分离和富集问题。

(4) 大孔树脂

这类树脂是在聚合时加入适当的、不参与化学反应的致孔剂，使在网状固化和链节单元形成的过程中，填垫惰性分子，预先留下孔道。相比一般树脂有更多、更大的孔道，因而有更大的比表面积，离子容易迁移扩散，富集速度快。例如国产 D202 钠型大孔阳离子树脂、D301 氯型大孔阴离子交换树脂。

(5) 萃淋树脂

这类树脂是一种含有液态萃取剂的树脂，也称为萃取树脂。该树脂是以苯乙烯-二乙烯苯为骨架的大孔结构和有机萃取剂的共聚物，兼有离子交换法和萃取法的功能和优点。例如采用磷酸三丁酯（TBP）萃淋树脂，分离工业废水中的六价铬；P507 萃淋树脂可用于分离稀土元素。

(6) 纤维交换剂

这类树脂是一种开放性的长链，由天然纤维素上的羟基经过酯化、磷酸化、羧基化后制成阳离子交换剂，由天然纤维素上的羟基经过胺化后制成阴离子交换剂。具有比表面积大、孔隙宽松、稳定性高、交换速度快、易洗脱、分离能力强等特点，主要用于提纯分离蛋白质、氨基酸、酶、激素等。

15.2.3.2 树脂的性能指标

(1) 交换容量

交换容量是指 1g 干树脂所能交换离子的物质的量（毫摩尔），其大小取决于树脂网状结构中活性基团的数目。交换容量是树脂品质的重要标志，其数值可由实验测定获得，一般树脂的交换容量为 $3 \sim 6 mmol \cdot g^{-1}$。

(2) 交联度

聚苯乙烯树脂是由交联剂二乙烯苯将苯乙烯长链交联成网状结构的。离子交换树脂中所含交联剂的质量分数称为该树脂的交联度，是树脂的重要性质之一。一般树脂的交联度为 8%～12%。

交联度的大小直接影响树脂的孔隙度。交联度愈大，树脂结构愈紧密，离子难于扩散到树脂内部，交换反应速率也慢，对水的溶胀性能差，但选择性好，机械强度高。在实际工作中，需根据分离对象选用合适交联度的树脂。一般在不影响分离的前提下，使用交联度较大的树脂，可提高树脂对离子的选择性。

(3) 离子交换的亲和力

离子交换树脂对离子的亲和力，在一定条件下，反映了离子在离子交换树脂上的交换能力。树脂对离子亲和力的大小，与水合离子半径、电荷及离子的极化程度有关。水合离子半径愈小、电荷愈高、极化程度愈大，则它的亲和力愈大。实验表明，在常温下，在较稀的溶液中，离子交换树脂对不同离子的亲和力有下列顺序：

① 对强酸型阳离子交换树脂：

a. 不同价态的离子，电荷越高，亲和力越大。例如

$$Na^{+} < Ca^{2+} < Al^{3+} < Th(\text{IV})$$

b. 当离子价态相同时，亲和力随着水合半径的减小而增大。例如

$$Li^{+} < H^{+} < Na^{+} < NH_4^{+} < K^{+} < Rb^{+} < Cs^{+} < Ag^{+} < Tl^{+}$$

c. 二价离子的亲和力顺序如

$$UO_2^{2+} < Mg^{2+} < Zn^{2+} < Co^{2+} < Cu^{2+} < Cd^{2+} < Ni^{2+} < Ca^{2+} < Sr^{2+} < Pb^{2+} < Ba^{2+}$$

d. 稀土离子的亲和力随原子序数增大而减小，例如

$$La^{3+} > Ce^{3+} > Pr^{3+} > Nd^{3+} > Sm^{3+} > Eu^{3+} > Gd^{3+} > Tb^{3+} > Dy^{3+} > Y^{3+} >$$
$$Ho^{3+} > Er^{3+} > Tm^{3+} > Yb^{3+} > Lu^{3+} > Sc^{3+}$$

② 对弱酸型阳离子交换树脂：H^{+}的亲和力比其他阳离子大，而其他阳离子的亲和力如上述。

③ 对强碱型阴离子交换树脂，常见阴离子的亲和力顺序为

$$F^{-} < OH^{-} < CH_3COO^{-} < HCOO^{-} < Cl^{-} < NO_2^{-} < CN^{-} < Br^{-} < C_2O_4^{2-}$$
$$< NO_3^{-} < HSO_4^{-} < I^{-} < CrO_4^{2-} < SO_4^{2-}$$

④ 对弱碱型阴离子交换树脂：常见阴离子的亲和力顺序为

$$F^{-} < Cl^{-} < Br^{-} < I^{-} < CH_3COO^{-} < MoO_4^{2-} < PO_4^{3-} < AsO_4^{3-} < NO_3^{-}$$
$$< \text{酒石酸根离子} < CrO_4^{2-} < SO_4^{2-} < OH^{-}$$

离子交换分离的原理就是利用离子交换树脂对不同离子的亲和力不同。当溶液中有多种同浓度离子存在时，离子交换反应就有一定的选择性，亲和力大的离子先被交换后被洗脱，亲和力小的离子后被交换先被洗脱，从而使各种离子分离。应注意以上所述仅是一般规律。

15.2.3.3 离子交换分离操作

(1) 树脂的选择和处理

根据分离的对象和要求，选择适当类型和粒度的树脂。市售树脂需经处理，包括晾干、研磨、过筛，筛取所需粒度范围的树脂，并用水浸泡使其溶胀，再用稀盐酸（4～6mol·L^{-1}）浸泡1～2天以除去杂质，最后用水漂洗至中性，浸入去离子水中备用。此时阳离子树脂已被处理成H-型，阴离子树脂已被处理成OH-型。

(2) 装柱

根据实际分析工作的需求选择离子交换柱的直径和高度。柱下端有具孔垫板，铺以玻璃纤维，以防树脂流出。一般先在柱内预先装入1/3体积的水，然后将处理好的树脂连同浸泡液从柱顶缓缓引入柱内，让树脂在柱内均匀、自由沉降，树脂层均匀一致。装柱时应防止树脂层中夹有气泡。树脂的高度一般约为柱高的90%，树脂顶部应保持一定的液面。装好柱后在树脂顶部盖一层玻璃纤维，以防加入溶液时冲起树脂。实验室常用的离子交换柱如图15-4所示。

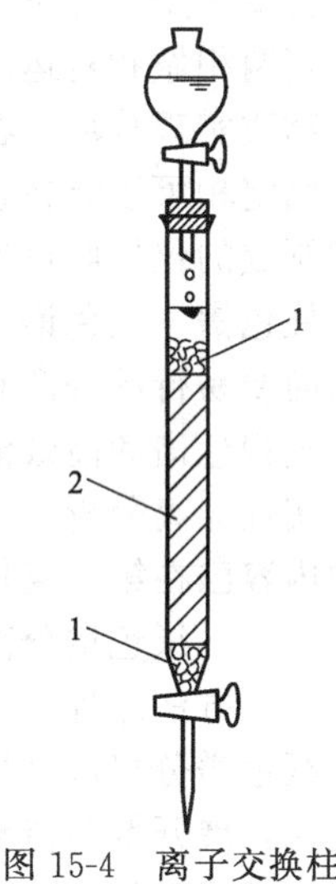

图15-4 离子交换柱
1—玻璃纤维；
2—离子交换树脂

(3) 柱上操作

① 交换 离子交换分离通常在交换柱内进行。将待分离试液缓慢倾入柱内，控制适当的流速自上而下流经交换柱，此时，树脂

上的活性基团与试液中的待分离组分进行交换。当交换反应完成后，用洗涤液洗去残留的试液和树脂中被交换下来的离子。洗涤液通常是水或不含试样的“空白溶液”。

② 洗脱　将交换到树脂上的离子，用洗脱剂（淋洗剂）置换下来，洗脱是交换的逆过程。阳离子树脂常用 HCl 作洗脱剂；阴离子树脂常用 NaCl 或 NaOH 作洗脱剂。可以在洗脱液中测定交换的离子。

③ 树脂再生　使树脂恢复到交换前的形式并具有交换功能，称为树脂再生。一般用稀 HCl 淋洗阳离子交换柱，使之成为 H^+ 型。用稀 NaOH 淋洗阴离子交换柱，使之成为 OH^- 型，以备再用。

为了获得良好的分离效果，所用树脂粒度、交换柱直径及树脂层厚度、欲交换的试液及洗脱液的组成、浓度及流速等条件，都需要通过实验进行选择确定。

15.2.3.4　离子交换分离法的应用

（1）痕量组分的富集

当试样中不含有大量的其他电解质时，可用离子交换分离法富集该试样中的痕量组分。如测定天然水中 K^+、Na^+、Ca^{2+}、Mg^{2+}、Cl^-、SO_4^{2-} 等痕量组分时，先将天然水流经 H-型阳离子交换柱和 OH-型阴离子交换柱，则水中阳离子、阴离子分别交换于不同柱上，再分别用稀盐酸和氨水洗脱阳离子和阴离子，即可使各组分得到富集而方便测定。

（2）干扰组分的分离

试液中存在的其他离子，常对测定产生干扰。对不同电荷的离子，用离子交换分离法排除干扰较为方便。例如，用重量法测定 SO_4^{2-} 时，若有 Fe^{3+} 存在，可将待测的酸性试液通过阳离子交换树脂，Fe^{3+} 被树脂吸附，流出液用于测定 SO_4^{2-}。

例如，可通过离子交换法除去自来水中的许多杂质，制得纯度很高的去离子水。具体操作步骤是：先将自来水通过 H-型强酸型阳离子交换树脂除去各种阳离子，再通过 OH-型强碱型阴离子交换树脂除去各种阴离子。此时交换出来的水称为“去离子水”，纯度以电阻率表示，一般可达 10MΩ 以上。

15.2.4　色谱分离法

15.2.4.1　色谱法基本原理

色谱法是一种重要的分离、分析方法，它是利用不同物质在两相中具有不同的分配系数，当两相做相对运动时，这些物质在两相之间进行多次反复分配，使分配系数只有微小差别的物质实现分离。在色谱技术中，流动相为气体的叫气相色谱，流动相为液体的叫液相色谱。固定相可以装在柱内，也可以做成薄层。前者叫柱色谱，后者叫薄层色谱。根据色谱法原理制成的仪器叫色谱仪，目前，主要有气相色谱仪和液相色谱仪。

柱色谱、纸色谱和薄层色谱的分离床是开放的，分离和检测是相对独立的，是实验室常见的简便易行的分离和鉴定方法。

气相色谱和高效液相色谱的色谱柱是封闭的，它们将高效分离和高灵敏检测有机结合起来，实现分离分析一体化，特别适用于混合物和复杂样品分析。有关气相色谱和高效液相色谱的内容已在第 3 篇仪器分析法中介绍。这里只介绍经典的纸色谱和薄层色谱法。

15.2.4.2　纸色谱分离法

（1）方法原理

纸色谱分离法又称纸层析分离法，是以滤纸作载体，滤纸纤维上吸附的水或其他物质为固定相，展开剂为流动相。由于试液中的各组分在固定相和展开剂（流动相）中的分配系数不同，经多次反复地在两相中分配后达到分离的目的。

（2）比移值

试样经展开分离后，可用比移值（R_f）表示各组分的位置。但由于影响比移值的因素较多，因而一般采用在相同实验条件下与对照物质对比以确定其组分的异同。

$$R_f=\frac{x}{y}=\frac{\text{原点中心至斑点中心的距离}}{\text{原点中心至溶剂前沿的距离}}$$

$$R_{f_1}=\frac{x_1}{y}$$

$$R_{f_2}=\frac{x_2}{y}$$

式中，x 为斑点中心到原点的距离；y 为溶剂前沿到原点的距离。在确定的色谱条件下，R_f 值应为一常数，其值在 0～1 之间。利用 R_f 值的特征性可对各组分进行定性鉴定。实际分离中，各种物质的 R_f 值应控制在 0.05～0.85 之间，两物质的 R_f 值差值应大于 0.05 才能分离。

(3)基本操作

根据分离的目标组分数量，取适当的色谱滤纸按纤维长丝方向切成适当大小的纸条，将待分离的试液用微量吸管或微量注射器点在滤纸的原点位置(距离滤纸条下端有数厘米，可用铅笔划一点样基线)，样点直径一般不超过 0.5cm，样点通常应为圆形。将滤纸条原点一端放入流动相中(注意原点应高于展开剂液面，见图 15-5)，由于毛细管作用，展开剂自下而上展开，使待分离组分在两相间进行反复的分配，此时，分配比大的上升快，分配比小的上升慢，从而将各个组分逐个分开。分配完成后，取出滤纸条，若此时斑点不明显，可喷上显色剂显示斑点，必要时用电吹风吹干显色，纸色谱分离装置如图 15-5 所示。

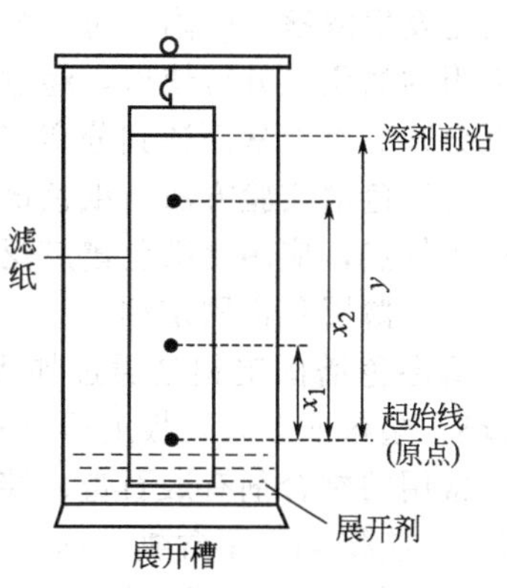

图 15-5　纸色谱分离装置和色谱图

(4)对层析滤纸的要求

所用滤纸应质地均匀平整，具有一定的机械强度，不含影响色谱效果的杂质，也不应与所用显色剂起作用，以免影响分离和鉴别效果，必要时可作特殊处理后再用。具体要求为：①纯度高，无杂质(无金属离子)，无斑点；②孔率、厚度、纤维素等分布均匀，质量稳定；③质地均匀平整，有一定的机械强度等。国际市场的 Whatman 滤纸和国产的新华层析滤纸都符合要求。

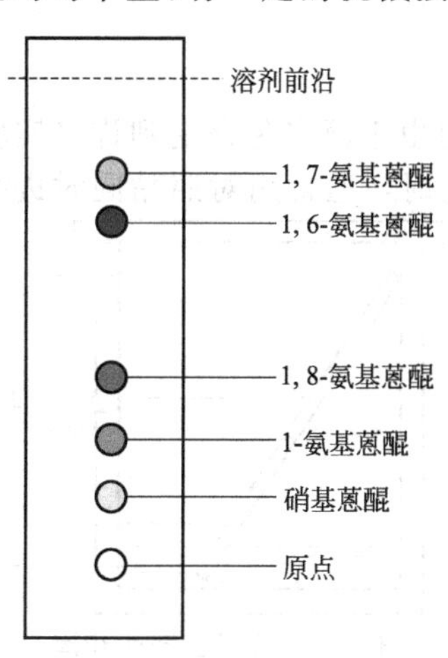

图 15-6　定性检出氨基蒽醌试样中的各种异构体

(5)应用

当对某一植物提取物中的组分进行研究时，往往都会采用纸色谱法或薄层色谱法先做定性的鉴定。即用不同的溶剂或加热或冷浸把它的主要成分萃取或浸提到一定的液体中，再用色谱法鉴定出其中有哪几种成分。然后用色谱法或其他的方法将主要的几个成分分离出来，进行深一步的研究。

如使用纸色谱定性检出氨基蒽醌试样中的各种异构体。

样品：氨基蒽醌；固定相：α-溴代萘附着于滤纸纤维素上；展开剂：吡啶：水(1：1)。经过纸色谱分离后得到如图 15-6 所示的色谱图。

如天冬氨酸、甘氨酸、亮氨酸、谷氨酸、丝氨酸和组氨酸，选用的展开剂不同，经纸色谱分离后其 R_f 值也不同，见表15-8。

表 15-8 天冬氨酸、甘氨酸、亮氨酸、谷氨酸、丝氨酸和组氨酸不同展开剂的 R_f 值

展开剂	R_f 值					
正丁醇＋吡啶＋水(1∶1∶1)	0.20	0.29	0.60	0.20	0.33	0.24
正丁醇＋醋酸＋水(12∶3∶5)	0.23	0.23	0.70	0.28	0.22	0.11

15.2.4.3 薄层色谱分离方法

（1）方法原理

薄层色谱是一种将柱色谱与纸色谱相结合发展起来的色谱方法，是一种常见的简便快速的分离分析方法。

薄层色谱分离法通常是将固定相（吸附剂）均匀地涂在玻璃板上制成薄层板。将试液点在薄层板的原点处（与纸色谱相同），然后放入盛有展开剂的容器中，由于薄层固定相颗粒间的毛细管作用，展开剂沿着吸附剂薄层上升，样品组分就沿着薄层在固定相和流动相之间不断地发生溶解、吸附、再溶解、再吸附的分配过程。容易被吸附的物质上升得慢些，较难被吸附的物质上升得快些，经过一段时间后，不同物质上升的距离不一样，而在薄层上形成相互分开的斑点从而达到分离（见图 15-7）。

薄层色谱实验方法与纸色谱基本一样。但由于它分离效率高、检出灵敏度高以及分离过程快等优点，应用比纸色谱广泛。

（2）薄层色谱固定相

薄层色谱固定相是通过加入一定量的黏合剂或烧结方式使固定相颗粒牢固地吸在薄层（玻璃、塑料或金属）板上而不脱落，硅胶、氧化铝是薄层色谱中使用最多的两种固定相。

常用的黏合剂有煅石膏、淀粉、羧甲基纤维素等。常见的商品薄层色谱有：硅胶 G（含石膏）；硅胶 H（不含黏合剂）；硅胶 HF_{254}（含 254nm 激发的荧光剂）；硅胶 GF_{254}（含石膏和 254nm 激发的荧光剂）；硅胶 CMC（含羧甲基纤维素）等。此外，目前市场上还有各种规格的高效薄层色谱板商品出售。

（3）薄层色谱展开剂

展开剂的选择要考虑样品的性质、吸附剂的活性和展开剂的极性。薄层色谱所用的展开剂主要是低沸点的有机溶剂。对极性较大的化合物进行分离应选用极性较大的展开剂，极性较小的化合物应选用极性较小的展开剂。

常见溶剂极性大小顺序：石油醚＜环己烷＜四氯化碳＜甲苯＜苯＜二氯甲烷＜氯仿＜乙醚＜乙酸乙酯＜正丙醇＜乙醇＜甲醇＜水

（4）薄层色谱定性与定量分析

与纸色谱法一样，薄层色谱可通过 R_f 值进行定性分析。但由于薄层色谱受到许多实验因素的影响，R_f 值重现性比较差。因此，在薄层色谱分离鉴定时，通常用对照品同时进行对照实验。

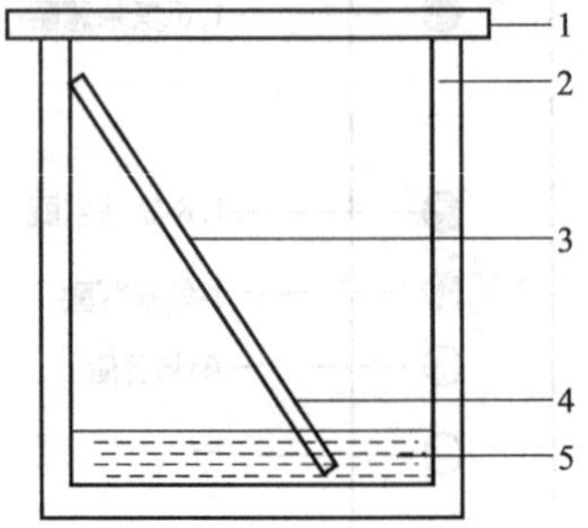

薄层色谱的定量方法分为直接法和间接法两类。直接法是在同一块板上，在相同的实验条件下测量斑点面积的大小或颜色深浅进行定量。它又分为斑点面积测量法、目视比较法和薄层色谱扫描仪法。间接法是将斑点从硅胶上洗脱下来，再用其他方法定量。

（5）薄层色谱应用

薄层色谱广泛应用于各种有机物和无机物的分离鉴定，如化学工业、临床、药学、生物化学样品的初级分离检验。它也常作为柱色谱分离的初试和检测手段。

图 15-7 薄层色谱展开槽

1—缸盖；2—层析缸；3—薄层板；4—点样处；5—展开剂

① 产品中杂质的检验及产品质量的控制　由于薄层色谱属于半定量色谱，用薄层色谱法来控制杂质限量，在一些国家的药典中已有使用。具体方法：取一定量的试样，点样展开后显色，除了主斑点外，不出现其他杂质斑点，或杂质斑点的大小及颜色深度不超过对照用的标准斑即为产品合格。

② 反应产物的分离及反应终点的控制　在化学反应进行到一定时间后，取少量反应液点样分析，了解还剩下多少原料未起作用，从而判断和控制反应终点。对难分离的反应产物可采用柱色谱纯化，这时可采用点板分析确定分离程度。

③ 快速分离检测某些组分　薄层色谱可用于市场上来自于化学、工业、临床、药学等化学样品的快速分离检验，以及蔬菜残余农药的快速检验。

15.3 现代分离和富集方法介绍

对待分离样品进行有效的分离与富集是准确分析测定目标组分的关键。传统的成分分离富集技术更多依赖于溶剂萃取法、色谱分离和重结晶等方法，这些方法都存在着需要大量溶剂，成本高，产率低，分离周期长的不足。随着现代科学技术的发展，近年来发展的膜分离技术、超声分离技术、固相（微）萃取法、超临界萃取、加压溶剂萃取、微波萃取等现代富集方法的应用，成为样品前处理方法的发展方向。

15.3.1 膜分离技术

膜分离技术是在20世纪初出现，20世纪60年代后迅速崛起的一门分离新技术。

顾名思义，膜分离是利用一张特殊制造的、具有选择性透过性能的薄膜，在外界能量或化学位差的推动下对混合物中溶质和溶剂进行分离、分级、提纯和富集的一种分离新方法。与其他传统的分离方法相比，膜分离具有以下特点。

① 由于膜具有选择性，它能选择地透过某些物质，而阻挡另一些物质的透过。选择合适的膜，可以有效地进行物质的分离、提纯和浓缩。

② 分离过程不发生相变化，与有相变化的分离法相比，能耗要低。

③ 膜分离技术整个分离过程在密闭系统中进行，无需加热，无化学变化，无二次污染，特别适用于热敏性物质（如药品、酶等）的分离、分级和浓缩等。

④ 分离装置无运动部分，结构简单，操作容易，便于操作和自动控制。

目前，膜分离技术作为一种新兴的高效分离技术，已被广泛应用于化工、环保、电子、轻工、纺织、石油、食品、医药、生物技术、能源工程等领域。

15.3.1.1 膜分离技术的分类与基本原理

膜分离技术中膜的分类包括，微滤膜（0.1～20μm）、超滤膜（0.001～0.1μm）、反渗透膜（0.0001～0.005μm）、纳滤膜（0.001～0.005μm）、电渗析膜等。它们对应不同的分离机理，有不同的设备和不同的应用对象。

（1）微滤

微滤主要是根据筛分原理以压力差作为推动力的膜分离过程。在给定压力下（50～100kPa），溶剂、盐类及大分子物质均能透过孔径为0.1～20μm的对称微孔膜，只有直径大于50μm的微细颗粒和超大分子物质被截留，从而使溶液或水得到净化。微滤技术是目前所有膜技术中应用最广、经济价值最大的技术，主要用于悬浮物分离、制药行业的无菌过滤等。

（2）超滤

超滤和微滤一样，也是利用筛分原理以压力差为推动力的膜分离过程（见图15-8）。同微滤过程相比，超滤过程受膜表面孔的化学性质的影响较大。在一定的压力（100～1000kPa）条件下溶剂或小分子量的物质透过孔径为 0.001～0.1μm 的对称微孔膜，而直径在（5～50μm）之间的大分子物质或微细颗粒被截留，从而达到了净化的目的。超滤主要用于浓缩、分级、大分子溶液的净化等。

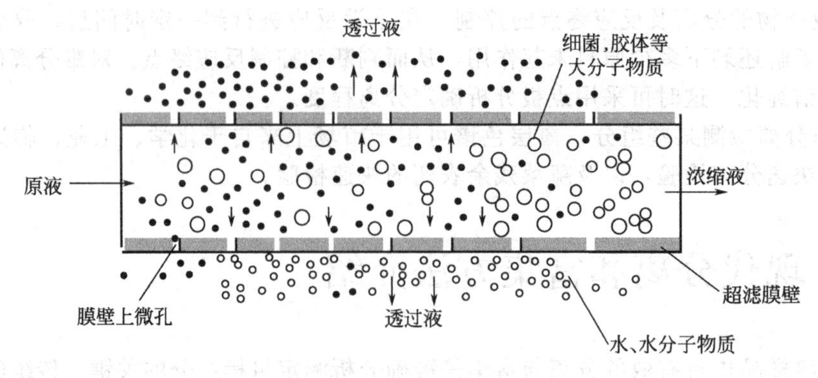

图 15-8　超滤的原理

（3）反渗透

反渗透过程主要是根据溶液的吸附扩散原理，以压力差为主要推动力的膜过程（见图15-9）。在浓溶液一侧施加一外加压力（1000～10000kPa），当此压力大于溶液的渗透压时，就会迫使浓溶液中的溶剂反向透过孔径为 0.0001～0.005μm 的非对称膜流向稀溶液一侧，这一过程叫反渗透。反渗透过程主要用于低分子量组分的浓缩、水溶液中溶解的盐类的脱除等。

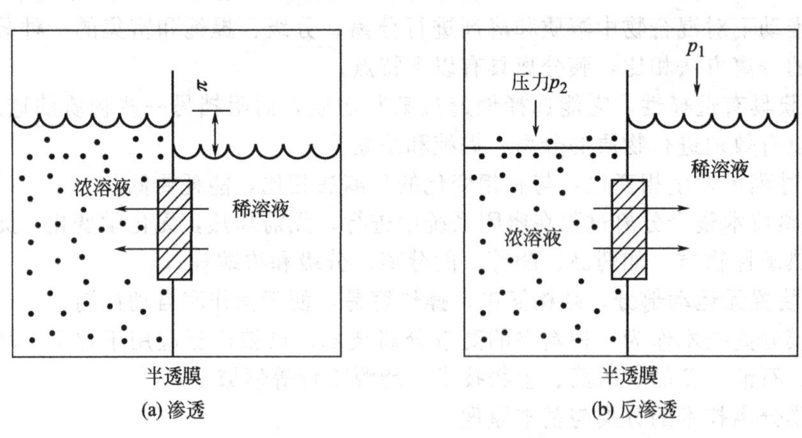

图 15-9　反渗透的原理

（4）纳滤

纳滤是膜分离技术的一个新兴领域，纳滤膜（nanofiltration membranes）是 20 世纪 80 年代末期问世的一种新型分离膜，其截留分子量介于反渗透膜和超滤膜之间，为 200～2000，由此推测纳滤膜可能拥有 1nm 左右的微孔结构，故称之为“纳滤”。纳滤也是根据吸附扩散原理以压力差作为推动力的膜分离过程。它兼有反渗透和超滤的工作原理（见图15-10）。在此过程中，水溶液中低分子量的有机溶质被截留，而盐类组分则部分透过非对称膜。纳滤能使有机溶质得到同步浓缩和脱盐，而在渗透过程中溶质损失极少。纳滤膜能截留易透过超滤膜的那部分溶质，同时又可使被反渗透膜所截留的盐透过，堪称为当代最先进的工业分离膜。由于它具有热稳定性、耐酸、碱和耐溶剂等优良性能，所以在工业领域有着广泛的用途。

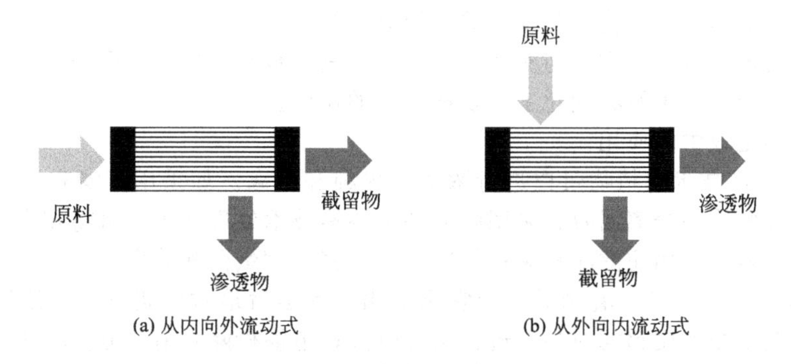

图 15-10 纳滤的基本原理

(5) 电渗析

电渗析是膜分离技术中较为成熟的一项技术，它的原理是利用离子交换和直流电场的作用，从水溶液和其他一些不带电离子组分中分离出小离子的一种电化学分离过程（见图15-11）。电渗析用的是离子交换膜，这一膜分离过程主要用于含有中性组分的溶液的脱盐及脱酸。

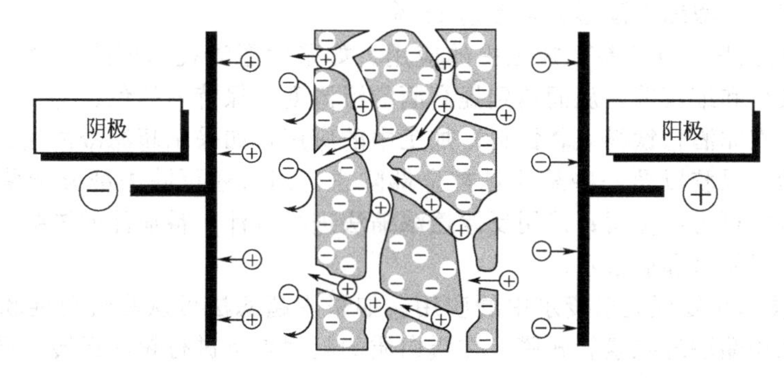

图 15-11 电渗膜的结构特点

15.3.1.2 膜分离材料的分类

膜可以是固相、液相，甚至是气相的，其结构可以是均质或非均质的、多孔或无孔的、荷电的或中性的。不同的膜具有不同的微观结构和功能，需要用不同的方法制备。

目前使用的固体分离膜大多数是高分子聚合物膜，近年来又开发了无机材料分离膜。高聚物膜通常是用纤维素类、聚砜类、聚酰胺类、聚酯类、含氟高聚物等材料制成。无机分离膜包括陶瓷膜、玻璃膜、金属膜和分子筛碳膜等。无机膜材料通常具有非常好的化学和热稳定性，但无机材料用于制膜还很有限，目前无机膜的应用大都局限于微滤和超滤领域。

15.3.1.3 膜分离技术的应用

至今膜分离技术已经在国民经济的各行各业中确立了自己的地位，下面对它在各个领域中的应用做一简略的介绍。

(1) 在化工及石油化工中的应用

在此领域已开发应用的主要四大膜分离技术为反渗透、超滤、微滤、电渗析，这些膜过程的装置设计都较成熟，已有大规模的工业应用和市场。

微滤和超滤分离在化工生产中的应用尤为常见，广泛用于水中细小微粒，包括细菌、病毒及各种金属沉淀物的去除等。电渗析在化工中的应用也较为广泛，如自然水的纯化、海水脱盐等。

在石油化工生产中，膜技术广泛用于有机废气的处理、脱除天然气中的水蒸气、酸性气体、天然气中氦的提取、催化裂化干气的氢烃分离等。

尽管此项技术还有许多理论与实践问题有待于进一步研究探讨，但作为一门新兴科学在不远的将来终究会在化工及石油化工中发挥巨大的作用。

（2）在食品工业中的应用

① 利用膜分离技术对植物蛋白进行浓缩、提纯和分离。如采用超滤和反渗透相结合的方法，进行大豆乳清的分离回收；采用超滤和反渗透技术处理花生，可将花生蛋白和花生油全部提取且无废料；采用超滤法从菜籽粕中制取菜籽浓缩蛋白和分离蛋白等。

② 利用膜分离技术加工乳制品。如农场采用反渗透就地对牛奶进行预浓缩后加工成炼乳等制品；制造干酪前用超滤对牛奶进行组分分离；电渗析除乳清灰分；利用膜生物反应器将乳糖转化为成品（例如乳胶）等。

③ 利用膜分离技术对卵蛋白进行浓缩。如采用膜分离技术和喷雾干燥组合的生产工艺，可有效除去卵蛋白中引起变色的葡萄糖和无机盐分子。

④ 利用膜分离技术对动物血浆进行浓缩。如采用超滤技术，以板框式超滤装置来浓缩动物全血，目前已可将其干物质含量从18%～21%提高到28%～30%。

⑤ 利用膜分离技术对明胶进行浓缩和提纯。动物的骨骼和肌肉组织中含有明胶，采用超滤法目前可将明胶浓缩到固形物含量达15%。

⑥ 在含酒精饮料（硬饮料）加工中的应用。如采用超滤技术可除去酒中含有的不溶性蛋白、多糖、胶体和细菌等，从而达到提高酒的澄清度，保持酒的色、香、味，同时达到无热除菌的目的。在非酒精饮料（软饮料）加工中的应用，如采用超滤澄清法，可将果蔬汁中的蛋白质、淀粉、果胶以及一些悬浮颗粒全部除去，同时还可除去部分杂菌，而其风味物质、糖和维生素等可得以保留；采用反渗透浓缩法进行橙汁、番茄汁的浓缩，生产速溶咖啡等；超滤净化饮料用水和矿泉水。

⑦ 膜分离技术在处理淀粉废水中的应用。如采用超滤法可从马铃薯淀粉废水中回收蛋白质，该方法采用醋酸纤维素管式膜，在蛋白质的凝固点下进行超滤运转，同时以含酶洗剂对膜进行清洗。

⑧ 膜分离技术在制糖工业中的应用。如采用反渗透法可对甜菜制糖厂的稀糖汁进行浓缩、处理含糖废水，既可将水回收再利用，又能提高原料利用率；采用超滤法可进行糖汁的净化，得到含糖量很高的清澈透过液及富含蛋白质和果胶的浓缩液。

⑨ 膜分离技术在食用油加工中的应用。如超滤可用于油脂的脱胶精炼和脱色、回收油料种子蛋白；反渗透可用于处理油厂锅炉用水、从废水中回收油脂、回收催化剂；超滤和反渗透相结合可用于回收溶剂。

⑩ 膜分离技术在食品添加剂生产中的应用。如采用超滤与反渗透相结合可生产红曲色素及其他色素；采用超滤膜反应器可连续生产环糊精；采用YM内压管式超滤装置对甜叶菊苷水处理液进行净化处理；采用PVC膜管式超滤器进行明胶浓缩等。

膜分离技术用于食品加工有很多优点，与传统方法相比，不会因加热而产生色、香、营养成分等质量指标的恶化；节省能源、设备占地面积小；更重要的是由于分离膜性能的提高，能在很高精度水平下分离各种成分。

（3）在医药工业和医疗设备方面的应用

① 利用微滤技术进行药物澄清：除去微粒、细菌、大分子杂质等，或脱色。

② 利用超滤和反渗透技术进行药液精制和浓缩：提取有效成分、有效部位、有效单体；除去药液水分或小分子，尤其适用于热敏成分药液的浓缩。

③ 利用反渗透技术制备灭菌水，除热原水和注射水等。

④ 渗析技术在医药科学中的典型应用是人工模拟肾脏进行血液的透析分离。

⑤ 利用亲和膜技术，通过在膜上固载特定的功能配位基。如氨基酸、酶、抗体等，利用这些功能配位基选择性地实现物质的特异性分离，目前已应用于肝素、尿激酶、单克隆体、胰蛋白酶等生物大分子的纯化和分离。

⑥ 在医疗设备方面除了用于药物控制释放的膜技术外，膜式人工肺、人工肾也都应用了膜分离技术，现在带有膜过滤器的注射器也广泛被人们所接受。

另外，用纳滤膜进行药物的浓缩和提纯，用渗透汽化技术提取生物医药是两项新近投入使用的技术。随着新的膜材料的出现以及膜成本的降低，膜技术将会在医药和医院中起到更重要的作用。

(4) 在生物技术中的应用

在生物技术方面，膜技术也有各种应用，其中应用最广泛的是微滤和超滤膜技术。如从植物或动物组织萃取液中进行酶的精制；从发酵液或反应液中进行产物的分离、浓缩等。另外，把酶或微生物固定于膜表面，使其发挥生物活性功能，同时通过膜分离有用微生物，使过去的间歇式酶反应、分离过程能连续进行。膜技术应用于蛋白质加水分解或糖液生产，有助于稳定产品质量，提高收率和降低成本。

目前，膜技术用于生物技术中存在的最主要问题是：与色谱法比较，其分离精度不高；不能同时进行多组分的分离；膜上面容易形成附着层，使膜的通量显著下降，膜清洗困难；膜的耐用性差等。

(5) 在环境工程中的应用

膜分离技术在环境工程中的地位越来越突出，应用膜分离技术来处理工业废水、废气已经被证明是卓有成效的，在不少废水处理中膜分离技术能实现闭路循环，在消除污染的同时变废为宝，取得了较大的经济效益和社会效益。

15.3.2 超声分离

超声萃取（sonication-assisted extraction，SAE）是由 Johnson 等在 1967 年提出的。SAE 提取的作用有两个方面：通过空化作用使分子运动加快；同时将超声波的能量传递给样品，使组分脱附和溶解加快。

15.3.2.1 超声萃取的原理

超声波是弹性介质中的一种机械波，频率为 20kHz～50MHz。利用超声振动能量可以改变物质组织结构、状态、功能或加速这些改变的过程。近年来，超声技术已得到了越来越广泛的应用。现在普遍认为其机械作用、空化效应和热效应是超声技术在物质提取中的三大理论依据。

(1) 机械效应——加速介质质点运动

超声波在媒质中传播可使媒质质点在其传播空间内进入振动状态，强化溶质扩散、传质，此即超声波的机械效应。超声波的机械作用在其传播的波阵面上将引起介质质点的运动，使介质质点运动获得巨大的加速度和动能，迅速逸出被萃取物基体而游离于水中，从而达到分离的效果。

(2) 空化效应

当大量的超声波作用于提取介质，在振动处于稀疏状态时，在某些地方形成局部的暂时负压区，引起液-固体界面的断裂，形成空泡或气泡并瞬时闭合。这种空泡和气泡在液体中形成并随后迅速闭合的形象，称为空化现象。空化中产生的极大压力造成被破碎物细胞及整个生物体破裂，这个破碎过程是一个物理过程，浸提过程中无化学反应，被浸提的生物活性物质在短时间内保持不变，而且整个破裂过程在瞬间完成，提高了破碎速度，缩短了破碎时间，极大地提高了提取效率。

(3) 热效应

超声波在媒质内传播过程中，其振动能量不断地被媒质吸收转变为热能，引起整体加热、边界处的局部高温高压等。这种吸收声能而引起的温度升高是稳定的。所以超声波可以使被萃取物内部的温度瞬时升高，加速溶解。

15.3.2.2 超声萃取的特点

与常规萃取技术相比，超声萃取快速、价廉、高效。在某些情况下，甚至比超临界流体萃取和微波辅助萃取还好，超声萃取具有如下突出特点。

① 无需高温，不破坏热不稳定物质的性质；常压萃取，安全性好，操作简单易行，维护保养方便。

② 萃取效率高，有效成分易于分离、净化。

③ 超声萃取与溶剂和目标萃取物的性质（如极性）关系不大。因此，可供选择的萃取溶剂种类多、目标萃取物范围广泛。

④ 原料处理量大，萃取工艺成本低，能耗小，综合经济效益显著。

15.3.2.3 影响因素

超声技术已广泛地应用于物质提取中并发挥了它的优势，但应用时还应注意以下几个问题，否则将会影响所提得的化学成分产率。

① 参数的选择　提取不同的物质，不同的参数（如频率、声强度、提取时间等）会有不同的结果；即使是提取同一物质，若选用的参数不当就不能较好地提取有效成分；在超声萃取中能否找到适宜的参数是提高提出率的关键。

② 溶剂的选择　超声萃取过程和传统法一样，必须结合欲提成分的性质，选择适合的溶剂、浓度和用量。溶剂的浓度、用量过大，若不能回收就会造成浪费。若浓度、用量过小，就会造成目标萃取物所含成分提取不完全，影响化学成分产率。例如在提取极性较小的农药时，如有机氯农药，可以用非极性溶剂来提取，常用的有正已烷、苯等溶剂，也可以用极性溶剂丙酮、乙腈来提取；而对极性较强的有机磷等农药，则必须采用极性较强的溶剂，如氯仿、丙酮来提取。

总之，从以上可以看出，在超声萃取过程中，要提高提取率必须在实验中总结经验，探索最佳条件，只有这样才能提高效率，降低成本。

15.3.2.4 应用

早在20世纪50年代，人们就把超声波用于提取花生油和啤酒花中的苦味素、鱼组织中的鱼油等。目前，超声萃取技术已广泛用于药物、中草药、食品、农业、环境、工业原材料等样品中有机组分或无机组分的提取。

(1) 在天然植物和药物活性成分提取中的应用

超声萃取技术的萃取速度和萃取产物的质量使得该技术成为天然产物和生物活性成分提取的有力工具。特别是生物活性成分的提取已涉及几大类天然化合物（生物碱、皂苷、苷类、糖类、萜类及挥发油等），例如动物组织浆液的毒质、饲料中的维生素A、维生素D和维生素E、紫杉叶组织中的紫杉醇、大豆异黄酮的提取、头发样品中的鸦片制剂、迷迭香中的抗氧化剂等。

(2) 在环境样品有机污染物提取中的应用

超声萃取技术用于环境样品预处理主要集中在土壤、沉积物及污泥等样品中有机污染物的提取分离上。被提取的有机污染物包括有机氯农药、多环芳烃、多氯联苯、苯、硝基苯、有机锡化合物、除草剂、杀虫剂等。

(3) 在食品分析及化工产品分析中的应用

超声萃取也用于食品样品的预处理，例如：测定午餐肉脂肪含量的国家标准(GB5009.696) 酸水解法，样品消化需70～80℃水浴加热40～50min，然后手摇提取脂肪，操作费时烦琐，人为因素影响较大，不易掌握。利用超声波对酸水解测定午餐肉中脂肪含量的方法进行了改进，超声萃取样品不需加热，缩短了样品消化时间，可对大批量样品的脂肪含量进行同时测定。超声萃取在化工产品分析中的应用相对较少。

15.3.3 固相萃取

15.3.3.1 固相萃取的原理

固相萃取（solide phase extraction，SPE）是利用吸附剂将液体样品中的目标化合物吸附，与样品的基质和干扰化合物分离，然后再用洗脱液洗脱，达到分离或者富集目标化合物的目的。SPE实质上是一种液相色谱分离，其主要分离富集机理、固定相和溶剂的选择模式也与液相色谱有相似之处。

（1）固相萃取的分类

SPE根据其原理主要分为反相SPE（RP-SPE）、正相SPE（NP-SPE）和离子交换SPE（IE-SPE）。

① RP-SPE所用的吸附剂和目标化合物通常是非极性或极性较弱的，吸附剂极性小于洗脱液的极性，主要通过目标物的碳氢键同硅胶表面的官能团产生非极性的范德华力或色散力来保留目标物。

② NP-SPE所用的吸附剂都是极性的，并且吸附剂极性往往大于洗脱液的极性，主要通过目标化合物的极性官能团与吸附剂表面的极性官能团的极性相互作用（氢键、π-π键相互作用、偶极-偶极相互作用和偶极-诱导偶极相互作用以及其他的极性-极性作用）来保留溶于非极性介质的极性化合物。

③ IE-SPE所用的吸附剂是带电荷的离子交换树脂，主要通过目标物的带电荷基团与键合硅胶上的带电荷基团相互静电吸引实现吸附。

（2）固相萃取模式的选择

选择固相萃取分离模式和吸附剂时，应考虑以下几点。

① 凡是极性基体中含有待分析脂溶性化合物的都可以用反相柱处理。

② 对于含有极性基团的脂溶性化合物，可用极性的键合固定相处理。

③ 对于含有可电离的离子基团的有机物，如果碳键很长或碳数很多，可直接用反相固定相处理；如果在反相柱中保留很小，则可采用反相离子对萃取；对于含有多种离子基团的有机物，则用离子交换固定相。

④ 如果样品组分中同时含有离子型化合物和中性分子，可采用离子对SPE萃取，当然也可以分别处理。

⑤ 非极性基体中的极性化合物，要用正相固定相萃取，其中基体也可以是弱于所萃取物的弱极性溶液。

⑥ 对于离子型的化合物，如无机离子等，包括反相离子对SPE不能解决的，就要采用离子交换SPE固定相。对于阴离子要选择适当的阴离子交换SPE固定相；对于阳离子要选择相应的阳离子交换固定相。

⑦ 固定相选择还受样品洗脱液的制约。样品洗脱液强度相对该固定相应该较弱，弱极性洗脱液会增加分析物在固定相上的吸附，如果洗脱液极性太强，分析物在固定相中没有吸附将直接洗脱下来。

15.3.3.2 固相萃取（SPE）装置与操作步骤

（1）固相萃取的装置

SPE装置一般由柱管、烧结垫及固定相三部分组成，其中固定相是SPE柱中最重要的部分。最常见的固定相是键合的硅胶材料，也有很多非硅胶基的固定相被广泛应用。图15-12所示是固相萃取柱的通常结构。

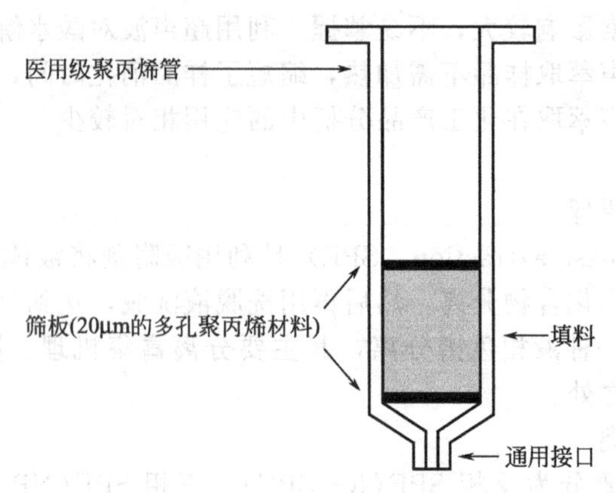

图 15-12　SPE 柱结构

(2) 固相萃取的操作步骤（见图 15-13）

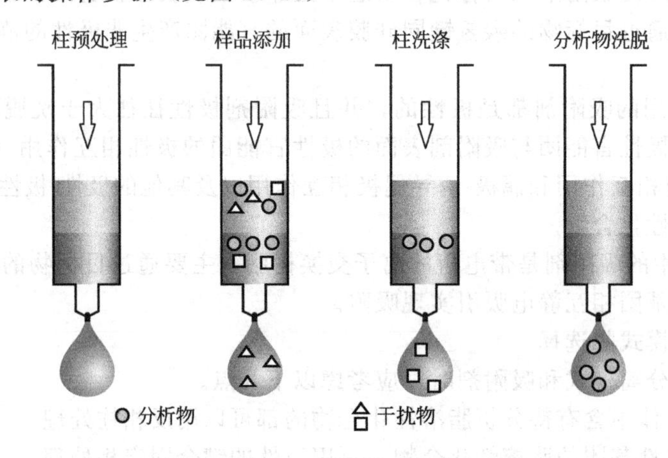

图 15-13　SPE 吸附模式的基本步骤

① 预处理（预洗与活化）　预洗是用强溶剂预先淋洗小柱，以消除小柱在生产或储存过程中可能带入的污染物，当洗脱溶剂的洗脱力强于活化溶剂时一般要实施这一步。如果产品包装密封并明确注明已进行预洗就无需这一步。

活化是首先用洗脱能力较强的溶剂润湿吸附剂，而后再以洗脱能力较弱的溶剂润湿小柱，从而保证样品在小柱上有足够的保留。

② 上样　选择强度相对较弱的溶剂溶解样品。液体样品被加到 SPE 小柱上后，不保留或弱保留的组分随溶剂流出，待测组分和其他强保留组分保留在吸附柱上。

③ 冲洗　用不会把待测组分洗脱出来的溶剂（样品溶剂或稍强溶剂）淋洗小柱，随后通常采用抽真空或高速离心来排除残余溶剂。

④ 淋洗　用尽量少的较强溶剂将待测组分洗脱出来，而剩余较强的基体组分仍然保留在填料中。对于收集到的淋洗液，可进一步吹干，用适当溶剂定溶，也可用于直接进样。

15.3.3.3　固相萃取的应用

固相萃取与传统的液-液萃取相比，具有操作时间短、样品量小、不需萃取溶剂、适于分析挥发性与非挥发性物质、重现性好等优点。SPE 法可用于环境化学、生物化学、食品农药残留、医药卫生、临床化学、法医学等领域中微量或痕量复杂目标物样品的分离、富集和分析。

下面列举两个应用固相萃取分析的实例。

(1) 血液样品中氟乙酸钠的测定

使用 C_{18} 固相萃取柱（100mg，Agilent 公司）分析血液样品中的氟乙酸钠。在使用前，用 3.0mL 无水甲醇活化固相萃取柱，然后用等体积的水淋洗，流出液注进离子色谱仪进行空白分析。分别量取 1.0mL 的 1.0mg·L⁻¹、5.0mg·L⁻¹、10.0mg·L⁻¹ 3 种浓度的氟乙酸钠标准溶液过 C_{18} 固相萃取小柱，然后用水洗脱并定容到 3.0mL，在 DX 型离子色谱仪（Dionex 公司）上测定其回收率。

离子色谱条件：分析柱采用美国 Dionex 公司的 Ion Pac AS11 阴离子交换柱（250mm×4mm i.d.）及其相应的 AG11 保护柱（50mm×4mm i.d.）。抑制器电流为 50mA。2.0mmoL·L^{-1} $Na_2B_4O_7$ 为淋洗液，流速为 1.0mL·min^{-1}，室温。数据的采集和处理均由 PeakNet6.0 色谱工作站控制。

实验结果：回收率为 100%～108%（见表 15-9 和图 15-14），说明 C_{18} 固相萃取柱对氟乙酸钠没有保留。

表 15-9 氟乙酸钠经过 C_{18} 固相萃取柱的回收率测定结果（$n=3$）

添加量/μg	实验结果/μg	回收率/%	*RSD*/%
1.0	1.02	102	0.69
5.0	5.01	101	3.8
10.0	10.8	108	0.93

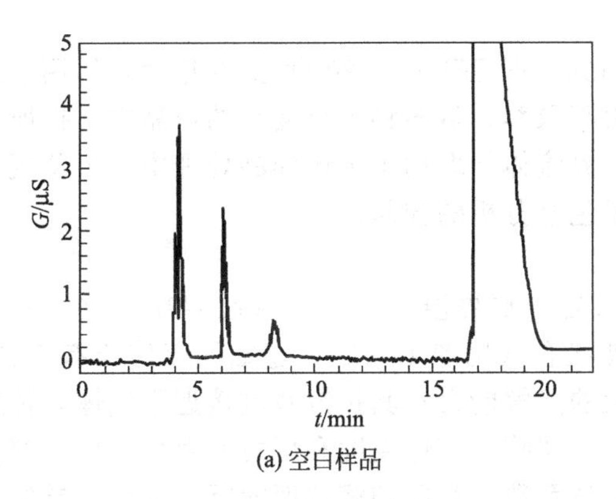

(a) 空白样品

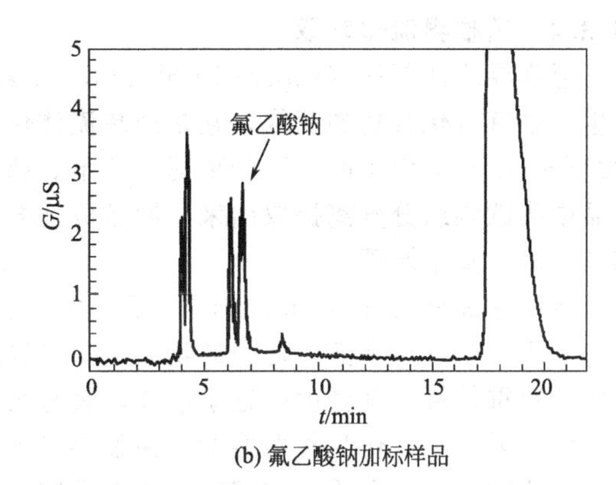

(b) 氟乙酸钠加标样品

图 15-14 测定血液样品中氟乙酸钠的色谱图

(2) 固相萃取-高效液相色谱法测定环境水样中多环芳烃

使用 Waters SPE 真空提取装置，Waters Porapak Sep-Park C_{18} 固相萃取小柱（1cc·30mg⁻¹，30μm）先用 15mL 甲醇活化，再用 30mL 水洗去小柱上残留的甲醇。小柱活化和样品富集的流速均为 10mL·min^{-1}。环境水样用 0.45μm 微孔滤膜过滤后用氢氧化钠调 pH 值到 13，以 10mL·min^{-1}的流速通过小柱。收集第一次通过小柱后的水样，用磷酸调 pH 值 2.0～3.5 后以 10mL·min^{-1}通过小柱，在该条件下酚类物质在小柱上有较好的保留，故可富集水样中的酚类物质。样品富集结束离心脱水，用 5mL 四氢呋喃以 10mL·min^{-1}流速洗脱，把小柱上的酚完全洗下来，用水定容到 10mL，进样 40μL，进行 HPLC 分析。

HPLC 分析条件：Waters Nova-Pak-C_{18} 液相色谱柱（3.9mm×150mm，5μm)；以 A，1%的醋酸乙腈溶液；B，0.05mol·L^{-1}磷酸二氢钾缓冲液作流动相，流速为 1.0mL·min^{-1}。

在上述色谱条件下，标样和水样的实验结果见色谱图 15-15。用该方法测定了自来水、工业废水、湖水、河水、地下水等水样中的酚类物质，结果令人满意。

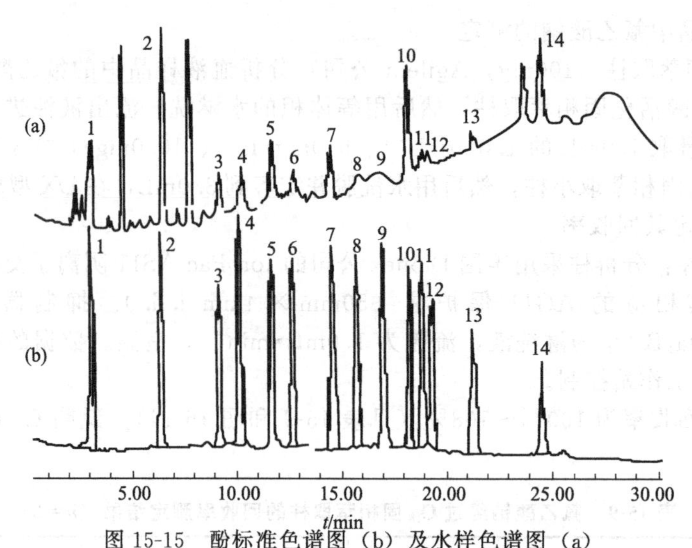

图 15-15　酚标准色谱图（b）及水样色谱图（a）

1—儿茶酚；2—苯酚；3—4-硝基苯酚；4—4-甲基苯酚；5—2-氯苯酚；6—2-硝基苯酚；7—2,4-二硝基苯酚；8—2,4-二甲基苯酚；9—4-氯-3-甲基苯酚；10—2,4-二氯苯酚；11—4,6-二硝基-2-甲基苯酚；12—2,4,6-三甲基苯酚；13—2,4,6-三氯基苯酚；14—五氯苯酚

15.3.4　超临界流体萃取

超临界流体萃取（supercritical fluid extraction，即 SFE）于 20 世纪 70 年代开始用于工业生产中有机化合物的萃取，它是用超流体作为萃取剂，从各种组分复杂的样品中，把所需的组分分离提取出来的一种分离提取技术。超临界流体萃取用于色谱样品处理中，可从复杂样品中将欲测组分分离提取出来，制备成适合于色谱分析的样品。

15.3.4.1　基本原理

所谓超临界流体（supercritical fluid），是指处于临界温度（T_c）和临界压力（p_c）之上，性质介于气体和液体之间的物质的一种物理状态（见图 15-16）。超临界流体兼有气体、液体的双重特性，其密度接近于液体，具有较大的溶解能力；其扩散系数接近于气体，传质非常快，因而可以作为萃取溶剂。在临界点附近，超临界流体温度和压力的微小变化，都会引起流体物理化学性质，如密度、介电常数、扩散系数、黏度和溶解度的巨大变化，导致溶剂和溶质的分离。

与气体和液体相比较，从表 15-10 中可以看出，超临界流体的密度为 0.2～0.9 $g \cdot mL^{-1}$，接近于液体，比气体高出百倍以上。其流动性和黏度低，接近于气体。扩散系数比气体小，约为气体的百分之一，而较液体大百倍。一般地，超临界流体的密度越大，其溶解能力就越大，反之亦然。也就是说物质在超临界流体中的溶解度，在恒温下随压力 $p(p>p_c)$ 升高而增大；在恒压下，随温度 $T(T>T_c)$ 增高而下降。将温度和压力适宜变化时，可使物质的溶解度在 100～1000 倍的范围内变化，这一特征有利于从物质中萃取某些易溶解的成分。

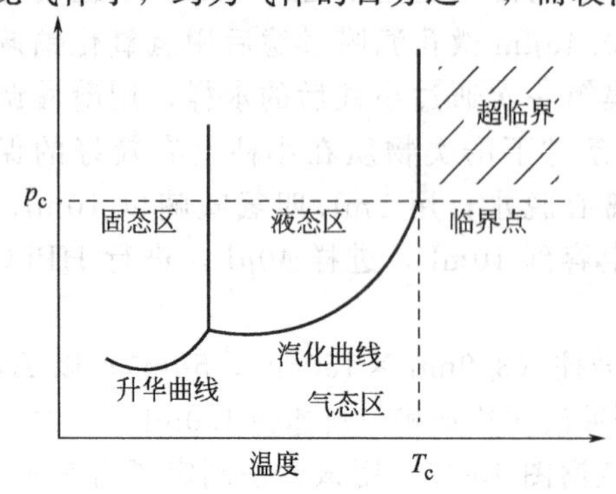

图 15-16　纯物质的温度-压力相图

实验结果表明，超临界流体的溶解能力规律如下：极性较低的化合物，如碳氢化合物等可以在低压范围内进行萃取；被萃取物中含有强极性基团，如羟基、羧基等会使得萃取困难。具有一个羧基和

表 15-10　气体、液体和超临界液体的性质

性　质	气　体	超临界流体		液　体
	101.325kPa 15～30℃	T_c,p_c	T_c,$4p_c$	15～30℃
密度/g·mL^{-1}	$(0.6\sim2)\times10^{-3}$	0.2～0.5	0.4～0.9	0.6～1.6
黏度/g·(cm·s)$^{-1}$	$(1\sim3)\times10^{-4}$	$(1\sim3)\times10^{-4}$	$(3\sim9)\times10^{-4}$	$(0.2\sim3)\times10^{-2}$
扩散系数/cm^2·s^{-1}	0.1～0.4	0.7×10^{-3}	0.2×10^{-3}	$(0.2\sim3)\times10^{-5}$

两个羟基的化合物以及三个酚羟基的苯环衍生物可以被萃取；在 40MPa 以下，强极性的化合物如糖和氨基酸不能被萃取；在压力梯度操作中，具有挥发性差异和极性差异的物质可以得到分级。

15.3.4.2　超临界流体的选择

可作为超临界流体的物质很多，如二氧化碳、一氧化亚氮、六氟化硫、乙烷、甲醇、氨和水等，见表 15-11。但出于安全、经济和环保的考虑，选择时应考虑以下几点要求：

① 超临界流体的萃取剂应该是化学性质稳定，无毒性和无腐蚀性，不易燃和不易爆炸的；

② 超临界流体的操作温度应接近于常温，以便节约能源，并使操作温度低于待分离成分的分解温度；

③ 超临界流体的操作压力应尽可能低，以降低压缩机的动力消耗；

④ 对于待分离成分要有较高的选择性和较高的溶解度；

⑤ 来源广泛，价格便宜。

表 15-11　几种常用超临界流体萃取溶剂及其临界参数

物　质	物质临界温度 T_c/℃	临界压力 p_c/MPa	临界密度 ρ_c/g·cm^{-3}
二氧化碳	31.06	7.39	0.448
乙烷	32.4	4.89	0.203
乙烯	9.5	5.07	0.20
丙烯	92	4.67	0.23
水	374.2	22.00	0.344
氨	132.3	11.28	0.24
苯	288.9	4.89	0.302
甲苯	318	4.11	0.29

二氧化碳是超临界流体萃取中最常见的萃取剂，非常适用于弱极性物质的萃取，尤其适用于天然产物和生理活性物质的提取和分离。因 CO_2 是非极性分子，故主要用于萃取低极性和非极性的化合物。向超临界流体 CO_2 中加入一定量的水、甲醇、乙醇、乙酸乙酯等极性物质或它们的混合物（称为夹带剂或提携剂），对分离物质的特定组分有较强的影响，对提高其溶解度，增加抽出率或改善选择性具有较大的作用。夹带剂的使用可使超临界流体 CO_2 萃取剂更有效地对物质进行分离提纯，适用范围进一步扩大。

15.3.4.3　萃取过程与装置

（1）萃取过程

超临界流体萃取大致可以分为以下三步：①欲萃取组分从样品基体中释放出来，并扩散、溶解到超临界流体中；②欲萃取组分从萃取器转移至分离系统；③将欲萃取组分与超临界流体分离。

超临界流体的萃取流程如图 15-17 所示。

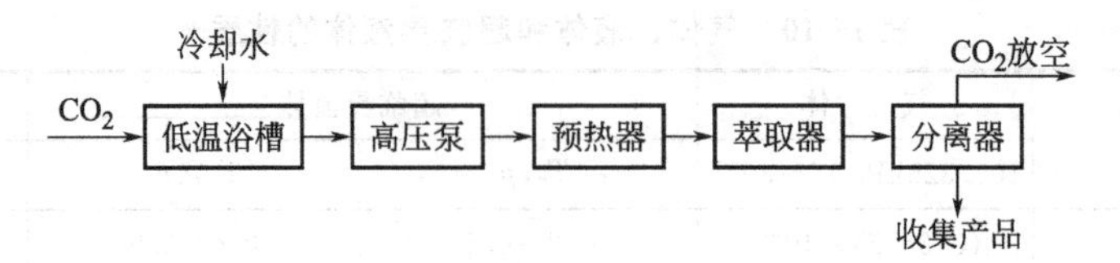

图 15-17　超临界流体 CO_2 萃取实验流程图

(2) 萃取装置

① 萃取器　萃取器的体积依据萃取样品体积选择，但都必须能耐高温高压，接头和密封材料都必须是化学惰性的物质。在操作条件下不变形。液体样品的入口（由毛细管导入）必须在萃取器底部，出口在上部。

② 分离器　SFE 所用分离器通常是一根去活性的熔融硅毛细管或金属毛细管，内径以 15～30μm 为宜，毛细管出口一端制成卷曲状或变细，以确保管内流体密度（或溶质溶解度）不变。

③ 收集技术　SFE 有三种收集技术，即通过压力变化、温度变化或者吸附剂吸附。吸附剂吸附收集后需用适当的溶剂洗脱或者用加热解吸附。

15.3.4.4　超临界萃取技术的应用

(1) 在天然香料工业中的应用

20 世纪 80 年代以来，超临界萃取技术在天然香料的工业分离提取上有广泛应用。传统的提取方法使部分不稳定的香气成分受热变质，但在超临界条件下，可以将整个分离过程在常温下进行，天然香料萃取物的主要成分——精油和特征的呈味成分同时被抽出，萃取效率高，并且 CO_2 无毒、无残留现象。

(2) 在食品方面的应用

超临界萃取技术在食品工业中的应用发展迅速，现在国内外市场上已出现了由该技术制取具有高附加值的天然香料、色素和风味物质等高质量的食品添加剂。如应用超临界萃取技术提取动植物油脂、色素、香料及食品脱臭方面，还可提取其他风味物质，如大蒜中的大蒜素、大蒜辣素；生姜中的姜辣素；胡椒中的胡椒碱及辣椒中的辣椒素等。

(3) 在中药研究与开发中的应用

在医药工业中，超临界流体萃取技术很大程度上避免了传统提药制药过程中的缺陷，提取物中不存在有害健康的残留溶剂，同时具有操作条件温和及不致使生物活性物质失活变性的优点，而且对环境保护也具有十分重要的作用。SEF-CO_2 不是简单地纯化某组分，而是将有效成分进行选择性分离，更有利于发挥复方优势、新药开发。

除了以上所列，SFE 在生物碱、农药残留分析、天然产物等中都有非常良好的应用。

15.3.5　加速溶剂萃取

加速溶剂萃取（accelerated solvent extraction，简称 ASE）是一种采用常规溶剂，在较高的温度（50～200℃）和压力（10.3～2006MPa）下用溶剂对固体或半固体样品进行萃取的样品前处理方法。是近年来发展较快的一种新的液-固萃取技术，具有萃取速度快、萃取效率高、可萃取的样品量范围宽、所用萃取溶剂量少以及易于自动化等特点。

15.3.5.1　加速溶剂萃取的原理

加速溶剂萃取的原理是选择合适的溶剂，通过提高萃取溶剂的温度和压力来加速萃取速度，提高萃取效率。

提高萃取溶剂的温度可以降低萃取溶剂的黏度，增加溶剂进入样品基体的扩散速度，降低溶剂和样品基体之间的表面张力，溶剂更好的“浸润样品基体”，提高样品中欲分析组分在萃取溶剂中的溶解度。所以，提高溶剂温度可以加快萃取速度，提高萃取效率。

为了提高萃取溶剂的温度，就要提高萃取体系的压力，以使萃取溶剂在高温下仍能保持液态。萃取体系压力的提高，也加速了萃取溶剂向样品基体孔隙的渗透，提高萃取速度。所以加速溶剂萃取又称加压溶剂萃取。但是，萃取体系压力的提高对提高萃取效率没有作用。

15.3.5.2 加速溶剂萃取的装置与流程

美国 Dionex 公司推出的 ASE 系列加速溶剂萃取仪主要由溶剂瓶（带多元溶剂自动混合器）、泵、气路系统、加温炉、不锈钢萃取池和收集瓶组成（见图 15-18）。

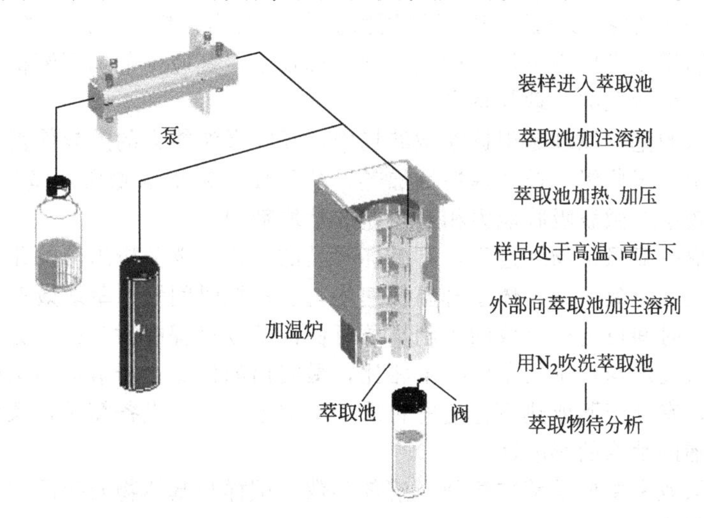

图 15-18 加速溶剂萃取装置与工作流程图

其工作程序如下：第一步是手工将样品装入萃取池，放到圆盘式传送装置上，以下步骤将完全自动先后进行：圆盘传送装置将萃取池送入加热炉腔并与相对编号的收集瓶连接，泵将溶剂输送到萃取池（20～60s），萃取池在加热炉被加温和加压（5～8min），在设定的温度和压力下静态萃取 5min，多步小量向萃取池加入清洗溶剂（20～60s），萃取液自动经过滤膜进入收集瓶，用氮气吹洗萃取池和管道（60～100s），萃取液全部进入收集瓶待分析。全过程仅需 13～17min。

15.3.5.3 加速溶剂萃取技术的影响因素与特点

ASE 萃取过程的主要影响因素是压力和温度，在一定压力下，升高温度可提高萃取效率。另一影响因素是静态萃取时间（static time）[1]，静态萃取时间越长，萃取效率越高。对难提取的样品还可以通过增加静态萃取循环次数的方式来提高萃取效率，多数样品一个循环就可以得到较高的回收率。ASE 还用冲洗和氮吹技术保证萃取溶剂全部回收到收集瓶中，减少损失，保证回收率。

与索氏提取、超声、微波、超临界和经典的分液漏斗振摇等公认的成熟方法相比，加速溶剂萃取具有如下突出优点：有机溶剂用量少，10g 样品一般仅需 15mL 溶剂；快速，完成一次萃取全过程的时间一般仅需 15min；基体影响小，对不同基体可用相同的萃取条件；萃取效率高，选择性好。现已成熟的用溶剂萃取的方法都可用加速溶剂萃取法代替，且使用方便，安全性好，自动化程度高。

15.3.5.4 应用

尽管加速溶剂萃取是近年才发展的新技术，但由于其突出的优点，已受到分析化学界的极大关注。加速溶剂萃取已在环境、药物、食品和聚合物工业等领域得到广泛应用。特别是

---

[1] 静态萃取时间（static time），即一定温度压力下萃取过程持续的时间（一般小于 10min）。

环境分析中，已广泛用于土壤、污泥、沉积物、大气颗粒物、粉尘、动植物组织、蔬菜和水果等样品中的多氯联苯、多环芳烃、有机磷（或氯）、农药、苯氧基除草剂、三嗪除草剂、柴油、总石油烃、二噁英、呋喃、炸药（TNT、RDX、HMX）等的萃取。

15.3.6 微波辅助萃取

微波辅助萃取（microwave assisted extraction，MAE）是利用微波能强化溶剂萃取效率，即利用微波加热来加速溶剂对固体样品中目标萃取物（主要是有机化合物）的萃取过程。1986 年，匈牙利学者 Ganzler K 等利用微波萃取土壤、食品、饲料等固体物中的有机物，此后，微波制样技术作为有机分析试样预处理技术，其应用范围逐渐扩展。

15.3.6.1 微波辅助萃取的原理与特点

微波辅助萃取的基本原理是根据在微波场中，吸收微波能力的差异使得基体物质的某些区域或萃取体系中的某些组分被选择性地加热，从而使得被萃取物质从基体或体系中分离，进入到介电常数较小、微波吸收能力相对较差的萃取剂中。

微波辅助萃取一般只是物理过程，不破坏样品的基体，欲分析组分的化学状态也不会发生改变。由于微波加热效率高、体系升温快速均匀、萃取时间短、萃取效率高，又由于萃取时的温度、压力、时间可进行有效的控制，故可保证萃取过程中欲分析组分不会分解。

微波辅助萃取技术与传统的萃取技术相比，最突出的优点在于溶剂用量少、快速，可同时测定多个样品，有利于萃取热不稳定的物质，萃取效率高，设备简单，操作容易。

15.3.6.2 微波辅助萃取的影响因素

微波辅助萃取效率主要受萃取溶剂、溶剂参数、试样与基体物质等因素的影响。

（1）萃取溶剂的影响

萃取溶剂的选择对萃取结果的影响至关重要。首先要求溶剂必须有一定的极性以吸收微波能进行内部加热；其次所选溶剂对目标萃取物必须具有较强的溶解能力；此外，溶剂的沸点及其对后续测定的干扰也是必须考虑的因素。已报道的用于微波辅助萃取的溶剂有：甲醇、乙醇、异丙醇、丙酮、乙酸、甲苯、二氯甲烷、四氯甲烷、己烷、异辛烷、2,2,4-三甲基戊烷、四甲基铵等有机溶剂和硝酸、盐酸、氢氟酸、磷酸等无机试剂，以及己烷-丙酮、二氯甲烷-甲醇、水-甲苯等一些混合溶剂。

（2）萃取温度、体积、溶剂体积、样品量对微波辅助萃取或微波强化萃取的影响

萃取温度应低于萃取溶剂的沸点，不同的物质其最佳萃取回收温度不同；微波辅助萃取时间与被测样品量、溶剂体积和加热功率有关，一般情况下为 10～15min。对于不同物质，最佳萃取时间不同。但由于微波辅助萃取或微波强化萃取速度较快，故萃取时间对萃取效率的影响并不显著。萃取回收率随萃取时间的延长有所增加，但增加幅度不大。

（3）试样中的水分或湿度的影响

因为水分能有效吸收微波能而产生温度差，所以处理物料中含水量的多少对萃取回收率的影响很大。因此对于不含水分的物料，要采取加湿的方法，使其具有适宜的水分。

（4）基体物质的影响

基体物质对微波辅助萃取结果的影响可能是因为基体物质中含有对微波吸收较强的物质，或是某种物质的存在导致微波加热过程中发生化学反应。

微波辅助萃取最佳回收率决定于样品基体、提取温度和溶剂，与其他溶剂提取法比较，样品基体的影响较大，而取样量减少并不降低方法的精密度，并且在相同条件下可提取多个样品，增加了样品的流通量。

15.3.6.3 微波辅助萃取设备概况简介

应用于微波辅助萃取的设备分为两类：一类为微波萃取罐，另一类为连续微波萃取线。两者的区别在于一个是分批处理物料，另一个是连续方式工作的萃取设备。微波辅助萃取体

系根据萃取罐的类型可分为两大类：密闭型微波萃取体系和开罐式萃取体系；根据微波作用于萃取体系（样品）的方式，可分为发散式微波萃取体系和聚焦式微波萃取体系。

15.3.6.4 微波辅助萃取的应用

（1）多环芳烃（PAHs）的萃取

PAHs 是一类广泛存在于环境中的有机污染物，由于 PAHs 具有致癌和诱变性，对人类危害较大，所以 PAHs 的分析测定引起了人们的高度重视。关于测定 PAHs 的样品前处理技术，从经典的索氏抽提到超声萃取、超临界流体萃取、固相微萃取及 MAE 等均有报道。由于 MAE 具有快速、溶剂消耗量少、节省能源等优点，其发展速度尤为迅速，其 PAHs 的萃取回收率可达到 90%以上。

（2）多氯联苯（PCBs）及农药残留的分析

采用微波皂化萃取气相色谱法测定生物样品中的 PCBs，可以得到良好的效果。为消除有机氯农药（OCPs）对测定土壤中 PCBs 的干扰，采用微波碱解法将土壤样品中的 OCPs 碱解，在优化后的条件下能完全消除滴滴涕（DDT）、滴滴滴（DDD）的干扰，DDE、艾氏剂（Aldrin）、狄氏剂（Dieldrin）的干扰也减少，经浓硫酸处理后狄氏剂的干扰完全消除。

（3）药物中有效成分的提取

MAE 技术应用于中草药的有效成分和植物细胞中活性物质的提取是它一个新的应用领域。目前，MAE 技术在该领域的应用报道还不多，主要应用有从灵芝、云芝、猴头等高等真菌菌丝体中提取多糖，从中药中提取白藜芦醇，从茶花粉、银杏叶、人参、喜树果等植物组织中提取药用成分等。但由于微波加热的特点所限，微波在生物细胞内有效成分的提取方面还存在着许多问题。首先，只适用于对热稳定的产物，如寡糖、多糖、核酸、生物碱、黄酮、苷类等中药成分，而对热敏性物质，如蛋白质、多肽、酶等微波加热易导致它们变性失活；其次，要求被处理的对象具有良好的吸水性或者要求待分离的成分处于富含水的部位，否则，待分析的成分难以迅速释放出来。

总之，微波技术的应用已成为样品制备技术中的一个新领域，必将得到充分发展。

思考题

1. 举例说明分离在定量分析中的重要性？了解分离对常量和微量组分的回收率要求？
2. 某试样含 Fe、Al、Ca、Mg、Ti 元素，经碱熔融后，用水浸取，盐酸酸化，加氨水中至出现红棕色沉淀（pH 值约为 3），再加六亚甲基四胺加热过滤，分出沉淀和滤液。试问：
   （1）为什么溶液中刚出现红棕色沉淀时人们看到红棕色沉淀时，表示 pH 值为 3 左右？
   （2）过滤后得到的沉淀是什么？滤液又是什么？
   （3）试样中若含 Zn^{2+} 和 Mn^{2+}，它们是在沉淀中还是在滤液中？
3. 用氢氧化物沉淀分离时，常有共沉淀现象，有什么方法可以减少沉淀对其他组分的吸附？
4. 何谓分配系数、分配比？采用什么措施可提高萃取率？
5. 进行螯合萃取时，溶液酸度的控制很重要，说明为什么？
6. 什么是离子交换树脂的交联度、交换容量？根据性能离子交换树脂常分为几类，各有什么特点？
7. 说明纸色谱、薄层色谱分离方法的固定相和分离机理有何不同？
8. 固相萃取分离法、超临界萃取分离法、膜分离法及微波萃取分离法的分离机理有何不同？

习　题

1. 将 100mL 水样通过强酸型阳离子交换树脂，流出液用 0.1022mol·L^{-1} 的 NaOH 滴定，用去 42.40mL，

若水样中金属离子含量以钙离子含量表示，求水样中含钙的质量浓度？ （868.3mg·L^{-1}）

2. 称取含有纯 NaCl 和 KBr 的混合物 0.2634g，使之溶解后通过 H-型离子交换树脂，流出液需要用 0.1008mol·L^{-1} NaOH 溶液滴定至终点，需要 35.12mL，问混合物中各种盐的质量分数是多少？

（NaCl 57.87%，KBr 42.13%）

3. 溶液中含有 Fe^{3+} 10mg，将它萃取到有机溶剂中，其分配比为 99。计算用等体积溶剂萃取 1 次和 2 次，剩余 Fe^{3+} 量各是多少？如果萃取 2 次后，分出有机层，再用等体积水洗一次，计算损失 Fe^{3+} 多少毫克？

（0.1mg，0.001mg，0.1mg）

4. 在 pH＝3 时，将一金属螯合物从水相萃入甲基异丁基酮中，其分配比为 5.96。现取含该金属离子的试液 50.0mL，每次用 25.0mL 甲基异丁基酮萃取，若萃取率达 99.9%。问一共要萃取多少次？ （5 次）

5. 试剂 HR 与某金属离子 M 生成 MR_2：M＋2HR（有）══ MR_2（有）＋$2H^+$，生成的 MR_2 被有机溶剂萃取，反应的平衡常数即为萃取平衡常数 $K=K_D=0.20$。若含有上述金属离子的水溶液 20.0mL，被含有 HR1.7×10^{-2}mol·L^{-1}的 10.0mL 有机溶剂萃取，计算 pH＝3.50 时，金属离子的萃取率。（99.7%）

6. 用二苯硫腙-$CHCl_3$ 光度法测定试样中的铜。具体步骤为准确称取含铜试样 0.1854g，溶解后定容为 100mL，取出 10.00mL 显色并定容 25.00mL，再用等体积的 $CHCl_3$ 萃取一次，有机相在最大吸收波长处以 1cm 比色皿测得吸光度为 0.420，在该波长下 $\varepsilon=4.2\times10^4$ L·mol^{-1}·cm^{-1}，若分配比 $D=10$，试计算：(1) 萃取百分率 E；(2) 试样中铜的质量分数。 ［已知 M(Cu)＝63.55］（90.9%，0.086%）

7. 采用纸色谱分离混合溶液中的 A、B 两组分，如果采用的滤纸条长度为 20cm，比移值 R_f(A)＝0.40、R_f(B)＝0.60，则混合溶液经过分离后，A、B 组分的斑点中心相距最大距离为多少？ （4.0cm）

第 16 章　复杂物质分析示例

复杂物质的分析程序包括：试样的采集、试样的制备、试样的分解、干扰组分的分离、测定方法的选择、数据处理以及报告分析结果等。关于试样的采集、试样的制备、试样的分解在本教材第 2 章已作了较为详尽的讨论，具体的试样应按规范的要求和操作去做。

由于在实际分析工作中，遇到的问题是千变万化的，所以不存在适用于任何试样、任何组分的通用测定方法。因此，要完成不同的分析任务，需要选择各种不同的测定方法。分析方法的选择应根据测定目的和要求、待测组分的含量范围、待测组分的性质、共存组分的影响以及实验室的条件等因素来确定。而在具体的现有方法中应优先选用国家或行业标准分析方法，次之可选用行业统一分析方法或行业规范。当尚无上述标准时，常参照经过验证的 ISO、美国 EPA 和日本 JIS 方法体系等其他等效分析方法，当然该方法的检出限、准确度和精密度应能达到质控要求。

而当欲分析的对象尚无如上的分析方法时，也可采用经过验证的新方法，其检出限、准确度和精密度不得低于常规分析方法。

本章主要以水泥熟料中的组分分析、农药残留量的分析和废水试样全分析为例，剖析复杂物质分析的程序。

16.1　水泥熟料的分析

16.1.1　概述

水泥熟料是由水泥生料经 1400℃以上高温煅烧，再加适量石膏而成，其主要化学成分的质量分数及其控制范围见表 16-1。

表 16-1　熟料水泥的化学成分

化学成分	含量范围/%	一般控制范围/%	化学成分	含量范围/%	一般控制范围/%
SiO_2	18～24	20～22	CaO	60～67	62～66
Fe_2O_3	2.0～5.5	3～4	MgO	≤4.5	
Al_2O_3	4.0～9.5	5～7	SO_3	≤3.0	

水泥熟料主要为硅酸三钙（$3CaO\cdot SiO_2$）、硅酸二钙（$2CaO\cdot SiO_2$）、铝酸三钙（$3CaO\cdot Al_2O_3$）和铁铝酸四钙（$4CaO\cdot Al_2O_3\cdot Fe_2O_3$）等化合物的混合物。水泥熟料易被酸分解（一般采用 1∶1 HCl），生成硅酸和可溶性的氯化物，硅酸在水溶液中绝大部分以溶胶状态存在，其化学式以 $SiO_2\cdot nH_2O$ 表示。在用浓酸和加热蒸干等方法处理后，能使绝大部分硅酸溶胶脱水成水凝胶析出，因此可以利用沉淀分离的方法把硅酸与水泥中的铁、铝、钙、镁等其他组分分开。从表 16-1 可知，水泥熟料中的铁、铝、钙、镁、硅的含量，均在常量范围，所以应选择化学分析法，即硅的测定采用重量分析法，铁、铝、钙、镁则采用配位滴定法测定。

16.1.2 水泥熟料的分析

16.1.2.1 SiO_2 的测定

试样用 HCl 分解后，即可析出无定形硅酸沉淀，但沉淀不完全，而且吸附严重。采用加热蒸发至近干和加固体 NH_4Cl 两种措施，使溶胶状态的硅酸尽可能全部析出。蒸干脱水是将溶液控制在 100～110℃温度下蒸发至近干。如超过 110℃时，溶液中的铁、铝等离子易水解生成难溶性碱式盐而混在硅酸凝胶中。这样，会使二氧化硅的含量偏高，而铁、铝的氧化物含量偏低，故加热蒸干时，要用水浴以控制温度。加入固体氯化铵是因为氯化铵易水解生成 $NH_3 \cdot H_2O$ 和 HCl，在加热时它们易挥发逸出，从而消耗了水，故能促进硅酸水溶胶的脱水作用。含水硅酸的组成不固定，沉淀必须经高温灼烧才能得到成分固定的、雪白而又疏松的粉末状 SiO_2，经恒重，根据沉淀的质量计算 SiO_2 的质量分数。而将沉淀分离时的原液和洗液合并后定容，所得溶液即为测定铁、铝、钙、镁的试液。

16.1.2.2 铁、铝的连续测定

上述试液中，铁、铝、钙、镁均以离子形式存在，都能与 EDTA 生成稳定配合物，而且稳定性有显著不同。其中 $\lg K_{FeY}=25.1$，$\lg K_{AlY}=16.1$，$\lg K_{CaY}=10.69$，$\lg K_{MgY}=8.69$。由于 $\lg K_{FeY}-\lg K_{AlY}=25.1-16.1=9.0>5$，所以测定熟料中的 Fe^{3+}、Al^{3+} 时，可通过控制溶液酸度，先后测定 Fe^{3+} 和 Al^{3+}，Ca^{2+}、Mg^{2+} 存在不干扰测定。测定 Fe^{3+} 时，可控制溶液 pH1.8～2.0，以磺基水杨酸为指示剂，在溶液温度为 60～70℃时，用 EDTA 标准溶液滴定。测定 Al^{3+} 时，由于 Al^{3+} 与 EDTA 的配位作用缓慢，所以，一般先加入一定过量的 EDTA 标准溶液，加热煮沸，使 Al^{3+} 与 EDTA 充分配位，然后在溶液酸度为 pH=4.3（Al^{3+} 与 EDTA 配合完全的最小 pH 值为 4.2）时，以 PAN 为指示剂，用 $CuSO_4$ 标准溶液返滴定过量的 EDTA 溶液，当溶液呈现紫红色时为终点。根据反应物之间的关系计算出铁、铝的含量，通常以它们氧化物的质量分数来表示结果。

测定铁时，溶液酸度控制恰当与否对测定铁的结果影响很大。在 pH=1.5 时，结果偏低；pH>3 时，由于 Fe^{3+} 开始水解，往往无滴定终点，共存的 Ti^{3+}、Al^{3+} 影响也增大，使结果偏高。另外，磺基水杨酸与 Fe^{3+} 的配合物颜色也与酸度有关，在 pH=2～2.5 时，此化合物为红紫色，而磺基水杨酸本身为无色，Fe^{3+} 与 EDTA 配合物为黄色，所以，终点时溶液由红紫色变为黄色。滴定时，溶液的温度以 60～70℃为宜。当温度高于 75℃时，Al^{3+} 也可能与 EDTA 反应，使 Fe_2O_3 测定值偏高，而 Al_2O_3 测定值偏低；当温度低于 50℃时，则反应速度缓慢，不易得到准确的终点，终点时温度应在 60℃左右。滴定至临近终点时，应放慢滴定速度，注意操作，仔细观察。当滴定至溶液呈淡紫红色时，每加一滴，应摇动片刻，必要时再加热，小心滴定至亮黄色。如果此处滴定不准，不但影响铁的测定，还影响铝的测定结果。此法不宜测定铁含量太高的试样，因为铁含量较高时，由于形成 Fe-EDTA 配合物的黄色过深而影响终点的判断。

测定铝时，以 PAN 为指示剂，用 $CuSO_4$ 返滴定剩余的 EDTA，终点往往不清晰，应该注意操作条件。近终点时，要充分摇动和缓慢滴定，滴定温度控制在 80～85℃为宜。温度过低，PAN 指示剂和 Cu-PAN 在水中溶解度降低；温度太高，终点不稳定。为改善终点，可加入适量乙醇。由于滴定采用 PAN 为指示剂，滴定过程中溶液里有 3 种有色物质，即淡黄色的 PAN、蓝色的 Cu-EDTA、深红色的 Cu-PAN，终点时溶液颜色变化是否敏锐，关键是蓝色 Cu-EDTA 浓度的大小。因此实验中 EDTA 不能过量太多，通常采用的是每 100mL 溶液加入 0.02mol·L^{-1} EDTA 标准溶液过量 10mL 左右。值得注意的是，若试样中含微量二氧化钛，则在上述条件下，实际测定的是氧化铝和二氧化钛的总量，应扣除二氧化钛量（含量低，可用仪器分析法测得）后才是氧化铝量。

16.1.2.3 CaO 的测定

在 pH>13 以上强碱性溶液中，以三乙醇胺为掩蔽剂，钙黄绿素-甲基百里香酚蓝（CMP）混合液为指示剂，用 EDTA 标准溶液滴定。根据 EDTA 标准溶液的浓度和滴定消耗的体积，计算 CaO 的质量分数。在 pH>13 以上强碱性溶液中，Mg^{2+} 生成 $Mg(OH)_2$ 沉淀，$Mg(OH)_2$ 沉淀会吸附 Ca^{2+}，造成结果偏低。因此滴定前需加水稀释试样溶液，降低 Mg^{2+} 浓度，减少 $Mg(OH)_2$ 沉淀对 Ca^{2+} 的吸附。临近终点时，滴定速度也要慢，而且要充分摇动溶液，否则测定钙的结果会偏低。当 pH 值调至 13 后（可用 pH 试纸检验），应立即滴定，以防止溶液吸收 CO_2 生成 $CaCO_3$ 沉淀。

Fe^{3+}、Al^{3+} 的干扰用三乙醇胺掩蔽，但三乙醇胺应先在酸性溶液中加入，然后再将溶液调节至碱性。否则，已水解的 Fe^{3+}、Al^{3+} 不易被掩蔽。

16.1.2.4 MgO 的测定

在 pH=10 的氨-氯化铵缓冲溶液中，以三乙醇胺、酒石酸钾钠为掩蔽剂，酸性铬蓝 K-萘酚绿 B 为指示剂，用 EDTA 标准溶液滴定溶液中的钙镁总量，由钙镁总量减去钙的量（即差减法）可求得 MgO 的质量分数。

实验中应先加入酒石酸钾钠将铁掩蔽后再加三乙醇胺，原因是三乙醇胺与 Fe^{3+} 的配合物会破坏酸性铬蓝 K 指示剂。

16.1.2.5 分析结果的允许误差

根据我国的国家标准“水泥化学分析方法”（GB/T 176—1996）规定，上述测定项目分析结果的允许误差范围见表 16-2。

表 16-2 分析结果允许误差范围

测定项目	同一实验室	不同实验室	测定项目	同一实验室	不同实验室
SiO_2	0.15%	0.20%	CaO	0.25%	0.40%
Fe_2O_3	0.15%	0.20%	MgO<2.0%	0.15%	0.25%
Al_2O_3	0.20%	0.30%	MgO>2.0%	0.20%	0.30%

16.2 农药残留的分析

在我国，农药在蔬菜、水果等产品中为防治虫害、提高产量起着不可替代的作用。近年来，由于害虫抗药性的增强，使用农药的种类和次数不断增加，残留在蔬菜表面的农药毒害人体的公共污染事件屡禁不止。农药残留分析作为监控农药污染的有效方法，对加强流通领域各环节的把关，有效抑制农药的违规作用，确保广大消费者的健康有着重要的意义。

16.2.1 样品前处理技术

在样品前处理方面，经典的磺化法、液-液萃取、索氏提取、共沸蒸馏法由于易引进误差，费时费工且对环境有污染，已开始被加速溶剂萃取（ASE）、固相萃取（SPE）和凝胶渗透色谱（GPC）等替代。

16.2.2 样品检测技术

目前，多达 70%的农药残留量检测是使用气相色谱法来进行的。使用时，多种农药可以一次进样得到完全分离、定性和定量分析，操作简便，分析速度快，分离效率高，灵敏度高，应用范围广。最常用的热导池检测器（TCD）、氢火焰离子化检测器（FID）（分析各类农药）、火焰光度检测器（FPD）（分析含 P、S 的农药）、电子捕获检测器（ECD）（分析含卤农药和含—NO、—CN 或—CO—共轭体系的农药）、氮磷检测器（NPD，又称碱焰离子化检测器 AFID)（分析含 N、P 的农药）五种。HPLC 多采用紫外检测器或二极管阵列检测器（分析对紫外有较强吸收的农药）、蒸发光散射检测器（分析对紫外无吸收、吸收较弱或仅有末端吸收的农药）。

气相色谱-质谱联用技术（GC-MS）是将气相色谱仪和质谱仪串联起来，成为一个整体使用的分离检测技术。它既有气相色谱的高分离性能，又具有质谱准确鉴定化合物结构的特点，可达到同时定性、定量的检测目的。用于农药代谢物、降解物的检测和多残留检测，具有突出的优点。

液相色谱-质谱技术（LC-MS）是一种通过内喷式和粒子流式接口技术将液相色谱与质谱连接起来，用于分析热不稳定、分子量较大、难以用气相色谱分析的化合物的新方法。它具有检测灵敏度高、选择性好、定性定量分析同时进行、结果可靠等优点。LC-MS 对简单样品可进行分析前净化并具备多残留分析的能力，用于对初级检测成阳性反应的样品进行在线确认，其优势明显。

16.2.3 试样分析示例

（1）杭白菊中有机氯农药残留的分析

① 样品预处理　将杭白菊样品于 60℃ 干燥 4h，粉碎成细粉，取 2.0000g，置于 250mL 具塞锥形瓶中，加水 20mL 浸泡过夜，加丙酮 40mL 超声处理 30min，加氯化钠 6g、正己烷 30mL，振荡萃取 30min，置离心机中，$3000r \cdot min^{-1}$ 离心 10min，移出有机相；再用约 20mL 正己烷清洗下层液及残渣，$3000r \cdot min^{-1}$ 离心 10mim 合并有机相，并用硫酸磺化数次至酸层呈无色或淡黄色，有机相过无水硫酸钠柱后，置旋转蒸发仪中浓缩至近干。用正己烷分数次溶解并转移至 5mL 具塞刻度试管中，40℃ 下用氮气流将溶液浓缩至 2mL。

② 仪器与试剂　Agilent-6890N 气相色谱仪，Agilent 微电子捕获检测器（μECD)。

③ 色谱条件　色谱柱 HP-5（30m×0.32mm×0.25μm)；进样口温度 280℃；检测器温度 325℃；升温程序 110℃（保持 1min)→以 $15℃ \cdot min^{-1}$ 速率升至 205℃→以 $5℃ \cdot min^{-1}$ 速率升至 220℃→以 $25℃ \cdot min^{-1}$ 速率升至 270℃→以 $5℃ \cdot min^{-1}$ 速率升至 280℃保持 1.67min；载气（氮气）流量 $1.0mL \cdot min^{-1}$；不分流进样；进样量 1.0μL。结果如图 16-1 所示。

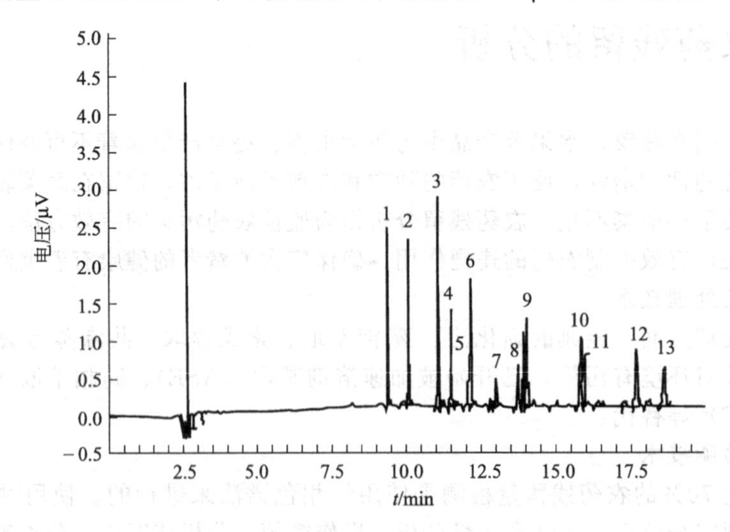

图 16-1　13 种有机氯农药的气相色谱分析

1—α-六六六；2—β-六六六；3—艾氏剂；4—γ-六六六；5—三氯杀螨醇；6—δ-六六六；
7—α-氯丹；8—β-氯丹；9—p,p′-DDT；10—狄氏剂；11—o,p′-DDT；
12—p,p′-DDE；13—p,p′-DDD

（2）蔬菜中有机磷农药残留的分析

① 样品预处理　准确称取25.0g试料放入匀浆机中，加入50.0mL乙腈，在匀浆机中高速匀浆2min后用滤纸过滤，滤液收集到装有5～7g氯化钠的100mL具塞量筒中，剧烈振荡后在室温下静置分层。从100mL具塞量筒中吸取10.00mL乙腈溶液放入150mL烧杯中，将烧杯放在80℃水浴，在缓缓通氮气或空气流下蒸发近干，加入2.0mL丙酮，转移至15mL刻度离心管中，再用约3mL丙酮分3次冲洗烧杯，并转移至离心管，最后准确定容至5.0mL待测。

② 仪器与试剂　SC-2000型气相色谱仪，匀浆机，氮吹仪等。

③ 色谱条件　毛细色谱柱（30m×0.53mm×0.5μm）；FID检测器，检测器温度250℃，进样口温度220℃；载气类型氮气，载气流速30mL·min^{-1}；燃气类型氢气，流速60mL·min^{-1}；助燃气类型空气，流速96mL·min^{-1}；进样量5μL。结果如图16-2所示。

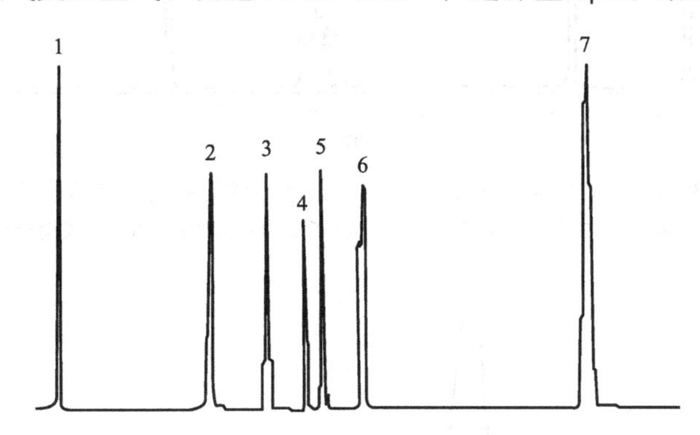

图16-2　蔬菜中有机磷农药残留气相色谱检测

1—敌敌畏；2—甲拌磷；3—乐果；4—对氧磷；5—对硫磷；6—喹硫磷；7—伏杀硫磷

（3）大白菜中拟除虫菊酯类农药残留的分析

① 样品预处理　分别取不少于1000g蔬菜水果样品，切碎后放入食品加工器中粉碎，混匀，制成待测样，备用。准确称取25.00g试样放入打浆瓶中，加入50.00mL乙腈，高速匀浆1min后用滤纸过滤，滤液收集到装有5～7g氯化钠的100mL具塞量筒中，盖上塞子，剧烈振荡1min，室温下静置10min，使乙腈相和水相分层。吸取10.00mL乙腈相溶液，放入200mL烧杯中，置于70℃水浴锅上加热，杯内缓缓通入氮气，蒸发近干，加入2.0mL正己烷溶解。转移至用5.0mL淋洗液（乙酸乙酯：正己烷=5：95）和5.0mL正己烷预淋过的弗罗里硅土柱，将10mL淋洗液分2次洗涤烧杯后再转移至弗罗里硅土柱中，用10mL刻度试管接收洗脱液。将盛有淋洗液的刻度试管置于氮吹仪上，水浴温度50℃氮吹蒸发至小于5mL，用正己烷准确定容至5.00mL，旋涡混合器混匀，移入样品瓶中，待测。

② 仪器与试剂　气相色谱仪（Agilent 6890N-ECD），匀浆机，氮吹仪。乙腈，丙酮，乙酸乙酯，正己烷，氯化钠，均为分析纯。弗罗里硅土柱（1g·6mL^{-1}）。

③ 色谱条件　色谱柱HP-5（30m×0.32mm×0.25μm）；进样口温度220℃；检测器温度300℃；柱温100℃（保持1min），15℃·min^{-1}上升至230℃（保持15min）。载气为氮气；流速2.0mL·min^{-1}；恒流模式。结果如图16-3所示。

（4）GC-MS对8种农药的系统分析及三种农药的同时定性与定量分析

① 样品预处理　将新鲜蔬菜用食品搅碎机搅碎混匀，称取20.0g于匀浆机的玻璃瓶中，加入40mL乙腈，高速匀浆3min，过滤，放入装有5g氯化钠的100mL具塞量筒内，盖上塞子，剧烈振荡2min，在室温下静置10min，让乙腈和水相分层，吸取10mL乙腈相溶液（上层）于小烧杯中，置于水浴内30～40℃，溶液上方加氮气吹扫，蒸发至近干，加入2mL

丙酮溶解，溶解液用 Florisil 固相萃取柱经以下步骤浓缩，供 GC-MS 分析。小柱活化（1mL 甲醇，1mL 蒸馏水）→上样（1mL 样品，加缓冲溶液，调节 pH 值到 6.0）→淋洗杂质（2mL 蒸馏水）→小柱干燥（4000r·min^{-1} 的速度离心）→洗脱目标物（3mL 乙酸乙酯）→浓缩（氮吹浓缩至 1mL）。

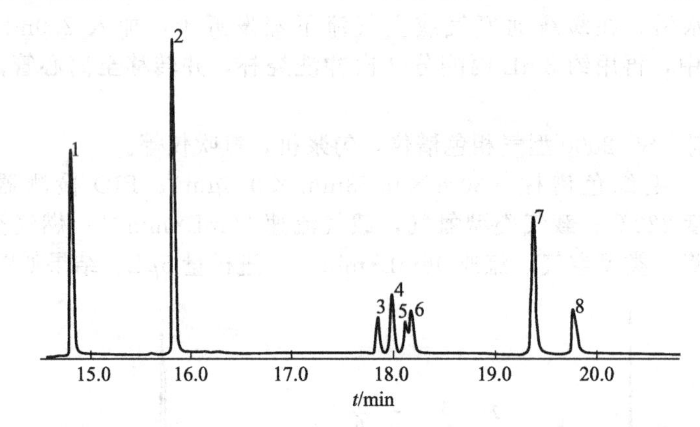

图 16-3 拟除虫菊酯类农药在大白菜中残留的气相色谱检测

1—甲氰菊酯；2—三氟氯氰菊酯；3～6—氯氰菊酯异构体；7,8—氰戊菊酯异构体

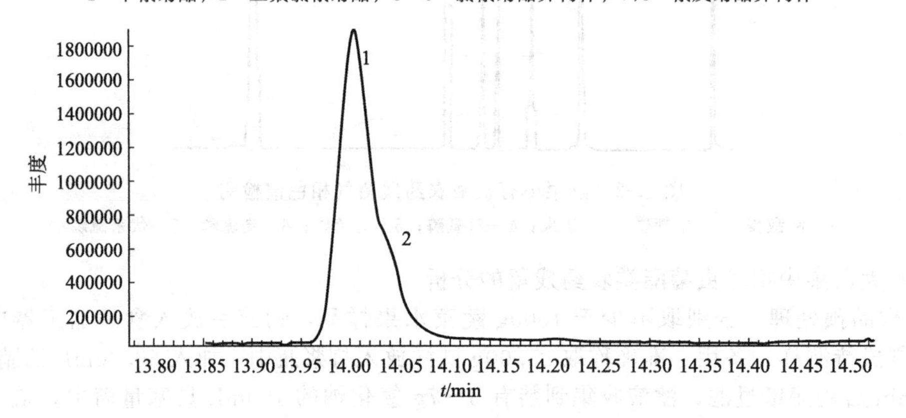

图 16-4 毒死蜱与水胺硫磷 TIC 图

1—毒死蜱；2—水胺硫磷

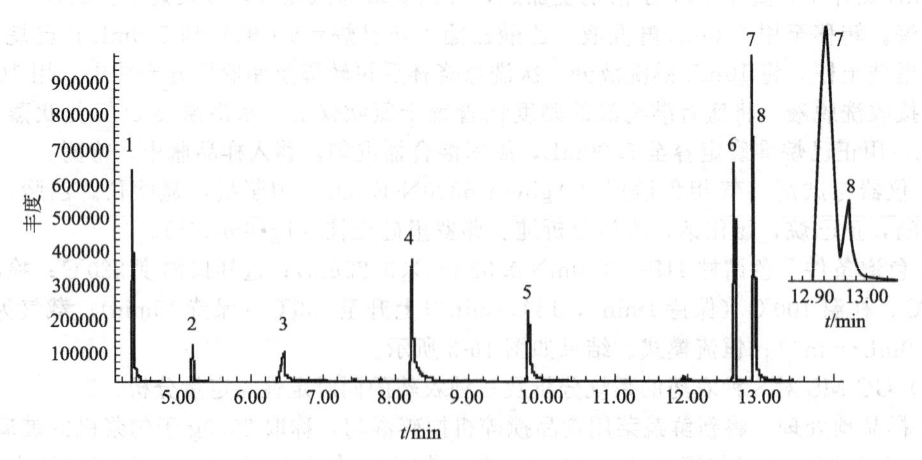

图 16-5 8 种农药混合标准溶液 SIM 谱图

1—敌敌畏；2—水杨酸异丙酯；3—乙酰甲胺磷；4—氧化乐果；5—乐果；
6—马拉硫磷；7—毒死蜱；8—水胺硫磷

② 仪器与试剂　Agilent6890-5973NGC-MS 联用仪，HP-5MS 毛细管色谱柱及质谱工作站；氮吹仪（Meyer-N-Evap Model111，Organomation Associates Inc.）；匀浆机（Omni-Mixer Model17105，Omni International）。

③ 色谱条件　色谱柱为非极性 SPB-1（30m×0.25mm×0.25μm）石英毛细管柱；进样方式为不分流进样方式；进样口温度 230℃；柱前压的选择 150kPa；恒压模式；柱温的选择 90～250℃（2min）；扫描方式 SIM。检测结果如图 16-4 和图 16-5 所示。方法的线性范围、检测限、回收率和精确性见表 16-3、表 16-4。

表 16-3　8 种农药的标准曲线方程及其最低检出浓度

农药	保留时间 /min	线性范围 /mg·L^{-1}	回 归 方 程	相关系数 R	检出限 /μg·kg^{-1}
敌百虫	6.83	0.50～100	$y=1.40\times10^3x+1.88\times10^3$	0.9992	50
敌敌畏	4.36	0.10～100	$y=1.07\times10^5x-1.54\times10^5$	0.9980	10
毒死蜱	12.93	0.10～100	$y=1.80\times10^5x-6.08\times10^5$	0.9927	10
乐果	9.85	0.50～100	$y=2.35\times10^5x-2.62\times10^5$	0.9999	30
水胺硫磷	12.97	0.05～100	$y=2.31\times10^5x-2.21\times10^5$	0.9996	10
辛硫磷	4.54	0.50～100	$y=1.06\times10^5x-6.82\times10^4$	0.9999	50
氧乐果	8.25	0.50～100	$y=3.25\times10^5x-8.00\times10^5$	0.9982	50
乙酰甲胺磷	6.45	0.50～100	$y=1.53\times10^5x-8.52\times10^5$	0.9945	50

表 16-4　8 种农药的精密度及其回收率测定（$n=5$）

农　药	农药加入量 /mg·L^{-1}	测定平均值 ($n=5$)/mg·L^{-1}	回收率 /%	相对标准偏差 RSD/%
敌百虫	1.00	0.812	81.2	4.92
敌敌畏	1.00	0.985	98.5	3.52
毒死蜱	1.00	0.859	85.9	4.65
乐果	1.00	0.835	83.5	4.13
水胺硫磷	1.00	0.992	99.2	3.31
辛硫磷	1.00	0.784	78.4	4.81
氧乐果	1.00	0.763	76.3	5.36
乙酰甲胺磷	1.00	0.756	75.6	6.91

16.3　废水试样的分析

废水通常是指被污染了的水。其产生的原因是由于排入水体的污染物在数量上超过了该物质在水体中的本底含量和水体的环境含量，从而导致水体的物理特性、化学特性和生物特性发生不良变化，造成水质变差的现象。

废水试样的分析项目很多，其中表征废水污染的物理性质指标主要包括水温、嗅和味、浊度、水中总固体、悬浮性固体、溶解性固体、色度、电导率、氧化还原电位等。此外，废水试样的化学性质指标主要包括金属元素、有机污染物和非金属无机污染物等测定项目。

16.3.1　金属离子的分析

水体中金属元素的测定一般可以分为可过滤（可溶性）金属、不可过滤（悬浮态）金属及金属总量的测定。

可过滤金属：能通过 0.45μm 滤膜的滤液中的金属。

不可过滤金属：不能通过 0.45μm 滤膜并残留在滤膜上的金属。

金属总量：可过滤金属和不可过滤金属的总和。指存在于水体中的无机结合态和有机结合态、可过滤态和悬浮态的金属总和。

16.3.1.1 水样的预处理

水样中金属含量的测定需经过过滤（0.45μm 滤膜）、酸化（用 HNO_3 酸化至 pH<2）和消解（加浓 HNO_3 和 HCl 在电加热板上加热煮沸）等步骤处理样品。在这些过程中所用的水和试剂均要进行杂质含量水平的检验。方法空白须小于方法检出限，否则需进行提纯。所选用的容器必须是适宜的。

16.3.1.2 水样的检测

经过上述步骤处理后的水样，可采用以下方法进行检测。

(1) 用原子吸收法（AAS）测定

原子吸收分光光度法可测定的元素 60～70 种，目前在水和废水中测定的主要金属成分有 Cd（228.8nm）、TCr（357.9nm）、Cu（324.7nm）、Fe（348.2nm）、Mn（279.5nm）、Ni（232.0nm）、Pb（233.3nm）、Co（240.7nm）、Zn（213.9nm）、Be、Hg（253.7nm）、K、Na、Ca（422.7nm）、Mg（285.2nm）等。

(2) 用等离子体原子发射光谱仪（ICP-AES）测定

ICP 最为常见的就是氩等离子体 ICP，现在主要有单道顺序扫描和全谱直读型两大类。全谱直读的主要有中阶梯光栅型及帕邢-龙格型两种。采用的检测器主要有二维 CCD 检测、一维线性 CCD 及二维 CID 检测器。等离子体原子发射光谱法大致能测 70 多种元素，相对原子吸收光谱法，它的最大优点就是能多元素同时测定。

16.3.2 非金属无机污染物的分析

废水中的无机污染物除了重金属离子外，还包括砷（As）、硒（Se）、F^-、CN^-、S^{2-} 和 NH_3 等非金属无机污染物。

电位法（EP）是常用的用于测定非金属无机污染物的方法。这是一种以测定溶液（电池）两电极间电位差或电位差的变化为基础的分析技术，分为直接电位法和电位滴定法两种。

① 直接电位法常用于水中 pH 值的测定，还可以测定水中 F^-、CN^-、S^{2-}、NH_3、NH_3-N、NH_3-O 和 Cl^- 等。

② 电位滴定法是用指示电极的电位“突跃”来代替指示剂的变色以确定终点，可以测定的项目有酸度、游离 CO_2、浸蚀性 CO_2、氯化物、硫化物和碱度等。

16.3.3 有机污染物的分析

废水中的有机污染物是指以碳水化合物、蛋白质、脂肪、氨基酸等形式存在的天然有机物质及某些其他可生物降解人工合成的有机物质。

16.3.3.1 挥发酚的测定

挥发酚一般多指沸点在 230℃以下的酚类，而沸点在 230℃以上的酚为不挥发酚。测定挥发酚的主要方法如下。

① 4-氨基安替比林分光光度法　在 pH 值为 9.8～10.2 的介质和有铁氰化钾存在下，酚类化合物与 4-氨基安替比林（4-AAP）反应生成橙红色的吲哚酚安替比林染料，在 510nm 处有最大吸收（若用氯仿萃取，最大吸收移至 460nm）。

② 溴化滴定法　在含过量新生态溴（溴化钾和溴酸钾共存时产生）的溶液中，酚与溴反应生成溴代三溴酚。剩余的溴与碘化钾作用释放的碘，用硫代硫酸钠反向滴定，最终计算出酚的含量。

16.3.3.2 石油类的测定

水中石油类物质主要有矿物油和植物油两大类，其测定方法如下。

① 重量法　以硫酸酸化水样，用石油醚萃取矿物油，蒸发除去石油醚后，称其质量，

即可得到石油试样的含量。

② 光度法　用四氯化碳萃取水中的油性物质，测定总萃取物，然后将萃取液用硅酸镁吸附，经脱除动植物油等极性物质后，测定石油类的含量。

16.3.4 痕量有机污染物的测定

由于水中有机污染物的含量一般比较低，目前的检测方法一般还不能直接进样进行测定。痕量有机污染物的检测需要将待测组分从水样中提取出来，使用GC、GC/MS、HPLC法分析。

16.3.4.1 气相色谱法（GC）

常见的有顶空HS-GC法、液液萃取SE-GC法和吹扫捕集PT-GC法。

① 苯系物　用CS_2等有机溶剂萃取，无水Na_2SO_4脱水干燥，用3m×4mm填充柱，填料为3mol·L^{-1}有机皂土/101白色载体，2.5mol·L^{-1} DNF/101白色载体＝36∶65，FID检测器。

② 硝基苯类　用苯萃取，无水Na_2SO_4脱水干燥，2m×(2～3)mm填充柱，填充3mol·L^{-1} PEGA/Chromosorbm HPGD-80目，ECD检测器。

③ 挥发性卤化烃　用石油醚-乙醚（2∶1）萃取，用2m×3mm柱，填充10mol·L^{-1} OV-101/Chromsorbe，ECD检测器。

16.3.4.2 高效液相色谱法（HPLC）

HPLC适用于难挥发性有机污染物的分析，如*N*-甲基氨基酸酯杀虫剂、草甘膦、百草枯、敌草快等，用HPLC荧光检测器检测。此外，酚类包括苯酚、间甲酚、2,4-二氯酚、对硝基酚和五氯酚等除用GC-FID检测外，也可用于HPLC技术检测。苯胺类（苯胺、2,4-二硝基苯胺、对硝基苯胺）、亚硝胺类（*N*-亚硝二甲胺、*N*-亚硝基二正丙胺）、醛类、酮类及水中多环芳烃等都采用高效液相色谱技术。

附　录

附录1　弱酸和弱碱的离解常数

（1）酸

名称	温度/℃	离解常数 K_a	pK_a
砷酸 H_3AsO_4	18	$K_{a_1}=5.6\times10^{-3}$	2.25
		$K_{a_2}=1.7\times10^{-7}$	6.77
		$K_{a_3}=3.0\times10^{-12}$	11.50
硼酸 H_3BO_4	20	$K_a=5.7\times10^{-10}$	9.21
氢氰酸 HCN	25	$K_a=6.2\times10^{-10}$	9.24
碳酸 H_2CO_3	25	$K_{a_1}=4.2\times10^{-7}$	6.38
		$K_{a_2}=5.6\times10^{-11}$	10.25
铬酸 H_2CrO_4	25	$K_{a_1}=1.8\times10^{-1}$	0.74
		$K_{a_2}=3.2\times10^{-7}$	6.49
氢氟酸 HF	25	$K_a=3.5\times10^{-4}$	3.46
亚硝酸 HNO_2	25	$K_a=4.6\times10^{-4}$	3.37
磷酸 H_3PO_4	25	$K_{a_1}=7.6\times10^{-3}$	2.12
		$K_{a_2}=6.3\times10^{-8}$	7.20
		$K_{a_3}=4.4\times10^{-13}$	12.36
硫化氢 H_2S	25	$K_{a_1}=1.3\times10^{-7}$	6.89
		$K_{a_2}=7.1\times10^{-15}$	14.15
亚硫酸 H_2SO_3	18	$K_{a_1}=1.5\times10^{-2}$	1.82
		$K_{a_2}=1.0\times10^{-7}$	7.00
硫酸 H_2SO_4	25	$K_a=1.0\times10^{-2}$	1.99
甲酸 HCOOH	20	$K_a=1.8\times10^{-4}$	3.74
醋酸 CH_3COOH	20	$K_a=1.8\times10^{-5}$	4.74
一氯乙酸 $CH_2ClCOOH$	25	$K_a=1.4\times10^{-3}$	2.86
二氯乙酸 $CHCl_2COOH$	25	$K_a=5.0\times10^{-2}$	1.30
三氯乙酸 CCl_3COOH	25	$K_a=0.23$	0.64
草酸 $H_2C_2O_4$	25	$K_{a_1}=5.9\times10^{-2}$	1.23
		$K_{a_2}=6.4\times10^{-5}$	4.19
琥珀酸 $(CH_2COOH)_2$	25	$K_{a_1}=6.4\times10^{-5}$	4.19
		$K_{a_2}=2.7\times10^{-6}$	5.57
酒石酸 CH(OH)COOH | CH(OH)COOH	25	$K_{a_1}=9.1\times10^{-4}$	3.04
		$K_{a_2}=4.3\times10^{-5}$	4.37
柠檬酸 CH_2COOH | C(OH)COOH | CH_2COOH	18	$K_{a_1}=7.4\times10^{-4}$	3.13
		$K_{a_2}=1.7\times10^{-5}$	4.76
		$K_{a_3}=4.0\times10^{-7}$	6.40
苯酚 C_6H_5OH	20	$K_a=1.1\times10^{-10}$	9.95
苯甲酸 C_6H_5COOH	25	$K_a=6.2\times10^{-5}$	4.21
水杨酸 $C_6H_4(OH)COOH$	18	$K_{a_1}=1.07\times10^{-3}$	2.97
		$K_{a_2}=4\times10^{-14}$	13.40
邻苯二甲酸 $C_6H_4(COOH)_2$	25	$K_{a_1}=1.3\times10^{-3}$	2.89
		$K_{a_2}=2.9\times10^{-6}$	5.54

（2）碱

名　称	温度/℃	离解常数 K_b	pK_b
氨水 $NH_3\cdot H_2O$	25	$K_b=1.8\times10^{-5}$	4.74
羟胺 NH_2OH	20	$K_b=9.1\times10^{-9}$	8.04
苯胺 $C_6H_5NH_2$	25	$K_b=4.6\times10^{-10}$	9.34
乙二胺 $H_2NCH_2CH_2NH_2$	25	$K_{b_1}=8.5\times10^{-5}$	4.07
		$K_{b_2}=7.1\times10^{-8}$	7.15
六亚甲基四胺 $(CH_2)_6N_4$	25	$K_b=1.4\times10^{-9}$	8.85
吡啶	25	$K_b=1.7\times10^{-9}$	8.77

附录2　常用酸、碱溶液的密度和浓度

（1）酸

相对密度(15℃)	HCl的浓度		HNO_3 的浓度		H_2SO_4 的浓度	
	g•(100g)$^{-1}$	mol•L^{-1}	g•(100g)$^{-1}$	mol•L^{-1}	g•(100g)$^{-1}$	mol•L^{-1}
1.02	4.13	1.15	3.7	0.6	3.1	0.3
1.04	8.16	2.3	7.26	1.2	6.1	0.6
1.05	10.2	2.9	9.0	1.5	7.4	0.8
1.06	12.2	3.5	10.7	1.8	8.8	0.9
1.08	16.2	4.8	13.9	2.4	11.6	1.3
1.10	20.0	6.0	17.1	3.0	14.4	1.6
1.12	23.8	7.3	20.2	3.6	17.0	2.0
1.14	27.7	8.7	23.3	4.2	19.9	2.3
1.15	29.6	9.3	24.8	4.5	20.9	2.5
1.19	37.2	12.2	30.9	5.8	26.0	3.2
1.20			32.3	6.2	27.3	3.4
1.25			39.8	7.9	33.4	4.3
1.30			47.5	9.8	39.2	5.2
1.35			55.8	12.0	44.8	6.2
1.40			65.3	14.5	50.1	7.2
1.42			69.8	15.7	52.2	7.6
1.45					55.0	8.2
1.50					59.8	9.2
1.55					64.3	10.2
1.60					68.7	11.2
1.65					73.0	12.3
1.70					77.2	13.4
1.84					95.6	18.0

（2）碱

相对密度(15℃)	$NH_3 \cdot H_2O$ 的浓度		NaOH的浓度		KOH的浓度	
	g•(100g)$^{-1}$	mol•L^{-1}	g•(100g)$^{-1}$	mol•L^{-1}	g•(100g)$^{-1}$	mol•L^{-1}
0.88	35.0	18.0				
0.90	28.3	15.0				
0.91	25.0	13.4				
0.92	21.8	11.8				
0.94	15.6	8.6				
0.96	9.9	5.6				
0.98	4.8	2.8				
1.05			4.5	1.25	5.5	1.0
1.10			9.0	2.5	10.9	2.1
1.15			13.5	3.9	16.1	3.3
1.20			18.0	5.4	21.2	4.5
1.25			22.5	7.0	26.1	5.8
1.30			27.0	8.8	30.9	7.2
1.35			31.8	10.7	35.5	8.5

附录3 几种常用缓冲溶液的配制

pH 值	配制方法
0	1mol·L^{-1} HCl 溶液①
1	0.1mol·L^{-1} HCl 溶液
2	0.01mol·L^{-1} HCl 溶液
3.6	$NaAc\cdot 3H_2O$ 8g，溶于适量水中，加 6mol·L^{-1} HAc 溶液 134mL，稀释至 500mL
4.0	将 60mL 冰醋酸和 16g 无水醋酸钠溶于 100mL 水中，稀释至 500mL
4.5	将 30mL 冰醋酸和 30g 无水醋酸钠溶于 100mL 水中，稀释至 500mL
5.0	将 30mL 冰醋酸和 60g 无水醋酸钠溶于 100mL 水中，稀释至 500mL
5.4	将 40g 六亚甲基四胺溶于 90mL 水中，加入 20mL 6mol·L^{-1} HCl 溶液
5.7	100g $NaAc\cdot 3H_2O$ 溶于适量水中，加 6mol·L^{-1} HAc 溶液 13mL，稀释至 500mL
7	NH_4Ac 77g 溶于适量水中，稀释至 500mL
7.5	NH_4Cl 66g 溶于适量水中，加浓氨水 1.4mL，稀释至 500mL
8.0	NH_4Cl 50g 溶于适量水中，加浓氨水 3.5mL，稀释至 500mL
8.5	NH_4Cl 40g 溶于适量水中，加浓氨水 8.8mL，稀释至 500mL
9.0	NH_4Cl 35g 溶于适量水中，加浓氨水 24mL，稀释至 500mL
9.5	NH_4Cl 30g 溶于适量计中，加浓氨水 65mL，稀释至 500mL
10	NH_4Cl 27g 溶于适量水中，加浓氨水 175mL，稀释至 500mL
11	NH_4Cl 3g 溶于适量水中，加浓氨水 207mL，稀释至 500mL
12	0.01mol·L^{-1} NaOH 溶液②
13	0.1mol·L^{-1} NaOH 溶液

① 不能有 Cl^- 存在时，可用硝酸。

② 不能有 Na^+ 存在时，可用 KOH 溶液。

附录4 常用的基准物质

名称	干燥后的组成	相对分子质量	标定对象	使用前的干燥或灼烧条件/℃
碳酸钠	Na_2CO_3	105.99	酸	270～300
碳酸氢钾	K_2CO_3	138.21	酸	270～300
硼砂	$Na_2B_4O_7\cdot 10H_2O$	381.37	酸	置于含 NaCl 和蔗糖饱和液的干燥器（相对湿度 60%）中
邻苯二甲酸氢钾	$C_6H_4\cdot COOH\cdot COOK$	204.22	碱	105～110
氨基磺酸	$HOSO_2NH_2$	97.09	碱	在抽真空的硫酸干燥器中放置约 48h
草酸	$H_2C_2O_4\cdot 2H_2O$	120.07	碱或 $KMnO_4$	室温空气干燥
三氧化二砷	As_2O_3	197.84	氧化剂	室温干燥器中
草酸钠	$Na_2C_2O_4$	134.00	氧化剂	105～110
溴酸钾	$KBrO_3$	167.01	还原剂	130
碘酸钾	KIO_3	214.00	还原剂	105～110
重铬酸钾	$K_2Cr_2O_7$	294.19	还原剂	120
铜	Cu	63.55	还原剂	室温干燥器中
碳酸钙	$CaCO_3$	100.09	EDTA	110
锌	Zn	65.39	EDTA	6mol·L^{-1} HCl 溶液冲洗表面，再用水、乙醇、丙酮冲洗，干燥器中放置 24h
氧化锌	ZnO	81.39	EDTA	900～1000
氯化钠	NaCl	58.44	$AgNO_3$	500～600
氟化钠	NaF	41.99	40～50min	于铂坩埚中 500～550℃保存 40～50min，硫酸干燥器冷却
硝酸银	$AgNO_3$	169.87	氯化物	280～290

附录5　常用指示剂

（1）酸碱指示剂

指示剂	pH值变色范围	颜色变化	pK HIn	浓　度	用量(滴/10mL试液)
百里酚蓝	1.2～2.8	红～黄	1.7	0.1%的20%乙醇溶液	1～2
甲基黄	2.0～4.0	红～黄	3.35	0.1%的90%乙醇溶液	1
甲基橙	2.1～4.1	红～黄	3.45	0.05%的水溶液	1
溴酚蓝	3.0～4.6	黄～紫	4.1	0.1%的20%乙醇溶液或其钠盐水溶液	1
溴甲酚绿	4.1～5.6	黄～蓝	4.9	0.1%的20%乙醇溶液或其钠盐水溶液	1～3
甲基红	4.4～6.2	红～黄	5.0	0.1%的60%乙醇溶液或其钠盐水溶液	1
溴百里酚蓝	6.2～7.6	黄～蓝	7.3	0.1%的20%乙醇溶液或其钠盐水溶液	1
中性红	6.8～8.0	红～黄橙	7.4	0.1%的60%乙醇溶液	1
苯酚红	6.8～8.4	黄～红	8.0	0.1%的60%乙醇溶液或其钠盐水溶液	1
酚酞	8.0～10.0	无～红	9.1	0.5%的90%乙醇溶液	1～3
百里酚蓝	8.0～9.6	黄～蓝	8.9	0.1%的20%乙醇溶液	1～4
百里酚酞	9.4～10.6	无～蓝	10.0	0.1%的90%乙醇溶液	1～2

注：指室温下，水溶液中各种指示剂的变色范围。实际上当温度改变或溶剂不同时，指示剂的变色范围将有变动，另外，溶液中盐类的存在也要影响指示剂的变色范围。

（2）混合指示剂

指示剂溶液的组成	变色时pH值	酸色	碱色	备　注
一份0.1%甲基黄乙醇溶液 一份0.1%亚甲基蓝乙醇溶液	3.25	蓝紫	绿	pH=3.2 蓝紫色 pH=3.4 绿色
一份0.1%甲基橙水溶液 一份0.25%靛蓝二磺酸水溶液	4.1	紫	黄绿	
一份0.1%溴甲酚绿钠盐水溶液 一份0.2%甲基橙水溶液	4.3	橙	蓝绿	pH=3.5 黄色 pH=4.05 绿色 pH=4.3 蓝绿色
三份0.1%溴甲酚绿钠盐水溶液 一份0.2%甲基橙水溶液	5.1	酒红	绿	
一份0.1%溴甲酚绿钠盐水溶液 一份0.1%氯酚红钠盐水溶液	6.1	黄绿	蓝绿	pH=5.4 蓝绿色 pH=5.8 蓝色 pH=6.0 蓝带紫 pH=6.2 蓝紫色
一份0.1%中性红乙醇溶液 一份0.1%次甲基蓝乙醇溶液	7.0	蓝紫	绿	pH=7.0 紫蓝
一份0.1%甲酚红钠盐水溶液 三份0.1%百里酚蓝钠盐水溶液	8.3	黄	紫	pH=8.2 玫瑰红 pH=8.4 清晰的紫色 变色点微红
一份0.1%百里酚蓝50%乙醇溶液 三份0.1酚酞50%乙醇溶液	9.0	黄	紫	从黄到绿，再到紫
一份0.1%酚酞乙醇溶液 一份0.1%百里酚酞乙醇溶液	9.9	无	紫	pH=9.6 玫瑰红 pH=10 紫色
二份0.1%百里酚酞乙醇溶液 一份0.1%茜素黄R乙醇溶液	10.2	黄	紫	

(3) 金属指示剂

名称	配　　制	可测定元素	颜色变化	测定条件
酸性铬蓝K	0.15%乙醇溶液	Ca	红～蓝	pH=12
		Mg	红～蓝	pH=10(氨性缓冲溶液)
钙指示剂	与NaCl配成1∶100的固体混合物	Ca	酒红～蓝	pH>12(KOH或NaOH)
铬天青S	0.4%水溶液	Al	紫～黄橙	pH=4(醋酸缓冲溶液),热
		Cu	蓝紫～黄	pH=6～6.5(醋酸缓冲溶液)
		Fe	蓝～橙	pH=2～3
		Mg	红～黄	pH=10～11(氨性缓冲溶液)
双硫腙	0.03%乙醇溶液	Zn	红～绿紫	pH=4.5,50%乙醇溶液
		Al	蓝～红	pH=7～8,吡啶存在下,以Zn^{2+}回滴
铬黑T	与NaCl配成1∶100的固体混合物	Bi	蓝～红	pH=9～10,以Zn^{2+}回滴
		Ca	红～蓝	pH=10,加入EDTA-Mg
		Cd	红～蓝	pH=10(氨性缓冲溶液)
		Mg	红～蓝	pH=10(氨性缓冲溶液)
		Mn	红～蓝	氨性缓冲溶液,加羟胺
		Ni	红～蓝	氨性缓冲溶液
		Pb	红～蓝	氨性缓冲溶液,加酒石酸钾
		Zn	红～蓝	pH=6.8～10(氨性缓冲溶液)
PAN	0.1%乙醇(或甲醇)	Cd	红～黄	pH=6(醋酸缓冲溶液)
		Co	黄～红	醋酸缓冲溶液,70～80℃,回滴
		Cu	紫～黄	pH=10(氨性缓冲溶液)
			红～黄	pH=6(醋酸缓冲溶液)
		Zn	粉红～黄	pH=5～7(醋酸缓冲溶液)
PAR	0.05%或0.5%水溶液	Bi	红～黄	pH=1～2(HNO_3)
		Cu	红～黄(绿)	pH=6.8～10(氨性缓冲溶液)
		Pb	红～黄	六亚甲基四胺或氨性缓冲溶液
磺基水杨酸	1%～2%水溶液	Fe	红紫～黄	pH=1.5～2.5
二甲酚橙	0.5%乙醇或水溶液	Bi	红～黄	pH=1.5～2.5(HNO_3)
		Cd	粉红～黄	pH=5～6(六亚甲基四胺缓冲溶液)
		Pb	红紫～黄	pH=5～6(醋酸缓冲溶液)
		Th	红～黄	pH=1.6～3.5(HNO_3)
		Zn	红～黄	pH=5～6(醋酸缓冲溶液)
锌试剂	0.1%无水乙醇溶液	Zn^{2+}	蓝～黄	pH 7.8 三乙醇胺
			蓝～黄	pH 9～10NH_3 缓冲溶液
茜素配合剂[3-二羧甲基氨甲基-1,2-二羟基蒽醌]	橙色粉末,微溶于水和醇 用0.5%水溶液	Ba^{2+}	蓝～红	pH 10 NH_3 缓冲溶液
		Ca^{2+}	蓝～红	pH 10 NH_3 缓冲溶液
		Cd^{2+}	蓝～红	pH 10 NH_3 缓冲溶液
		Cu^{2+}	红～黄	pH 4.3 HAc 缓冲溶液
		In^{3+}	红～黄	pH 4 HAc 缓冲溶液
		Pb^{2+}	红～黄	热 pH 4.3 HAc 缓冲溶液
		Sr^{2+}	蓝～红	pH 10 NH_3 缓冲溶液
		Zn^{2+}	红～黄	pH 4.3 HAc 缓冲溶液

(4) 吸附指示剂

名称	配制	可测元素(括号内为滴定剂)	颜色变化	测定条件
荧光黄	1%钠盐水溶液	Cl^-、Br^-、I^-、SCN(Ag^+)	黄绿～粉红	中性或弱中性
二氯荧光黄	1%钠盐水溶液	Cl^-、Br^-、I^-(Ag^+)	橙红～粉红	pH=4.4～7
四溴荧光黄(曙红)	1%钠盐水溶液	Br^-、I^-(Ag^+)	橙红～红紫	pH=1～2
溴酚蓝	0.1%的20%乙醇 Cl^-、I^-(Ag^+)溶液①	Cl^-、I^-(Ag^+)	黄绿～蓝	微酸性
二绿四碘荧光黄		I^-(Ag^+)	红～紫红	加入$(NH_4)_2CO_3$，且有Cl^-存在
罗丹明6G		Ag^+(Br^-)	橙红～红紫	0.3mol·L^{-1} HNO_3
二苯胺		Cl^-、Br^-、I^-、SCN^-(Ag^+)	紫～绿	有I_2或VO_3存在
酚藏花红		Cl^-、Br^-(Ag^+)	红～蓝	

① 以20%乙醇为溶剂，配成1g/L溶液。

(5) 氧化还原指示剂

名称	配制	$\varphi^{\ominus}$(pH=0)	氧化型颜色	还原型颜色
中性红	0.01%的60%乙醇溶液	+0.240	红	无色
亚甲基蓝	0.05%水溶液	+0.532	天蓝	无色
二苯胺	1%浓硫酸溶液	+0.76	紫	无色
二苯胺磺酸钠	0.2%水溶液	+0.85	红紫	无色
邻苯氨基苯甲酸	0.2%水溶液	+0.89	红紫	无色
邻二氮菲亚铁离子	1.624g邻二氮菲和0.695g $FeSO_4\cdot7H_2O$配成100mL水溶液	+1.06	浅蓝	红

附录6 金属配合物的稳定常数

金属离子	离子强度	n	$\lg\beta_n$
氨配合物			
Ag^+	0.1	1,2	3.40,7.40
Cd^{2+}	0.1	1,…,6	2.60,4.65,6.04,6.92,6.6,4.9
Co^{2+}	0.1	1,…,6	2.05,3.62,4.61,5.31,5.43,4.75
Cu^{2+}	2	1,…,4	4.13,7.61,10.48,12.59
Ni^{2+}	0.1	1,…,6	2.75,4.95,6.64,7.79,8.50,8.49
Zn^{2+}	0.1	1,…,4	2.27,4.61,7.01,9.06
氟配合物			
Al^{3+}	0.53	1,…,6	6.1,11.15,15.0,17.7,19.4,19.7
Fe^{3+}	0.5	1,2,3	5.2,9.2,11.9
Th^{4+}	0.5	1,2,3	7.7,13.5,18.0
TiO^{2+}	3	1,…,4	5.4,9.8,13.7,17.4
Sn^{4+}	*	6	25
Zr^{4+}	2	1,2,3	8.8,16.1,21.9
氯配合物			
Ag^+	0.2	1,…,4	2.9,4.7,5.0,5.9
Hg^{2+}	0.5	1,…,4	6.7,13.2,14.1,15.1
碘配合物			
Cd^{2+}	*	1,…,4	2.4,3.4,5.0,6.15
Hg^{2+}	0.5	1,…,4	12.9,23.8,27.6,29.8
氰配合物			
Ag^+	0～0.3	1,…,4	—,21.1,21.8,20.7
Cd^{2+}	3	1,…,4	5.5,10.6,15.3,18.9
Cu^+	0	1,…,4	—,24.0,28.6,30.3
Fe^{2+}	0	6	35.4

续表

金属离子	离子强度	n	$\lg\beta_n$
氰配合物			
Fe^{3+}	0	6	43.6
Hg^{2+}	0.1	1,…,4	18.0,34.7,38.5,41.5
Ni^{2+}	0.1	4	31.3
Zn^{2+}	0.1	4	16.7
硫氰酸配合物			
Fe^{3+}	*	1,…,5	2.3,4.2,5.6,6.4,6.4
Hg^{2+}	1	1,…,4	—,16.1,19.0,20.9
硫代硫酸配合物			
Ag^{+}	0	1,2	8.82,13.5
Hg^{2+}	0	1,2	29.86,32.26
柠檬酸配合物			
Al^{3+}	0.5	1	20.0
Cu^{2+}	0.5	1	18
Fe^{3+}	0.5	1	25
Ni^{2+}	0.5	1	14.3
Pb^{2+}	0.5	1	12.3
Zn^{2+}	0.5	1	11.4
磺基水杨酸			
Al^{3+}	0.1	1,2,3	12.9,22.9,29.0
Fe^{3+}	3	1,2,3	14.4,25.2,32.2
乙酰丙酮配合物			
Al^{3+}	0.1	1,2,3	8.1,15.7,21.2
Cu^{2+}	0.1	1,2	7.8,14.3
Fe^{3+}	0.1	1,2,3	9.3,17.9,25.1
邻二氮杂菲配合物			
Ag^{+}	0.1	1,2	5.02,12.07
Cd^{2+}	0.1	1,2,3	6.4,11.6,15.8
Co^{2+}	0.1	1,2,3	7.0,13.7,20.1
Cu^{2+}	0.1	1,2,3	9.1,15.8,21.0
Fe^{2+}	0.1	1,2,3	5.9,11.1,21.3
Hg^{2+}	0.1	1,2,3	—,19.65,23.35
Ni^{2+}	0.1	1,2,3	8.8,17.1,24.8
Zn^{2+}	0.1	1,2,3	6.4,12.15,17.0
乙二胺配合物			
Ag^{+}	0.1	1,2	4.7,7.7
Cd^{2+}	0.1	1,2	5.47,10.02
Cu^{2+}	0.1	1,2	10.55,19.60
co^{2+}	0.1	1,2,3	5.89,10.72,13.82
Hg^{2+}	0.1	2	23.42
Ni^{2+}	0.1	1,2,3	7.66,14.06,18.59
Zn^{2+}	0.1	1,2,3	5.71,10.37,12.08

注：表中 * 表示该离子的离子强度不稳定。

附录 7　金属离子与氨羧配位剂形成配合物的稳定常数（$\lg K_{MY}$）

$I=0.1$，20～25℃

金属离子	EDTA	EGTA	DCTA	金属离子	EDTA	EGTA	DCTA
Ag^+	7.32			Mn^{2+}	13.87	10.7	16.8
Al^{3+}	16.3		17.6	Na^+	1.66		
Ba^{2+}	7.86	8.4	8.0	Ni^{2+}	18.60	17.0	19.4
Be^{2+}	9.20			Pb^{2+}	18.04	15.5	19.7
Bi^{3+}	27.94		24.1	Pt^{3+}	16.31		
Ca^{2+}	10.69	11.0	12.5	Sn^{2+}	22.1		
Ce^{3+}	15.98			Sr^{2+}	8.73	6.8	10.0
Cd^{2+}	16.46	15.6	19.2	Th^{4+}	23.2		23.2
Co^{2+}	16.31	12.3	18.9	Ti^{3+}	21.3		
Co^{3+}	36.0			TiO^{2+}	17.3		
Cr^{3+}	23.4			UO_2^{2+}	～10		
Cu^{2+}	18.80	17	21.3	U^{4+}	25.8		
Fe^{2+}	14.33		18.2	VO_2^+	18.1		
Fe^{3+}	25.1		29.3	VO_2^+	18.8		
Hg^{2+}	21.8	23.2	24.3	Y^{3+}	18.09		
La^{3+}	15.50	15.6		Zn^{2+}	16.50	14.5	18.7
Mg^{2+}	8.69	5.2	10.3				

附录 8　一些金属离子的 $\lg\alpha_{M(OH)}$

金属	离子强度	pH 值													
		1	2	3	4	5	6	7	8	9	10	11	12	13	14
Al^{3+}	2					0.4	1.3	5.3	9.3	13.3	17.3	21.3	25.3	29.3	33.3
Bi^{3+}	3	0.1	0.5	1.4	2.4	3.4	4.4	5.4							
Ca^{2+}	0.1													0.3	1.0
Cd^{2+}	3									0.1	0.5	2.0	4.5	8.1	12.0
Co^{2+}	0.1								0.1	0.4	1.1	2.2	4.2	7.2	10.2
Cu^{2+}	0.1								0.2	0.8	1.7	2.7	3.7	4.7	5.7
Fe^{2+}	1									0.1	0.6	1.5	2.5	3.5	4.5
Fe^{3+}	3			0.4	1.8	3.7	5.7	7.7	9.7	11.7	13.7	15.7	17.7	19.7	21.7
Hg^{2+}	0.1			0.5	1.9	3.9	5.9	7.9	9.9	11.9	13.9	15.9	17.9	19.9	21.9
La^{3+}	3										0.3	1.0	1.9	2.9	3.9
Mg^{2+}	0.1											0.1	0.5	1.3	2.3
Mn^{2+}	0.1										0.1	0.5	1.4	2.4	3.4
Ni^{2+}	0.1									0.1	0.7	1.6			
Pb^{2+}	0.1							0.1	0.5	1.4	2.7	4.7	7.4	10.4	13.4
Th^{4+}	1				0.2	0.8	1.7	2.7	3.7	4.7	5.7	6.7	7.7	8.7	9.7
Zn^{2+}	0.1									0.2	2.4	5.4	8.5	11.8	15.5

附录9 标准电极电位

半 反 应	$E^\ominus/V$	半 反 应	$E^\ominus/V$
$Li^+ + e^- \rightleftharpoons Li$	−3.042	$Hg_2Br_2 + 2e^- \rightleftharpoons 2Hg + 2Br^-$	0.1395
$K^+ + e^- \rightleftharpoons K$	−2.925	$S + 2H^+ + 2e^- \rightleftharpoons H_2S$(气)	0.141
$Ba^{2+} + 2e^- \rightleftharpoons Ba$	−2.9	$Sn^{4+} + 2e^- \rightleftharpoons Sn^{2+}$	0.154
$Sr^{2+} + 2e^- \rightleftharpoons Sr$	−2.89	$SO_4^{2-} + 4H^+ + 2e^- \rightleftharpoons SO_2$(水)$+2H_2O$	0.17
$Ca^{2+} + 2e^- \rightleftharpoons Ca$	−2.87	$SbO^+ + 2H^+ + 3e^- \rightleftharpoons Sb + H_2O$	0.212
$Na^+ + e^- \rightleftharpoons Na$	−2.71	$AgCl$(固)$+e^- \rightleftharpoons Ag + Cl^-$	0.2223
$Mg^{2+} + 2e^- \rightleftharpoons Mg$	−2.37	$HAsO_2 + 3H^+ + 3e^- \rightleftharpoons As + 2H_2O$	0.248
$H_2AlO_3^- + H_2O + 3e^- \rightleftharpoons Al + 4OH^-$	−2.35	Hg_2Cl_2(固)$+2e^- \rightleftharpoons 2Hg + 2Cl^-$	0.2676
$Al^{3+} + 3e^- \rightleftharpoons Al$	−1.66	$BiO^+ + 2H^+ + 3e^- \rightleftharpoons Bi + H_2O$	0.32
$ZnO_2^{2-} + 2H_2O + 2e^- \rightleftharpoons Zn + 4OH^-$	−1.216	$Cu^{2+} + 2e^- \rightleftharpoons Cu$	0.337
$Mn^{2+} + 2e^- \rightleftharpoons Mn$	−1.182	$VO^{2+} + 2H^+ + 2e^- \rightleftharpoons V^{3+} + H_2O$	0.337
$Sn(OH)_6^{2-} + 2e^- \rightleftharpoons HSnO_2^- + H_2O + 3OH^-$	−0.93	$PbSO_4$(固)$+2e^- \rightleftharpoons Pb + SO_4^{2-}$	0.3553
$Se + 2e^- \rightleftharpoons Se^{2-}$	−0.92	$Fe(CN)_6^{3-} + e^- \rightleftharpoons Fe(CN)_6^{4-}$	0.36
$2H_2O + 2e^- \rightleftharpoons H_2 + 2OH^-$	−0.828	$2SO_2$(水)$+2H^+ + 4e^- \rightleftharpoons S_2O_3^{2-} + H_2O$	0.4
$HSnO_2^- + H_2O + 2e^- \rightleftharpoons Sn + 3OH^-$	−0.79	$HgCl_4^{2-} + 2e^- \rightleftharpoons Hg + 4Cl$	0.48
$Zn^{2+} + 2e^- \rightleftharpoons Zn$	−0.763	$4SO_2$(水)$+4H^+ + 6e^- \rightleftharpoons S_4O_6^{2-} + 2H_2O$	0.51
$Cr^{3+} + 3e^- \rightleftharpoons Cr$	−0.74	$Cu^{2+} + e^- \rightleftharpoons Cu^+$	0.519
Ag_2S(固)$+2e^- \rightleftharpoons 2Ag + S^{2-}$	−0.69	$Cu^+ + e^- \rightleftharpoons Cu$	0.52
$AsO_4^{3-} + 2H_2O + 2e^- \rightleftharpoons AsO_2^- + 4OH^-$	−0.67	Mo(Ⅳ)$+e^- \rightleftharpoons$ Mo(Ⅴ)	0.53
$SO_3^{2-} + 3H_2O + 4e^- \rightleftharpoons S + 6OH^-$	−0.66	I_2(固)$+2e^- \rightleftharpoons 2I^-$	0.5345
$2SO_3^{2-} + 3H_2O + 4e^- \rightleftharpoons S_2O_3^{2-} + 6OH^-$	−0.58	$I_3^- + 2e^- \rightleftharpoons 3I^-$	0.545
$TeO_3^{2-} + 3H_2O + 4e^- \rightleftharpoons Te + 6OH^-$	−0.57	$H_3AsO_4 + 2H^+ + 2e^- \rightleftharpoons HAsO_2 + 2H_2O$	0.559
$Ga^{3+} + 3e^- \rightleftharpoons Ga$	−0.56	$MnO_4^- + e^- \rightleftharpoons MnO_4^{2-}$	0.564
$HPbO_2^- + H_2O + 2e^- \rightleftharpoons Pb + 3OH^-$	−0.54	$MnO_4^- + 2H_2O + 3e^- \rightleftharpoons MnO_2 + 4OH^-$	0.588
$Sb + 3H^+ + 3e^- \rightleftharpoons SbH_3$	−0.51	Hg_2SO_4(固)$+2e^- \rightleftharpoons 2Hg + SO_4^{2-}$	0.6151
$H_3PO_3 + 2H^+ + 2e^- \rightleftharpoons H_3PO_2 + H_2O$	−0.5	$2HgCl_2 + 2e^- \rightleftharpoons Hg_2Cl_2$(固)$+2Cl^-$	0.63
$2CO_2 + 2H^+ + 2e^- \rightleftharpoons H_2C_2O_4$	−0.49	$AsO_2^- + 2H_2O + 3e^- \rightleftharpoons As + 4OH^-$	0.68
$S + 2e^- \rightleftharpoons S^{2-}$	−0.48	O_2(气)$+2H^+ + 2e^- \rightleftharpoons H_2O_2$	0.682
$Fe^{2+} + 2e^- \rightleftharpoons Fe$	−0.44	$BrO^- + H_2O + 2e^- \rightleftharpoons Br^- + 2OH^-$	0.76
$Cr^{3+} + e^- \rightleftharpoons Cr^{2+}$	−0.41	$Fe^{3+} + e^- \rightleftharpoons Fe^{2+}$	0.771
$Cd^{2+} + 2e^- \rightleftharpoons Cd$	−0.403	$Hg_2^{2+} + 2e^- \rightleftharpoons 2Hg$	0.793
$Se + 2H^+ + 2e^- \rightleftharpoons H_2Se$	−0.4	$Ag^+ + e^- \rightleftharpoons Ag$	0.7995
$As + 3H^+ + 3e^- \rightleftharpoons AsH_3$	−0.38	$NO_3^- + 2H^+ + e^- \rightleftharpoons NO_2 + H_2O$	0.8
$SeO_3^{2-} + 3H_2O + 4e^- \rightleftharpoons Se + 6OH^-$	−0.366	$Hg^{2+} + 2e^- \rightleftharpoons Hg$	0.845
$In^{3+} + 3e^- \rightleftharpoons In$	−0.345	$Cu^{2+} + I^- + e^- \rightleftharpoons CuI$(固)	0.86
$Tl^+ + e^- \rightleftharpoons Tl$	−0.336	$H_2O_2 + 2e^- \rightleftharpoons 2OH^-$	0.88
$Co^{2+} + 2e^- \rightleftharpoons Co$	−0.277	$ClO^- + H_2O + 2e^- \rightleftharpoons Cl^- + 2OH^-$	0.89
$H_3PO_4 + 2H^+ + 2e^- \rightleftharpoons H_3PO_3 + H_2O$	−0.276	$NO_3^- + 3H^+ + 2e^- \rightleftharpoons HNO_2 + H_2O$	0.94
$Ni^{2+} + 2e^- \rightleftharpoons Ni$	−0.246	$HIO + H^+ + 2e^- \rightleftharpoons I^- + H_2O$	0.99
AgI(固)$+e^- \rightleftharpoons Ag + I^-$	−0.152	$HNO_2 + H^+ + e^- \rightleftharpoons NO$(气)$+H_2O$	0.99
$Sn^{2+} + 2e^- \rightleftharpoons Sn$	−0.136	$VO_2^+ + 2H^+ + e^- \rightleftharpoons VO^{2+} + H_2O$	1
$Pb^{2+} + 2e^- \rightleftharpoons Pb$	−0.126	$Br_3^- + 2e^- \rightleftharpoons 3Br^-$	1.05
$TiOCl^+ + 2H^+ + 3Cl^- + e^- \rightleftharpoons TiCl_4^- + H_2O$	−0.09	$NO_2 + H^+ + e^- \rightleftharpoons HNO_2$	1.07
$O_2 + H_2O + 2e^- \rightleftharpoons HO_2^- + OH^-$	−0.067	Br_2(水)$+2e^- \rightleftharpoons 2Br^-$	1.087
$2H^+ + 2e^- \rightleftharpoons H_2$	0	$ClO_4^- + 2H^+ + 2e^- \rightleftharpoons ClO_3^- + H_2O$	1.19
$AgBr$(固)$+e^- \rightleftharpoons Ag + Br^-$	0.071	$IO_3^- + 6H^+ + 5e^- \rightleftharpoons 1/2I_2 + 3H_2O$	1.2
$S_4O_6^{2-} + 2e^- \rightleftharpoons 2S_2O_3^{2-}$	0.08	O_2(气)$+4H^+ + 4e^- \rightleftharpoons 2H_2O$	1.229
$TiO^{2+} + 2H^+ + e^- \rightleftharpoons Ti^{3+} + H_2O$	0.1	MnO_2(固)$+4H^+ + 2e^- \rightleftharpoons Mn^{2+} + 2H_2O$	1.23

续表

半　反　应	$E^{\ominus}$/V	半　反　应	$E^{\ominus}$/V
$Cr_2O_7^{2-}+14H^++6e^- \rightleftharpoons 2Cr^{3+}+7H_2O$	1.33	$BrO_3^-+6H^++5e^- \rightleftharpoons 1/2Br_2+3H_2O$	1.52
$ClO_4^-+8H^++7e^- \rightleftharpoons 1/2Cl_2+4H_2O$	1.34	$HBrO+H^++e^- \rightleftharpoons 1/2Br_2+H_2O$	1.59
Cl_2(气)$+2e^- \rightleftharpoons 2Cl$	1.3595	$H_5IO_6+H^++2e^- \rightleftharpoons IO_3^-+3H_2O$	1.6
Au(Ⅲ)$+2e^- \rightleftharpoons$ Au(Ⅰ)	1.41	$Ce^{4+}+e^- \rightleftharpoons Ce^{3+}$	1.61
$BrO_3^-+6H^++6e^- \rightleftharpoons Br^-+3H_2O$	1.44	$HClO+H^++e^- \rightleftharpoons 1/2Cl_2+H_2O$	1.63
$ClO_3^-+6H^++6e^- \rightleftharpoons Cl^-+3H_2O$	1.45	$HClO_2+2H^++2e^- \rightleftharpoons HClO+H_2O$	1.64
$HIO+H^++e^- \rightleftharpoons 1/2I_2+H_2O$	1.45	PbO_2(固)$+SO_4^{2-}+4H^++2e^- \rightleftharpoons PbSO_4$(固)$+2H_2O$	1.685
PbO_2(固)$+4H^++2e^- \rightleftharpoons Pb^{2+}+2H_2O$	1.455	$MnO_4^-+4H^++3e^- \rightleftharpoons MnO_2$(固)$+2H_2O$	1.695
$ClO_3^-+6H^++5e^- \rightleftharpoons 1/2Cl_2+3H_2O$	1.47	$H_2O_2+2H^++2e^- \rightleftharpoons 2H_2O$	1.77
$HClO+H^++2e^- \rightleftharpoons Cl^-+H_2O$	1.49	$S_2O_8^{2-}+2e^- \rightleftharpoons 2SO_4^{2-}$	2.01
Au(Ⅲ)$+3e^- \rightleftharpoons$ Au	1.5	$O_3+2H^++2e^- \rightleftharpoons O_2+H_2O$	2.07
$MnO_4^-+8H^++5e^- \rightleftharpoons Mn^{2+}+4H_2O$	1.51	F_2(气)$+2H^++2e^- \rightleftharpoons 2HF$	3.06

附录 10　条件电极电位

半　反　应	$E^{\ominus\prime}$/V	介　质
Ag(Ⅱ)$+e^- \rightleftharpoons Ag^+$	1.927	$4mol\cdot L^{-1}$ HNO_3
$Ce^{4+}+e^- \rightleftharpoons Ce^{3+}$	1.70	$1mol\cdot L^{-1}$ $HClO_4$
	1.61	$1mol\cdot L^{-1}$ HNO_3
	1.44	$0.5mol\cdot L^{-1}$ H_2SO_4
	1.28	$1mol\cdot L^{-1}$ HCl
$Co^{3+}+2e^- \rightleftharpoons Co^{2+}$	1.85	$4mol\cdot L^{-1}$ HNO_3
Co(乙二酸)$_3^{3+}+e^- \rightleftharpoons$ Co(乙二酸)$_3^{2+}$	−0.2	$0.1mol\cdot L^{-1}$ KNO_3+$0.1mol\cdot L^{-1}$乙二胺
$Cr^{3+}+e^- \rightleftharpoons Cr^{2+}$	−0.40	$5mol\cdot L^{-1}$ HCl
$Cr_2O_7^{2-}+14H^++6e^- \rightleftharpoons 2Cr^{3+}+7H_2O$	1.00	$1mol\cdot L^{-1}$ HCl
	1.025	$1mol\cdot L^{-1}$ $HClO_4$
	1.08	$3mol\cdot L^{-1}$ HCl
	1.05	$2mol\cdot L^{-1}$ HCl
	1.15	$4mol\cdot L^{-1}$ H_2SO_4
$CrO_4^{2-}+2H_2O+3e^- \rightleftharpoons CrO_2^-+4OH^-$	−0.12	$1mol\cdot L^{-1}$ NaOH
$Fe^{3+}+e^- \rightleftharpoons Fe^{2+}$	0.73	$1mol\cdot L^{-1}$ $HClO_4$
	0.71	$0.5mol\cdot L^{-1}$ HCl
	0.68	$1mol\cdot L^{-1}$ H_2SO_4
	0.68	$1mol\cdot L^{-1}$ HCl
	0.46	$2mol\cdot L^{-1}$ H_3PO_4
$H_3AsO_4+2H^++2e^- \rightleftharpoons H_3AsO_3+2H_2O$	0.557	$1mol\cdot L^{-1}$ HCl
	0.557	$1mol\cdot L^{-1}$ $HClO_4$
$Fe(EDTA)^-+e^- \rightleftharpoons Fe(EDTA)^{2-}$	0.12	$0.1mol\cdot L^{-1}$ EDTA pH4～6
$Fe(CN)_6^{3-}+e^- \rightleftharpoons Fe(CN)_6^{4-}$	0.48	$0.01mol\cdot L^{-1}$ HCl
	0.56	$0.1mol\cdot L^{-1}$ HCl
	0.71	$1mol\cdot L^{-1}$ HCl
	0.72	$1mol\cdot L^{-1}$ $HClO_4$
I_2(水)$+2e^- \rightleftharpoons 2I^-$	0.628	$1mol\cdot L^{-1}$ H^+
$I_3^-+2e^- \rightleftharpoons 3I^-$	0.545	$1mol\cdot L^{-1}$ H^+
$MnO_4^-+8H^++5e^- \rightleftharpoons Mn^{2+}+4H_2O$	1.45	$1mol\cdot L^{-1}$ $HClO_4$
	1.27	$8mol\cdot L^{-1}$ H_3PO_4
Os(Ⅷ)$+4e^- \rightleftharpoons$ Os(Ⅳ)	0.79	$5mol\cdot L^{-1}$ HCl
$Sn^{2+}+2e^- \rightleftharpoons Sn$	−0.16	$1mol\cdot L^{-1}$ $HClO_4$
Sb(Ⅴ)$+2e^- \rightleftharpoons$ Sb(Ⅲ)	0.75	$3.5mol\cdot L^{-1}$ HCl
$Sb(OH)_6^-+2e^- \rightleftharpoons SbO_2^-+2H_2O+2OH^-$	−0.428	$3mol\cdot L^{-1}$ NaOH
Ti(Ⅳ)$+e^- \rightleftharpoons$ Ti(Ⅲ)	−0.01	$0.2mol\cdot L^{-1}$ H_2SO_4
	0.12	$2mol\cdot L^{-1}$ H_2SO_4
	−0.04	$1mol\cdot L^{-1}$ HCl
	−0.05	$1mol\cdot L^{-1}$ H_3PO_4
$Pb^{2+}+2e^- \rightleftharpoons Pb$	−0.32	$1mol\cdot L^{-1}$ NaAc
	−0.14	$1mol\cdot L^{-1}$ $HClO_4$
$UO_2^{2+}+4H^++2e^- \rightleftharpoons$ U(Ⅳ)$+2H_2O$	0.41	$0.5mol\cdot L^{-1}$ H_2SO_4

附录11　难溶化合物的溶度积常数

分子式	K_{sp}	pK_{sp}	分子式	K_{sp}	pK_{sp}
Ag_3AsO_4	1.0×10^{-22}	22.0	$Ca_3(PO_4)_2$	2.0×10^{-29}	28.70
$AgBr$	5.0×10^{-13}	12.3	$CaSO_4$	3.16×10^{-7}	5.04
$AgBrO_3$	5.50×10^{-5}	4.26	$CaSiO_3$	2.5×10^{-8}	7.60
$AgCl$	1.8×10^{-10}	9.75	$CaWO_4$	8.7×10^{-9}	8.06
$AgCN$	1.2×10^{-16}	15.92	$CdCO_3$	5.2×10^{-12}	11.28
Ag_2CO_3	8.1×10^{-12}	11.09	$CdC_2O_4\cdot3H_2O$	9.1×10^{-8}	7.04
$Ag_2C_2O_4$	3.5×10^{-11}	10.46	$Cd_3(PO_4)_2$	2.5×10^{-33}	32.6
Ag_2CrO_4	1.2×10^{-12}	11.92	CdS	8.0×10^{-27}	26.1
$Ag_2Cr_2O_7$	2.0×10^{-7}	6.70	$CdSe$	6.31×10^{-36}	35.2
AgI	8.3×10^{-17}	16.08	$CdSeO_3$	1.3×10^{-9}	8.89
$AgIO_3$	3.1×10^{-8}	7.51	CeF_3	8.0×10^{-16}	15.1
$AgOH$	2.0×10^{-8}	7.71	$CePO_4$	1.0×10^{-23}	23.0
Ag_2MoO_4	2.8×10^{-12}	11.55	$Co_3(AsO_4)_2$	7.6×10^{-29}	28.12
Ag_3PO_4	1.4×10^{-16}	15.84	$CoCO_3$	1.4×10^{-13}	12.84
Ag_2S	6.3×10^{-50}	49.2	CoC_2O_4	6.3×10^{-8}	7.2
$AgSCN$	1.0×10^{-12}	12.00	$Co(OH)_2$(蓝)	6.31×10^{-15}	14.2
Ag_2SO_3	1.5×10^{-14}	13.82	$Co(OH)_2$(粉红,新沉淀)	1.58×10^{-15}	14.8
Ag_2SO_4	1.4×10^{-5}	4.84	$Co(OH)_2$(粉红,陈化)	2.00×10^{-16}	15.7
Ag_2Se	2.0×10^{-64}	63.7	$CoHPO_4$	2.0×10^{-7}	6.7
Ag_2SeO_3	1.0×10^{-15}	15.00	$Co_3(PO_4)_3$	2.0×10^{-35}	34.7
Ag_2SeO_4	5.7×10^{-8}	7.25	$CrAsO_4$	7.7×10^{-21}	20.11
$AgVO_3$	5.0×10^{-7}	6.3	$Cr(OH)_3$	6.3×10^{-31}	30.2
Ag_2WO_4	5.5×10^{-12}	11.26	$CrPO_4\cdot4H_2O$(绿)	2.4×10^{-23}	22.62
$Al(OH)_3$[①]	4.57×10^{-33}	32.34	$CrPO_4\cdot4H_2O$(紫)	1.0×10^{-17}	17.0
$AlPO_4$	6.3×10^{-19}	18.24	$CuBr$	5.3×10^{-9}	8.28
Al_2S_3	2.0×10^{-7}	6.7	$CuCl$	1.2×10^{-6}	5.92
$Au(OH)_3$	5.5×10^{-46}	45.26	$CuCN$	3.2×10^{-20}	19.49
$AuCl_3$	3.2×10^{-25}	24.5	$CuCO_3$	2.34×10^{-10}	9.63
AuI_3	1.0×10^{-46}	46.0	CuI	1.1×10^{-12}	11.96
$Ba_3(AsO_4)_2$	8.0×10^{-51}	50.1	$Cu(OH)_2$	4.8×10^{-20}	19.32
$BaCO_3$	5.1×10^{-9}	8.29	$Cu_3(PO_4)_2$	1.3×10^{-37}	36.9
BaC_2O_4	1.6×10^{-7}	6.79	Cu_2S	2.5×10^{-48}	47.6
$BaCrO_4$	1.2×10^{-10}	9.93	Cu_2Se	1.58×10^{-61}	60.8
$Ba_3(PO_4)_2$	3.4×10^{-23}	22.44	CuS	6.3×10^{-36}	35.2
$BaSO_4$	1.1×10^{-10}	9.96	$CuSe$	7.94×10^{-49}	48.1
BaS_2O_3	1.6×10^{-5}	4.79	$Dy(OH)_3$	1.4×10^{-22}	21.85
$BaSeO_3$	2.7×10^{-7}	6.57	$Er(OH)_3$	4.1×10^{-24}	23.39
$BaSeO_4$	3.5×10^{-8}	7.46	$Eu(OH)_3$	8.9×10^{-24}	23.05
$Be(OH)_2$[①]	1.6×10^{-22}	21.8	$FeAsO_4$	5.7×10^{-21}	20.24
$BiAsO_4$	4.4×10^{-10}	9.36	$FeCO_3$	3.2×10^{-11}	10.50
$Bi_2(C_2O_4)_3$	3.98×10^{-36}	35.4	$Fe(OH)_2$	8.0×10^{-16}	15.1
$Bi(OH)_3$	4.0×10^{-31}	30.4	$Fe(OH)_3$	4.0×10^{-38}	37.4
$BiPO_4$	1.26×10^{-23}	22.9	$FePO_4$	1.3×10^{-22}	21.89
$CaCO_3$	2.8×10^{-9}	8.54	FeS	6.3×10^{-18}	17.2
$CaC_2O_4\cdot H_2O$	4.0×10^{-9}	8.4	$Ga(OH)_3$	7.0×10^{-36}	35.15
CaF_2	2.7×10^{-11}	10.57	$GaPO_4$	1.0×10^{-21}	21.0
$CaMoO_4$	4.17×10^{-8}	7.38	$Gd(OH)_3$	1.8×10^{-23}	22.74
$Ca(OH)_2$	5.5×10^{-6}	5.26	$Hf(OH)_4$	4.0×10^{-26}	25.4

续表

分子式	K_{sp}	pK_{sp}	分子式	K_{sp}	pK_{sp}
Hg_2Br_2	5.6×10^{-23}	22.24	$PbSeO_4$	1.4×10^{-7}	6.84
Hg_2Cl_2	1.3×10^{-18}	17.88	$Pd(OH)_2$	1.0×10^{-31}	31.0
HgC_2O_4	1.0×10^{-7}	7.0	$Pd(OH)_4$	6.3×10^{-71}	70.2
Hg_2CO_3	8.9×10^{-17}	16.05	PdS	2.03×10^{-58}	57.69
$Hg_2(CN)_2$	5.0×10^{-40}	39.3	$Pm(OH)_3$	1.0×10^{-21}	21.0
Hg_2CrO_4	2.0×10^{-9}	8.70	$Pr(OH)_3$	6.8×10^{-22}	21.17
Hg_2I_2	4.5×10^{-29}	28.35	$Pt(OH)_2$	1.0×10^{-35}	35.0
HgI_2	2.82×10^{-29}	28.55	$Pu(OH)_3$	2.0×10^{-20}	19.7
$Hg_2(IO_3)_2$	2.0×10^{-14}	13.71	$Pu(OH)_4$	1.0×10^{-55}	55.0
$Hg_2(OH)_2$	2.0×10^{-24}	23.7	$RaSO_4$	4.2×10^{-11}	10.37
$HgSe$	1.0×10^{-59}	59.0	$Rh(OH)_3$	1.0×10^{-23}	23.0
HgS(红)	4.0×10^{-53}	52.4	$Ru(OH)_3$	1.0×10^{-36}	36.0
HgS(黑)	1.6×10^{-52}	51.8	Sb_2S_3	1.5×10^{-93}	92.8
Hg_2WO_4	1.1×10^{-17}	16.96	ScF_3	4.2×10^{-18}	17.37
$Ho(OH)_3$	5.0×10^{-23}	22.30	$Sc(OH)_3$	8.0×10^{-31}	30.1
$In(OH)_3$	1.3×10^{-37}	36.9	$Sm(OH)_3$	8.2×10^{-23}	22.08
$InPO_4$	2.3×10^{-22}	21.63	$Sn(OH)_2$	1.4×10^{-28}	27.85
In_2S_3	5.7×10^{-74}	73.24	$Sn(OH)_4$	1.0×10^{-56}	56.0
$La_2(CO_3)_3$	3.98×10^{-34}	33.4	SnO_2	3.98×10^{-65}	64.4
$LaPO_4$	3.98×10^{-23}	22.43	SnS	1.0×10^{-25}	25.0
$Lu(OH)_3$	1.9×10^{-24}	23.72	$SnSe$	3.98×10^{-39}	38.4
$Mg_3(AsO_4)_2$	2.1×10^{-20}	19.68	$Sr_3(AsO_4)_2$	8.1×10^{-19}	18.09
$MgCO_3$	3.5×10^{-8}	7.46	$SrCO_3$	1.1×10^{-10}	9.96
$MgCO_3\cdot3H_2O$	2.14×10^{-5}	4.67	$SrC_2O_4\cdot H_2O$	1.6×10^{-7}	6.80
$Mg(OH)_2$	1.8×10^{-11}	10.74	SrF_2	2.5×10^{-9}	8.61
$Mg_3(PO_4)_2\cdot8H_2O$	6.31×10^{-26}	25.2	$Sr_3(PO_4)_2$	4.0×10^{-28}	27.39
$Mn_3(AsO_4)_2$	1.9×10^{-29}	28.72	$SrSO_4$	3.2×10^{-7}	6.49
$MnCO_3$	1.8×10^{-11}	10.74	$SrWO_4$	1.7×10^{-10}	9.77
$Mn(IO_3)_2$	4.37×10^{-7}	6.36	$Tb(OH)_3$	2.0×10^{-22}	21.7
$Mn(OH)_4$	1.9×10^{-13}	12.72	$Te(OH)_4$	3.0×10^{-54}	53.52
MnS(粉红)	2.5×10^{-10}	9.6	$Th(C_2O_4)_2$	1.0×10^{-22}	22.0
MnS(绿)	2.5×10^{-13}	12.6	$Th(IO_3)_4$	2.5×10^{-15}	14.6
$Ni_3(AsO_4)_2$	3.1×10^{-26}	25.51	$Th(OH)_4$	4.0×10^{-45}	44.4
$NiCO_3$	6.6×10^{-9}	8.18	$Ti(OH)_3$	1.0×10^{-40}	40.0
NiC_2O_4	4.0×10^{-10}	9.4	$TlBr$	3.4×10^{-6}	5.47
$Ni(OH)_2$(新)	2.0×10^{-15}	14.7	$TlCl$	1.7×10^{-4}	3.76
$Ni_3(PO_4)_2$	5.0×10^{-31}	30.3	Tl_2CrO_4	9.77×10^{-13}	12.01
α-NiS	3.2×10^{-19}	18.5	TlI	6.5×10^{-8}	7.19
β-NiS	1.0×10^{-24}	24.0	TlN_3	2.2×10^{-4}	3.66
γ-NiS	2.0×10^{-26}	25.7	Tl_2S	5.0×10^{-21}	20.3
$Pb_3(AsO_4)_2$	4.0×10^{-36}	35.39	$TlSeO_3$	2.0×10^{-39}	38.7
$PbBr_2$	4.0×10^{-5}	4.41	$UO_2(OH)_2$	1.1×10^{-22}	21.95
$PbCl_2$	1.6×10^{-5}	4.79	$VO(OH)_2$	5.9×10^{-23}	22.13
$PbCO_3$	7.4×10^{-14}	13.13	$Y(OH)_3$	8.0×10^{-23}	22.1
$PbCrO_4$	2.8×10^{-13}	12.55	$Yb(OH)_3$	3.0×10^{-24}	23.52
PbF_2	2.7×10^{-8}	7.57	$Zn_3(AsO_4)_2$	1.3×10^{-28}	27.89
$PbMoO_4$	1.0×10^{-13}	13.0	$ZnCO_3$	1.4×10^{-11}	10.84
$Pb(OH)_2$	1.2×10^{-15}	14.93	$Zn(OH)_2$①	2.09×10^{-16}	15.68
$Pb(OH)_4$	3.2×10^{-66}	65.49	$Zn_3(PO_4)_2$	9.0×10^{-33}	32.04
$Pb_3(PO_4)_3$	8.0×10^{-43}	42.10	α-ZnS	1.6×10^{-24}	23.8
PbS	1.0×10^{-28}	28.00	β-ZnS	2.5×10^{-22}	21.6
$PbSO_4$	1.6×10^{-8}	7.79	$ZrO(OH)_2$	6.3×10^{-49}	48.2
$PbSe$	7.94×10^{-43}	42.1			

① 形态为无定形。

附录 12 一些化合物的相对分子质量

化合物	相对分子质量	化合物	相对分子质量	化合物	相对分子质量
$(C_9H_7N)_3H_3(PO_4\cdot12MoO_3)$(磷钼酸喹啉)	2212.74	CO_2	44.01	K_2SO_4	174.26
$(NH_4)_2C_2O_4\cdot H_2O$	142.11	$COOHCH_2COONa$	126.04	$KAl(SO_4)_2\cdot12H_2O$	474.39
$(NH_4)_2SO_4$	132.14	$COOHCH_2COOH$(丙二酸)	104.06	$KB(C_4H_5)_4$	358.33
$(NH_4)_3PO_4\cdot12MoO_3$	1876.53	Cr_2O_3	151.99	KBr	119.01
$(NH_4)_2HPO_4$	132.05	$Cu(C_2H_2O_2)_2\cdot3Cu(AsO_2)_2$	1013.8	$KBrO_3$	167.01
Ag_2CrO_4	331.73	Cu_2O	143.09	KCl	74.56
$AgBr$	187.78	CuO	79.54	$KClO_3$	122.55
$AgCl$	143.32	$CuSCN$	121.63	$KClO_4$	133.55
$AgCN$	133.84	$CuSO_4$	159.61	KCN	65.12
AgI	234.77	$CuSO_4\cdot5H_2O$	249.69	$KHC_2O_4H_2C_2O_4\cdot2H_2O$	254.19
$AgNO_3$	169.89	$Fe_2(SO_4)_3$	399.89	$KHC_2O_4\cdot H_2O$	146.14
$AgSCN$	165.95	Fe_2O_3	159.69	KI	166.01
$Al_2(SO_4)_2$	342.15	Fe_3O_4	231.54	KIO_2	214
Al_2O_3	101.96	$FeCl_3$	162.21	$KIO_3\cdot HIO_3$	389.92
As_2O_3	197.84	$FeCl_3\cdot6H_2O$	270.3	$KMnO_4$	158.04
As_2O_5	229.84	FeO	71.85	KNO_2	85.1
$Ba(OH)_2$	171.35	$FeSO_4\cdot(NH_4)_2SO_4\cdot6H_2O$	392.14	KOH	56.11
BaC_2O_4	225.35	$FeSO_4\cdot7H_2O$	278.02	$KSCN$	97.18
$BaCl_2$	208.23	$FeSO_4\cdot H_2O$	169.93	$Mg_2P_2O_7$	222.6
$BaCl_2\cdot2H_2O$	244.26	H_3BO_3	61.83	$MgCl_2$	95.21
$BaCO_3$	197.34	$H_2C_2O_4$	90.04	$MgCO_3$	84.32
$BaCrO_4$	253.32	$H_2C_2O_4\cdot2H_2O$	126.07	$MgNH_4PO_4$	137.33
BaO	153.33	$H_2C_4O_6$(酒石酸)	150.09	MgO	40.31
$BaSO_4$	233.39	H_2CO_3	62.03	MnO	70.94
$C_6H_4COOHCOOK$(邻苯二甲酸氢钾)	204.22	H_2O	18.02	MnO_2	86.94
C_6H_5COOH	122.12	H_2O_2	34.02	$Na_2B_4O_7$	201.22
C_6H_5COONa	144.1	H_2SO_3	82.08	$Na_2B_4O_7\cdot10H_2O$	381.37
C_6H_5OH	94.11	H_2SO_4	98.09	$Na_2C_2O_4$	134
$Ca(NO_3)_2$	164.09	H_3PO_4	98	Na_2CO_3	105.99
$Ca(OH)_2$	74.09	H_2S	34.08	$Na_2H_2Y\cdot2H_2O$(EDTA二钠盐)	372.26
$Ca_3(PO_4)_2$	310.18	HBr	80.91	Na_2HPO_4	141.96
CaC_2O_4	128.1	HCl	13.46	Na_2O	61.98
$CaCl_2$	110.98	$HClO_4$	100.46	Na_2S	78.05
$CaCl_2. H_2O$	129	HCN	27.03	$Na_2S\cdot9H_2O$	240.18
$CaCO_3$	100.09	$HCOOH$	46.03	$Na_2S_2O_3$	158.11
CaF_2	78.07	HF	20.01	$Na_2S_2O_3\cdot5H_2O$	248.19
CaO	56.08	Hg_2Cl_2	472.09	Na_2SiF_6	188.06
$CaSO_4$	136.14	$HgCl_2$	271.5	Na_2SO_4	142.04
CCl_4	153.81	HI	127.91	Na_2SO_3	126.42
$Ce(SO_4)_2$	332.24	HNO_2	47.01	$Na_2SO_4\cdot10H_2O$	322.2
$Ce(SO_4)_2\cdot2(NH_4)_2SO_4\cdot2H_2O$	632.54	HNO_3	63.01	Na_3PO_4	163.94
CH_3COOH	60.05	K_2CO_3	138.21	$NaBiO_3$	279.97
CH_3COCH_3	58.08	$K_2Cr_2O_7$	294.19	$NaBr$	102.9
CH_3COONa	82.03	K_2CrO_4	194.2	$NaCl$	58.44
CH_3OH	32.04	K_2O	92.20	$NaCN$	49.01
				NaF	41.99
				NaH_2PO_4	119.98

续表

化合物	相对分子质量	化合物	相对分子质量	化合物	相对分子质量
$NaHCO_3$	84.01	P_2O_5	141.95	SnO_2	150.71
NaI	149.89	Pb_3O_4	685.57	SO_2	64.06
$NaNO_2$	69	$PbCrO_4$	323.18	SO_3	80.06
NaOH	40.01	PbO	223.19	$SnCO_3$	178.72
NH_3	17.03	PbO_2	239.19	TiO_2	79.88
$NH_3 \cdot H_2O$	35.05	$PbSO_4$	303.26	WO_3	231.85
NH_4Cl	53.49	Sb_2O_3	291.5	$Zn_2P_2O_7$	304.72
$NH_4Fe(SO_4)_2 \cdot 12H_2O$	482.2	Sb_2S_3	339.7	$ZnCl_2$	136.3
NH_4SCN	76.12	SiF_4	104.08	ZnO	81.39
$NiC_8H_{14}O_4N_4$（丁二酮肟镍）	288.91	SiO_2	60.08	$ZnSO_4$	161.45
		$SnCl_2$	189.62		

参 考 文 献

[1] 武汉大学主编. 分析化学. 第5版. 北京：高等教育出版社，2006.

[2] 华东理工大学化学系，四川大学化工学院编. 分析化学，第5版. 北京：高等教育出版社，2003.

[3] 杭州大学编. 分析化学手册：第二分册. 第2版. 北京：化学工业出版社.

[4] 梁文平，庄乾坤主编，分析化学的明天—学科发展前沿与挑战. 北京：科学出版社，2003.

[5] 汪尔康主编. 21世纪的分析化学. 北京：科学出版社，1999.

[6] 金钦汉. 试论我国分析化学学科发展战略. 大学化学，2003，01.

[7] [芬兰] A. 林邦著·分析化学中的络合作用. 戴明译. 北京：高等教育出版社，1987.

[8] 夏玉宇主编. 化验员实用手册. 北京：化学工业出版社，1999.

[9] 李克安. 分析化学教程. 北京：北京大学出版社. 2005.

[10] 容庆新，陈淑群. 分析化学. 广州：中山大学出版社. 1997.

[11] 张云. 分析化学. 上海：同济大学出版社. 2003.

[12] 严拯宇. 分析化学. 南京：东南大学出版社. 2005.

[13] 薛华编著. 分析化学. 北京：清华大学出版社，1986.

[14] 华中师范学院，东北师范大学，陕西师范大学，北京师范大学编. 分析化学. 第3版. 北京：高等教育出版社，2001.

[15] 邓世禄编著. 色谱学导论. 武汉：武汉大学出版社，1988.

[16] 钟佩珩，郭璇华，黄如杕，吴奇藩编. 分析化学. 北京：化学工业出版社，2001.

[17] 张祥民编著. 现代色谱分析. 上海：复旦大学出版社.

[18] 张正奇主编. 分析化学. 第2版. 北京：科学出版社，2006.

[19] 天津大学分析化学教研室编. 实用分析化学. 天津：天津大学出版社，1995 .

[20] 杜江燕主编. 分析化学学习指导. 南京：南京师范大学出版社，2006.

[21] 刘东主编. 分析化学学习指导与习题. 北京：高等教育出版社，2006.

[22] 潘祖亭，曾百肇主编. 定量分析习题精解. 第2版. 北京：科学出版社，2004.

[23] 赵藻潘等编. 仪器分析. 北京：高等教育出版社，1990.

[24] 北京大学化学系仪器分析教程组编. 仪器分析教程. 北京：北京大学出版社，1997.

[25] 邓勃等编. 仪器分析. 北京：清华大学出版社，1991.

[26] 宋清. 分析化学. 广州：华南理工大学出版社，1995.

[27] 朱世盛编. 仪器分析. 上海：复旦大学出版社，1983.

[28] Skoog D A 等编. 仪器分析原理. 金钦汉译. 上海：上海科技出版社，1988.

[29] 高小霞等编. 电分析化学导论. 北京：科学出版社，1986.

[30] 安特罗波夫著. 理论电化学. 吴仲达等译. 北京：高等教育出版社，1984.

[31] 严辉余编. 库仑分析. 北京：新时代出版社，1985.

[32] 朱明华编. 仪器分析. 第3版. 北京：高等教育出版社，2000.

[33] 许国旺等编著. 现代实用气相色谱法. 北京：化学工业出版社，2004.

[34] 汪正范编著. 色谱定性与定量. 北京：化学工业出版社，2000.

[35] 吴烈钧编著. 气相色谱检测方法. 北京：化学工业出版社，2000.

[36] 孙凤霞主编. 仪器分析. 北京：化学工业出版社，2004.

[37] Kenneth A Rubinson，Judith F Rubinson. 现代仪器分析. 北京：科学出版社，2003.

[38] 何金兰，杨克让，李小戈编著. 仪器分析原理. 北京：科学出版社，2002.

[39] 史景江主编. 色谱分析法. 第2版. 重庆：重庆大学出版社，1994.

[40] 达世禄编著. 色谱学导论. 武汉：武汉大学出版社，1988.

[41] H M McNair，J M Miller. Basic gas chromatography. A Wiley-Interscience Publication John Wiley & Sons Inc，1997.

元素周期表

IUPAC 2013

+2 +3 +4 +5 +6	氧化态(单质的氧化态为0，未列入；常见的为红色)
95	原子序数
Am	元素符号(红色的为放射性元素)
镅▲	元素名称(注▲的为人造元素)
$5f^{7}7s^{2}$	价层电子构型
243.06138(2)✦	以 $^{12}C=12$ 为基准的原子量(注✦的是半衰期最长同位素的原子量)

s区元素　p区元素　d区元素　ds区元素　f区元素　稀有气体

族／周期	1 ⅠA	2 ⅡA	3 ⅢB	4 ⅣB	5 ⅤB	6 ⅥB	7 ⅦB	8 ⅧB(Ⅷ)	9 ⅧB(Ⅷ)	10 ⅧB(Ⅷ)	11 ⅠB	12 ⅡB	13 ⅢA	14 ⅣA	15 ⅤA	16 ⅥA	17 ⅦA	18 ⅧA(0)	电子层
1	−1 +1 1 H 氢 $1s^{1}$ 1.008																	2 He 氦 $1s^{2}$ 4.002602(2)	K
2	+1 3 Li 锂 $2s^{1}$ 6.94	+2 4 Be 铍 $2s^{2}$ 9.0121831(5)											+3 5 B 硼 $2s^{2}2p^{1}$ 10.81	−4 +2 +4 6 C 碳 $2s^{2}2p^{2}$ 12.011	−3 −2 −1 +1 +2 +3 +4 +5 7 N 氮 $2s^{2}2p^{3}$ 14.007	−2 −1 8 O 氧 $2s^{2}2p^{4}$ 15.999	−1 9 F 氟 $2s^{2}2p^{5}$ 18.998403163(6)	10 Ne 氖 $2s^{2}2p^{6}$ 20.1797(6)	L K
3	−1 +1 11 Na 钠 $3s^{1}$ 22.98976928(2)	+2 12 Mg 镁 $3s^{2}$ 24.305											+3 13 Al 铝 $3s^{2}3p^{1}$ 26.9815385(7)	−4 +2 +4 14 Si 硅 $3s^{2}3p^{2}$ 28.085	−3 −2 +1 +3 +5 15 P 磷 $3s^{2}3p^{3}$ 30.973761998(5)	−2 +2 +4 +6 16 S 硫 $3s^{2}3p^{4}$ 32.06	−1 +1 +3 +5 +7 17 Cl 氯 $3s^{2}3p^{5}$ 35.45	18 Ar 氩 $3s^{2}3p^{6}$ 39.948(1)	M L K
4	−1 +1 19 K 钾 $4s^{1}$ 39.0983(1)	+2 20 Ca 钙 $4s^{2}$ 40.078(4)	+3 21 Sc 钪 $3d^{1}4s^{2}$ 44.955908(5)	−1 0 +2 +3 +4 22 Ti 钛 $3d^{2}4s^{2}$ 47.867(1)	0 ±1 +2 +3 +4 +5 23 V 钒 $3d^{3}4s^{2}$ 50.9415(1)	−3 0 ±1 ±2 +3 +4 +5 +6 24 Cr 铬 $3d^{5}4s^{1}$ 51.9961(6)	−2 0 ±1 +2 ±3 +4 +5 +6 +7 25 Mn 锰 $3d^{5}4s^{2}$ 54.938044(3)	−2 0 ±1 +2 +3 +4 +5 +6 26 Fe 铁 $3d^{6}4s^{2}$ 55.845(2)	0 ±1 +2 +3 +4 +5 27 Co 钴 $3d^{7}4s^{2}$ 58.933194(4)	0 ±1 +2 +3 +4 28 Ni 镍 $3d^{8}4s^{2}$ 58.6934(4)	+1 +2 +3 +4 29 Cu 铜 $3d^{10}4s^{1}$ 63.546(3)	+1 +2 30 Zn 锌 $3d^{10}4s^{2}$ 65.38(2)	+1 +3 31 Ga 镓 $4s^{2}4p^{1}$ 69.723(1)	+2 +4 32 Ge 锗 $4s^{2}4p^{2}$ 72.630(8)	−3 +3 +5 33 As 砷 $4s^{2}4p^{3}$ 74.921595(6)	−2 +2 +4 +6 34 Se 硒 $4s^{2}4p^{4}$ 78.971(8)	−1 +1 +3 +5 +7 35 Br 溴 $4s^{2}4p^{5}$ 79.904	+2 +4 36 Kr 氪 $4s^{2}4p^{6}$ 83.798(2)	N M L K
5	−1 +1 37 Rb 铷 $5s^{1}$ 85.4678(3)	+2 38 Sr 锶 $5s^{2}$ 87.62(1)	+3 39 Y 钇 $4d^{1}5s^{2}$ 88.90584(2)	+1 +2 +3 +4 40 Zr 锆 $4d^{2}5s^{2}$ 91.224(2)	0 ±1 +2 +3 +4 +5 41 Nb 铌 $4d^{4}5s^{1}$ 92.90637(2)	0 ±1 ±2 +3 +4 +5 +6 42 Mo 钼 $4d^{5}5s^{1}$ 95.95(1)	0 ±1 +2 +3 +4 +5 +6 +7 43 Tc 锝▲ $4d^{5}5s^{2}$ 97.90721(3)✦	0 +1 ±2 +3 +4 +5 +6 +7 +8 44 Ru 钌 $4d^{7}5s^{1}$ 101.07(2)	0 ±1 +2 +3 +4 +5 +6 45 Rh 铑 $4d^{8}5s^{1}$ 102.90550(2)	0 +1 +2 +3 +4 46 Pd 钯 $4d^{10}$ 106.42(1)	+1 +2 +3 47 Ag 银 $4d^{10}5s^{1}$ 107.8682(2)	+1 +2 48 Cd 镉 $4d^{10}5s^{2}$ 112.414(4)	+1 +3 49 In 铟 $5s^{2}5p^{1}$ 114.818(1)	+2 +4 50 Sn 锡 $5s^{2}5p^{2}$ 118.710(7)	−3 +3 +5 51 Sb 锑 $5s^{2}5p^{3}$ 121.760(1)	−2 +2 +4 +6 52 Te 碲 $5s^{2}5p^{4}$ 127.60(3)	−1 +1 +3 +5 +7 53 I 碘 $5s^{2}5p^{5}$ 126.90447(3)	+2 +4 +6 +8 54 Xe 氙 $5s^{2}5p^{6}$ 131.293(6)	O N M L K
6	−1 +1 55 Cs 铯 $6s^{1}$ 132.90545196(6)	+2 56 Ba 钡 $6s^{2}$ 137.327(7)	57~71 La~Lu 镧系	+1 +2 +3 +4 72 Hf 铪 $5d^{2}6s^{2}$ 178.49(2)	0 ±1 +2 +3 +4 +5 73 Ta 钽 $5d^{3}6s^{2}$ 180.94788(2)	0 ±1 ±2 +3 +4 +5 +6 74 W 钨 $5d^{4}6s^{2}$ 183.84(1)	0 ±1 +2 +3 +4 +5 +6 +7 75 Re 铼 $5d^{5}6s^{2}$ 186.207(1)	0 +1 +2 +3 +4 +5 +6 +7 +8 76 Os 锇 $5d^{6}6s^{2}$ 190.23(3)	0 ±1 +2 +3 +4 +5 +6 77 Ir 铱 $5d^{7}6s^{2}$ 192.217(3)	0 +2 +3 +4 +5 +6 78 Pt 铂 $5d^{9}6s^{1}$ 195.084(9)	+1 +2 +3 +5 79 Au 金 $5d^{10}6s^{1}$ 196.966569(5)	+1 +2 +3 80 Hg 汞 $5d^{10}6s^{2}$ 200.592(3)	+1 +3 81 Tl 铊 $6s^{2}6p^{1}$ 204.38	+2 +4 82 Pb 铅 $6s^{2}6p^{2}$ 207.2(1)	−3 +3 +5 83 Bi 铋 $6s^{2}6p^{3}$ 208.98040(1)	−2 +2 +3 +4 +6 84 Po 钋 $6s^{2}6p^{4}$ 208.98243(2)✦	±1 +5 +7 85 At 砹 $6s^{2}6p^{5}$ 209.98715(5)✦	+2 86 Rn 氡 $6s^{2}6p^{6}$ 222.01758(2)✦	P O N M L K
7	+1 87 Fr 钫▲ $7s^{1}$ 223.01974(2)✦	+2 88 Ra 镭 $7s^{2}$ 226.02541(2)✦	89~103 Ac~Lr 锕系	104 Rf 𬬻▲ $6d^{2}7s^{2}$ 267.122(4)✦	105 Db 𬭊▲ $6d^{3}7s^{2}$ 270.131(4)✦	106 Sg 𬭳▲ $6d^{4}7s^{2}$ 269.129(3)✦	107 Bh 𬭛▲ $6d^{5}7s^{2}$ 270.133(2)✦	108 Hs 𬭶▲ $6d^{6}7s^{2}$ 270.134(2)✦	109 Mt 鿏▲ $6d^{7}7s^{2}$ 278.156(5)✦	110 Ds 𫟼▲ 281.165(4)✦	111 Rg 𬬭▲ 281.166(6)✦	112 Cn 鿔▲ 285.177(4)✦	113 Nh 鿭▲ 286.182(5)✦	114 Fl 𫓧▲ 289.190(4)✦	115 Mc 镆▲ 289.194(6)✦	116 Lv 𫟷▲ 293.204(4)✦	117 Ts 鿬▲ 293.208(6)✦	118 Og 鿫▲ 294.214(5)✦	Q P O N M L K

	57	58	59	60	61	62	63	64	65	66	67	68	69	70	71
★ 镧系	+3 La★ 镧 $5d^{1}6s^{2}$ 138.90547(7)	+2 +3 +4 Ce 铈 $4f^{1}5d^{1}6s^{2}$ 140.116(1)	+3 +4 Pr 镨 $4f^{3}6s^{2}$ 140.90766(2)	+2 +3 +4 Nd 钕 $4f^{4}6s^{2}$ 144.242(3)	+3 Pm 钷▲ $4f^{5}6s^{2}$ 144.91276(2)✦	+2 +3 Sm 钐 $4f^{6}6s^{2}$ 150.36(2)	+2 +3 Eu 铕 $4f^{7}6s^{2}$ 151.964(1)	+3 Gd 钆 $4f^{7}5d^{1}6s^{2}$ 157.25(3)	+3 +4 Tb 铽 $4f^{9}6s^{2}$ 158.92535(2)	+3 +4 Dy 镝 $4f^{10}6s^{2}$ 162.500(1)	+3 Ho 钬 $4f^{11}6s^{2}$ 164.93033(2)	+3 Er 铒 $4f^{12}6s^{2}$ 167.259(3)	+2 +3 Tm 铥 $4f^{13}6s^{2}$ 168.93422(2)	+2 +3 Yb 镱 $4f^{14}6s^{2}$ 173.045(10)	+3 Lu 镥 $4f^{14}5d^{1}6s^{2}$ 174.9668(1)

	89	90	91	92	93	94	95	96	97	98	99	100	101	102	103
★ 锕系	+3 Ac★ 锕 $6d^{1}7s^{2}$ 227.02775(2)✦	+3 +4 Th 钍 $6d^{2}7s^{2}$ 232.0377(4)	+3 +4 +5 Pa 镤 $5f^{2}6d^{1}7s^{2}$ 231.03588(2)	+2 +3 +4 +5 +6 U 铀 $5f^{3}6d^{1}7s^{2}$ 238.02891(3)	+3 +4 +5 +6 +7 Np 镎 $5f^{4}6d^{1}7s^{2}$ 237.04817(2)✦	+3 +4 +5 +6 +7 Pu 钚 $5f^{6}7s^{2}$ 244.06421(4)✦	+2 +3 +4 +5 +6 Am 镅▲ $5f^{7}7s^{2}$ 243.06138(2)✦	+3 +4 Cm 锔▲ $5f^{7}6d^{1}7s^{2}$ 247.07035(3)✦	+3 +4 Bk 锫▲ $5f^{9}7s^{2}$ 247.07031(4)✦	+2 +3 +4 Cf 锎▲ $5f^{10}7s^{2}$ 251.07959(3)✦	+2 +3 Es 锿▲ $5f^{11}7s^{2}$ 252.0830(3)✦	+2 +3 Fm 镄▲ $5f^{12}7s^{2}$ 257.09511(5)✦	+2 +3 Md 钔▲ $5f^{13}7s^{2}$ 258.09843(3)✦	+2 +3 No 锘▲ $5f^{14}7s^{2}$ 259.1010(7)✦	+3 Lr 铹▲ $5f^{14}6d^{1}7s^{2}$ 262.110(2)✦